面向数字化时代高等学校计算机系列教材 · 大数据与人工智能

无线传感器网络智能技术与应用

许毅 陈立家 唐星 陈建军 编著

清华大学出版社
北京

内容简介

本书根据人工智能、计算机科学与技术、软件工程、大数据和物联网工程本科专业的发展方向和教学需要，结合无线传感器网络技术的最新发展及其应用现状编写而成。本书主要内容包括无线传感器网络概述、无线传感器网络传感技术、无线传感器网络开发环境、无线传感器网络拓扑控制与覆盖技术、无线传感器网络通信与组网技术、无线传感器网络支撑技术、无线传感器网络协议技术标准、无线传感器网络接入技术、无线传感器网络的应用、无线传感器网络与人工智能物联网等。

本书内容丰富、覆盖面广、浅显易懂，不仅注重基本概念和基础技术，还强调了技术应用和实践教学内容，力求概念准确、图文并茂。

本书可作为人工智能、计算机科学与技术、软件工程、大数据、物联网工程、自动化等信息技术类专业以及交通、物流和航运专业学生教材，也可作为职业培训和工程技术开发人员的参考书。

图书在版编目（CIP）数据

无线传感器网络智能技术与应用 / 许毅等编著. -- 北京 ：清华大学出版社，2025. 5.
（面向数字化时代高等学校计算机系列教材）. -- ISBN 978-7-302-68560-9

Ⅰ. TP212

中国国家版本馆 CIP 数据核字第 2025LF1375 号

策划编辑：魏江江
责任编辑：王冰飞　薛　阳
封面设计：刘　键
责任校对：时翠兰
责任印制：沈　露

出版发行：清华大学出版社
　　网　　址：https://www.tup.com.cn，https://www.wqxuetang.com
　　地　　址：北京清华大学学研大厦 A 座　　**邮　　编**：100084
　　社 总 机：010-83470000　　**邮　　购**：010-62786544
　　投稿与读者服务：010-62776969，c-service@tup.tsinghua.edu.cn
　　质量反馈：010-62772015，zhiliang@tup.tsinghua.edu.cn
　　课件下载：https://www.tup.com.cn，010-83470236
印 装 者：三河市铭诚印务有限公司
经　　销：全国新华书店
开　　本：185mm×260mm　　**印　张**：27.25　　**字　　数**：700 千字
版　　次：2025 年 5 月第 1 版　　**印　　次**：2025 年 5 月第 1 次印刷
印　　数：1～1500
定　　价：79.80 元

产品编号：108688-01

前言

党的二十大报告指出：教育、科技、人才是全面建设社会主义现代化国家的基础性、战略性支撑。必须坚持科技是第一生产力、人才是第一资源、创新是第一动力，深入实施科教兴国战略、人才强国战略、创新驱动发展战略，开辟发展新领域新赛道，不断塑造发展新动能新优势。高等教育与经济社会发展紧密相连，对促进就业创业、助力经济社会发展、增进人民福祉具有重要意义。

人工智能(Artificial Intelligence，AI)是一个以计算机科学(Computer Science)为基础，由计算机、心理学、哲学等多学科交叉融合的新兴学科，研究、开发用于模拟、延伸和扩展人的智能的理论、方法、技术及应用系统，试图了解智能的实质，并生产出一种新的能以人类智能相似的方式做出反应的智能机器。该领域的研究包括机器人、语言识别、图像识别、自然语言处理和专家系统等。

物联网(Internet of Things，IoT)起源于传媒领域，是信息科技产业的第三次革命。物联网是指通过信息传感设备，按约定的协议，将任何物体与网络相连接，物体通过信息传播媒介进行信息交换和通信，以实现智能化识别、定位、跟踪、监管等功能。

人工智能物联网(AIoT)是人工智能(AI)技术与物联网(IoT)深层次的结合，以实现更高效的物联网操作，改善人机互动，加强数据管理和分析。人工智能和物联网的综合力量，有望在广泛的行业垂直领域释放未实现的客户价值，如边缘分析、自动驾驶汽车、个性化健身、远程医疗、精准农业、智能零售、预测性维护和工业自动化。

无线传感器网络(Wireless Sensor Network，WSN)是人工智能物联网的关键技术之一，是涉及多学科高度交叉、知识高度集成的前沿热点研究领域。无线传感器网络具有十分广阔的应用前景，已应用于国防军事、工农业控制、城市管理、生物医疗、环境检测、抢险救灾、危险区域远程控制等领域。

“无线传感器网络”不仅是人工智能、物联网工程专业的核心课程之一，也是计算机科学与技术、软件工程专业的主要课程，还是其他如交通、物流和航运专业本科生的选修课程。

本书是编者在从事无线传感器网络技术多年工程实践、教学活动的基础上，依据人工智能、计算机科学与技术、软件工程、大数据和物联网工程专业培养计划以及无线传感器网络教学大纲编写而成的。通过本书的学习，读者可以掌握无线传感器网络设计与开发的基本技术，为今后从事无线传感器网络系统和网络化探测设备的设计开发打下坚实基础。

本书对无线传感器网络的核心技术进行了全面、深入的剖析，全书共分为10章，主要内容如下。

第1章绪论，内容包括WSN的基本概念、特点、关键性能指标、应用和发展历史。

第2章WSN传感技术，内容包括传感器的基础知识、传感器的基本特性、传感器的分类、常用的传感器、智能传感器、机器人传感器、图像传感技术、射频识别(RFID)传感技术等。

第3章WSN开发环境，内容包括概述、WSN平台硬件设计、WSN的操作系统、现代

WSN 典型实验平台、ZigBee 硬件平台、WSN 仿真等。

第 4 章 WSN 拓扑控制与覆盖技术，内容包括 WSN 拓扑结构、拓扑控制、功率控制、层次性拓扑结构控制方法、启发机制、覆盖和传感器网络的覆盖控制等。

第 5 章 WSN 通信与组网技术，内容包括 WSN 协议结构、物理层、数据链路层协议、网络层协议、传输层协议、应用层协议、MAC 协议和路由协议等。

第 6 章 WSN 支撑技术，内容包括时间同步、定位技术、数据融合、能量管理、容错技术、QoS 保证、安全技术等。

第 7 章 WSN 协议技术标准，内容包括 IEEE 1451 系列标准、IEEE 802.15.4 标准、ZigBee 协议栈原理、蓝牙、UWB 技术、WiFi 技术、红外线数据传输技术和短距离无线通信技术特点比较等。

第 8 章 WSN 接入技术，内容包括多网融合体系结构、面向 WSN 接入、WSN 接入 Internet、WSN 服务提供方法、多网融合网关的硬件设计和网关接入外部基础设施网络的实现等。

第 9 章 WSN 的应用，内容包括基于 WSN 的路况信息监测技术的实现、基于 WSN 的智能家居系统设计与实现、基于 TinyOS 的 WSN 定位系统的设计、WSN 的移动机器人的定位等。

第 10 章 WSN 与人工智能物联网，内容包括人工智能、物联网、人工智能物联网、水下无线传感器网络等。

为便于教学，本书提供丰富的配套资源，包括教学大纲、教学课件、电子教案、习题答案，扫描封底的“图书资源”二维码，在公众号“书圈”下载。

在本书的编写过程中参考了大量文献和资料，在此对原作者深表谢意。

本书得到了“武汉理工大学本科教材建设专项基金项目”的资助。

由于编者水平有限，书中难免存在疏漏和不足之处，希望广大读者批评指正。

编　者

2025 年 3 月

目录

第1章 绪论

第2章 WSN 传感技术

第 3 章 WSN 开发环境

第 4 章 WSN 拓扑控制与覆盖技术

第 5 章 WSN 通信与组网技术

第 6 章 WSN 支撑技术

第 8 章 WSN 接入技术

第 9 章 WSN 的应用

第 10 章 WSN 与人工智能物联网

第 1 章　绪论

学习导航

- 绪论
  - WSN的基本概念
  - WSN的特点
  - WSN的关键性能指标
  - WSN的应用
  - WSN的发展历史
    - 计算设备的演化历史
    - WSN发展的三个阶段
    - WSN的新兴研究领域
  - 传感器与WSN的发展趋势
    - 传感器的发展趋势
    - WSN的发展趋势

学习目标

- ◆ 掌握 WSN 的定义、WSN 系统的组成、WSN 的特点、WSN 与无线网络的关系。
- ◆ 了解 WSN 的关键性能指标、WSN 的应用和 WSN 的发展历史。

1.1　WSN 的基本概念

▶ 1.1.1　无线网络的描述

无线网络的定义不仅包括允许用户建立远距离无线连接的全球语音和数据网络，还包括为近距离无线连接进行优化的红外线技术及射频技术，与有线网络的用途十分类似，最大的不同在于传输媒介的不同，利用无线电技术取代网线，可以和有线网络互为备份。

无线网络的分类如图 1-1 所示，分为有基础设施网和无基础设施网两类。

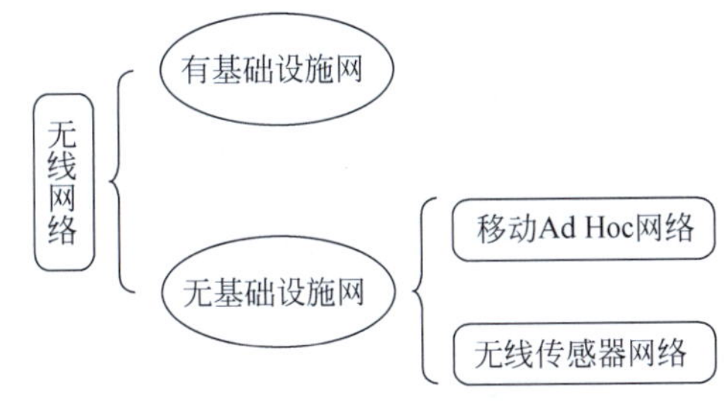

图 1-1　无线网络的分类

有基础设施网需要固定基站。例如，人们使用的手机，属于无线蜂窝网，它就需要高大的天线和大功率基站来支持，基站就是最重要的基础设施；另外，使用无线网卡上网的无线局域网，由于采用了接入点这种固定设备，也属于有基础设施网。

无基础设施网又称为无线 Ad Hoc 网络，节点是分布式的，没有专门的固定基站。

无线 Ad Hoc 网络可分为移动 Ad Hoc 网络和无线传感器网络两类。

移动 Ad Hoc 网络的终端是快速移动的。一个典型的例子是美军 101 空降师装备的 Ad Hoc 网络通信设备，保证在远程空投到一个陌生地点之后，在高度机动的装备车辆上仍然能够实现各种通信业务，而无须借助外部设施的支援。

无线传感器网络（Wireless Sensor Networks，WSN）的节点是静止的或者移动很慢。

Ad Hoc 网络是一种多跳的、无中心的、自组织无线网络，又称为多跳网、无基础设施网或自组织网。整个网络没有固定的基础设施，每个节点都是移动的，并且都能以任意方式动态地保持与其他节点的联系。在这种网络中，由于终端无线覆盖取值范围的有限性，两个无法直接进行通信的用户终端可以借助其他节点进行分组转发。每一个节点同时是一个路由器，它们能完成发现以及维持到其他节点路由的功能。

无线自组网(Mobile Ad Hoc Network)是一个由几十到上百个节点组成的、采用无线通信方式的、动态组网的多跳的移动性对等网络。

▶ 1.1.2 WSN的定义

无线传感器网络的标准定义是，无线传感器网络是大量的静止或移动的传感器以自组织和多跳的方式构成的无线网络，目的是协作地探测、处理和传输网络覆盖区域内感知对象的监测信息，并报告给用户。

传感器网络负责实现数据采集、处理和传输三种功能，而这正对应着现代信息技术的三大基础技术，即传感器技术、计算机技术和通信技术，它们分别构成了信息系统的"感官"、"大脑"和"神经"三部分。因此说，无线传感器网络正是这三种技术的结合，可以构成一个独立的现代信息系统(如图1-2所示)。

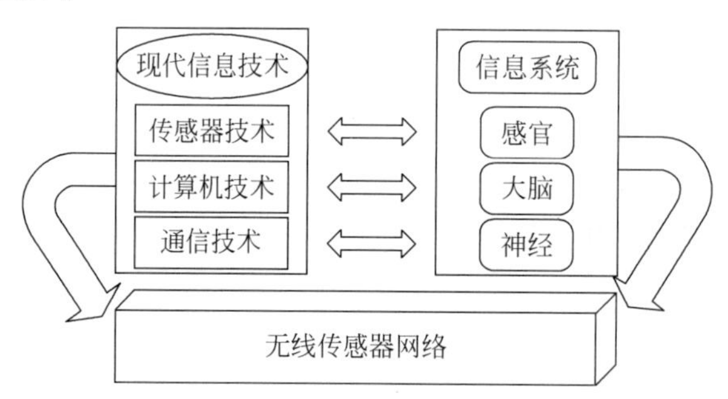

图1-2　现代信息技术与无线传感器网络之间的关系

传感器、感知对象和用户是传感器网络的三个基本要素。无线网络是传感器之间、传感器与用户之间最常用的通信方式，用于在传感器与用户之间建立通信路径。协作式地感知、采集、处理和发布感知信息是传感器网络的基本功能。

一组功能有限的传感器节点协作地完成大的感知任务，是传感器网络的重要特点。传感器网络中的部分或全部节点可以慢速移动，拓扑结构也会随着节点的移动而不断地动态变化。节点间以Ad Hoc方式进行通信，每个节点都可以充当路由器的角色，并且都具备动态搜索、定位和恢复连接的能力。

▶ 1.1.3 WSN系统的组成

每个传感器节点由数据采集模块(传感器、A/D转换器)、数据处理和控制模块(微处理器、存储器)、通信模块(无线收发器)和供电模块(电池、DC/DC能量转换器)等组成。

无线传感器网络系统一般包括传感器节点和汇聚节点(Sink Node)。节点可以通过飞机布撒或人工布置等方式，大量部署在被感知对象内部或附件中。这些节点通过自组织的方式构成无线网络，以协作的方式实时感知、采集和处理网络覆盖区的信息，并通过多跳的方式经由汇聚节点链路将整个区域的信息传送到远程控制管理中心。反之，远程控制管理中心也可以对网络节点进行实时监控和操作。图1-3是一个典型的无线传感器网络系统结构，包括分布式传感器节点、接收/发送器、互联网和用户界面等。

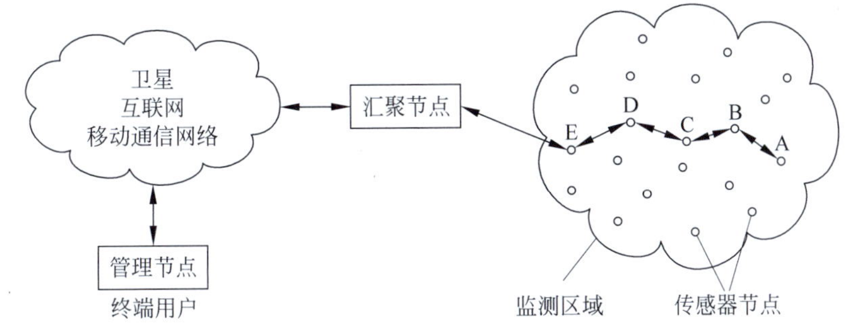

图 1-3 无线传感器网络系统组成

传感器节点在网络中可以充当数据采集者、数据中转站或簇头节点(Cluster-head Node)的角色。作为数据采集者,节点收集周围环境的数据(如温度、湿度),通过通信路由协议直接或间接地将数据传输给基站(Base Station)或汇聚节点(Sink Node);作为数据中转站,节点除了完成采集任务外,还要接收邻居节点的数据,将其转发给距离基站更近的邻居节点或者直接转发到基站或汇聚节点;作为簇头节点,节点负责收集该类内所有节点采集的数据,经数据融合后,发送到基站或汇聚节点。

1.2 WSN 的特征描述

1.2.1 与无线自组网的区别

传感器网络虽然与无线自组网有相似之处,但同时也存在很大的差别,主要表现在以下三方面。

(1) 传感器网络是集成了监测、控制以及无线通信的网络系统,节点数目更为庞大(上千甚至上万),节点分布更为密集。

(2) 由于环境影响和能量耗尽,节点更容易出现故障,环境干扰和节点故障易造成网络拓扑结构的变化,通常情况下,大多数传感器节点是固定不动的。

(3) 传感器节点具有的能量、处理能力、存储能力和通信能力等都十分有限。传统无线网络的首要设计目标是提供高服务质量和高效带宽利用,其次才考虑节约能源;而传感器网络的首要设计目标是能源的高效使用,这也是传感器网络和传统网络最重要的区别之一。

1.2.2 与现场总线的区别

现场总线是指以工厂内的测量和控制机器间的数字通信为主的网络,也称为现场网络。也就是将传感器、各种操作终端和控制器间的通信及控制器之间的通信进行数字化的网络。这些机器间的主体配线是 ON/OFF、接点信号和模拟信号,通过通信的数字化,使时间分隔、多重化、多点化成为可能,从而实现高性能化、高可靠化、保养简便化、节省配线(配线的共享)。

现场总线是指安装在制造或过程区域的现场装置与控制室内的自动装置之间的数字式、串行、多点通信的数据总线。它是一种工业数据总线,是自动化领域中的底层数据通信网络。简单地说,现场总线就是以数字通信替代了传统 4~20mA 模拟信号及普通开关量信号的传输,是连接智能现场设备和自动化系统的全数字、双向、多站的通信系统。主要解决工业现场的智能化仪器仪表、控制器、执行机构等现场设备间的数字通信以及这些现场控制设备和高级控制系统之间的信息传递问题。

现场总线作为一种网络形式,是专门为实现在严格的实时约束条件下工作而设计的。目前市场上较为流行的现场总线有CAN(控制局域网络)、LonWorks(局部操作网络)、Profibus(过程现场总线)、HART(可寻址远程传感器数据通信)和FF(基金会现场总线)等。

由于严格的实时性要求,这些现场总线的网络构成通常是有线的。在开放系统互连参考模型中,它利用的只有第一层(物理层)、第二层(链路层)和第七层(应用层),避开了多跳通信和中间节点的关联队列延迟。然而,尽管固有有限差错率不利于实施,人们仍然致力于在无线通信上实现现场总线的构想。

由于现场总线通过报告传感数据从而控制物理环境,所以从某种程度上说,它与传感器网络非常相似,所以可以将无线传感器网络看作无线现场总线的实例。但是两者的区别是明显的,无线传感器网络关注的焦点不是数十毫秒范围内的实时性,而是具体的业务应用,这些应用能够容许较长时间的延迟和抖动。另外,基于传感器网络的一些自适应协议在现场总线中并不需要,如多跳、自组织的特点,而且现场总线及其协议也不考虑节约能源问题。

1.2.3 传感器节点的限制

无线传感器节点在实现各种网络协议和应用系统时,存在以下三方面的限制。

1. 电源能量有限

传感器节点体积微小,通常携带能量十分有限的电池。由于传感器和节点个数多、成本要求低廉、分布区域广,而且部署区域环境复杂,有些区域甚至人员不能到达,所以传感器节点通过更换电池的方式来补充能源是不现实的。

传感器节点消耗能量的模块包括传感器模块、处理器模块和无线通信模块。随着集成电路工艺的进步,处理器和传感器模块的功耗变得很低,绝大部分能量消耗在无线通信模块上,如图1-4所示。

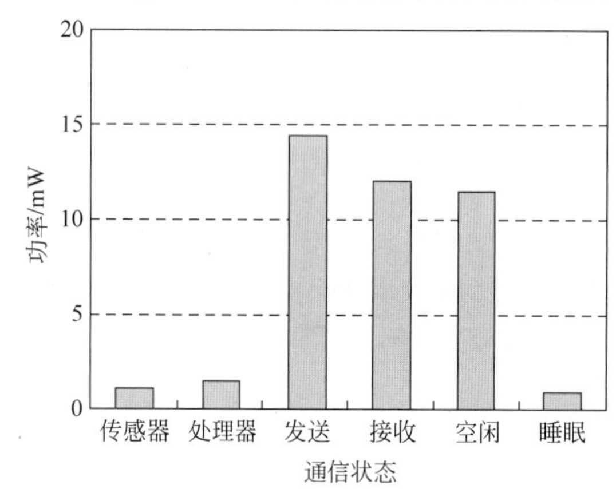

图1-4 传感器节点能量消耗情况

无线通信模块存在发送、接收、空闲和睡眠4种状态。无线通信模块在空闲状态一直监听无线信道的使用情况,检查是否有数据发送给自己,而在睡眠状态则关闭通信模块。从图1-4中可以看到,无线通信模块在发送状态的能量消耗最大,在空闲状态和接收状态的能量消耗接近,略少于发送状态的能量消耗,在睡眠状态的能量消耗最少。如何让网络通信更有效率,减少不必要的转发和接收,不需要通信时尽快进入睡眠状态,是传感器网络协议设计需要重点考虑的问题。

2. 通信能力有限

无线通信的能量消耗与通信距离的关系为

$$E = k \times d^{n} \tag{1-1}$$

式中,k是系数,参数n满足关系$2<n<4$,n的取值与很多因素有关,例如,传感器节点部署环境、天线的质量等。

由式(1-1)可知,在参数n一定的情况下,随着距离的增加,无线通信的能量消耗急剧增加。因此,在满足通信连通度的前提下,应尽量减少单跳通信距离。同时考虑传感器节点的能量限制和网络覆盖区域大小,无线传感器网络采用多跳的传输机制。

3. 计算和存储能力有限

传感器节点是一种微型嵌入式系统,它的处理能力、存储能力和通信能力相对较弱。每个节点兼顾传统网络终端和路由双重功能。为了完成各种任务,传感器节点需要完成监测数据的采集和转换、数据的管理和处理、应答汇聚节点的任务请求和节点控制等多种工作。如何利用有限的计算和存储资源完成诸多协同任务成为传感器网络设计所必须考虑的问题。

1.2.4 WSN 的主要特点

无线传感器网络除了具有 Ad Hoc 网络的移动性、断接性、电源能力局限性等共同特征以外,在组网方面也具有一些鲜明的自身特点。它的主要特点包括自组织性、以数据为中心、应用相关性、动态性、网络规模大和需要高的可靠性等。

1. 自组织性

在传感器网络应用中,通常传感器节点放置在没有基础结构设施的地方,传感器节点的位置不能预先精确设定,节点之间的相互邻居关系预先也不知道,这样就需要传感器节点具有自组织能力,能够自动地进行配置和管理,通过拓扑控制机制和网络协议,自动形成转发监测数据的多跳无线网络系统。

在传感器网络的使用过程中,部分传感器节点由于能量耗尽或环境因素造成失效,也有一些节点为了弥补失效节点、增加监测精度而补充到网络中,这样在传感器网络中的节点个数就会动态地增加或减少,从而使网络的拓扑结构随之动态变化。传感器网络的自组织性要适应这种网络拓扑结构的动态变化。

2. 以数据为中心

目前的互联网是先有计算机终端系统,然后再互联成为网络的,终端系统可以脱离网络独立存在。在 Internet 中,网络设备是用网络中唯一的 IP 地址来标识的,资源定位和信息传输依赖于终端、路由器和服务器等网络设备的 IP 地址。如果希望访问 Internet 中的资源,首先要知道存放资源的服务器 IP 地址。可以说,目前的 Internet 是一个以地址为中心的网络。

传感器网络是任务型的网络,脱离传感器网络谈论传感器节点是没有任何意义的。传感器网络中的节点采用节点编号标识,节点编号是否需要全网唯一,这取决于网络通信协议的设计。由于传感器节点属于随机部署,构成的传感器网络与节点编号之间的关系是完全动态的,表现为节点编号与节点位置没有必然的联系。用户使用传感器网络查询事件时,直接将所关心的事件通告给网络,而不是通告给某个确定编号的节点。网络在获得指定事件的信息后汇报给用户。这种以数据本身作为查询或传输线索的思想,更接近于自然语言交流的习惯,因此说,传感器网络是一个以数据为中心的网络。

3. 应用相关性

传感器网络用来感知客观物理世界,获取物理世界的信息量。客观世界的物理量多种多样,不可穷尽。不同的传感器网络应用关心不同的物理量,因此对传感器的应用系统也有多种多样的要求。

不同的应用背景对传感器网络的要求不同,它们的硬件平台、软件系统和网络协议会有所差别。因此,传感器网络不可能像 Internet 那样,存在统一的通信协议平台。不同的传感器网络应用虽然存在一些共性问题,但在开发传感器网络应用系统时,人们更关心传感器网络的差异。只有让具体系统更贴近于应用,才能符合用户的需求和兴趣点。针对每一个具体应用来研究传感器网络技术，这是传感器网络设计不同于传统网络的显著特征。

4. 动态性

传感器网络的拓扑结构可能因为下列因素而改变。

(1) 环境因素或电能耗尽造成的传感器节点出现故障或失效。

(2) 环境条件变化可能造成无线通信链路带宽变化，甚至时断时通。

(3) 传感器网络的传感器、感知对象和观察者这三要素都可能具有移动性。

(4) 新节点的加入。

这就要求传感器网络系统要能够适应这种变化，具有动态的系统可重构性。

5. 网络规模大

为了获取精确信息，在监测区域通常部署大量的传感器节点，其数量可能达到成千上万甚至更多。传感器网络的大规模性包括以下两层含义。

(1) 传感器节点分布地理区域大，例如，在原始森林采用传感器网络进行森林防火和环境监测，需要部署大量的传感器节点。

(2) 传感器节点部署很密集，在一个面积不是很大的空间内，密集部署了大量的传感器节点，实现对目标的可靠探测、识别与跟踪。

传感器网络的大规模性具有以下 4 个优点。

(1) 通过不同空间视角获得的信息具有更大的信噪比。

(2) 分布式地处理大量的采集信息，能够提高监测的精确度，降低对单个节点传感器的精度要求。

(3) 大量冗余节点的存在，使得系统具有很强的容错性能。

(4) 大量节点能增加覆盖的监测区域，减少探测遗漏地点或者盲区。

6. 可靠性

传感器网络特别适合部署在恶劣环境或人员不能到达的区域，传感器节点可能工作在露天环境中，遭受太阳的暴晒或风吹雨淋，甚至遭到无关人员或动物的破坏。传感器节点往往采用随机部署，如通过飞机撒播或发射炮弹到指定区域进行部署。这些都要求传感器节点非常坚固，不易损坏，适应各种恶劣环境条件。

由于监测区域环境的限制以及传感器节点数目巨大，不可能人工“照顾”到每个节点，网络的维护十分困难甚至不可维护。传感器网络的通信保密性和安全性也十分重要，防止监测数据被盗取和收到伪造的监测信息。因此，传感器网络的软硬件必须具有鲁棒性和容错性。

1.3 WSN的关键性能指标

根据无线传感器网络的特有结构及应用的特殊要求，可以总结出无线传感器网络系统的关键性能评估指标为网络的工作寿命、网络覆盖范围、网络搭建成本和难易程度、网络响应时间。这些评定指标之间是相互关联的，通常为了提高其中一个指标必须降低另一个指标，如降低网络的响应时间性能可以延长系统的工作寿命。这些指标构成的多维空间可以用于评估一个无线传感器网络系统的整体性能。

1. 网络的工作寿命

任何一个传感器网络搭建之前首先要考虑的就是系统的工作寿命。环境数据采集和安全监测应用中的网络节点一般都布置在无人区域，常常需要数月甚至几年的工作寿命，长期保持稳定的工作状态显得尤其重要。

影响网络工作寿命的首要因素是能源供给。每个网络节点必须能够管理自身的能源供给以使网络寿命最大化。节点的最小工作寿命往往会成为限制网络系统正常工作的重要因素，例如，安全监测应用中任意一个节点的失效都可能使系统失效。在某些应用场合中，网络可以采用外部电源供电，如采用相关建筑物的供电系统对部分甚至全部网络节点供电。然而，对于无线传感器网络系统来说，首要的优点是网络搭建的简易性，采用外部供电方式恰恰削弱了无线传感器网络的这一优点，但开发者可以采取折中的方法，即只对很少的特殊节点采用外部供电的方式。

多数的应用场合中大部分网络节点还是采用自身供电方式，其能源储备能够维持数年时间，或者这些网络节点能够通过附加设备从所在环境中获取能源，例如，太阳能电池和压电换能装置，选择这些供电方式的前提是节点的平均功耗足够低。在已经确定了能源供给的情况下，决定系统工作寿命最主要的因素是无线收发器的功耗大小。网络节点无线收发器的功耗是网络系统最主要的功耗，可以通过降低传输信号的输出功率或者降低无线收发器的工作频率来降低功耗，但不管哪种方法都会影响网络系统其他方面的性能。

2. 网络覆盖范围

无线传感器网络的第二大性能指标是网络的覆盖范围。对于一个实际网络来说，能够覆盖更大的范围通常是更有意义的事情，而且终端用户使用也会更方便。在无线传感器网络中，覆盖范围不仅局限于单个节点的无线通信距离，因为采用多跳通信技术可以大大扩展网络的覆盖范围，理论上可以无限地扩展网络的范围，但在实际应用中，覆盖范围越大，也就预示着信息传递所需经过的节点越多，同时对于处于关键路径的节点来说，需要传输的次数也会越多，从而增加网络节点的功耗，缩短网络的工作寿命。

和覆盖范围相关的是网络容纳节点的数量，即可扩展性。可扩展性是无线传感器网络的一大优点。网络用户可以先组建很小的网络，随后不断增加传感器节点以采集更多的信息。该网络采用的技术必须能满足其网络扩展的要求。与此同时，在网络扩展过程中，必须注意这样的问题：增加系统中网络节点的数量会影响系统的工作寿命和采样速率。因为更多的节点意味着更多数据的无线传输和更多的功耗，并且原来的采样周期也会相应增加。

3. 网络搭建成本和难易程度

网络搭建容易是无线传感器网络的突出优点。由于无线传感器网络通常可以自组织网络，因此施工人员就无须了解其底层的通信机制，没有经过特别培训的人员也可以在其关心的区域中组建简易的无线传感器网络。理想情况下，传感器网络可以根据任意的节点布置方式自组织网络。但是在真实的应用环境中，不同的场景和目的制约着节点的布置方式，节点不可能任意无限制地布置，所以在搭建网络时，无线传感器网络还应该能够自我评定网络组建的性能以及指标潜在的问题，这就要求任意一个节点都可以发现与其相关的链路信息并评定其链接性能。

在无线传感器网络的整个生命周期中，系统还必须能够根据环境的变化自适应地重组网络。部分节点可能需要重新布置，或者会有外部的干扰影响部分节点的通信，这些因素的存在都要求网络能够自动地重新配置资源或者给用户提供明确的指示。

网络的初始布置和配置只是网络系统生命周期中的第一步。从长远角度看，系统成本还包括更多的网络维护费用，对于安全监测的应用网络特别要保证其系统性能的鲁棒性。除了组建网络前需要进行软硬件测试之外，还必须建立具备自维护功能的传感器系统，而且在需要额外维护时还能产生要求维护的请求。

在实际组建的网络中，系统维护和确认将会消耗一部分网络资源，网络诊断和重新设置也将减少网络的工作寿命，同时还会降低网络的采样速率。

4. 网络响应时间

每个网络都存在一个特定的响应时间，对于大多数的无线传感器网络的应用来说，其响应时间可能不会有非常严格的要求，但是在安全监测类系统中，网络的响应时间是主要的评定指标，即发生安全异常事件时必须立即发送警报消息。尽管节点大部分时间处于低功耗状态，但是一旦发生异常事件，节点必须能尽快实时传送优先级最高的警报消息序列。响应时间在环境监测的应用网络中显得同样重要，例如，工业规划设计者设想将无线传感器网络用于工业过程控制，只要响应时间满足应用要求，网络系统就可以保证实际的应用。

但是快速响应时间和网络工作寿命是相互制约的，如果每分钟开启一次无线收发器，系统的平均功耗相对较低，然而这在安全监测网络中将无法满足实时监测的要求。如果节点采用外部供电方式使之一直处于工作状态，可以随时侦听警报消息并发送到基站，这样就可以保证快速的响应时间，但同时也增加了网络布置的难度。

1.4 WSN的应用

目前，WSN已经能够广泛应用于军事、环境科学、医疗健康、智能家居、建筑物和大型设备状态的监控、空间探索等。

1. 军事应用

在军事领域，WSN已成为军事C^4ISRT(Command，Control，Communication，Computing，Intelligence，Surveillance，Reconnaissance and Targeting)系统不可缺少的一部分。因为传感器网络具有低成本、自组织性、可快速展开、抗毁性强等特点，使WSN非常适合应用于恶劣的战场环境，可以实现对兵力和装备监控、战场的实时监视、目标定位、战场评估、核攻击和生物化学攻击的监测和搜索等功能。

2. 环境科学

随着人们对于环境的日益关注，环境科学所涉及的范围越来越广泛。通过传统方式采集原始数据是一件困难的工作。传感器网络为野外随机性的研究数据获取提供了方便，可用于监视农作物灌溉情况、土壤空气情况、牲畜和家禽的环境状况等，也可用于跟踪鸟类、小型动物和昆虫进行种群复杂度的研究。

3. 空间探索

借助于航天器在外星体随机撒播无线传感器节点，自组织构建的WSN可以对星球表面实施长时间的监测。美国航空航天管理局(National Aeronautics and Space Administration，NASA)的JPL(Jet Propulsion Laboratory)研制的Sensor Webs就是为将来的火星探测进行技术准备的，已在佛罗里达宇航中心周围的环境监测项目中进行测试和完善。

4. 医疗健康

通过在病人身上安装特殊用途的传感器节点，医生就可以利用WSN随时了解被监护病人的病情，能够及时发现病人的异常并进行处理。医学研究者也可以在不妨碍被监测对象正常生活的基础上，利用WSN长时间地收集人的生理数据，这些数据对于研制新药品或进行人体活动机理的研究都是非常有用的。总之，WSN为未来的远程医疗提供了更加方便、快捷的技术实现手段。

5. 智能家居

在家具和家电中嵌入传感器节点，通过 WSN 与 Internet 连接在一起将会为人们提供更加舒适、方便和具有人性化的智能家居环境，包括家庭自动化（嵌入智能吸尘器、智能微波炉、电冰箱等，实现遥控、自动操作和基于 Internet 与手机网络等的远程监控）和智能家居环境（如根据亮度需求自动调节灯光，根据家具脏的程度自动进行除尘等）。

6. 建筑物和大型设备安全状态的监控

通过对建筑物安全状态的监控，可以检查出建筑物（如房屋、桥梁等）中存在的安全隐患或建筑缺陷，从而避免建筑物的倒塌等事故的发生；通过对一些大型设备（如工厂自动化生产线、货物列车等）运行状态的监控及时掌握设备的运行情况，从而避免设备故障导致的意外。

7. 紧急援救

在发生了地震、水灾、火灾、爆炸或恐怖袭击后，固定的通信网络设施（如有线通信网络、蜂窝移动通信网络的基站等网络设施，卫星通信地球站以及微波接力站等）可能被全部摧毁或无法正常工作，WSN 这种不依赖任何固定网络设施能快速布设的自组织网络技术，是这些场合通信的最佳选择。

8. 其他商业应用

自组织、微型化和对外部世界的感知能力是 WSN 的三大特点，这些特点决定了 WSN 在商业领域也会有不少的应用机会。例如，城市车辆监测和跟踪系统、仓库管理、交互式博物馆、交互式玩具等众多领域，WSN 都将孕育出全新的设计和应用模式。

随着 WSN 技术的深入研究，其必将对人类的生活产生重大影响，广泛应用于人类生活的各个领域，为物联网提供信息采集和信息传输。

1.5　WSN 的发展历史

1.5.1　计算设备的演化历史

贝尔定律指出：每 10 年会有一类新的计算设备诞生。计算设备整体上是朝着体积越来越小的方向发展，从最初的巨型计算机演变发展到小型计算机、工作站、PC 和 PDA 之后，新一代的计算设备正是传感器网络节点这类微型化设备，将来还会发展到生物芯片。图 1-5 直观地描述了计算设备的演化历史。

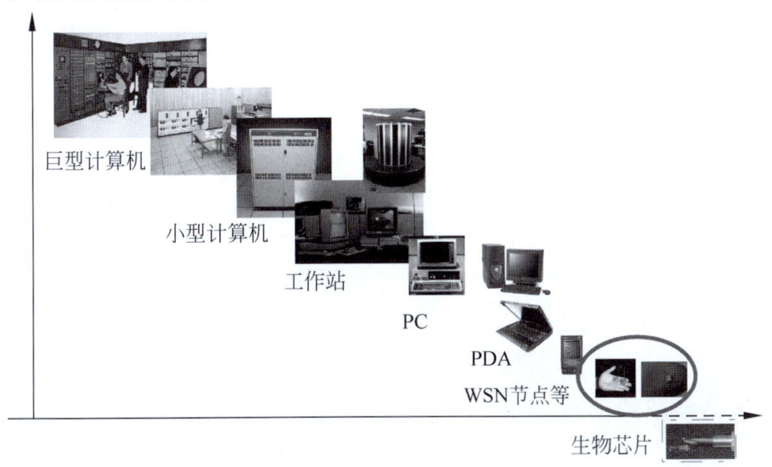

图 1-5　计算设备的演化历史

传感器网络作为一门交叉学科，涉及计算机、微电子、传感器、网络、通信和信号处理等领域。从计算机学科的角度分为三个阶段。

1.5.2 WSN 发展的三个阶段

传感器网络的发展也符合计算设备的演化规律，将无线传感器网络的发展历史分为三个阶段。

1. 第一阶段：传统的传感器系统

最早可以追溯 20 世纪 70 年代对越自卫反击战时期使用的传统的传感器系统。当年美越双方在密林覆盖的“胡志明小道”进行了一场血腥较量，这条道路是北越部队向南方游击队源源不断输送物资的秘密通道，美军曾经绞尽脑汁动用航空兵狂轰滥炸，但效果不大。后来，美军投放了两万多个“热带树”传感器。

所谓“热带树”，实际上是由震动和声响传感器组成的系统，它由飞机投放，落地后插入泥土中，只露出伪装成树枝的无线电天线，因而被称为“热带树”。只要对方车队经过，传感器探测出目标产生的震动和声响信息，就会自动发送到指挥中心，美机则将立即展开追杀，总共炸毁或炸坏 4.6 万辆卡车。

这种早期使用的传感器系统的特征在于：传感器节点只产生探测数据流，没有计算能力，并且相互之间不能通信。

传统的原始传感器系统通常只能捕获单一信号，传感器节点之间进行简单的点对点通信，网络一般采用分级处理结构。

2. 第二阶段：传感器网络节点集成化

第二阶段是 20 世纪 80 年代至 20 世纪 90 年代。

1980 年，美国国防部高级研究计划局(Defense Advanced Research Projects Agency，DARPA)的分布式传感器网络项目(Distributed Sensor Networks，DSN)，开启了现代传感器网络研究的先河。该项目由 TCP/IP 的发明人之一、时任 DARPA 信息处理技术办公室主任的 Robert Kahn 主持，起初设想建立低功耗传感器节点构成的网络，这些节点之间相互协作，但自主运行，将信息发送到需要它们的处理节点。就当时的技术水平来说，这绝对是一个雄心勃勃的计划。通过多所大学研究人员的共同努力，该项目还是在操作系统、信号处理、目标跟踪、节点实验平台等方面取得了较好的基础性成果。

在这个阶段，传感器网络的研究依旧主要在军事领域展开，成为网络中心战体系中的关键技术。比较著名的系统包括美国海军研制的协同交战能力系统(Cooperative Engagement Capability，CEC)、用于反潜作战的固定式分布系统(Fixed Distributed System，FDS)、高级配置系统(Advanced Deployment System，ADS)、远程战场传感器网络系统(Remote Battlefield Sensor System，REMBASS)、战术远程传感器系统(Tactical Remote Sensor System，TRSS)等无人值守地面传感器网络系统。

这个阶段的技术特征在于，采用了现代微型化的传感器节点，这些节点可以同时具备感知能力、计算能力和通信能力。因此在 1999 年，《商业周刊》将传感器网络列为 21 世纪最具影响的 21 项技术之一。

3. 第三阶段：多跳自组网

第三阶段是从 21 世纪开始至今。

美国在 2001 年发生了震惊世界的“9·11”事件，如何找到本·拉登成为和平世界的一道难题。由于本·拉登深藏在阿富汗山区,神出鬼没,极难发现他的踪迹。人们设想如果在本·拉登经常活动的地区大量投放各种微型探测传感器,采用无线多跳自组网方式,将发现的信息以类似接力赛的方式,传送给远在波斯湾的美国军舰。但是这种低功率的无线多跳自组网技术,在当时是不成熟的,因而向科技界提出了应用需求,由此引发无线自组织传感器网络的研究热潮。

这个阶段的传感器网络技术特点在于网络传输自组织、节点设计低功耗。除了应用于情报部门反恐活动以外,在其他领域更是获得了很好的应用,所以,2002年美国国家重点实验室橡树岭实验室提出了"网络就是传感器"的论断。

由于无线传感器网络在国际上被认为是继互联网之后的第二大网络,2003年美国《技术评论》杂志评出对人类未来生活产生深远影响的十大新兴技术,传感器网络被列为第一。

在现代意义上的无线传感器网络研究及其应用方面,我国与发达国家几乎同步启动,它已经成为我国信息领域位居世界前列的少数方向之一。在2006年我国发布的《国家中长期科学与技术发展规划纲要》中,为信息技术确定了三个前沿方向,其中有两项就与传感器网络直接相关,这就是智能感知和自组网技术。

综观计算机网络技术的发展史,应用需求始终是推动和左右全球网络技术进步的动力与源泉。传感器网络可以为人类增加"耳、鼻、眼、舌"等感知能力,是扩大人类感知能力的一场革命。传感器网络是近几年来国内外研究和应用非常热门的领域,在国民经济建设和国防军事上具有十分重要的应用价值,目前传感器网络的发展几乎呈爆炸式发展的趋势。

1.5.3 WSN的新兴研究领域

1. 无线多媒体传感器网络

正如前面提到的,无线传感器网络通过传感器节点感知、收集和处理物理世界的信息来达到人类对物理世界的理解和监控,为人类与物理世界实现"无处不在"的通信和沟通搭建起一座桥梁。然而,目前无线传感器网络的大部分应用集中在简单、低复杂度的信息获取和通信上面,只能获取和处理物理世界的标量(Scalar)信息(如温度、湿度等)。这些标量信息无法刻画丰富多彩的物理世界,难以实现真正意义上的人与物理世界的沟通。为了克服这一缺陷,一种既能获取标量信息,又能获取视频、音频和图像等矢量(Vector)信息的无线多媒体传感器网络(Wireless Multimedia Sensor Networks,WMSN)应运而生。这种特殊的无线传感器网络有望实现真正意义上的人与物理世界的完全沟通。相比传统无线传感器网络仅对低比特流、较小信息量的数据进行简单处理而言,作为一种全新的信息获取和处理技术,无线多媒体传感器网络更多地关注各种各样信息(包括音频、视频和图像等大数据量、大信息量信息)的采集和处理,利用压缩、识别、融合和重建等多种方法来处理收集到的各种信息,以满足无线多媒体传感器网络多样化应用的需求。

近些年来,多媒体传感器网络技术的研究已引起科研人员的密切关注,一些学者已开展多媒体传感器网络方面的探索性研究。从2003年起,ACM还专门组织国际视频监控与传感器网络研讨会(ACM International Workshop on Video Surveillance & Sensor Networks)交流相关研究成果。美国加利福尼亚大学、卡耐基·梅隆大学、马萨诸塞大学、波特兰州立大学等著名学府也开始了多媒体传感器网络方面的研究工作,纷纷成立了视频传感器网络研究小组并启动了相应的科研计划。佐治亚科技大学在2006年8月还专门成立了无线多媒体传感器网络实验室,致力于研究无线多媒体传感器网络。Elsevier Computer Networks于2007年以无线多媒体传感器网络为主题进行专题征文，罗列了若干研究方向。

2. 泛在传感器网络

随着信息技术的日新月异，无线通信发生了重大变化并取得了迅猛的发展。未来无线通信技术将朝着宽带化、移动化、异构化及个性化等方面发展，以达到通信的"无所不在"，即"泛在化"。

由于传感器节点在硬件方面上（如大小、处理能力、通信能力等）的优势，使得传感器节点能够在任何时候放置于任何地方，因而，传感器网络是实现未来"泛在化"通信的一种有效手段，或者补充。泛在传感器网络（Ubiquitous Sensor Network）指的是能够在任何时间、地点收集和处理实时信息的传感器网络。泛在传感器网络改变了人类信息收集和处理的历史，使得原来只能由人来完成的信息收集和处理任务，现在由传感器节点也能完成。泛在传感器网络与一般传统意义上的无线传感器网络的区别在于：泛在传感器网络技术将会是有线和无线通信技术的综合体，而传统的无线传感器网络主要是基于无线通信技术的。泛在无线传感器网络的研究已经得到诸多研究人员的关注，如韩国的庆熙大学，专门成立了泛在传感器网络的研究小组，探讨泛在传感器网络技术。

3. 具有认知功能的传感器网络

认知无线电（Cognitive Radio，CR）被认为是一种提高无线电电磁频谱利用率的新方法，同时也是一种智能的无线通信系统，它建立在软件定义无线电（Software Defined Radio，SDR）基础上，能认知周围环境，并使用已建立的理解方法从外部环境学习并通过对特定的系统参数（如功率、载波和调制方案等）实时改变而调整它的内部状态以适应系统环境的变化。

目前，无线传感器网络节点主要感知的是物理世界的环境信息，没有涉及对节点本身通信资源的感知。具有认知功能的传感器网络不仅能感知和处理物理世界的环境信息，还能利用认知无线电技术对通信环境进行认知。此时的传感器节点变成一个智能体，从而实现智能化的传感器网络，可望大大改善传感器网络的资源利用率和服务质量。

4. 基于超宽带技术的无线传感器网络

前面提到，无线传感器网络由于其广泛的应用前景而受到工业界和学界的关注。无线传感器网络要真正付诸应用离不开传感器节点的设计实现。无线传感器网络节点的特征是体积小、功耗低和成本低，传统的正弦载波无线传输技术由于存在中频、射频等电路和一些固有组件的限制难以达到这些要求。超宽带（Ultra Wide Band，UWB）通信技术是一种非传统的、新颖的无线传输技术，它通常采用极窄脉冲或极宽的频谱传达信息。相对于传统的正弦载波通信系统，超宽带无线通信系统具有高传输速率、高频谱效率、高测距精度、抗多径干扰、低功耗、低成本等诸多优点。这些优点使超宽带无线传输技术和无线传感器网络形成天然的结合，使基于超宽带技术的无线传感器网络的研究和开发得到越来越多的关注。

UWB技术和无线传感器网络是两个新兴的热点研究领域，两者能天然地结合在一起。基于UWB技术的无线传感器网络具备一些传统无线传感器网络无法比拟的优势，将成为无线传感器网络极其重要的一个发展方向，具备广阔的应用前景。

5. 基于协作通信技术的无线传感器网络

无线传感器网络依靠节点间的相互协作完成信息的感知、收集和处理任务，它与协作通信技术有着天然的联系。从另外一个角度看，传感器节点的大小有限，能量受限于供电电池，且处理能力和工作带宽都很有限，这些限制为无线传感器网络带来了一系列挑战。仅依靠单个传感器节点解决这些挑战是不现实的，需借助节点之间的协作来解决。协作通信技术为有效解决这些挑战提供了很好的解决思路，通过共享节点间的资源，有望大大提高整个网络的资源利用率和性能。

1.6 传感器与WSN的发展趋势

1.6.1 传感器的发展趋势

传感器正在向智能化、思维化、分析化和诊断化的方向发展，具有自我纠错的能力。智能系统具有独立性，以保持端到端的高效性和安全性。可穿戴和可植入的传感器满足大量健康预防需求，具有以下几种趋势。

(1) 人工智能(AI)创造思维传感器。机器学习的技术发展使机器在计算机的帮助下能够像人类一样思考，具有语音识别、语言翻译和视觉感知等特性。嵌入式人工智能(AI)赋予机器实时决策的能力。智能传感器的普及正在引领过程和离散的工业空间中的精密控制应用场景发生变化。人工智能正在逐渐渗透到商业和消费领域。

(2) 新型智能传感器更加智能化，越来越多的智能传感器用在各种应用中。智能传感器正在加速无人驾驶汽车的发展，此类传感器支持汽车安全系统中的由低到高级别的传感器融合技术。

(3) 非接触式传感技术，如红外、光学、超声波、磁、激光、激光雷达、图像和声学，正在历经技术发展和越来越多的部署。

(4) 快速检测生物传感器设备的开发消除了在检测食品、埃博拉、新型冠状病毒感染等多种病原体之前的样品富集。

(5) 可穿戴传感器的创新带来了健康监测方式的变化。它们在预防性护理中发挥着越来越重要的作用。可穿戴设备提供量化的运动数据和各种生理数据，从而实现精确的诊断。在这些关键设备中使用了大量传感器，如图像(CMOS)、振动、血糖和光学传感器等。

(6) 无人机中使用的传感器类型包括激光雷达、倾斜传感器、惯性测量单元、电流传感器、磁性传感器、各向异性磁阻(AMR)传感器、加速计、发动机进气流量传感器、GPS、陀螺仪、位置传感器和一些温度传感器。传感器与设备和系统的通信控制确保了安全性和准确性。

1.6.2 WSN的发展趋势

随着人工智能的发展，无线传感网技术有以下两种发展趋势。

(1) 更高的网络容量和可扩展性。

现代社会中，无线传感网应用越来越广泛，如智能家居、智能交通和智慧城市等，这就对无线传感网技术的网络容量和可扩展性提出了更高的要求。未来，无线传感网技术将更加注重提高网络吞吐量、减少传输延迟，并能够支持大规模设备连接。

(2) 更高的能效和节能特性。

由于无线传感网设备常常需要部署在无人区域或者电力供应不便的地方，因此提高能效和节能特性成为无线传感网技术发展的一个重要方向。未来，无线传感器网络技术将更加注重降低设备功耗，延长电池寿命，并进一步利用可再生能源。

习题 1

1. 无线网络分为________和________两类。

2. 无线 Ad Hoc 网络分为________和________两类。

3. Ad Hoc 网络是一种________、________、________，又称为多跳网、无基础设施网或自组织网。

4. 无线自组网(Mobile Ad Hoc Network)是一个由几十到上百个节点组成的、采用________、________的对等网络。

5. 目前的 Internet 是一个以________为中心的网络；传感器网络是一个以________为中心的网络。

6. 简述现代信息技术与无线传感器网络之间的关系。

7. 简述无线传感器网络的系统组成。

8. 简述无线传感器网络的特点。

9. 简述无线传感器网络的关键性能指标。

10. 简述无线传感器的基本特性。

11. 简述无线传感器网络的应用。

12. 画图说明传感器节点能量消耗情况。

第2章 WSN传感技术

学习导航

- WSN传感技术
  - 传感器的基础知识
  - 传感器的基本特性
  - 传感器的分类
  - 常用的传感器
    - 能量控制型传感器
    - 能量转换型传感器
    - 光敏传感器
    - 气敏、湿敏传感器
    - 生物传感器
    - 集成传感器
  - 智能传感器
    - 智能传感器的定义
    - 智能传感器的组成
    - 智能传感器的特点
    - 智能传感器的应用
  - 机器人传感器
    - 机器人传感器网络
    - 视觉传感器
    - 听觉传感器
    - 触觉传感器
    - 嗅觉传感器
    - 味觉传感器
    - 无线传感器与机器人
  - 图像传感技术
    - 固态图像传感器
    - 红外图像传感器
    - 超导图像传感器
    - 图像传感器
  - 射频识别传感技术
    - RFID的定义
    - RFID系统的基本构成
    - RFID和WSN整合的原因
    - RFID标签与传感器的整合
    - RFID标签与传感器节点的整合
    - 读写器与传感器节点的整合
    - RFID和传感器的整合

学习目标

- ◆ 了解传感器的基础知识、传感器的基本特性、常用传感器中的各种传感器的名称和特点、图像传感器中的各类名称和特点、RFID的定义和组成、RFID与传感器的整合。
- ◆ 掌握传感器的分类，智能传感器的定义、组成、特点和应用，机器人种类传感器的名称及特点。

2.1 传感器的基础知识

1. 传感器与执行器的定义

传感器是指能够把特定的被测量信息(如物理量、化学量、生物量等)按一定的规律转换成某种可用信号(如电信号、光信号等)的器件或装置，如温度传感器、压力传感器等。执行器是根据电信号并通过电动控制一些机械动作，例如电动调节阀的执行器，可以根据电信号的变化自动调节阀门的开度。

2. 传感器的作用

传感器的作用与人的感觉器官类似，是实现测试与控制的首要环节。

随着数字化和信息技术与机械装置的融合，传感器和执行器已经开始实现数据共享、控制功能和控制参数协调一体化，并通过现场总线与外部连接。传感器和执行器向集成化、微型化、智能化、网络化和复合多功能化的方向发展，主要利用纳米技术、新型压电与陶瓷材料等新原理和新材料研发航天、深海和基因工程领域的感知系统和执行系统。

3. 传感器的组成

传感器一般由敏感元件、转换元件和基本转换电路组成，如图 2-1 所示。敏感元件是传感器中能感受或响应被测量的部分；转换元件是将敏感元件感受或响应的被测量转换成适于传输或测量的信号（一般指电信号）的部分；基本转换电路可以对获得的微弱电信号进行放大、运算调制等。另外，基本转换电路在工作时必须有辅助电源。

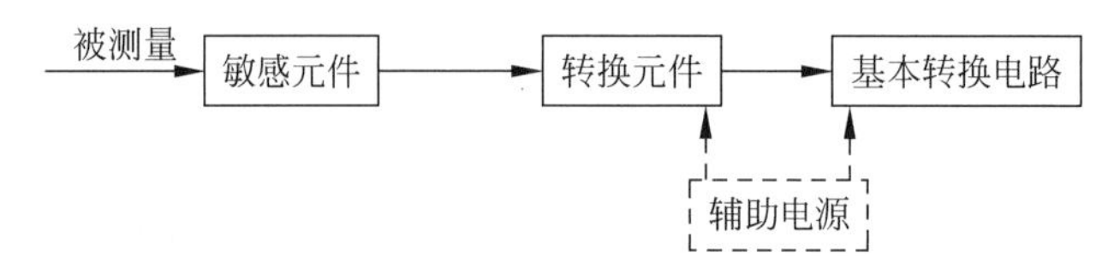

图 2-1 传感器的组成结构

传感器接口技术是非常实用和重要的技术。各种物理量用传感器变成电信号，经由诸如放大、滤波、干扰抑制、多路转换等信号检测和预处理电路将模拟量的电压或电流做模/数转换，变成数字量，供计算机或者微处理器处理。如图 2-2 所示为传感器采集接口的框图。

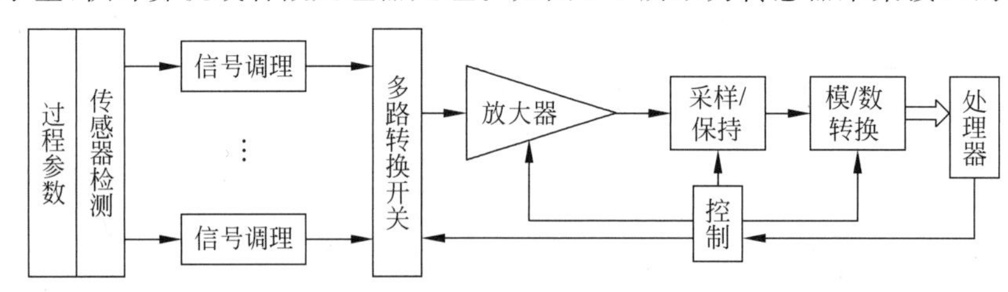

图 2-2 传感器采集接口的框图

2.2 传感器的基本特性

根据传感器的基本特性来正确选用传感器是保证测量不失真的首要环节，传感器的基本特性有以下 9 种。

1. 灵敏度

传感器的灵敏度高，意味着传感器能感应微弱的变化量，即被测量有微小变化时传感器就会有较大的输出。在选择传感器时要注意合理性，一般来讲，传感器的灵敏度越高，测量范围往往越窄，稳定性越差。

传感器的灵敏度指传感器达到稳定工作状态时输出变化量与引起变化的输入变化量之比，即

$$K = \text{输出变化量} / \text{输入变化量} = \Delta y / \Delta x = \mathrm{d}y / \mathrm{d}x \tag{2-1}$$

线性传感器的校准曲线的斜率是静态灵敏度；对于非线性传感器，其灵敏度的数值是用

最小二乘法求出的拟合直线的斜率。

2. 响应特性

传感器的动态性能是指传感器对于随时间变化的输入量的响应特性。它是传感器的输出值能真实再现变化着的输入量的能力反映，即传感器的输出信号和输入信号随时间的变化曲线希望一致或相近。

传感器的响应特性良好，意味着传感器在所测的频率范围内满足不失真测量的条件。另外，实际传感器的响应过程总有一定的延迟，但希望延迟的时间越短越好。

在动态测量中，传感器的响应特性对测试结果有直接影响，因此在选用传感器时应充分考虑被测量的变化特点（如稳态、瞬态、随机）。

3. 线性范围

任何传感器都有一定的线性范围，在线性范围内它的输出与输入呈线性关系，线性范围越宽，表明传感器的工作量程越大。

传感器的静态特性是在静态标准条件下利用一定等级的标准设备对传感器进行往复循环测试，得到输入/输出特性列表或曲线。人们通常希望这个特性曲线是线性的，这样会给标定和数据处理带来方便。实际的输出与输入特性只能接近线性，与理论直线有偏差，如图 2-3 所示。

所谓线性度，是指传感器的实际输入/输出曲线（校准曲线）与拟合直线之间的吻合（偏离）程度。选定拟合直线的过程就是传感器的线性化过程。实际曲线与它的两个端尖连线（称为理论直线）之间的偏差称为传感器的非线性误差。取其中最大值与输出满度值之比作为评价线性度（或非线性误差）的指标，如式（2-2）所示。

$$e_L = \frac{\Delta L_{\max}}{y_{FS}} \times 100\% \tag{2-2}$$

式中，e_L 为线性度（非线性误差），$\Delta L_{\max}$ 为校准曲线与拟合直线间的最大差值，y_{FS} 为满量程输出值。

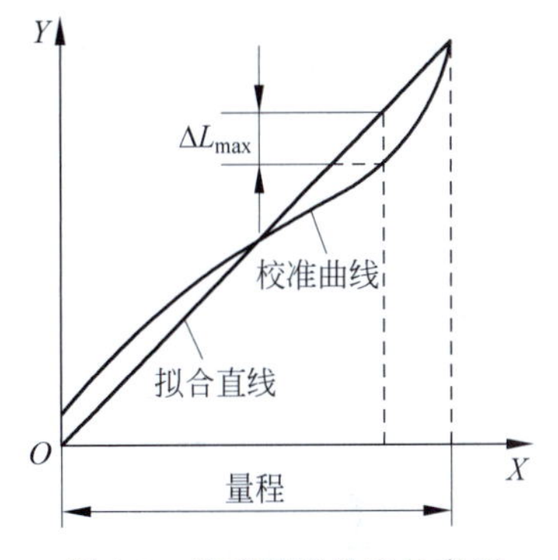

图 2-3　传感器线性度示意图

4. 稳定性

稳定性表示传感器经过长期使用之后输出特性不发生变化的性能，影响传感器稳定性的因素是时间与环境。

为了保证稳定性，在选定传感器之前应对其使用环境进行调查，以选择合适类型的传感器。例如电阻应变式传感器，湿度会影响它的绝缘性，温度会影响零漂；光电传感器的感光表面若有尘埃或水汽，会改变感光性能，带来测量误差。

当要求传感器在比较恶劣的环境下工作时，传感器的选用必须优先考虑稳定性。

5. 重复性

重复性是指在同一工作条件下，输入量按同一方向在全测量范围内连续变化多次所得特征曲线的不一致性，在数值上用各测量值的正反行程标准偏差最大值的两倍或三倍与满量程 y_{FS} 的百分比来表示，如式（2-3）和式（2-4）所示。

$$\delta = \frac{\sqrt{\sum_{i=1}^{n}(Y_i - \bar{Y})^2}}{n-1} \tag{2-3}$$

$$\delta_K = \pm 2 \sim 3\delta / y_{FS} \times 100\% \tag{2-4}$$

式中，δ 为标准偏差，Y_i 为测量值，$\bar{Y}$ 为测量值的算术平均值。

6. 漂移

在内部因素或外界干扰的情况下，传感器的输出变化称为漂移。输入状态为零时的漂移称为零点漂移。当传感器无输入(或某一输入值不变)时，每隔一段时间进行读数，其输出偏离零值(或原指示值)。

$$零漂 = \Delta Y_0 / y_{FS} \times 100\% \tag{2-5}$$

式中，ΔY_0 为最大零点偏差(或相应偏差)。

在其他因素不变的情况下，随着时间变化产生的漂移称为时间漂移；随着温度变化产生的漂移称为温度漂移，它表示当温度变化时传感器输出值的偏离程度，一般用温度变化 1℃时输出的最大偏差与满量程的百分比来表示。

7. 精度

传感器精度指测量结果的可靠程度，它以给定的准确度来表示重复某个读数的能力，其误差越小传感器精度越高。传感器的精度表示为传感器在规定条件下允许的最大绝对误差与传感器满量程输出的百分比。

$$精度 = \Delta A / y_{FS} \times 100\% \tag{2-6}$$

式中，ΔA 为测量范围内允许的最大绝对误差。

精度表示测量结果和"真值"的靠近程度，一般采用校验或标定的方法来确定，此时"真值"靠其他更精确的仪器或工作基准来给出。在国家标准中规定了传感器和测试仪表的精度等级，如电工仪表的精度分为 7 级，分别是 0.1、0.2、0.5、1.0、1.5、2.5、5 级。精度等级的确定方法是算出绝对误差与输出满量程之比的百分数，靠近的比其低的国家标准等级值即为该仪器的精度等级。

8. 分辨率(力)

分辨力是指能检测出的输入量的最小变化量，即传感器能检测到的最小输入增量。在输入零点附近的分辨力称为阈值，即产生可测输出变化量时的最小输入量值。如图 2-4 所示，图 2-4(a)为非线性输出结果，图 2-4(b)为线性输出结果，其中的 K 均表示可以开始检测的最小输出值。数字式传感器一般用分辨率表示，分辨率是指分辨力/满量程输入值。

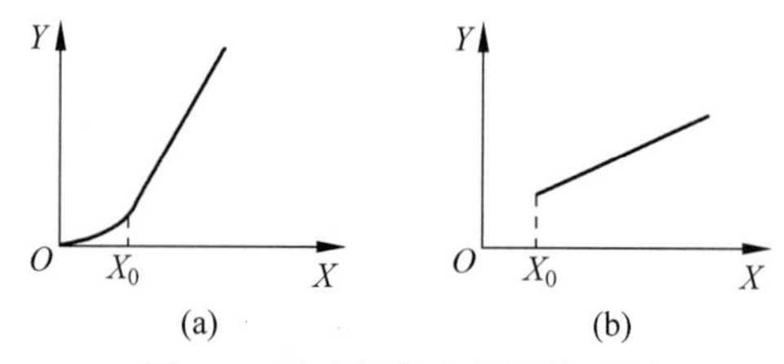

图 2-4 传感器输出的阈值示例

9. 迟滞

迟滞是指在相同工作条件下做全测量范围校准时，在同一次校准中对应同一输入量的正行程和反行程间的最大偏差。它表示传感器在正(输入量增大)、反(输入量减小)行程中输入输出特性曲线的不重合程度，数值用最大偏差(ΔA_{max})或最大偏差的一半与满量程输出值的百分比来表示，它们分别表示如下。

$$\delta_H = \pm \frac{\Delta A_{max}}{y_{FS}} \times 100\% \tag{2-7}$$

$$\delta_H = \pm \frac{\Delta A_{max}}{2 \times y_{FS}} \times 100\% \tag{2-8}$$

2.3　传感器的分类

传感器的种类很多，分类方法各不相同，一般常用的分类方法有以下几种。

(1) 传感器按能量关系分类，可分为有源传感器和无源传感器。

有源传感器将非电量转换为电量，称之为能量转换型传感器，也叫换能器（只转换能量本身，不转换能量信号的装置），如压电式、热电式、电磁式等传感器，通常和测量电路、放大电路配合使用。

无源传感器又称为能量控制型传感器，其本身不是一个换能器，被测非电量仅对传感器中的能量起控制或调节作用。此类传感器有电阻式、电容式和电感式等传感器。

(2) 传感器按测量原理分类，主要分为物理传感器和化学传感器，包括电参量式、磁电式、磁致伸缩式、压电式和半导体式等传感器。

(3) 传感器按被测量的性质不同划分为位移传感器、力传感器、温度传感器等。

(4) 传感器按输出信号的性质分为开关型（二值型）、数字型、模拟型传感器。数字型传感器能把被测的模拟量直接转换成数字量，它的特点是抗干扰能力强、稳定性高、易于微机接口、便于信号处理和实现自动化测量。

(5) 在光机电一体化领域，传感器按被测参数分类，例如，尺寸与形状、位置、温度、速度、力、振动、加速度、流量、湿度、黏度、颜色、照度和视觉图像等。

(6) 传感器按输出信号的性质分为数字传感器和模拟传感器。数字传感器可以直接送到计算机进行处理。模拟传感器要通过模/数转换器才能用计算机进行信号分析、加工和处理。

2.4　常用的传感器

▶ 2.4.1　能量控制型传感器

能量控制型传感器将被测非电量转换成电参量，在工作过程中不能起换能作用，需要从外部供给辅助能源使其工作，所以又称为无源传感器。电阻式、电容式、电感式传感器均属于这一类型。

电阻式传感器是一种将被测非电量变化转换成电阻变化的传感器。由于它结构简单、易于制造、价格便宜、性能稳定、输出功率大，在检测系统中得到了广泛的应用。

电容式传感器是一种将被测量（如位移、压力等）的变化转换成电容量变化的传感器。这种传感器具有零漂小、结构简单、动态响应快、易实现非接触测量等一系列优点。电容式传感器广泛应用于位移、振动、角度、加速度等机械量的精密测量，且逐步应用在压力、压差、液面、料面、成分含量等方面的测量。

电感式传感器建立在电磁感应基础上，利用线圈电感或互感的改变实现非电量的电测量，可用来测量位移、压力、振动等参数。电感传感器的类型很多，根据转换原理不同，可分为自感式、互感式、电涡流式和压磁式等。

▶ 2.4.2　能量转换型传感器

能量转换型传感器在感受外界机械量的变化后输出电压、电流或电荷量。它可以直接输出或放大后输出信号，传感器本身相当于一个电压源或电流源，因此这种传感器又称为有源传感器。压电式、磁电式和热电式传感器等均属于这一类型。

压电式传感器基于某些电介质材料的压电效应工作，是典型的有源传感器。它具有体积小、重量轻、工作频带宽等优点，广泛应用于各种动态力、机械冲击与振动的测量。

磁电式传感器也称为电磁感应传感器，是基于电磁感应原理，将运动转换成线圈中的感应电动势的传感器。这种传感器灵敏度高，输出功率大，大大简化了测量电路的设计，在振动和转速测量中得到广泛的应用。

热电式传感器是利用转换元件电磁参量随温度变化的特性对温度和与温度有关的参量进行检测的装置。其中，将温度变化转换为电阻变化的称为热电阻传感器；将温度变化转换为热电势变化的称为热电偶传感器。热电阻传感器可分为金属热电阻式和半导体热电阻式两大类，前者简称为热电阻，后者简称为热敏电阻。热电式传感器最直接的应用是测量温度，其他应用包括测量管道流量、热电式继电器、气体成分分析仪、金属材质鉴别仪等。

▶ 2.4.3 光敏传感器

光敏传感器是一种感应光线强弱的传感器。当感应到光的强度不同时，光敏探头内的电阻值就会有变化。常见的光敏传感器有光电式传感器、色敏传感器、图像传感器和热释电红外传感器等。将光量转换为电量的器件称为光电传感器或光电元件。

光电式传感器通常先将被测机械量的变化转换成光量的变化，再利用光电效应将光量的变化转换成电量的变化。光电式传感器的核心是光电器件，光电器件的基础是光电效应。光电效应有外光电效应、内光电效应和光生伏特效应。

色敏传感器是一种检测白色光中含有固定波长范围的光的传感器，主要有半导体色敏传感器和非晶硅色敏传感器两种类型。

图像传感器是一种集成性半导体光敏传感器，它以电荷转移器件为核心，包括光电信号转换、传输和处理等部分。由于具有体积小、重量轻、结构简单和功耗小等优点，该传感器不仅在传真、文字识别、图像识别领域广泛应用，而且在现代测控技术中可以用于检测物体的有无、形状、尺寸、位置等。

许多非电量能够影响和改变红外光的特性，利用红外光敏器件检测红外光的变化，就可以确定出这个待测非电量。红外光敏器件按照工作原理大体可以分为热型和量子型两类。热释电红外传感器是近二十年才发展起来的，现已被广泛应用于军事侦察、资源探测、保安防盗、火灾报警、温度检测、自动控制等众多领域。

▶ 2.4.4 气敏、湿敏传感器

气敏传感器是一种能将检测到的气体成分和浓度转换为电信号的传感器。利用某些物质的物理、化学性质受气体作用后发生变化的气敏传感器类型很多，在工程中应用最为广泛的是半导体气敏传感器。半导体气敏传感器广泛应用于可燃性气体的探测与报警，以预测灾害性事故的发生。

测量湿度的传感器种类很多，传统的有毛发湿度计、干湿球湿度计等，后来发展的有中子水分仪、微波水分仪，但这些都不能与现代电子技术相结合。在 20 世纪 60 年代发展起来的半导体湿敏传感器，尤其是金属氧化物半导体湿敏元件能够很好地满足上述要求。金属氧化物半导体陶瓷材料是多孔状的多晶体，具有较好的热稳定性和抗污的特点，因此在目前湿敏传感器的生产和应用中占有很重要的地位。

▶ 2.4.5　生物传感器

生物传感器是对生物物质敏感并可将其浓度转换为电信号进行检测的仪器。生物传感器是由固定化的生物敏感材料作为识别元件(包括酶、抗体、抗原、微生物、细胞、组织、核酸等生物活性物质)与适当的理化换能器(如氧电极、光敏管、场效应管、压电晶体等)及信号放大装置构成的分析工具或系统。

生物传感器具有接收器与转换器的功能。在生物体中能够选择性地分辨特定物质的有酶、抗体、组织、细胞等。这些分子识别功能物质通过识别过程可与被测目标结合成复合物,如抗体和抗原的结合、酶与基质的结合。根据功能材料敏感元件所引起的化学变化或物理变化来选择换能器,是研制高质量生物传感器的另一个重要环节。敏感元件中光、热、化学物质的生成或消耗等会产生相应的变化量,可以根据这些变化量选择适当的换能器。

生物传感器是一门由生物、化学、物理、医学、电子技术等多种学科互相渗透发展起来的高新技术。生物传感器因具有选择性好、灵敏度高、分析速度快、成本低、可在复杂的体系中进行在线连续监测、高度自动化、微型化与集成化的特点,在近几十年获得蓬勃、迅速的发展。

▶ 2.4.6　集成传感器

集成传感器是以集成电路的制作理念将某功能传感器以组合模式、模块模式乃至集成模式按电信号输出要求组合制作成单功能或有限多功能的传感器。

由于信号采集、应用和安装的要求,每一类集成传感器在结构上有所差异,可分为陶瓷传感器、厚膜传感器、薄膜传感器和集成传感器,它们统称为集成传感器。

(1) 陶瓷传感器:采用标准的陶瓷工艺或某种变种工艺生产。

(2) 厚膜传感器:利用相应材料的浆料,涂覆在陶瓷基片上制成,基片通常是由 A_2O_3 制成的,然后进行热处理,使厚膜成形。

(3) 薄膜传感器:通过沉积在介质衬底(基板)上的、相应敏感材料的薄膜形成。在使用混合工艺时,可将部分电路制造在此基板上。

(4) 集成传感器:利用现代微加工技术,将敏感单元和电路单元制作在同一芯片上的换能和电信号处理系统。其中,敏感单元包括各种半导体器件、薄膜器件和 MEMS 器件,其功能是将被测的力、声、光、磁、热、化学等信号转换成电信号;电路单元包括信号拾取、放大、滤波、补偿、模/数转换等电路。

集成传感器按照信号输出分为模拟传感器、数字传感器和开关传感器,按照所选用的材料分为材料类别型(有金属聚合物和混合物)、材料物理性质型(有导体、绝缘体、半导体和磁性材料)和材料晶体结构型(如单晶、多晶和非晶材料)。

集成传感器具有测量误差小、响应速度快、体积小、功耗低、成本少和传输距离远等优点,外围电路简单,不需要非线性校准。

1. 集成温度传感器

集成温度传感器是将温度传感器集成在一个芯片上,可完成温度测量及信号输出的专用IC。集成温度传感器包括模拟集成温度传感器、数字温度传感器和逻辑输出型温度传感器。

2. 集成压力传感器

压力传感器是工业实践中最为常用的一种传感器,集成压力传感器就是通过集成电路(Integrated Circuit,IC)技术将压力传感器与后续的放大器等电路制作在半导体表面,使其变得测量精度高、使用方便。

压阻式压力传感器采用集成工艺将电阻条集成在单晶硅膜片上，制成硅压阻芯片，并将此芯片的周边固定封装于外壳之内，引出电极引线。压阻式压力传感器又称为固态压力传感器，它不同于粘贴式应变计需通过弹性敏感元件间接感受外力，而是直接通过硅膜片感受被测压力。

3. 集成霍尔传感器

集成霍尔传感器是利用硅集成电路工艺把霍尔元件和功能线路集成在同一硅片上制成的磁敏器件，分为霍尔开关集成电路和霍尔线性集成电路。

2.5 智能传感器

2.5.1 智能传感器的定义

智能传感器是集成化智能传感器的简称。

智能传感器是指具有微处理器、信息检测和信息处理功能的传感器。

智能传感器将传感器的信息检测功能和微处理器的信息处理功能有机地融合在一起。它不仅具有传统传感器的各种功能，还具有数据处理、故障诊断、非线性处理、自校正、自调整以及人机通信等多种功能，是微电子技术、微型电子计算机技术与检测技术相结合的产物。从一定意义上讲，它具有类似于人工智能的作用。

早期的智能传感器是将传感器的输出信号经处理和转换后由接口送到微处理器部分进行运算处理。

20 世纪 80 年代，智能传感器主要以微处理器为核心，把传感器信号调理电路、微电子计算机存储器及接口电路集成到一块芯片上，使传感器具有一定的人工智能。

20 世纪 90 年代，智能化测量技术有了进一步的提高，使传感器实现了微型化、结构一体化、阵列式、数字式，使用方便、操作简单，具有自诊断功能、记忆与信息处理功能、数据存储功能、多参量测量功能、联网通信功能、逻辑思维以及判断功能。

智能化传感器是传感器技术未来的主要发展方向，智能化传感器将会进一步扩展到化学、电磁、光学和核物理等研究领域。

2.5.2 智能传感器的组成

智能传感器是将传感器与微处理器相结合构成的，它充分利用微处理器的计算和存储能力对传感器采集的数据进行处理，并对其内部行为进行调节。智能传感器典型的结构组成如图 2-5 所示。

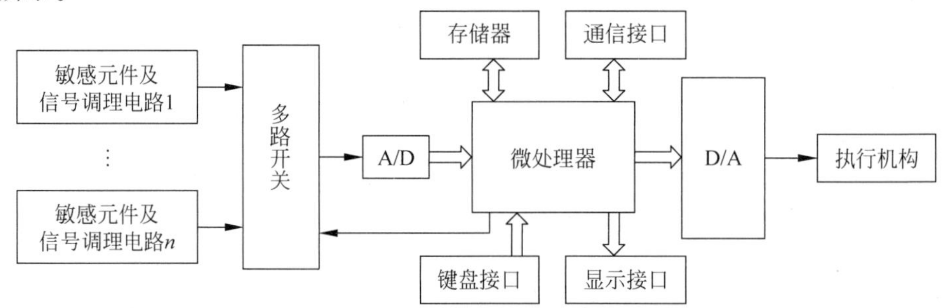

图 2-5 智能传感器功能硬件结构示意图

如图 2-5 所示为典型的智能传感器功能硬件结构示意图，由多信号输入电路、微处理器电路、输出通道、通信接口以及显示和键盘接口等组成，其中，微处理器电路是核心。被测信号由敏感元件和信号调理电路产生与 A/D 量程匹配的有效信号，经 A/D 转换后微处理器发挥“智能”功能，根据应用要求进行键盘设置、存储、显示、通信乃至输出控制。

微处理器是智能传感器的核心，负责控制传感器的整个运行流程，并对传感器采集的信息进行处理，包括存储、计算、数据分析和处理等。

▶ 2.5.3　智能传感器的特点

智能传感器采取了模块组态或直接通过集成技术组成，性能指标有极大的提高，使可靠性得到极大的提升。由于是功能组合，采集宽量程或多种类信号，通过软件的选择，可实现的功能多样化，特别是在显示类型、通信方式和距离方面具有显著的特点。

智能传感器与传统传感器相比，具有以下 5 个特点。

(1) 具有自动调零和自动校准功能。

(2) 具有判断和信息处理功能，对测量值进行各种修正和误差补偿。它利用微处理器的运算能力，编制适当的处理程序，可完成线性化求平均值等数据处理工作。另外，它可根据工作条件的变化，按照一定的公式自动计算出修正值，提高测量的准确度。

(3) 实现多参数综合测量。通过多路转换器和 A/D 转换器的结合，在程序控制下，任意选择不同参数的测量通道，扩大了测量和使用范围。

(4) 自动诊断故障。在微处理器的控制下，它能对仪表电路进行故障诊断，并自动显示故障部位。

(5) 具有数字通信接口，便于和计算机联机。

智能传感器系统可以由几块相互独立的模块电路与传感器装在同一壳体里，也可以把传感器、信号调理电路和微处理器集成在同一芯片上，还可以采用与制造集成电路同样的化学加工工艺，将微小的机械结构放入芯片，使它具有传感器、执行器或机械结构的功能。例如，将半导体力敏元件、电桥线路、前置放大器、A/D 转换器、微处理器、接口电路、存储器等分别分层地集成在一块硅片上，就构成了一体化集成的智能压力传感器。

▶ 2.5.4　智能传感器的应用

随着人工智能的发展，微电子技术和计算机技术的进步，结合集成传感器的发展，智能传感器的应用将越来越受到人们的重视。

智能传感器被广泛地应用于航空航天、土木工程、海洋监测、工业、医学、农业、国防与军事等诸多领域。

2.6　机器人传感器

▶ 2.6.1　机器人传感器网络

机器人运行时离不开诸多传感器。机器人是一个高端人工智能体，在实时发挥设定功能时要有相应的传感体系，形成机器人传感器网络。

在机器人传感器网络中，网络节点的设计是整个传感器网络设计的核心，其性能直接决定了整个机器人传感器网络的效能和稳定性。其节点的组成如图 2-6 所示。

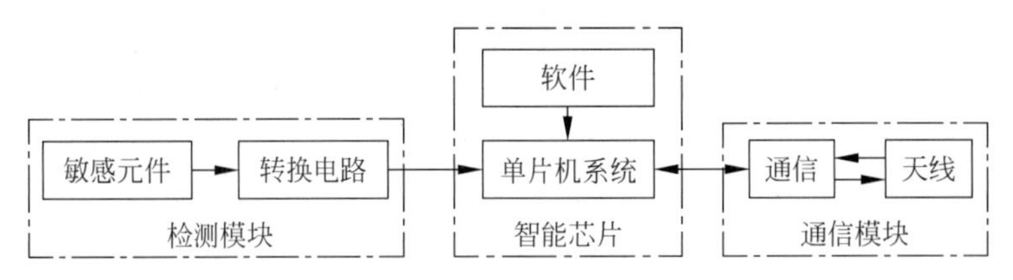

图 2-6　机器人传感器网络节点的组成

传感技术是先进机器人的三大要素(感知、决策和行动)之一。感知就是机器人具有能够感觉内部、外部的状态和变化,理解这些变化的某种内在含义的能力。决策要求机器人具有能够依据各种条件、状态、约束的限制自主产生目标,规划实现目标的具体方案、步骤的能力。行动需要机器人具备完成一些基本工作、基本运作的能力。

如图 2-7 所示,根据用途的不同,机器人传感器通常可以分为用于检测机器人自身状态的内部传感器和用于检测机器人相关环境参数的外部传感器。

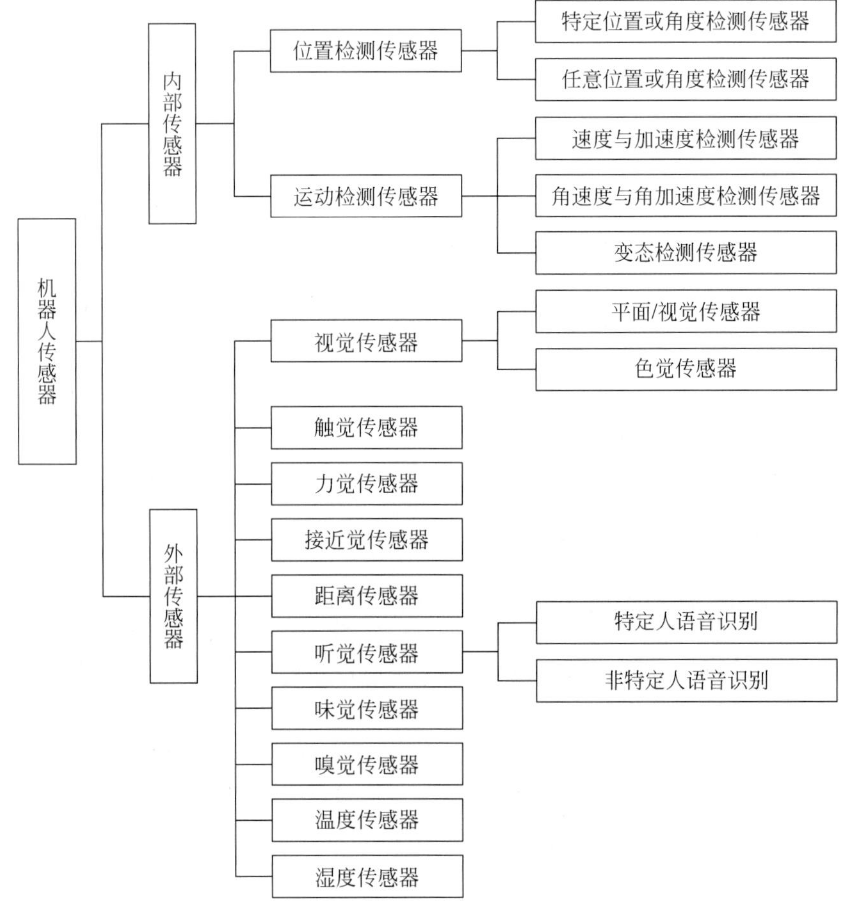

图 2-7　机器人传感器的分类

内部传感器的功能是检测运动学和力学参数,让机器人按规定进行工作。

外部传感器就是感觉传感器,模拟再现人的视觉、触觉、听觉、嗅觉和味觉等感觉。

2.6.2　视觉传感器

视觉传感器主要检测对象的明暗度、位置、运动方向、形状特征等。通过明暗觉传感器判别对象物体的有无,检测其轮廓;通过形状觉传感器检测物体的面、棱、顶点,二维或三维形状,达到提取物体轮廓、识别物体及提取物体固有特征的目的。位置传感器可以检测物体的平面位置、角度、到达物体的距离,达到确定物体空间位置、识别物体方向和移动范围等目的。通过色觉传感器检测物体的色彩,达到根据颜色选择物体进行正常工作的目的。视觉传感器的工作过程包括检测、分析、识别和再现等主要步骤。

▶ 2.6.3 听觉传感器

听觉传感器是人工智能装置,包括声音检测转换和语音信号处理两部分,它能使机器人实现"人-机"对话。具有语音识别功能的传感器称为听觉传感器,实现语音识别技术的大规模集成芯片已有应用。

▶ 2.6.4 触觉传感器

触觉传感器用来感知被接触物体的特性和接触对象物体后自身的状况。触觉传感器能感知物体的表面特征和物理性能,如柔软性、弹性、硬度、粗糙度、材质等。触觉传感器利用各种压电材料受压后引起电荷发生变化,把它们制成类似人的皮肤的压电薄膜,感知外界压力;在制作工艺上利用半导体集成工艺,把感压源信号通过转换电路获得高输入阻抗和较高的抗干扰能力。

▶ 2.6.5 嗅觉传感器

嗅觉传感器主要用来检测运行环境中的气味,并转换成与之对应的电信号,即人工嗅觉。由于嗅觉元件收到的信号非常复杂,含有成百上千种化学物质,这就使人工嗅觉系统处理这些信号非常错综复杂。人工嗅觉传感系统的典型产品是功能各异的电子鼻。电子鼻系统通常由一个交叉选择式气体传感器阵列和智能数据处理环节组成,配以恰当的模式识别系统,具有识别简单和复杂气味的能力。电子鼻系统是气体传感器技术和信息处理技术进行有效结合的高科技产物,其气体传感器的体积很小,功耗也很低,能够方便地捕获并处理气味信号。

▶ 2.6.6 味觉传感器

味觉是指酸、咸、甜、苦、鲜等人类味觉器官的感觉。酸味是由氢离子引起的,如盐酸、氨基酸、柠檬酸;咸味主要是由 NaCl 引起的;甜味主要是由蔗糖、葡萄糖等引起的;苦味是由奎宁、咖啡因等引起的;鲜味是由海藻中的谷氨酸钠、鱼和肉中的肌苷酸二钠、蘑菇中的鸟苷酸二钠等引起的。人的舌头表面味蕾上的味觉细胞的生物膜可以感受味觉。

实现味觉传感器的一种有效方法是使用类似于生物系统的材料作传感器的敏感膜,电子舌是用类脂膜作为味觉传感器,能够以类似人的味觉感受方式检测味觉物质。

从不同的机理看,味觉传感器大致分为多通道类脂膜技术、基于表面等离子体共振技术、表面光伏电压技术等,味觉模式识别是由最初的神经网络模式发展到混沌识别。混沌是一种遵循一定非线性规律的随机运动,它对初始条件敏感,混沌识别具有很高的灵敏度,因此应用越来越广。

目前较典型的电子舌系统有新型味觉传感器芯片和 SH-SAW 味觉传感器。

2.6.7　无线传感器与机器人

1. 机器人定位的基本概念

机器人定位是指机器人在空间中准确地确定自身位置和方位的过程，它是机器人导航和执行任务的基础。

在机器人定位中需要关注环境感知和姿态估计两个基本概念。

环境感知是机器人定位的第一步，它包括机器人通过传感器感知周围环境的过程。传感器可以是摄像头、激光雷达、超声波传感器等，它们能够获取物体的位置、形状和距离等信息。通过将这些感知到的数据进行处理和分析，机器人能够建立对周围环境的认知，进而为自身定位提供必要的信息。

姿态估计是机器人定位的第二步，它是指机器人确定自身方向和角度的过程。机器人通常会通过陀螺仪、加速度计和磁力计等传感器来感知自身的姿态信息。通过将这些传感器数据进行融合和分析，机器人能够准确地估计自身的姿态，为定位提供方向参考。

2. 无线传感器在机器人定位中的作用

无线传感器在机器人定位中起着至关重要的作用，通过感知和收集周围环境的无线信号来提供定位所需的数据和信息，为机器人实现精准定位提供了关键支持。

无线信号在传播过程中会遇到障碍物、反射、衰减等影响，这些变化会导致信号强度的变化。通过部署在机器人周围的无线传感器可以测量和记录传感器与基站之间的信号强度，并将这些数据传输给机器人的定位系统。基于信号强度的定位算法可以通过对信号强度的分析和比对，估计机器人与基站之间的距离和方向，从而实现机器人的定位。

无线传感器还可以利用无线定位技术来实现机器人的定位。无线定位技术包括到达时间测量、到达角度测量和差分测距等方法。这些技术利用无线信号的传播特性和多个接收节点之间的协作，通过分析多个接收节点接收到信号的时间、角度或距离信息，推断出机器人的位置和方位。

超宽带技术作为一种高精度的无线定位手段，也在机器人定位中发挥着重要作用。UWB技术利用极短的脉冲信号来进行通信和测距，能够提供亚厘米级别的定位精度。在机器人和标签或定位基站上部署 UWB 模块，可以实现机器人的高精度定位和导航。

3. 无线传感器与机器人导航的紧密关联

无线传感器与机器人导航之间存在着紧密的关联。无线传感器通过感知环境中的无线信号并提供定位信息，为机器人导航提供了关键的支持和数据。

通过感知和收集周围环境的无线信号，无线传感器可以获取关于环境结构、障碍物位置、信号强度分布等重要信息。这些信息对于机器人进行路径规划、避障和避免碰撞等导航任务至关重要。机器人可以利用无线传感器提供的环境信息，通过算法和规划技术来确定最优的导航路径，并实时适应环境变化。

多个无线传感器之间可以通过无线通信进行数据交流和协作，构成一个分布式的传感器网络。机器人可以通过与这些无线传感器进行通信，获取更全面、准确的环境信息。通过数据融合和分析，机器人可以实现更精确的自主导航和定位，提高运动的效率和安全性。

无线传感器还可以与机器人的导航系统相结合，实现更高级的导航任务。通过无线传感器的数据反馈，机器人可以在导航过程中实时进行定位校正和路径修正。无线传感器的实时监测能力可以增强机器人导航的准确性和鲁棒性，使机器人能够更好地适应多变的环境条件。

传感器网络可以提供实时的环境感知和定位信息，使机器人能够自主进行路径规划和障碍物避让，实现自主导航功能。多个机器人之间可以通过无线传感器网络进行通信和协作，通过共享传感器数据和位置信息，实现任务的分工和协同完成，提高工作效率和灵活性。

随着人工智能技术的不断进步，无线传感器与机器人导航可以结合机器学习和深度学习等方法，从大量的数据中学习和优化导航算法与决策模型，提高机器人导航的准确性和适应性。机器人的导航行为和反馈数据也可以用于优化无线传感器网络的布置和调整，从而改进传感器节点的位置和通信范围，提高整个系统的性能。

4. 机器人精准定位的优势与挑战

精准定位对机器人技术具有重要的影响和意义。它不仅提升了机器人的导航能力和定位精度，还为机器人技术的发展和应用带来了许多重要的变革和创新。

机器人能够准确地感知自身位置和周围环境，根据目标或任务要求规划最优的导航路径。这使得机器人能够在复杂的环境下进行安全、高效的移动和导航，避开障碍物，快速到达目的地。

在需要精细操作或精确定位的任务中，如工业机器人的精密加工、医疗机器人的手术操作等，精准定位能力是至关重要的。它能够使机器人实现亚毫米级别的精度，从而保证高质量的操作和控制，并扩展了机器人在各种领域的应用范围。

通过准确的定位和姿态信息共享，多个机器人可以进行协同工作，共同完成复杂的任务。机器人之间可以根据各自的位置和目标进行协调和合作，相互辅助，提高工作效率和任务完成率。这为实现机器人团队的合作和协同工作带来了新的机遇。

复杂和动态的环境条件对定位技术构成挑战。在室内和室外环境中存在光线变化、多路径效应、遮挡物以及信号干扰等问题，这些因素会对定位精度和稳定性产生影响，导致定位误差或不确定性的增加。为了应对这些挑战，需要采用适应不同环境条件的定位算法和技术，并在算法中引入环境感知和自适应能力。

不同类型的传感器，如 GPS、惯性导航系统、激光雷达等，具有不同的精度和测量限制。精度不足或传感器的噪声和漂移等问题可能导致定位误差的积累。为了克服这些限制，需要进行传感器校准、数据融合和滤波等处理，以提高定位的精度和可靠性。

定位技术在一些特定场景或条件下可能会面临一些限制。在高楼大厦密集的城市区域、山区、深海等遮挡或信号弱的区域，定位信号的可获得性可能受到限制。此外，定位技术可能受到隐私和安全方面的限制，需要注意保护个人隐私和防止定位数据被滥用。

某些高精度的定位技术，如超宽带和激光雷达等，价格较高，不适用于所有应用场景。因此，在实际应用中需要综合考虑精度、成本和应用需求之间的平衡，选择合适的定位技术和方案。

5. 未来无线传感器与机器人定位技术的发展方向

未来无线传感器与机器人定位技术的发展方向是极其令人期待的。随着科技的不断进步，可以预见到许多令人激动的趋势和创新。

传感器将变得更加微小，甚至能够内置于各种设备、物体或者衣物之中，它们的功耗将大大降低，使用更高效的能源管理方式。这将带来无线传感器在各个领域的广泛应用，从智能家居、健康监测到工业自动化等。

更强大的处理器和更快速的数据传输技术将使传感器能够实时地处理和分析大量的数据。这将为机器人定位提供更准确、实时的感知能力，以更好地理解和适应周围环境。

传统的卫星导航系统已经在一定程度上实现了位置定位的准确性，但在室内或复杂环境中的定位仍存在挑战。新的定位技术将与无线传感器相结合，如超宽带技术、激光雷达和视觉传感器等，以实现更精确和可靠的定位。

无线传感器网络将帮助机器人建立实时的环境地图，并提供定位和路径规划的数据支持，多个机器人之间可以通过无线传感器网络进行通信与协作，实现任务的分工与协同完成，将大大提升机器人在复杂环境中的适应性和应用范围。

随着人工智能的快速发展，无线传感器与机器人定位技术将变得更加智能化。借助机器学习和深度学习等技术，传感器数据可以被智能分析和解读，提取出更有意义的信息。机器人在定位和路径规划方面也可以通过学习和优化来提高决策的准确性和效率。

2.7 图像传感技术

图像传感技术是在光电技术基础上发展起来的，利用光电器件的光电转换功能，将其感光面上的光信号转换为与光信号成对应比例关系的电信号“图像”的一门技术，该技术将光学图像转换成一维时序信号，其关键器件是图像传感器。

现有的图像探测系统包括固态光图像传感系统、红外光成像系统、超声成像系统、微波影像系统等，已广泛应用于视频、测量、监控、医疗、人工智能等领域。

2.7.1 固态图像传感器

固态图像传感器是利用光敏元件的光电转换功能将投射到光敏单元上的光学图像转换成电信号“图像”，即将光强的空间分布转换为与光强成比例的电荷包空间分布，然后利用移位寄存器功能将这些电荷包在时钟脉冲控制下实现读取与输出，形成一系列幅值不等的时钟脉冲序列，完成光图像的电转换。

1. 固态图像传感器的特点

固态图像传感器是在同一半导体衬底上布设光敏元件阵列和电荷转移器件所构成的集成化、功能化的光电器件，其核心是电荷转移器件(Charge Transfer Device，CTD)，包括电荷耦合器件(Charge Coupled Device，CCD)、电荷注入器件(Charge Injected Device，CID)、金属氧化物半导体器件等，最常用的是 CCD。自 1970 年问世以来，CCD 图像传感器以低噪声、易集成等特点，广泛应用于微光电视摄像、信息存储和信息处理等众多领域。

与光导摄像管相比，固态图像传感器再生图像的失真度极小，因此非常适合测试技术及图像识别技术。此外，固态图像传感器还具有体积小、重量轻、坚固耐用、抗冲击、抗振动、抗电磁干扰能力强以及耗电少等优点。因为固态图像传感器所用的敏感元件易于批量生产，所以固态图像传感器的成本较低。

固态图像传感器也有不足之处，例如，分辨率和图像质量都不如光导摄像管。此外，固态图像传感器的光谱响应通常只能限定在 0.4～1.2μm(可见光与近红外光)的范围内，应用有一定的局限性。

2. 固态图像传感器的分类

固态图像传感器一般包括光敏单元和电荷寄存器两个主要部分。根据光敏元件的排列形式不同，固态图像传感器可分为线型和面型两种。根据所用的敏感器件不同，固态图像传感器可分为 CCD、MOS 线型传感器以及 CCD、CID、MOS 阵列式面型传感器等。

目前，面型CCD图像传感器使用得越来越多，产品的单元数也越来越多。无论是面型还是线型，CCD图像传感器都是当今图像探测技术的主流。

▶ 2.7.2 红外图像传感器

遥感技术多应用于5～10μm的红外波段，现有的基于MOS器件的图像传感器和CCD图像传感器均无法直接工作于这一波段，因此需要研究专门的红外图像传感技术及器件来实现红外波段的图像探测与采集。目前，红外CCD图像传感器有集成(单片)式和混合式两种。

1. 集成式红外图像传感器

集成式红外CCD固态图像传感器是在一块衬底上同时集成光敏元件和电荷转移部件所构成的，整个片体要进行冷却。目前使用的红外CCD传感器多为混合式的。除了光敏元件，集成式红外CCD图像传感器的电荷转移部件同样需要在低温状态下工作。

2. 混合式红外图像传感器

混合式红外CCD图像传感器的感光单元与电荷转移部件相分离，在工作时，红外光敏单元处于冷却状态，而Si-CCD的电荷转移部件工作于室温条件。这克服了集成式固态红外传感器的难点，但光敏单元与电荷转移部件的连线过长，将带来其他困难。目前正在研制光敏单元与电荷转移部件比较靠近的固态红外光电图像传感器。此外，提高光敏单元的红外光图像的分辨率将提高芯片的集成度，这又会导致光敏单元与电荷转移部件的连线加长，这也是红外CCD器件发展中亟待解决的一个问题。

▶ 2.7.3 超导图像传感器

超导传感器包括超导红外传感器、超导可见光传感器、超导微波传感器、超导磁场传感器等。超导传感器的最大特点是噪声很小，其噪声电平小到接近量子效应的极限，因此超导传感器具有极高的灵敏度。

在使用超导传感器时，还要配以准光学结构组成的测量系统。来自电磁喇曼的被测波图像，通常用光学透镜聚光，然后在传感器上成像，因此在水平和垂直方向上微动传感器总是能够探测空间的图像。这种测量系统适用于毫米波段。利用线阵隧道结器件的图像传感器可以测量35GHz空间电场强度分布，这种传感器已应用于生物断层检测，也可用于乳腺癌的非接触探测等。

▶ 2.7.4 图像传感器

图像传感器是利用光电器件的光电转换功能将感光面上的光像转换为与光像成相应比例关系的电信号。与光敏二极管、光敏三极管等“点”光源的光敏元件相比，图像传感器是将其受光面上的光像分成许多小单元，将其转换成可用的电信号的一种功能器件。图像传感器分为光导摄像管和固态图像传感器。与光导摄像管相比，固态图像传感器具有体积小、重量轻、集成度高、分辨率高、功耗低、寿命长、价格低等特点，因此在各个行业中得到了广泛应用。

1. CCD

CCD是应用在摄影摄像方面的高端技术元件，CMOS则应用于较低影像品质的产品中，它的优点是制造成本比CCD更低，功耗也低得多，这也是市场上很多采用USB接口的产品无须外接电源且价格便宜的原因。尽管在技术上有较大的不同，但CCD和CMOS在性能上的差距不是很大，只是CMOS摄像头对光源的要求高一些，该问题已经基本得到解决。CCD元件的尺寸多为 1/3 英寸或者 1/4 英寸，在相同的分辨率下宜选择元件尺寸较大的。图像传感器又叫感光元件。

2. CMOS

CMOS 传感器采用一般半导体电路最常用的 CMOS 工艺，具有集成度高、功耗小、速度快、成本低等特点，近几年在宽动态、低照度方面发展迅速。CMOS 即互补性金属氧化物半导体，主要是利用硅和锗两种元素所做成的半导体，通过 CMOS 上带负电和带正电的晶体管来实现基本的功能。这两个互补效应所产生的电流即可被处理芯片记录和解读成影像。

在模拟摄像机以及标清网络摄像机中，CCD 的使用最为广泛，长期以来都在市场上占有主导地位。CCD 的特点是灵敏度高，但响应速度慢，不适用于高清监控摄像机采用的高分辨率逐行扫描方式，因此在进入高清监控时代以后，CMOS 逐渐被人们所认识，高清监控摄像机普遍采用 CMOS 感光器件。

CMOS 与 CCD 相比，最主要的优势就是省电。不像由二极管组成的 CCD，CMOS 电路几乎没有静态电量消耗，这就使得 CMOS 的耗电量只有普通 CCD 的 1/3 左右。CMOS 的重要问题是在处理快速变换的影像时，由于电流变换过于频繁而过热，如果暗电流抑制得好，那么问题不大，如果抑制得不好，十分容易出现噪点。

2.8 射频识别传感技术

2.8.1 RFID 的定义

射频识别（Radio Frequency Identification，RFID）是一种非接触式的自动识别技术，它利用射频信号及其空间耦合的传输特性实现对静止或移动物品的自动识别。射频识别常被称为感应式电子芯片或近接卡、感应卡、非接触卡、电子标签、电子条码等。

一个简单的 RFID 系统由阅读器（Reader）、应答器（Transponder）或电子标签（Tag）组成，其原理是由读写器发射某一特定频率的无线电波能量给应答器，用于驱动应答器电路，读取应答器内部的 ID。应答器的形式有卡、纽扣、标签等多种，电子标签具有免用电池、免接触、不怕脏污，且芯片的密码为世界唯一，无法复制，具有安全性高、寿命长等特点。所以，RFID 标签可以贴在或安装在不同物品上，由安装在不同地理位置的读写器读取存储于标签中的数据，实现对物品的自动识别。

RFID 的应用非常广泛，目前典型的应用有动物芯片、汽车芯片防盗器、门禁管制、停车场管制、生产线自动化、物料管理、校园一卡通等。

2.8.2 RFID 系统的基本构成

典型的 RFID 系统主要由阅读器、电子标签、RFID 中间件和应用系统软件 4 部分构成，一般把中间件和应用系统软件统称为应用系统，如图 2-8 所示。

1. 阅读器

阅读器（Reader）又称读头、读写器等，在 RFID 系统中扮演着重要的角色。它主要负责与电子标签的双向通信，同时接收来自主机系统的控制指令。阅读器的频率决定了 RFID 系统工作的频段，其功率决定了射频识别的有效距离。阅读器根据使用的结构和技术不同可以是读或读写装置，它是 RFID 系统的信息控制和处理中心。

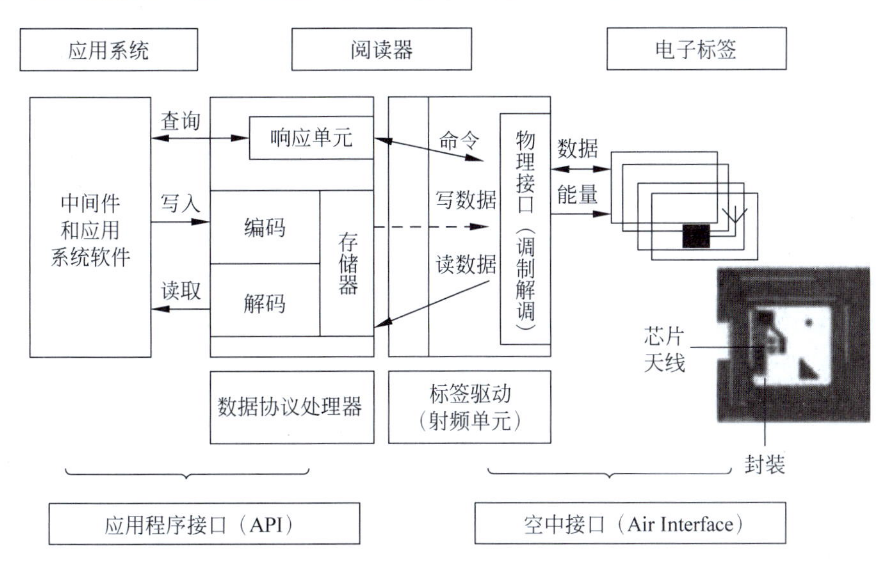

图 2-8 RFID 系统结构

2. 电子标签

电子标签也称智能标签，是指由 IC 芯片和无线通信天线组成的超微型标签，其内置的射频天线用于和阅读器进行通信。在系统工作时，阅读器发出查询（能量）信号，标签（无源）在收到查询（能量）信号后将其一部分整流为直流电源，供电子标签内的电路工作；另一部分能量信号被电子标签内保存的数据信息调制后反射回阅读器。电子标签是射频识别系统真正的数据载体，根据其应用场合表现为不同的应用形态。

3. 软件组件

（1）中间件：中间件是一种独立的系统软件或服务程序，分布式应用软件借助其在不同的技术之间共享资源。中间件位于客户机、服务器的操作系统之上，管理计算资源和网络通信。

（2）RFID 应用系统软件：RFID 应用系统软件是针对不同行业的特定需求开发的应用软件，可以有效地控制阅读器对电子标签信息进行读写，并且对收集到的目标信息进行集中的统计与处理。RFID 应用系统软件可以集成到现有的电子商务和电子政务平台中，与 ERP、CRM 以及 WMS 等系统结合，以提高各行业的生产效率。

▶ 2.8.3 RFID 和 WSN 整合的原因

1. 射频识别技术和无线传感网的应用

RFID 网络的主要应用是侦测标注物体和人的出现。RFID 标签系统的另一个重要应用是提供物体的位置。物体定位有不同的方法：①侦测有移动阅读器的物体的位置，标签固定在已知位置；②用固定的阅读器侦测被标记物体上的标签位置。在大规模 RFID 系统中，使用三角测量或信号处理技术，RFID 标签判断位置的性能可进一步改进。

无线传感网主要用于测知环境、物体/人的位置。无线传感网也可用来测知温度、湿度、压力、振动强度、声音强度、高压电线电压、化学的集中度、污染物质、污染水平等。当把传感器装到被标记物体上时，无线传感网能测知环境、测知被标记物体或人的一些相关现象。

通过结合 RFID 标签（识别和定位）和无线传感网（测知、识别以及定位）的属性，能概括出 4 个不同的应用。

(1) 整合 RFID 的识别和无线传感网的测知。①无线传感网和 RFID 标签被附在相同的物体上。在这个类型中,RFID 标签和整合的传感器被附在相同的物体上,不仅可以用来侦测物体的出现,而且整合的传感器还可以用来感觉物体温度、酸碱值、振动、有角的倾斜、血压和心率,在一些应用中,整合 RFID 阅读器与无线装置和无线传感器节点,整合的传感器不仅可以测知还可以通信。②RFID 标签附在物体上,而无线传感网用来测知物体。这种使用 RFID 标签提供数据的应用例子已在博物馆的监视系统中使用。这里,阅读器被整合到照相机中,而标签附在博物馆的物体上。在物体被侦测之后,RFID 标签能提供物体的信息。③RFID 标签附在物体上,而无线传感网可以测知环境。典型的应用包括用 RFID 侦测固定物体,用无线传感网收集温度、湿度和其他的环境数据。

(2) 整合 RFID 标签与传感器来识别物体与人,在 Broadcom 中有一个有趣的结论。RFID 标签的数据只有在指纹扫描相匹配时才能从标签中读出数据。这样传感器和 RFID 技术结合起来可以提高安全性。

(3) 整合 RFID 标签识别物体/人和无线传感网的定位,RFID 标签用来识别博物馆中的参观者,而无线传感网用来定位小组的队长。在队长的位置确定后,走失的成员在系统指引下去寻找他们的小组队长。

(4) 在整合系统中,用 RFID 标签协助传感器定位,在定位系统中的传感器首先计算第一个回应的位置,然后将预先布置好的 RFID 标签对这个位置进行修正。

2. RFID 标签和无线传感网技术之间的不同

无线传感网的主要成分是传感器节点。除传感器节点之外,网络能包含中继器、汇聚器和一些其他的节点。节点间的通信是多跳的。另一方面,传统的 RFID 系统由 RFID 标签和阅读器组成,阅读器和标签之间的通信是单跳的,见表 2-1。

表 2-1　RFID 与无线传感网的不同

选项	无线传感网	RFID 系统
目的	侦测环境及其中物体的参数	侦测标注物体的出现与位置
成分	传感器节点 relaynodes,sinks	标签,阅读器
记录	ZigBee 标准,WiFi 标准	RFID 标准
通信	多跳	单跳
移动性	静态传感器节点	标签随物体
可编写性	可编程	封装性系统
价格	中等价格	便宜
配置	随机或者固定	固定

RFID 网络的标准化工作具有重要的意义。在工业生产中,RFID 应用很广泛,因此人们对 RFID 标准化工作投入了大量的资金。Epcglobal 和国际标准组织是主要的标准化组织,两者定义的一系列标准可分为数据标准和接口标准,数据相关的标准定义数字的格式;接口标准定义了不同水平的通信协议栈之间的标准,包括阅读器到标签,还有不同软件层之间的通信和接口。在非工业的地方,这一点与现有无线传感网标准大不相同,无线传感网通常使用其他设备的标准,现有的协议如 ZigBee。

无线传感网节点的配置可以是随意或固定的。在大规模 RFID 阅读器系统中,RFID 天线的位置必须精确计算,这样才能覆盖所有标签或者避免冲突。RFID 网络存在一些冲突类型,它们包括标签到标签、阅读器到标签和阅读器到阅读器的冲突。如果一些标签试着同时与相同的阅读器通信,会发生标签到标签冲突。标签同时接收到两个阅读器的信号时,就会发生阅读器到标签冲突。标签频率不确定，会造成标签接收信号时的混乱。阅读器到阅读器冲突是附近的阅读器的信号比标签反射的信号强，有一些标准可以解决标签到标签的冲突，EPC第一类第二代超高频标准是基于安插Aloha阅读器到标签通信协议，当一些标签选择相同时间间隔通信时会发生冲突，阅读器负责运行最佳算法，这样可以减少疑问时间（生产）。相同的标准建议把阅读器和标签传输分开来解决阅读器到阅读器和阅读器到标签的冲突，因此，RFID阅读器部署在固定的位置。

RFID标签的功能通常是固定的，由于设计RFID标签的主要目标是降低耗电量和费用，标签通常在硬件中实现，RFID阅读器通常是无法进行修改的黑匣子。另外，许多无线传感网节点中的微控制器是可编程的，这样可以很容易地进行修正，这就促进了无线传感网的研究。

由于无线传感网和RFID在技术之间的不同，整合可能会把它们的优点组合起来。无线传感网有许多优于传统的RFID的优点，如多单跳通信、侦测能力和可编程的传感器节点。另一方面，无线传感网也需要RFID整合。首先，RFID标签很便宜。考虑到经济方面，在一些无线传感网应用中，用RFID标签来取代无线传感器节点，而当只关注物体的出现和位置时这种方法是可取的。其次，RFID设备传感器节点与标签身份证整合，一种可能是把传感器节点的MAC地址当作身份证来使用。注意，RFID在数据存取方面已经是成熟的技术，而且已经广泛应用于制造商和零售商，用标签身份证来取代MAC地址。虽然RFID技术有限制，例如，在液体或金属环境中的低容错性，但它能通过提供扩充传感网的能力使其他一些不能感知的物体可以被感知。举例来说，传感器节点可能无法在恶劣的环境下工作或者无法在一些特别的应用中使用，而上述方法就可以解决这个问题。

这两种技术已经覆盖了大规模有源RFID标签的所有解决方案。使用RFID协议或其他广泛应用的标准，如WLAN，可以实现整合。像RFID标签一样，它们有唯一的身份证号而且通常连在一个或多个传感器上，传感器节点就是这样组成的。在一些方案中，MAC地址也可作为RFID标签使用。

▶ 2.8.4　RFID标签与传感器的整合

这一类整合把RFID标签装上传感器，这些传感器可以为标签提供侦测能力，由传感器的RFID标签使用相同的RFID协议和机制来识别身份证号和收集来的数据。例如，第一类中的第二代基于EPC global标准的超高频协议使标签一部分内存可以专门用来阅读。因此，用适当的配置指令可以使EPC第二代阅读器传输并读出数据。由于RFID标签内整合的传感器只用来侦测，当前RFID标签协议要靠单跳通信。这类整合就是典型的有侦测能力的RFID系统。

RFID标注物体靠传达EPC密码来识别自己，标签中整合的传感器用来侦测物体和环境。类比由A/D转换器转换的传感器信号，结果数据由阅读器转寄到有分层服务功能的基站。阅读器可以发现特定事物或有RFID标记的物体来获得事件数据，应用系统反馈事件并采取相应的措施。系统结构如图2-9所示。

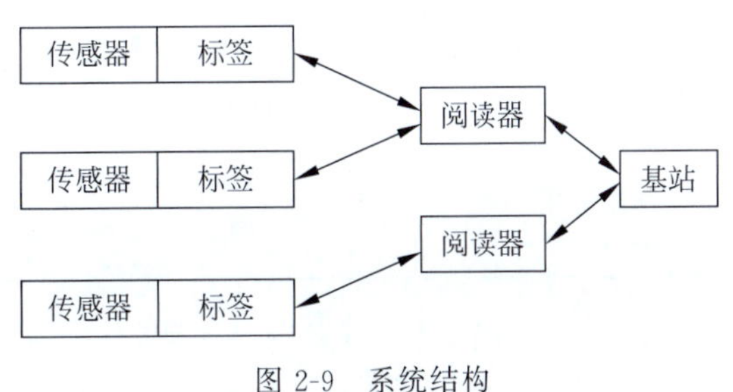

图2-9　系统结构

现在RFID传感应用包括监听身体的状况参数，自动发现产品干预，发现有害的代理人和非法侵入的监听。大部分的应用用来检测和标注物体与环境的温度，有一些整合有传感器的商业RFID标签。基于标签供能的方法，它们可以分为无源标签、半无源-无源标签和有源标签。

1. 无源标签与集成传感器

自从用其他的电池给整合传感器提供电力，大多数整合传感器的标签是半电池电力的无源或有源标签。然而，操作没有电池且收集读者的射频信号的电力整合传感器存在一些无源标签，整合传感器的无源标签被用于下列申请：温度测知和监听、酸碱值发现和相片处理。

Instrumentel 公司开发研制的仪器无源标签具有动力传感器、开动开关、保持数据的能力。标签从读者信号取得充足的能量传到整合传感器，不像普通的标签传感器，只有当被读者质疑的时候，标签的传感器才检测环境。它操作在 13.5MHz 而且能够提供 200mm 的阅读范围。目前它比其他 13.56MHz 的 RFID 标签可利用的范围宽。Instrumentel 标签大小约是 20mm×10mm，它的价格预期每个低于 5 美元。在它的申请中，酸碱值传感器 Instrumentel 标签被放置在一副假牙内，检测病人口中的酸碱度水平。Instrumentel 标签也能与一个锁机制整合，它也能通过供应链来巩固窗口的货物。在申请中，智能容器包含 Instrumentel 标签，它能使用一个读者信号存储和锁/开启容器。这种技术适用于多种申请，包括固定、搜索证据和医疗样品。

除工业方案外，还有温度和相片传感器的 RFID 标签。通过一个同步装置、温度传感器和相片传感器标签，从外部的 ISM(860～960MHz)射频信号、周围温度和光来收集电力。它在三种状态下操作：预备、质问和活跃。当收到激励射频信号时，标签进入预备状态。在预备状态，只有中心时钟发生器处于触发状态，当基站改善请求时，标签进入质问状态。在质问状态，解调器被触发时，其中之一开始工作，当选择功能区被触发时，标签进入活跃状态，同时请求数据传送到基站。标签用 0.25μm CMOS 制造。当在活跃状态时，集成电路片的大小是 0.6mm×0.7mm，包含填补和总计的耗电量是 5.14μW。

宽范围无源 RFID 标签的方案包含一个分开的微天线和一个用来拉高线路的直流电压。工作在 860～950MHz 的两个无源标签可以达到 30m 的阅读范围。工作在 2.45GHz 的标签和温度传感器整合在一起，阅读范围超过 9m。900MHz 和 2.45GHz 的标签的大小分别为 90mm×60mm×4mm 和 60mm×25mm×4mm。

2. 半无源-无源标签与集成传感器

整合的传感器半无源标签被用于下列申请：温度测知和监听，位置记录，车辆资产的跟踪和通路控制。

KWS-KSW Microtec AG 开发的 Tempsens 能够定期地测量在装配测量间隔里的温度。它是一个半无源标签，能附到/嵌入在由于温度影响会在运输系统期间破坏的任何产品上。例如，环境温度持续高温很长时间，它能附在有沙门氏菌污染的冷冻鸡上。KSW 的主要特征——Tempsens 列于表 2-2 中。

表 2-2 KSW 的主要特征——Tempsens

操作模型	半无源-无源	操作模型	半无源-无源
操作频率	13.56MHz(HF)	记忆	2KB SRAM，4 块 256B 缓存
操作温度	－15～＋50℃	保存评价	64
操作电压	3V	BH	
内储	6B	抽取样品间隔	10s～16h

Synatax Commerce 开发的 Therm Assure 通过软件申请也有能力接收设计门槛，它能通过整个设备用于跟踪详细目录，Therm Assure 的主要特征列在表 2-3 中。

表 2-3　Therm Assure 的主要特征

操作模型	半无源-无源	操作模型	半无源-无源
操作频率	13.56MHz(HF)	记忆	4000 读数
操作温度	−40～+50℃	设置	可编程报警，可编程读取间隔
误差	±0.2℃		

外国技术开发的电池电力反散射 2450MHz 的标签是用补充的方法来补充短距标签系统和高代价有源系统的间隙。系统的标签容易扩展，所以许多不同类型的传感器能经过多主控 I^2C 总线进行连接。在 30m 的范围内，标签提供可靠的读/写。它能在长距离认证、传感器监测、车辆资产跟踪系统中运用，装备小电池，标签能够存储包括区域感应的 4KB 的数据，工作在 2450MHz。在生产或装配时，标签能够附在有温度的产品上，而且产品的历史温度能够用无线方式下载到终级目的地或者任何点，低电力反散射技术的使用使一个小电池就能够操作使用几年。

另外，允许与外部传感器整合的解决方法是 Axeess 的企业点，点技术合并一个电池电力和与多条全球规则可并立的软件无线收发机，包括 EPC1 和 GEN2 标准。集成电路上有收发装置：担任有源标签的超高频 315～433MHz 的范围，作为无源标签和 1～150kHz 的范围的超高频 900MHz EPC 基础申请，集成电路通过 I^2C 总线也有外部连接点。点支持多种申请，包括制造业和天然气、公共设施、教育、政府和军队。它可以用来评价控制系统、无源 RFID 产品标签、有源的 RFID 资产标签、真正的时间位置系统和分配感应发射器。

3. 有源标签与集成传感器

整合的传感器有源标签用于下列申请：温度测知和监听，地震检测，血压和心跳比率监听等。

美国 Thermal Instruments 开发的 Logic 温度跟踪器是一个有源标签。在温度管理或温度测知中担任看门狗。Logic 温度跟踪器系统包含三部分：Logic 温度跟踪器标签、GertiScan RFID 阅读器和 GertiScan Logic 软件基础的 PC 或 LopFop。Logic 温度跟踪器标签能够接收经由两种途径的 RFID 流通的可设计温度门槛。如果温度超过门槛，标签上的 LED 指示器能够发出警报信号。Logic 温度跟踪器的主要特征列于表 2-4 中。

Bisa 是一个有源的 RFID 产品提供商。它提供许多在 2.4～2.5GHz 的范围内操作的有源传感器标签。例如，2.4GHz 温度传感器标签能够收集标签项目即时温度和识别它们的位置，如果发现温度超过合理的值时能发出警报。标签的大小是 90mm×11mm×11mm。阅读的距离高达 100m，阅读率是每秒 100 个标签。理论寿命是 4 年。标签典型申请包括寒冷物流管理和药物运输。另一个有源传感器标签是 2.45GHz Vibration 传感器标签(型号 N0 24TAG02V)，它能够发现和记录标签项目的连续或振动。因此，它适用于不同的警报系统。标签的主要特征列于表 2-5 中。

表 2-4　Logic 温度跟踪器的主要特征

操作模型	有　源
操作频率	13.56MHz(HF)
操作温度	−40～+65℃
误差	±1.0℃
记忆	高达 64 000 读数

表 2-5　2.45GHz Vibration 传感器标签的主要特征

操作模型	有　源
操作频率	2.45MHz(HF)
RFID 传感器	振动
灵敏度	4V/g
阅读范围	0～100m
数据评估	1Mb/s
电力	12～18μA，3V
电池寿命	4 年

两个含有传感器 RFID(Sensor-RFID)的不同工程。第一个工程在图 2-10 中说明。在这个工程中，多种不同功能的传感器能够嵌入同一个标签，并且这些传感器被一个可设计的定时器控制。传感器独立和定期地抽取样品外部数据，在送到一个比较有力的数据库之前，获得的新数据由微处理器初步处理。数据库从读者或干涉互联网等其他来源整合数据，测知数据的样品可以打开/关闭，而且被读者设计。由于标签需要定期地打开样品数据，标签需要电池电力，一旦标签的剩余电力比特定的工作水平低，标签将自动转到无源状态。即只有当标签在读者的质问状态下，才能操作测知功能。

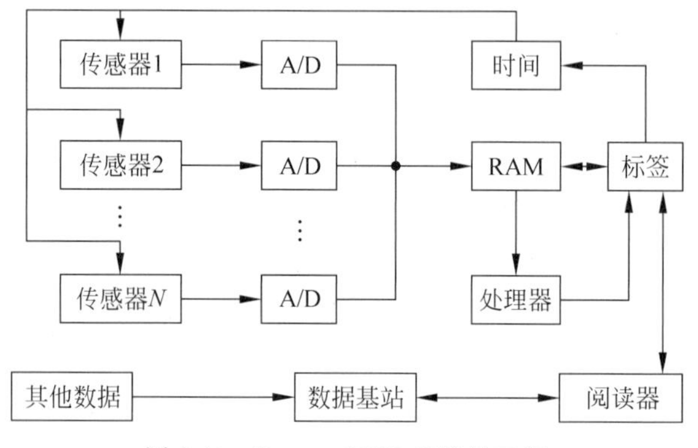

图 2-10　Sensor-RFID 系统的工程

图 2-11 显示的第二个工程中，每个标签只有一个整合传感器，与第一个工程类似，样品传感器定期独立地测知环境数据传给读者。由于标签只有一个传感器，而且微处理器是嵌入读者的，与第一个工程标签相比，第二个工程中的标签消耗能量少。而且，它允许在不同地理位置测知不同的来源，如果不同的测知来源是同一地点，那么第一个工程比较好。

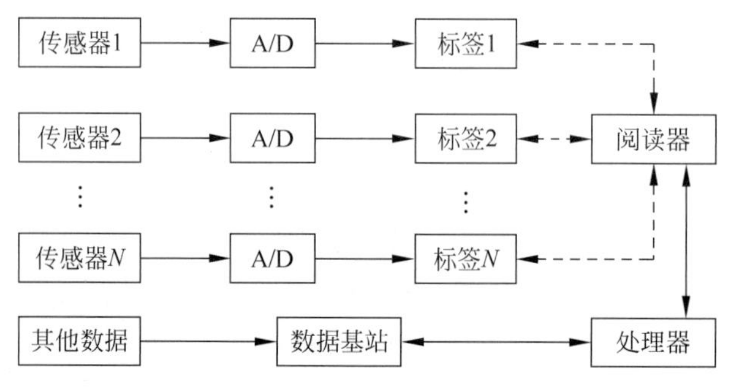

图 2-11　Sensor-RFID 系统的工程

要使提议的工程有效，即时的健康监听系统需要更深度的开发。Sensor-RFID 系统能够不间断检测、再评估和诊断慢性病人的医疗情况，传感器标签是像手表一样方便的装置，嵌入病人体内，定期取样病人的参数，并分析初始数据。测知数据被安装在病人的汽车、办公室或者家里的处理器中，进一步整理数据通过互联网传给医生，传感器标签也能够连接阅读器在紧急情况下直接给医生传送一个紧急信号。

由于测知来源，即温度、血压和心率能在病人身体的同一位置发现，如手腕，即健康监测系统第一工程是好的解决方法。系统在 UHF15MHz 下操作，Sensor-RFID 通过 USB 直接与 PC 连接，应用 WiFi 标准，PC 通过无线 LAN 与互联网更远地连接。

▶ 2.8.5　RFID 标签与传感器节点的整合

无线装置 RFID 与传感器整合的标签通信能力受限。在高端应用中，无线传感器节点和无线电装置的 RFID 标签是可能的，所以整合的标签能够与许多无线电装置通信，阅读器也没有限制。虽然整合传感器的标签是与读者通信的传统 RFID 标签，但是这个级别的标签能够与其他无线装置通信，包括标签本身。因此，这个级别的标签能够互相通信，并形成一个单跳网络。这些新的标签可以遵循现有的 RFID 标准，也可以有专有的协议。

CoBIs RFID 标签设计用来检测周围的情况，当发现情况破坏了规则时发出警报。每个 CoBIs 标签都携带一个加速传感器、无线电收发机、10KB 的记忆存储和其他处理规则的计算机。标签能够经专用接口互相通信、记录。每个节点传输它的身份证数字，还能传输所有在它 3m 范围内的节点的测知数据。这些 CoBIs 标签能够被附着在化学药品上，用来监视周围环境参数和化学药品的总体积。如果发现周围参数或者化学药品的总体积超过预定值，它将发出警报并采取相应措施。申请需要通信，不仅是在标签和阅读器之间，也在化学药品总体积和合作控制的标签中。

AeroScout 开发的 AeroScout T3 标签是利用标准的 WiFi 户内、户外真正时间评价资产和人建立的有源 RFID 标签。有一个内置的运动传感器和一个可选择的内置温度传感器。标签是干预证明，而且能定期地取回有价值的数据，例如，燃料标准量、里程或压力测量。由于它用的是 WiFi 标准，任何无线接入点(802.11b/g)都可以从多种网络站点接收和处理数据。这使客户能够有多种阅读选项。标签小的尺寸使它吸附在非常小或不规则的物品上。AeroScout T3 提供多种选项，如跟踪器、身份证定位器。当独特的视觉验证需要详细记录时，扩展的引导功能添加高达三项不同颜色的 LED 灯。标签由一个可提供 4 年操作时间的可替换电池提供能量。电池水平定期报告，所以电池的替换可以有效地执行。

在亚洲，多脚 RFID 标签被 NTT 实验室开发用来阻止猴子/动物弄乱农场。这些传感器标签是电池电力，而且在 429MHz 操作，通信距离小于 1km。传感器标签，不仅能传送数据，也能与其他标签进行读/交换数据。猴子首先被粘上标签当作发射器，安装在环境中的标签是接收器，当发现它们接近农场时，信息全部由 RFID 阅读器收集并反馈给居民。由于没有无线电/网络在山中连接，一些标签作为接替装置安装在关键点。

在一定程度上，这个级别的标签能用 RFID 当作无线传感器，它具有“即插即存”的能力，例如，WiFi、蓝牙和 RFID。平台包括一个收集传感器和中央控制器通过 RF 标准通信的主动器，每个传感器或主动器有一个智能感应接口。传感器的接口数据对主动器输送命令，并提供一个数据通信接口给智能感应节点。智能感应节点工程在图 2-12 中显示，无线智能传感器平台更进一步被实现示范它的非决定性即时表现。为了获得即时表现，智能感应节点跟踪无线通道，使用一个简易的传输控制协议，即增加小包线，防止系统低负荷指数加重。

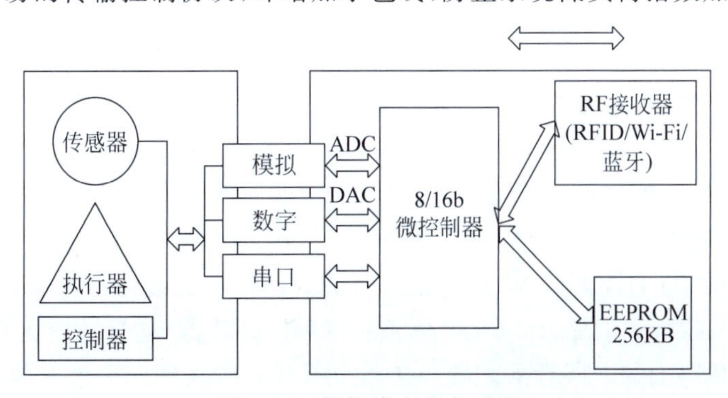

图 2-12　智能感应节点工程

完成的系统是一个陀螺罗盘马达-编码器的系统，它包括两个智能节点和担任中央控制器的掌上电脑，每个传感器/主动器被连接到 SSI 用来与中央控制器通信。一个私通感应节点结合蓝牙的传感器和 RFID 标签进入智能内部，另一个智能感应节点把主动器和 WiFi 收音机整合到内部。陀螺罗盘与掌上电脑通信依次将指令送到马达，附到马达上的编码器跟踪马达的位置。系统的安全模式智能感应节点监测、机器的状态和存储在 RFID 标签中的健康数据。标签用作简易的无线非视线数据存储，即使中央控制器关闭，由 ISO/5693 用来存储数据的 RFID 阅读器的质问续签也能取回必需的机器健康数据。标签的容量从 256B 到 2KB 不等，一个连有 PDA 的 RFID 阅读器用来读出标签内的数据。

脉冲 RFID 技术用来除去节点中的迟滞监听，节约能源，而能源是无线传感器节点中的关键。在无线传感网中，通信装置通常在传感器节点上用周期性睡眠来支持能源消耗。然而，周期性睡眠会造成监听迟滞和高延迟，这将会降低网络效率。而脉冲 RFID 技术提供了一种遇到需求就激活的无线传感器节点技术，每个传感器都整合有一个 RFID 标签，同时也拥有 RFID 识别性能。在每个传感器节点中有两个收音机，一个是与传感器节点通信的射频传感器收音机，另一个是 RFID 收音机，自激活收音机。在图 2-13 中说明了传感器节点的组成。整合标签监听的节点中的 RFID 收音机，如果发现通道活动，标签会激活传感器去监听这个通道并且通过射频收音机接收数据。另外，传感器节点能保持睡眠状态。由于 RFID 收音机比 RF 传感器收音机耗能量少，当它提供点到点的延迟时，RFID 脉冲技术能量消耗是很有价值的。

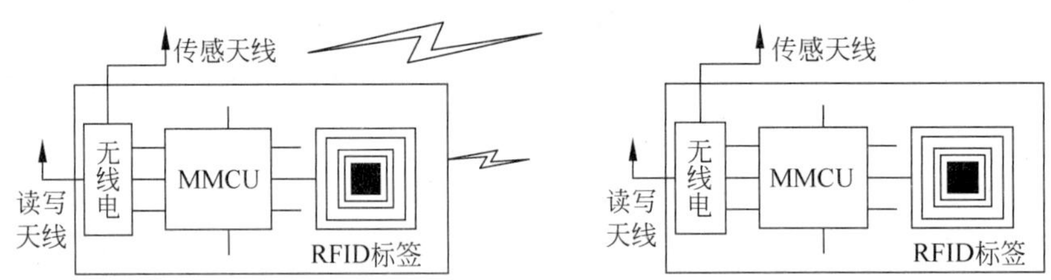

图 2-13　整合传感器节点的组成

整合或把标签特征加入传感器微粒是可能的，如云母微粒。所以，标签传感器能够互相合作组成下一个特别网络，只要装备微控制器，标签传感器能够独自决定在哪里、何时传输/接收数据。但是，云母微粒的费用对商业申请来说太高，当云母微粒变得便宜时，它是有可能替换 RFID 标签的。由于安装费用低，网络数据少，ZigBee/IEEE 802.15.4 标准适用于传感器标签。

2.8.6　读写器与传感器节点的整合

其他类型的 RFID 和传感器的整合包括无线传感器节点和无线服务的整合，整合能够增加新的功能而且打开一些新的申请门槛。整合的阅读器能够测知环境的情况，互相无线通信，从贴标签的物体读取识别信息，有效地传送主持人数据。基于整合传感器节点的功能，目前的解决方法可以分为三类。

在第一类中，RFID 阅读器与 WiFi 标准进行无线通信的无线服务整合。一种工业解决方法是由 Alien Technology 开发的 ALR9770 系列 RFID 阅读器，这种装置支持所有 EPC 协议，对 EPC GEN2 是高层次的。阅读器配置高达 4 个天线装置来确保标签新闻记者的可靠，通过 IEEE 802.1b/g 标准来通信。表 2-6 中对产品进行了说明。

表 2-6 ALR9770 系列的 RFID 阅读器的说明

名称	数据
记录支持	EPC class 1 Gen 1
RFID 传感器	EPC class 1 Gen 2
灵敏度	EPC class 0
阅读范围	Rewritable class 0
工作频率	928MHz
存储	64MB DRAM，16MB Flash
天线	ALR-9774-bdl 4-port bundle
	ALR-9772-bdl 2-port bundle
网络	10/100Base-T Ethernet
	Optional WLAN 802.11b/g
记录	TCP/IP，UDP，DHCP，HTTP，NTP
电源	DC 12V，2A
尺寸	25.4cm×25.4cm×3.8cm，31b 10oz

大范围内布置多个 RFID 标签的基本整合思想是把 RFID 阅读器与一个射频无线电收发器相连。这个射频无线电收发器有工作路线排序功能，而且可以从阅读器中收发转寄数据。用户可以通过单跳阅读器通信从超过正常范围的阅读器接收数据。整合的节点中有一个 RFID 阅读器、一个射频无线电收发器和一个可以控制节点不同成分的微控制器。微控制器也可以控制 RFID 阅读器和其他成分，当它们不忙碌时自动进入睡眠模式。节点的结构如图 2-14 所示，RFID 系统采用了飞利浦公司的 ICODE 标准，ICODE 标准是高频 RFID 工业标准的产物，它可以对标签进行读写，而且每秒能读 200 个标签。有一些植入的芯片可以为 RF 接收器所用，例如，Berkeley mote、Mica、Mica2、Mica2Dot 和由 Cross Bow 技术制造的 MCS Cricket。网络结构采用了 Mica2 芯片和时间驱动系统 TinyOS。另外，根据假设的传输速率、阅读器与微控制器间每秒传输的数据量、阅读器回应延迟等因素，电池的寿命可达 16 个月。

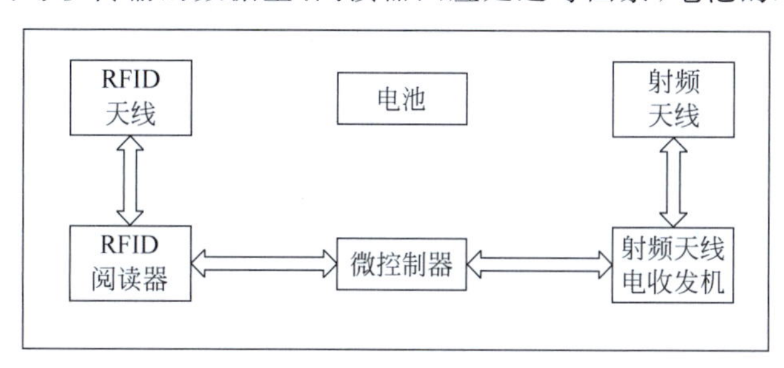

图 2-14 整合的阅读器结构

另外一个原型结合了无线传感器节点和 RFID 阅读器，提供了资产自动追踪和目录管理的应用。原型包含两个无线传感器节点，其中一个连接了一个主装置，称为主节点；另一个连接了 RFID 阅读器，称为阅读器节点，主装置可以是一个有标注项目目录的数据库的普通个人计算机。用户可以用计算机在数据库上运行一个疑问，用户的指令传给主节点，然后通过无线传感网传给阅读器节点，阅读器节点把指令传给 RFID 阅读器来获取想要的数据。通信是双向的。使用相同的接口，数据可以从阅读器到达主装置。

在第二类中，整合的传感器节点提供了传感和通信功能，它使用了热敏传感、高频 RFID 阅读器识别和检测金属伺候器的温度，每个伺候器连接了一个 13.56MHz 的标签。每个伺候器内部都连接一个与热敏传感器相连的阅读器，这些传感器用来检测内部的温度，所有的阅读器连在一起形成网络。

老年人医疗系统的 RFID 和传感网络原型包含 7 部分：三个 Mote、一个高频 RFID 阅读器、一个超高频 RFID 阅读器、一个 Weight scale 和一个基站。在图 2-15 中显示了系统成分，在阅读范围内，高频 RFID 阅读器用来追踪所有的医疗药瓶。在一个预定间隔，阅读所有标签后，系统可以决定什么时候移动或置换哪个瓶子。Weight scale 用来检测药瓶里的药量。结合 Weight scale 和高频标签的信息，当病人吃药时，系统可以决定从哪个瓶里取多少药量给病人。

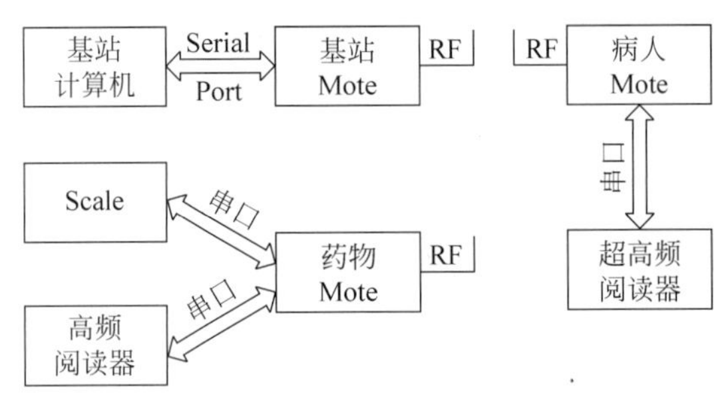

图 2-15　整合的 RFID 与 WSN 的成分

一个超高频 RFID 系统包括一个阅读器和一些追踪需要药的年长病人的标签。病人身上的超高频标签为 3～6m 时可以联合 RFID 阅读器侦测到。通过“哔哔”声或闪光，系统可以告诉病人或提醒病人需要服药，所有的 Mote 用来与控制系统通信。医疗 Mote 与高频阅读器通信，Weight scale 检测高频标签和药量，当病人靠近房间时，病人 Mote 与超高频阅读器来检测病人。所有数据从医疗 Mote 和病人 Mote 通过基站传输到基站计算机，在阅读器和微控制器间以 60b/s 读入数据并且微控制器在工作周期 1%的情况下，电池寿命是 19 个月。

三列的阶层结构，最低的一层是 RFID 标签层。第二层是埋在第三层无线传感器节点的 RFID 阅读器。最底下的两层是普通的 RFID 系统，通信采用了 RFID 标准协议。传感器层连着基站和互联网，传感网提供了传感性能，同时把这个功能传递给了标签和传感器，这种结构在不同领域有不同的应用。如它可以用于生态系统和野生植物栖息地检测系统，土地下大规模地埋入 RFID 传感器网络可以检测并获得动物迁徙、种群数量和其他环境因素数据。在栖息地埋入标签，需要的信息可以通过多个 HOP 网络传给基站，基站可以把信息传到互联网上或者存储在数据库中以备后用。

在第三类中，RFID 阅读器和传感器连接了许多装置，例如，PDA、手机、RFID 基站传感器网络提供了把传感器添加到 RFID 无线装置的方法。

▶ 2.8.7　RFID 和传感器的整合

从早先不同的情形看，RFID 标签/阅读器与同级别传感器是物理分开的，一个 RFID 系统和一个无线传感网都存在申请中，而且它们独立运行。然而，当数据从两者的 RFID 标签和传感器节点被转寄到普通控制中心时，在软件分层中存在 RFID 与 WSN 的事例。在这种情况下，成功操作 RFID 系统或 WSN 可能需要另一个的帮助。例如，RFID 系统为 WSN 特定物品提供级别信息，而且 WSN 提供另外的数据给 RFID 系统，如位置和环境情况。RFID 和传感器混合的优点是不需要设计新的整合节点和所有操作，而且 RFID 与 WSN 的实现在软件层可以操作。然而，由于 RFID 标签/阅读器和传感器是物理分开的，而且工作在同一系统，可能引起一些通信冲突。

基于 RFID 和无线传感网的技术小组向导服务采取混合多样独立旅游团队的测知区域，每个小组有一个领队和一些成员，每个成员可以跟随领队的路径或者有时基于兴趣任意选取。

小组导游系统设计如下：传感器节点分配安装在申请区域，每个传感器与显示简易指导路径的主机相连。WSN 的一些传感器节点作为服务中心与掌上电脑和 RFID 阅读器相连，每个小组领队携带一个定位器，由蜂鸣器、插头、控制组件、控制按钮和电池组成。定位器定期地在 4kHz 带上自动传播信号让 WSN 跟踪位置，每个小组成员携带下一个包含 ID 的无源 RFID 标签。

为跟踪领队的位置和持续向每个领队提供地图，每个领队的定位器会定期传播信号，所以传感器节点能够彼此合作来完成任务。要给领队指引迷失的队员，迷失的队员可以去任何的帮助中心，让 RFID 阅读器读取他/她的标签，标签包含小组身份证，而且 WSN 彼此提供指导地图。指导方向会在帮助中心的屏幕上显示，迷失队员与领队的指导地图传感器与主机连接。为帮助领队呼叫队员，小队领队只需要按下定位器上的按钮。一个广播信息会迅速传到网络，所有传感器的主机始终跟踪领队的传感器指示方向。无论队员在哪里，他们都可以跟踪这些指示找到他们的领队。

混合 RFID 标签和传感器节点系统工程包括三种级别的服务。第一级别的无线服务称为没有严格限制的智能站。智能站包括一个 RFID 阅读器、数据微处理器和网络接口。第二级别和第三级别的装置是常规标签和传感器节点，智能站从标签和传感器节点收集信息，然后传送信息到主 PC 或远程控制 LAN。来自 RFID 与 WSN 的信息可以进一步整合进基站，专为特殊申请。

IEEE 802.11b/WiFi 平台使用没有证明的 2.4GHz 频带和 DSSS 物理层技术，而且在 MAC 层使用 CSMA 的传感通路，最大值数据率可以达到 11MB/s。

另一个在供应链中用来追踪 RFID 和感应数据的工程被分解为 4 层：物理层、数据层、过滤层和申请层。落实轨道和痕迹与寒冷链模式进一步呈现，落实包括掌上电脑、服务器、阅读器和传感器，系统工程结构如图 2-16 所示。

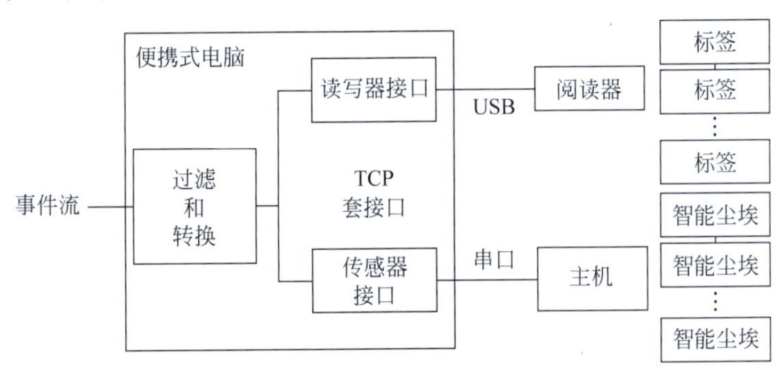

图 2-16　系统工程的结构

阅读器采用 Tabsense 1356-MINI 阅读器，它在频率 13.56MHz 下操作，阅读距离大约 1cm。阅读器与掌上电脑通过 USB 连接。标签身份到 VCOM 口阅读器转寄。传感器频带采用 Cross bow 的 MWS300CA，它由两块 AA 电池供电，能够发现声音、光与温度等。主传感器通过连接口与掌上电脑连接。它是掌上电脑和无线尘埃的网关。主传感器向尘埃散播 TinyDB 查询。TinyDB 是一个运行在 TinyOS 上具有 SQL 风格的查询工具。传感器接口由 Java 实现。它与主传感器共同散播 TinyDB 查询，并收集查询结果。滤波和转换用 C# 在 Windows 平台实现。它经由 TCP 接口从阅读器和传感器界面接收数据。

EPC传感网络提供一个接口来整理RFID系统和传感网络,所有目的数据可以从不同来源通过不同申请要求取回。一个典型的申请是建立一个文化财产管理系统。系统来源用来检测财产资产。

RFID采用追踪游客运动路径的技术从而阻止他们到禁止区域。目前的挑战是将RFID和无线传感网两个完全不同的网络进行联合。在RFID系统中,读取、写入和一些安全选项的控制是有限的。相比之下,无线传感网需要更多复杂的算法/路由协议、数据传播、数据汇总和数据处理。

为了在一个系统里融合完全不同的技术,在阅读器管理系统,通过采用UPnP和SNMP技术扩充现在的阅读器管理,进而将WSN包括在内。阅读器管理系统为RFID数据和WSN数据提供适用、统一的接口配置,这样WSN数据就能当作RFID数据递送给上面的层。因此,上面的层不需要区别RFID和WSN的数据来源。也就是说,EPC传感网络使用读取概念,这将取代单纯在传统WSN中收集读出数据的基本概念。

习题2

1. 传感器、________和________是传感器网络的三个基本要素。
2. 每个传感器节点由________(传感器、A/D转换器)、________和________(微处理器、存储器)、通信模块(无线收发器)和供电模块(电池、DC/DC能量转换器)等组成。
3. 传感器的定义是指能够把特定的被测量信息(________、________、生物量等)按一定规律转换成某种可用信号(________、________等)的器件或装置。
4. 传感器一般由________、________和基本转换电路组成。
5. 按被测量与输出电量的转换原理划分,传感器可分为________和________两大类。
6. 传感器按测量原理(主要有物理和化学原理)分类,包括________、________、________、________和半导体式等。
7. 传感器按被测量的性质不同划分为________、________、温度传感器等。
8. 传感器按输出信号的性质可分为开关型(二值型)、________、________。
9. 集成传感器是将________、________和各种补偿元件等集成在一块芯片上,具有体积小、重量轻、功能强和性能好的特点。
10. 智能传感器是指具有微处理器、________和________的传感器。
11. 智能传感器是将________与________相结合而构成的。
12. 在机器人定位中,需要关注________和________两个基本概念。
13. 简述传感器网络节点的使用限制因素。
14. 简述传感器的基本特性。
15. 简述机器人定位的基本思想。
16. 简述图像传感技术的内容。
17. 简述RFID的定义。
18. 简述RFID系统的基本构成。

第3章 WSN开发环境

学习导航

WSN开发环境
- 概述
- WSN平台硬件设计
- WSN的操作系统
- 现代WSN典型实验平台
- ZigBee硬件平台
- WSN仿真
  - WSN仿真的特点
  - 通用网络仿真平台
  - 针对WSN的仿真平台
  - WSN工程测试床

学习目标

◆ 了解WSN节点设计模块设计内容、WSN节点开发案例、WSN中常见节点内容、TinyOS操作系统、nesC语言、LED灯闪烁实验、WSN实验平台中传感器节点内容、CC2530片上内核、CC2530主要特征外设、CC2530无线收发器、WSN仿真中的各种平台。

◆ 掌握WSN系统结构图、WSN节点设计内容、WSN节点设计要求、WSN实验平台的总体结构图、WSN实验平台中的仿真器原理、WSN实验平台中的路由节点内容、CC2530芯片的特点和CC2530开发环境IAR。

3.1 WSN概述

国内目前在无线传感器网络软件、硬件方面都在相应地发展，在基于国际标准、操作系统之上，许多公司都已研发了自己的硬件平台、中间件软件。武汉创维特信息技术有限公司的CVT-WSN-S全功能无线传感器网络实验平台，深圳市无线龙科技有限公司的C51RF-WSN无线传感器网络开发平台，提供了功能齐全的硬件开发环境，对外提供便捷的接口，用户无须了解底层细节，极大地降低了无线传感器应用的开发难度。

无线ZigBee传感器网络系统主要由计算机、网关和网络节点等组成。用户可以很方便地实现传感器网络无线化、网络化、规模化的演示、观测和进行二次开发。

(1) 计算机部分，主要完成接收网关数据和发送指令，实现可视化、形象化人机界面，方便用户操作和观察。

(2) 网关部分，主要完成通过计算机进行的指令发送或接收路由节点或者传感器节点数据，并将接收到的数据发送给计算机。

(3) 路由节点部分，主要在网关不能和所有的传感器节点通信时，路由节点作为一种中介使网关和传感器节点通信，实现路由通信功能。

(4) 传感器节点，主要完成对设备的控制和数据的采集，如灯的控制温度、光照度数据等。

3.2 WSN平台硬件设计

▶ 3.2.1 系统结构图

现代无线传感器网络开发，各种实验平台根据不同的情况可以由一台计算机、一个网关、一个或多个路由器、一个或多个传感器节点组成。系统大小只受PC软件观测数量、路由深度、网络最大负载量限制。

现代无线传感器网络开发，各种实验平台内均配置ZigBee2007/PRO、ZigBee2006等协议栈，典型的传感器网络系统结构如图3-1所示。

基于ZigBee2007/PRO、ZigBee2006等协议栈的无线传感器网络具有自组织能力，其在网络设备安装和架设过程中自动完成网络组建。完成网络的架设后，用户便可以由PC发出命令，读取网络中任何设备上挂接的传感器的数据以及测试其电压，其简单的工作流程描述如图3-2所示。

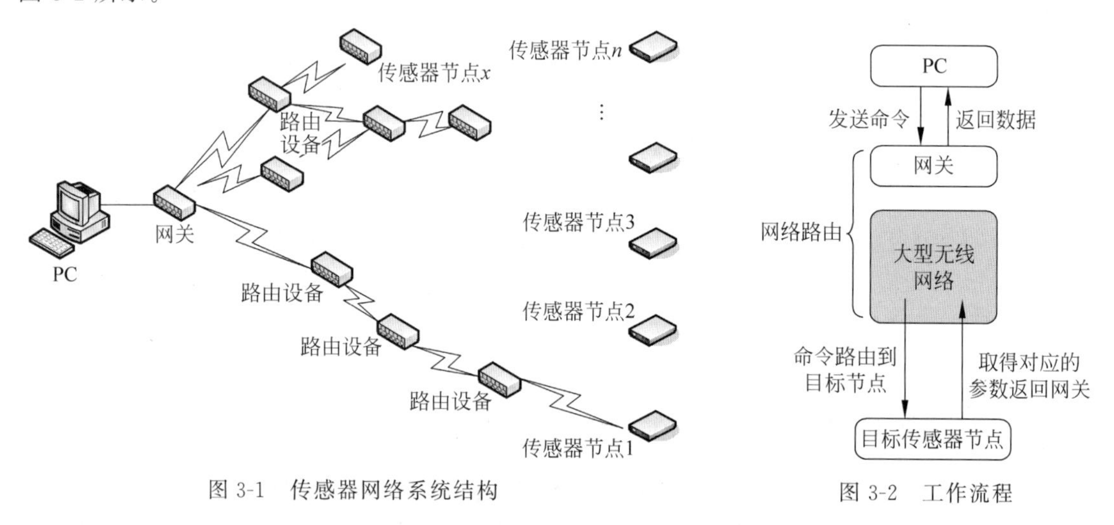

图3-1 传感器网络系统结构

图3-2 工作流程

同时，在使用无线ZigBee传感器网络实验平台开发应用系统前，需要学习理解一些基础知识，如无线数据传输、ZigBee无线网络和传感器知识。

▶ 3.2.2 节点设计内容与要求

1. 节点的设计要求

根据应用环境的不同，传感器网络对节点的精度、传输距离、使用频段数据收发效率和功耗等提出了不同的要求，要求搭建相应的硬件系统和软件系统，使节点能够持续、可靠和有效地工作，其传感器节点的设计主要有以下5点要求。

(1) 微型化。无线传感器节点在体积上应足够小，以保证对目标系统本身的特性不造成显著影响。在某些应用场合，如战场侦察，甚至需要节点体积小到不容易让人察觉的程度，以完成一些特殊任务。

(2) 低功耗。节点部署后需要长期在建筑物内或野外等环境工作，携带电量有限，电池更换可行性较低，必须具备低功耗的性能。在硬件设计方面，电路应尽可能简单实用，尽可能选择低功耗器件。

(3) 低成本。无线传感器网络由大量密集分布的节点组成，只有低成本才有可能大量地布置在目标区域中。低成本对传感器部件提出苛刻的要求。首先，供电模块必须简单且造价低；其次，能量有限，要求所有的器件必须是低功耗的；最后，传感器不能使用精度过高的部件，以免造成传感器模块成本过高。

(4) 稳定性和安全性。节点的各个部件应该能够在给定的外部变化范围内正常工作。在给定的温度、湿度、压力等外部条件下，无线传感器网络节点的处理器、无线通信模块和电源模块要保证正常的功能，并使感知部件工作于各自的量程范围内。节点在恶劣的环境下要能稳定工作，且要有数据完整性保护，以防止外界因素造成的数据变化。

(5) 扩展性和灵活性。无线传感器网络节点需要定义统一完整的外部接口，以便必要时在现有节点上直接添加新的硬件功能模块，不需要开发新的节点。同时，节点可以按照功能拆分成多个组件，组件之间通过标准接口自由组合。在不同的应用环境下选择不同的组件配置系统，无须为每个应用都开发一套新的硬件系统。当然，部件的扩展性和灵活性应该以保证系统的稳定性为前提，必须考虑连接器件的性能。

2. 节点硬件设计内容

大多数传感器网络节点具有终端探测和路由的双重功能：一方面实现数据的采集和处理；另一方面实现数据的融合和路由，对本身采集的数据和收到的其他节点发送的数据进行综合，转发路由到网关节点。网关节点往往个数有限，而且能量常常能够得到补充。网关通常使用多种方式（如 Internet、卫星或移动通信网络等）与外界进行通信。

传感器节点的硬件平台结构如图 3-3 所示。传感器节点一般由数据处理器模块、存储器模块、无线通信模块、传感模块和电源模块 5 部分组成。数据处理模块是节点的核心模块，用于完成数据处理、数据存储、执行通信协议和节点调度管理等工作；存储器模块主要完成存储处理器转送的数据；无线通信模块主要完成在信道上发送和接收信息；传感器模块主要采集监控或观测区域内的物理信息；电源模块主要为各个功能模块提供能量。

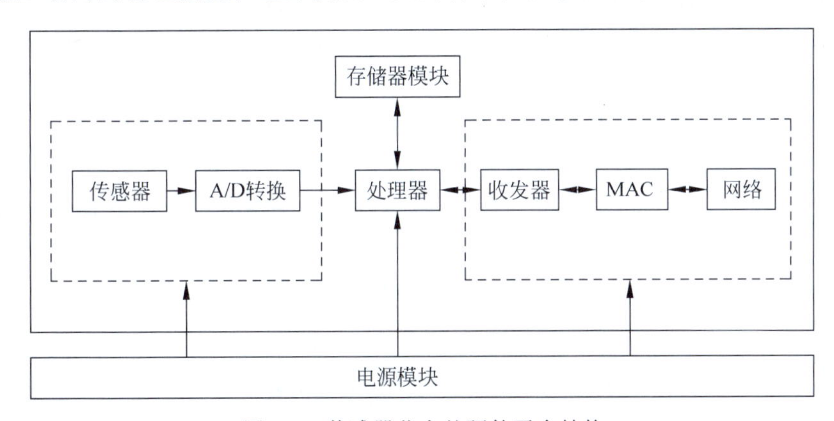

图 3-3　传感器节点的硬件平台结构

▶ 3.2.3　节点的模块化设计

1. 处理器模块

处理器模块是无线传感器网络节点的核心部件，微处理器选型应满足以下 4 方面的要求。

(1) 体积尽量小，处理器的尺寸基本决定整个节点的尺寸。

(2) 集成度尽可能高，要有足够的外部通用 I/O 接口和通信接口，使整个系统的处理器外围电路简单整洁，基本不需要扩展额外的器件，减小整个节点的尺寸。

(3) 功耗低且支持休眠模式，休眠模式直接关系到节点生命周期的长短，系统在绝大多数时间内应处于待机或休眠状态。

(4) 运行速度快，系统能够在最短的时间内完成工作，进入休眠状态，节省系统能量。

从处理器的角度来看，传感器网络节点基本可以分为三类。

第一类采用以 ARM 处理器为代表的高端处理器。该类节点的能量消耗比采用微控制器大很多，多数支持 DVS(电压调节)或 DFS(动态频率调节)等节能策略，但是其处理能力也强很多，适合图像等高数据量业务的应用。另外，采用高端处理器来作为网关节点也是不错的选择。ARM(Advanced RISC Machines)处理器是一种高端处理器，除了具备 RISC 体系结构的优点外，还采用了一些特别的技术，在保证高性能的前提下尽量缩小芯片的面积并降低功耗。ARM 处理器具有多个系列，除了具有 ARM 体系结构的共同特点外，每个系列的 ARM 处理器都具有各自的特点。常见的 7 个系列包括 ARM7 系列、ARM9 系列、ARM9E 系列、ARM10E 系列、SecurCore 系列、Intel 的 XScale 系列和 Intel 的 Strong ARM 系列。其中，ARM7、ARM9、ARM9E 和 ARM10E 为 4 个通用处理器系列，每一个系列都有相应的独特性能。SecurCore 系列专为安全性要求较高的应用设计，Intel 的 XScale 为体系结构提供一种新的高性价比、低功耗的解决方案，支持 16 位 Thumb 指令和 DSP 扩充。

第二类是以采用低端微控制器为代表的节点。该类节点的处理能力较弱，但是能量消耗也很小。在选择处理器时应该首先考虑系统对处理能力的需要，然后再考虑功耗问题。低端处理器主要有 Atmel 公司的 AVR 系列单片机和 TI 公司的 MSP430 系列单片机，它们是目前传感器网络领域应用较多的低端处理器，其共同点是超低功耗、具有完整的外部接口及较高的集成度。AVR 系列处理器采用 RISC(Reduced Instruction Set Computer)结构，吸取了 PIC 和 8051 等系列单片机的优点，在内部结构上进行了较大改进。MSP430 单片机内核是 16 位 RISC 处理器，单指令周期，其运算能力和速度具有一定的优势。作为超低功耗处理器，MSP430 系列单片机具有 5 种不同深度的低功耗休眠模式。其中，MSP430F1 系列处理器工作电压为 1.8V，待机工作电流为 1mA，工作在 1MHz 频率时的电流为 300μA。

第三类是数字信号处理器，DSP(Digital Signal Processor)是一种独特的微处理器，适合实时数字信号处理。除了具备普通处理器所拥有的运算和控制能力外，DSP 针对实时信号处理的特点，在处理器的结构、指令系统、指令流程上做了较大改进。其工作原理是接收模拟信号并转换为 0 或 1 的数字信号，再对数字信号进行修改、删除、强化，并在其他系统芯片中把数字数据转换为模拟数据或实际环境格式。它不仅具有可编程性，而且实时运行速度可达每秒数以千万条复杂指令程序，远远超过通用微处理器。由于适合处理大批量的数据，在传感器网络中经常利用 DSP 处理无线通信设备发出的信息，提取数据流，对测量信息进行节点内处理等。

微处理器单元是传感器网络节点的核心，负责整个节点系统的运行管理。各种常见的微控制器性能比较如表 3-1 所示。

表 3-1 各种常见的微控制器性能比较

厂商	芯片型号	RAM 容量/KB	Flash 容量/KB	正常工作电流/mA	休眠模式下的电流/μA
Atmel	Mega103	4	128	5.5	1
	Mega128	4	128	8	20
	Mega165/325/645	4	64	2.5	2

续表

厂商	芯片型号	RAM 容量/KB	Flash 容量/KB	正常工作电流/mA	休眠模式下的电流/μA
Microchip	PIC16F87x	0.36	8	2	1
Intel	8051 8 位 Classic	0.5	32	30	5
	8051 16 位	1	16	45	10
Philips	80C51 16 位	2	60	15	3
Motorola	HC05	0.5	32	6.6	90
	HC08	2	32	8	100
	HCS08	4	60	6.5	1
TI	MSP430F14x16 位	2	60	1.5	1
	MSP430F16x16 位	10	48	2	1
Atmel	AT91 ARM Thumb	256	1024	38	160
Intel	XScale PXA27x	256	N/A	39	574
Samsung	S3C44B0	8	N/A	60	5

在选择处理器时，应该首先考虑系统对处理能力的需要，然后考虑功耗问题。不过对于功耗的衡量标准不能仅从处理器有几种休眠模式、每兆赫兹时钟频率所耗费的能量等角度去考虑处理器自身的功耗，还要从处理器每执行一次指令所耗费的能量这个指标综合考虑。表 3-2 是目前一些常用处理器在不同的运行频率下每执行一次指令所耗费能量的数据列表。

表 3-2　常用处理器每执行一次指令所耗费的能量

芯片型号	运行电压/V	运行频率	单位指令消耗能量/nJ
ATMega128L	3.3	4MHz	4
ARM Thumb	1.8	40MHz	0.21
C8051F121	3.3	32kHz	0.2
IBM 405LP	1	152MHz	0.35
C8051F121	3.3	25MHz	0.5
TMS320VC5510	1.5	200MHz	0.8
Xscale PXA250	1.3	400MHz	1.1
IBM 405LP	1.8	380MHz	1.3
Xscale PXA250	0.85	130MHz	1.9

目前处理器模块中使用较多的是 Atmel 公司的单片机。它采用 RISC 结构，吸取了 PIC 和 8051 单片机的优点，具有丰富的内部资源和外部接口。在集成度方面，其内部集成了几乎所有关键部件；在指令执行方面，微控制单元采用 Harvard 结构，因此指令大多为单周期；在能源管理方面，AVR 单片机提供多种电源管理方式，尽量节省节点能量；在可扩展性方面，提供多个 I/O 口，并且和通用单片机兼容；此外，AVR 系列单片机提供的 USART（通用同步异步收发器）控制器、SPI（串行外围接口）控制器等与无线收发模块相结合，能够实现大吞吐量、高速率的数据收发。

TI 公司的 MSP430 超低功耗系列处理器，不仅功能完善、集成度高，而且根据存储容量的多少提供多种引脚兼容的系列处理器，使开发者可以根据应用对象灵活选择。

另外，作为 32 位嵌入式处理器的 ARM 单片机，也已经在无线传感器网络方面得到了应用。如果用户可以接受它的较高成本，那么可以利用这种单片机来运行复杂的算法，完成更多的应用业务功能。

2. 存储模块

存储器主要包括随机存储器(RAM)和只读存储器(ROM)。RAM 可以分为 SRAM、DRAM、SDRAM、DDRAM 等几类；ROM 又可分为 NOR Flash、EPROM、EEPROM、PROM 等几类。RAM 存储速度较快，但断电后会丢失数据，一般用于保存即时信息，如传感器的即时读入信息、其他节点发送的分组数据等。程序代码一般存储于只读存储器、电可擦除可编程只读存储器(EEPROM)或闪存中。存储器的选择应根据具体情况决定，通常根据成本和功耗来衡量，由于 RAM 成本和功耗较大，在设计传感器节点时应尽量减少 RAM 的大小。

3. 无线通信模块

无线通信模块由无线射频电路和天线组成，目前采用的传输介质主要包括无线电、红外、激光和超声波等，它是传感器节点中最主要的耗能模块，是传感器节点的设计重点。

现今传感器网络应用的无线通信技术通常包括 IEEE 802.11b、IEEE 802.15.4(ZigBee)、Bluetooth、UWB、RFID 和 IrDA 等，还有很多芯片双方通信的协议由用户自己定义，这些芯片一般工作在 ISM(Industrial Scientific Medical)免费频段。表 3-3 为目前传感器网络应用的常见无线通信技术列表。

表 3-3　传感器网络的常用无线通信技术

无线技术	频　率	距离/m	功耗	传输速率/($kb \cdot s^{-1}$)
Bluetooth	2.4GHz	10	低	10 000
802.11b	2.4GHz	100	高	11 000
RFID	50kHz～5.8GHz	<5	—	200
ZigBee	2.4GHz	10～75	低	250
IrDA	0.3～400THz	1	低	16 000
UWB	3.1～10.6GHz	10	低	100 000
RF	300～1000MHz	10^X～100^X	低	10^X

注：X 表示数字 1～9

在无线传感器网络中应用最多的是 ZigBee 和普通射频芯片。ZigBee 是一种近距离、低复杂度、低功耗、低数据速率、低成本的双向无线通信技术，完整的协议栈只有 32KB，可以嵌入各种微型设备中，同时提供地理定位功能。

对于无线通信芯片的选择问题，从性能、成本和功耗方面考虑，RFM 公司的 TR1000 和 Chipcon 公司的 CC1000 是理想的选择。这两种芯片各有所长，TR1000 功耗低些，CC1000 灵敏度高些、传输距离更远。WeC、Renee 和 Mica 节点均采用 TR1000 芯片；Mica2 采用 CC1000 芯片；Mica3 采用 Chipcon 公司的 CC1020 芯片，传输速率可达 153.6kb/s，支持 OOK、FSK 和 GFSK 调制方式；3MicaZ 节点则采用 CC2420 ZigBee 或者 CC2530 ZigBee 芯片。

另外有一类无线芯片本身集成了处理器，例如，CC2430 是在 CC2420 的基础上集成了 51 内核的单片机；CC1010 是在 CC1000 的基础上集成了 51 内核的单片机，使得芯片的集成度进一步提高。WiseNet 节点就采用了 CC1010 芯片。常见的无线芯片还有 Nordic 公司的 nRFg05、nRF2401 等系列芯片。传感器网络节点常用的无线通信芯片的主要参数如表 3-4 所示。

表 3-4　常用射频芯片的主要参数

芯片/参数	频段/MHz	速率/($kb \cdot s^{-1}$)	电流/mA	灵敏度/dBm	功率/dBm	调制方式
TR1000	916	115	3	−106	1.5	OOK/FSK
CC1000	300～1000	76.8	5.3	−110	20～10	FSK

续表

芯片/参数	频段/MHz	速率/(kb·s⁻¹)	电流/mA	灵敏度/dBm	功率/dBm	调制方式
CC1020	402～904	153.6	19.9	−118	20～10	GFSK
CC2420	2400	250	19.7	−94	−3	O～QPSK
nRF905	433～915	100	12.5	−100	10	GFSK
nRF2401	2400	1000	15	−85	20～0	GFSK
9Xstream	902～928	20	140	−110	16～20	FHSS

目前市场上支持ZigBee协议的芯片制造商有Chipcon公司和Freescale半导体公司。TI/Chipcon公司的CC2420/CC2530芯片应用较多,该公司还提供ZigBee协议的完整开发套件。Freescale半导体公司提供ZigBee的2.4GHz无线传输芯片,包括MC13191、MC13192、MC13193,该公司也提供配套的开发套件。

在无线射频电路设计中,主要考虑以下三个问题。

1) 天线设计

在传感器节点设计中,根据不同的应用需求选择合理的天线类型。天线的设计指标有很多种,无线传感器网络节点使用的是ISM/SRD免证使用频段,主要从以下三个指标来衡量天线的性能。

(1) 天线增益是指天线在能量发射最大方向上的增益,当以各向同性为增益基准时,单位为dBi;如果以偶极子天线的发射为基准,单位为dBd。天线的增益越高,通信距离就越远。

(2) 天线效率是指天线以电磁波的形式发射到空中的能量与自身消耗能量的比值,其中,自身消耗的能量是以热的形式散发的。对于无线节点来说,天线辐射电阻较小,任何电路的损耗都会较大程度地降低天线的效率。

(3) 天线电压驻波比主要用来衡量传输线与天线之间阻抗失配的程度。天线电压驻波比值越高,表示阻抗失配程度越高,则信号能量损耗越大。

天线的种类主要有以下三种。

(1) 内置天线由于便于携带,且具有免受机械和外界环境损害等优点,常常是设计时的首选方案。其优点是成本低,缺点是性能较差。

(2) 将简单的导线天线或金属条带天线作为元件,安装在电路板上。这种天线因损耗很低,并置于电路板上方,比印刷天线的通信性能有明显提高。导线天线是介于低成本、低效率的印刷天线与相对高成本、高效率的外置天线之间的一种很好的折中天线方案。

(3) 外置天线通常没有内置天线那样的尺寸限制,通常离节点中的噪声源的距离较远,因而具有很高的无线通信传输性能。对那些需要尽可能最大的距离、必须选用定向天线的应用来说,外置天线几乎是必选的。

2) 阻抗匹配

射频放大输出部分与天线之间的阻抗匹配情况,直接关系到功率的利用效率。如果匹配不好,很多能量会被天线反射回射频放大电路,不仅降低了发射效率,严重时还会导致节点的电路发热,缩短节点寿命。由于传感器节点通常使用较高的工作频率,因而必须考虑导线和PCB基板的材质、PCB走线、器件的分布参数等诸多可能造成失配的因素。

3) 电磁兼容

由于传感器节点体积小,包括微处理器、存储器、传感器和天线在内的各种器件,它们聚集在相对狭小的空间,因而任何不合理的设计都可能带来严重的电磁兼容问题。例如,由于天线辐射造成传感器的探测功能异常，或微处理器总线上的数据异常等。

由于高频强信号是造成电磁兼容的主要原因，所以包括微处理器的外部总线、高速 I/O 端口、射频放大器和天线匹配电路等是电磁兼容设计中考虑的主要因素。

4. 传感器模块

根据实际需求可以选择具体的传感器节点实现数据采集功能。在传感器网络中，传感器的选择除了要考虑基本的灵敏度、线性范围稳定性及精确度等静态特性，还要综合功耗、可靠性、尺寸和成本等因素。传感器网络与传统传感器相比具有很多优点，如传感器网络可以将分布式的信息集中起来进行综合分析，减少单个测量造成的瞬态误差和单点激变造成的测量误差，使信息更加可靠和准确；网络化处理降低了对单个传感器的要求，利用区域内的多个测量数据，通过统计方法可以得到更高精度的数据；通过网络可以得到大量数据，这使技术人员将更多的精力集中在数据处理上，提高工作效率。

5. 电源模块

电源模块作为无线传感器网络的基础模块，直接关系到传感器节点的寿命、成本和体积，因此，在设计电源时主要应考虑以下三个方面的问题。

1）能量供应

电池供电是目前最常见的传感器节点供电方式。电池的主要量度指标是能量密度，即 J/cm^3。

电池的主要性能指标包括：

(1) 标称电压。指单节新电池(电量充足时)的输出电压。

(2) 内阻。电池内作为电解质的电解液存在一定的电阻，称为电池的内阻，当负载电流较大时，内阻压降会导致电池输出电压下降。

(3) 容量。将放电电流与放电电压的乘积作为电池容量单位，单位一般用 mA・h(毫安・时)或 A・h(安・时)表示。标称容量为 1000mA・h 的理想电池，能够在 1000mA 的电流下工作 1h，或在 100mA 电流下工作 10h，实际上，随着工作电流的增大容量会下降。

(4) 放电终止电压。当电压下降到终止电压时，说明电池耗尽，放电终止电压与标称电压越接近，说明电池放电越平稳。若系统中具有电量不足报警功能，报警值一般取略高于终止电压值。

(5) 自放电。随着电池存储时间的增加，电解质和电极活性材料会逐渐消失，容量也会下降。如某电池存储年限为 5 年，则该电池容量会在 5 年内下降至 80%。传感器节点一般长时间不更换电池，因此应选择自放电较缓慢的电池。

(6) 使用温度。电池内有液体或凝胶状电解液，环境温度过高或过低会导致电解质失效。相对于传感器节点的其他部件，电池的工作温度范围较窄。

电池可分为不可充电电池(原电池)和可充电电池(二次电池)，充电电池能够实现能量补充，电池内阻较小。但是，它的不足之处是能量密度有限，质量能量密度较大，自放电问题严重。

表 3-5 给出了常用电池的性能参数。

表 3-5　常用电池的性能参数

电池类型	质量/能量/($W \cdot h \cdot kg^{-1}$)	体积/能量/($W \cdot h \cdot L^{-1}$)	循环寿命/次	工作温度/℃	内阻/mΩ
镍铬	41	120	500	20～60	7～19
镍氢	50～80	100～200	800	20～60	18～35
锂离子	120～160	200～280	1000	0～60	80～100
聚合物	140～180	>320	1000	0～60	80～100

锂电池是目前发展最快、应用最广泛的电池之一，具有重量轻、容量大、性能优异等特点。

锂离子电池是一种可充电的锂电池，标称电压为4.2V，终止放电电压为3.7V。其放电过程相对平稳，没有记忆效应，且剩余容量与电压基本呈线性关系，自放电较小，一次充电可以存储较长时间(2年以上)。锂-亚硫酰氯电池是一种特种锂电池，标称电压为3.6V，具有较高的工作温度范围。在常温中，放电曲线较为平坦；在−40℃的低温环境下可以维持常温容量的50%左右；在120℃的环境下，若其年自放电为2%左右，则存储时间可达10年以上。锂-亚硫酰氯电池分为高容量型和高功率型两种，高容量型适合小电流长期放电，容量大，内阻也较大；高功率型能够提供较大放电电流，但容量较低。

2）能量获取

一旦能量耗尽节点就会失效，为了延长节点和传感器网络的工作寿命，必须考虑从节点所处的环境中获取能量并为节点所用。常用能量产生方式主要有以下三种。

(1) 太阳能。太阳能电池能够为传感器节点供电，有效功率取决于使用环境(室内或室外)和使用时间。在户外环境下，输出功率约为$10\mu W/cm^2$，在室内环境下约为$15\mu W/cm^2$。单块电池提供的稳定输出电压约为0.6V。

(2) 温度梯度。温差可直接转换为电能。5K温差即可产生$80\mu W/cm^2$的输出功率和1V的输出电压。

(3) 振动。基于电磁学、静电学或压电学原理可以将机械能转化为电能，微机电系统(Micro-Electron Mechanical Systems，MEMS)即可将振动转换为电能。对于$2.25m/s^2$、120Hz的振动源，体积为$1cm^2$的MEMS装置可以产生大约$200\mu W/cm^2$的能量，足够向简单收发机供能。

3）直流-直流转换

节点所需要的电压通常不是一种，而且随着电池使用时间的增加，容量会随之减少，电压也会降低。供电功率的降低会影响晶振频率和传输功率，通过限制供给节点电路的电压，利用直流-直流转换器可以克服这些问题。

直流-直流转换器有以下三种类型。

(1) 线性稳压开关，产生较输入电压低的电压。

(2) 开关稳压器，能升高电压、降低电压或翻转输入电压。

(3) 充电泵，可以升压、降压或翻转输入电压，但驱动能力有限。此外，直流-直流转换器自身也会消耗能量，所以会降低整体的效率，直流-直流转换器的工作效率也是设计中需要考虑的因素。

线性稳压器体积小、价格低、噪声小，其输入/输出使用退耦电容过滤，该电容不但有利于平稳电压，而且有利于去除电源中的瞬间短时脉冲波形干扰。许多嵌入式模块包括检电器，电源的瞬间变弱会严重影响系统的正常运行。若输入电压过低，检电器会重新启动处理器。

开关稳压器是具有高输入阻抗、低开关速度及低功耗的开关功率管，在变换输入电压为输出电压时，开关稳压器的功耗更低、效率更高。其缺点是需要较多的外部器件，需要占用较大的空间，而且开关稳压器比线性稳压器价格高，噪声也较大，但是功能比线性稳压器强大。与开关稳压器相似，充电泵能够升压、降压和翻转输入电压，但是其电流供应能力有限。

3.2.4 传感器节点开发实例

传感器节点的设计需要经过很多步骤，其流程图如图3-4所示，其中还需要很多重复工

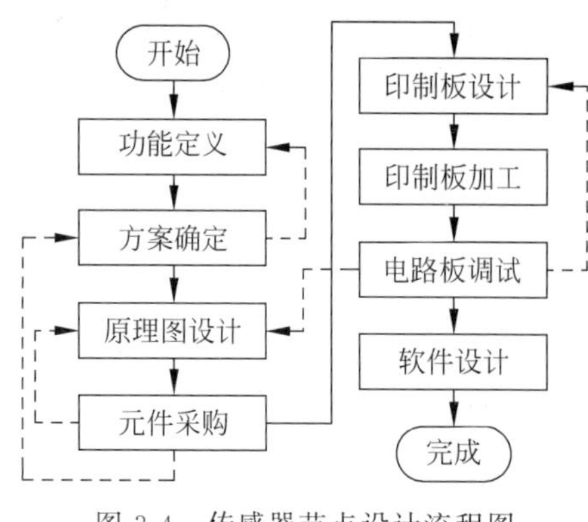

图 3-4　传感器节点设计流程图

作，虚线表示如果某个步骤不能顺利完成，则需要进行反复工作。在此以一个采用 Atmel 公司的 AVR 系列单片机和 Chipcon 公司的 CC2420 无线收发器的传感器节点设计为例来介绍传感器节点的设计过程，在此不考虑电源部分和传感器部分的设计。

1．功能分析和芯片选型

根据传感器节点的特性，要求系统功耗相当低、体积小，而对传输距离和传输速率没有太多限制，考虑到 ZigBee 技术的特点，选用支持 ZigBee 的无线收发器。另外，为了系统使用方便，采用模块化设计，将电源部分、传感器部分做成独立的板子，而将单片机和无线收发器做成一块板子。在此选择使用 Atmel 公司的 AVR 系列单片机 ATMEGA128 和 Chipcon 公司的 CC2420 无线收发器。

ATMEGA128 的特点如下。

- AVR RISC 指令集，123 条指令，大部分为单周期指令。
- 32 个通用寄存器，64 个 I/O 控制寄存器。
- 片内 128KB 程序存储器，4KB 数据存储器(可外扩至 64KB)。
- 在线可编程。
- 片内模拟比较器。
- 可编程 UART、I^2C、SPI 接口。
- 可编程 RTC、看门狗、时钟源及计数器。
- 8 通道 10 位 ADC。
- 可编程 PWM。
- 层次化功耗管理。
- 6 种低功耗模式。
- 软件可配置的多时钟模式。
- 极低的功耗(正常功能下小于 5mW，低功耗模式下小于 10μW)。
- 采用 0.181μm 工艺。

CC2420 是 Chipcon 公司推出的首款符合 2.4GHz IEEE 802.15.4 标准的无线收发器。它基于 Chipcon 公司的 SmartRF03 技术，以 0.18μm CMOS 工艺制成，只需极少外部元器件，性能稳定且功耗极低。CC2420 的选择性和敏感性指数超过了 IEEE 802.15.4 标准的要求，可确保短距离通信的有效性和可靠性。利用此芯片开发的无线通信设备支持数据传输率高达 250kb/s，可以实现多点对多点的快速组网。CC2420 的特点如下。

- 工作频带范围：2.400～2.4835GHz。
- 采用 IEEE 802.15.4 规范要求的直接序列扩频方式。
- 数据速率达 250kb/s，码片速率达 2MChip/s。
- 采用 O-QPSK 调制方式。
- 超低电流消耗(RX：19.7mA，TX：17.4mA)，高接收灵敏度(−99dBm)。
- 抗邻频道干扰能力强(39dB)。
- 内部集成 VCO、LNA、PA 以及电源整流器，采用低电压供电(2.1～3.6V)。
- 输出功率编程可控。

- IEEE 802.15.4 MAC 层硬件可支持自动帧格式生成、同步插入与检测、16b CRC 校验、电源检测、完全自动 MAC 层安全保护(CTR,CBC-MAC,CCM)。
- 与控制微处理器的接口配置容易(4 总线 SPI 接口)。
- 开发工具齐全,提供开发套件和演示套件。
- 采用 QLP-48 封装,外形尺寸只有 7mm。

选择了芯片之后需要对系统的总体结构进行设计,了解各部分之间的通信方式,目前设计的节点结构如图 3-5 所示。

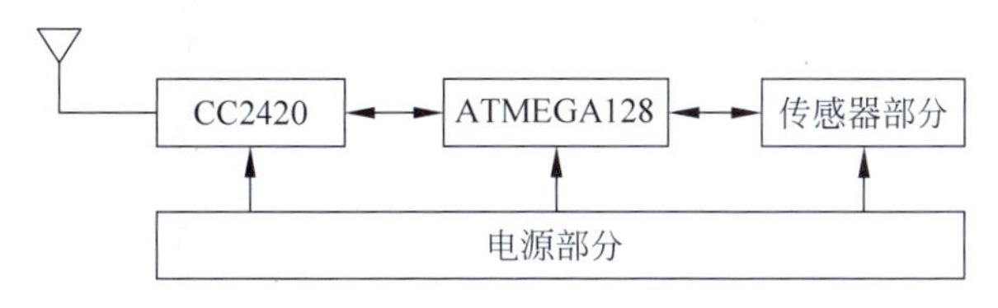

图 3-5　自行设计的节点结构

2. 原理图及印制板设计

在芯片选型及硬件结构确定之后,需要对原理图进行设计,将一个个元器件按一定的逻辑关系连接起来。原理图设计需要执行以下步骤。

(1) 确定设计图纸大小。

(2) 设置设计环境。

(3) 布放元器件。

(4) 原理图布线、布线优化。

(5) 输出报表。

(6) 打印或保存文件。

在此仅介绍处理器的时钟部分、处理器与无线模块的接口部分和无线收发器三部分的原理图设计。

1) 处理器时钟电路设计

为了节约系统能源,在执行一些比较复杂的运算时,系统采用高频率时钟,而在其他时刻采用低频率时钟,甚至将系统时钟关闭使系统处于休眠状态。因此,处理器需要设计两个时钟频率的时钟电路,其电路原理图如图 3-6 所示。

2) 处理器无线模块接口设计

处理器模块与无线收发器模块之间的连接非常简单,CC2420 使用 SFD、FIFO、FIFOP 和 CCA 4 个引脚表示收发数据的状态,处理器通过 SPI 与 CC2420 交换数据,发送命令,它们之间的逻辑连接图如图 3-7 所示。

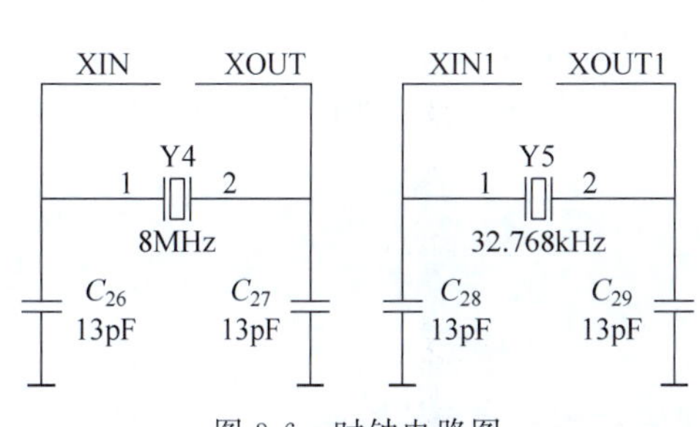

图 3-6　时钟电路图

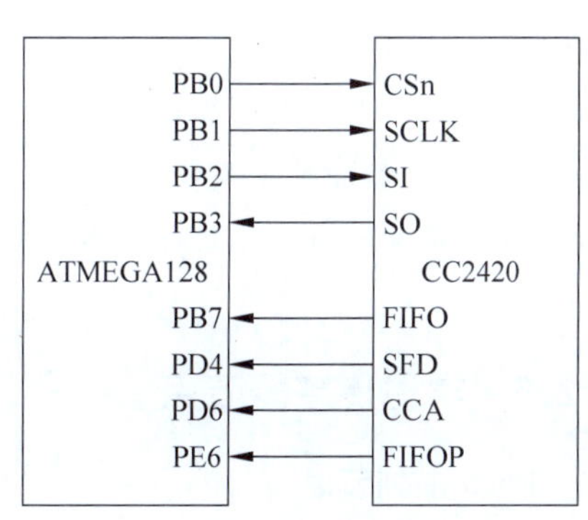

图 3-7　ATMEGA128 与 CC2420 接口

3）无线收发器模块设计

CC2420 只需要极少的外围元器件，它的外围电路包括晶振时钟电路、射频输入/输出匹配电路和微控制器接口电路三部分。

原理图设计完成之后要进行网表输出，并进行印制电路板设计，在设计过程中要特别注意无线收发器部分的布线和 PCB 天线的设计，这是传感器节点设计的难点和重点。在印制电路板设计完成之后将印制板文件送至印制板制作厂家生产。

常用的原理图、PCB 设计工具有 Protel、PADS、OrCAD、Candence、Mentor 等。

3. 电路板调试

在拿到印制板厂家生产好的 PCB 板之后，首先需要进行裸板测试，确保电路板上没有短路、断路等情况，之后需要进行部分测试，最后进行总体测试。电路板调试的流程图如图 3-8 所示。

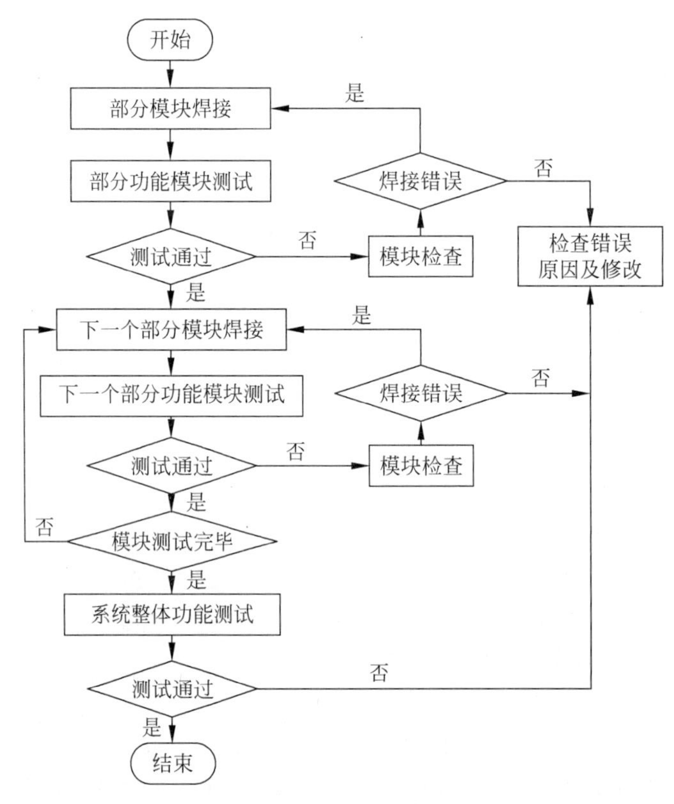

图 3-8　电路板调试流程图

在焊接元件过程中，应该先将所有元件归整、分类，并先焊接小元件，再焊接大元件。在对模块进行测试时，需要编写简单的硬件测试代码以验证模块是否正常工作，甚至还有可能要几个模块配合才能验证某个模块的功能是否正常。所有的验证通过之后则证明硬件的设计没有问题，之后就需要进行应用程序的开发，包括操作系统的移植、协议栈的实现、应用层程序的编写等工作。

3.2.5　常见传感器节点

1. Mica 系列节点

Mica 系列节点是美国加州大学伯克利分校研制的传感器网络演示平台，其软硬件设计都是公开的，已经成为传感器网络的主要研究平台。Mica 系列节点包括 Renee、Mica、Mica2、Mica2Dot 和 MicaZ。TinyOS 是这些节点常用的操作系统。

表 3-6 给出了 Mica 系列节点的技术及性能指标。

表 3-6　Mica 系列节点性能指标

节点类型	Renee	Mica	Mica2	Mica2Dot	MicaZ
MCU 芯片类型	Atmega163	Atmega128			
UART 数量	1	2			
RF 芯片类型	TR1000		CC1000		CC2420
Flash 芯片类型	241.C256	AT45DB041B			
其他接口	DIO	DIO,I^2C	DIO,I^2C	DIO	DIO,FC
电源类型	AA	AA	AA	Lithium	AA
节点发布时间	1999	2001	2002	2002	2003

由表 3-6 可以看出，Mica 系列节点主要使用 Atmel 公司的处理器；Renee、Mica 节点使用 TR1000 无线通信芯片，Mica2、Mica2Dot 节点采用 CC1000 无线通信芯片，MicaZ 节点采用 CC2420 ZigBee 芯片。三种无线通信芯片的性能对比如表 3-7 所示。

表 3-7　通信芯片的性能指标

通信芯片类型	TR1000	CC1000	CC2420
载波技术	OOK/ASK	FSK	QPSK
线波频段/MHz	916	300～1000	2400
数据传输速率/($kb \cdot s^{-1}$)	OOK 方式：30 ASK 方式：115	76.8	250
接收最高灵敏度/dB	−105	−110	−95
信道数量	单信道	433MHz：3 个 868MHz：3 个 915MHz：43 个	16 个
通信距离/m	100～300	500～1000	60～150

从成本和功耗角度考虑，TR1000 和 CC1000 芯片是理想的选择，CC1000 灵敏度高且传播距离远，TR1000 功耗较低，CC2420 是较早支持 ZigBee 通信技术的通信芯片。

2. Telos 系列节点

Telos 系列节点是美国加州大学伯克利分校研究的成果，是针对 Mica 系列节点功耗较大而设计的低功耗产品。作为一个低功耗、可编程、无线传输的传感器网络硬件平台，Telos 节点具有两个基本模块，一是处理器和无线通信平台，二是传感器平台，两者之间通过标准接口连接。处理器和无线通信平台采用待机时功耗较低的 MSP430 处理器和 CC2420 无线收发芯片，Telos 系列节点使用两节 5 号干电池供电，待机时功耗为 2μW，工作时为 0.5mW，发送无线信号时为 45mW。从待机模式到工作模式转换时间为 270ns，最快为 6μs。当采用网格型网络拓扑结构，工作模式和待机模式的占空比采用不足 1%的设定，且与网络交换一次同步信号的情况下，最长可以工作 945 天。Telos 室外最长的传输距离达 100m，室内直线传输可达 50m。Telos 具有 A/D 转换器、D/A 转换器、UART、SM 等外围接口，具有强大的可扩展性。Telos 完全兼容 TinyOS。

3. BT 节点

BT 节点是一种多功能自主的无线通信和计算平台。它包括一个 Atmel ATmega 128L 处理器和随机访问内存及 128KB 闪存。与其他节点不同的是，BT 节点采用蓝牙技术，由工作在 433～915MHz 的 Chipon CC1000 芯片构成，蓝牙射频和 CC1000 既可以单独工作，也可以同时工作，节点使用两节 AA 电池或 3.8～5V 外部电源供电。

4. Sun SPOT 节点

Sun 公司推出了一种新型的无线传感器网络设备 Sun SPOT（Small Programmable Object Technology）。它采用 32 位的高性能 ARM 920T 处理器及支持 ZigBee 的 CC2420 无线通信芯片，并开发出 Squawk Java 虚拟机，可以使用 Java 语言搭建无线传感器网络。

处理器采用一款 32 位低功耗 ARM 920T 微处理器，相对于其他通用的微处理器，它具有更加丰富的资源和极低的功耗，不仅支持 32 位 ARM 指令集和 16 位 Thumb 指令集，拥有 5 级流水线和单一的 32 位 AMBA 总线接口，且含有 MMU 可以支持 Windows CE、Linux 等操作系统，具有统一的数据 cache 和指令 cache。

Sun SPOT 节点配有比较常见的传感器，如温度传感器、光强传感器和加速度传感器，节点可以利用输入/输出接口对传感器的功能进行扩展，节点提供了 20 个引脚来完成输入/输出工作。

在电源方面，节点内集成了一个 3.7V、750mA 的可充电锂电池，该电池拥有自保护机制，用于防止过度充放电、电压过载等异常情况，电池可以通过 mini-USB 口与计算机连接或通过外部 5V 电源进行充电。节点在深度睡眠的情况下可以运行 909 天，在全负荷运行的情况下最长可运行 7 小时。

5. Gain 系列节点

Gain 系列节点是中国科学院计算所开发的节点，是国内第一款自主开发的无线传感器网络节点。

Gain 系列第一版节点的处理器采用中国科学院计算机所自行开发的处理器，该处理器采用哈佛总线结构，兼容 AVR 指令集。Gain 系列的最新节点 GAINSJ 节点采用 JENNIC SoC 芯片 JN5121，该芯片将处理器和射频芯片集成在一起，且兼容 IEEE 802.15.4 标准和 ZigBee 规范的协议栈，可以实现多种网络拓扑结构。节点休眠模式时的工作电流小于 14mA，发送模式时的工作电流小于 50mA，接收模式时的工作电流小于 45mA，节点与 PC 采用 RS232 相连。

3.3 WSN 的操作系统

▶ 3.3.1 WSN 的操作系统概述

TinyOS 是一个开源的嵌入式操作系统，它是由加州大学伯利克分校开发的，主要应用于无线传感器网络方面。它是一种基于组件（Component-Based）的架构，能够快速实现各种应用。TinyOS 程序采用的是模块化设计，程序核心往往都很小。一般来说，核心代码和数据大概在 400B 左右，能够突破传感器存储资源少的限制，使得 TinyOS 可以有效地运行在无线传感器网络节点上，并负责执行相应的管理工作。

TinyOS 本身提供了一系列的组件，可以很方便地编制程序，用来获取和处理传感器的数据，并通过无线方式来传输信息。可以把 TinyOS 看成一个与传感器进行交互的 API，它们之间能实现各种通信。

在构建无线传感器网络时，TinyOS 通过一个基地控制台即网关汇聚节点，来控制各个传感器子节点，并聚集和处理它们所采集到的信息。TinyOS 只要在控制台发出管理信息，然后由各个节点通过无线网络互相传递，最后达到协同一致的目的。

TinyOS的主要特点如下。

(1) 采用基于组件的体系结构，这种体系结构已经被广泛应用在嵌入式操作系统中。组件就是对软件、硬件进行功能抽象。整个系统由组件构成，通过组件提高软件的重用度和兼容性，程序员只关心组件的功能和自己的业务逻辑，而不必关心组件的具体实现，从而提高编程效率。

在TinyOS这种体系结构中，操作系统用组件实现各种功能，只包含必要的组件，提高了操作系统的紧凑性，减少了代码量和占用的存储资源。通过采用基于组件的体系结构，系统提供一个适用于传感器网络开发应用的编程框架，在这个框架内将用户设计的一些组件和操作系统组件连接起来，构成整个应用程序。

(2) 采用事件驱动机制，能够适用于节点众多、并发操作频繁发生的无线传感器网络。当事件对应的硬件中断发生时，系统能够快速地调用相关的事件处理程序，迅速响应外部事件，并且执行相应的操作处理任务。事件驱动机制可以使CPU在事件产生时迅速执行相关任务，并在处理完毕后进入休眠状态，有效提高了CPU的使用率，节省了能量。

(3) 采用轻量级线程技术和基于先进先出(First In First Out，FIFO)的任务队列调度方法。轻线程主要是针对节点并发操作可能比较频繁，且线程比较短，传统的进程/线程调度无法满足的问题提出的，因为使用传统调度算法会在无效的进程互换过程中产生大量能耗。

由于传感器节点的硬件资源有限，而且短流程的并发任务可能频繁执行，所以传统的进程或线程调度无法应用于传感器网络的操作系统。轻量级线程技术和基于FIFO的任务队列调度方法，能够使短流程的并发任务共享堆栈存储空间，并且快速地进行切换，从而使TinyOS适用于并发任务频繁发生的传感器网络应用。当任务队列为空时，CPU进入休眠状态，外围器件处于工作状态，任何外部中断都能唤醒CPU，这样可以节省能量。

(4) 采用基于事件驱动模式的主动消息通信方式，这种方式已经广泛用于分布式并行计算。主动消息是并行计算机中的概念。在发送消息的同时传送处理这个消息的相应处理函数和处理数据，接收方得到消息后可立即进行处理，从而减少通信量。由于传感器网络的规模可能非常大，导致通信的并行程度很高，传统的通信方式无法适应这样的环境。TinyOS的系统组件可以快速地响应主动消息通信方式传来的驱动事件，有效提高CPU的使用率。

TinyOS是一种面向传感器网络的新型操作系统，它最初是用汇编和C语言编写的，但C语言不能有效、方便地支持面向传感器网络的应用和操作系统的开发。科研人员对C语言进行了一定的扩展，提出了支持组件化编程的nesC语言，把组件化/模块化思想和基于事件驱动的执行模型结合起来。TinyOS操作系统、库程序和应用服务程序均是用nesC语言编写的。

▶ 3.3.2　nesC语言

nesC是对C的扩展，它基于体现TinyOS的结构化概念和执行模型而设计。TinyOS是为传感器网络节点而设计的一个事件驱动的操作系统，传感器网络节点拥有非常有限的资源(举例来说，8KB的程序存储器，512B的随机存取储存器)。TinyOS用nesC重新编写。

1. 简介

(1) 结构和内容的分离。程序由组件构成，它们装配在一起(“配线”)构成完整程序。组件定义两类域，一类用于它们的描述(包含它们的接口请求名称)，另一类用于它们的补充。

组件内部存在作业形式的协作。控制线程可以通过它的接口进入一个组件。这些线程产生于一件作业或硬件中断。

(2) 根据接口的设置说明组件功能。接口可以由组件提供或使用。被提供的接口表现它为使用者提供的功能,被使用的接口表现使用者完成它的作业所需要的功能。

(3) 接口有双向性。它们叙述一组接口供给者(指令)提供的函数和一组被接口的使用者(事件)实现的函数。这允许一个单一的接口能够表现组件之间复杂的交互作用(如当某一事件在一个回调之前发生时,对一些事件的兴趣登记),这是危险的,因为 TinyOS 中所有的长指令(如发送包)是非中断的;它们的完成由一个事件(发送完成)标志。通过叙述接口,一个组件不能调用发送指令,除非它提供 sendDone 事件的实现。通常指令向下调用,例如,从应用组件到那些比较靠近硬件的调用,而事件则向上调用。特定的原始事件与硬件中断是关联的(这种关联是由系统决定的,因此在本书中不做进一步描述)。

(4) 组件通过接口彼此静态地相连。这可以增加运行时效率,支持鲁棒性设计,而且允许更好的程序静态分析。

(5) nesC 基于由编译器生成完整程序代码的需求设计。这考虑到较好的代码重用和分析。这方面的一个例子是 nesC 的编译-时间数据竞争监视器。

(6) nesC 的协作模型基于一旦开始直至完成作业,并且中断源可以彼此打断作业。nesC 编译器标记由中断源引起的潜在的数据竞争。

2. 使用环境编辑

nesC 主要用在 TinyOS 中,TinyOS 也是由 nesC 编写完成的。TinyOS 操作系统就是为用户提供一个良好的用户接口。基于以上分析,研发人员在无线传感器节点处理能力和存储能力有限的情况下设计一种新型的嵌入式系统 TinyOS,具有更强的网络处理和资源收集能力。为满足无线传感器网络的要求,研究人员在 TinyOS 中引入 4 种技术:轻线程、主动消息、事件驱动和组件化编程。轻线程主要是针对节点并发操作可能比较频繁,且线程比较短,传统的进程/线程调度无法满足(使用传统调度算法会产生大量能量用在无效的进程互换过程中)的问题提出的。

3. 主要特性描述

由于传感器网络的自身特点,面向其的开发语言也有其相应的特点。主动消息是并行计算机中的概念。在发送消息的同时传送处理这个消息的相应处理函数 ID 和处理数据,接收方得到消息后可立即进行处理,从而减少通信量。整个系统的运行是因为事件驱动而运行的,没有事件发生时,微处理器进入睡眠状态,从而可以达到节能的目的。组件就是对软硬件进行功能抽象。整个系统是由组件构成的,通过组件提高软件重用度和兼容性,程序员只关心组件的功能和自己的业务逻辑,而不必关心组件的具体实现,从而提高编程效率。

3.3.3 TinyOS 组件模型

TinyOS 包含经过特殊设计的组件模型,其目标是高效率的模块化和易于构造组件型应用软件。对于嵌入式系统来说,为了提高可靠性而又不牺牲性能,建立高效的组件模型是必需的。组件模型允许应用程序开发人员方便快捷地将独立组件组合到各层配件文件中,并在面向应用程序的顶层配件文件中完成应用的整体装配。

TinyOS 的组件有 4 个相互关联的部分:一组命令处理程序句柄,一组事件处理程序句柄,一个经过封装的私有数据帧(Data Frame),一组简单的任务。任务、命令和事件处理程序在帧的上下文中执行并切换帧的状态。为了易于实现模块化，每个模块还声明了自己使用的接口及其要用信号通知的事件，这些声明将用于组件的相互连接。如图3-9所示显示了一个支持多跳无线通信的组件集合与这些组件之间的关系。上层组件对下层组件发命令，下层组件向上层组件发信号通知事件的发生，最底层的组件直接和硬件互通。

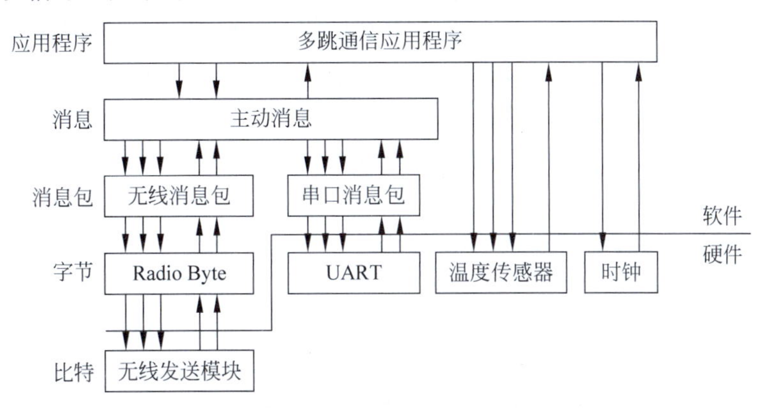

图3-9　支持多跳无线通信的传感器应用程序的组件结构

TinyOS采用静态分配存储帧，这样在编译时就可以决定全部应用程序所需要的存储器空间。帧是一种特殊的符合C语法的结构体，它不仅采用静态分配而且只能由其所属的组件直接访问。TinyOS不提供动态的存储保护，组件之间的变量越权访问检查是在编译过程中完成的。除了允许计算存储器空间要求的最大值，帧的预分配可以防止与动态分配相关的额外开销，并且可以避免与指针相关的错误。另外，预分配还可以节省执行事件的开销，因为变量的位置在编译时就确定了，而不用通过指针动态地访问其状态。

在TinyOS中，命令是对下层组件的非阻塞请求。典型情况下，命令将请求的参数存储到本地的帧中，并为后期的执行有条件地产生一个任务(也称为轻量级线程)。命令也可以调用下层组件的命令。但是不必等待长时间的或延迟时间不确定的动作的发生。命令必须通过返回值为其调用者提供反馈信息，如缓冲区溢出返回失败等。

事件处理程序被激活，就可以直接或间接地去处理硬件事件。这里首先要对程序执行逻辑的层次进行定义。越接近硬件处理的程序逻辑，则其程序逻辑的层次越低，处于整个软件体系的下层。越接近应用程序的程序逻辑，则其程序逻辑的层次越高，处于整个软件体系的上层。命令和事件都是为了完成在其组件状态上下文中出现的规模小且开销固定的工作。最底层的组件拥有直接处理硬件中断的处理程序，这些硬件中断可能是外部中断、定时器事件或者计数器事件。事件的处理程序可以存储消息到其所在帧中，可以创建任务，可以向上层发送事件发生的信号，也可以调用下层命令。硬件事件可以触发一连串的处理，其执行的方向，既可以通过事件向上执行，也可以通过命令向下调用。为了避免命令/事件链的死循环，不可以通过信号机制向上调用命令。

任务是完成TinyOS应用主要工作的轻量级线程。任务具有原子性，一旦运行就要运行至完成，不能被其他任务打断。但任务的执行可以被硬件中断产生的事件打断。任务可以调用下层命令，可以向上层发信号通知事件发生，也可以在组件内部调度其他任务。任务执行的原子特性，简化了TinyOS的调度设计，使得TinyOS仅分配一个任务堆栈就可以保存任务执行中的临时数据。该堆栈仅由当前执行的任务占有。这样的设计对于存储空间受限的系统来说是高效的。任务在每个组件中模拟了并发性，因为任务相对于事件而言是异步执行的。然而，任务不能阻塞，也不能空转等待，否则将会阻止其他组件的运行。

1. TinyOS 的组件类型

TinyOS 中的组件通常可以分为以下三类：硬件抽象组件、合成组件、高层次的软件组件。硬件抽象组件将物理硬件映射到 TinyOS 组件模型。RFM（射频组件）是这种组件的代表，它提供命令以操纵与 RFM 收发器相连的各个单独的 I/O 引脚，并且发信号给事件将数据位的发送和接收通知其他组件。该组件的帧包含射频模块当前状态，如收发器处于发送模式还是接收模式、当前数据传输速率等。RFM 处理硬件中断并根据操作模式将其转换为接收（RX）比特事件或发送（TX）比特事件。在 RFM 组件中没有任务，这是因为硬件自身提供了并发控制。该硬件资源抽象模型涵盖的范围从非常简单的资源（如单独的 I/O 引脚）到十分复杂的资源（如加密加速器）。

合成硬件组件模拟高级硬件的行为。这种组件的一个例子就是 Radio Byte 组件。它将数据以字节为单位与上层组件交互，以位为单位与下面的 RFM 模块交互。组件内部的任务完成数据的简单编码或解码工作。从概念上讲，该模块是一个能够直接构成增强型硬件的状态机。从更高的层次上看，该组件提供了一个硬件抽象模块，将无线接口映射到 UART 设备接口上，提供了与 UART 接口相同的命令，发送信号通知相同的事件，处理相同粒度的数据，并且在组件内部执行类似的任务（查找起始位或符号、执行简单编码等）。

高层次软件模块完成控制、路由以及数据传输等。这种类型组件的一个例子是如图 3-10 所示的主动消息处理模块。它履行在传输前填充包缓存区以及将收到的消息分发给相应任务的功能。执行鉴于数据或数据集合计算的组件也属于这一类型。

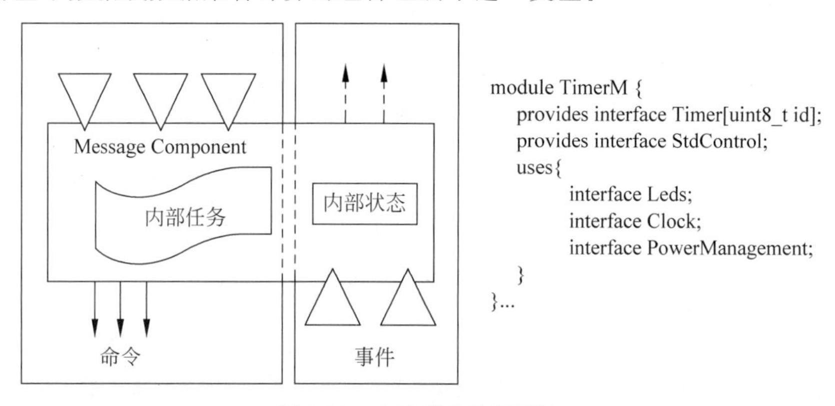

图 3-10　主动消息处理模块

2. 硬件/软件边界

TinyOS 的组件模型使硬件/软件边界能够比较方便地迁移，因为 TinyOS 所采用基于事件的软件模型是对底层硬件的有效扩展和补充。另外，在 TinyOS 设计中采用固定数据结构大小、存储空间的预分配等技术都有利于硬件化这些软件组件。从软件移到硬件对于传感器网络来说是特别重要的，因为在传感器网络中，系统的设计者为了满足各种需求，需要获得集成度、电源管理和系统成本之间的折中方案。

3. 组件示例

图 3-10 是一个典型的组件，包含一个内部帧、事件处理程序句柄、命令和用于消息处理组件的任务。类似于大多数组件，它提供了用于初始化和电源管理的命令。另外，它还提供了初始化一次消息传输的命令，并且在一次传输完成或一条消息到达时，向相关组件发消息。为了完成这一功能，消息组件向完成数据包处理的下层组件发送命令并且处理两种类型的事件，其中一种表明传输完毕，另一种则表明已经收到一条消息。

组件描述了其提供的资源及其所要求的资源，将这些组件连接到一起就比较简单了。程序员要做的就是使一个组件所需要的事件和命令的特征与另一个组件所提供的事件和命令的特征相匹配。组件之间的通信采用函数调用的形式，这种方式系统开销小，能提供编译期的类型检查。

4. 组件组合

为了支持 TinyOS 的模块化特性，TinyOS 工作小组开发了一整套工具用于帮助开发者将组件连接起来。

在 TinyOS 中，组件在编译时被连接在一起，消除不必要的运行期间的系统开销。为了便于组合，在每个组件文件的开始描述该组件的外部接口。在这些文件中，组件实现了要提供给外部的命令和要处理的事件，同时也列出了要发信号通知的事件及其所使用的命令。从逻辑上讲，可把每个组件的输入/输出看成 I/O 引脚，就好像组件是一种物理硬件。组件的向上和向下接口的这种完整描述被编译器用于自动生成组件的头文件。

在编译期间，为了创建把组件连接在一起的逻辑关系，会预先处理配件文件。这是由 nesC 编译器自动完成的。例如，单个事件可以被多个组件处理。编译期间可以自动生成代码，完成将事件通知到相关组件的事件处理函数的功能。nesC 编译器的输出是一个标准 C 文件，包含应用程序中的所有组件，也包含所有必需的连接信息。

▶ 3.3.4　TinyOS 通信模型

TinyOS 中的消息通信遵循主动消息通信模型，它是一个简单的、可扩展的、面向消息通信（Messaged-based Communication）的高性能通信模式，早期一般应用于并行和分布式计算机系统中。在主动消息通信方式中，每一个消息都维护一个应用层（Application-Layer）的处理器（handler）。当目标节点收到这个消息后，就会把消息中的数据作为参数，并传递给应用层的处理器进行处理。应用层的处理器一般完成消息数据的解包操作、计算处理或发送响应消息等工作。在这种情况下，网络就像一条包含最小消息缓冲区的流水线，从而消除了一般通信协议中经常碰到的缓冲区处理方面的困难情况。为了避免网络拥塞，还需要消息处理器能够实现异步执行机制。

尽管主动消息起源于并行和分布式计算领域，但其基本思想适合传感器网络的需求。主动消息的轻量体系结构在设计上同时考虑了通信框架的可扩展性和有效性。主动消息不但可以让应用程序开发者使用忙等（busy-waiting）方式等待消息数据的到来，而且可以在通信与计算之间形成重叠，这可以极大地提高 CPU 的使用效率，并减少传感器节点的能耗。

1. 主动消息的设计实现

在传感器网络中采用主动消息机制的主要目的是使无线传感器节点的计算和通信重叠，让软件层的通信原语能够与无线传感器节点的硬件能力匹配，充分节省无线传感器节点的有限存储空间。可以把主动消息通信模型看作一个分布式事件模型。在这个模型中，各个节点相互间可并发地发送消息。

为了让主动消息更适于传感器网络的需求，要求主动消息至少提供三个最基本的通信机制：带确认信息的消息传递，有明确的消息地址，消息分发。应用程序可以进一步增加其他通信机制以满足特定需求。如果把主动消息通信实现为一个 TinyOS 的系统组件，则可以屏蔽下层各种不同的通信硬件，为上层应用提供基本的、一致的通信原语，方便应用程序开发人员开发各种应用。

在基本通信原语的支持下，开发人员可以实现各种功能的高层通信组件，如可靠传输的组件、加密传输的组件等。这样上层应用程序可以根据具体需求，选择合适的通信组件。在传感器网络中，由于应用千差万别和硬件功能有限，TinyOS 不可能提供功能复杂的通信组件，而只提供最基本的通信组件，最后由应用程序选择或定制所需要的特殊通信组件。

2. 主动消息的缓存管理机制

在 TinyOS 的主动通信实现中，如何实现消息的存储管理对通信效率有显著影响。当数据通过网络到达传感器节点时，首先要进行缓存，然后主动消息的分发(dispatch)层把缓存中的消息交给上层应用处理。在许多情况下，应用程序需要保留缓存中的数据，以便实现多跳(multi-hop)通信。

如果传感器节点上的系统不支持动态内存分配，则实现动态申请消息缓存就比较困难。TinyOS 为了解决这个问题，要求每个应用程序在消息被释放后，能够返回一块未用的消息缓存，用于接收下一个将要到来的消息。在 TinyOS 中，各个应用程序之间的执行是不能抢占的，所以不会出现多个未使用的消息缓存发生冲突，这样 TinyOS 的主动消息通信组件只需要维持一个额外的消息缓存用于接收下一个消息。

由于 TinyOS 不支持动态内存分配，所以在主动消息通信组件中保存了一个固定尺寸且预先分配好的缓存队列。如果一个应用程序需要同时存储多个消息，则需要在其私有数据帧(Private Frame)上静态分配额外的空间以保存消息。实际上，在 TinyOS 中，所有的数据分配都是在编译时确定的。

3. 主动消息的显式确认消息机制

由于 TinyOS 只提供 best-effort 消息传递机制，所以在接收方提供反馈信息给发送方以确定发送是否成功是很重要的。采用简单的确认反馈机制可极大简化路由和可靠传递算法。

在 TinyOS 中，每次消息发送后，接收方都会发送一个同步的确认消息。在 TinyOS 主动消息层的最底层生成确认消息包，这样比在应用层生成确认消息包节省开销，反馈时间短。为了进一步节省开销，TinyOS 仅发送一个特殊的立即数序列作为确认消息的内容。这样发送方可以在很短的时间内确定接收方是否要求重新发送消息。从总体上看，这种简单的显式确认通信机制适合传感器网络的有限资源，是一种有效的通信手段。

3.3.5 TinyOS 事件驱动机制

为了满足无线传感器网络需要的高水平的运行效率，TinyOS 使用基于事件的执行方式。事件模块允许高效的并发处理运行在一个较小的空间内。相比之下，基于线程的操作系统则需要为每个上下文切换预先分配堆栈空间。此外，线程系统上下文切换的开销明显高于基于事件的系统。

为了高效地利用 CPU，基于事件的操作系统将产生低功耗的操作。限制能量消耗的关键因素是如何识别何时没有重要的工作去做而进入极低功耗的状态。基于事件的操作系统强迫应用使用完毕 CPU 时隐式声明。在 TinyOS 中当事件被触发后，与发出信号的事件关联的所有任务将被迅速处理。当该事件以及所有关联任务被处理完毕时，未被使用的 CPU 循环被置于睡眠状态而不是积极寻找下一个活跃的事件。TinyOS 这种事件驱动方式使得系统高效地使用 CPU 资源，保证了能量的高效利用。TinyOS 这种事件驱动操作系统，当一个任务完成后，就可以使其触发一个事件，然后 TinyOS 就会自动地调用相应的处理函数。

事件驱动分为硬件事件驱动和软件事件驱动。硬件事件驱动是一个硬件发出中断，然后进入中断处理函数；而软件驱动则是通过 signal 关键字触发一个事件。这里所说的软件驱动是相对于硬件驱动而言的，主要用于在特定的操作完成后，系统通知相应程序做一些适当的处理。以 Blink 程序为例阐述硬件事件处理机制。Blink 程序中，定时器每隔 1000ms 产生一个硬件时钟中断。在基于 ATMega 128L 的节点中，时钟中断是 15 号中断。如图 3-11 所示，通过调用 BlinkM. StdControl. start()开启定时器服务。

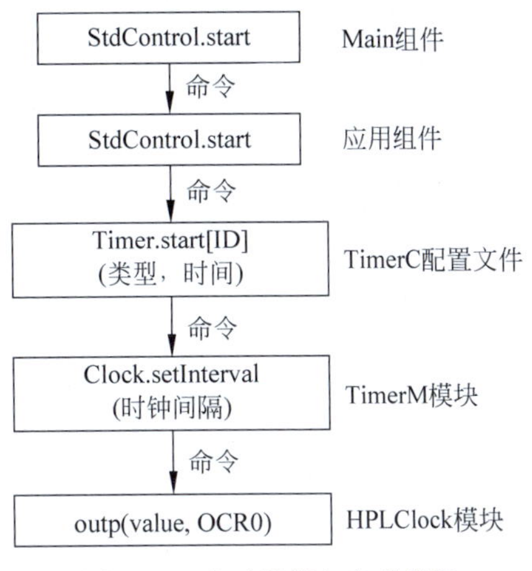

图 3-11　定时器服务启动流程

一个时钟中断向量表是处理器处理中断事件的函数调度表格，它的位置和格式与处理器设计相关。有的处理器规定中断向量表直接存放中断处理函数的地址，由处理器产生跳转指令进入处理地点，如中断向量存放 0x3456，处理器在发生中断时，组织一条中断调用指令执行 0x3456 处的代码；还有一些则是为每个中断在表中提供一定的地址空间，产生中断时系统直接跳转到中断向量的位置执行。后一种情况直接在中断向量处存放中断处理代码，不用处理器组织跳转指令。不过一般预留给中断向量的空间有限，如果处理函数比较复杂，一般都会在中断向量的位置保存一条跳转指令。ATMega 128L 处理器的中断向量的组织使用的是后一种处理方式。

中断向量表是在编译连接时根据库函数的定义连接的。连接后的中断向量表如图 3-12 所示。0 号中断是初始化(reset)中断，1～43 号中断根据各个处理器的不同有可能不同，ATMEGA 128L 中的 Timer 对应 15 号中断。于是在地址 0x3c 处的指令就是跳转到中断入口处，也就是 vector 15 处。而其他中断没有给定处理函数，所以就跳到 0xc6 处，也就是 ad interrupt 处理程序。

由此可知，实际上 TinyOS 把定时器安装到中断号为 15 的中断向量表中了。当定时器中断发生时，就会执行地址 0x3c 处的指令，jmp 0x318 处去执行，现文件 HPLClock 也就是程序中的 vector 15 处。vector 15 是在 Clock 接口中实现的。定时器发生中断的响应过程如图 3-13 所示。

```
00000000<vectors>:
0:0c 94 46 00 jmp 0x8c
4:0c 94 63 00 jmp 0xc6
8:0c 94 63 00 jmp 0xc6
⋮
3c:0c 94 8c 01 jmp 0x318//_vector_15对应的程序入口
40:0c 94 63 00 jmp 0xc6
⋮
000000c6<_bad_interrupt>:
c6:0c 94 00 00 jmp 0x0
```

图 3-12　ATMEGA 128L 中断向量表

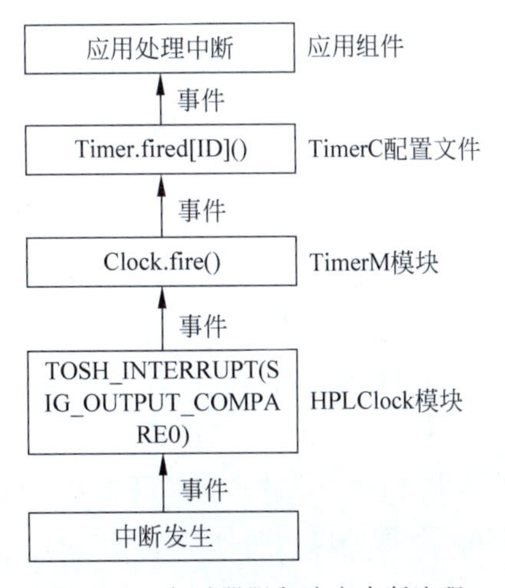

图 3-13　定时器服务响应中断流程

▶ 3.3.6 调度策略

在无线传感器网络中，单个节点的硬件资源有限，如果采用传统的进程调度方式，首先硬件无法提供足够的支持；其次，由于节点的并发操作比较频繁，而且并发操作执行流程又很短，这也使得传统的进程/线程调度无法适应。

事件驱动的 TinyOS 采用两级调度：任务和硬件事件处理句柄（Hardware Event Handlers）。任务是一些可以被抢占的函数，一旦被调度，任务运行完成前彼此之间不能相互抢占。硬件事件处理句柄被执行去响应硬件中断，可以抢占任务的运行或者其他硬件事件处理句柄。TinyOS 的任务调度队列只是采用简单的 FIFO 算法。任务事件的调度过程如图 3-14 所示。TinyOS 的任务队列如果为空，则进入极低功耗的 SLEEP 模式。当被事件触发后，在 TinyOS 中发出信号的事件关联的所有任务被迅速处理。当这个事件和所有任务被处理完成后，未被使用的 CPU 循环被置于睡眠状态而不是积极寻找下一个活跃的事件。

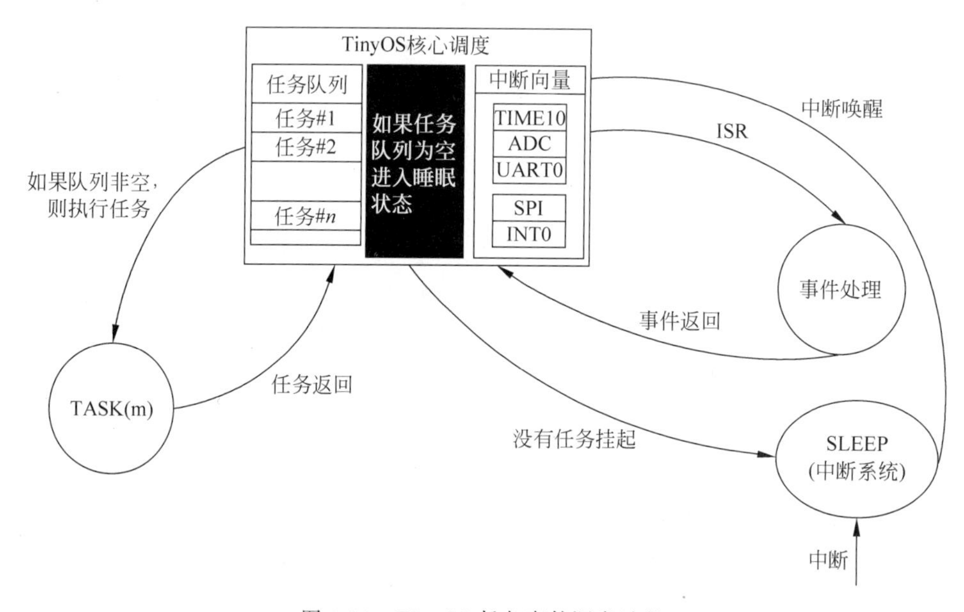

图 3-14 TinyOS 任务事件调度过程

TinyOS 采用比一般线程更为简单的轻量级线程技术和两层调度方式：高优先级的硬件事件句柄（Hardware Event Handlers）以及使用 FIFO 调度的低优先级的轻量级线程（task，即 TinyOS 中的任务），如图 3-15 所示。任务之间不允许相互抢占；而硬件事件句柄，即中断处理线程可以抢占用户的任务和低优先级的中断处理线程，保证硬件中断快速响应。TinyOS 的任务队列如果为空，则让处理器进入极低功耗的 SLEEP 模式。但是保留外围设备的运行，以至于它们中的任何一个可以唤醒系统。部分调度程序源代码如图 3-15 所示，其中，TOSH_run_next_task()函数判断队列是否为空，如果是则返回 0，系统进入睡眠模式，否则做出队列操作并执行队列该项所指向的任务并返回 1。一旦任务队列为空，另一个任务能被调度的唯一条件是事件触发的结果；因而不需要唤醒调度程序直到硬件事件的触发活动。

TinyOS 的调度策略具有能量意识。

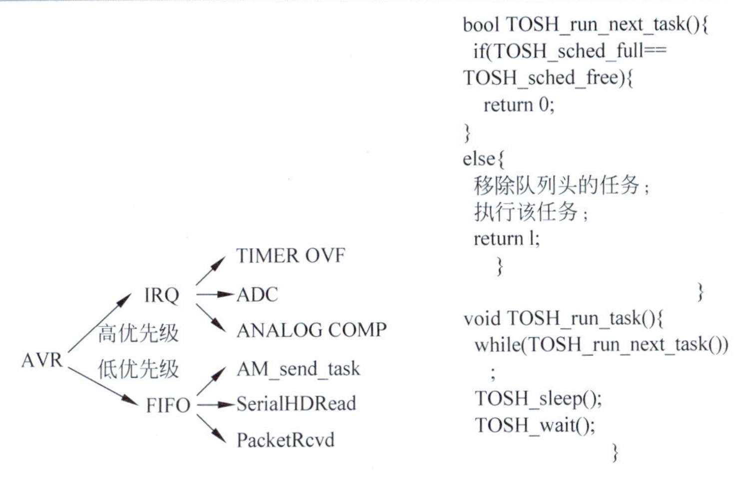

图 3-15　TinyOS 的调度结构以及部分调度程序源代码

▶ 3.3.7　能量管理机制

无线传感器网络节点运行在人无法接近甚至危险的远程环境中，加上电源能量有限，所以设计有效的策略来减少能量消耗、延长网络生存时间一直是研究的热点和难点。无线传感器网络的能量问题需要考虑无线传感器网络的特性，并将多种性能指标结合起来考虑。这是一个涉及软硬件，涉及多层通信协议的复杂问题。

从节点操作系统这一层面上看，TinyOS 采用相互关联的三部分进行能量管理。第一，每个设备都可以通过调用自身的 StdControl. stop 命令停止该设备；负责管理外围硬件设备的组件将切换该设备到低功耗状态。第二，TinyOS 通过提供 HPLPowerManagement 组件通过检测处理器的 I/O 引脚和控制寄存器识别当前硬件的状态将处理器转入相应的低功耗模式。第三，TinyOS 的定时器服务可以工作在大多数处理器极低功耗的省电模式下。

在 TinyOS 中，采用的是简单的 FIFO 队列，不存在优先级的概念。事件驱动的 TinyOS，如果任务队列为空，则进入睡眠态，直到有事件唤醒，才去处理事件以及与事件相关的所有任务，然后再次进入睡眠态。因而这种事件驱动的驱动系统，保证节点大多数时期都处在极低功耗的睡眠状态，有效地节约了系统的能量消耗，延长了传感器网络的生命周期。而基于多任务的系统，实际上不考虑低功耗的应用。

由于多任务的系统需要进行任务切换或者中断服务与任务间的切换。而每次切换就是保存正在运行的任务的当前状态，即 CPU 寄存器中的全部内容，这些内容保存在运行任务的堆栈内。入栈工作完成后，就把下一个将要运行的任务的当前状况从任务的堆栈中重新装入 CPU 的寄存器中，并开始下一个任务的运行。

在事件驱动的 TinyOS 中，由于对任务的特殊语义定义运行-完成(run to completion)。任务之间是不能切换的，所以任务的堆栈是共享的，并且任务堆栈总是当前正在运行的任务在使用。从运行空间方面看，多任务系统需要为每个上下文切换预先分配空间，而事件驱动的执行模块则可以运行于很小的空间中。因此多任务系统的上下文开销要明显高于事件系统，TinyOS 更好地减小了系统对 ROM 的需求量，满足了节点内存资源有限的限制。

▶ 3.3.8　LED 灯闪烁实验分析

1. 原理

无线传感器网络实验平台设备上有 D13、D14、D15、D16 这 4 个 LED 灯，其中，D13 和 D15

主要用于程序调试，可以根据具体功能进行相应的更改。通过原理图可知，当 CC2530 与 LED 相接的数字 I/O 输出高电平时 LED 点亮，输出低电平时 LED 熄灭，输出交替电平时 LED 闪烁。在本实验中，系统启动后，D13 和 D15 轮流点亮，点亮和变暗的间隔用 for 循环延时实现。LED 控制电路图如图 3-16 所示。

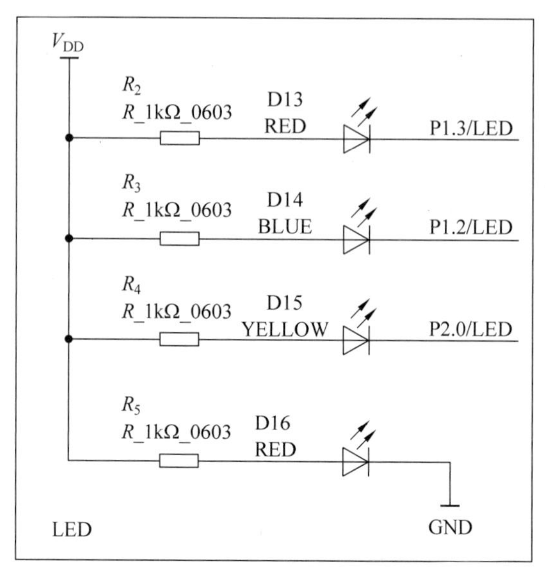

图 3-16　LED 控制电路图

2. 相关代码

BlinkM. nc 文件：

```
/*************************************************
* FUNCTION NAME : BlinkM.nc
* FUNCTION DESCRIPTION : LED 灯闪烁
* FUCNTION DATE :2011/11/29
* FUNCTION AUTHOR: EMDOOR
**/
module BlinkM {
    uses interface Leds;
    uses interface Boot;
}
implementation {
    task void DemoLed(){
        int i,j;
        while(1) {
            for(i = 0;i < 1000;i++)
                for(j = 0;j < 500;j++);
            call Leds.BlueLedOn();          //D14 LED 亮
            call Leds.RedLedOff();          //D15 LED 亮
            for(i = 0;i < 1000;i++)
                for(j = 0;j < 500;j++);
            call Leds.BlueLedOff();         //D14 LED 灭
            call Leds.RedLedOn();           //D15 LED 亮
        }
    }
    /** 启动事件处理函数,在 LED.nc 已经关联到 MainC.Boot 接口
```

```
        系统启动后会调用此函数
    */
    event void Boot.booted() {
        post DemoLed();
    }
}
```

BlinkC

```
/*****                                                  ********
* FUN
* FUN
* FUC
* FUN
**/
conf
{
}
imp
{
                                  //LED 模块程序,用于实现 LED 代码

                                  //TinyOS2 主模块,这里用于关联系统启动
                              nyOS 提供的接口相关联 */

                              ot 接口
                              Boot 接口 */
```

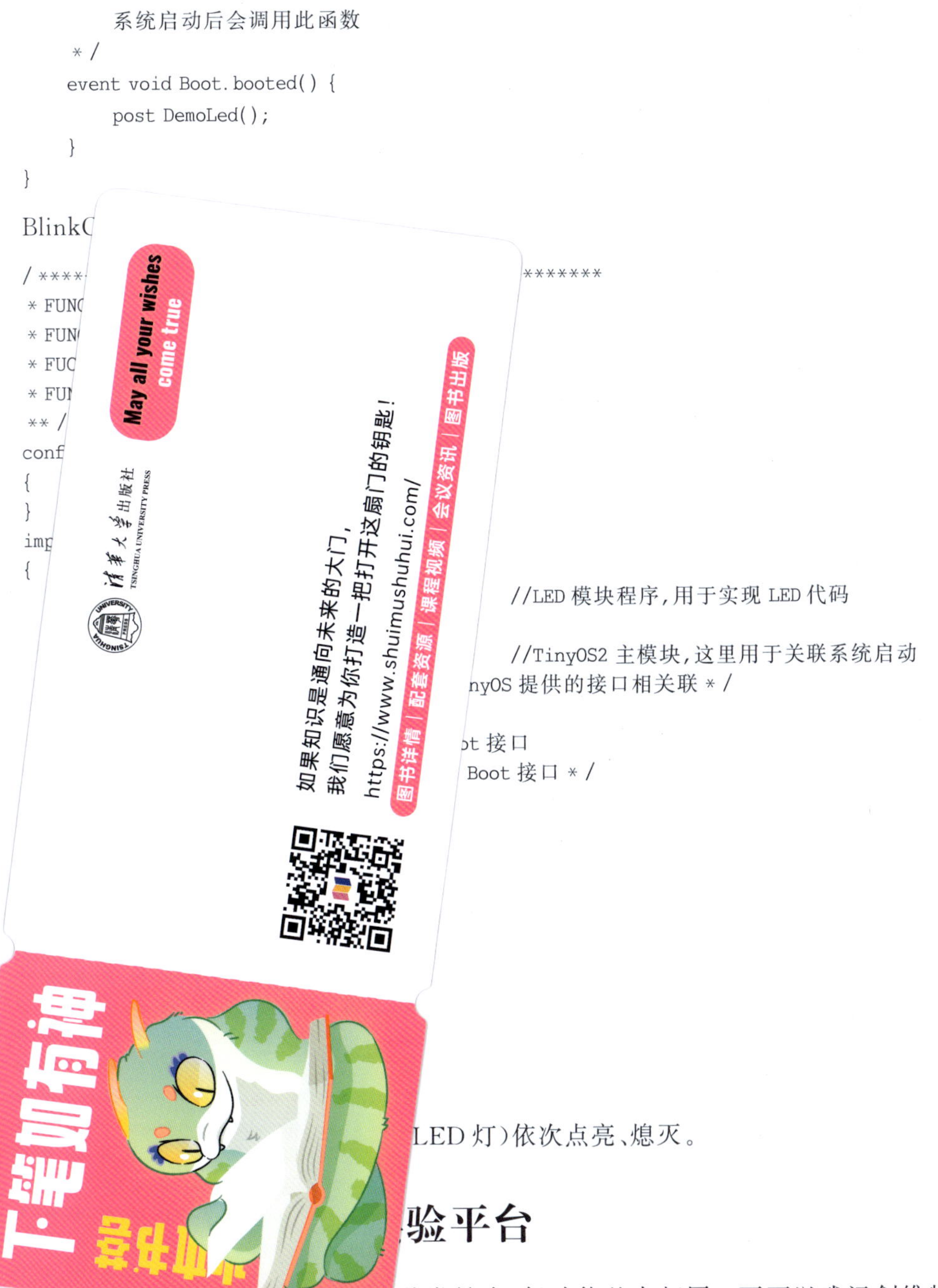

LED 灯)依次点亮、熄灭。

验平台

当今市场上无 种类繁多,但功能基本相同。下面以武汉创维特 CVT-WSN-Ⅱ无线传感器网络教学实验系统为例介绍无线传感器网络典型实验平台的硬件组成。

3.4.1　硬件系统的组成

CVT-WSN-Ⅱ无线传感器综合教学实验系统包括 16 种传感器模块、5 种被控单元、无线射频模块。其中,传感器模块包括温度、温湿度、光照、人体感应、振动、可燃气体、酒精、压力、气象气体压力、超声波测距、三轴加速度、水流量、雨滴、霍尔、磁场等,被控单元包括 LED 矩阵、数码管、蜂鸣器、步进电机、直流电机,网关直接采用 TI 公司的无线单片机 CC2530 作为核心处理器,其硬件系统组成如图 3-17 和表 3-8 所示。

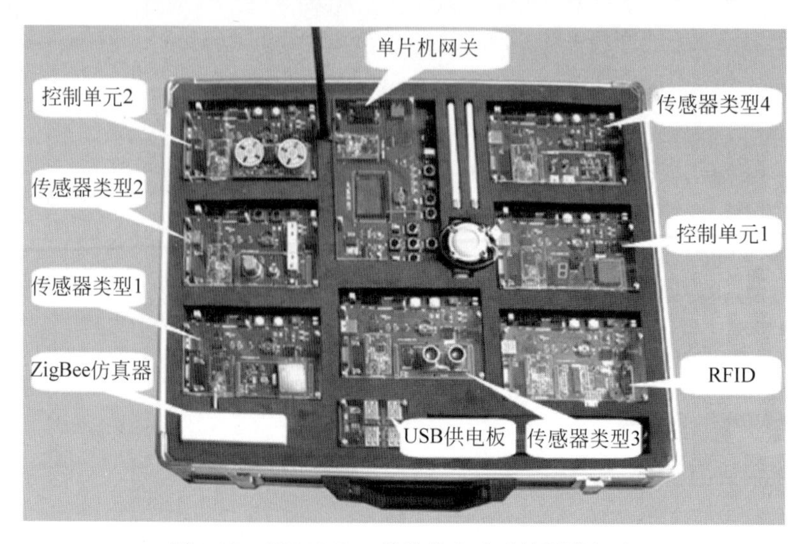

图 3-17　CVT-WSN-Ⅱ教学实验系统硬件组成

表 3-8　CVT-WSN-Ⅱ教学实验系统硬件组成

序号	名称	规格型号	数量	备　注
1	无线单片机显示网关板	CVT-WSNMCULCD	1	CC2530 处理器，128×64 点阵 LCD 屏 7 个功能按键，4 个 LED 灯
2	通用调试母板	CVT-WSN-EMK	7	3 个按键/1 个 AD/3 个 LED/1 个 UART，3 种供电模式
3	ZigBee 板	CVT-ZIGBEE	8	(1) 工作频段 2.4GHz，信道 16 个 (2) 信道带宽 5MHz (3) 符合 IEEE 802.15.4 标准 (4) 内置 IEEE 802.15.4 MAC 协议栈
4	传感器扩展板 1	CVT-WSNSENSOR1	1	温度/温湿度/光照/人体感应/振动
5	传感器扩展板 2	CVT-WSNSENSOR2	1	可燃气体/酒精/压力/气象气体压力
6	传感器扩展板 3	CVT-WSNSENSOR3	1	超声波测距/三轴加速度
7	传感器扩展板 4	CVT-WSNSENSOR4	1	水流量/雨滴/霍尔/磁场
8	指示扩展板	CVT-WSNSEG	1	LED/数码管/蜂鸣器指示
9	控制扩展板	CVT-WSNMOTOR	1	直流电机/步进电机/继电器控制
10	RFID 扩展板	CVT-WSNRFID	1	13.56MHz RFID
11	USB 供电板	CVT-WSNUSB	1	供电电源线一个，USB 线 8 根
12	ZigBee 通用仿真监视器	CC2000	1	下载调试排线一根 USB 2.0 下载调试线一根

3.4.2　硬件组件介绍

1. 无线单片机显示网关板

无线单片机显示网关板可以在实验中将无线传感器的相关设备信息传送到 PC 监控软件，也可以将 PC 监控软件的控制信息通过射频发送到控制单元，对被控单元进行相关的控制。

2. 通用调试母板

提供 ZigBee 板、传感器扩展板、指示扩展板、电机控制扩展板、RFID 扩展板的基板，也可以作为简易的网关板使用，或与 CC2000 仿真器一起作为 ZigBee 协议监视分析硬件平台。支持三种供电方式，包括USB供电、外接电源供电以及纽扣电池供电，调试监视方式支持标准串口方式和USB串口方式。

3. ZigBee板

采用TI公司的CC2530 ZigBee无线单片机，内含128KB的Flash存储器，ZigBee协议栈采用IEEE 802.15.4标准。此板外形小巧，使用方便，供电后即可工作。支持外接天线或片式天线。

4. 传感器扩展板

传感器扩展板支持包括温度、温湿度、光照、人体感应、振动、可燃气体、酒精、压力、气象气体压力、超声波测距、三轴加速度、水流量、雨滴、霍尔、磁场传感器等，还可根据学校的要求进行定制。

为了使用方便，将传感器进行了分类，按功能或大小，将上面的传感器组合为4种传感器板，即传感器扩展板1、传感器扩展板2、传感器扩展板3、传感器扩展板4。下面对4个传感器板分别进行介绍。

（1）传感器扩展板1：包含温度传感器、温湿度传感器、光照传感器、人体感应传感器及振动传感器。

（2）传感器扩展板2：包含可燃气体传感器、酒精传感器、压力传感器及气象气体压力传感器。

（3）传感器扩展板3：包含超声波测距传感器、三轴加速度传感器。

（4）传感器扩展板4：包含水流量传感器、雨滴传感器、霍尔传感器、磁场传感器。

（5）指示扩展板：指示扩展板包含LED指示、七段数码管指示、8×8点阵LED指示、蜂鸣器指示功能。

（6）控制扩展板：控制扩展板包含直流电机控制、步进电机控制、继电器控制。

（7）RFID扩展板：RFID扩展板支持非接触式IC卡读写，支持ISO 14443 RFID卡协议，频率13.56MHz。

（8）ZigBee仿真器：ZigBee仿真器用于无线单片机CC2530的程序下载、调试，程序的在线烧写，协议抓包分析等，如图3-18所示。

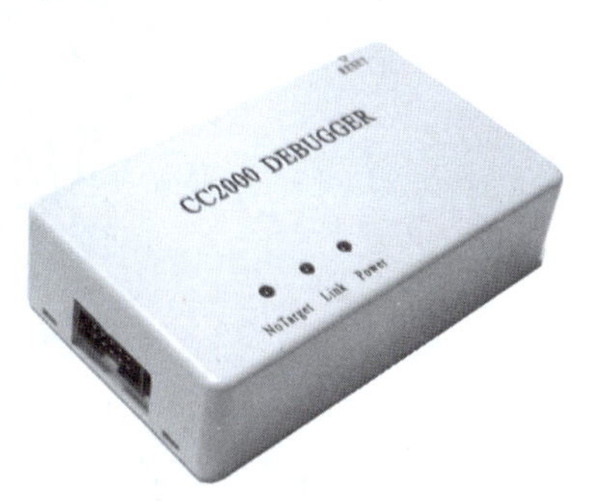

图3-18　ZigBee仿真器

注：红色Power指示灯为电源指示；红色NoTarget指示灯为未找到目标板指示；绿色Link指示灯为找到目标板指示。

仿真器具有在线下载、调试、仿真等功能，其外形非常简单，具有一个USB接口、一个指示灯、一根仿真下载线。

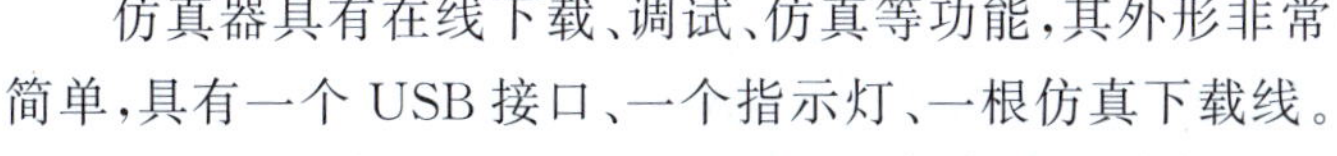

（1）USB接口：通过USB接口把仿真器与计算机连接起来。仿真器通过此接口与计算机通信，要在无线网络接点模块上实现下载、调试(Debug)、仿真等的通信都由此接口来实现。

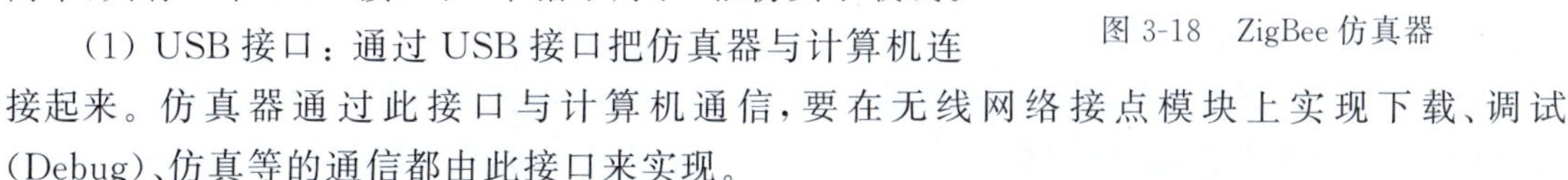

（2）指示灯：电源指示灯。

（3）仿真线：这是一根下载、调试仿真线，通过它与无线节点模块或开发板连接。

3.4.3　传感器节点

传感器节点外观组成如图3-19和图3-20所示，主要包括一块底板（采集板）与一块ZigBee

模块，根据需要可增加传感器扩展板。典型底板型号为 C51RF-WSN-DA100，传感器扩展板型号为 C51RF-WSN-DA300。

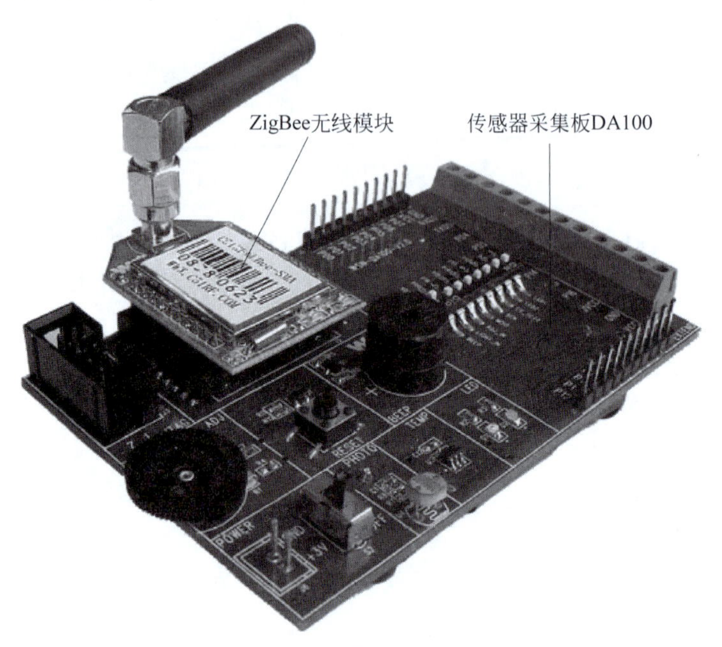

图 3-19　传感器节点

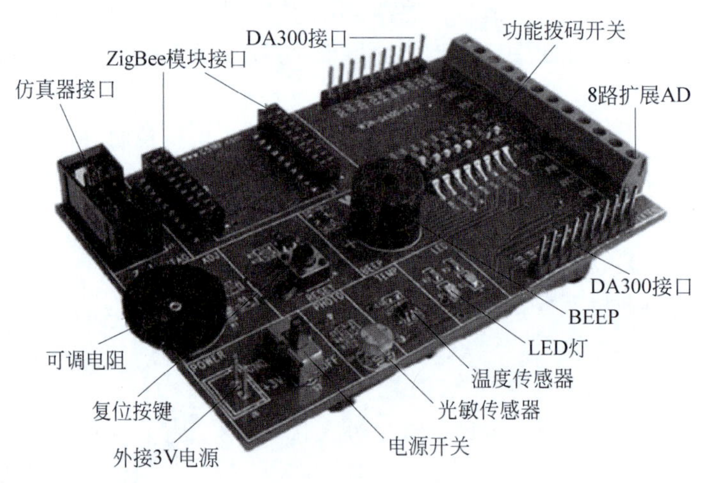

图 3-20　传感器底板(采集板)DA100

传感器节点在无线 ZigBee 传感器网络系统中既可用作普通传感器节点，也可用作无线 ZigBee 网络中的路由节点。传感器节点主要实现温度采集、光照度采集、BEEP(蜂鸣器)、LED 测试小灯、数据发送等功能。传感器在采集到温度值或者光照度值后，通过 ZigBee 模块内的 CC2530 单片机的 AD 将其转换为数字电压，通过 ZigBee 无线模块的射频部分将其发送给路由节点或者网关。可以通过 PC 软件对它进行直接访问，例如，可以通过 PC 使传感器节点完成 LED 小灯的测试。传感器采集板 DA100 包括温度传感器、光敏传感器、可调电阻、BEEP(蜂鸣器)、8 路可扩展 AD、仿真器接口、ZigBee 无线模块接口、DA300 接口、功能拨码开关等。

▶ 3.4.4 路由器节点

在传感器节点不能和网关直接通信的时候，路由器节点就起到了连接网关和传感器节点通信的目的。传感器节点硬件电路在无线 ZigBee 传感器网络系统既可用作普通传感器节点，也可用作无线 ZigBee 网络中的路由节点。当传感器节点用作路由节点时，硬件电路配置如图 3-19 所示。

3.5 ZigBee 硬件平台

TI 公司的 CC2530 是真正的系统级 SoC 芯片，适用于 2.4GHz IEEE 802.15.4，ZigBee 和 RF4CE 应用。CC2530 包括极好性能的一流的 RF 收发器，工业标准增强型 8051 MCU，系统中可编程的闪存（8KB RAM）具有不同的运行模式，使得它尤其适应超低功耗要求的系统，以及许多其他功能强大的特性，结合 TI 公司的业界领先的黄金单元 ZigBee 协议栈（Z-Stack™），提供了一个强大和完整的 ZigBee 解决方案。

▶ 3.5.1 CC2530 芯片的特点

CC2530 是一个真正的用于 2.4GHz IEEE 802.15.4 与 ZigBee 应用的 SoC 解决方案。这种解决方案能够提高性能并满足以 ZigBee 为基础的 2.4GHz ISM 波段应用对低成本、低功耗的要求。它结合了一个高性能 2.4GHz DSSS（直接序列扩频）射频收发器核心和一颗工业级小巧、高效的 8051 控制器。

CC2530 芯片方框图如图 3-21 所示。内含模块大致可以分为三类：CPU 和内存相关的模块，外设、时钟和电源管理相关的模块，以及射频相关的模块。CC2530 在单个芯片上整合了 8051 兼容微控制器、ZigBee 射频（RF）前端、内存和 Flash 存储器等，还包含串行接口（UART）、模/数转换器（ADC）、多个定时器（Timer）、AES128 安全协处理器、看门狗定时器（Watchdog Timer）、32kHz 晶振的休眠模式定时器、上电复位电路（Power On Reset）、掉电检测电路（Brown Out Detection）以及 21 个可编程 I/O 口等外设接口单元。

CC2530 的主要特点如下。

- 高性能、低功耗、带程序预取功能的 8051 微控制器内核。
- 32KB/64KB/128KB/256KB 的系统可编程 Flash。
- 8KB 在所有模式都带记忆功能的 RAM。
- 2.4GHz IEEE 802.15.4 兼容 RF 收发器。
- 优秀的接收灵敏度和强大的抗干扰性。
- 精确的数字接收信号强度（RSSI）指示/链路质量指示（LQI）支持。
- 最高到 4.5dBm 的可编程输出功率。
- 集成 AES 安全协处理器，硬件支持的 CSMA/CA 功能。
- 具有 8 路输入和可配置分辨率的 12 位 ADC。
- 强大的 5 通道 DMA。
- IR 发生电路。
- 带有两个强大的支持几组协议的 UART。
- 一个符合 IEEE 802.15.4 规范的 MAC 定时器、一个常规的 16 位定时器和两个 8 位定时器。

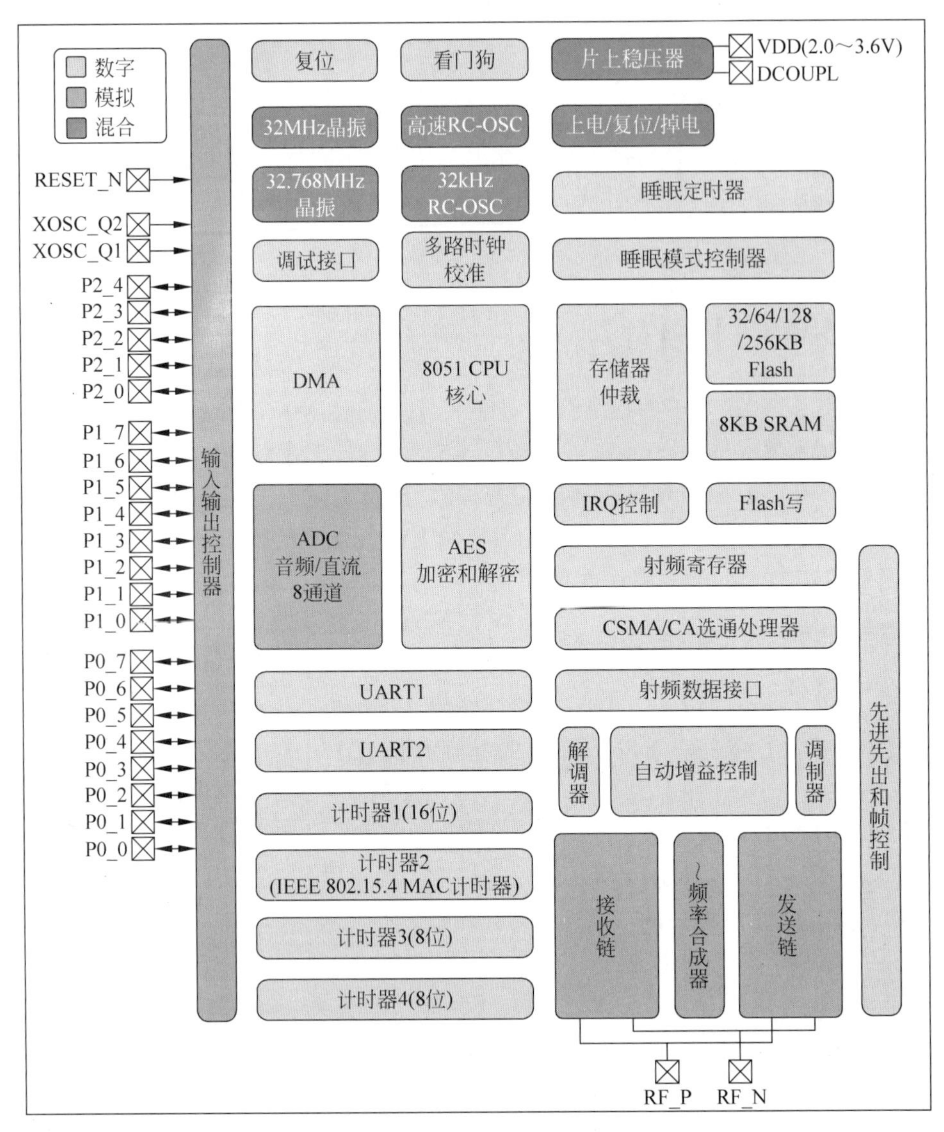

图 3-21　CC2530 芯片方框图

- 看门狗定时器，具有捕获功能的 32kHz 睡眠定时器。
- 较宽的电压工作范围(2.0～3.6V)。
- 具有电池监测和温度感测功能。
- 在休眠模式下仅 0.4μA 的电流损耗，外部中断或 RTC 能唤醒系统。
- 在待机模式下低于 1μA 的电流损耗，外部中断能唤醒系统。
- 调试接口支持，强大和灵活的开发工具。
- 仅需很少的外部元件。

3.5.2　CC2530 片上 8051 内核

CC2530 芯片使用的 8051 CPU 内核是一个单周期的 8051 兼容内核。它有三种不同的内存访问总线(SFR、DATA 和 CODE/XDATA)，单周期访问 SFR、DATA 和主 SRAM。它还包括一个调试接口和一个 18 位输入扩展中断单元。中断控制器总共提供了 18 个中断源，分为 6 个中断组，每个与 4 个中断优先级之一相关。当设备从 IDLE 模式回到活动模式时，任一中断服务请求也能响应。一些中断还可以从睡眠模式唤醒设备。

内存仲裁器位于系统中心，因为它通过 SFR 总线把 CPU、DMA 控制器和物理存储器以及所有外设连接起来。内存仲裁器有 4 个内存访问点，每次访问可以映射到三个物理存储器之一：一个 8KB SRAM、闪存存储器和 XREG/SFR 寄存器。它负责执行仲裁，并确定同时访问同一个物理存储器之间的顺序。

1. 增强型 8051 内核

增强型 8051 内核使用 8051 指令集。指令运行比标准的 8051 更快，因为：

- 每条指令一个时钟周期，而普通 8051 为每条指令 12 个时钟周期。
- 除去了被浪费掉的总线状态：因为一条指令周期是和可能的存储器获取对齐的，大部分单指令的执行时间为一个系统时钟周期。为了速度的提高，CC2530 增强型内核还增加了两部分：另一个数据指针以及扩展的 18 个源的中断单元。
- CC2530 内核的目标代码兼容标准 8051 微处理器。换句话说，CC2530 的 8051 目标码与标准 8051 完全兼容，可以使用标准 8051 的汇编器和编译器进行软件开发，所有 CC2530 的 8051 指令在目标码和功能上与同类标准的 8051 产品完全等价。不管怎样，由于 CC2530 的 8051 内核使用不同于标准的指令时钟，且外设如定时器、串口等不同于标准的 8051，因此在编程时与标准的 8051 代码略有不同。

2. 存储空间

CC2530 包含一个 DMA 控制器，8KB 静态 RAM（SRAM），32KB、64KB、128KB 或 256KB 的片内提供在系统可编程的非易失性存储器（Flash）。

8051 CPU 结构有 4 个不同的存储器空间。8051 有独立的程序存储器和数据存储器空间。

（1）CODE 程序存储器空间：一块只读程序存储器空间，地址空间为 64KB。

（2）DATA 数据存储器空间：一块 8 位的可读/可写的数据存储器空间，可通过单周期的 CPU 指令直接或间接存取。地址空间为 256B，低 128B 可通过直接或间接寻址访问，而高 128B 只能通过间接寻址访问。

（3）XDATA 数据存储器空间：一块 16 位的可读/可写的数据存储空间，通常访问需要四五个指令周期，地址空间为 64KB。

（4）SFR 特殊功能寄存器：一块可通过 CPU 的单周期指令直接存取的可读/可写寄存器空间。地址空间为 128B，特殊功能寄存器可进行位寻址。

以上 4 块不同的存储空间构成了 CC2530 的存储器空间，可通过存储管理器来进行统一管理。

3. 特殊功能寄存器

特殊功能寄存器控制 CC2530 的 8051 内核以及外设的各种重要功能。大部分的 CC2530 特殊功能寄存器与标准 8051 特殊功能寄存器功能相同，小部分与标准 8051 的不同，不同的特殊功能寄存器主要用于控制外设以及射频收发功能。

3.5.3　CC2530 主要特征外设

CC2530 有 21 个数字 I/O 引脚，能被配置为通用数字 I/O 口或作为外设 I/O 信号连接到 ADC、定时器或串口外设。

1. 输入/输出接口

CC2530包括三组输入/输出(I/O)口,分别是P0、P1、P2。其中,P0和P1分别有8个引脚,P2有5个引脚,共21个数字I/O引脚。这些引脚都可以用作通用的I/O端口,同时通过独立编程还可以作为特殊功能的输入/输出,通过软件设置还可以改变引脚的输入/输出硬件状态配置。

2. 直接存取控制器

中断方式解决了高速内核与低速外设之间的矛盾,从而提高了单片机的效率。但在中断方式中,为了保证可靠地进行数据传送,必须花费一定的时间,如重要信息的保护以及恢复等,而它们都是与输入/输出操作本身无关的操作。因此对于高速外设,采用中断模式就会感到吃力。为了提高数据的存取效率,CC2530专门在内存与外设之间开辟了一条专用数据通道。这条数据通道在DMA控制器硬件的控制下,直接进行数据交换而不通过8051内核,不用I/O指令。

DMA控制器可以把外设(如ADC、射频收发器)的数据移到内存而不需要CC2530内核的干涉。这样,传输数据速度上限取决于存储器的速度。采用DMA方式传送时,由DMA控制器向8051内核发送DMA请求,内核响应DMA请求,这时数据输入/输出完全由DMA控制器指挥。

3. 定时器

CC2530包含两个16位的定时器/计数器(Timer1和Timer2)和两个8位的定时器/计数器(Timer3和Timer4)。其中,Timer2是主要用于MAC的定时器。

Timer1、Timer3、Timer4为支持典型的如输入、捕获、输出比较与PWM功能的定时器/计数器。这些功能和标准的8051是差不多的。Timer2主要用于802.15.4 CSMA-CA算法与802.15.4 MAC层的计时。如果定时器2与睡眠定时器一起使用,当系统进入低功耗模块时,定时器2将提供定时功能,使用睡眠定时器设置周期。

4. 14位模/数转换器

CC2530的ADC支持14位的模/数转换,这跟一般的单片机8位ADC不同,如图3-22所示。这个ADC包括一个参考电压发生器和8个独立可配置通道。转换结果可通过DMA写到存储器中,有多种操作模式。

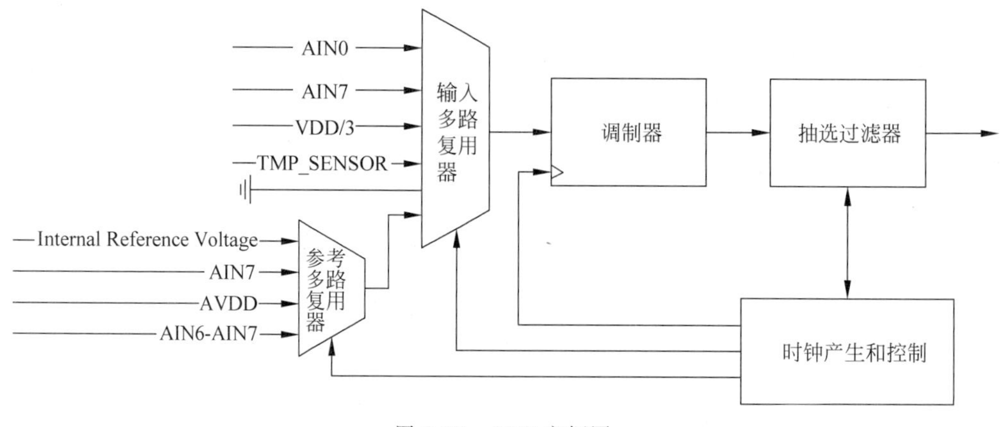

图3-22　ADC方框图

5. 串行通信接口

CC2530有两个串行接口:USART0和USART1。可以独立操作在异步UART模式或同步 SPI 模式。两个 USART 有相同的功能，对应分配到不同的 I/O 口，2 线制或 4 线制，硬件流控支持。

（1）UART 模式时有以下特点。

- 8 位或 9 位数据负载。
- 奇、偶，或无奇偶校验。
- 可配置起始或停止位位数。
- 可配置最高位还是最低位先发送。
- 独立地接收和发送中断。
- 独立地接收和发送 DMA 触发。
- 奇偶错误与帧格式错误状态指示。

（2）USART 寄存器。

- UxCSR：USART x UART 及 SPI 控制与状态寄存器。
- UxUCR：USART x UART 控制寄存器。
- UxGCR：USART x 处理方式控制寄存器。
- UxDBUF：USART x 接收/发送数据缓存区。
- UxBAUD：USART x 波特率控制寄存器。

▶ 3.5.4 CC2530 无线收发器

CC2530 接收器是一款中低频接收器。接收到的射频信号首先被一个低噪放大器（LNA）放大，并把同相正交信号下变频到中频（2MHz），接着复合的同相正交信号被滤波放大，再通过 AD 转换器转换成数字信号，其中，自动增益控制、最后的信道滤波、扩频、相关标识位、同步字节都是以数字方法实现的。

CC2530 收发器通过直接上变频器来完成发送，待发送的数据存在一个 128B 的 FIFO 发送单元（与 FIFO 接收单元相互独立）中，其中，帧头和帧标识符由硬件自动添加上去。按照 IEEE 802.15.4 中的扩展顺序，每一个字符（4b）都被扩展成 32 个码片，并被送到数模转换器以模拟信号的方式输出。

一个模拟低通滤波器把信号传递到积分（quadrature）上变频混频器，得到的射频信号被功率放大器（PA）放大，并被送到天线匹配。

▶ 3.5.5 CC2530 开发环境

典型的 CVT-WSN-Ⅱ/S 教学实验系统使用的软件比较多，主要包括 CC25XX 无线单片机软件集成开发环境、CC25XX 芯片 Flash 编程软件、ZigBee 协议分析软件、基于 PC 的管理分析软件等。

1. IAR Embedded Workbench for 8051

IAR 嵌入式集成开发环境是 IAR 系统公司设计用于处理器软件开发的集成软件包，具有软件编辑、编译、连接、调试等功能。它包括用于 ARM 软件开发的集成开发环境（IAR Embedded Workbench for ARM）、用于 Atmel 公司单片机软件开发的集成开发环境（IAR Embedded Workbench for AVR）、用于兼容 8051 处理器软件开发的集成开发环境（IAR Embedded Workbench for 8051）、用于 TI 公司的 CC24XX 及 CC25XX 家族无线单片机的底层软件开发、ZigBee 协议的移植、应用程序的开发等。

软件 IAR 8.1.0 可执行文件 EW8051-EV-Web-8101.exe，按照软件说明书进行正确的安装，保证正常运行。

2. SmartRF Flash Programmer

SmartRF Flash Programmer 用于无线单片机 CC2530 的程序烧写，或用于 USB 接口的 MCU 固件编程，读写 IEEE 地址等。

软件 SmartRF Flash Programmer 可执行文件 SmartRFProg.exe，按照软件说明书进行正确的安装，保证正常运行。

3. ZigBee 协议监视分析软件

Packet Sniffer 用于 802.15.4/ZigBee 协议监视和分析功能，可以对本地的 ZigBee 网络进行协议监视和分析。

软件 ZStack-CC2530-2.3.1 可执行文件 ZStack-CC2530-2.3.1.exe，按照软件进行协议栈安装，保证能正确运行。

4. LED 自动闪烁实验分析

使用 CC2530 软件开发环境 IAR Embedded Wordbench for MCS-51 新建一个工程，完成自己的设计和调试。有关 IAR 的详细说明文档可浏览 IAR 网站或参考安装文件夹里的支持文档 Chipcon IAR IDE usermanual_1_22.pdf。这里仅通过一个简单的 LED 闪灯测试程序带领用户逐步熟悉 IAR for 51 工作环境。在这个测试程序中所需要的工具和硬件是 DTD243A_Demo 仿真器和一个 CC2430 模块 DTD243A。

1）CC2530 的 GPIO 接口

CC2530 单片机具有 21 个数字输入/输出引脚，可以配置为通用数字 I/O 或外设 I/O 信号，可配置为连接到 ADC、定时器、SPI 或串口外设。这些 I/O 口的用途，可以通过用户软件配置一系列寄存器实现。

2）寄存器

本实验用到 P0 口和 P2 口，两个口的设置类似。以下以 P0 口为例，寄存器主要有 P0（数据）、P0SEL（功能选择）、P0DIR（方向选择）和 P0INP（输入模式选择）；每个寄存器都可以位寻址，表 3-9～表 3-12 列出了各个寄存器的定义和复位值。

表 3-9　P0（P0 口寄存器）

位号	位名	复位值	操作性	描　述
7:0	P0[7:0]	0xFF	读/写	P0 端口普通功能寄存器，可位寻址

复位后 P0=0xFF，对 P0 口进行操作前，一般要先设置好 P0SEL、P0DIR 和 P0INP 寄存器。

表 3-10　P0SEL（P0 功能选择寄存器）

位号	位名	复位值	操作性	描　述
7:0	SELP0_[7:0]	0x00	读/写	0：普通 I/O；1：外设功能

复位后 P0SEL=0x00，即 P0 口为普通 I/O 口。如果要为外设功能，把相应位设为 1 即可。外设功能主要包括 ADC 转换、串口、SPI、定时器、DEBUG 调试口等。

表 3-11　P0DIR（P0 方向选择寄存器）

位号	位名	复位值	操作性	描　述
7:0	DIRP0_[7:0]	0x00	读/写	0：输入；1：输出

复位后 P0DIR=0x00，即 P0 口为输入。如果要为输出，把相应位设为 1 即可。

表 3-12　P0INP（P0 输入模式选择寄存器）

位号	位名	复位值	操作性	描　述
7:0	MDP0_[7:0]	0x00	读/写	0：上拉/下拉，由 P2INP 指定；1：三态

复位后 P0INP=0x00，即 P0 口为上拉/下拉，具体由 P2INP 寄存器的位 PDUP0 指定：PDUP0=0 为上拉；PDUP0=1 为下拉。如果要为三态（高电平、低电平、高阻抗），把相应位设为 1 即可。

3）相关电路图

板上有一个电源灯（D4）、两个状态灯（D2 和 D3），电路如图 3-23 所示。

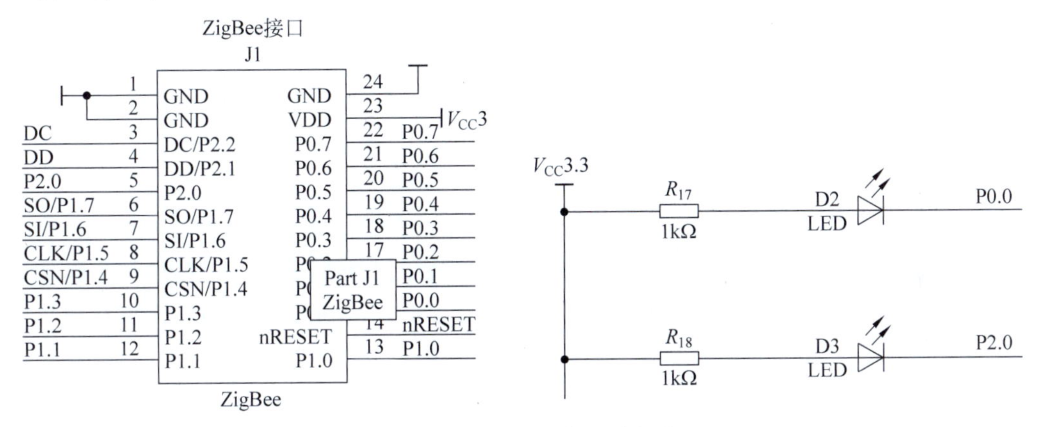

图 3-23　发光二极管驱动电路

当 P0.0 输出低电平时，发光二极管 D2 点亮；P0.0 输出高电平时，发光二极管 D2 熄灭。当 P2.0 输出低电平时，发光二极管 D3 点亮；P2.0 输出高电平时，发光二极管 D3 熄灭。

4）程序流程及核心代码

（1）程序流程如图 3-24 所示。

（2）核心代码。

```
void main(void)
{
  P0DIR |= 0x01;    //设置 P1.0 为输出方式，复位后为普通 I/O 输入口
  P2DIR |= 0x01;    //设置 P2.0 为输出方式，复位后为普通 I/O 输入口

  while(1)
  {
     P0_0 = 0;      //点亮 D2 发光二极管
     P2_0 = 0;      //点亮 D3 发光二极管

     delay();       //延时子程序，延时大概 400ms

     P0_0 = 1;      //熄灭 D2 发光二极管
     P2_0 = 1;      //熄灭 D3 发光二极管

     delay();
  }
} //end of main()
```

开始
初始化GPIO
点亮D2发光二极管
点亮D3发光二极管
延时400ms
熄灭D2发光二极管
熄灭D3发光二极管
延时400ms

图 3-24　程序流程

5）实验现象

发光二极管 D2 和 D3 同时点亮，一段时间后又同时熄灭，如此循环往复。

3.6 WSN仿真

▶ 3.6.1 WSN仿真的特点

无线传感器网络是高度面向应用的网络类型，并且无线传感器网络相对于其他类型的网络有许多限制和独特之处，因此其仿真特点与现有的有线和无线网络有所不同，具有如下特点。

1. 仿真规模大

对于传统的有线网络，利用有限的具有代表性的节点拓扑就可以相当大程度地模拟整个网络的性能。但是对于无线传感器网络，部署于监测区域内的无线传感器节点数目庞大，节点分布密集，网络规模大且具有复杂的、动态变化的拓扑结构，因此无法用有限的节点数目来分析其整体性能，在仿真时必须考虑大规模的网络仿真，并保持一定的仿真效率。

2. 仿真目标不同

传统的有线和无线网络仿真主要分析网络的吞吐量、端对端延迟和丢包率等QoS指标，而这些在大部分无线传感器网络的应用中都不是最主要的分析目标。无线传感器网络是以数据为中心的全分布式网络，单个传感器节点的信息意义不大，要求仿真中对整个网络进行协同分析。传感器节点一般采用电池供电并部署于不可更换电池的环境中，要求节点使用寿命长，因此节点的寿命、能耗分析等成为仿真中非常重要的仿真分析目标。

3. 业务模型不固定

无线传感器网络是高度面向应用的，不同的应用有不同的业务模型，也会有不同的事件类型，另外在不同的应用情况下网络的生命周期也不同，因此需要建立一种适合的无线传感器网络业务模型。

4. 节点的特点

传感器节点具有感知物理世界的能力，它对外部突发事件具有很高的灵敏度，而且传感器节点可能会移动或者受到噪声、干扰、人为破坏等因素的影响而失效，也会在不同的工作状态下不断变化，因此在仿真过程中需要考虑传感器节点的特殊性，建立对物理环境、状态变化等的动态模型。

5. WSN的其他特点

除了以上几个方面以外，无线传感器网络还有许多独特性，例如，硬件平台的多样性、网络节点自身操作系统的特殊性、没有标准的通信协议等，因此在仿真中需要根据应用需求建立适合的仿真模型。

▶ 3.6.2 通用网络仿真平台

随着无线传感器网络的快速发展，对无线传感器网络仿真的研究也有了很多科研成果。目前，不仅有对以前成熟的网络仿真平台的改进，使得它们支持无线传感器网络的新特性，例如NS-2、OPNET等，也有在以前平台的基础上开发的仿真工具，例如SensorSim、SENSE、LSU SensorSimulator等，还有重新开发的一些面向无线传感器网络的仿真工具，例如TOSSIM等。基于无线传感器网络的特点，目前的网络模型并不能完全仿真所遇到的问题。不同的仿真器存在不同的问题，例如过度简化的模型，缺少用户自定义，很难获取现有协议，成本高等。

由于仿真本身就不能达到百分之百的完美，而且目前有很多适用于仿真不同应用场景的传感器网络仿真工具，所以对于一个开发者来说，选择一款适合自己项目的仿真器是很重要的。但是如果没有对现有仿真器全面认识，要做出这样的选择是很困难的。此外，仿真器开发者通过对现有仿真工具的了解和比较，还可以认识到现有仿真工具及自己开发的模型的优缺点，这对仿真器的优化是有很大帮助的。因此，对现有的、优秀的仿真工具做一下详细了解是很有必要的。在此介绍几种常用的仿真工具，描述它们各自的特性及优缺点，为无线传感器网络仿真平台的选择及设计提供指导。

1. NS-2

NS-2(Network Simulator Version 2)是无线传感器网络中最流行的仿真工具。它起源于1989年为通用网络仿真设计的NS(Network Simulator)，是一个开源的面向对象离散事件仿真器，采用模块化方法实现。用户可以通过"继承"来开发自己的模块，具有很好的扩展性，能够对仿真模型进行扩展，也可以直接创建和使用新的协议。NS-2通过C++与OTcl的结合来实现仿真，C++用于实现协议及对NS-2模型库的扩展，OTcl用于创建和控制仿真环境，包括选择输出数据。NS-2包括大量的协议、通信产生器(Traffic Generator)及工具。

NS-2对无线传感器网络的仿真是对Ad Hoc仿真工具的改进并添加一些组件来实现的。对传感器网络仿真的支持包括传感信道、传感器模型、电池模型、针对无线传感器的轻量级协议栈、混合仿真及场景生成等。通过对NS-2的扩展，使得它能够通过外部环境来触发事件。NS-2的扩展性和面向对象设计使得新协议的开发和使用非常简便，而且有许多协议可以免费获取，还可以将自己的仿真结果跟其他人的算法比较，这更加促进了NS-2的发展。

NS-2也存在以下缺点。

(1) 不适合大规模的无线传感器网络仿真。由于是面向对象的设计，使得在仿真大量节点的环境时性能很差。在仿真中，每个节点都是一个对象，并能够与其他任何节点交互，在仿真时会产生大量的相关性检查。

(2) 缺少用户自定义。包格式、能量模型、MAC协议，以及感知硬件模型都与大部分传感器中的不同。

(3) 缺少应用模型。在许多网络环境中这不是问题，但是传感器网络一般包括应用层与网络协议层之间的交互。

(4) 使用比较困难。NS-2入门难，并且有很多版本，使得仿真结果之间的比较变得困难。

2. OPNET

OPNET(Optimized Network Engineering Tool)是一个面向对象的离散事件通用网络仿真器，它使用分层模型来定义系统的每一方面。顶层包括网络模型，在此定义拓扑结构；第二层是节点，在此定义数据流模型；第三层是过程编辑器，它处理控制流模型；最后包含一个参数编辑器支持上面的三层。分层模型的结果是一个为了离散事件仿真引擎的事件队列和一系列代表在仿真中处理事件的节点的实体集合，每个实体包括一个仿真时处理事件的有限状态机(Finite State Machine，FSM)。OPNET能够记录大量用户定义结果的集合，支持不同特定传感器硬件的建模，例如物理连接收发器和天线，能自定义包格式。仿真器通过一个图形用户接口帮助用户开发不同的模型，整个接口可以模拟、图形化、动画展示输出结果。OPNET和NS-2一样有相同的面向对象的规模问题。它并不像NS-2及GloMoSim那样流行，它为商业软件，在获得协议方面也不如NS-2方便。

OPNET的特点如下。

（1）建模与仿真周期：OPNET 提供了强大的工具，以帮助用户完成设计周期中 5 个设计阶段的 3 个，即创建模型、执行仿真和结果分析，如图 3-25 所示。

（2）分层建模：OPNET 使用层次结构建模，每个层次描述仿真模型的不同方面，共有 4 种编辑器，即网络编辑器、节点编辑器、进程编辑器和参数编辑器。

（3）专用于通信网络：详细的模型库提供对现有协议的支持，并且允许用户修改现有模型或者创建自己的模型。

（4）自动仿真生成：OPNET 模型能被编译为可执行代码，然后调试和执行，并且输出数据。它拥有探测器编辑器、分析工具、过滤工具、动画视图等结果分析工具。

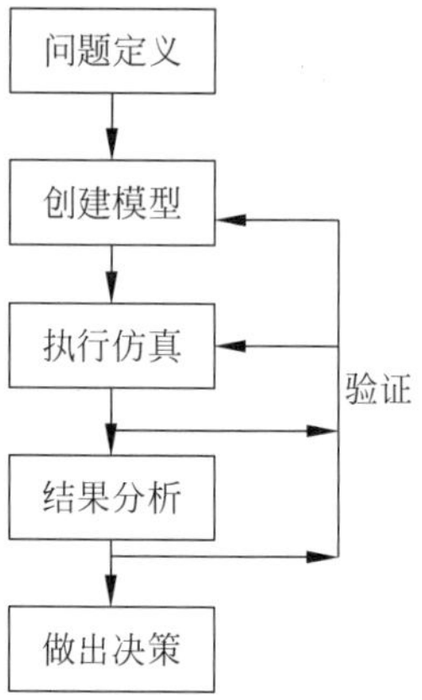

问题定义
创建模型
执行仿真
结果分析
做出决策
验证

图 3-25　建模与仿真周期

3. OMNet++

OMNet++（Objective Modular Network Testbed in C++）是一个开源的、面向对象的离散事件仿真器，一般用来仿真通信网络及其他一些分布式系统。OMNet++由多层嵌套的模块构成，如图 3-26 所示，模块分为简单模块和复合模块。简单模块用于定义算法及组成底层；复杂模块由多个简单模块组成，这些简单模块之间使用消息进行交互。顶层模块称为系统模块（System Module）或者网络，它包括一个或者多个子模块，每个模块又可以嵌套子模块，对嵌套的深度没有限制。

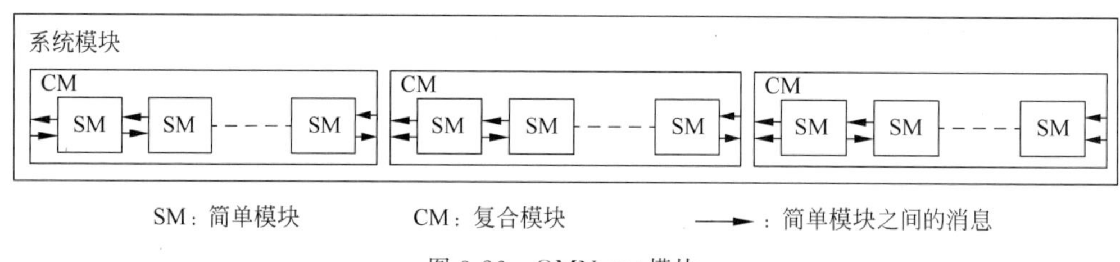

图 3-26　OMNet++模块

OMNet++的传感器网络模块称为 SensorSim，传感器节点是一个复合模块，它包括三类模块，分别为代表每个协议层的模块、反映硬件的模块和一个协调器模块。协调器模块负责协议层和硬件之间的通信，为两者传递必需的消息。在传感器节点模块之外有代表被感知物理对象的模块。传感信道与传感器节点通信，无线信道与网络通信。SensorSim 是基于组件实现的，它比 NS-2 具有更高的效率，能够准确地模拟大部分硬件，包括对物理环境的建模，协议栈的所有层都可以修改。

OMNet++有以下缺点。

（1）设计方法与其他仿真器大不相同，学习困难。

（2）使用 SensorSim 所做的研究发布很少。

（3）实现的协议很少。

4. GloMoSim

GloMoSim（Global Mobile Information Systems Simulation Library）于 1998 年针对移动无线网络开发，具有以下特点。

（1）并行仿真：GloMoSim 采用 Parsec 语言（C 语言的扩展，支持并行编程）实现，能够实现并行仿真。

（2）可扩展性：GloMoSim 库中所有的协议均以模块的形式存在。GloMoSim 的结构包括多层，如图 3-27 所示，每层都使用不同的协议集合并有一个与相邻层通信的应用程序接口（Application Program Interface，API）。

(3) 面向对象：GloMoSim 采用面向对象方法实现，但是将节点划分为多个对象，每个对象负责协议栈中的一层，减轻了大型网络的开销。

GloMoSim 仍然存在以下问题。

(1) 仿真网络类型限制。GloMoSim 在仿真 IP 网络时很有效，但是不能仿真其他类型的网络，因此有很多传感器网络都不能在 GloMoSim 上仿真。

(2) 不支持外部环境事件。GloMoSim 不支持仿真环境之外的环境事件，所有的事件都必须由网络内部的其他节点产生。

(3) 不再更新。在 2000 年之后，GloMoSim 已经停止更新，并被其商业版本 QualNet 取代。

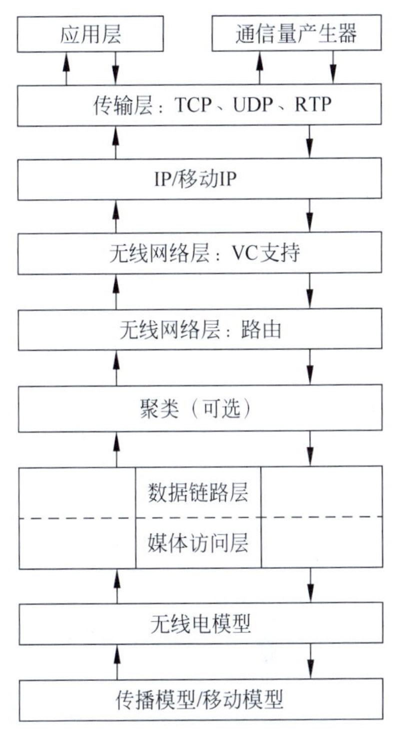

图 3-27 GloMoSim 的结构

5. QualNet

QualNet 是 GloMoSim 的商业版本，它对 GloMoSim 做了许多扩展，使其包括许多针对有线及无线网络（包括局域网、Ad Hoc 网络、卫星网络和蜂窝网等）的模型、协议集合、文档及技术支持。QualNet 包括三个库，即标准库、MANNET 库和 QoS 库。标准库提供有线及无线网络中大部分的模型及协议；MANNET 库提供标准库中不包括的、针对 Ad Hoc 网络的特定组件；QoS 库提供针对 QoS 的协议。这三种库均是以二进制代码格式提供的，用户可以使用配置文件修改其行为，但是不能更改其核心功能。QualNet 包括 5 个图形用户界面模块，即场景设计器（Scenario Designer）、图形生成器（Animator）、协议设计器（Protocol Designer）、分析器（Analyzer）及包跟踪器（Packet Tracer）。场景设计器及图形生成器是图形化的试验设置和管理工具，可以直观地单击及拖曳工具，定义网络节点的地理分布、物理连接和功能参数，定义每个节点的网络层协议和话务特征；协议设计器是用于定制协议建模的有限状态机（Finite State Machine，FSM）工具，利用直观的、基于状态的可视工具定义协议模型的时间和过程，缩短开发时间，可以修改现有协议模型，或者自己定制协议和特定的统计报告；分析器是统计图形表示工具，可以在上百个预设计报告中选择或定制自己的报告；包跟踪器是用于查看数据分组在协议栈中发送和接收过程的分组级可视化工具。这些模块合理、有效结合，使得 QualNet 是一个非常完善的模拟器。

6. Matlab

Matlab（Matrix Laboratory）是一种科学计算软件，以矩阵形式处理数据。Matlab 将高性能的数值计算和可视化集成在一起，并提供大量的内置函数，可用于通信系统设计与仿真。Matlab 提供基本的数学算法、集成 2D 和 3D 图形功能，并提供一种交互式的高级编程语言。Matlab 还有一系列的专业工具箱和框图设计环境 Simulink。Simulink 用来对各种动态系统进行建模、分析和仿真，可以对任何一个能够用数学描述的系统进行建模，包括连续、离散、条件执行、事件驱动、单速率、多速率和混杂系统等。Simulink 利用鼠标拖放的方法建立系统框图模型的图形界面，提供了丰富的功能块以及不同的专业模块集合，利用 Simulink 几乎可以做到不书写一行代码完成整个动态系统的建模工作，简化了系统设计及仿真。

WiSNAP(Wireless Image Sensor Network Application Platform)是一个针对无线图像传感器网络(Wireless Image Sensor Network)设计的基于Matlab的应用开发平台。它使得研究者能够使用实际的目标硬件来研究、设计、评估算法及应用程序。WiSNAP还提供了标准、易用的应用程序接口(Application Program Interface，API)来控制图像传感器及无线传感器节点，不需要详细了解硬件平台。开放的系统结构还支持虚拟的传感器和无线传感器节点。

WiSNAP的程序结构如图3-28所示，它为用户提供了两类应用程序接口，即无线传感器节点应用程序接口及图像传感器应用程序接口。用户可以很方便地控制无线传感器节点和图像传感器，实现应用程序开发。WiSNAP的设备库(包括CC2420DB库、ADCM-1670库和ADNS3060库)能够实现特定硬件的协议及功能，可以用Matlab脚本和Matlab可执行文件实现。操作系统则提供对计算机硬件(包括串口、并口)的访问。

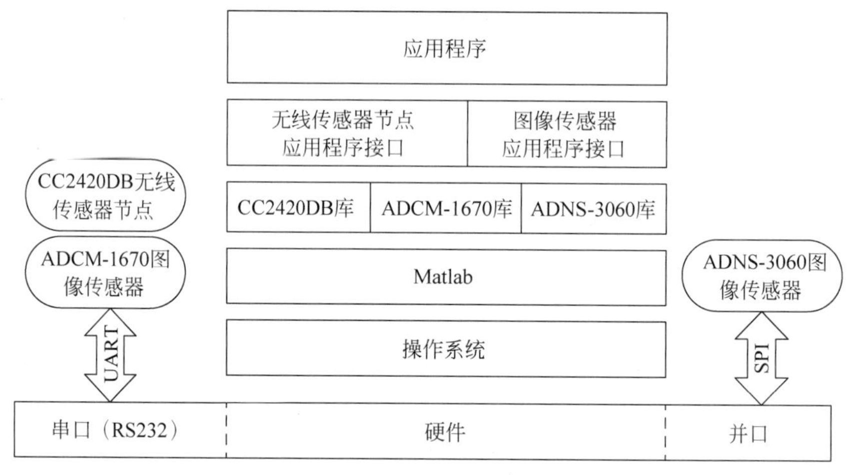

图3-28　WiSNAP的程序结构

7. J-Sim

J-Sim是采用Java语言实现的通用仿真器，它使用基于组件结构的设计方法、增强的能量模型，能够仿真传感器对环境的检测。J-Sim的组件结构如图3-29所示，目标节点产生激励，传感器节点响应激励，汇聚节点是报告激励的目标，每个组件又被分解为不同的部分，使得容易使用不同的协议。J-Sim可以仿真应用程序，可以连接到实际的硬件，但是使用较难。

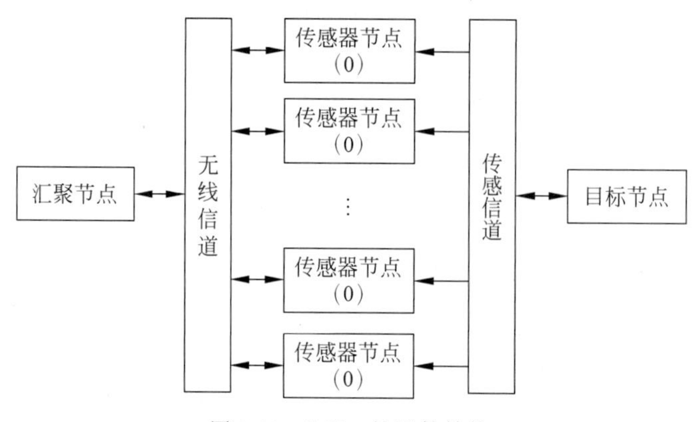

图3-29　J-Sim的组件结构

3.6.3 针对 WSN 的仿真平台

1. TOSSIM、TOSSF 与 SENS

TOSSIM、TOSSF 与 SENS 均能够对 TinyOS 程序进行仿真。TOSSIM(TinyOS Simulator)是为运行于 MICA 系列传感器节点的 TinyOS 应用程序所设计的,它与 TinyOS 一起发行,包括一个可与仿真交互的可视化仿真过程图形用户界面 TinyViz(TinyOS Visualizer)。TOSSIM 在设计时主要考虑以下 4 个方面。

(1) 规模:系统应该能够处理拥有不同网络配置的若干节点。

(2) 完整性:为了准确地捕获行为,TOSSIM 包括尽量多的系统交互。

(3) 保真度:如果要测试准确,需要捕获很细小的交互。

(4) 桥接:桥接 TOSSIM 之间的差距,测试及验证在实际硬件中执行的代码。

针对大规模仿真的目标,仿真器中的每个节点与一个有向图(每条边都有一个概率比特误码)连接。为了保证传输的有效性,用“0”表示比特错误,但会根据情况的不同而改变。此外,所有的节点运行相同的代码,这样可以提高效率。

TOSSIM 由不同的组件组成,其结构如图 3-30 所示,支持编译网络拓扑图、离散事件队列、被模拟的硬件、通信基础结构(允许仿真器与外部程序通信)。大部分应用程序代码都不用改变,只是在与硬件交互的应用程序场合有所区别。

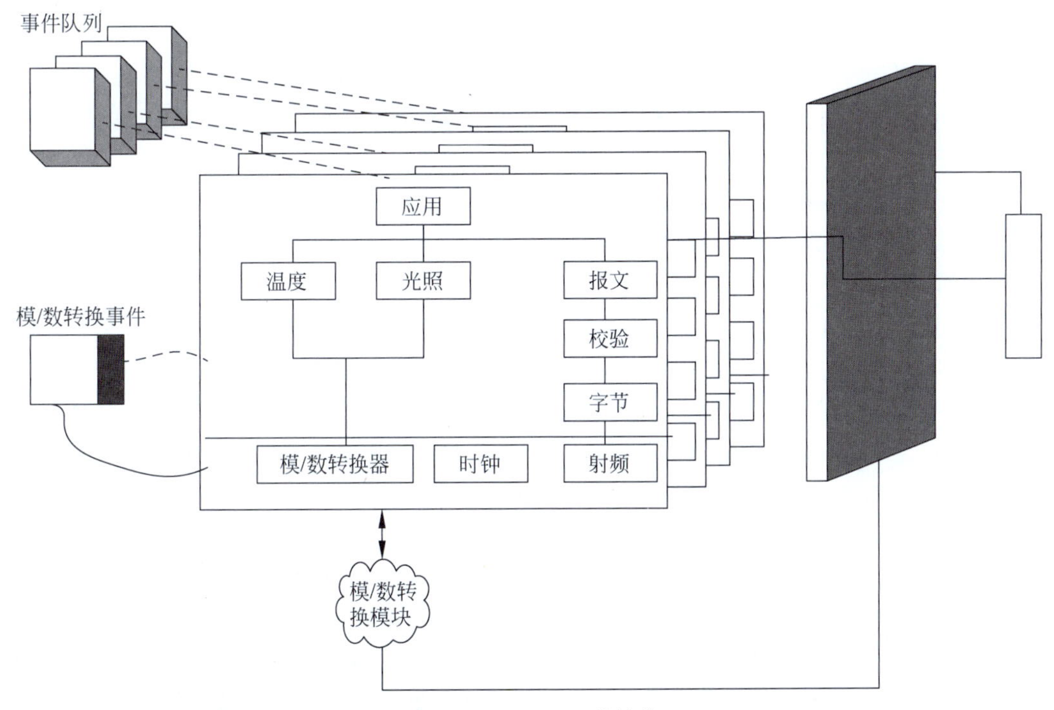

图 3-30 TOSSIM 的结构

TOSSIM 的概率比特误码模型会导致错误,并在分析低级协议时降低了仿真器的效率。在编译时,微小的时序和中断属性丢失会影响与其他节点的交互,也同样会降低准确度。另外,TOSSIM 只考虑了传感器的数据采集硬件的仿真,并没有实现对环境触发的反应的仿真。

PowerTOSSIM 是一个电源模型,已经集成到 TOSSIM 中。PowerTOSSIM 对 TinyOS 应用程序消耗的电能进行建模,包括 Mica2 传感器节点能量消耗的详细模型。

TOSSF是一个可升级的仿真框架，它是在DaSSF(the Dartmouth Scalable Simulation Framework)和SWAN(Simulator for Wireless Ad hoc Networks)的基础上开发的，其结构如图3-31所示。DaSSF是一个拥有高性能和仿真规模的、改进的、优化的仿真内核。SWAN是一系列在DaSSF内核上构建的C++类的集合，它为无线自组织网络的仿真提供许多模型。SWAN提供运行时的模块配置扩展性。

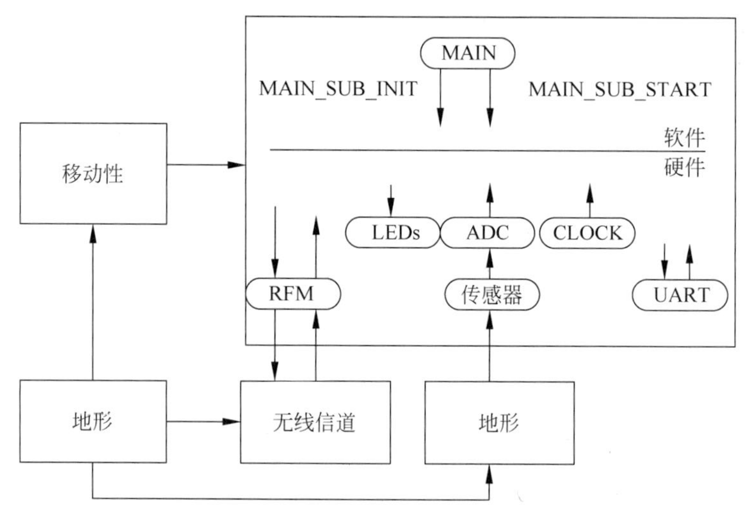

图3-31 TOSSF的结构

对于熟悉TinyOS编程的人来说，TOSSF的使用非常容易，只需要学习编写基本的DML(Domain Modeling Language)配置脚本，以定义仿真场景和仿真节点。TOSSF也有一定的限制：

- 所有的中断都是在任务、命令或者事件执行完之后才得到响应的。
- 命令和事件处理程序在零仿真时间单元执行。
- 没有抢占。

SENS是一个可定制的传感器网络仿真器，它包括针对应用程序、网络通信、物理环境的可互换、可扩展的组件。

SENS拥有一个可定制组件的分层结构，具有平台无关性，添加新的平台只需要添加相应的配置参数即可。SENS采用新颖的物理环境建模机制，将环境定义为一些可交换的单元的格子。

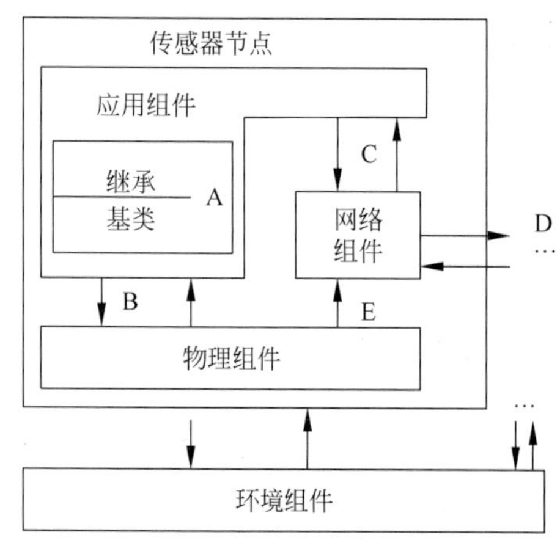

图3-32 SENS的结构

SENS的结构如图3-32所示，包括多个模拟的传感器节点和一个环境组件，每个节点包括三部分，即物理组件、网络组件及应用组件，每个组件有一个虚拟时钟，消息能以任何延时发送。用户可以使用SENS提供的组件，也可以对现有组件进行修改，甚至自己编写新的组件。通过选择不同的组件组合，用户可以实现不同的网络应用。节点也可以有不同的配置，从而可以仿真不同种类的传感器网络，这在不同节点具有不同的能力及添加新节点的情况下是很有用的。

(1) 应用组件：模拟单个传感器节点上软件的执行，它与网络组件通信以接收和发送数据包，与物理组件通信以读取传感器数据和控制执行机构。SENS 可以通过继承 Application 类来完成应用开发，但是不能直接运行在现有硬件平台上。另外，SENS 提供了一个瘦兼容层，使得仿真器与实际传感器节点可以使用相同的代码，从而能够仿真 TinyOS 应用程序。

(2) 网络组件：模拟传感器节点数据包的接收和发送功能。所有网络组件继承自 Network 基类（指定基本的网络接口）。每个网络组件与一个应用组件和相邻节点的网络组件相连。相邻节点之间交换的消息格式是固定的，从而实现不同特性的网络。网络模型有 SimpleNetwork、ProbLossyNetwork 和 CollisionLossyNetwork 三种。SimpleNetwork 简单地将消息发送给邻居节点并将接收到的消息传递给应用组件；ProbLossyNetwork 按照一定的错误概率传递或者丢弃数据包；CollisionLossyNetwork 在接收节点处计算数据包的碰撞。

(3) 物理组件：模拟传感器、执行机构、电源、节点的电能消耗及与环境的交互。

(4) 环境组件：模拟传感器及执行机构可能所处的实际环境。

Tython 是实现基于 Python 脚本的、对 TOSSIM 仿真器的扩展，Tython 与 TOSSIM 的设计对应如图 3-33 所示。Tython 包括一个丰富的脚本原语库，能够让用户描述动态的、能重复使用的仿真场景。利用 TinyOS 事件驱动的优点，允许用户附加脚本反馈到特定的仿真场景。脚本也可以在整个网络和节点级分析并改变环境变化反应的行为。

2. ATEMU

ATEMU 弥补了 TOSSIM 的不足，和 TOSSIM 一样，ATEMU 的代码是与 Mica2 平台兼容的二进制代码。ATEMU 使用逐个周期策略运行应用程序代码，仿真比 TOSSIM 更加细致。这是通过对 Mica 使用的 AVR 处理器的仿真来实现的。

ATEMU 使用 XML 配置文件对网络进行配置。这使得网络以分等级的方式被定义，顶层定义网络特性，下面的层定义每个节点的特性。ATEMU 的结构如图 3-34 所示，它提供一个称为 XATDB 的图形用户接口，被用来调试和观察代码的执行，允许设置断点、单步调试及其他的调试功能。

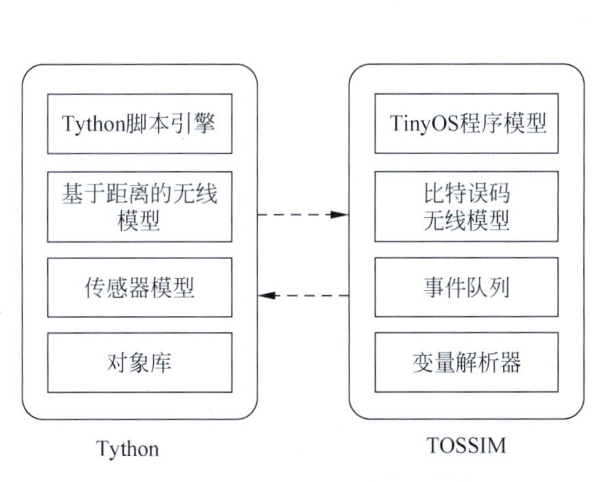

图 3-33 Tython 与 TOSSIM 的设计对应

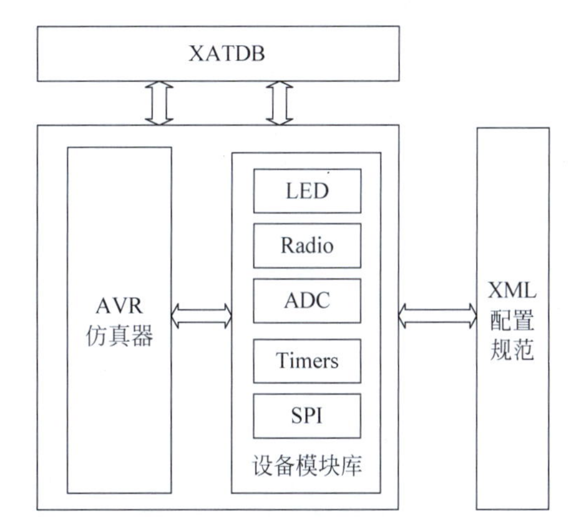

图 3-34 ATEMU 的结构

ATEMU 提供了一个精确的仿真模型，在此每个 Mica 传感器节点能够运行不同的应用程序代码。它比 TOSSIM 准确，但是速度和仿真规模有所降低，最多能准确仿真 120 个节点。除了逐条指令译码带来的开销以外，ATEMU 还有面向对象模型所带来的开销，一个无线传输会影响网络中的其他节点。除了仿真规模问题之外，ATEMU 是最准确的传感器仿真器之一。

3. Avrora

Avrora是一个周期准确的指令级传感器网络仿真器,它能对10 000个节点进行仿真,并比具有同样准确度的仿真器约快20倍,能实时处理25个节点。

Avrora是一个试图在TOSSIM及ATEMU两者之间找到平衡点的新仿真器(Emulator),它采用Java实现,而TOSSIM和ATEMU都采用C语言实现。和许多面向对象仿真器一样,Avrora将每个节点作为一个线程,但是它仍然运行实际的Mica代码。和ATEMU一样,Avrora以逐条指令方式执行代码,但是为了获得更好的规模和速度,所有的节点在每条指令后都没有进行同步处理。

Avrora使用两种不同的同步策略。第一种方法使用一个同步间隔来定义同步发生的频率,这个值越大,同步间隔越大,同步间隔的"1"和ATEMU大致相同。注意,不能把这个值设得太高,否则节点将会运行超过其他节点事件影响的时间。第二种方法是在同步前等待邻居节点达到一个特定的仿真时间,一个全局数据结构用来保存每个仿真器的本地时间,该算法允许每个节点比其他的节点仿真时间超前直到需要同步。通过减少同步,Avrora有效地减少了开销。

4. SENSE

SENSE(Sensor Network Simulator and Emulator)是在COST (Component Oriented Simulation Toolkit,一个通用离散事件仿真器)之上开发的,编程语言为C++。SENSE的设计受三个仿真工具的影响,它具有类似NS-2的功能,和J-Sim一样采用基于组件的结构,和GloMoSim一样支持并行仿真。由于采用基于组件的结构和并行仿真,开发者可以将重点放在仿真中的三个重要因素上,即可扩展性、重用性、仿真规模。由于采用了基于组件的仿真并考虑到了存储器的有效使用,以及传感器网络特定模型等实际问题,使得SENSE成为无线传感器网络研究中简单、有效的仿真工具。

1)扩展性

基于组件的仿真使得SENSE具有足够的扩展性。

组件端口模型:如图3-35所示,使得仿真模型容易扩展,如果有一致的接口,则新的组件可以代替旧的组件,不需要继承。

仿真组件分类:使得仿真引擎具有扩展性,高级用户可以开发满足特定需求的仿真引擎。

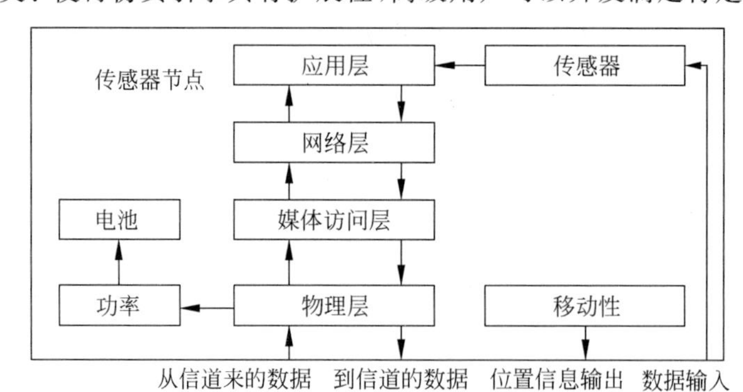

图3-35 传感器节点的内部结构

2)重用性

模块之间的依赖性降低,从而增加了它们的可重用性。在一个仿真中实现的组件,如果满足另外一个仿真的接口及语义需求,则可以被重用。

C++模板的扩展同样提高了可重用性。组件通常定义为模板类,以处理不同类型的数据。

3）并行仿真

SENSE提供了并行仿真和串行仿真可选方式，其系统默认使用串行仿真。

4）用户

在SENSE中包括三类用户，即高级用户、网络构建者和组件设计者。

高级用户不需要什么编程技巧，只需要选择合适的模型和模板并设置相应的参数，便可以构建传感器网络的仿真。它们不关心扩展性及重用性，但是要求仿真可以升级。

网络构建者需要构建新的网络拓扑等，它们依赖于现有模块以构建网络模型，主要关心可重用性。

组件设计者需要修改模块或者构建新的模块，主要关心可扩展性。

5. Sidh

Sidh是一个采用Java语言实现的、基于组件的、专门为无线网络设计的仿真器。它由许多模块组成，模块间通过事件交互。每个模块通过一个接口来定义，该接口可以与其他模块交互，只要模块符合特定接口就可以被用在仿真器中。

模块包括不同的种类，有仿真器、事件、媒介、传播模型、环境、节点、处理器、无线收发器、传感器与执行机构、电源、物理层协议、MAC层协议、路由协议和应用层。仿真器模块是一个离散事件仿真器，它是Sidh的基础；事件模块负责模块间通信，包括一个指定事件发生时间的仿真时间；媒介模块指定无线媒介的属性，在每个节点上保持位置和无线电属性；传播模型定义发射机与接收机之间的信号强度；环境模块跟媒介模块类似，但它是模拟物理环境；节点模块代表传感器节点，包括组成传感器节点的所有模块，如硬件模块、协议模块和应用层模块；处理器模拟处理器的工作状态及每种状态下的能量消耗；无线收发器模拟无线收发器的状态、相关行为及能量消耗；传感器与执行机构跟无线收发器类似，最大的区别是它们是与环境接口而不是媒介；电源模块模拟每个节点的电源供应；物理层是网络栈的底层，其提供的服务有无线收发器状态的改变、载波侦听或者空闲信道评估、发送和接收数据包、接收能量检测、多信道方式下的物理信道选择；MAC层协议在物理层之上，其提供的服务有MAC层状态的改变、设置或获取协议参数、发送和接收数据包，Sidh实现了多个MAC层协议，如CSMA、Bel、B-MAC、TRAMA等；路由协议在MAC层之上，其提供不能直接通信的节点之间的多跳路由服务；应用层驻留在网络栈的上面，与底层协议、传感器与执行机构接口以实现完整的无线传感器网络应用。

Sidh试图创建接近现实传感器的仿真器，它能够很容易地代替或者交换任何层次的模块，但这是以牺牲效率为代价的。

6. EmStar

EmStar是一个基于Linux的框架，它有多种运行环境，从纯粹的仿真到实际部署。在每种环境下均使用相同的代码和配置文件，这使开发变得容易。和SensorSim一样，它在仿真时提供一个选项与实际硬件接口。EmStar包括一系列的工具，其中EmSim、EmCee可以实现仿真，它们包括几个精确度体制，支持不同精度级别的透明仿真，加速了开发及调试。EmSim在模拟了无线收发器及传感信道的简单仿真环境中并行地运行许多节点。EmCee运行EmSim核，但是提供一个与实际低功耗无线收发器的接口。EmStar源代码和配置文件与实际部署系统的一样，可以减少开发及调试过程中的工作。EmStar的仿真模型是一个基于组件的离散事件仿真模型，如图3-36所示。EmStar使用了简单的环境模型和网络媒介，所能运行的节点类型有限。

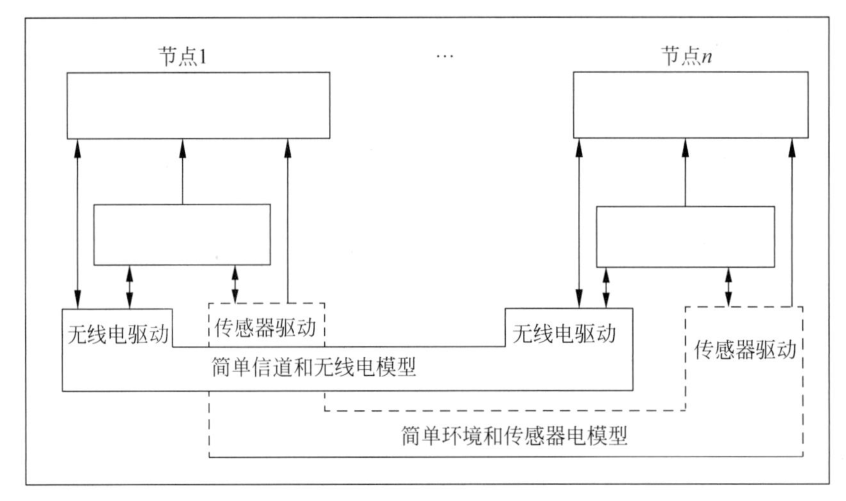

图 3-36　EmStar 仿真模型

7. SimGate

SimGate 是一个 Intel Stargate 设备的全系统仿真器。SimGate 能捕获 Stargate 内部组件的行为，包括处理器、内存、通信（串口和无线）以及外设。SimGate 是一个虚拟设备，它虚拟 Stargate 设备，引导并运行 Linux 操作系统，所有的二进制程序都在 Linux 上运行。

SimGate 能准确地估计处理器周期计数值，而且该功能为了提高仿真性能，能够使得周期更加准确。

SimGate 在一个系统中使用了不同的方法，对设备组件的性能进行评估，包括某些组件的周期级仿真和基准时间选择。SimGate 与实际设备执行同样的操作系统和应用程序二进制代码。

SimGate 能仿真 Stargate 设备的以下特性。

（1）不带 Thumb 支持、带 XScale DSP 指令的 ARM v5TE 指令集。

（2）XScale 流水线仿真。

（3）PXA255 处理器，包括 MMU、GPIO、中断控制器、实时时钟、操作系统定时器和内存控制器。

（4）与相连的 Mote 节点通信的串行接口（UART）。

（5）SA-1111 StrongARM 协同芯片。

（6）64MB SDRAM 芯片。

（7）32MB Intel StrataFlash 芯片。

（8）包括 PCMCIA 接口的 Orinoco 无线局域网 PC 卡。

SimGate 还能与 SimMote 结合实现与其他传感器网络结合的仿真。另外，SimGate 还支持调试功能，可以设置断点等。

3.6.4　WSN 工程测试床

在无线传感器网络中，仿真是一个重要的研究手段。然而，仿真通常仅限于对特定问题的研究，并不能获取节点、网络及无线通信等运行的详细信息，只有实际的测试床才能够捕获到这些信息。虽然在验证大型传感器网络方面存在一些有效的仿真工具，但只有通过对实际的传感器网络测试床的使用才能真正理解资源的限制、通信损失及能源限制等问题。另外，无线传感器网络的测试是比较困难的，在实验过程中需要对许多节点反复地进行重编程、调试，而且需要获得其中的一些数据信息。通过测试床可以对无线传感器网络的许多问题进行研究，简化系统部署、调试等步骤，使无线传感器网络的研究变得容易。最近几年，随着传感器、无线通信设备等的价格快速降低和尺寸缩小，设计出了很多测试床来研究及验证这些系统的属性。本节主要介绍 MoteLab、GNOMES 及 IBM 的无线传感器网络测试床。

1. MoteLab

MoteLab 是一个基于 Web 的无线传感器网络测试床，它包括一组长期部署的传感器网络节点以及一个中心服务器，其结构如图 3-37 所示。中心服务器处理重编程、数据访问，并提供创建和调度测试床工作的 Web 接口。MoteLab 通过流线型访问大型、固定网络设备，加速了应用程序的部署；通过自动数据访问，允许离线对传感器网络软件的性能进行验证，加速了系统调试及开发；允许本地和远程用户通过 Web 接口接入测试床；通过调度和分配系统能够确保接入用户之间公平地分享资源。MoteLab 已经用于多个项目的研究（如 MoteTrack、CodeBlue），也可用于教学等。

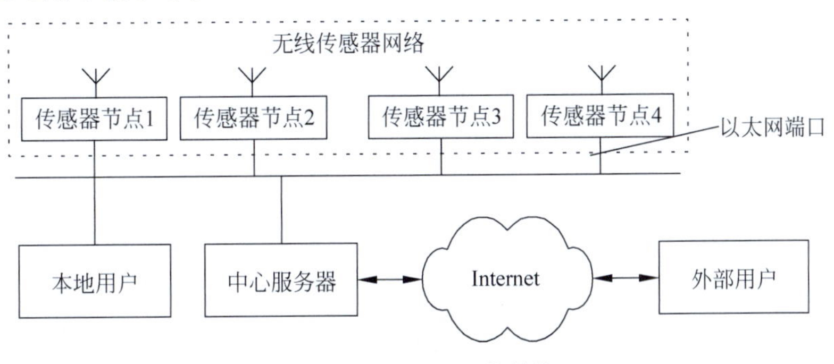

图 3-37　MoteLab 的结构

1）MoteLab 硬件

刚开始，MoteLab 由 26 个 Mica2 节点、26 个以太网接口板（6 个由 Intel 实验室的 Phil Buonadonna 开发的 EPRB 和 20 个克尔斯博公司的 MIB-600）组成，每个 Mica2 节点与一个以太网接口板相连，使得每个节点都连接到局域网上，后来更新为 30 个克尔斯博公司的 MicaZ 节点。

2）MoteLab 软件

MoteLab 软件是一个管理以太网连接的传感器节点的测试床的软件工具集合。中心服务器处理调度、对节点重编程、数据访问、为用户提供 Web 接口。用户通过 Web 浏览器接入测试床，以设置或者调度工作，下载数据。MoteLab 有以下几个软件组件。

（1）MySQL 数据库。MySQL 数据库用于存储测试床运行所需的所有信息，这些信息包括工作产生的数据和测试床的状态数据。每一个用户对应一个数据库，并保存与它相关的工作产生的数据，而每一项工作都会对应一张数据表，另外还有一张表存储与工作有关的消息类型。一个单独的数据库存储测试床的状态信息，包括用户信息和访问权限、节点状态、上传的可执行组件和类文件信息、工作属性、对测试床安排的表述。这些信息提供给其他 MoteLab 组件并可以被它们修改。

（2）Web 接口。MoteLab 采用 PHP 产生动态页面，JavaScript 提供交互式用户体验，用户对测试床的访问具有平台无关性。普通用户可以创建工作、编辑工作、对工作及用户信息进行操作等，系统管理员可以添加、修改用户和对测试床的划分进行配置。

(3) DBLogger。DBLogger 是一个 Java 程序,它在每项工作开始时运行,通过 TCP 端口连接到每个节点,对节点所发的消息进行解析,并将结果存储于数据库中。消息的每个字段都被解析,并对应数据库中的一个字段。另外,数据库表中还添加了三个字段,即产生消息的节点、产生消息的时间和消息的全局编号。

(4) 工作管理后台程序(Job Daemon)。Job Daemon 采用 Perl 脚本实现,负责设置实验,包括节点重编程、启动必需的系统组件及在工作完成后将它们释放。例如,停止节点活动,杀死在工作中使用的进程,将数据从 MySQL 数据库中导出为适合下载的格式。

3) MoteLab 的其他特点

(1) 用户配额。通过一个用户配额,系统使多个用户能够分享测试床,它只控制工作数量,不控制用户数量,即用户在测试床上执行的工作受到限制,而使用测试床并不受到限制。

(2) 直接节点访问。通过 TCP/IP 连接对节点的串口直接进行访问。

(3) 功率测量(In Situ)。在一个节点上连接一个网络化数字万用表(Keithley 2701),并按照 250Hz 连续采样实现功率测量。用户可以下载带有时间的电流数据,以便对网络的功率消耗进行分析。

(4) 两种使用模式。用户有批使用(Batch Use)和实时访问(Real-time Access)两种使用模式,批使用是在无人照顾的情况下执行多个工作;实时访问是用户通过串口或者实时数据库访问直接与正在运行的工作交互。

(5) 适合不同用户。本地用户和外部用户均可使用测试床,外部用户需要通过申请才可以使用。

2. GNOMES

GNOMES 设计用于研究不同种类无线传感器网络的属性,测试无线传感器网络结构中的理论并在实际应用环境中部署。GNOMES 的设计重点为低成本和低功耗,要求能够实现自组织,即协调工作,以使处理特定问题的传感器节点的价格低于 25 美元(批量价格,节点数目需大于 1000),采用了特殊的电源管理及功耗管理,降低系统功耗。

1) 硬件

GNOMES 的节点结构如图 3-38 所示,使用 TI 公司的低功耗处理器 MSP430F14x、32KB I^2C EEPROM,支持多电源(电池及太阳能)、可选的 GPS 模块、传感器模块、蓝牙通信模块及两个可扩展接口。

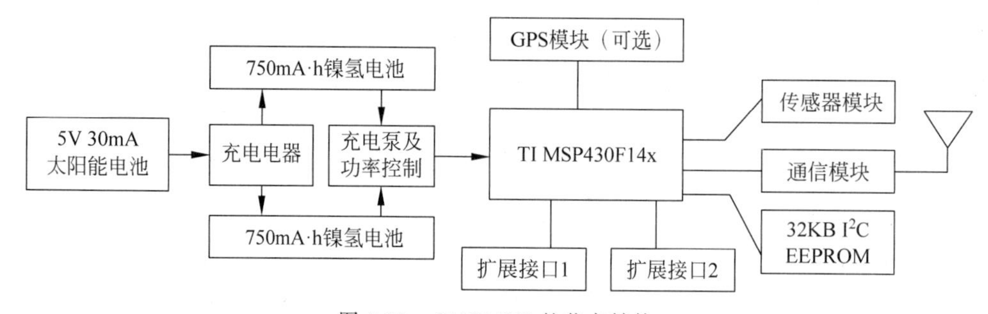

图 3-38 GNOMES 的节点结构

该节点具有以下独特的特点。

(1) 节点使用寿命长。通过双电池(两个 AA 镍氢电池)供电,系统从其中一个电池获得主电源,并通过外部的太阳能电池对未使用的辅助电池进行充电,另外还通过自适应的软件算法监测系统的性能及电池的电压,以决定是否更换电源。

（2）传感器采用模块化设计，只需要在传感器接口插入不同的传感器模块便可更换节点。

（3）通信模块也采用模块化设计，目前已有2.4GHz蓝牙无线收发模块和900MHz无线模块。

2）软件

软件部分包括GNOMES操作系统、驱动程序和公共API。操作系统实现了进程管理和调度，能够同时执行多个应用程序和后台功率管理。驱动和API包括部分蓝牙协议栈的实现、NMEA（National Marine Electronics Association）字符串分析，以更好地管理GPS模块的数据、与EEPROM通信的I^2C驱动、控制A/D转换器的接口以及一个功率管理进程。所有的软件均采用C语言和汇编语言混合编写，编程环境为IAR Embedded Workbench。

3）应用

由于GNOMES的低价格和较长的生命周期，它能应用于地震监测、人员跟踪或者机器的行踪跟踪、污染程度考查、腐蚀探测及修复程度监测等。

3. IBM WSN Testbed

IBM苏黎世研究实验室（Zurich Research Laboratory）开发的测试床是一个完整的端到端解决方案，它包括多种无线传感器网络、一个传感器网关、连接传感器网络及企业网络的中间件和传感器应用软件。这个测试床用于评估与传感器网络相关的无线通信技术（如IEEE 802.15.4/ZigBee网络、蓝牙无线局域网和IEEE 802.11b无线局域网）的性能，测试在传感器及应用服务器之间实现异步通信的轻量级消息协议以及开发具体的应用（如远程测量和位置感知）。该测试床的体系结构如图3-39所示。

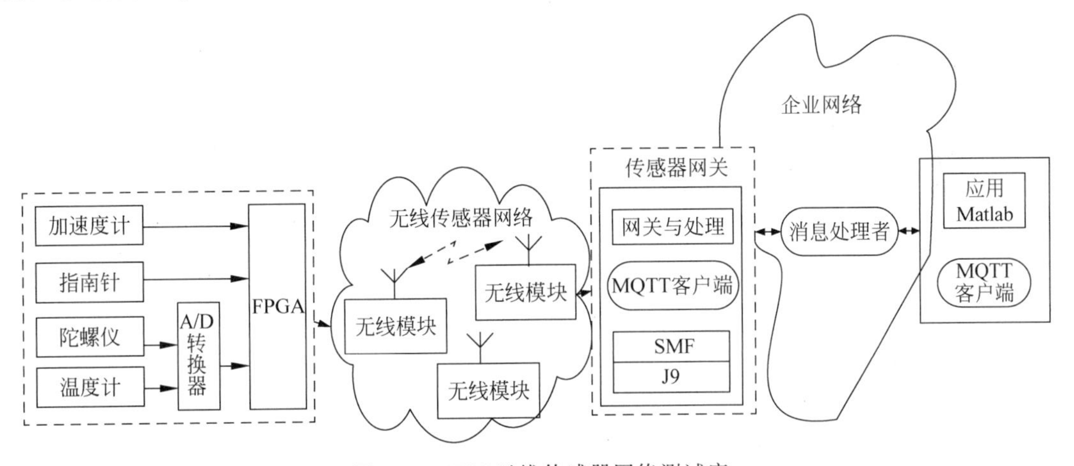

图3-39　IBM无线传感器网络测试床

它包括以下几部分。

（1）配有多种类型传感器的传感器单元。

（2）一个无线传感器网络。

（3）一个连接无线传感器网络及企业网络的传感器网关。

（4）分发传感器数据到各个传感器应用的中间件组件。

（5）传感器应用软件。

1）传感器单元

为了可靠地测量特定位置下的方向及动作，传感器单元包括多种类型的传感器，如指南针、加速度计、陀螺仪、温度计。另外，传感器单元还包括一个A/D转换器、一块FPGA及一个 RS-232 串行接口。

FPGA 用于收集传感器所产生的数据，将数据组合成数据帧，通过串行接口发送数据帧，串行接口用于连接传感器单元和无线模块。

2）无线传感器网络

无线传感器网络用于将传感器单元的传感器数据帧通过无线接口传送到传感器网关。传感器单元及网关都是通过串行接口与无线模块相连的。无线模块之间以自组织方式形成网状网络。测试过的无线模块有蓝牙模块、IEEE 802.11b 模块、Ember 公司的 IEEE 802.15.4/ZigBee 开发套件、克尔斯博公司的支持 IEEE 802.15.4 的 MicaZ 节点。

3）传感器网关

传感器网关在一个嵌入式 Linux 应用平台上实现，它采用 PowerPC 405 处理器和 MontaVista 的嵌入式 Linux CEE 3.0 操作系统，该传感器网关的结构如图 3-40 所示。

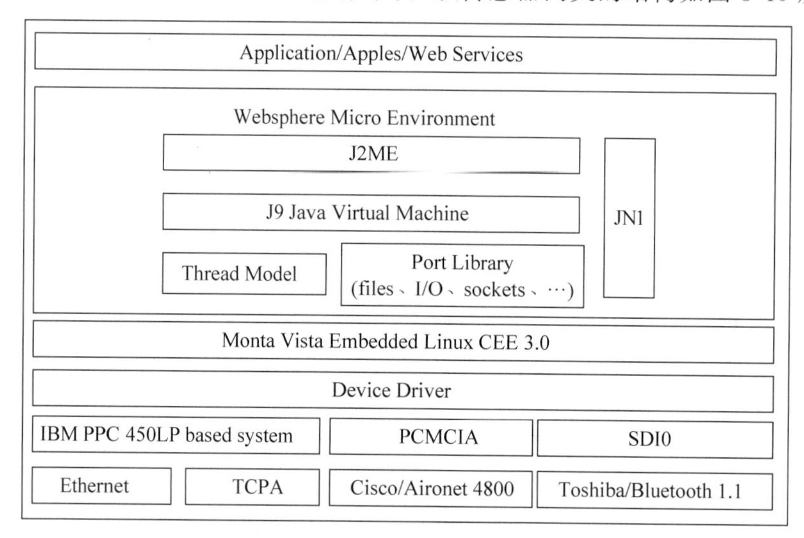

图 3-40　传感器网关的结构

传感器网关作为无线传感器网络与企业网络之间的桥梁，通过 RS-232 接口与无线传感器网络的无线模块相连，通过以太网接口或者无线局域网卡与企业网络相连。

4）中间件

传感器网关使用 MQTT 协议（Message Queuing Telemetry Transport）与企业网络中的传感器应用通信。MQTT 协议需要通过消息处理者（Message Broker）进行消息处理。

另外，中间件还提供了一个服务及网络设备应用部署和维护的平台，采用 SMF（Service Management Framework）来启动、停止和管理消息过滤以及在传感器网关上运行的软件包，且不会影响设备的运行。

5）应用

该测试床用于开发类似于远程测量、移动设备位置感知的应用，采用基于 Matlab 的应用程序将传感器数据图形化，并用 MQTT 协议与消息处理者（Message Broker）通信，获得传感器数据。

其他测试床用于医疗、车辆检测、环境智能等，例如，用于采集信息的移动传感器网络以及 TrueMobile 等。

习题 3

1. 无线 ZigBee 传感器网络系统主要由计算机、________和 ________ 等组成。

2. 传感器节点的设计主要有 5 点：①微型化，②________，③________，④稳定性和安全性，⑤扩展性和灵活性。

3. 大多数传感器网络节点具有终端探测和路由的________：一方面实现数据的采集和处理；另一方面实现数据的________。

4. 传感器节点一般由数据处理器模块、________、________、传感模块和电源模块 5 部分组成。

5. 电池可分为________和________，充电电池能够实现能量补充，电池的内阻较小。

6. TinyOS 是一个开源的________，它由加州大学伯利克分校开发，主要应用于无线传感器网络方面。它是一种基于组件(Component-Based)的架构方式，能够快速地实现各种应用。TinyOS 程序采用的是________，程序核心往往都很小。

7. TinyOS 操作系统、库程序和应用服务程序均是用________。

8. TinyOS 中的组件通常可以分为以下三类：________、________、高层次的软件组件。

9. TinyOS 中的消息通信遵循主动消息通信模型，它是一个简单的、________、面向消息通信(Messaged-Based Communication)的高性能通信模式，早期一般应用于并行和分布式计算机系统中。

10. 简述 WSN 平台硬件设计的主要内容。

11. 简述节点设计的内容。

12. 简述 TinyOS 操作系统的主要特点。

13. 简述平台网关的种类，并指出相应的技术内容及实现的意义。

14. 简述 CC2530 芯片的特点。

15. 简述传感器网络中路由节点的作用。

第4章 WSN拓扑控制与覆盖技术

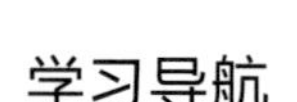

- WSN拓扑控制与覆盖技术
  - WSN拓扑结构
    - 平面网络结构
    - 分级网络结构
    - 混合网络结构
    - Mesh网络结构
  - 拓扑控制
    - 拓扑控制概述
    - 拓扑控制的意义
    - 拓扑控制的设计目标
  - 功率控制
  - 层次性拓扑结构控制方法
  - 启发机制
  - 覆盖
    - 覆盖理论基础
    - 覆盖感知模型
    - 覆盖算法分类
    - 典型覆盖算法
    - 覆盖能效评价指标
  - 传感器网络的覆盖控制

学习目标

◆ 了解WSN拓扑控制的意义、WSN拓扑控制设计目标、WSN功率控制、层次性拓扑结构控制方法、启发机制、典型覆盖算法、覆盖能效评价指标和传感器的覆盖控制。

◆ 掌握WSN拓扑结构的分类、WSN平面网络结构、WSN分级网络结构、WSN混合网络结构、Mesh网络结构、覆盖理论基础、覆盖感知模型和覆盖算法分类。

4.1 WSN拓扑结构

无线传感器网络的网络拓扑结构是组织无线传感器节点的组网技术，有多种形态和组网方式。

按照其组网形态和方式划分，有集中式、分布式和混合式。无线传感器网络的集中式结构类似移动通信的蜂窝结构，集中管理；无线传感器网络的分布式结构，类似Ad Hoc网络结构，可自组织网络接入连接，分布管理；无线传感器网络的混合式结构包括集中式和分布式结构的组合。

按照节点功能及结构层次划分，无线传感器网络通常可分为平面网络结构、分级网络结构、混合网络结构，以及Mesh网络结构。

无线传感器网络的网状式结构，类似Mesh网络结构的网状分布连接和管理。无线传感器节点经多跳转发，通过基站或汇聚节点或网关接入网络，在网络的任务管理节点对感应信息进行管理、分类和处理，再把感应信息送给用户使用。

4.1.1　平面网络结构

如图4-1所示，平面网络结构是无线传感器网络中最简单的一种拓扑结构，具有以下特点。

(1) 所有节点为对等结构，具有完全一致的功能特性，也就是说，每个节点均包含相同的MAC、路由、管理和安全等协议。

(2) 这种网络拓扑结构简单，易维护，具有较好的鲁棒性，事实上就是一种Ad Hoc网络结构形式。

(3) 由于没有中心管理节点，故采用自组织协同算法形成网络，其组网算法比较复杂。

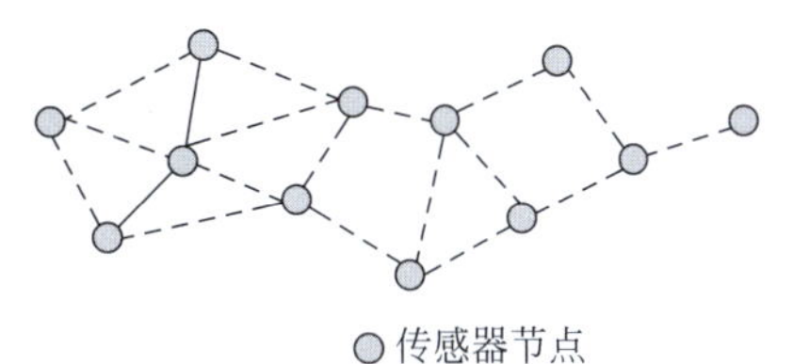

图4-1　无线传感器网络平面网络结构

4.1.2　分级网络结构

如图4-2所示，分级网络结构(也叫层次网络结构)是无线传感器网络中平面网络结构的一种扩展拓扑结构，具有以下特点。

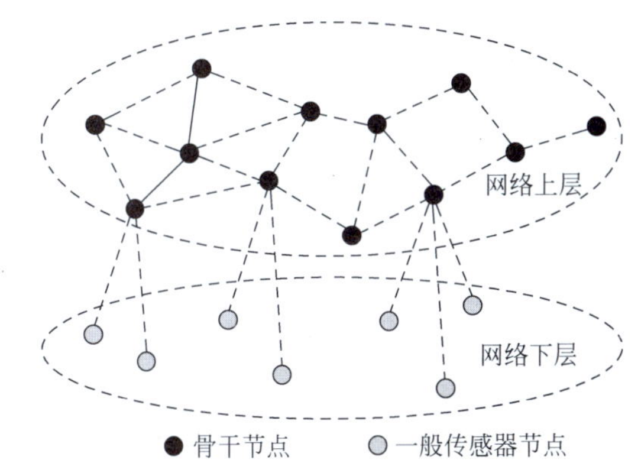

图4-2　无线传感器网络分级网络结构

(1) 网络分为上层和下层两部分：上层为中心骨干节点，下层为一般传感器节点。

(2) 通常网络可能存在一个或多个骨干节点，骨干节点之间或一般传感器节点之间采用的是平面网络结构；具有汇聚功能的骨干节点和一般传感器节点之间采用的是分级网络结构。

(3) 所有骨干节点为对等结构，骨干节点和一般传感器节点有不同的功能特性，也就是说，每个骨干节点均包含相同的MAC、路由、管理和安全等功能协议，而一般传感器节点可能没有路由、管理及汇聚处理等功能。

(4) 这种分级网络通常以簇的形式存在，按功能分为簇首(具有汇聚功能的骨干节点：Clusterhead)和成员节点(一般传感器节点：Members)。

(5) 这种网络拓扑结构扩展性好，便于集中管理，可以降低系统建设成本，提高网络覆盖率和可靠性，但是集中管理开销大，硬件成本高，一般传感器节点之间可能不能够直接通信。

4.1.3　混合网络结构

如图4-3所示，混合网络结构是无线传感器网络中平面网络结构和分级网络结构的一种混合拓扑结构，具有以下特点。

(1) 网络骨干节点之间、一般传感器节点之间都采用平面网络结构，而网络骨干节点与一般传感器节点之间采用分级网络结构。

(2) 这种网络拓扑结构和分级网络结构不同的是，一般传感器节点之间可以直接通信，可不需要通过汇聚骨干节点来转发数据。

(3) 这种结构同分级网络结构相比,支持的功能更加强大,但所需的硬件成本更高。

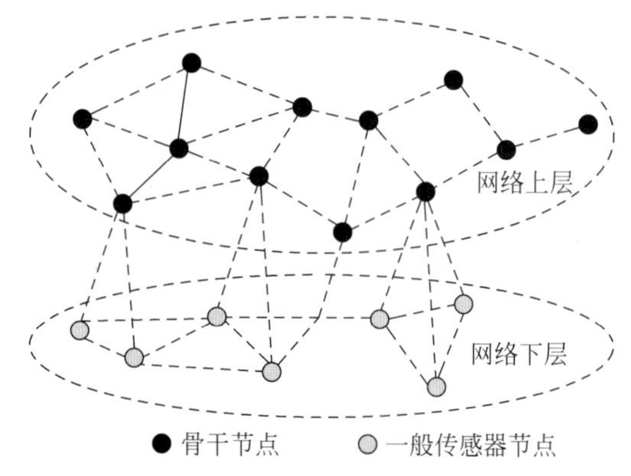

图 4-3 无线传感器网络混合网络结构

▶ 4.1.4 Mesh 网络结构

Mesh 网络结构是一种新型的无线传感器网络结构,较前面的传统无线网络拓扑结构具有一些结构和技术上的不同。

从结构来看,Mesh 网络是规则分布的网络,不同于完全连接的网络结构,如图 4-4 所示。

(1) 通常只允许和节点最近的邻居通信,如图 4-5 所示,网络内部的节点一般都是相同的。

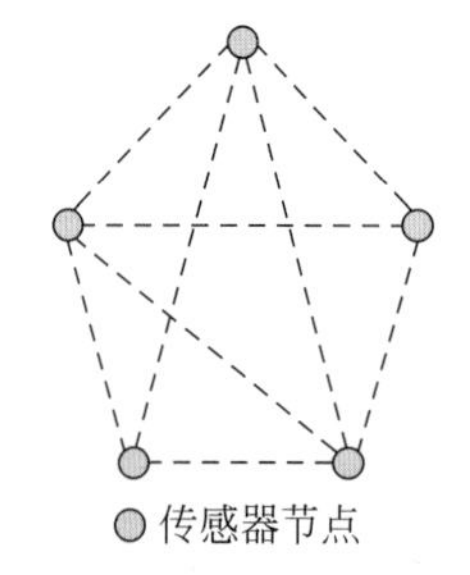

图 4-4 完全连接的网络结构

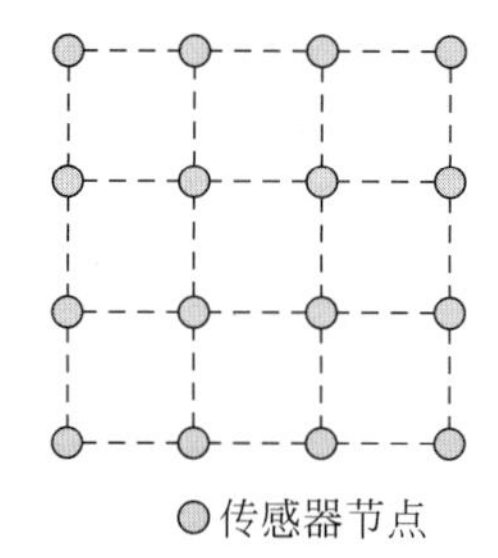

图 4-5 无线传感器 Mesh 网络结构

(2) Mesh 网络是构建大规模无线传感器网络的一个很好的结构模型,特别是那些分布在一个地理区域的传感器网络,如人员或车辆安全监控系统。尽管这里反映通信拓扑的是规则结构,然而节点实际的地理分布不必是规则的 Mesh 结构形态。由于通常 Mesh 网络结构节点之间存在多条路由路径,网络对于单点或单个链路故障具有较强的容错能力和鲁棒性。

(3) Mesh 网络结构最大的优点就是尽管所有节点都是对等的地位,且具有相同的计算和通信传输功能,但某个节点可被指定为簇首节点,而且可执行额外的功能。一旦簇首节点失效,另外一个节点可以立刻补充并接管原簇首那些额外执行的功能。

不同的网络结构对路由和 MAC 的性能影响较大,例如,一个 $n \times m$ 的二维 Mesh 网络结构的无线传感器网络拥有 nm 条连接链路,每个源节点到目的节点都有多条连接路径。对于完全连接的分布式网络的路由表随着节点数的增加而成指数增加,且路由设计复杂度是个 NP-hard 问题。通过限制允许通信的邻居节点数目和通信路径,可以获得一个具有多项式复杂度的再生流拓扑结构,基于这种结构的流线型协议本质上就是分级的网络结构。如图 4-6 所示,采用分级网络结构技术可使 Mesh 网络路由设计要简单得多,由于一些数据处理可以在每个分级的层次里面完成,因而比较适合于无线传感器网络的分布式信号处理和决策。

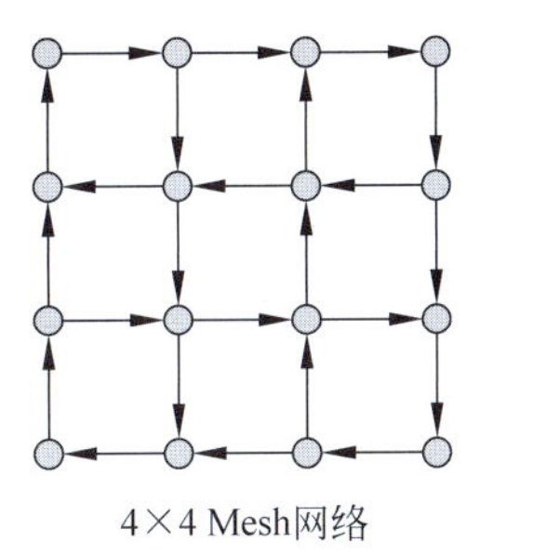

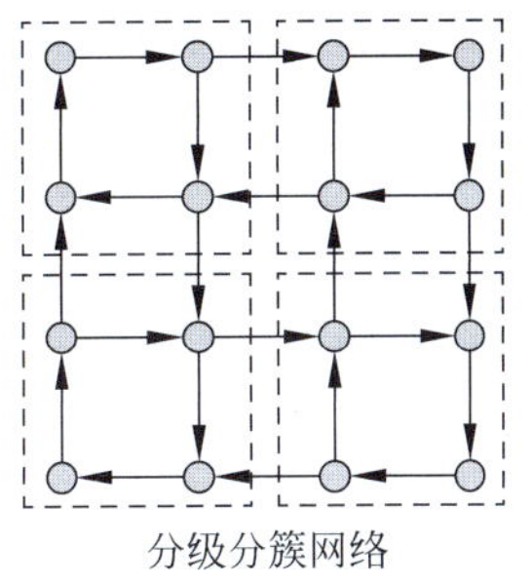

图 4-6　采用分级网络结构技术的 Mesh 网络结构

从技术上来看，基于 Mesh 网络结构的无线传感器具有以下特点。

(1) 由无线节点构成网络。这种类型的网络节点由一个传感器或执行器构成且连接到一个双向无线收发器上。数据和控制信号是通过无线通信的方式在网络上传输的，节点可以方便地通过电池来供电。

(2) 节点按照 Mesh 拓扑结构部署，网内每个节点至少可以和一个其他节点通信，这种方式可以实现比传统的集线式或星状拓扑更好的网络连接性。除此之外，Mesh 网络结构还具有以下特征：自我形成，即当节点打开电源时，可以自动加入网络；自愈功能，当节点离开网络时，其余节点可以自动重新路由它们的消息或信号到网络外部的节点，以确保存在一条更加可靠的通信路径。

(3) 支持多跳路由。来自一个节点的数据在其到达一个主机网关或控制器之前，可以通过多个其余节点转发。在不牺牲当前信道容量的情况下，扩展无线传感器网络的覆盖范围是无线传感器网络设计和部署的一个重要目标之一。通过 Mesh 方式的网络连接，只需短距离的通信链路，经受较少的干扰，因而可以为网络提供较高的吞吐量及较高的频谱复用效率。

(4) 功耗限制和移动性取决于节点类型及应用的特点。通常基站或汇聚节点移动性较低，感应节点可能移动性较高。基站通常不受电源限制，而感应节点通常由电池供电。

(5) 存在多种网络接入方式，可以通过星状、Mesh 等节点方式和其他网络集成。

在无线传感器网络实际应用中，通常根据应用需求来灵活地选择合适的网络拓扑结构。

4.2　拓扑控制

▶ 4.2.1　拓扑控制概述

拓扑控制技术是无线传感器网络中的基本问题。动态变化的拓扑结构是无线传感器网络最大的特点之一，因此拓扑控制策略在无线传感器网络中有着重要的意义，它为路由协议、MAC 协议、数据融合、时间同步和目标定位等很多方面奠定了基础。目前，在网络协议分层中没有明确的层次对应拓扑控制机制，但大多数的拓扑控制算法是部署于介质访问控制层(MAC)和路由层(Routing)之间的，它为路由层提供足够的路由更新信息；反之，路由表的变化也反作用于拓扑控制机制，MAC 层可以提供给拓扑控制算法邻居发现等消息，如图 4-7 所示。

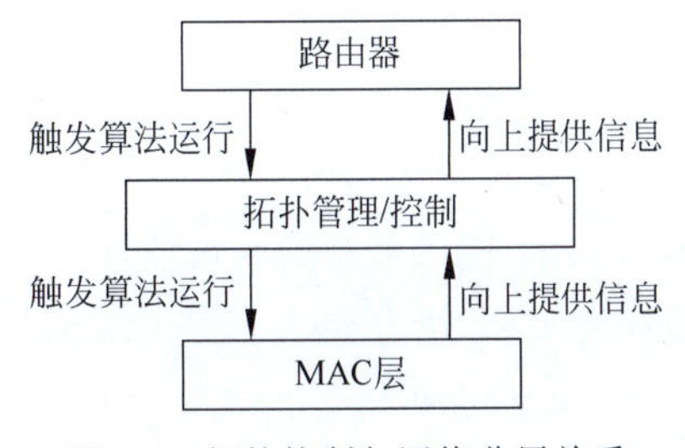

图 4-7　拓扑控制与网络分层关系示意图

无线传感器网络的拓扑控制问题，是在网络相关资源普遍受限的情况下，对于固定或具有移动特征的无线传感器网络通过控制传感器节点与无线通信链路组成网络的拓扑属性来减少网络能量消耗与无线干扰，并有效改善整体网络的连通性、吞吐量与传播延时等性能指标。给定一个传感器网络，无线传感器网络拓扑控制也可以一般性地总结为：在全网协作式地进行各个传感器节点功率控制（传输半径调节），从而达到网络能量消耗与无线干扰的减少。

▶ 4.2.2 拓扑控制的意义

对于自组织的无线传感器网络而言，拓扑控制对网络性能影响非常大。良好的逻辑拓扑结构能够提高路由协议和MAC协议的效率，为数据融合、时间同步和目标定位等很多方面奠定基础，有利于节省节点的能量来延长整个网络的生存时间。所以，拓扑控制是传感器网络中的一个基本问题，同时也是研究的核心问题之一，因而对它的研究具有十分重要的意义，主要表现在以下5个方面。

（1）网络寿命。传感器节点一般采用电池供电，能耗是网络设计中需要考虑的最主要的因素之一，而拓扑控制的一个重要目标就是在保证网络连通性和覆盖率的条件下，尽量降低网络能耗，延长网络生存周期。

（2）减少节点通信负载，提高通信效率。传感器节点分布密度一般较大，拓扑控制技术中的功率控制技术可以选择节点的发射功率，合理调节节点的通信范围，使得节点在连通性和网络通信范围之间取得一个平衡点。

（3）辅助路由协议。在无线传感器网络中，只有活动的节点才能进行数据转发，而拓扑控制可以确定由哪些节点作为转发节点，同时确定节点之间的邻居关系。

（4）数据融合策略选择。无线传感器网络中，为了减少通信负载，通常选择一些节点对周围节点的数据进行融合再进行转发，而拓扑控制中就如何合理高效地选择融合节点进行研究。

（5）节点冗余。由于传感器节点本身所固有的脆弱性不能保证节点一直持续正常工作，所以在设计时需要采用冗余技术对网络进行拓扑控制以保证网络的覆盖率和连通度。

▶ 4.2.3 拓扑控制的设计目标

拓扑控制研究的问题是在保证一定的网络连通质量和覆盖质量的前提下，一般以延长网络的生命期为主要目标，通过功率控制和骨干网节点选择，剔除节点之间不必要的通信链路，兼顾通信干扰、网络延迟、负载均衡、简单性、可靠性、可扩展性等其他性能，形成一个数据转发的优化网络拓扑结构。传感器网络用来感知客观物理世界，获取物理世界的信息。客观世界的物理量多种多样，不可穷尽，不同的传感器网络应用关心不同的物理量，不同的应用背景对传感器网络的要求不同，其硬件平台、软件系统和网络协议必然会有很大差别。不同的应用对底层网络的拓扑控制设计目标的要求也不尽相同。拓扑控制中一般要考虑的设计目标有以下几个方面。

1. 覆盖

覆盖是对传感器网络服务质量的量度，即在保证一定的服务质量条件下，使得网络覆盖范围最大化，提供可靠的区域监测和目标跟踪服务。WSN覆盖问题根据传感器节点是否具有移动能力可分为静态网络覆盖和动态网络覆盖。静态网络覆盖又分为区域覆盖（Area Coverage）、点覆盖（Point Coverage）和栅栏覆盖（Barrier Coverage）。区域覆盖研究对目标区域的覆盖（监测）问题；点覆盖研究的是对一些离散的目标点的覆盖问题；栅栏覆盖研究运动物体穿越网络部署区域被发现、检测的概率问题。目前，区域覆盖是目前研究最多的领域。Voronoi 图是常用的覆盖分析工具。对于动态网络，可以利用节点的移动能力，在初始随机部署后，根据网络覆盖的要求实现节点的重部署。虚拟势场方法是一种重要的部署方法。

2. 连通

传感器网络一般是大规模的，所以传感器节点感知到的数据一般要以多跳的方式传送到汇聚节点，这就要求拓扑控制必须保证网络的连通性。拓扑控制一般要保证网络是连通的，有些应用可能要求网络配置要达到指定的连通度；有时也讨论渐近意义上的连通，即当部署的区域趋于无穷大时，网络连通的可能性趋于1。

3. 网络生命期

一般将网络生命期定义为直到死亡节点的百分比低于某个阈值时的持续时间；也可以通过对网络的服务质量的量度来定义网络的生命期，可以认为网络只有在满足一定的覆盖质量、连通质量、某个或某些其他服务质量时才是存活的。最大限度地延长网络的生命期是一个十分复杂的问题，它一直是拓扑控制研究的主要目标。

4. 吞吐能力

设目标区域是一个凸区域，每个节点的吞吐率为 λb/s，在理想情况下，则有下面的关系式。

$$\lambda \leqslant \frac{16AW}{\pi\Delta^2 L} \cdot \frac{1}{nr} \tag{4-1}$$

式中，A 为目标区域的面积；W 为节点的最高传输速率；Δ 为大于0的常数；L 为源节点到目的节点的平均距离；n 为节点数；r 为理想球状无线电发射模型的发射半径。

由式(4-1)可知，通过功率控制减小发射半径和通过睡眠调度减小工作网络的规模，可以在节省能量的同时，在一定程度上提高网络的吞吐能力。

5. 干扰和竞争

减小通信干扰、减少层的竞争和延长网络的生命期基本上是一致的。对于功率控制，网络无线信道竞争区域的大小与节点的发射半径 r 成正比，所以减小 r 就可以减少竞争；对于睡眠调度，可以使尽可能多的节点处于睡眠状态，减小干扰和减少竞争。

6. 网络延迟

功率控制和网络延迟之间的大致关系是：当网络负载较低时，高发射功率减少了源节点到目的节点的跳数，所以降低了端到端的延迟；当网络负载较高时，节点对信道的竞争是激烈的，低发射功率由于缓解了竞争而减小了网络延迟。

7. 拓扑性质

对于网络拓扑的优劣，很难给出定量的量度。因此，在设计拓扑控制策略时，往往只是使网络具有一些良好的拓扑性质，除了覆盖性、连通性之外，对称性、平面性、稀疏性、节点度的有界性、有限伸展性等，都是希望具有的性质。除此之外，拓扑控制还要考虑负载均衡、简单性、可靠性、可扩展性等其他方面的性质。

4.3 功率控制

传感器网络中节点发射功率的控制也称为功率分配问题。节点通过设置或动态调整节点的发射功率，在保证网络拓扑结构连通、双向连通或者多连通的基础上，使得网络中节点的能量消耗最小，延长整个网络的生存时间。当传感器节点部署在二维或三维空间中时，传感器网络的功率控制是一个非常复杂的问题。因此，试图寻找功率控制问题的最优解是不现实的，应该从实际出发，寻找功率控制问题的实用解。针对这一问题，当前已经提出了一些解决方案，其基本思想都是通过降低发射功率来延长网络的生命期的。

1. 基于节点度的功率控制

基于节点度的算法是传感器网络拓扑控制中功率控制方面的问题。一个节点的度数是指所有距离该节点一跳的邻居节点的数目。基于节点度算法的核心思想是给定节点度的上限和下限需求，动态调整节点的发射功率，使得节点的度数落在上限和下限之间。基于节点度的算法利用局部信息来调整相邻节点间的连通性，从而保证整个网络的连通性，同时保证节点间的链路具有一定的冗余性和可扩展性。本地平均算法(Local Mean Algorithm，LMA)和本地邻居平均算法(Local Mean of Neighbors Algorithm，LMN)是两种周期性动态调整节点发射功率的算法，它们之间的区别在于计算节点度的策略不同。

2. 基于方向的功率控制

微软亚洲研究院的Wattenhofer和康奈尔大学的Li等提出了一种能够保证网络连通性的基于方向的CBTC(Cone-Based Distributed Topology Control)算法。其基本思想是：节点u选择最小功率$P_{u,p}$，使得在任何以u为中心且角度为p的锥形区域内至少有一个邻居；而且，当$p \leqslant 5\pi/6$时，可以保证网络的连通性。麻省理工学院的Bahramgiri等又将其推广到三维空间，提出了容错的CBTC。基于方向的功率控制算法需要可靠的方向信息，因而需要很好地解决到达角度问题，节点需要配备多个有向天线，因此对传感器节点提出了较高的要求。

3. 基于邻近图的功率控制

伊利诺伊大学的Li和Hou提出的DRNG(Directed Relative Neighborhood Graph)和DLMST(Directed Local Minimum Spanning Tree)是两个具有代表性的基于邻近图理论的功率控制算法。基于邻近图的功率控制算法的基本思想是：设所有节点都使用最大发射功率发射时形成的拓扑图G，按照一定的邻居判别条件q求出该图的邻近图G'，最后G'中的每个节点以自己所邻近的最远通信节点来确定发射功率。这是一种解决功率分配问题的近似解法，考虑到无线传感器网络中两个节点形成的边是有向的，为了避免形成单向边，一般运用基于邻近图的功率控制算法形成网络拓扑以后，还需要进行节点之间边的增删，以使最后得到的网络拓扑是双向连通的。在无线传感器网络中，基于邻近图功率控制算法的作用是使节点确定自己的邻居集合，调整适当的发射功率，从而在建立起一个连通网络的同时使得能量消耗最低。经典的邻近图模型有RNG(Relative Neighborhood Graph)、GG(Gabriel Graph)、DG(Delaunay Graph)、YG(Yao Graph)和MST(Minimum Spanning Tree)等。DRNG是基于有向RNG的，DLMST是基于有向局部MST、DRNG和DLMST的，能够保证网络的连通性，在平均功率和节点度等方面具有较好的性能。基于邻近图的功率控制一般需要精确的位置信息。

DRNG算法和DLSS算法着重考虑了网络的连通性，充分利用了邻居图理论，是无线传感器网络中的经典算法，以原始网络拓扑双向连通为前提，保证优化后的拓扑也是双向连通的。

此外，微软亚洲研究院的Wattenhofer等提出的XTC算法对传感器节点没有太高的要求，对部署环境也没有过强的假设，提供了一个面向简单、使用的研究方向。XTC代表了功率控制的发展趋势，下面将详细加以介绍。

4. XTC 算法

XTC 算法的基本思想是用接收信号的强度作为 RNG 中的距离量度，XTC 算法可分为以下三步。

(1) 邻居排序。节点 u 对其所有的邻居计算一个反映链路质量的全序 $<u$。在 $<u$ 中，如果节点 w 在节点 v 的前面，则记为 $w<u^v$，节点 u 与 $<u$ 中出现越早的节点之间的链路，其质量越好。

(2) 信息交换。节点 u 向其邻居广播自己的 $<u$，同时接收邻居节点建立的 $<u$。

(3) 链路选择。节点 u 按顺序遍历 $<u$，先考虑好邻居，再考虑坏邻居，对于 u 的邻居 v，如果节点 u 没有更好的邻居 w，使得 $w<u^v$，那么 u 就和 v 建立一条通信链路。

XTC 算法不需要位置信息，对传感器节点没有太高的要求，适用于异构网络，也适用于三维网络。与大多数其他算法相比，XTC 算法更简单、更实用。但是，XTC 算法与实用化要求仍然有一定的距离，XTC 算法并没有考虑到通信链路质量的变化。

4.4 层次性拓扑结构控制方法

在传感器网络中，传感器节点的无线通信模块在空闲状态时的能量消耗与在首发状态时相当，所以只有关闭节点的通信模块，才能大幅度地降低无线通信模块的能量开销。考虑依据一定的机制选择某些节点作为骨干网节点，打开通信模块，并关闭非骨干节点的通信模块，由骨干节点构建一个联通网络来负责数据的路由转发。这样既保证了原有覆盖范围内的数据通信，也在很大程度上节省了节点能量。在这种拓扑管理机制下，网络中的节点可以划分为骨干网节点和普通节点两类，骨干网节点对周围的普通节点进行管辖。这类算法将整个网络划分为相连的区域，一般又称为分簇算法。骨干网节点是簇头节点，普通节点是簇内节点。由于簇头节点需要协调簇内节点的工作，负责数据的融合和转发，能量消耗相对较大，所以分簇算法通常采用周期性地选择簇头节点的做法以均衡网络中节点的能量消耗。

层次型拓扑结构具有很多优点，例如，由簇头节点担负数据融合的任务，减少了数据通信量；分簇式的拓扑结构有利于分布式算法的应用，适合大规模部署的网络；由于大部分节点在相当长的时间内关闭通信模块，所以显著地延长了整个网络的生存时间等。

1. LEACH 算法

LEACH(Low Energy Adaptive Clustering Hierarchy)算法是一种自适应分簇拓扑算法，它的执行过程是周期性的，每轮循环分为簇的建立阶段和稳定的数据通信阶段。在簇的建立阶段，相邻节点动态地形成簇，随机产生簇头；在数据通信阶段，簇内节点把数据发送给簇头，簇头进行数据融合并把结果发送给汇聚节点。由于簇头需要完成数据融合、汇聚节点通信等工作，所以能量消耗大。LEACH 算法能够保证各节点等概率地担任簇头，使得网络中的节点相对均衡地消耗能量。

LEACH 算法选举簇头的过程如下：节点产生 0～1 的随机数，如果这个数小于阈值 $T(n)$，则发布自己是簇头的消息；在每轮循环中，如果节点已经当选过簇头，则把 $T(n)$ 设置为 0，这样该节点不会再次当选为簇头；对于未当选过簇头的节点，则将以 $T(n)$ 的概率当选；随着当选过簇头的节点数目的增加，剩余节点当选簇头的阈值 $T(n)$ 随之增大，节点产生小于 $T(n)$ 的随机数的概率也随之增大，所以节点当选簇头的概率增大。当只剩下一个节点未当选

时，$T(n)=1$，表示这个节点一定当选。$T(n)$可表示为

$$T(n)=\begin{cases}\dfrac{p}{1-p\left(r \bmod \dfrac{1}{p}\right)}, & n \in G \\ 0, & \text{其他}\end{cases} \tag{4-2}$$

式中，p 为期望的簇头在所有节点中所占的百分比；r 为选举轮数，$r \bmod (1/p)$代表这一轮循环中当选过簇头节点的个数；G 为这一轮循环中未当选过簇头的节点集合。

节点当选簇头以后，发布消息告知其他节点自己是新簇头。非簇头节点根据自己与簇头之间的距离来选择加入哪个簇，并告知该簇头。当簇头接收到所有的加入信息后，就产生一个TDMA 定时消息，并且通知该簇中所有节点。为了避免附近簇的信号干扰，簇头可以决定本簇中所有节点所用的 CDMA 编码。这个用于当前阶段的 CDMA 编码连同 TDMA 定时一起发送。当簇内节点收到这个消息后，它们就会在各自的时间槽内发送数据。经过一段时间的数据传输，簇头节点收齐簇内节点发送的数据后，运行数据融合算法来处理数据，并将结果直接发送给汇聚节点。

经过一轮选举过程，可以看到如图 4-8 所示的簇的分布，整个网络覆盖区域被划分为 5 个簇，图中黑色节点代表簇头。可以明显地看出经 LEACH 算法选举出的簇头的分布并不均匀，这是需要改进的方面。

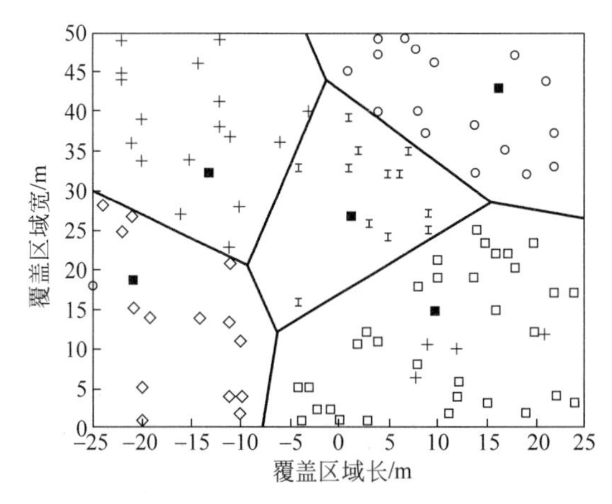

图 4-8　簇的分布

2. GAT 算法

GAT 算法是一种依据节点的地理位置进行分簇，并对簇内的节点选择性地进行休眠的路由算法。其核心思想是：在各数据源到数据目的地存在有效通路的前提下，尽量减少参与数据传输的节点数，从而减少用于数据包侦听和接收的能量开销。它将无线传感器网络划分成若干个单元格（簇），各单元格内任意一个节点都可以被选为代表，代替本单元格内所有其他节点完成数据包向相邻单元格的转发。被选中的节点成为本单元格的簇头节点；其他节点都进行休眠，不发送、接收和侦听数据包。

GAT 算法通常分为虚拟单元格的划分和虚拟单元格中簇头节点的选择两个阶段。

（1）虚拟单元格的划分。节点根据其位置信息和通信半径将网络区域划分为若干虚拟单元格，并保证相邻单元格中的任意两个节点都可以直接通信，假设节点已知整个监测区域的位置信息和本身的位置信息，节点可以通过计算得知自己属于哪个单元格。

（2）虚拟单元格中的簇头节点的选择。节点周期性进入睡眠和工作状态，从睡眠状态唤

醒后与本单元内其他节点进行信息交换，以此确定自己是否需要成为簇头节点，每个节点处于发现、活动以及睡眠三种状态。在网络初始化时，所有节点均处于发现状态，每个节点通过发送广播消息通告自己的位置和ID等信息，然后每个节点将自身定时器设置为某个区间内的随机值 T_d，一旦定时器超时，节点发送消息声明其进入活动状态，成为簇头。节点如果在定时器超时前收到来自同一单元格内其他节点成为簇头的声明，则说明自己在这次簇头竞争中失败，从而进入睡眠状态。成为簇头的节点设置定时器 T_a 来设置自己处于活动状态的时间。在 T_a 超时前，簇头节点定期广播自己处于活动状态的信息，以抑制其他处于发现状态的节点进入活动状态；当 T_a 超时后，簇头节点重新回到发现状态，处于活动状态的节点如果发现本单元格出现了更适合成为簇头的节点，会自动进入睡眠状态。

由于节点处于侦听状态时也会消耗很多能量，所以让节点处于睡眠状态成为传感器拓扑控制算法中常见的方法，GAT算法的优点是在节点密集型分布的网络中休眠了部分节点，节省了网络总能耗。但GAT算法没有考虑移动节点的存在，实际应用环境中，簇头节点很容易从一个单元格移动至另一个单元格，从而造成某些单元格内没有节点转发数据包，最终造成大量丢包和重复发包，导致总能耗的增加。

4.5 启发机制

传感器网络通常是面向应用的事件驱动的网络，骨干网节点在没有检测到事件时不必一直保持在活动状态。在传感器网络的拓扑控制算法中，除了传统的功率控制和层次型拓扑控制两个方面之外，也提出了启发式的节点唤醒和休眠机制。该机制能够使节点在没有事件发生时设置通信模块为睡眠状态，而在有事件发生时及时自动醒来并唤醒邻居节点，形成数据转发的拓扑结构。这种机制的引入，使得无线通信模块大部分时间都处于关闭状态，只有传感器模块处于工作状态。由于无线通信模块消耗的能量远大于传感器模块，所以这进一步节省了能量开销。这种机制重点在于解决节点在睡眠状态和活动状态之间的转换问题，不能够独立作为一种拓扑结构控制机制，需要与其他拓扑控制算法结合使用。

1. STEM算法

STEM(Sparse Topology and Energy Management)算法是一种低占空比的节点唤醒机制。该算法采用双信道，即监听信道和数据通信信道。具体地讲，STEM算法又分为STEM-B(STEM-BEACON)算法和STEM-T(STEM-TONE)算法。

在STEM-B算法中，当一个节点想给另外一个节点发送数据时，它作为主动节点先发送一串唤醒包。目标节点在收到唤醒包后，发送应答信号并自动进入数据接收状态。主动节点接收到应答信号后，进入数据发送阶段。

在STEM-T算法中，节点周期性地进入侦听阶段，探测是否有邻居节点要发送数据；当一个节点想与某个邻居节点进行通信时，它就发送一连串的唤醒包，发送唤醒包的时间长度必须大于侦听的时间间隔，可以确保邻居节点能够收到唤醒包，紧接着节点就直接发送数据包。所以STEM-T比STEM-B更简单实用。

STEM算法适用于类似环境监测或者突发事件监测等应用，经实验证明，节点唤醒速度可以满足应用的需要。但是在STEM算法中，节点的睡眠周期、部署密度以及网络的传输延迟之间有着密切的关系，要针对具体的应用要求进行调整。

2. ASCENT算法

ASCENT(Adaptive Self-Configuring sEnsor Networks Topologies)算法着重于均衡网络

中骨干节点的数量,并保证数据通路的畅通。当节点在接收数据时发现丢包严重,就向数据源方向的邻居节点发出求助消息;节点探测到周围的通信节点丢包率很高或者收到邻居节点发出的帮助请求时,它就主动由休眠状态变为活动状态,帮助邻居节点转发数据包。

运行 ASCENT 算法的网络包括触发、建立和稳定三个主要阶段。触发阶段如图 4-9(a)所示,在汇聚节点与数据源节点不能正常通信时,汇聚节点向它的邻居节点发出求助信息;建立阶段如图 4-9(b)所示,当节点收到邻居节点的求助消息时,通过一定的算法决定自己是否成为活动节点,如果成为活动节点,就向邻居节点发送通告消息,同时这个消息是邻居节点判断自身是否成为活动节点的因素之一;稳定阶段如图 4-9(c)所示,数据源节点和汇聚节点间的通信恢复正常,网络中活动节点个数保持稳定,从而达到稳定状态。

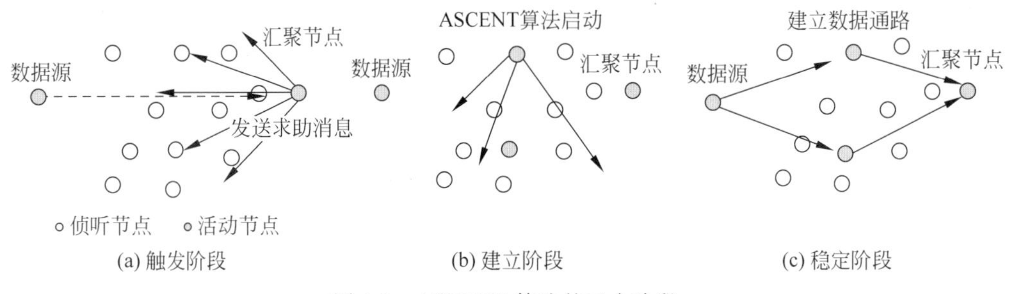

图 4-9　ASCENT 算法的三个阶段

ASCENT 算法使得网络可以随具体应用要求而动态地改变拓扑结构,并且节点只根据本地的信息进行计算,不依赖于无线通信模块、节点的地理分布和路由协议等。但 ASCENT 算法只是提出了网络中局部优化的一种机制,还需要对更大规模的节点分布进行改进,并加入负载平衡技术等。

4.6 覆盖

4.6.1 覆盖理论基础

覆盖问题是无线传感器网络配置首先面临的基本问题,因为传感器节点可能任意分布在配置区域,它反映了一个无线传感器网络某区域被监测和跟踪的状况。随着无线传感器网络的广泛应用,更多的研究工作深入到其网络配置的基本理论方面,其中,覆盖问题就是无线传感器网络设计和规划需要面临的一个基本问题之一。随着深入研究的角度不同,覆盖问题也表述成不同的理论模型,甚至在计算几何里面就能找到与覆盖相关的解决方案。尽管这些办法并不能直接应用到无线传感器网络中,但是研究这些问题有助于建立读者对无线传感器网络覆盖问题相关的理论背景。

在现有的研究成果当中,很多都是致力于解决传感器网络的部署和监测及覆盖与连接的关系等方面问题的。另外,也有一些研究致力于特定的应用需求,但其核心思想都是与覆盖问题有关的。例如,减少传感器节点的有效工作时间,那些共享感应区域和任务的传感器节点可以关掉电源以节省能量,从而可以延长网络的寿命。为此,必须确定关闭哪些传感器节点及如何调度分配节点的工作时间,以至于当关掉节点时网络不存在覆盖的盲点。

无线传感器网络覆盖相关的两个计算几何问题。第一个就是艺术馆问题(Art Gallery Problem)。假设艺术馆的业主想在馆内放置照相机,以便能够预防小偷盗窃。关于实现这个想法存在两个问题需要回答：首先就是到底需要多少台相机；其次，这些相机应当放置在哪些地方才能保证馆内每个点至少被一台相机监视到。假定相机可以有360°的视角而且可以极大速度旋转，相机可以监视任何位置，视线不受影响。问题优化要实现的目标就是所需相机的数目应该最小化，在这个问题当中，艺术馆通常建模成一个二维平面的简单多边形。一个简单的解决办法就是将多边形分成不重叠的三角形，每个三角形里面放置一个相机。通过三角测量法将多边形分成若干三角形，这样可以实现任何一个多边形都可被$\lfloor n/3 \rfloor$个相机所监视到，这里n表示多边形所包含的三角形的数目。这也是最糟糕情况下的最佳结果。如图4-10所示是将一个简单多边形用三角测量法拆分的例子，放置两个监视相机足以覆盖整个艺术馆。尽管这个问题在二维平面可以得到最优解，然而扩展到三维空间，这个问题就变成了NP-hard问题了。

第二个与无线传感器网络覆盖相关的几何问题是圆覆盖问题，即在一个平面上最多需要排列多少个相同大小的圆，才能够使其完全覆盖整个平面。换个角度说，也就是给定了圆的数目，如何使得圆的半径最小。A. Heppes和J. B. M. Melissen实现了矩形平面的圆最优覆盖问题，分为最多用5个圆和7个圆来完成两种情况的覆盖。图4-11给出了一个7个圆最优覆盖的例子。

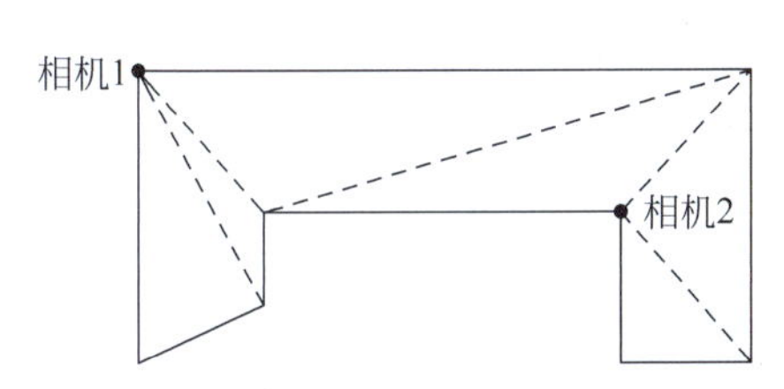

图4-10　多边形的三角测量法及监视相机的位置配置

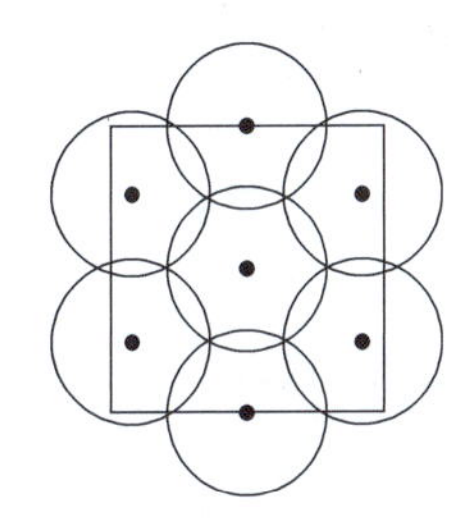

图4-11　用7个圆实现最优覆盖的样例

无线传感器网络的覆盖问题在本质上和上面的几何计算问题是一致的：需要知道是否某个特定的区域被充分覆盖和完全处于监视之下。就成本而言，配置的传感器节点的数量是非常重要的。尽管计算几何研究的结果为理解传感器网络覆盖问题提供了一个理论背景，但仅仅是计算几何问题的求解办法是不能直接应用于无线传感器网络的。主要有以下几个方面的原因：首先，所做的前提假设不同，例如，艺术馆问题的照相机可以看到无穷远处，除非中间有障碍物遮挡，事实上刚好相反，传感器节点存在最大的感应范围；其次，无线传感器网络通常没有固定的基础设施，并且其拓扑可能随时变化，因此，很多决策必须通过分布式方式来完成。然而，大多数几何问题都是通过集中式来解决的。

在典型的无线传感器网络应用当中，放置或配置一些传感器节点来监视一个区域或点集。一些应用中可以选择传感器配置场地，如定点部署和配置，这种方式称为确定性配置；而另外一些应用(如敌方区域或非常恶劣等人员不能到达的环境)，只能通过随机部署(如空投撒播方式)足够多的传感器节点到监视区域，希望空投后未遭破坏的传感器足以监视目标区域，这种方式称为非确定性的配置或随机配置。如果可以选取部署场地，可采用确定性的传感器配置方法；否则，该配置就是随机配置。在上面两种配置情况下，都希望部署的传感器集合能够彼此通信，或者直接或者间接通过多跳方式通信。因此，除了要覆盖感应的区域或点集外，通常需要配置的传感器集合能够形成一个互联的网络。对于已经放置好的传感器，很容易地就能检测是否配置的传感器集合覆盖了目标区域或点集，而且也能判断是否该集合相互连通。就覆盖特性而言，需要知道各个传感器节点的感应范围。假设传感器能够感应距离r之内发生的事件，其中，r 为传感器的感应半径。就连接特性而言，需要知道传感器的通信半径，记为 c，其连接覆盖的充分必要条件，满足定理 4.1。

定理 4.1 当传感器的密度(即单位区域的传感器数目)有限时，$c \geqslant r$ 是覆盖包含连接性的充分必要条件。

X. Wang 等也证明了在 k 阶覆盖(每个点至少被 k 个传感器覆盖)和 k 阶连接性(配置传感器的通信图是 k 阶连接的)情况下的一个类似的结论，满足定理 4.2。

定理 4.2 当 $c \geqslant 2r$ 时，一个凸区域的 k 阶覆盖必定包含 k 阶连接性。

注意到 $k>1$ 的 k 阶覆盖提供了一定的容错度，能够监视所有的点，只要不多于 $k-1$ 个传感器故障或失效。

当然，除了上面介绍的典型的无线传感器网络配置问题外，也可能出现其他形式的无线传感器配置问题。例如，不必要求传感器节点间彼此通信。相反，每个传感器可直接和一个位于所有传感器通信半径范围内的基站通信。还有一种情况就是传感器是移动和自我配置的无线传感器。移动传感器集合可以部署到一个未知的和有潜在危险的环境中。根据初始的配置，这种传感器可以重新确定位置以便实现未知环境的最大覆盖。它们再将采集到的信息发给感应环境外面的一个基站。

4.6.2 覆盖感知模型

与覆盖问题直接相关的是传感器节点的感知模型。目前，无线传感器网络主要有两种基本感知模型。

1. 布尔感知模型

节点的感知范围是一个以节点为圆心，以感知距离为半径(由节点硬件特性决定)的圆形区域，只有落在该圆形区域内的点才能被该节点覆盖，其数学表达为

$$p_{ij}=\begin{cases}1, & d(i,j)\leqslant r\\ 0, & d(i,j)>r\end{cases} \tag{4-3}$$

式中，p_{ij} 为节点 i 对监测区域内目标 j 的感知概率，$d(i,j)$为节点 i 与目标 j 之间的欧氏距离，r 称为感知半径。这个模型也称为 0-1 感知模型，即当监控对象处在节点的感应区域内时，它被节点监控到的概率恒为 1；而当监控对象处在节点的感应区域之外时，它被监控到的概率恒为 0。

2. 概率感知模型

节点的圆形感知范围内，目标被感知到的概率并不是一个常量，而是由目标到节点间距离、节点物理特性等诸多因素决定的变量。

在节点 i 不存在邻居节点的前提下，节点 i 对监测区域内目标 j 的感知概率有以下三种定义形式。

$$p_{ij}=\mathrm{e}^{-\alpha d(i,j)} \tag{4-4}$$

$$p_{ij}=\begin{cases}1, & d(i,j)\leqslant r_1\\ \mathrm{e}^{-\alpha[d(i,j)-r]}, & r_1<d(i,j)\leqslant r_2\\ 0, & d(i,j)>r_2\end{cases} \tag{4-5}$$

$$p_{ij}=\begin{cases}\dfrac{1}{[1+\alpha d(i,j)]^{\beta}}, & d(i,j)\leqslant r\\ 0, & d(i,j)>r\end{cases} \tag{4-6}$$

式中，$d(i,j)$为节点i与目标j之间的欧氏距离，α和β为与传感器物理特性有关的类型参数。通常β取值为[1,4]的整数，而α是个可调参数。如果监测区域内有障碍物，将产生信号阻塞，从而降低节点探测效率。若障碍物出现在从节点i到目标j的视线上，即障碍物坐标满足连接i、j的线段方程，则令p_{ij}等于零。

从以上三种形式可以看出，任一点的覆盖概率是一个介于0和1之间的数，且当i恰好与j重合时，$d(i,j)=0$，节点的感知概率等于1。如果节点存在邻居节点，由于邻居节点的感应区域与节点自身的感应区域存在交叠，所以如果节点j落在交叠区域内，则节点j的感知概率会受到邻居节点的影响。假设节点i存在N个邻居节点，$n_1,n_2,\cdots,n_N$，节点i及邻居节点的感知区域分别记为$R(i),R(n_1),R(n_2),\cdots,R(n_N)$，则这些感知区域的重叠区域为

$$M=R(i)\cap R(n_1)\cap R(n_2)\cap\cdots\cap R(n_N) \tag{4-7}$$

假设每个节点对目标的感知是独立的，根据概率计算公式，M中任一节点j的感知概率有以下两种计算方式，分别为

$$G_j=\sum_{k=1}^{M}p_{kj}-\sum_{1\leqslant i<k<j\leqslant N}p_{ij}p_{kj}+\sum_{1\leqslant i<k<j\leqslant N}p_{ij}p_{kj}p_{1j}-\cdots+(-1)^{N-1}p_{1j}p_{2j}p_{Nj} \tag{4-8}$$

或者

$$G_j=1-(1-p_{ij})\prod_{k=1}^{N}(1-p_{n_{k_j}}) \tag{4-9}$$

4.6.3 覆盖算法分类

1. 节点部署方式分类

按照无线传感器网络节点的不同配置方式(即节点是否需要知道自身位置信息)，可以将无线传感器网络的覆盖算法分为确定性覆盖、随机覆盖两大类。下面逐一对这两类覆盖算法类型加以总结。

1) 确定性覆盖

确定性区域/点覆盖是指已知节点位置的无线传感器网络要完成目标区域或目标点的覆盖，与之相关的两个著名计算几何问题为艺术馆走廊监控问题(Art Gallery Problem)和圆周覆盖问题(Circle Covering Problem)；基于网格的目标覆盖是指当地理环境情况预先确定时，使用二维(也可以是三维)的网格进行网络的建模，并选择在合适的格点配置传感器节点来完成区域/目标的覆盖；确定性网络路径/目标覆盖同样也是考虑传感器节点位置的已知情况，但这类问题特别考虑了如何对穿越网络的目标或其经过的路径上各点进行感应与追踪。

2) 随机覆盖

随机覆盖考虑在网络中传感器节点随机分布且预先不知道节点位置的条件下，网络完成对监测区域的覆盖任务；动态网络覆盖则是考虑一些特殊环境中部分传感器节点具备一定运动能力的情况，该类网络可以动态完成相关覆盖任务。

2. 覆盖目标分类

根据无线传感器网络不同的应用，覆盖需求通常不同。根据覆盖目标不同，目前覆盖算法可以分为面覆盖、点覆盖及栅栏覆盖。

1) 面覆盖

在面覆盖问题中，传感器节点随机撒布在指定的监测区域，每一个传感器节点的监测范围

是以其自身为中心的圆形区域。面覆盖算法的目标是在大量冗余的节点中寻找能够覆盖同样区域大小并保证网络连通的节点集合。同时获取最长的网络生存周期及能量高效性也是面覆盖算法在设计时需要兼顾的目标。面覆盖问题又可以进一步分为单覆盖和多覆盖。在单覆盖中,监测区域内的每个点都至少被一个传感器节点所覆盖;多覆盖中,每个点需要被传感器节点覆盖多次,通常又称为 k 覆盖,即每个点至少被 k 个传感器节点所覆盖。

2）点覆盖

与面覆盖算法的目标不同,点覆盖算法要覆盖的目标是一些离散的目标点。在点覆盖算法中,每一个目标点都要能够被至少一个传感器节点所覆盖。现有的算法,通常将传感器节点划分为若干个不相交的节点集,每一个节点集都能够覆盖所有的目标点。通过轮换调度的方式,使得当前只有一个节点集中的节点处于活动状态,而其他节点集中的节点均处于睡眠状态,通过这种方式能降低整个网络的能量消耗,延长网络寿命。

3）栅栏覆盖

与无线传感器网络覆盖密切相关的特殊问题——栅栏覆盖,它考查了目标穿越网络时被检测或是没有被检测的情况,反映了给定的无线传感器网络所能提供的传感、监视能力。这类覆盖问题的目标是找出连接出发位置(记为 S)和离开位置(记为 D)的一条或多条路径,使得这样的路径能够在不同模型定义下提供对目标的不同传感/监视质量。根据目标穿越网络时所采用模型的不同,栅栏覆盖又可以具体分为“最坏与最佳情况覆盖”和“暴露穿越”两种类型。

“最坏与最佳情况覆盖”问题中,对于穿越网络的目标而言,最坏情况是指考查所有穿越路径中不被网络传感器节点检测的概率最小情况,对应的最佳情况是指考查所有穿越路径中被网络传感器节点发现的概率最大情况;与单纯考虑离传感器节点距离的“最坏与最佳情况覆盖”不同,“暴露穿越”同时考虑了“目标暴露”(Target Exposure)的时间因素和传感器节点对于目标的“感应强度”因素,这种覆盖模型更为符合实际环境中运动目标由于穿越网络区域的时间增加而“感应强度”累加值增大的情况。

▶ 4.6.4 典型覆盖算法

1. 基于网格的覆盖定位传感器配置算法

考虑传感器节点及目标点都采用网格形式配置,传感器节点采用布尔覆盖模型,并使用能量矢量来表示格点的覆盖。如图 4-12 所示,网络中的各格点都可至少被一个传感器节点所覆盖(即该点能量矢量中至少一位为 1),此时区域达到了完全覆盖。例如,格点位置 8 的能量矢量为(0,0,1,1,0,0)。在网络资源受限而无法达到格点完全识别时,就需要考虑如何提高定位精度的问题。而错误距离是衡量位置精度的一个最直接的标准,错误距离越小,则覆盖识别结果越优化。

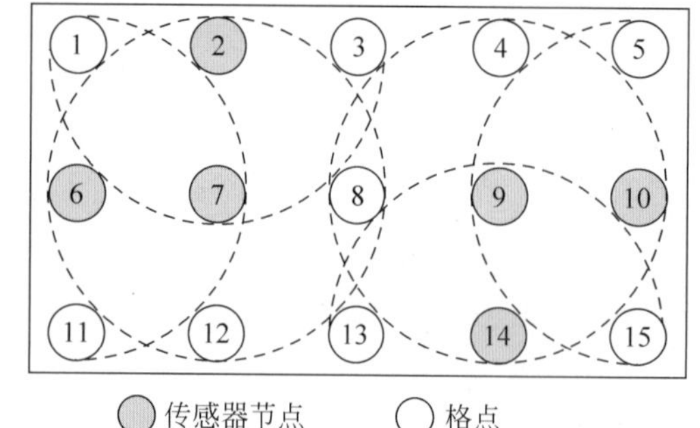

图 4-12 区域完全覆盖示意图

基于网格的覆盖定位传感器配置算法设计了一种模拟退火算法来最小化距离错误。初始时刻假设每个格点都配置有传感器,若配置代价上限没有达到就循环执行以下过程:首先试图删除一个传感器节点,然后进行配置代价评价。如果评价不通过就将该节点移动到另外一个随机选择的位置,然后再进行配置代价评价。循环得到优化值后同时保存新的节点配置情况。最后,改进算法停止执行的准则。在达到模拟退火算法的冷却温度时,优化覆盖识别的网络配置方案也同时达到。

2. 圆周覆盖

Huang 等将随机节点覆盖类型的圆周覆盖归纳为决策问题:目标区域中配置一组传感器节点,看看该区域能否满足 k 覆盖,即目标区域中每个点都至少被 k 个节点覆盖。考虑每个传感器节点覆盖区域的圆周重叠情况,进而根据邻居节点信息来确定是否一个给定传感器的圆周被完全覆盖,如图 4-13 所示。

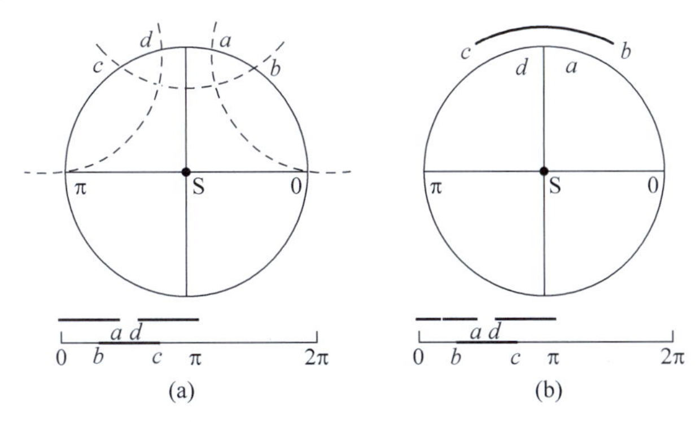

图 4-13　传感器节点 S 圆周的覆盖情况

该算法可以用分布式方式来实现:传感器 S 首先确定圆周被邻居节点覆盖的情况,如图 4-13(a)所示,三段圆周$[0,a]$,$[b,c]$和$[d,\pi]$分别被 S 的三个邻居节点所覆盖。再将结果按照升序顺序记录在$[0,2\pi]$区间,如图 4-13(b)所示。这样就可以得到传感器节点 S 的圆周覆盖情况:$[0,b]$段为 1,$[b,a]$段为 2,$[a,d]$段为 1,$[d,c]$段为 2,$[c,\pi]$段为 1。传感器节点圆周被充分覆盖等价于整个区域被充分覆盖。每个传感器节点收集本地信息来进行本节点圆周覆盖判断,并且该算法还可以进一步扩展到不规则的传感区域中使用。

在二维圆周覆盖问题基础上,Huang 进一步使用将三维覆盖映射为二维圆周覆盖,在不增加计算复杂性的前提下使用分布式方法解决了三维圆球体覆盖的问题。

3. 连通传感器覆盖

Gupta 等设计的算法通过选择连通的传感器节点路径来得到最大化的网络覆盖效果,该算法同时属于连通性覆盖中的连通路径覆盖及确定性面/点覆盖类型。当指令中心向网络发送一个监测区域查询消息时,连通传感器覆盖(Connected Sensor Cover)的目标是选择最小的连通传感器节点集合并充分覆盖网络区域。假设已选择的传感器节点集为 M,剩余与 M 有相交传感区域的传感器节点称为候选节点。集中式算法初始节点随机选择构成 M 之后,在所有从初始节点集合出发到候选节点的路径中选择一条可以覆盖更多未覆盖子区域的路径。将该路径经过的节点加入 M,算法继续执行直到网络查询区域可以完全被更新后的 M 所覆盖。如图 4-14 所示为该贪婪算法执行的方式。在图 4-14(a)中,贪婪算法会选择路径得到图 4-14(b),这是由于在所有备选路径中选择 C_3 和 C_4 组成的路径 P_2 可以覆盖更多未覆盖子区域。

连通传感器覆盖的分布式贪婪算法执行过程是:首先从 M 中最新加入的候选节点开始执行,在一定范围内广播候选路径查找消息(CPS);收到 CPS 消息的节点判断自身是否为候选节点,如果是,则单播方式返回发起者一个候选路径响应消息(CPR);发起者选择可以最大化增加覆盖区域的候选路径;更新各参数,算法继续执行,直到网络查询区域可完全被更新后的 M 所覆盖。

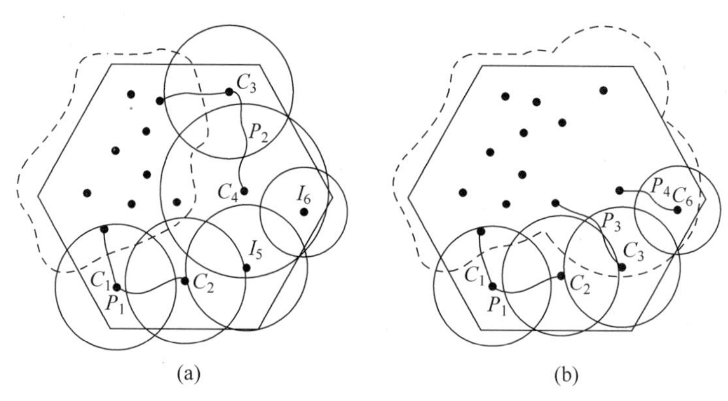

图 4-14 连通传感器覆盖的分布式贪婪算法

4. 轮换活跃/休眠节点的 Self-Scheduling 覆盖协议

采用轮换"活跃"和"休眠"节点的 Self-Scheduling 覆盖协议可以有效延长网络生存时间，该协议同时属于确定性面/点覆盖和节能覆盖类型。协议采用节点轮换周期工作机制，每个周期由一个 Self-Scheduling 阶段和一个 Working 阶段组成。在 Self-Scheduling 阶段：各节点首先向传感半径内邻居节点广播通告消息，其中包括节点 ID 和位置(若传感半径不同则包括发送节点传感半径)。节点检查自身传感任务是否可由邻居节点完成，可替代的节点返回一条状态通告消息，之后进入"休眠状态"，需要继续工作的节点执行传感任务。在判断节点是否可以休眠时，如果邻居节点同时检查到自身的传感任务可由对方完成并同时进入"休眠状态"，就会出现如图 4-15 所示的"盲点"。

在图 4-15(a)中，节点 e 和 f 的整个传感区域都可以被相邻的邻居节点代替覆盖。节点 e 和 f 满足进入"休眠状态"条件之后，将关闭自身节点的传感单元进入"休眠状态"，但这时就出现了不能被检测的区域即网络中出现"盲点"，如图 4-15(b)所示。为了避免这种情况的发生，节点在 Self-Scheduling 阶段检查之前执行一个退避机制：每个节点在一个随机产生的时间之后再开始检查工作。此外，退避时间还可以根据周围节点密度计算，这样就可以有效地控制网络"活跃"节点的密度。为了进一步避免"盲点"的出现，每个节点在进入"休眠状态"之前还将等待一定的时间来监听邻居节点的状态更新。该协议是作为 LEACH 分簇协议的一个扩展来实现的，有关仿真结果证明：网络的平均生存时间较 LEACH 分簇协议延长了 1.7 倍。

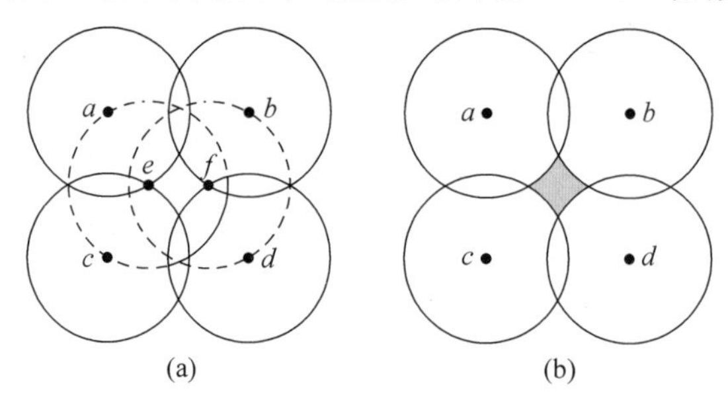

图 4-15 网络中出现的"盲点"

5. 最坏与最佳情况覆盖

最坏与最佳情况覆盖算法同时属于确定性网络路径/目标覆盖和栅栏覆盖类型，算法考虑如何对穿越网络的目标或其所在路径上的各点进行感应与追踪，体现了一种网络覆盖性质。Meguerdichian 等定义了"最大突破路径"(Maximal Breach Path)和"最大支撑路径"(Maximal Support Path)，分别使得路径上的点到周围最近传感器的最小距离最大化及最大距离最小化。显然，这两种路径分别代表了无线传感器网络最坏（不被检测的概率最小）和最佳（被发现的概率最大）的覆盖情况。文中分别采用计算几何中的Voronoi图与Delaunay三角形来完成最大突破路径和最大支撑路径的构造和查找。其中，Voronoi图是由所有Delaunay三角形边上的垂直平分线形成的，而Delaunay三角形的各顶点为网络的传感器节点，并满足子三角形外接圆中不含其他节点，由于Voronoi图中的线段具有到最近的传感器节点距离最大的性质，因此最大突破路径一定是由Voronoi图中的线段组成的，如图4-16所示。

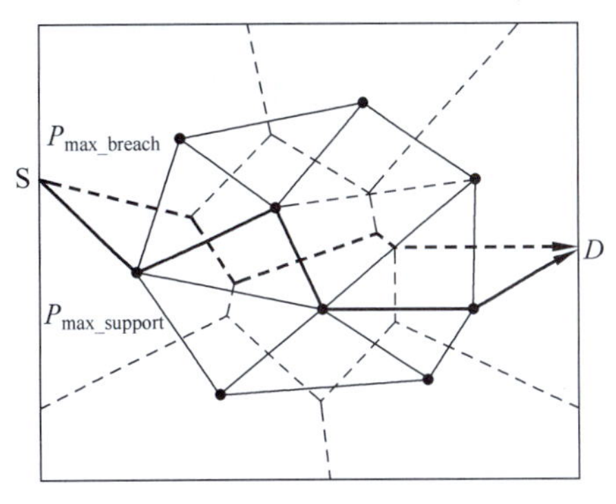

图4-16　Voronoi图和Delaunay三角形示意图

6. 暴露穿越覆盖

暴露穿越覆盖同时属于随机节点覆盖和栅栏覆盖类型。如前所述，"目标暴露"（Target Exposure）覆盖模型同时考虑时间因素和节点对于目标的"感应强度"因素，更为符合实际环境中运动目标由于穿越网络时间增加而"感应强度"累加值增大的情况。节点S的传感模型定义为

$$S(s,p)=\frac{\lambda}{[d(s,p)]^K} \tag{4-10}$$

式中，p为目标点，正常数λ和K均为网络经验参数。最小暴露路径代表了无线传感器网络最坏的覆盖情况，而一个运动目标沿着路径$p(t)$在时间间隔$[t_1,t_2]$内经过网络监视区域的暴露路径被定义为

$$E(p(t),t_1,t_2)=\int_{t_2}^{t_1} I(F,p(t))\left|\frac{\mathrm{d}p(t)}{\mathrm{d}t}\right|\mathrm{d}t \tag{4-11}$$

式中，$I(F,p(t))$代表在传感区域F中沿着路径$p(t)$运动时被相应传感器（有最近距离传感器和全部传感器两种）感应的效果。该算法提出了一种数值计算的近似方法来找到连续的最小暴露路径：首先，将传感器网络区域进行网格划分，并假设暴露路径只能由网格的边与对角线组成；然后，为每条线段赋予一定的暴露路径权重；最后，执行Djikstra算法得到近似的最小暴露路径。

▶ 4.6.5　覆盖能效评价指标

假设无线传感器网络布置在二维平面空间内，由移动、固定两种无线传感器节点构成，各节点具有相同的测量范围、测量可靠度和通信半径。固定节点采用随机布置方式，通过全球定位系统获取自身位置信息，并在网络中发布共享。无线传感器网络的覆盖能效优化问题即根据各节点的当前位置信息寻找各移动节点的最优位置，使网络具有更好的覆盖性能和较高的能效性。

对一个位置坐标为(x,y)，测量范围为R的节点而言，其可感知范围为以点(x,y)为圆心，R为半径的圆，无线传感器网络的覆盖能效优化可以扩大无线传感器网络的有效测量区域面积，从而提高网络整体测量性能。节点通信范围通常都远大于其感知范围，且存储能量有限，因此提高覆盖能效性成为无线传感器网络测量的关键。无线传感器节点的通信能耗与测量和数据处理能耗相比高许多，通信能耗的优化对提高无线传感器网络能效性十分重要。

1. 无线传感器网络的覆盖指标

由于无线传感器网络中节点布置的固有冗余性，网络覆盖评价采用了可靠度的概念。对一定区域，若在 t 时刻处于 n 个节点测量范围内，该区域综合可靠度表示为

$$R(t)=1-\prod_{i=1}^{n}(1-r_i(t)) \tag{4-12}$$

式中，$r_i(t)$表示第 i 个节点的测量可靠度。

待测区域中所有综合可靠度大于测量可靠性要求的区域称为有效测量区域。用解析方法计算随机布置无线传感器网络的有效测量区域非常复杂，因此采用数值计算方法，将待测区域网格化，单元格简化为点，计算各点的综合可靠度，统计满足测量可靠度要求的单元格面积，得到有效测量区域面积数值解。将有效测量区域面积占待测总面积的比例定义为覆盖指标 C。

2. 无线传感器网络的能耗指标

无线信号在传播过程中随着传播距离增加而发生衰减，采用自由空间模型计算传播损耗如下。

$$L_p=\left(\frac{\lambda}{4\pi D}\right)^2 \tag{4-13}$$

式中，L_p 为路径损耗；D 为传播距离；λ 为信号波长。

针对无线信号传播过程，假设无线传感器网络通信能耗模型为：运行发送器或接收器的无线花费为 $E_{elec}=50\text{nJ/b}$，发送放大器实现容许放大倍率的无线花费为 $E_{amp}=100(\text{pJ/b})\cdot \text{m}^{-2}$。二维空间内，坐标分别为$(x_i,y_i)$、$(x_j,y_j)$的无线传感器节点 i、j，通信时信号传播距离计算如下。

$$d_{ij}=\sqrt{(x_i-x_j)^2+(y_i-y_j)^2} \tag{4-14}$$

若节点 i 向节点 j 发送长度为 kb 的数据包，则节点 i 能耗为

$$E_{Tx}(k,d)=E_{Tx\text{-}elec}(k)+E_{Tx\text{-}amp}(k,d)=E_{elec}k+E_{amp}kd_{ij}^2 \tag{4-15}$$

节点 j 接收此数据包的能耗为

$$E_{Rx}(k)=E_{Rx\text{-}elec}(k)=E_{elec}k \tag{4-16}$$

节点 i 与节点 j 进行一次数据包传输所消耗的总能量为

$$E_{ij}(k)=k(2E_{elec}+E_{amp}d_{ij}^2) \tag{4-17}$$

式(4-17)说明两节点相距较远时，直接传输数据会消耗较大能量，采用多跳通信则可节省能量。

移动目标跟踪是无线传感器网络的重要应用领域之一，针对移动目标跟踪的无线传感器网络覆盖能效问题更具实用价值，也更富有挑战性。通常无线传感器节点对进入网络的移动目标进行测量，并将收集到的目标信息传达给位于网络中央的中心节点。为了尽可能降低通信耗能，各节点均需采用能耗最低的路径向中心节点传送数据。

4.7 传感器网络的覆盖控制

传感器网络的区域覆盖一直是研究的重点，这里主要介绍几种区域覆盖的控制算法。

1. 基于虚拟势场力的传感器网络区域覆盖控制

虚拟势场力是把网络中每一个移动节点看作一个虚拟的带电粒子，相邻节点之间存在排斥力和吸引力两种相互作用力。由于受势场斥力的作用，传感器节点迅速扩展开来；由于受

势场引力的作用，传感器节点之间的距离不会无限扩大，两者共同作用，使网络最终达到平稳状态，此时整个无线传感器网络覆盖区域可以达到最大化。在自组织过程中，节点并不是真正移动的，而是先由簇首计算出虚拟路径，然后指导簇内节点进行一次移动，以节省能量。

在无线传感器网络布局优化过程中，各无线传感器节点根据其所受合力的大小和方向移动相应距离，直至达到受力平衡或可移动距离的上限。假设传感器节点 S_i 所受虚拟力为 $\boldsymbol{F}_i$，无线传感器节点 S_i 对节点 S_j 的力为 $\boldsymbol{F}_{ij}$；$\boldsymbol{F}_{iR}$ 和 $\boldsymbol{F}_{iA}$ 分别为障碍物和热点区域对无线传感器节点 S_i 的作用力，则存在以下关系：

$$\boldsymbol{F}_i = \sum_{j=1,j\neq i}^{k} \boldsymbol{F}_{ij} + \boldsymbol{F}_{iR} + \boldsymbol{F}_{iA} \tag{4-18}$$

式中，$\boldsymbol{F}_{ij}$ 为无线传感器节点的相互作用力，既有引力，也有斥力。虚拟势场力算法采用距离阈值 d_{ih}。调整无线传感器节点间的相互作用力的属性，当 $d_{ij}>d_{\text{ih}}$ 且小于节点的通信半径 c 时，两者间的作用力为引力；当 $d_{ij}<d_{\text{ih}}$ 时，作用力为斥力。$\boldsymbol{F}_{ij}$ 与 d_{ij} 的关系如式(4-19)所示。

$$\boldsymbol{F}_{ij} = \begin{cases} 0, & d_{ij} \geqslant c \\ 0(k_A(d_{ij}-d_{\text{th}}),\alpha_{ij}), & c > d_{ij} > d_{\text{th}} \\ 0, & d_{ij} = d_{\text{th}} \\ \left(k_R\left(\dfrac{1}{d_{ij}}-\dfrac{1}{d_{\text{th}}}\right),\alpha_{ij}+\pi\right), & d_{ij} < d_{\text{th}} \end{cases} \tag{4-19}$$

式中，$\boldsymbol{F}_{ij}$ 为传感器节点 S_i、S_j 之间的虚拟势场力；k_A，k_R 分别为引力和斥力系数，主要用于调节虚拟势场力算法布局优化后无线传感器节点的疏密程度，它们都是正值，一般凭经验确定；α_{ij} 为节点 S_i 到 S_j 的方位角。

考虑到节点从受力至运动为一个加速过程，故节点受力后位移为

$$\text{sx} = \begin{cases} v_x \times \Delta t, & v_x = v_{x\max} \\ v_x \times \Delta t + \dfrac{1}{2} \times \alpha_x \times \Delta t^2, & v_x < v_{x\max} \end{cases} \tag{4-20}$$

$$\text{sy} = \begin{cases} v_y \times \Delta t, & v_y = v_{y\max} \\ v_y \times \Delta t + \dfrac{1}{2} \times \alpha_y \times \Delta t^2, & v_y < v_{y\max} \end{cases} \tag{4-21}$$

式中，v_x，v_y 为节点在 x 轴和 y 轴的移动速度；α_x，α_y 为节点在 x 轴和 y 轴的加速度；Δt 为时间步长。

根据式(4-20)和式(4-21)可得节点的迁移位置为

$$x_{\text{new}} = \begin{cases} x_{\text{old}}, & |F_{xy}| \leqslant F_{\text{th}} \\ x_{\text{old}} + \text{sx}, & |F_{xy}| > F_{\text{th}} \end{cases} \tag{4-22}$$

$$y_{\text{new}} = \begin{cases} y_{\text{old}}, & |F_{xy}| \leqslant F_{\text{th}} \\ y_{\text{old}} + \text{sy}, & |F_{xy}| > F_{\text{th}} \end{cases} \tag{4-23}$$

式中，F_{xy} 为作用于节点的虚拟力；F_{th} 为预定义的虚拟力阈值，当虚拟力小于该值时，则可认为它已达到稳定，不需要移动。

图4-17(a)和图4-17(b)分别为利用虚拟力对10个和70个传感器节点进行覆盖控制的仿真图，从仿真图可以看出，节点很好地部署在监测区域中，最大化地增大了网络覆盖率。值得

注意的是，最终覆盖率除了受网络中节点数量的影响外，还受到距离阈值 d_{th} 及虚拟引力和斥力系数的影响。当 d_{th} 过小或者虚拟引力系数过大时，节点分布较密集，网络覆盖率无法得到保证；当 d_{th} 过大或者虚拟斥力系数过小时，节点分布过疏，连通度无法得到保证，从而会形成探测盲区。因此需要采用优化算法进行系数优化，在此不做讨论。

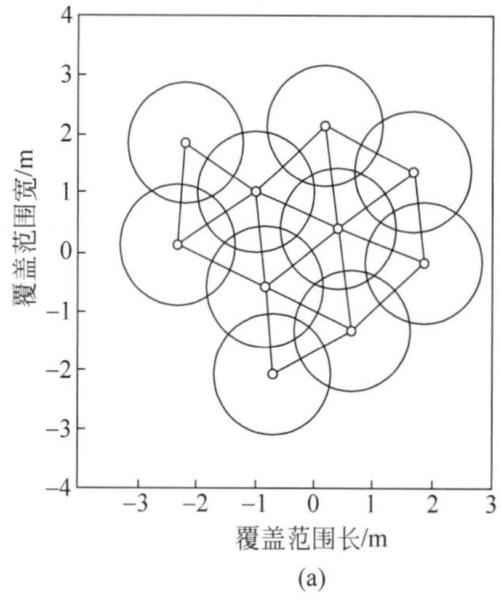

(a)

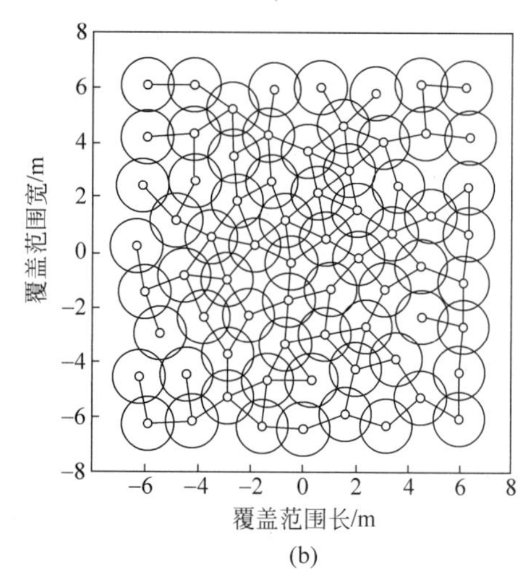

(b)

图 4-17　算法仿真

2. 基于市场竞争行为的无线传感器网络连接与覆盖算法

节点部署受环境影响或因节点部署不慎，可能导致部分节点丧失行动能力，而其传感与通信功能仍然保持正常。如果在自组织的时候不考虑这些节点，显然会造成浪费；如果考虑这些节点则只能采用带约束条件的虚拟力方法，当移动节点靠近这些失去行动能力的节点时会受到排斥。因而，此方法在某些特殊情况下，不能达到令人满意的效果，检测目标中可能出现不能覆盖的区域。图 4-18 展示了这样一个例子，图中除位于右下角的一个传感器以外其余节点均失去了行动能力，这个具有行动能力的传感器因为受到其他节点的排斥，无法进入中间的未覆盖区域。

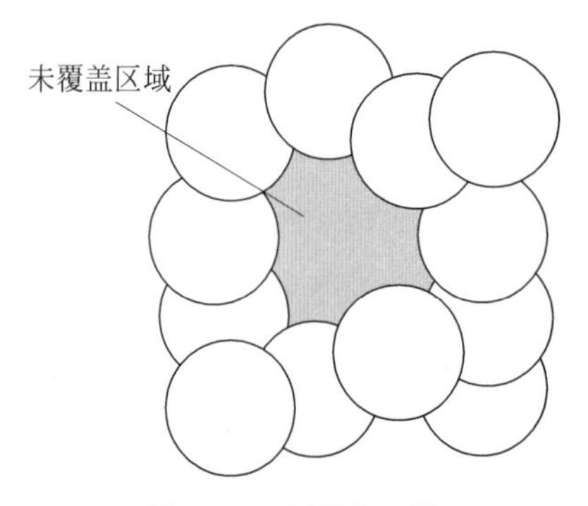

图 4-18　未覆盖区域

基于市场竞争行为的无线传感器网络连接与覆盖算法就是通过研究人类社会市场竞争行为提出的用于无线传感器网络连接与覆盖问题的控制算法。该方法把传感器网络中的节点类比为市场竞争中的经济主体，把目标监测区域类比为经济资源，把对传感器网络所做的优化配置类比为市场竞争行为对经济资源优化配置。将人类社会经济活动中通过市场竞争实现资源优化配置的方法应用到无线传感器网络的节点部署，降低节点的计算量、移动距离及信息复杂度，以提高无线传感器的行动效率，并间接达到省电的目的。

网络采用簇结构，簇内任意两个节点均可以通过多跳的方式进行通信，而簇间不能通信。对于每一个独立的簇，其配置过程可分为以下三步。

1）实现动静态的分离

静态传感器虽不能移动，但其用于感测与通信的能量高于移动传感器（移动会消耗能量）。在人类经济活动领域内，大型企业与小型企业相比较，虽然具有规模优势，但是在竞争中缺乏灵活性。两者之间具有很好的类比性，因此在算法中：把静态传感器定义为“大型企业”，把可移动传感器定义为“小型企业”，每一个传感器的有效覆盖面积定义为该企业所获取的“经济资源”。

2）簇的内部调整

在资源有限的情况下，大型企业依靠其规模优势，总是能够优先占有部分资源，其不能占有的资源将在小型企业间通过竞争得到分配；而竞争失败的小企业能够利用其灵活性去寻找新的资源。同样的道理，可以在保证子网络不分裂的基础上，使用最少的动态传感器来补充静态传感器所不能覆盖的区域，从而将尽可能多的动态传感器解放出来，用于网络的扩张。

图 4-19(a)演示了这样一个过程，S1、S2、S3、S4、S5、S6 表示静态传感器，它们的感测范围用黑色的圆表示，M1、M2、M3、M4、M5、M6 表示可移动传感器，它们的感测范围用点线圆与虚线圆表示。M1 被优化配置到 M1′，其感测范围用灰色的圆表示。为保证网络不分裂，M2 与 M3 保持位置不变。M1′、M2、M3 和所有的静态传感器构成了一个“准静态传感器覆盖范围”，构成“准静态传感器覆盖范围”的传感器将不再参与向外扩张。M4、M5、M6 则是被解放出来的可移动传感器，它们将参与向外扩张。

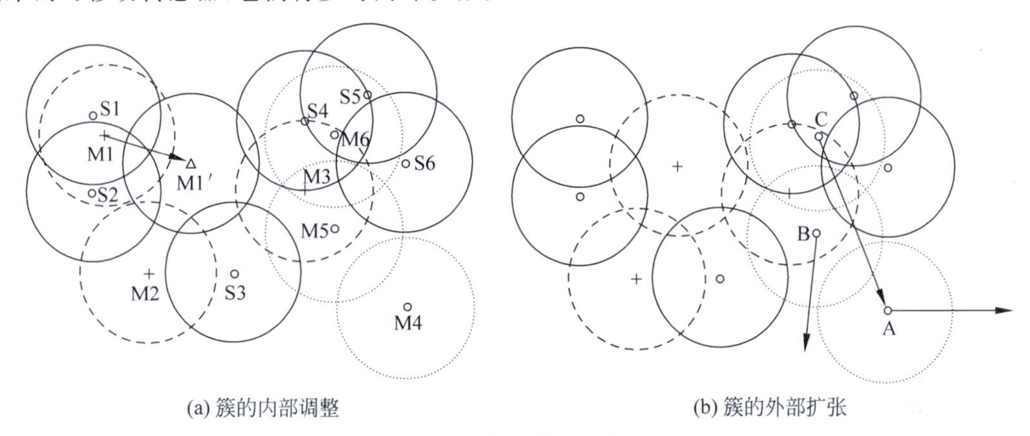

(a) 簇的内部调整　　(b) 簇的外部扩张

图 4-19　簇的自组织行为

3）簇的向外扩张

参与向外扩张的传感器的感测范围与内部调整后形成的“准静态传感器覆盖范围”的相对位置关系必然处于以下三种类型中的一种。

(1) 完全在“准静态传感器覆盖范围”之外，如图 4-19(a)中的 M4 所示。

(2) 部分在“准静态传感器覆盖范围”之内，如图 4-19(a)中的 M5 所示。

(3) 完全在“准静态传感器覆盖范围”之内，如图 4-19(a)中的 M6 所示。

独立子网络向外扩张，如图 4-19(b)所示，在确保网络不分裂的前提下，对类型(1)传感器进行优化配置，使网络有效覆盖面积最大，并将类型(1)传感器原先所在位置发布给类型(3)传感器，作为类型(3)传感器移动的指导信息。类型(3)传感器根据类型(1)传感器发布的指导信息，按照整体能耗最省的原则规划到达类型(1)传感器原先所在位置的路径。若优化前，网络中类型(3)传感器数目少于类型(1)传感器数目，则优化结果为网络中只包含类型(1)传感器与类型(2)传感器，此时在确保网络不分裂的前提下，对类型(2)传感器进行优化调整，则可使该子网络有效覆盖面积最大。若优化前网络中类型(3)传感器数目多于类型(1)传感器数目，则优化结果为网络中只包含类型(3)传感器与类型(2)传感器，此时在确保网络不分裂的前提下，可以移动类型(2)传感器使其转变为类型(1)，采用上述方法即可实现子网络的配置。

在扩张过程中，部分簇将因为距离的拉近而能够互相通信，此时需要动态调整簇结构。一旦两个独立簇能够通信，则立即中断原配置操作，将两个簇合并为一个新簇，并对其进行配置。

当配置结束后，可令部分冗余节点进入休眠，从而节省整个网络的能耗。如图 4-20(a)所示，把目标区域定为长 16m、宽 14m 的二维平面矩形区域，在这个区域中随机撒入 5 个半径为 1m 的静态节点，同时在矩形中心区域撒入 57 个半径为 0.5m 的动态节点。在此基础上，假定目标区域未被节点覆盖的空白点为所要争夺的资源，运行算法，得到了很好的布置效果，如图 4-20(b)所示。

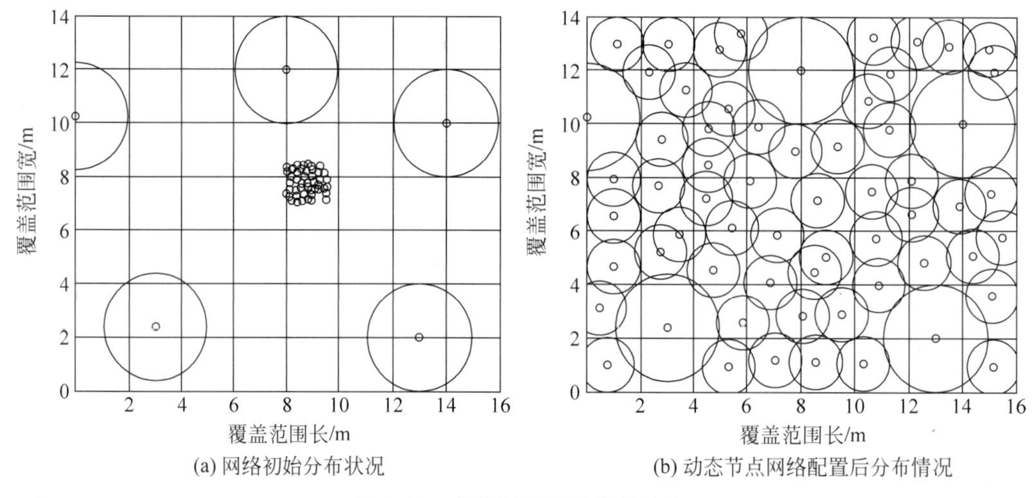

(a) 网络初始分布状况　　(b) 动态节点网络配置后分布情况

图 4-20　自组织前后覆盖率对比

为了进一步检验本算法的优劣，在动态节点布置基本稳定的时候，模拟节点能量耗尽或故障的情形，随机去掉 6 个动态节点，观察网络再组织能力，检验其鲁棒性、抗毁性和灵活性，结果如图 4-21(a)所示。同时，全程绘制了 WSN 配置过程的网络覆盖率曲线，从覆盖率的角度定量分析算法的优劣，如图 4-21(b)所示。从图 4-21(a)可以看出，WSN 在失去 6 个节点的情况下，本算法仍可以使网络尽可能地填补缺失节点的空白，并较好地完成任务。从图 4-21(b)可以看出，本算法可以迅速优化网络配置，使覆盖率在较短的时间内上升至 97%左右；当节点减少时，覆盖率骤然降低，但在算法的作用下，网络可以得到再配置，覆盖率可以重新上升到一个较高的程度。

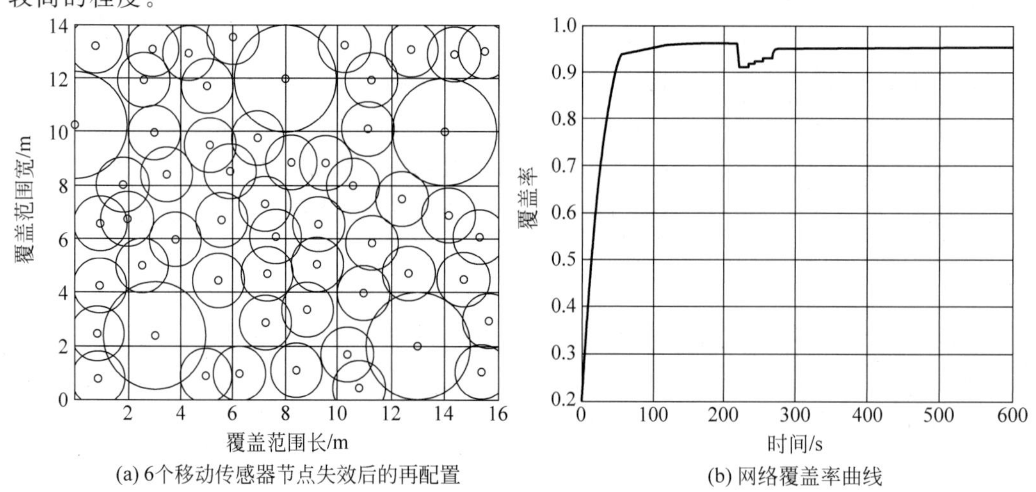

(a) 6个移动传感器节点失效后的再配置　　(b) 网络覆盖率曲线

图 4-21　鲁棒性实验

总之，目前，传感器网络拓扑控制研究有了初步进展，研究人员一方面从 Ad Hoc 网络方面借鉴了宝贵的经验；另一方面针对传感器网络自身的特点，提出了形式多样、侧重点不同的拓扑控制算法。在功率控制方面提出了以邻居节点度为参考依据的 LMN、LMA 算法以及利用邻近图思想生成拓扑结构的 DRNG 算法和 DLSS 算法；在层次性拓扑控制方面提出了以 LEACH、TopDisc 和 GAT 等为代表的分簇算法。除了功率控制和层次性结构这两个传统的研究方向之外，逐渐引入了启发式的节点唤醒和休眠机制，在数据信息中捎带拓扑控制信息的机制等。

但是，大多数的拓扑控制算法还只停留在理论研究阶段，没有考虑实际应用的诸多困难。拓扑控制还有许多问题需要进一步研究，特别是需要探索更加实用的拓扑控制技术。以实际应用为背景、多种机制相结合、综合考虑网络性能将是拓扑控制研究的发展趋势。

习题 4

1. 按照组网形态和方式分，网络分为________、________和混合式几种。
2. 按照节点功能及结构层次分，无线传感器网络通常可分为平面网络结构、________、________以及 Mesh 网络结构。
3. 混合网络结构是无线传感器网络中________和________的一种混合拓扑结构。
4. 拓扑控制中一般要考虑的设计目标有________、________、________、吞吐能力、干扰和竞争、网络延迟和拓扑性质等几个方面。
5. LEACH(Low Energy Adaptive Clustering Hierarchy)算法是________。
6. 与覆盖问题直接相关的是传感器节点的感知模型。目前，无线传感器网络主要有________、________两种基本感知模型。
7. 按照无线传感器网络节点的不同配置方式(即节点是否需要知道自身位置信息)，可以将无线传感器网络的覆盖算法分为________、________两大类。
8. 根据覆盖目标不同，目前覆盖算法可以分为________、________及栅栏覆盖。
9. 拓扑控制的意义是什么?
10. 拓扑控制设计目标是什么?
11. 功率控制技术有哪些?
12. 基于节点度的功率控制的基本思想是什么?
13. 基于方向的功率控制的基本思想是什么?
14. 层次性拓扑结构控制方法有哪些?
15. 启发机制的基本思想是什么?
16. 覆盖理论基础的基本思想是什么?
17. 覆盖感知模型的基本内容是什么?
18. 覆盖算法分类有哪些?
19. 典型覆盖算法有哪些?
20. 覆盖能效评价指标有哪些?
21. 基于虚拟势场力的传感器网络区域覆盖控制的基本内容是什么?
22. 基于市场竞争行为的无线传感器网络连接与覆盖算法的基本内容是什么?

第5章 WSN通信与组网技术

学习导航

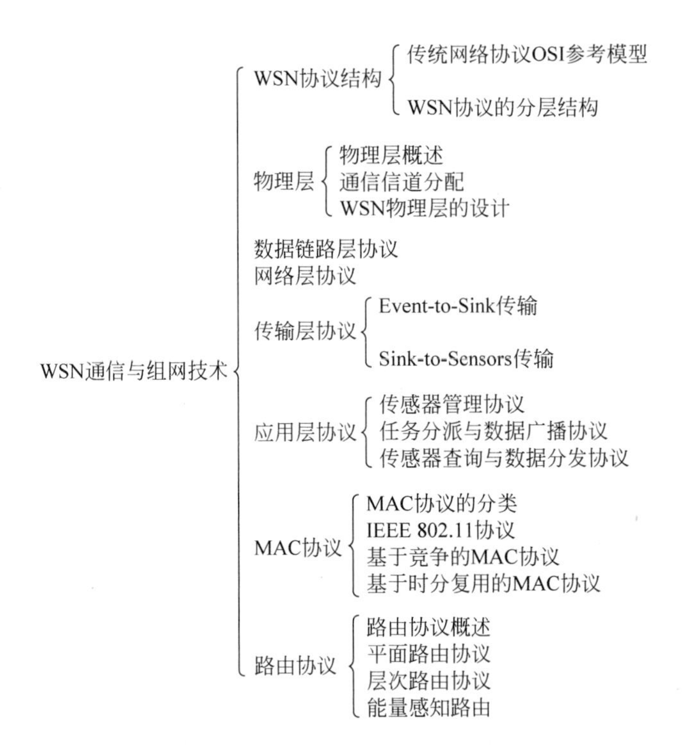

学习目标

- 了解通信信道分配、WSN物理层的设计、数据链路层协议、网络层协议、传输层协议、Event-to-Sink传输、Sink-to-Sensors传输、传感器管理协议、任务分派与数据广播协议、传感器查询与数据分发协议、基于竞争的MAC协议、基于时分复用的MAC协议。
- 掌握传统网络协议OSI参考模型、WSN协议的分层结构、MAC协议的分类、IEEE 802.11协议、平面路由协议和层次路由协议、能量感知路由。

5.1 WSN协议结构

5.1.1 传统网络协议OSI参考模型

开放式系统互连网络参考模型(OSI)共有7个层次，如图5-1所示。从底向上依次是物理层、数据链路层、网络层、传输层、会话层、表示层和应用层。除物理层和应用层外，其余每层都和相邻上下两层进行通信。例如，传统的无线网络和现有的Internet，就是采用类似的协议分层设计结构模型的，只不过根据功能的优化和合并做了一些简化，将网络层上面的三层合

OSI参考模型
应用层
表示层
会话层
传输层
网络层
数据链路层
物理层

图5-1 开放式系统互连(OSI)协议参考模型

并为一个整体的应用层，从而简化了协议栈的设计，因此，Internet 是一个典型的 5 层结构。

▶ 5.1.2　WSN 协议的分层结构

从无线联网的角度来看，传感器网络节点的体系由分层的网络通信协议、网络管理平台和应用支撑平台三部分组成(如图 5-2 所示)。

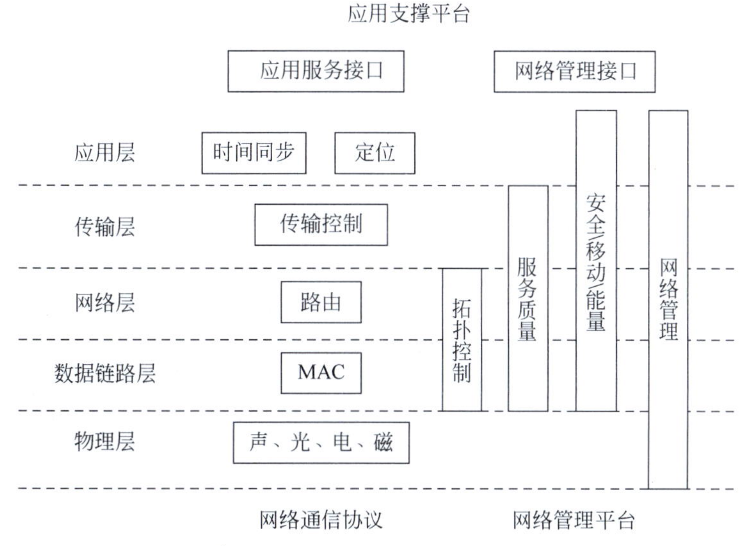

图 5-2　无线传感器网络节点的体系组成

1. 网络通信协议

类似于传统 Internet 中的 TCP/IP 协议体系，它由物理层、数据链路层、网络层、传输层和应用层组成，如图 5-3 所示。MAC 层和物理层协议采用的是国际电气电子工程师协会(The Institute of Electrical and Electronics Engineers，IEEE)制定的 IEEE 802.15.4 协议。

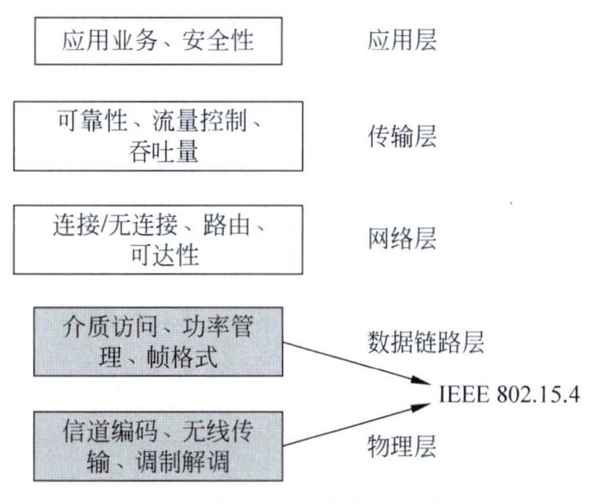

图 5-3　传感器网络通信协议的分层结构

IEEE 802.15.4 是针对低速无线个域网(Low-Rate Wireless Personal Area Network，LR-WPAN)制定的标准。该标准把低能量消耗、低速率传输、低成本作为重点目标，旨在为个人或家庭范围内不同设备之间低速互连提供统一标准。IEEE 802.15.4 的网络特征与无线传感器网络存在很多相似之处，所以许多研究机构把它作为无线传感器网络的无线通信平台。

(1) 物理层。传感器网络的物理层负责信号的调制和数据的收发，所采用的传输介质主要有无线电、红外线、光波等。

(2) 数据链路层。传感器网络的数据链路层负责数据成帧、帧检测、介质访问和差错控制。介质访问协议保证可靠的点对点和点对多点通信,差错控制保证源节点发出的信息可以完整无误地到达目标节点。

(3) 网络层。传感器网络的网络层负责路由发现和维护,通常大多数节点无法直接与网络通信,需要通过中间节点以多跳路由的方式将数据传送至汇聚节点。

(4) 传输层。传感器网络的传输层负责数据流的传输控制,主要通过汇聚节点采集传感器网络内的数据,并使用卫星、移动通信网络、Internet或者其他的链路与外部网络通信,是保证通信服务质量的重要部分。

(5) 应用层。应用层主要使用通信和组网技术向应用系统提供服务。该层对上层屏蔽底层网络细节,使用户可以方便地对无线传感器网络进行操作。其主要研究内容包括时间同步和定位等。

2. 网络管理平台

网络管理平台主要是对传感器节点自身的管理和用户对传感器网络的管理,包括拓扑控制、服务质量管理、能量管理、安全管理、移动管理、网络管理等。

(1) 拓扑控制。一些传感器节点为了节约能量会在某些时刻进入休眠状态,这导致网络的拓扑结构不断变化,而需要通过拓扑控制技术管理各节点状态的转换,使网络保持畅通,数据能够有效传输。拓扑控制利用链路层、路由层完成拓扑生成,反过来又为它们提供基础信息支持,优化MAC协议和路由协议,降低能耗。

(2) 服务质量管理。服务质量管理在各协议层设计队列管理、优先级机制或者带宽预留等机制,并对特定应用的数据给予特别处理。它是网络与用户之间以及网络上互相通信的用户之间关于信息传输与共享的质量约定。为了满足用户的要求,传感器网络必须能够为用户提供足够的资源,以用户可接受的性能指标工作。

(3) 能量管理。在传感器网络中电源能量是各个节点最宝贵的资源。为了使传感器网络的使用时间尽可能长,需要合理、有效地控制节点对能量的使用。每个协议层次中都要增加能量控制代码,并提供给操作系统进行能量分配决策。

(4) 安全管理。由于节点随机部署、网络拓扑的动态性和无线信道的不稳定,传统的安全机制无法在传感器网络中使用,因而需要设计新型的传感器网络安全机制,采用诸如扩频通信、接入认证/鉴权、数字水印和数据加密等技术。

(5) 移动管理。在某些传感器网络的应用环境中,节点可以移动,移动管理用来监测和控制节点的移动,维护到汇聚节点的路由,还可以使传感器节点跟踪它的邻居。

(6) 网络管理。网络管理是对传感器网络上的设备和传输系统进行有效监视、控制、诊断和测试所采用的技术和方法。它要求协议各层嵌入各种信息接口,并定时收集协议运行状态和流量信息,协调控制网络中各个协议组件的运行。

3. 应用支撑平台

应用支撑平台建立在网络通信协议和网络管理技术的基础之上,包括一系列基于监测任务的应用层软件,通过应用服务接口和网络管理接口来为终端用户提供各种具体应用的支持。

5.2 物理层

5.2.1 物理层概述

国际标准化组织(ISO)对开放系统互连(OSI)参考模型中的物理层做了以下定义,物理层是在物理传输介质之间为比特流传输所需物理连接而建立、维护和释放数据链路实体之间的数据传输的物理连接提供机械的、电气的、功能的和规程的特性。物理层主要负责数据的调制、发送与接收，是决定无线传感器网络的节点体积、成本以及能耗的关键环节。

在无线传感器网络中，物理层是数据传输的最底层，向下直接与传输介质相连。物理层协议是各种网络设备进行互连时必须遵守的底层协议，对数据链路层屏蔽物理传输介质，实现两个网络物理设备之间二进制比特流的透明传输。物理层主要具有以下功能。

(1) 为数据终端设备提供传送数据的通路。数据通路可以是一个物理介质，也可以是多个物理介质连接而成。一次完整的数据传输包括激活物理连接、传送数据和终止物理连接三个环节。其中，激活是指不管有多少物理介质参与，都要将通信的两个数据终端设备连接起来形成一条通路。

(2) 传输数据。物理层要形成适合数据传输的实体，用来承载数据传输，提供数据传送服务。物理层不但要保证数据的正确传送，而且必须提供足够的带宽，以减少信道拥塞。传输数据的方式要满足点到点、一点到多点、串行或并行、半双工或全双工、同步或异步传输的需要。

(3) 具有一定的管理能力。物理层负责完成信道状态评估、能量检测、收发管理和物理层属性管理等工作。

物理层的传输介质包括架空明线、平衡电缆、光纤和无线信道等。通信用的互连设备是指数据终端设备和数据电路终端设备间的连接设备，如各种插头、插座等。通常将具有一定数据处理能力和具有发送、接收数据能力的设备称为数据终端设备，又称为物理设备，如计算机、I/O设备终端等。把介于数据终端设备与传输介质之间的设备称为数据电路终端设备，主要指数据通信设备或电路连接设备，如调制解调器等。数据电路终端设备在数据终端设备与传输介质之间提供信号变换和编码功能，并负责建立、维护和释放物理连接。

▶ 5.2.2　通信信道分配

1. 介质选择和频率分配

无线通信的介质包括电磁波和声波。电磁波是主要的无线通信介质，而声波一般仅用于水下无线通信。

按照波长进行分类，电磁波可分为无线电波、微波、红外线、毫米波以及光波等。

无线电波很容易产生，可以传播很远，容易穿过建筑物，因此被广泛用于室内或室外的无线通信。在100MHz以上，微波沿直线传播，可以集中一点，但是如果微波塔相距太远，地表就会挡住去路，因此需要中继。无导向的红外线和毫米波广泛用于短距离通信，其收发设备容易制造，价格便宜，但不能穿透坚实的物体，防窃听安全性好于无线电系统。光波及测光的装置可以用极低的成本提供极高的带宽，容易安装；与无线电传输相比，光波传输不需要复杂的调制与解调机制，接收器电路简单，单位数据传输功耗较小。

对于一个特定的基于射频的无线系统，其载波频率的选择非常重要。因为载波频率决定传输的特性以及信道的传输容量。由于单一频率不能提供信息容量，因此，通信信号的电磁频谱要占据一定的频率范围，通常将这个范围称为频段或频带。无线电频谱是一种不可再生的资源，无线通信特有的空间独占性决定了在其实际应用中必须符合一定的规范。为了有效利用无线频谱资源，各个国家和地区都对无线电设备使用的频段、特定应用环境下的发射功率等做了严格的规定。中国无线电管理机构对频段及应用领域的规定如表5-1所示。

表 5-1　频段划分及主要用途

名称	甚低频	低频	中频	高频	甚高频	超高频	特高频	极高频
符号	VLF	LF	MF	HF	VHF	UHF	SHF	EHF
频率	3～30kHz	30～300kHz	0.3～3MHz	3～30MHz	30～300MHz	0.3～3GHz	3～30GHz	30～300GHz
波段	超长波	长波	中短波	短波	米波	分米波	厘米波	毫米波
波长	100～1000km	1～100km	1～100m	10～100m	1～10m	0.1～1m	1～10cm	1～10mm
传播特性	空间波为主	地波为主	地波与天波	天波与地波	空间波	空间波	空间波	空间波
主要用途	海岸潜艇通信、远距离通信、超远距离导航	越洋通信、中距离通信、地下岩层通信、远距离导航	船用通信、业余无线电通信、移动通信、中距离导航	远距离短波通信、国际定点通信	电离层散射、流星余迹通信、人造电离层通信、对空间飞行体通信、移动通信	小容量微波中继通信、对流星散射通信、中容量微波通信	大容量微波中继通信、大容量微波中继通信、数字通信、卫星通信、国际海事卫星通信	再入大气层时的通信、波导通信

在无线传感器网络频段的选择上必须按照相关的规定以及实际用途进行选择使用。目前，单信道无线传感器网络节点基本上采用ISM（Industrial Scientific Medical）波段，ISM频段是对所有无线电系统都开放的频段，发射功率要求在1W以下，不需要任何许可证。

频段的选择由很多因素决定，对于无线传感器网络来说，必须根据实际的应用场合来选择合适的频率波段。因为频率波段的选择直接决定无线传感器网络节点的天线尺寸、电感的集成度以及节点功耗。

2. 通信信道分配

通信信道是数据传输的通路，在计算机网络中信道分为物理信道和逻辑信道。物理信道指用于传输数据信号的物理通路，它由传输介质与有关通信设备组成；逻辑信道指在物理信道的基础上，发送与接收数据信号的双方通过中间节点为传输数据信号形成的逻辑通路。逻辑信道可以是有连接的，也可以是无连接的。

物理信道按传输数据类型的不同分为数字信道和模拟信道，还可根据传输介质的不同分为有线信道和无线信道。有线信道是使用有形的媒体作为传输介质的信道，包括双绞线、同轴电缆、光缆及电话线等。无线信道是以电磁波在空间传播的信道，包括无线电、微波、红外线和卫星通信信道等。

信道上传送的信号还有基带和频带（宽带）之分。基带信号是指由不同电压表示的数字信号1或0直接送到线路上去传输；频带信号是指将数字信号调制后形成的模拟信号。通信信道通常由以下传输设备之一或它们的某种组合组成：电话线路、电报线路、卫星、激光、同轴电缆、微波和光纤。

信道速度是指每秒可以传输的位数，又称为波特率。根据波特率，一般可以将信道分成三类，即次声级、声级和宽频带级。在无线传感器网络通信中主要应用的是宽频带级。宽频带级信道具有超出1MBaud的容量，主要应用于计算机与计算机之间的通信。

无线信道是无线通信发送端和接收端之间通路的一个形象说法，它们是以电磁波的形式在空间传播的，两者之间并不存在有形的连接，信道的电波传播特性与电波所处的实际传播环境有关。

（1）自由空间信道。自由空间传播信道是一种无阻拦、无衰落、非时变的理想的无线通道。

（2）多径信道。在介质如超短波、微波波段以及电波的传播过程中会遇到障碍物，如楼房、高大建筑物或山丘等，对电波产生反射、折射或衍射等，因此，到达接收天线的信号可能存在多种反射波，这种现象称为多径传播。对于无线传感器网络来说，其通信主要是节点间短距离、低功率传输，且一般离地面较近。一般认为它主要存在三条路径，即障碍物反射、直射以及地面反射。

（3）加性噪声信道。对于噪声通信信道，最简单的数学模型是加性噪声信道。如果噪声主要是由电子元件和接收放大器引入的，则为热噪声，在统计学上表征为高斯噪声。因此，加入噪声之后的模型称为加性高斯白噪声信道模型。该模型可以广泛地应用于多种通信信道，且数学上易于处理，目前，在通信系统分析和设计中主要应用该信道模型。

（4）实际环境中的无线信道。实际环境中的无线信道往往比较复杂，除了自由空间损耗还伴有多径、阴影以及多普勒频移引起的衰落。对于无线传感器网络这种短距离通信，要进行相应的改进才能实现信道信号传播。

5.2.3 WSN 物理层的设计

1. 传输介质

目前无线传感器网络采用的主要传输介质包括无线电、红外线和光波等。

在无线电频率选择方面,ISM 频段是一个很好的选择。因为 ISM 频段在大多数国家属于无须注册的公用频段。表 5-2 列出了 ISM 应用中的可用频段。其中一些频率已经用于无绳电话系统和无线局域网。对于无线传感器网络来说,无线电接收机需要满足体积小、成本低和功率小的要求。

表 5-2 ISM 应用中的可用频段

频段	中心频率	频段	中心频率
6765～6795kHz	6780kHz	2400～2500MHz	2450MHz
13 553～13 567kHz	13 560kHz	5725～5875MHz	5800MHz
26 957～27 283kHz	27 120kHz	24～24.25GHz	24.125GHz
40.66～40.70MHz	40.68MHz	61～61.5GHz	61.25GHz
433.05～434.79MHz	433.92MHz	122～123GHz	122.5GHz
902～928MHz	915MHz	244～246GHz	245GHz

使用 ISM 频段的主要优点是 ISM 是自由频段,可用频带宽,并且在全球范围内都具有可用性;同时也没有特定的标准,给设计适合无线传感器网络的节能策略带来了更多的设计灵活性和空间。当然,选择 ISM 频段也存在一些使用上的问题,例如,功率限制以及与现有的其他无线电应用之间存在相互干扰等。目前主流的传感器节点硬件大多是基于 RF 射频电路设计的。

无线传感器网络节点之间通信的另一种手段是红外技术。红外通信的优点是无须注册,并且抗干扰能力强。基于红外线的接收机成本更低,也很容易设计。目前很多便携式计算机、PDA 和移动电话都提供红外数据传输的标准接口。红外通信的主要缺点是穿透能力差,要求发送者和接收者之间存在视距关系。这导致了红外线难以成为无线传感器网络的主流传输介质,而只能在一些特殊场合得到应用。

对于一些特殊场合的应用情况,传感器网络对通信传输介质可能有特别的要求。例如,舰船应用可能要求使用水性传输介质,如能穿透水面的长波。复杂地形和战场应用会遇到信道不可靠和严重干扰等问题。另外,一些传感器节点的天线可能在高度和发射功率方面比不上周围的其他无线设备,为了保证这些低发射功率的传感器网络节点正常完成通信任务,要求所选择的传输介质能支持健壮的编码和调制机制。

2. 物理层帧结构

表 5-3 描述了无线传感器网络节点普遍使用的一种物理层帧结构。由于目前还没有形成标准化的物理层结构,所以在实际设计时都是在该物理层帧结构的基础上进行改进的。

表 5-3 传感器网络物理层的帧结构

<table>
<tr><th>4 字节</th><th>1 字节</th><th colspan="2">1 字节</th><th>可变长度</th></tr>
<tr><td>前导码</td><td>帧头</td><td>帧长度(7b)</td><td>保留位</td><td>PSDU</td></tr>
<tr><td colspan="2">同步头</td><td colspan="2">帧的长度,最大为 128B</td><td>PHY 负载</td></tr>
</table>

物理帧的第一个字段是前导码,字节数一般取 4,用于收发器进行码片或者符号的同步。第二个字段是帧头,长度通常为 1B,表示同步结束,数据包开始传输。帧头与前导码构成了同步头。

帧长度字段通常由一字节的低 7 位表示，其值就是后续的物理层 PHY 负载的长度，因此它的后续 PHY 负载的长度不会超过 127B。

物理帧 PHY 的负载长度可变，称为物理服务数据单元(PHY Service Data Unit，PSDU)，携带 PHY 数据包的数据，PSDU 域是物理层的载荷。

3. 物理层设计技术

物理层主要负责数据的硬件加密、调制解调、发送与接收，是决定传感器网络节点的体积、成本和能耗的关键环节。物理层的设计目标是以尽可能少的能量消耗获得较大的链路容量。为了确保网络运行的平稳性能，该层一般需要与 MAC 层进行密切交互。

物理层需要考虑编码调制技术、通信速率和通信频段等问题。

(1) 编码调制技术影响占用频率带宽、通信速率、收发机结构和功率等一系列技术参数。比较常见的编码调制技术包括幅移键控、频移键控、相移键控和各种扩频技术。

(2) 提高数据传输速率可以减少数据收发时间，对于节能具有意义，但需要同时考虑提高网络速度对误码的影响。一般用单个比特的收发能耗来定义数据传输对能量的效率，单比特能耗越小越好。

(3) 频段的选择要非常慎重。由于无线传感器网络是面向应用的网络，所以针对不同应用应该在成本、功耗、体积等综合条件下进行优化选择。FCC 组织指出，2.4GHz 是在当前工艺技术条件下，使功耗、成本、体积等指标的综合效果较好的可选频段，并且是全球范围的自由开放波段。但问题是现阶段不同的无线设备如蓝牙、WLAN、微波炉电器和无绳电话等都采用这个频段的频率，因而这个频段可能造成的相互干扰最严重。

尽管目前无线传感器网络还没有定义物理层标准，但是很多研究机构设计的网络节点物理层基本都是在现有器件工艺的水平上开展起来的。例如，当前使用较多的 Mica2 节点，主要采用分离器件实现节点的物理层设计，可以选择 433MHz 或 868MHz 两个频段，调制方式采用简单的 2FSK/ASK 方式。

在低速无线个域网(LR-PAN)的 802.15.4 标准中，定义的物理层是在 868MHz、915MHz、2.4GHz 三个载波频段收发数据。在这三个频段都使用了直接序列扩频方式。IEEE 802.15.4 标准非常适合无线传感器网络的特点，是传感器网络物理层协议标准的最有力竞争者之一。目前基于该标准的射频芯片也相继推出，例如，Chipcon 公司的 CC2420 无线通信芯片。

总的来看，针对无线传感器网络的特点，现有的物理层设计基本采用结构简单的调制方式，在频段选择上主要集中在 433～464MHz、902～928MHz 和 2.4～2.5GHz 的 ISM 波段。

5.3 数据链路层协议

无线传感器网络除了需要传输层机制实现高等级误差和拥塞控制外，还需要数据链路层功能。总体而言，数据链路层主要负责多路数据流、数据结构探测、媒体访问和误差控制，从而确保通信网络中可靠的 Point-to-Point 与 Point-to-Multipoint 连接。然而，无线传感器网络协作与面向应用的性质，以及无线传感器节点的物理约束(如能量和处理能力约束)决定了完成这些功能的方式。

1. 媒体访问控制

多跳自组织无线传感器网络 MAC 层协议需要实现以下两个目标。

(1) 对于感知区域内密集布置节点的多跳无线通信，需要建立数据通信链接以获得基本的网络基础设施。

(2) 为了使无线传感器节点公平有效地共享通信资源,需要对共享媒体的访问进行管理。由于无线传感器网络特殊的资源约束和应用需求,常规无线网络的 MAC 协议对无线传感器网络是不适用的。例如,对基于基础架构的分隔式系统,MAC 协议的首要目标是提供高 QoS 和有效带宽,主要采用了专用的资源规划策略。这种访问方案对无线传感器网络是行不通的,因为无线传感器网络没有类似基站的中央控制代理。另外,无线传感器网络的能量有效性会影响网络寿命,因而是至关重要的。

虽然蓝牙和移动 Ad Hoc 网络在通信基础架构方面存在与无线传感器网络类似之处,都由带有便携式、电池供电设备的节点组成,但用户可更换这些设备。这些系统与无线传感器网络不同,能耗只是次要的因素。现有的蓝牙或 MANET 的 MAC 协议没有考虑网络寿命,因而不能直接用在无线传感器网络中。显然,无线传感器网络的 MAC 协议必须具有固定能量保护、移动性管理和失效恢复策略。基于需求的 MAC 方案可能因为信息管理花费很大和存在连接建立延迟而不适合无线传感器网络。由于基于竞争的通道访问需要一直对通道进行监测(这是一项消耗能量的任务),因而是不适用的。

考虑现有的 MAC 解决方案,主要包含以下几种访问方式。

1) 基于 TDMA 的媒体访问

时分复用(TDMA)访问方案从本质上比基于竞争的方案能节省更多能量,因为无线电占空比减少,而且没有带来竞争的管理花费和冲突。对于具有能量约束的无线传感器网络,MAC 方案应包括另一种形式的 FDMA,空闲时必须关闭无线电来获得更大的能量节省。无线传感器网络的自组织媒体访问控制(Self-organizing Medium Access Control for Sensor Networks,SMACS)就是这样一种基于时间槽的方案,各节点保持一个类似 TDMA 的超结构,节点安排不同时间槽与已知邻近节点通信。SMACS 在竞争阶段采用随机唤醒时序,并在空闲时间槽关闭无线电,从而实现了能量节省。虽然基于 FDMA 的访问方案使传送时间最小化,但由于需要进行相关的时钟同步,这种方案不常采用。

2) 基于混合 TDMA/FDMA 的媒体访问

这是一种完全基于 TDMA 的访问方案,单个无线传感器节点能获得全部通道,同时一种完全频分复用(Frequency Division Multiple Access,FDMA)方案会分配每个节点的最小信号带宽。这种方式在访问能力与能耗之间进行了平衡。若传送节点消耗更多能量,则考虑采用 TDMA 方案,而当接收节点消耗更多能量时倾向于采用 FDMA。

3) 基于 CSMA 媒体访问

此方式以载波传感和补偿机制为基础。由于假设信息量随机分布,而且支持自主 Point-to-Point 数据流,因此基于载波传感多路访问(Carrier Sense Multiple Access,CSMA)的传统方案是不适用的。另外,无线传感器网络的 MAC 协议必须能支持变化且高度相关的周期性信息。任何基于 CSMA 的媒体访问方案都包含两个重要部分:侦听机制和补偿机制。

2. 误差控制

除了媒体访问控制以外,无线传感器网络数据传送的误差控制是数据链路层另一个极其重要的功能。误差控制是十分重要的,尤其表现在移动跟踪和机器监测这样的应用中。一般基于 ARQ 的误差控制主要采用重新传送恢复丢失的数据包/帧。显然,基于 ARQ 的误差控制机制会导致相当多的重新传送花费和管理花费。虽然其他无线网络的数据链路层利用了基于 ARQ 的误差控制方案,但由于无线传感器节点能量与处理资源的不足,无线传感器网络应用中的 ARQ 有效性受到了限制。另外,FEC 方案具有固有的解码复杂性,需要无线传感器节点消耗大量处理资源。因此,具有低复杂度编码与解码方式的简单误差控制码可能是无线传感器网络中误差控制的最佳解决方案。

另外,设计有效的 FEC 方案需要了解通道特征与实现技术。通道比特误差率(Bit Error Rate,BER)是很好的连接可靠性指标。实际中,选择合适的误差修正码能将 BER 降低几个量级,并获得全面增益。编码增益主要表现在获得与编码不相同 BER 所消耗的额外传送能量。

因此,增加输出传送能量或使用合适的 FEC 方案可保证链路可靠性。由于无线传感器节点具有能量约束,增加传送能量是不可行的。在给定无线传感器节点约束的前提下,采用 FEC 仍是最有效的解决方案。虽然 FEC 对于任何给定的传送能量值可显著降低 BER,但设计 FEC 方案时必须考虑编码和解码中消耗的额外处理能量。若额外能量比编码增益多,则整个过程不是能量有效的,系统不应采用编码。而额外处理能量少于传送中节省的能量时,FEC 对无线传感器网络是有意义的。因此,应该在额外处理能量与相关编码增益之间进行平衡,从而获得高效率、能量有效且低复杂度的 FEC 方案进行无线传感器网络误差控制。

5.4　网络层协议

无线传感器节点可能密集地布置在一个区域内进行对象观测,因而节点彼此可能很靠近。此时,多跳通信对具有严格能耗与传输能量等级需求的无线传感器网络是一个很好的选择。多跳通信与远程无线通信相比,能克服信号传播和衰减效应。由于无线传感器节点间的距离较短,无线传感器节点在传送消息时消耗的能量少得多。无线传感器网络的网络层通常根据下列原则进行设计。

(1) 能量有效性是必须考虑的关键问题。

(2) 多数无线传感器网络以数据为中心。

(3) 理想的无线传感器网络采用基于属性的寻址和位置感知方式。

(4) 数据聚集仅在不妨碍无线传感器节点的协作效应时是有效的。

(5) 路由协议易于与其他网络(例如 Internet)相结合。

这些原则可以指导无线传感器网络路由协议的设计。由于网络寿命取决于节点转发消息的能耗,传输层协议必须是能量有效的。

无线传感器网络中,信息或数据可用属性描述。为了与信息或数据紧密结合,需要根据数据中心技术设计路由协议。数据中心路由协议采用基于属性的命名,即根据观察对象的属性进行查询。实际中,用户感兴趣的是无线传感器网络所收集的观察对象数据,而不是个别节点收集的数据。用户采用观察对象的属性查询无线传感器网络。例如,用户会发出这样一个查询:找出温度超过 70℃的区域位置。

数据中心路由协议同样应利用数据聚集的设计原则——解决数据中心路由中的内爆和交叠问题。如图 5-4 所示,Sink 节点查询无线传感器网络来观测对象的周围环境。收集信息的无线传感器网络可理解为一个颠倒的多点传送树,对象区域内的节点向 Sink 节点发送收集到的数据。图 5-4 中的无线传感器节点 E 聚集无线传感器节点 A 和 B 的数据,而无线传感器节点 F 聚集无线传感器节点 C 和 D 的数据。

数据聚集可理解为一套自动化方法,将来自很多无线传感器节点的数据结合为一组有意义的信息。从这个角度而言,数据聚集是一种数据融合。聚集数据时同样需要注意,数据的细节(例如,发出报告节点所在的位置)不能遗漏,某些应用可能需要这样的细节。

网络层设计原则之一是易于与其他网络相结合,例如,卫星网络和 Internet。如图 5-5 所示,Sink 节点作为其他网络的网关,是通信中枢。用户可根据查询目的或应用类型通过 Internet 或卫星网络查询无线传感器网络。

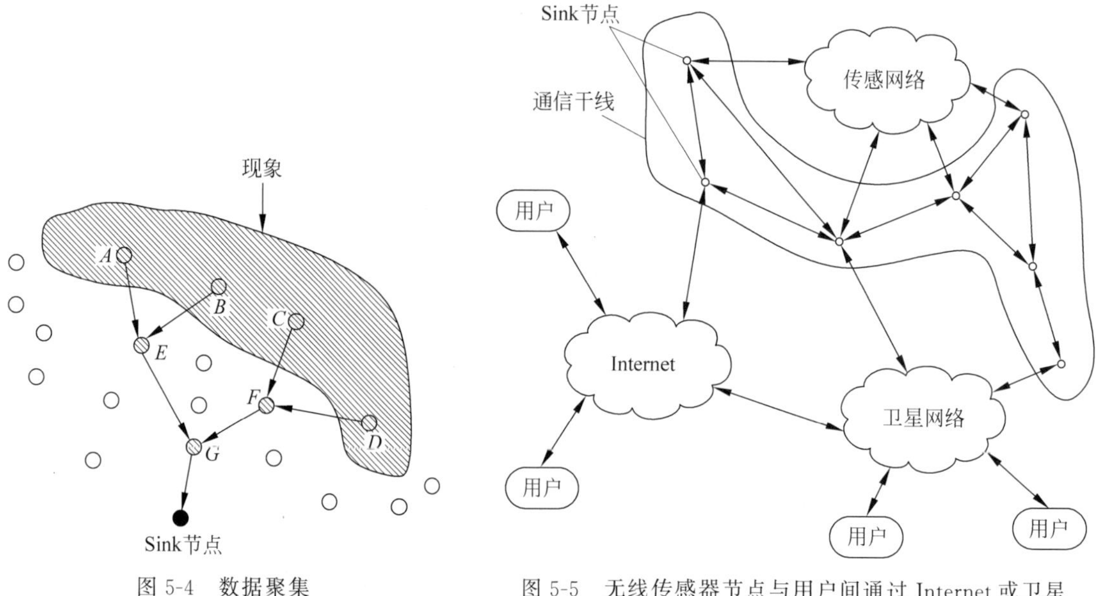

图 5-4　数据聚集

图 5-5　无线传感器节点与用户间通过 Internet 或卫星网络构成的网络

网络技术领域的发展水平见表 5-4,表中列举的方案采用了上述一些设计原则。SMECN 生成了无线传感器网络能量有效的分布图,目的是在保持网络节点连通性的条件下使能耗最小化。另外,定向扩散协议是一种数据中心的分发协议,采用基于属性的命名方案进行数据的查询和收集。

表 5-4　网络层方案回顾

网络层方案	描　述
SMECN	生成一个无线传感器网络分布图,包括最低能量路径
LEACH	建立簇,使能量消耗最小化
SAR	生成复式树,其根部是距离 Sink 节点一跳的邻近点;根据能量和附加 QoS 指标为向 Sink 节点发送的数据选择路径
泛洪法	向所有邻近节点广播数据,而不管节点以前是否收到过此数据
闲聊法	向一个随机选择的邻近节点发送数据
SPIN	仅向感兴趣的无线传感器节点发送数据;有三类消息,即 ADV、REQ 和 DATA
定向扩散	在"兴趣"分发中建立从源节点到 Sink 节点的数据梯度

因为不同应用可能需要不同类型的网络层协议,需要更先进的数据中心路由协议,因而推动了新型传输层协议的发展。

5.5　传输层协议

无线传感器网络模式的协作性质具有超越传统传感方式的优势,包括更高的精度,更大的覆盖范围,以及能够提取局部特征。然而,这些潜在优势的实现依赖于无线传感器网络实体

(即无线传感器节点与 Sink 节点)间有效、可靠的通信。因此,一种可靠的传输机制是必需的。

一般而言,传输层的主要目标是:①采用多路技术和分离技术作为应用层和网络层的桥梁;②根据应用层的特定可靠度需求在源节点和汇聚节点间提供带有误差控制机制的数据传递服务;③通过流动和拥塞机制调节注入网络的信息量。然而,为了在无线传感器网络中实现这些目标,需要对传输层的功能做重大修改。无线传感器节点的能量、处理能力和硬件的限制为设计传输层协议带来了更多的约束。例如,广泛采用的传输控制协议(Transfer Control Protocol,TCP)的常规 End-to-End、基于转发的误差控制机制和基于窗口、渐加、倍减拥塞控制机制在无线传感器网络领域可能是不可行的,会导致稀缺资源的浪费。

另外,无线传感器网络与其他常规网络模式不同,需要根据特定传感应用目标进行布置(例如事件探测、事件辨别、位置传感以及执行器的局部控制),应用范围十分广泛(例如军事、环境、卫生、空间探索以及灾难救助)。无线传感器网络这些特定目标也影响了传输层协议的设计需要。例如,根据不同应用布置的无线传感器网络可能需要不同的可靠度等级和常规控制方式。传输层协议的设计原理主要由无线传感器节点的约束和特定应用决定。

由于无线传感器网络是面向应用的,而且具有协作性质,主数据流在路径中前向传输,源节点将数据传送给 Sink 节点,而 Sink 节点在相反的路径上向源节点传输生成的数据,例如,编程/重新分派二进制数、查询和命令。因此,采用不同方式解决前向和返回路径上的传输需要。

▶ 5.5.1 Event-to-Sink 传输

由于无线传感器网络中存在大量的数据流,End-to-End 可靠度可能不是必需的,然而在跟踪感知区域中的事件时,Sink 节点需要获得一定的精度。因此,与传统通信网络不同,无线传感器网络传输层的 Event-to-Sink 可靠度是必要的,包括事件特征到 Sink 节点的可靠通信,而不是针对区域内各节点生成的单个传感报告/数据包进行基于数据包的可靠传递。图 5-6 说明了以收集事件到 Sink 节点数据流的识别符为基础的 Event-to-Sink 可靠传输概念。

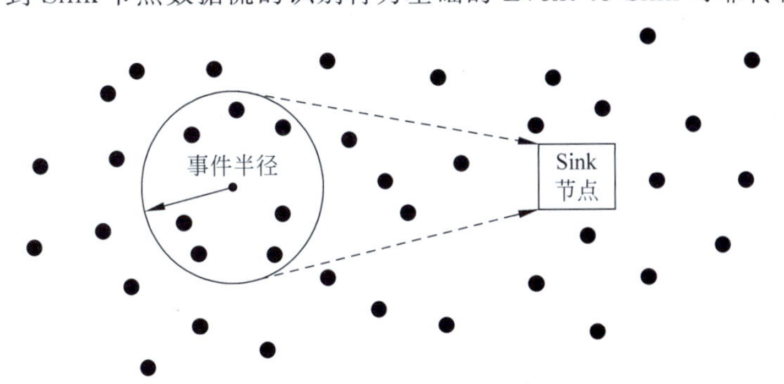

图 5-6 用事件和汇聚节点表示的典型无线传感器网络拓扑

注:汇聚节点感兴趣的是事件半径范围内无线传感器节点的集体信息而不是其个别数据。

为了在 Sink 节点提供可靠事件探测,传输层还需要解决前向路径上可能的拥塞。一旦事件被观察对象覆盖区域(即事件半径范围)内一定数量的无线传感器节点感知,这些节点将生成大量的数据,这很容易造成前向路径上的拥塞。过度的网络能力对 Sink 节点的有效输出是有害的,需要在传输层进行拥塞控制来确保在 Sink 节点处可靠的事件探测。尽管网络拥塞时数据包丢失(由相关数据流造成)的情况可以体现 Event-to-Sink 的可靠度,但在保证 Sink 节点所需精度等级的同时,合理的拥塞控制机制有助于节省能量。

另外，虽然传输层解决方案适用于常规无线网络，但无法用于无线传感器网络事件到中心节点的可靠传输。这些解决方案主要以按照 End-to-End TCP 语义的可靠数据传输为目标，用于解决无线链路误差和移动性造成的问题。End-to-End 可靠的概念基于确认和 End-to-End 重新传送，因而是不实用的。根据无线传感器节点生成数据流的固有相关性，End-to-End 可靠度机制是多余的，而且消耗了相当多的能量。

与常规 End-to-End 可靠度传输层协议不同，事件到中心节点可靠传输（Event-to-Sink Reliable Transport，ESRT）协议以 Event-to-Sink 可靠度概念为基础，提供了不需要任何中介存储的可靠事件探测。ESRT 是一种新的数据解决方案，其目的是在无线传感器网络中用最少的能量花费完成可靠事件探测，其中包括拥塞控制部分，可实现可靠和节能的双重目标。同时，ESRT 不需要各个传感器的标识符，仅需要事件 ID。十分重要的一点是，ESRT 算法主要在 Sink 节点上运行，使资源有限的无线传感器节点需要完成的工作量最小化。

▶ 5.5.2 Sink-to-Sensors 传输

虽然数据流在前向路径上携带了感知/探测到的相关事件特征，在返回路径上主要包含 Sink 节点为实现可操作性或特定应用而发送的数据，可能包括操作系统二进制码，编程/重新分派设置文件，以及特定应用队列与命令。这类数据的分发几乎需要 100％的可靠传递。因此，上述 Event-to-Sink 可靠度方式不足以满足数据流在返回路径上更高可靠度的需要。

可操作二进制码和特定应用查询与命令的 Sink-to-Sensors 传输需要更高的可靠度，这种要求包括一定等级的重新传送和确认机制。为了不消耗稀缺的节点资源，这些机制应慎重地结合到传输层协议中。局部重新传送和否认方式将比 End-to-End 重新传送和确认更可取，可用来保持最小能量花费。

另外，返回路径上的 Sink-to-Sensors 数据传输主要由 Sink 节点发起，因此具有足够能量和通信资源的 Sink 节点可使用大功率天线广播数据。这有助于减少多跳无线传感器网络基础设施传送的数据量，从而节省节点能量。因此，数据流在返回路径相比前向路径会经历较少拥塞，这完全取决于多跳通信的特性。这要求无线传感器网络中返回路径上比前向路径采用较少的拥塞控制机制。

总之，能解决无线传感器网络模式特有问题的传输层机制对实现无线传感器节点协作测量是必要的。正如前面两节所讨论的，Event-to-Sink 和 Sink-to-Sensors 的可靠传输存在合理的解决方案，但需要在实际无线传感器网络布置场景下全面评价这些解决方案，寻找其缺点。因此，可能需要对方案进行必要的修改，从而为无线传感器网络提供一个完善的传输层解决方案。

5.6 应用层协议

无线传感器节点可用于连续传感、事件探测、事件辨别、位置传感和执行器局部控制。节点微传感和无线连接的思想为很多新的应用领域提供了支持，例如，军事、环境、卫生、家用、商业、空间探索、化工处理以及灾难救助等。虽然已经定义了无线传感器网络的很多应用领域，但无线传感器网络的应用层协议仍然有相当大的部分尚未开发。

▶ 5.6.1 传感器管理协议

无线传感器网络有很多不同的应用领域，当前一些项目需要通过网络（例如 Internet）进行访问，应用层管理协议使无线传感器网络管理应用更方便地使用较低层的软硬件。系统管理通过采用传感器管理协议(Sensor Management Protocol,SMP)与无线传感器网络进行交互。无线传感器网络与其他很多网络不同，节点没有全局ID，而且一般缺少基础设施。因此，SMP需要采用基于属性的命名和基于位置的选址对节点进行访问。SMP是提供软件操作的管理协议，这些软件操作是以下管理任务所必需的：①将与数据聚集、基于属性的命名和聚类相关的规则引入无线传感器节点；②交换与位置搜寻相关的数据；③无线传感器节点的时钟同步；④移动无线传感器节点；⑤打开和关闭无线传感器节点；⑥查询无线传感器网络设置和节点状态，重新设置无线传感器网络；⑦认证、密码分配与数据通信安全。

▶ 5.6.2 任务分派与数据广播协议

无线传感器网络的另一个重要操作是"兴趣"分发。用户向无线传感器节点、节点的子集或整个网络发送其"兴趣"内容。此"兴趣"内容可与观察对象的某种属性相关，或者与一个触发事件相关。另一种方式是对可用数据进行广播。无线传感器节点将可用数据广播给用户，而用户查询其感兴趣的数据。应用层协议为用户软件提供了"兴趣"分发的有效接口，对较低层操作(例如路由)十分有用。

▶ 5.6.3 传感器查询与数据分发协议

传感器查询和数据分发协议(Sensor Query and Data Dissemination Protocol,SQDDP)为用户应用提供了问题查询、查询响应和搜集答复的接口。这些查询一般不向特定节点发送，而是采用了基于属性或位置的命名。例如，"感知温度超过70℃的节点位置"是一个基于属性的查询，而区域A内节点的"感知温度"是基于位置命名的查询。

传感器查询和任务语言(Sensor Query and Tasking Language,SQTL)提供了更多服务种类。SQTL支持三种事件，这些事件用关键词receive、every和expire定义。关键词receive规定了收到一个消息时由无线传感器节点生成的事件；关键词every规定了采用计时器定时而周期性产生的事件；关键词expire规定了计时器超时引发的事件。若无线传感器节点收到预期消息，而且消息包含一个脚本，则运行此脚本。虽然已经定义了SQTL，但可为各种应用开发不同类别的SQDDP。每种应用中，SQDDP都有特定的执行方式。

SQDDP提供了问题查询、查询响应和搜集答复的接口。其他类型的协议对无线传感器网络应用也是必要的，例如，定位和时钟同步协议。定位协议使无线传感器节点确定其位置，而时钟同步协议为无线传感器节点提供统一的时间。

5.7 MAC协议

无线传感器网络中的介质访问控制(Medium Access Control,MAC)协议决定无线信道的使用方式，通过在传感器节点之间建立链路来保证节点公平有效地分配有限的无线通信资源。它决定了无线传感器网络的评价指标，如吞吐量、带宽利用率、公平性和延迟性能等，所以MAC协议是无线传感器网络中十分重要的协议。

▶ 5.7.1 MAC协议的分类

针对不同的传感器网络应用，研究人员从不同方面提出了多个MAC协议，一般可以按照下列几种方式进行分类。

1. 信道数

根据使用的信道数,即物理层所使用的信道数,可分为单信道、双信道的 MAC 协议。使用单信道的 MAC 协议,虽然节点的结构简单,但无法解决能量有效性和时延的矛盾;而多信道的 MAC 协议可以解决这个问题,但增加了节点结构的复杂性。

2. 信道分配方式

根据信道的分配方式,可分为基于 TDMA 的时分复用固定式、基于 CSMA 的随机竞争式和混合式三种。基于 TDMA 的固定分配类 MAC 层协议,通过把时分复用和频分复用或码分复用的方式相结合,实现无冲突的强制信道分配,如 C-TDMA 协议;以竞争为基础的 MAC 协议,通过竞争机制,保证节点随机使用信道,并且不受其他节点的干扰,如 S-MAC;混合式是把基于 TDMA 的固定分配方式和基于 CSMA 的竞争方式相结合,以适应网络拓扑、节点业务流量的变化等,如 Z-MAC。

3. 节点的工作方式

根据接收节点的工作方式,可分为侦听、唤醒和调度三种。在发送节点有数据需要传递时,接收节点的不同工作方式直接影响数据传递的能效性和接入信道的时延等性能。接收节点的持续侦听,在低业务的 WSN 中,造成节点能量的严重浪费。通常采用周期性的侦听睡眠机制以减少能量消耗,但引入了时延。为了进一步减少空闲侦听的开销,发送节点可以采用低能耗的辅助唤醒信道发送唤醒信号,以唤醒一跳的邻居节点,如 STEM 协议。在基于调度的 MAC 协议中,接收节点接入信道的时机是确定的,知道何时应该打开其无线通信模块,避免了能量的浪费。

4. 控制方式

根据控制方式可分为分布式执行的协议和集中控制的协议,这类协议与网络的规模直接相关,在大规模网络中通常采用分布式执行的协议。

相对来说,MAC 协议较为主流的分类方法是按照信道分配方式来划分的,这也是最符合无线通信最本质的一种分类方法。

(1) 采用无线信道的随机竞争方式,节点在需要发送数据时随机使用无线信道,重点考虑尽量减少节点间的干扰。

(2) 采用无线信道的时分复用方式,给每个传感器节点分配固定的无线信道使用时段,从而避免节点之间的相互干扰。

(3) 其他 MAC 协议,如通过采用频分复用或者码分复用等方式,实现节点间无冲突的无线信道分配。

▶ 5.7.2 IEEE 802.11 协议

IEEE 802.11 协议在 MAC 层方面的技术已经非常成熟,并且在市场运用过程中不断完善,其中相当多的内容对设计无线传感器网络的 MAC 协议具有很好的借鉴作用,而现有的很多无线传感器网络的 MAC 层协议确实是在 IEEE 802.11 协议的基础上修改得到的。

IEEE 802.11 协议簇的 MAC 层协议支持多个用户来共享同一媒体资源,具体做法是由数据发送者在发送数据前先进行网络的可用性检查。IEEE 802.11 不再采用传统的 CSMA 技术,而是采用了带冲突检测的载波监听(CSMA/CA)技术。在 IEEE 802.11 协议中,DCF 机制是节点共享无线信道,进行数据传输的基本接入方式,它把 CSMA/CA 技术和确认

(ACK)技术结合起来,它可以作为基于竞争MAC协议的代表。

1. IEEE 802.11网络拓扑结构

IEEE 802.11是无线局域网领域内的国际上第一个被认可的协议。无线局域网作为一种高速无线数据接入的手段,是有线以太网的重要延伸,利用它用户可以获得同Ethernet同样性能的网络服务。但它又不同于传统的以太网,因为无线环境下的信道与有线环境相比更加复杂。802.11定义了两种类型的设备,一种是无线站,通常是通过一台PC加上一块无线网络接口卡构成的,另一个称为无线接入点(Access Point,AP),它的作用是提供无线和有线网络之间的桥接。在基础结构网络形式中,无线网络至少有一个和有线网络连接的无线接入点,还包括一系列无线的终端站。这样的配置称为一个基本服务集合(Basic Service Set,BSS),它是IEEE 802.11网络基本的单位。而一个扩展服务集合(Extended Service Set,ESS)是由两个或者多个BSS构成的一个单一的子网。

1) Ad Hoc网络形式

Ad Hoc网络形式也叫点对点(Pear to Pear,P2P)网络形式或独立基本服务集合(Independent Basic Service Set,IBSS)。Ad Hoc网络是一种没有固定的、有线的基础设施构成的移动网络,网络中的节点均由移动主机构成。Ad Hoc网络最初应用于军事领域,它的研究起源于DARPA资助的战场环境下分组无线网数据通信项目,其后在1983年和1994年进行了抗毁可适应网络和全球移动信息系统项目的研究。由于无线通信的需求不断扩大,Ad Hoc网络在民用环境下也得到了发展,例如,需要在没有有线基础设施的地区进行临时通信时,可以迅速便捷地通过搭建Ad Hoc网络来实现。

Ad Hoc网络的具体含义就是由若干带有无线收发装置的移动终端组成的一个多跳的临时自治网络系统,如图5-7所示。移动终端(节点)既是主机也是路由器,具有路由功能,可以通过无线连接形成多种网络拓扑。同时,一个移动终端与另一个移动终端或多个移动终端进行直接通信而不需要访问有线网络中的资源,是最简单的无线局域网络结构。

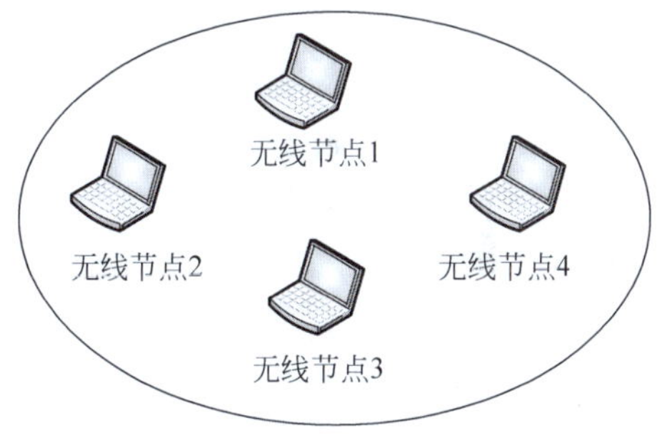

图5-7　Ad Hoc网络

组成Ad Hoc网络的节点通常是具有移动性的,它们可能是以任意的移动速度和模式运动,也可能随时开机或者关机,也可能使用不同的发射功率进行通信。同时,随着节点运动到的地理位置的不同,无线信道受到的干扰和信号衰减也会改变。这些因素都可能成为Ad Hoc网络拓扑发生改变的原因,对Ad Hoc网络拓扑形成影响。

采用这种拓扑结构的网络一般使用公用广播信道,各站点都可竞争公用信道,而信道接入控制(MAC)协议大多采用CSMA(载波监测多址接入)类型的多址接入协议,这种结构的优点是网络抗毁性好、建网容易且费用较低。但当网中用户数(站点数)过多时,信道竞争成为网络性能的要害。并且为了满足任意两个站点可直接通信,网络中站点布局受环境限制较大,因此这种拓扑结构适用于用户数相对较少的工作群网络规模。

2) 基础结构网络形式

基础结构网络形式又称为有中心的网络,它要求一个无线接入点(AP)充当中心站点,负责移动终端的管理以及协调无线与有线网络之间的通信,如图5-8所示。AP应该自动在数据

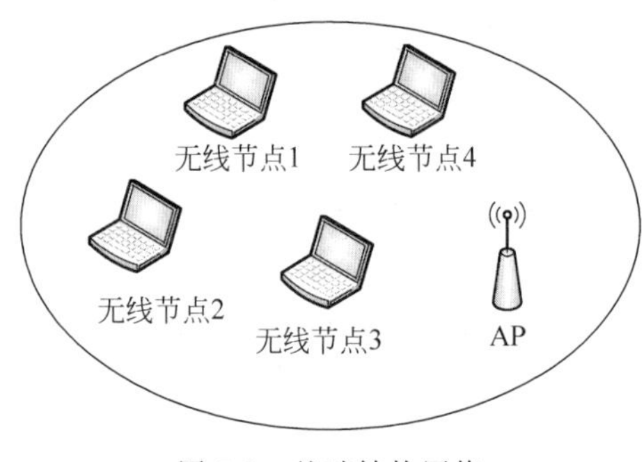

图 5-8　基础结构网络

链路层对有线和无线局域网的帧进行重新格式化并进行新的差错检验计算，无须管理人员装入参数以及路径表，然后送至物理层，并通过物理介质转发到另一个局域网。另外，当网络中增加或删除节点时，AP 可以自适应地调整其内部逻辑结构。

基础结构网络虽然也会使用非集中式 MAC 协议，如基于竞争的 802.11 协议可以用于基础结构的拓扑结构中，但大多数基础结构网络都使用集中式 MAC 协议，如轮询机制。由于大多数协议过程都由接入点执行，移动节点只需要执行一小部分功能，所以其复杂性大大降低。

另外，这种网络的优点还在于当网络业务量增大时，网络的吞吐性能和网络延时并不明显；而由于每个站点只要在中心站点的覆盖区域内就可与其他节点相互通信，因此受环境的限制也较小。并且由于中心站点能为无线网络接入有线主干网提供一个逻辑节点并充当协议的转换器和数据包的交换，因此使得组建基于无线和有线相结合的多区无线局域网变得非常容易，特别是在当今有线网络普遍存在的情况下，对充分利用现有的有线网络资源，同时满足各类移动站点间无线通信的发展需求来说，这种网络结构显得尤为重要。

3）扩展服务集结构形式

为了增大无线局域网的覆盖范围和用户数量，提供终端用户在不同区域的无缝切换，通过在有线网络中接入一个无线接入点(AP)，将无线网络连接至有线网络主干，IEEE 802.11b 把这种网络称为扩展服务集(Extended Service Set，ESS)网络。扩展服务集通过扩展服务集识别号(ESSID)来区分，AP 通过基本服务集识别号(BSSID)来区分。多个 AP 工作在不同的无线信道，通过有线分布式系统互连。终端可以在 ESS 所覆盖的范围内自由移动，并随着移动从 ESS 内的一个 AP 切换到另一个 AP，如图 5-9 所示。其中，AP 通常能够覆盖几十到几百用户，覆盖半径达上百米，主要用于无线工作站和有线网络之间接收、缓存和转发数据，实现了无线与有线的无缝集成，既允许无线工作站访问网络资源，同时又为有线网络增加可用资源。图 5-9 扩展服务集网络扩展服务集结构形式适用于将大量的移动用户连接至有线网络，从而以低廉的价格实现网络的迅速扩展，或为移动用户提供更灵活的接入方式。在目前实际的应用中，大部分无线局域网都是基于这种结构的。

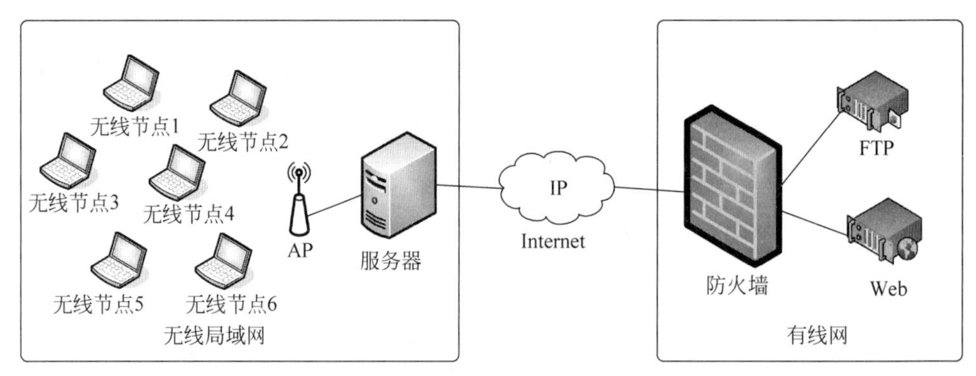

图 5-9　扩展服务集网络

2. IEEE 802.11 协议 MAC 层的工作模式

载波监听多点接入 CSMA(Carrier Sense Multiple Access)是从 ALOHA 演变出的一种

改进协议，又称为载波侦听多点访问协议。当信道中有帧存在时，称信道是忙碌的，否则称为空闲的。每站发送前先检测信道状态，是否发送数据根据信道状态来决定。例如，当信道忙碌时，不急于发送而是先退避一段时间再发送，这样可以减少发送的盲目性，CSMA 协议就是根据上述思想实现的。

CSMA 协议中每一终端在发送帧之前测试信道状态，如果信道空闲即没有检测到载波，那么就允许用户按照在网络中所有节点公用的特定算法来发送帧，这些特定的算法包括以下内容。

(1) 1-坚持 CSMA：终端持续监听信道并等待发送，直到它发现信道空闲。信道一旦空闲，终端就以概率 1 来发送它的信息。

(2) 非坚持 CSMA：在这种 CSMA 类型中，用户如果发现信道忙，就等待一随机时间后再次监听信道，而不持续监听信道，这在无线局域网中是很常见的。

(3) P-坚持 CSMA：P-坚持 CSMA 应用于分时隙的信道。当信道被终端发现是空闲时，该终端就以概率 P 在该时隙发送，而以概率 $1-P$ 把这次发送推迟到下一时隙再做判断。

(4) CSMA/CD(CSMA/Collision Detect)：在具有碰撞检测(CD)的 CSMA 中，如果两个或多个终端同时开始发送，那么就会检测到冲突并且立即停止发送，这种情况要求用户支持同时进行发射和接收操作。

(5) CSMA/CA(CSMA/Collision Avoidance)：在 CSMA 的基础上再增设某种机制，可以使碰撞发生的概率进一步减小，从而提高吞吐性能与延迟性能，这样的协议可称作 CSMA/CA。

IEEE 802.11 协议簇标准采用 CSMA/CA 机制，该机制可以利用握手的方式来解决隐蔽终端的问题，同时也利用 ACK 信号来避免冲突的发生。也就是说，只有当客户端收到网络上返回的 ACK 信号后才能确认送出的数据已经正确到达目的地。

IEEE 802.11 协议簇所传输的业务包括异步的数据业务，以及对传输时延有着严格要求的各种实时业务，例如，语音业务和视频业务。为了适应异步数据业务和实时业务各自不同的特点，802.11 协议簇规定了两种不同的 MAC 层访问机制，一种是分布式协调功能(Distributed Coordination Function，DCF)，用来传输异步数据，同时也是支持 PCF 机制的基础。DCF 机制可以应用于所有的站点，无论其拓扑结构是基本网络配置还是 IBSS；另一种访问机制称为点协调功能(Point Coordination Function，PCF)，是可选的，它只可用于基本网络配置的拓扑结构。PCF 的工作原理主要为轮询机制，即由一个点协调器(Point Coordinator，PC)来控制令牌的循环。两种工作模式的关系如图 5-10 所示。

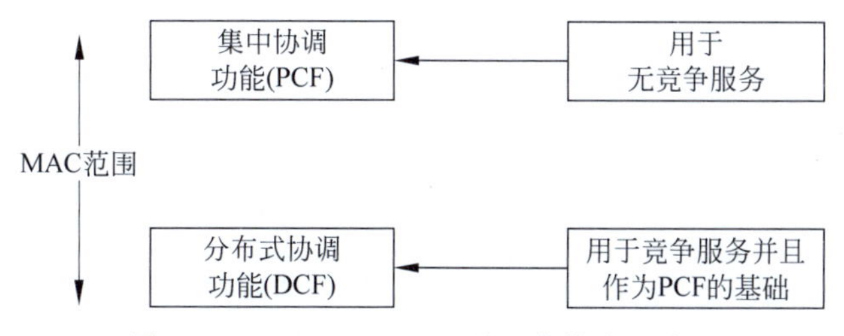

图 5-10　IEEE 802.11 两种工作模式的关系

MAC 层的侦听是通过网络分配矢量(Network Allocation Vector，NAV)机制实现的，每个节点维护一个 NAV。NAV 可理解为一个计数器，其中的计数值是根据各种帧 MAC 头中的 duration 字段设置的，该值表示信道被预留的时间长度。NAV 的值以均匀速率递减，当其值为零时，则虚拟载波侦听指示信道空闲，否则信道忙。载波侦听可以大大减少冲突次数，但当信道由忙转为空闲状态的瞬间，由于多个节点在同时侦听信道，则会因同时发送数据而引起网络阻塞。同时，由于隐蔽终端问题的存在，使得在接收端发生冲突的概率大大上升。为此，无线局域网使用了带冲突避免的载波侦听多路访问来降低冲突概率。即在发送数据之前，发送站首先侦听信道状态。若信道空闲时间达到一个 DCF 帧间间隔（DCF Inter Frame Space，DIFS）时，则进入退避过程，通过退避来避免冲突的发生。

IEEE 802.11 MAC 协议规定了 4 种基本帧间间隔（Inter Frame Spacing，IFS）来区分对介质访问的优先级。一个节点通过载波侦听机制确定介质是空闲状态，并且持续空闲达到特定的间隔时间才能进行发送。这些间隔时间由短到长依次如下。

（1）短帧间间隔（Short Inter Frame Space，SIFS）。

（2）PCF 帧间间隔（PCF Inter Frame Space，PIFS）。

（3）DCF 帧间间隔（DCF Inter Frame Space，DIFS）。

（4）扩展的帧间间隔（Extended Inter Frame Space，EIFS）。

SIFS 是最短的帧间间隔。当一个节点需要占用信道并持续执行帧交换时使用 SIFS，这时如果有其他节点要使用信道，必须等待信道空闲并持续一个更长的时间间隔才能参与竞争，因此使用 SIFS 的节点具有最高的优先级。SIFS 主要用于确认帧 ACK、CTS 以及一个分段序列中第二个分段之后的子帧的发送。

PIFS 只用于 PCF 模式下，节点在无竞争周期 PCF 开始时抢占信道。

DIFS 是由在 DCF 模式下发送数据帧或管理帧的节点使用的帧间间隔，一个节点要进行发送，必须侦听信道，如果信道保持空闲状态达到 DIFS 时间，那么该节点进入退避过程，产生一个随机整数给退避计数器，并在每个时隙中递减 1，当退避计数器递减到 0 时方可发送。

EIFS 用在 DCF 模式下，当物理层通知 MAC 层，由于所发送帧的帧检验序列（FCS）值不正确而不能被正确接收时，开始进入 EIFS 时间，以保证有足够的时间让接收节点确认所收到的不正确的帧。

3. 分布式协调功能

DCF 是 IEEE 802.11 MAC 层基本访问控制机制，提供异步数据服务，其基本访问模式如图 5-11 所示。DCF 是基于 CSMA/CA 的，它包括两种介质访问机制：基本访问机制（Basic Access Mechanism，BAM）和 RTS/CTS 机制，同时由于采用了退避规程，DCF 实现了信道的良好利用率和数据可靠的传输。

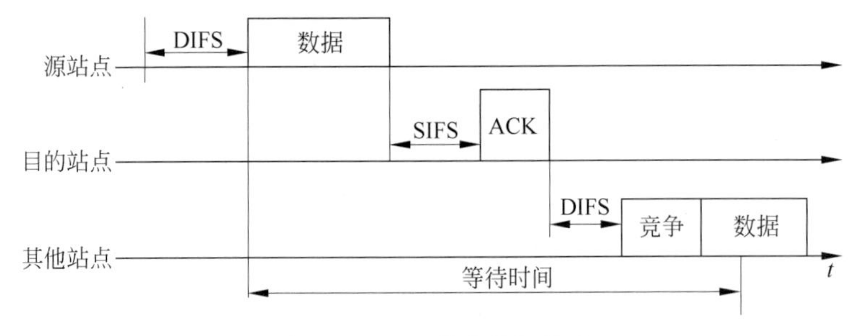

图 5-11　DCF 基本访问模式

1）基本访问

基本访问被视为 STA（站点）用于决定是否可以发送的核心机制。通常，一个 STA 在满足下列条件之一时，就可以发送一个 MPDU（MAC Protocol Data Unit）。

（1）该 STA 在没有 PC 的情况下，按照 DCF 访问方式工作。

（2）该 STA 处在 PCF 访问的竞争期间。

（3）该 STA 确定当媒介的空闲时间大于或等于一个 DIFS。

（4）当 STA 上次收到一个不正确 FCS 帧后，STA 确定媒介空闲时间大于或等于一个 DIFS。

如果在这些条件之外，当 STA 处于无竞争期以外发起一系列帧交换的时候，发现媒介处于忙状态，则 STA 随后将调用随机退避算法。

2）RTS/CTS 访问机制

在无线局域网中，经常会出现隐蔽终端的问题，如图 5-12 所示。*A*、*B*、*C* 分别为三个无线节点，*A* 和 *C* 都在 *B* 的覆盖范围内，因此 *A* 与 *B*、*C* 与 *B* 之间均可互相通信。但同时，*A* 和 *C* 互相不在对方的覆盖范围内，即 *A* 与 *C* 不可直接通信。当 *A* 同时监测到信道空闲时，会同时发送数据，从而在 *B* 处引起冲突，这就是隐蔽终端问题。

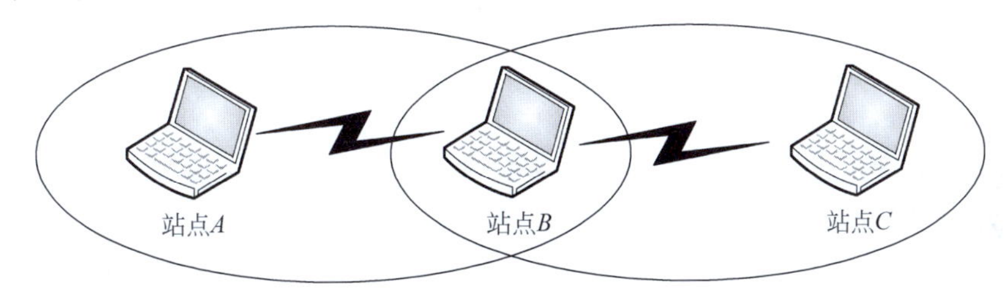

图 5-12 隐蔽终端问题

为了解决这种隐蔽终端问题，DCF 可利用 RTS 和 CTS 两个控制帧来进行信道预约。这种机制是可选的，但是每个 IEEE 802.11 协议网络中的节点都必须支持此功能，以保证有相应的 RTS/CTS 控制帧。

在等待一个 DIFS 及退避计数器指向零时，发送站首先发送一个 RTS 帧，RTS 帧的优先级与其他数据帧相同。RTS 帧中包含数据帧的接收站地址和整个数据传输的持续时间。在这里，持续时间指的是传输整个数据帧和其应答帧的所有时间。收到这个 RTS 帧的所有节点都根据其持续时间域(Duration Field)来更新自己的 NAV。接收站在收到 RTS 帧之后，等待一个 SIFS，再用一个 CTS 帧进行应答。CTS 帧内也包含持续时间域。所有接收到 CTS 帧的节点必须再次更新各自的 NAV。收到 RTS 和 CTS 的节点集合不一定完全重叠，那么在所有发送站和接收站覆盖范围内的节点都会收到通知，在发送信息之前必须等待一段时间，即信道在这段时间内被唯一地分配给了抢占到信道的发送站及其接收站。

在发送站和接收站进行了 RTS/CTS 握手之后，经过一个 SIFS，发送站开始传输数据帧。接收站在收到数据帧之后等待一个 SIFS，用 ACK 帧进行应答。此时传输过程已经完成，发送站及接收站覆盖范围内的节点中的 NAV 值指向零，各节点进入下一轮信道争用，其工作原理如图 5-13 所示。

802.11 MAC 协议中通过立即主动确认机制和预留机制来提高性能，在主动确认机制中，当目标节点收到一个发给它的有效数据帧(DATA)时，必须向源节点发送一个应答帧(ACK)，确认数据已被正确接收到。

3）退避算法

对于要发送帧的 STA 而言，当该 STA 通过物理或虚拟载波机制发现媒质忙时，或 STA 被指出发送没有成功时，STA 将调用退避算法。在退避算法开始时，STA 将计算一个退避时间来设置退避定时器。直到 STA 确定媒介空闲时间为 DIFS 或在未正确接收的情况下为

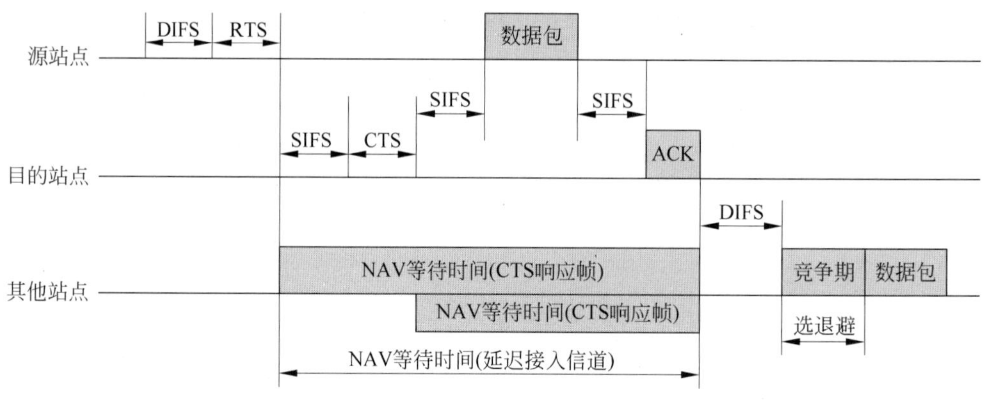

图 5-13　RTS/CTS 访问机制

EIFS 后，如果媒介还是空闲的，那么每当空闲时间达到一个时隙时间长度时，退避定时器值将减去一个 SlotTime 值。如果在退避期间媒介状态为忙，那么退避算法将被挂起，退避定时器也停止计算。直到下次媒介空闲时间达到 DIFS 或 EIFS，才可重新调用退避算法。当退避算法的计算值为 0 时就可以开始发送数据了。退避算法过程如图 5-14 所示，这是由 5 个站点争用信道进行发送数据的过程。

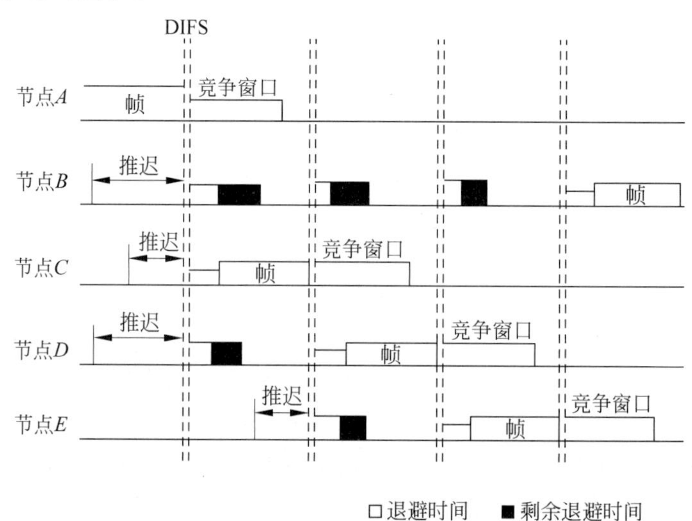

图 5-14　退避算法过程

4. 集中式协调功能

PCF 通过集中协调器(PC)控制下的轮询和应答机制提供无竞争的帧传输。PCF 的传输时间被划分为重复的周期：交替出现的竞争周期(Contention Period，CP)和非竞争周期(Contention-Free Period，CFP)，CP 和随后的 CFP 一起组成超帧。在 CFP 阶段采用 PCF 机制接入信道，在 CP 阶段则采用 DCF 机制进行数据传输。STA 在 CFP 的开始阶段设置 NAV，一旦与一个点协调 BSS 关联，就能收到所有 PCF 控制下的帧，STA 也可选择是否响应 PC 发出的 CF-Poll。无竞争可轮询的 STA 与 PC 在 CFP 并不需要使用 RTS/CTS 控制帧交换。一个可轮询 STA 被 PC 轮询，该 STA 将发出一个 MPDU，其接收方可以任意，而不仅是 PC，而且可以附带对 PC 使用的某种类型的数据帧的确认。如果数据帧没有被确认，那么无竞争可轮询 STA 只有到下次被轮询时才重传该帧。在无竞争期间，若接收站点是不可轮询的，那么该 STA 将采用 DCF 的方式返回 ACK 帧，而且 PC 仍然保持对媒介的控制。PC 可仅对发往 STA 的帧使用无竞争帧传输，但不会轮询不可轮询的 STA。

在 PCF 工作方式下，STA 和 PC 可发送的帧类型有两种：①只能由 PC 发送的帧，Data+CF-Poll、Data+CF-Ack+CF-Poll、CF-Poll 和 CF-Ack+CF-Poll；②可以由 PC 和任意 STA 发送的帧：Data、Data+CF-Ack、空数据帧和 CF-Ack。下面对 PCF 工作方式的主要技术做简要分析。

1）PCF 基本访问

在每个 CFP 的标称开始时，PC 将侦听媒介。如果媒介空闲时间达到一个 PIFS 间隔，PC 将发送一个信标帧，其中包含 DTIM 元素和 GF 参数集元素。传送了起始信标帧以后，PC 应等待至少一个 SIFS 间隔，接着传输 Data 帧、CF-Poll 帧、Data、CF-Poll 帧或 CF-End 帧这几种类型的帧中的一种。若 CFP 是空的，即没有通信量被缓冲，且 PC 无轮询，则信标帧之后就立即发送 CF-End 帧。STA 接收到定向的、无误的帧之后，在一个 SIFS 间隔发出响应。若接收方 STA 不可 CF 轮询，对无误数据帧的响应总是 ACK 帧。

2）无竞争期间的网络分配矢量操作

在无竞争期间，每个 STA（不包括作为 PC 的站点）应该在 CFP 开始的每个信标发送间隔时间（TBTT）之前，将其 NAV 预置为 CFPMaxDuration 值（该值从该 PC 发出的信标帧的 CF 参数集成员中获得）。

3）PCF 站点的帧发送过程

无竞争期间，PC 和 STA 发送帧时应该使用 SIFS 作为帧间间隙，但是 PC 却希望另外一个 STA 发送（一个 SIFS 周期已经结束却未接收到预定的发送的情况除外）。在这种情况下，PC 可以在其前一个帧的发送结束之后的一个 PIFS 就立即发送它的下一个帧。这样使得 PC 在重叠着的 BSS 的情况下保持对媒介的控制。图 5-15 为 PCF 工作模式下 PC 和 STA 间帧传输的例子。

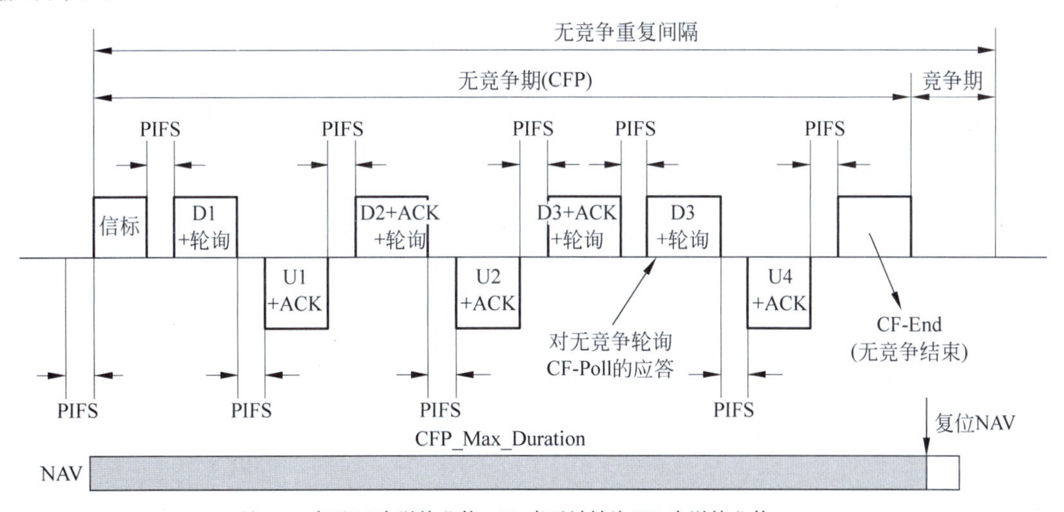

图 5-15 PCF 工作模式下的帧传输

4）无竞争轮询列表

如果 PC 支持将 CFP 用于与普通帧交付一样的带内帧传送，那么 PC 将维护一个轮询列表，用于在 CFP 选择符合接收无竞争轮询帧条件的 STA。如果 PC 使用 CFP 仅为了支持普通的帧发送，就没有必要维护一个轮询列表，也不会产生带轮询信息的数据帧。PC 是否提供竞争服务可通过相关帧的信息容量域设定。

轮询列表是一个隐藏在PC处的逻辑结构，用于强制轮询无竞争可轮询的STA，而不管是否有数据要发送到该STA。如果轮询列表中有一个STA，在每个CFP期间PC就应至少发送一个轮询帧，在每个CFP期间PC应按关联识别码的递增顺序轮询表中的全部或部分STA。一个STA如果希望改变其是否可被轮询的状态，那么该STA应该调用重新关联服务，并将重新关联请求的信息容量域中的CF-Pollable域置为True，请求PC将其放入轮询表中；或False，请求PC不将其放入轮询表中。

5. DCF与PCF机制的局限性

DCF机制支持异步数据传输，在低负载环境下性能较好，由于DCF机制仅支持尽力而为的服务，没有基于数据流的区分和优先级的规定，因此对于如VoIP电话、视频会议等需要特定的带宽、延迟和抖动的实时业务不太适合，但无线网络中的一些关键技术，如RTS/CTS，分段/重组等在一定程度上进行了性能的弥补。

PCF机制通过轮询和应答机制提供无竞争的传输，在某种程度上这种方式类似于令牌网。控制器控制着令牌，使得这一机制适合特定延迟、抖动要求的传输。但PCF中也存在以下一些问题。

(1) 中心轮询的方案是有疑问的，在同一BSS中两个无线站点间所有的通信必须通过AP，这样就浪费了信道带宽，当这种流量增加时，许多信道资源被浪费。

(2) CP与CFP合作模式导致不可预知的信道延迟。

(3) 被轮询无线站点的传输时间是难控制的，因为传输的帧大小不固定，引入了变化的传输时间，并且被轮询站点的物理层速率根据变化的信道状况而改变。

针对IEEE 802.11无线局域网中MAC层机制的局限性，需要引入具有QoS保证的MAC机制，IEEE 802.11e工作组就是为了保障无线局域网的服务质量而设立的。

6. IEEE 802.11的QoS保障

普通的802.11无线局域网标准是没有QoS保障的，为了弥补这一不足，IEEE提出了802.11的增强型标准——802.11e。802.11e增加了对QoS的定义，旨在保证语音和视频等高带宽应用的服务质量。

802.11e引入了EDCF和HCF两种机制，具有IEEE 802.11e QoS功能的STA称为QSTA(QoS-capable STA)，为其他STA提供集中控制的QSTA称为混合协调器(HC)，HC通常由AP担任，此AP也称为QAP。EDCF只在CP阶段使用，HCF在CP和CFP阶段都可以使用，因而是一种混合协调功能。

EDCF在DCF的基础上，针对DCF的竞争窗进行修改，并把竞争窗作为赋予某些传输业务更高优先权的工具，以保证高优先权的业务在大多数情况下可先于低优先权的业务传输数据包。竞争窗的改进是通过流量类别(Traffic Category，TC)的引入得以实现的，一个终端内定义4种接入类型(Access Category)，不同AC的竞争窗长度也不相同。每次退避开始时，终端随机设置计数器，该计数器数值范围为[1，CW+1]，CW的最初值为该TC竞争窗的最小值。发生冲突后，DCF是将CW简单地加倍，而EDCF则根据PF因子修正原来的CW，而且CW的取值不能超过某个上限值。这种计算比DCF下的CW计算规则更加精细，可以更好地降低产生新冲突的可能性。

在CP中，终端内的每个TC独立地竞争一个TxOP(Transmission Opportunity)，并且在检测到信道空闲达到各自的AIFS(Arbitration Inter Frame Space)后，各自开始退避。

可以看出，EDCF虽然在虚冲突中将TxOP赋予优先级最高的业务，但各个终端间发送的数据帧依然可能在无线信道上产生冲突。此外，设想在EDCF控制下的网络的高负载情况，高优先级业务将占据绝大部分带宽，低优先级的数据业务有可能会完全被高优先级的业务堵塞，无法保证非实时业务的公平接入。

为了更好地支持实时业务，IEEE 802.11e工作组制定了可选的基于混合协调器（Hybrid Cordinator，HC）的有中心接入控制机制HCF。HCF扩展了EDCF的接入规则，在CP期间，使用EDCF检测到可用信道或者STA从HC处接收到QoS CF-Poll轮询帧后，则TxOP开始。TxOP定义了STA可以发送数据的时间段，包括开始时间和最大持续时间。QoS CF-Poll轮询帧在检测到信道空闲的一个PIFS时间后不需延时就可以立即发送，因此HC在CP中具有较高的优先权。在CFP期间STA不能竞争接入信道，只能等待HC发送QoS CF-Poll来分配TxOP。CFP阶段在信标帧中声明的时间内结束，或者也可以由HC发送CF-End帧来显式地结束。

IEEE 802.11e标准提供了目前语音和多媒体等应用需要的服务质量和增强的网络性能。随着新应用的开发，毫无疑问将需要进一步地研究和扩展该标准协议。

5.7.3　基于竞争的MAC协议

基于竞争的随机访问MAC协议采用按需使用信道的方式，它的基本思想是当节点需要发送数据时，通过竞争方式使用无线信道，如果发送的数据产生了碰撞，就按照某种策略重发数据，直到数据发送成功或放弃发送。典型的基于竞争的随机访问MAC协议是载波侦听多路访问（Carrier Sense Multiple Access，CSMA）。无线局域网IEEE 802.11 MAC协议的分布式协调（Distributed Coordination Function，DCF）工作模式采用带冲突避免的载波侦听多路访问（CSMA with Collision Avoidance，CSMA/CA）协议，它可以作为基于竞争MAC协议的代表。在IEEE 802.11 MAC协议的基础上，研究者提出了多个用于传感器网络的基于竞争的MAC协议。下面首先介绍IEEE 802.11 MAC协议，然后说明近期提出的基于竞争的传感器网络MAC协议。

1. S-MAC协议

S-MAC（Sensor MAC）协议是在802.11 MAC协议的基础上，针对传感器网络的节省能量需求而提出的传感器网络MAC协议。S-MAC协议假设通常情况下传感器网络的数据传输量少，节点协作完成共同的任务，网络内部能够进行数据的处理和融合以减少数据通信量，网络能够容忍一定程度的通信延迟。它的主要设计目标是提供良好的扩展性，减少节点能量的消耗。

针对碰撞重传、串音、空闲侦听和控制消息等可能造成传感器网络消耗更多能量的主要因素，S-MAC协议采用以下机制：周期性侦听/睡眠的低占空比工作方式，控制节点尽可能处于睡眠状态来降低节点能量的消耗；邻居节点通过协商的一致性睡眠调度机制形成虚拟簇，减少节点的空闲侦听时间；通过流量自适应的侦听机制，减少消息在网络中的传输延迟；采用带内信令来减少重传和避免监听不必要的数据；通过消息分割和突发传递机制来减少控制消息的开销和消息的传递延迟。下面详细描述S-MAC协议采用的主要机制。

1）周期性侦听和睡眠

为了减少能量消耗，节点要尽量处于低功耗的睡眠状态。每个节点独立地调度它的工作状态，周期性地转入睡眠状态，在苏醒后侦听信道状态，判断是否需要发送或接收数据。为了便于相互通信，相邻节点之间应该尽量维持睡眠/侦听调度周期的同步。

每个节点用SYNC消息通告自己的调度信息，同时维护一个调度表，保存所有相邻节点的调度信息。当节点启动工作时，首先侦听一段固定长度的时间，如果在这段侦听时间内收到其他节点的调度信息，则将它的调度周期设置为与邻居节点相同，并在等待一段随机时间后广播它的调度信息。当节点收到多个邻居节点的不同调度信息时，可以选择第一个收到的调度信息，并记录收到的所有调度信息。如果节点在这段侦听时间内没有收到其他节点的调度信息，则产生自己的调度周期并广播。在节点产生和通告自己的调度后，如果收到邻居的不同调度，分为两种情况：如果没有收到过与自己调度相同的其他邻居的通告，则采纳邻居的调度而丢弃自己生成的调度；如果节点已经收到过与自己调度相同的其他邻居的通告，在调度表中记录该调度信息，以便能够与非同步的相邻节点进行通信。

这样，具有相同调度的节点形成一个虚拟簇，边界节点记录两个或多个调度。在部署区域广阔的传感器网络中，能够形成众多不同的虚拟簇，可使得S-MAC具有良好的扩展性。为了适应新加入节点，每个节点都要定期广播自己的调度，使新节点可以与已经存在的相邻节点保持同步。如果一个节点同时收到两种不同的调度，如图5-16中处于两个不同调度区域重合部分的节点，那么这个节点可以选择先收到的调度，并记录另一个调度信息。

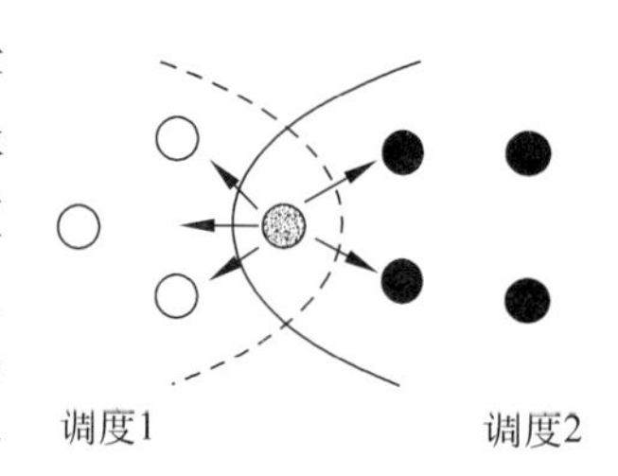

图5-16　协议的虚拟簇

2）流量自适应侦听机制

传感器网络往往采用多跳通信，而节点的周期性睡眠会导致通信延迟的累加。在S-MAC协议中，采用了流量自适应侦听机制，减少通信延迟的累加效应。它的基本思想是在一次通信过程中，通信节点的邻居节点在通信结束后不立即进入睡眠状态，而是保持侦听一段时间。如果节点在这段时间内收到RTS分组，则可以立刻接收数据，无须等到下一次调度侦听周期，从而减少了数据分组的传输延迟。如果在这段时间内没有接到RTS分组，则转入睡眠状态直到下一次调度侦听周期。

3）串音避免

为了减少碰撞和避免串音，S-MAC协议采用与802.11 MAC协议类似的虚拟和物理载波侦听机制，以及RTS/CTS的通告机制。两者的区别在于当邻居节点处于通信过程中时，S-MAC协议的节点进入睡眠状态。

每个节点在传输数据时，都要经历RTS/CTS/DATA/ACK的通信过程（广播包除外）。在传输的每个分组中，都有一个域值表示剩余通信过程需要持续的时间长度。源和目的节点的邻居节点在侦听期间侦听到分组时，记录这个时间长度值，同时进入睡眠状态。通信过程记录的剩余时间会随着时间不断减少。当剩余时间减至零时，若节点仍处于侦听周期，就会被唤醒；否则，节点处于睡眠状态直到下一个调度的侦听周期。每个节点在发送数据时，都要先进行载波侦听。只有虚拟或物理载波侦听表示无线信道空闲时，才可以竞争通信过程。

4）消息传递

因为传感器网络内部数据处理需要完整的消息，所以S-MAC协议利用RTS/CTS机制，一次预约发送整个长消息的时间；又因为传感器网络的无线信道误码率高，S-MAC协议将一个长消息分割成几个短消息在预约的时间内突发传送。为了能让邻居节点及时获取通信过程剩余时间，每个分组都带有剩余时间域。为了可靠传输以及通告邻居节点正在进行的通信过程，目的节点对每个短消息都要发送一个应答消息。如果发送节点没有收到应答消息，则立刻重传该短消息。

相对IEEE 802.11 MAC的消息传递机制，S-MAC协议的不同之处如图5-17所示。图中S-MAC的RTS/CTS控制消息和数据消息携带的时间是整个长消息传输的剩余时间。其他节点只要接收到一个消息，就能够知道整个长消息的剩余时间，然后进入睡眠状态直至长消息发送完成。IEEE 802.11 MAC协议考虑网络的公平性，RTS/CTS只预约下一个发送短消息的时间，其他节点在每个短消息发送完成后都不必醒来进入侦听状态。只要发送方没有收到某个短消息的应答，连接就会断开，其他节点便可以开始竞争信道。

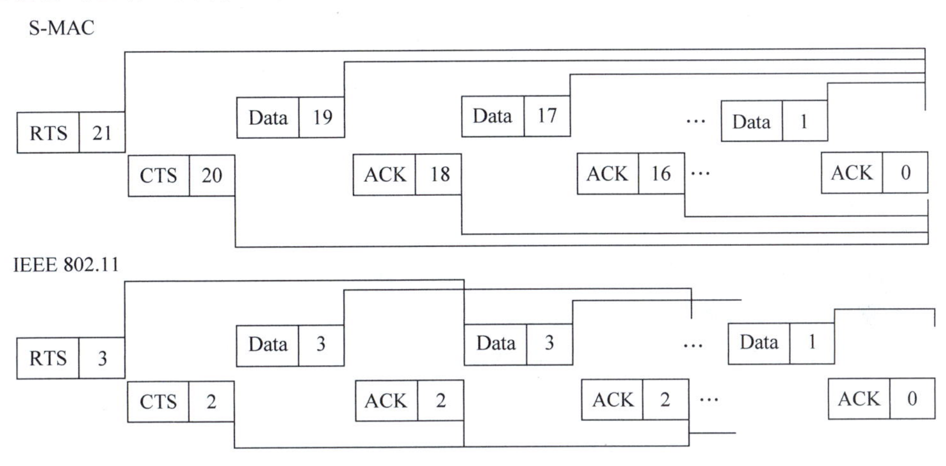

图5-17 S-MAC与IEEE 802.11 MAC协议的突发分组传送

2. T-MAC协议

T-MAC(Timeout MAC)协议是在S-MAC协议的基础上提出的。本书作者认为传感器网络MAC协议最重要的设计目标是减少能量消耗，在空闲侦听、碰撞、协议开销和串音等浪费能量的因素中，空闲侦听的能量消耗占绝对大的比例，特别是在消息传输频率较低的情况下。

1) 基本工作原理

S-MAC协议通过采用周期性侦听/睡眠工作方式来减少空闲侦听。周期长度是固定不变的，节点的侦听活动时间也是固定的。如图5-18(a)所示，向上的箭头表示发送消息，向下的箭头表示接收消息，上面部分的信息流表示节点一直处于侦听方式下的消息收发序列，下面部分的信息流表示采用S-MAC协议时的消息收发序列。S-MAC协议的周期长度受限于延迟要求和缓存大小，活动时间主要依赖于消息速率。这样就存在一个问题：延迟要求和缓存大小通常是固定的，而消息速率通常是变化的。如果要保证可靠及时的消息传输，节点的活动时间必须适应最高通信负载。当负载动态较小时，节点处于空闲侦听的时间相对增加。针对这个问题，T-MAC协议在保持周期长度不变的基础上，根据通信流量动态地调整活动时间，用突发方式发送信息，减少空闲侦听时间。如图5-18(b)所示，T-MAC协议相对S-MAC协议减少了处于活动状态的时间。

在T-MAC协议中，发送数据时仍采用RTS/CTS/DATA/ACK的通信过程，节点周期性唤醒进行侦听，如果在一个给定时间TA(Time Active)内没有发生下面任何一个激活事件(Activation Event)，则活动结束。

- 周期时间定时器溢出。
- 在无线信道上收到数据。

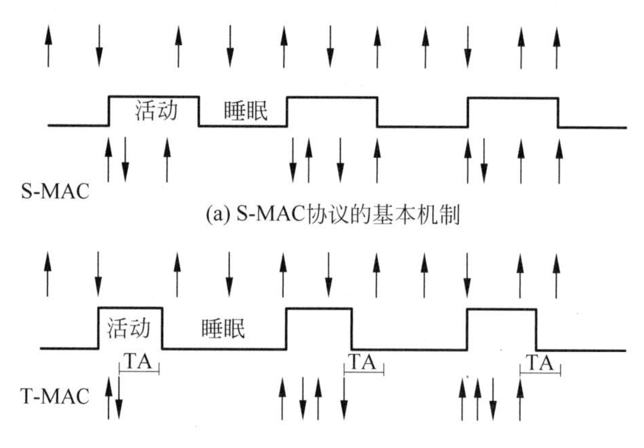

图 5-18　S-MAC 和 T-MAC 的基本机制

- 通过接收信号强度指示(Received Signal Strength Indication,RSSI)感知存在无线通信。
- 通过侦听 RTS/CTS 分组,确认邻居的数据交换已经结束。

在每个活动期间的开始,T-MAC 协议按照突发方式发送所有数据。TA 决定每个周期最小的空闲侦听时间,它的取值对于 T-MAC 协议性能至关重要,其取值约束为

$$\mathrm{TA} > C + R + T \tag{5-1}$$

其中,C 为竞争信道时间;R 为发送 RTS 分组的时间;T 为 RTS 分组结束到发出 CTS 分组开始的时间,如图 5-19 所示。

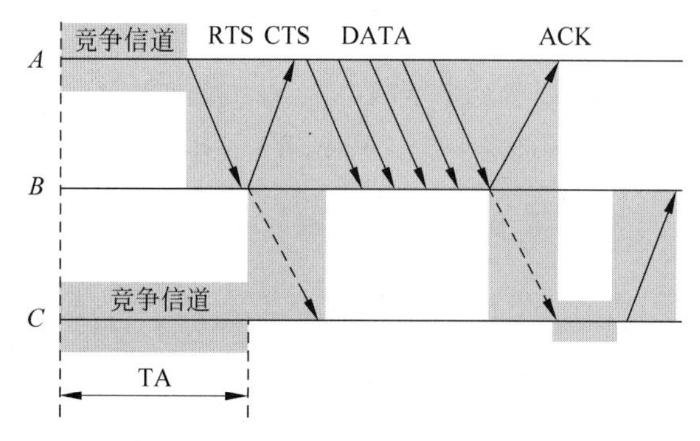

图 5-19　T-MAC 协议的基本数据交换

2) 早睡问题

通常传感器网络存在多个传感器节点向一个或少数几个汇聚节点传输数据的单向通信方式。如图 5-20 所示,假设数据传输方向是 $A \to B \to C \to D$ 。如果节点 A 通过竞争首先获得发送数据到节点 B 的通信机会,节点 A 发送 RTS 消息给节点 B,节点 B 应答 CTS 消息。节点 C 收到节点 B 发出的 CTS 消息而转入睡眠状态,在节点 B 接收完数据后醒来,以便接收节点 B 发送给它的数据。D 可能不知道节点 A 和 B 的通信存在,在节点 $A \to B$ 的通信结束后已经处于睡眠状态,这样,节点 C 只有等到下一个周期才能传输数据到节点 D。这种通信延迟称为早睡问题(Early-Sleep Problem)。

T-MAC 协议提出两种方法解决早睡问题。第一种方法称为未来请求发送(Future Request-To-Send,FRTS)。如图 5-21(a)所示,当节点 C 收到 B 发送给 A 的 CTS 分组后,立刻向下一跳的接收者 D 发出 FRTS 分组。FRTS 分组包含节点 D 接收数据前需要等待的时

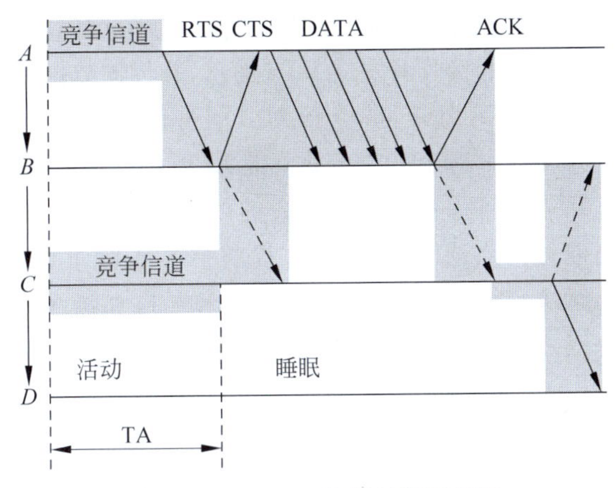

图 5-20　T-MAC 协议的早睡问题

间长度，节点 D 要在睡眠相应时间后醒来接收数据。由于节点 C 发送的 FRTS 分组可能干扰节点 A 发送的数据，所以节点 A 需要推迟发送数据的时间。节点 A 通过在接收到 CTS 分组后发送一个与 FRTS 分组长度相同的 DS(Data Send)分组实现对信道的占用。DS 分组不包含有用信息。节点 A 在 DS 分组之后开始发送正常的数据信息。FRTS 方法可以提高吞吐量，但 DS 分组和 FRTS 分组带来了额外的通信开销。

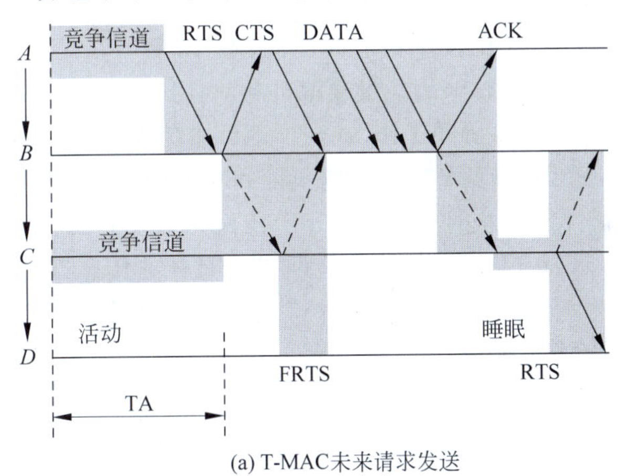

(a) T-MAC未来请求发送

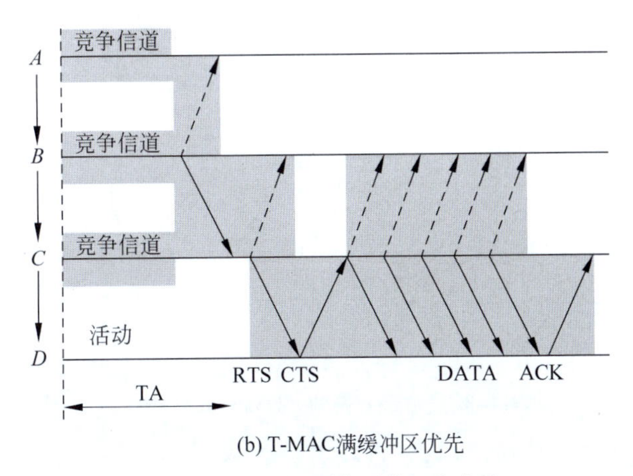

(b) T-MAC满缓冲区优先

图 5-21　早睡问题的两种解决方法

第二种方法称为满缓冲区优先(Full Buffer Priority)。当节点的缓冲区接近占满时,对收到的 RTS 不做应答,而是立即向目标接收者发送 RTS 消息,并传输数据给目标节点,如图 5-21(b)所示。节点 B 向节点 C 发送 RTS 分组,节点 C 对其缓冲区不发送 CTS,而是向节点 D 发送 RTS,将它的数据发送给节点 D。这个方法的优点是减少了早睡问题发生的可能性,并起到一定的网络流量控制作用,带来的问题是增加了冲突的可能性。

T-MAC 协议根据当前的网络通信情况,通过提前结束活动周期来减少空闲侦听,但带来了早睡问题。T-MAC 为解决早睡问题提出了未来请求发送和满缓冲区优先两种方案,但都不是很理想。T-MAC 协议的适用场合还需要进一步调研,对网络动态拓扑结构变化的适应性也需要进一步研究。

▶ 5.7.4 基于时分复用的 MAC 协议

时分复用(Time Division Multiple Access,TDMA)是实现信道分配的简单成熟的机制,蓝牙(Bluetooth)网络采用了基于 TDMA 的 MAC 协议。在传感器网络中采用 TDMA 机制,就是为每个节点分配独立的用于数据发送或接收的时槽,而节点在其他空闲时槽内转入睡眠状态。

TDMA 机制的一些特点非常适合传感器网络节省能量的需求:TDMA 没有竞争机制的碰撞重传问题;数据传输时不需要过多的控制信息;节点在空闲时时槽能够及时进入睡眠状态。TDMA 机制需要节点之间比较严格的时间同步。时间同步是传感器网络的基本要求:多数传感器网络都使用了侦听/睡眠的能量唤醒机制,利用时间同步来实现节点状态的自动转化;节点之间为了完成任务需要协同工作,这同样不可避免地需要时间同步。TDMA 机制在网络扩展性方面存在不足:很难调整时间帧的长度和时槽的分配;对于传感器网络的节点移动、节点失效等动态拓扑结构适应性较差;对于节点发送数据量的变化也不敏感。研究者利用 TDMA 机制的优点,针对 TDMA 机制的不足,结合具体的传感器网络应用,提出了多个基于 TDMA 的传感器网络 MAC 协议。下面介绍其中的几个典型协议。

1. 基于分簇网络的 MAC 协议

对于分簇结构的传感器网络,如图 5-22 所示,基于 TDMA 机制的 MAC 协议所有传感器节点同时划分或自动形成多个簇,每个簇内有一个簇头节点。簇头负责为簇内所有传感器节点分配时槽,收集和处理簇内传感器节点发来的数据,并将数据发送给汇聚节点。

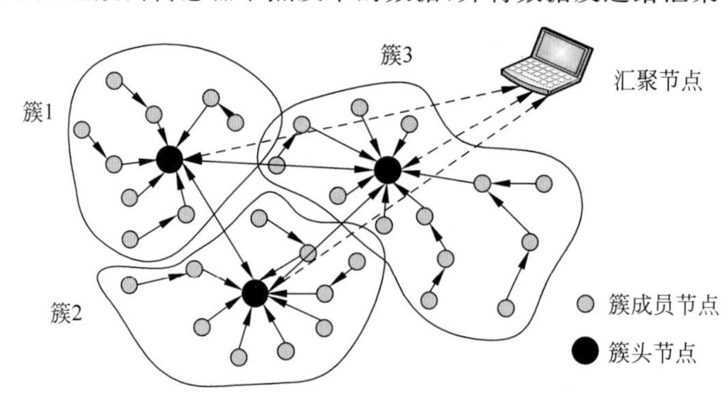

图 5-22　基于分簇的 TDMA MAC 协议

在基于分簇网络的 MAC 协议中,节点状态分为感应(Sensing)、转发(Relaying)、感应并转发(Sensing & Relaying)和非活动(Inactive) 4 种状态。节点在感应状态时,采集数据并向其相邻节点发送；在转发状态时，接收其他节点发送的数据并发送给下一个节点；在感应并转发状态的节点，需要完成上述两项功能；节点没有数据需要接收和发送时，自动进入非活动状态。

为了适应簇内节点的动态变化、及时发现新的节点、使用能量相对高的节点转发数据等，协议将时间帧分为周期性的 4 个阶段。

(1) 数据传输阶段。簇内传感器节点在各自分配的时槽内，发送采集数据给簇头。

(2) 刷新阶段。簇内传感器节点向簇头报告其当前状态。

(3) 刷新引起的重组阶段。紧跟在刷新阶段之后，簇头节点根据簇内节点的当前状态，重新给簇内节点分配时槽。

(4) 事件触发的重组阶段。节点能量小于特定值、网络拓扑发生变化等事件发生时，簇头就要重新分配时槽。通常在多个数据传输阶段后有这样的事件发生。

基于分簇网络的 MAC 协议在刷新和重组阶段重新分配时槽，适应簇内节点拓扑结构的变化及节点状态的变化。簇头节点要求具有比较强的处理和通信能力，能量消耗也比较大，如何合理地选取簇头节点是一个需要深入研究的关键问题。

2. 基于周期性调度的 MAC 协议

针对节点需要周期性发送数据的特定传感器网络应用，提出了基于周期性消息调度的 MAC 协议。该协议采用周期性的消息发送模型，构建节点周期性消息发送调度机制，保证节点之间无冲突地使用无线信道，是一个确定性的基于消息调度的 TDMA 类型的 MAC 协议。

协议假设所有节点之间都是时间同步的，节点发送的消息由多个固定长度的分组组成，每个消息都有生存时间的限制，消息产生后必须在给定时间内发送出去，否则该消息即使发送出去也没有意义。时间被划分为连续的长度相同的时槽，时槽长度是发送一个固定分组需要的时间。在以下叙述中，所有时间参数都以时槽为单位。

周期性消息调度机制采用以下的消息模型。

(1) $M=\{m_i\}$表示所有节点产生消息的集合，m_i 表示消息集合中第 i 个节点产生的周期性消息。

(2) m_i 消息用四元组数据表示：$m_i=(f_i,C_i,D_i,T_i)$。其中，f_i 为节点发送周期开始点的相位或偏移量，C_i 为消息包含分组的个数，D_i 为消息的生存时间，T_i 为节点 i 产生消息的周期。

因此，节点 i 产生第 j 条消息的时刻为$(f_i+j\times T_i)$，它必须在$(f_i+j\times T_i+D_i)$的时间内发送出去。定义消息集 M 的利用率 $U_M=\sum_{i=1}^{|M|}C_i/T_i$，其中，$|M|$表示消息集中的消息个数。

为了生成所有节点之间的无冲突周期性消息的调度，引入了消息周期调和化的思想。一个消息集 M 被称为调和的消息集，当且仅当消息集 M 中每个消息的周期为其他所有更小消息周期的整数倍时，记为 M^h。消息集的调和化过程就是指将一个非调和消息集转换为调和消息集的过程。R. Holte 等的工作已经证明：只有当消息集的利用率 U_M 小于二分之一时，该消息集才能够成为无冲突的集合，进而转换为调和的消息集。

消息集调和化的具体方法是：对于消息集 M 中的消息 m，将其周期 T_i 转换为不大于 T_i 的最大的 2 的幂次，消息 i 调和化后的周期 T_i^h 为

$$T_i^h=2^{\lfloor\log_2 T_i\rfloor}\tag{5-2}$$

MAC 协议对共享无线信道的使用方式，在这里转换为确定每个节点的消息发送调度时

槽。为了分配节点的消息到相应的时槽中而又不产生冲突，文献[7]给出了集中式和分布式两个具体算法。为了简化说明，假设每个消息只包含一个分组。集中式算法如图 5-23 所示，其中，$S[i]$表示第 i 个时槽，f_i 表示节点 i 的消息相位，T_i^h 表示节点 i 的消息周期。集中式算法的主要操作如下。

第 1 步，通过 for 循环将消息集进行调和化，调和后的最大的消息周期记为 $T_{M_h}^{\max}$。

第 2 步，定义初始相位为 0，初始时槽为没有分配。

第 3 步，在 $T_{M_h}^{\max}$ 个时槽内，按照节点顺序依次分配消息到时槽中。对于每个节点的消息，首先确定消息的初始相位。第一个节点的初始相位为 0，其他节点的初始相位为当前空余的第一个时槽；确定节点初始相位后，协议根据节点 i 的产生消息的周期 T_i^h 分配后续时槽。根据算法实现，协议以初始相位为基础，以 T_i^h 为时间间隔给节点 i 分配时槽，就能够无冲突地为所有节点分配满足其自身消息周期的发送时槽。这样，对应 $T_{M_h}^{\max}$ 个时槽的消息都分配完成，且根据时槽调和化的定义，可以保证每个消息能够在各自给定的时间限制内发送出去。以后每 $T_{M_h}^{\max}$ 个时槽的消息分配都与前面 $T_{M_h}^{\max}$ 个时槽相同。

分布式消息调度算法如图 5-24 所示，节点 i 首先调整自己的周期，进行消息集的调和化；为了减少因获取初始相位时槽而引起的竞争概率，节点等待时间以避免不同周期节点之间的冲突，并在等待时间结束后竞争空闲时槽。节点赢得竞争后将按照调和化的周期分配以后发送消息的时槽。由于节点需要等待一个 T_i^h 时间，周期较小的节点将优先获取初始相位，并分配相应的时槽。

```
1: for i=1..|M|
2: T_i^h = 2^⌊log2 T_i⌋
3: f=0
4: S[T_{M_h}^max - 1]=false
5: for i=1..|M^h|
6: f_i^k = f
7: for j=0..T_{M_h}^max / T_i^h
8: S[f_i^k + j × T_i^h]=true
9: while(S[f])
10: f=f+1
```

图 5-23　集中式无冲突周期性消息调度算法

```
1: T_i^h = 2^⌊log2 T_i⌋;
2: wait for T_i^h;
3:     do{
4:     waiting for free slot
5:     Enter contest for free slot
6:     }while(lose contest)
7:     assign phase, f_i current slot//won contest
```

图 5-24　分布式无冲突周期性消息调度算法

集中式消息调度算法需要先有一个节点集中计算，然后将每个消息调度分发给相应的节点，这样节点间的信息收集和调度结果的分发都会消耗一定的通信资源，且分发过程可能引入时间同步问题。如何选取计算的节点是集中算法需要仔细考虑的问题。相对而言，分布式消息调度算法简单，具有较好的可扩展性。

无冲突周期性消息调度机制可以保证任何时间只有一个节点使用无线信道，节点能够独立调度自己的消息，而无须关心其他节点的消息调度。这样，节点的消息调度和任务调度可以结合起来，使得任务调度周期和消息调度周期吻合，减少消息在调度器中的等待和排队时间。这种机制的不足：要求节点之间严格的时间同步；无线信道的利用率低于二分之一；没有考虑接收节点的协作，假设接收节点一直处于活动状态。无冲突周期性消息调度机制适用于层次型传感器网络结构，如分簇结构，簇头负责簇内所有节点的时间同步，也可以集中计算簇内所有节点的消息调度。

5.8 路由协议

▶ 5.8.1 路由协议概述

无线传感器网络节点间以 Ad Hoc 方式进行通信，每个节点都可以充当路由器的角色，并且每个节点都具备动态搜索、定位和恢复连接的能力。路由协议负责将数据分组从源节点通过网络转发到目的节点，主要包括两个方面的功能：一是寻找源节点和目的节点间的优化路径；二是将数据分组沿着优化路径正确地转发。

1. 路由协议考虑因素

设计无线传感器网络的路由要考虑的因素很多，大致分为以下两种类型。

（1）网络特征：无线传感器网络具有与众不同的特征，应用于路由协议设计时，主要应该考虑能量损耗、节点部署和网络拓扑变化。

（2）数据传输特征：无线传感器网络的数据采集和传输要求与其他网络不同，因此路由协议设计时也需要加以区别，主要考虑数据传输方式、无线传输手段以及数据融合技术等。

无线传感器网络路由协议是基于无线链路连接的，因此无线传输手段的影响也需要关注，由于无线传感器网络需要的带宽比较低，为 1～100kb/s，可采用 TDMA 方式，蓝牙及 ZigBee 技术也可以应用到网络中。

无线传感器网络中的数据来源于很多个节点，其中的数据冗余量很大，因此需要引入数据融合技术，而何时何地采用数据融合对于路由协议以及信息的传输也有影响，因此也需要考虑。

由于 WSN 的上述特点，在路由协议设计时一定要对各方面的因素都尽可能考虑透彻，以便获得更好的效果。一般来说，WSN 的路由协议都具备容错性、可扩展性和快速收敛性等特点，具备了这些特点，就可以在网络拓扑发生变化时不受影响或者少受影响，从而保证整个网络的正常运转。

2. 路由的过程

无线传感器网络的路由过程主要分为以下 4 个步骤。

（1）某一个设备发出路由请求命令帧，启动路由发现过程。

（2）对应的接收设备收到该命令后，回复应答命令帧。

（3）对潜在的各条路径开销（跳转次数、延迟时间），进行评估比较。

（4）将评估确定之后的最佳路由记录添加到此路径上各个设备的路由表中。

网络中的各个节点都会保持一个路由表，该表由目的（节点）和下一跳地址所组成，如表 5-5 所示。对于某一个节点来说，当它收到了一个数据分组，该节点将检查该分组的目的地址，并将此地址与路由表中的目的地址相匹配，找出下一跳地址，并将此分组转发给对应的节点。路由器之间会相互通信，通过交换路由信息维护其路由表，路由更新信息通常包含全部或部分路由表，通过分析其他路由器的更新信息，此路由器可以建立网络拓扑细图。

表 5-5 目的/下一跳最佳路径路由表

下一跳地址	目的（节点）	下一跳地址	目的（节点）
27	Node *A*	52	Node *A*
57	Node *B*	16	Node *B*
17	Node *C*	26	Node *A*
24	Node *A*	⋮	⋮

1）初始化路由查找

无论网络层接收到的帧是来自应用层，还是来自 MAC 子层，若帧的目的地址不等于当前设备地址或广播地址，将启动路由查找过程，节点将发布路径请求命令帧，而每个发布路径请求命令帧的设备都保留有一个计数器，该计数器用于产生路径请求标识符(ID)。当建立了一个新的路径请求命令帧时，路径请求计数器被装载，其值存储在路径查找表的路径请求标识符域。同时装载的还有一个路径请求计时器，该计时器限定了查找路径可用的时间。当计时器终止时，设备会删除路径查找表中相关的记录。

2）建立虚拟路径

接收到路径请求命令帧后，设备首先要判定自己还有没有路由容量。接着，它将对接收到的帧进行检查，看其是否沿着有效的路径传输。如果帧由设备的子节点发送后，系统判定路径有效，设备会进一步判定是否设备本身，或其他设备的子节点就是路径请求命令帧的目的地。如果是，设备会对路径查找表进行搜索，查找与路径请求标识符(ID)及源地址一致的记录项。若记录项不存在，路径查找表会为之创建一个新的记录项；否则，设备将比较路径请求命令帧中的路径损耗值与查找表中的向前损耗域值，选择更合适的路径。

如果设备不是路径请求命令帧的目的地，它将搜索路径查找表，查找与路径请求 ID 及源地址域一致的记录。当路径请求计时器终止时，设备将删除查找表中的路径请求记录项，若路由表中相关记录项的状态仍为查找进行中，则该项将被删除。如果查找表中原来就含有与目的地址相对应的记录，则该记录中的前向损耗值会与路径请求命令帧中的路径损耗值进行比较。若路径损耗大于前向损耗，路径请求命令帧会被抛弃；否则，记录中的前向损耗及上一级发送地址将被请求命令帧中的新路径损耗及前一级设备地址所更新代替。注意，此时的新路径损耗应为路径请求命令帧中的路径损耗与前一级链接损耗的总和。

3）确认路径

接收到路径应答帧后，设备将首先检查是否自身就是路径应答命令帧的目的地。如果是，设备将搜索它的路径查找表，查找与应答帧的路径请求 ID 相对应的记录；接着搜索它的路由表，查找与应答帧的回应地址相一致的记录。若路由表与路径查找表中都存在与应答相关的记录，且路由表中相关记录的状态域为查找进行中，则该状态将被重置为激活，且路由表中相关记录的下一跳地址即为传输路径应答帧的前一级设备。而路径查找表中相关记录的后向损耗值即为路径应答帧中的路径损耗。

若接收到应答帧的设备并不是应答帧的目的地，设备将搜索路径查找表，查找与应答帧的源设备地址及路径请求 ID 相一致的记录项。若查找失败，路径应答帧会被抛弃，否则应答帧中的路径损耗值与查找表中相关记录的后向损耗值将被比较。当后向损耗小于路径损耗值时，路径应答帧被抛弃；当后向损耗大于路径损耗时，设备将接着在路由表中查找与应答帧中的回应地址相对应的记录项。若路由查找表中存在相关项，而路由表中不存在，则错误产生，应答帧被抛弃。否则，路由表中相关项的下一跳地址会被传输应答帧的前一级设备地址所更新，而路径查找表中相关项的后向损耗域也会被应答帧中的路径损耗所更新。对相关记录更新完毕后，设备会继续传输路径应答帧。

设备可通过搜索路径查找表中相关项的前一级发送地址域，来获得通往应答目的地的下一跳地址。同时，可用下一跳地址来计算链接损耗，该损耗加入应答帧的路径损耗域并更新该域，应答帧可通过数据请求原语发送到下一地址，原语中的目的地址参数为路由查找表中的下一跳地址。

3. WSN路由协议分类方法

鉴于无线传感器网络的特殊性，针对不同应用环境的各种路由协议，研究者根据一些特定的标准对路由协议加以分类，主要存在以下几种分类方法。

1）按源节点获取路径的方法

（1）主动路由协议：该协议要在数据传输之前先建立好相应的路径，路由发现策略类似于传统的路由协议。网络的每一个节点都要周期性地向其他节点发送最新的路由信息，并且每一个节点都要保存一个或更多的路由表来存储路由信息。当网络拓扑结构发生变化时，节点就在全网内广播路由更新信息，这样每一个节点就能连续不断地获得网络信息。主动路由建立、维护的开销大，资源要求高。

（2）按需路由协议：只有在源节点需要发送数据到目的节点时，源节点才发起创建路由的过程。因此，路由表内容是按需建立的，它可能仅仅是整个拓扑结构信息的一部分。通信过程中维护路由，通信完毕后便不再进行维护。按需路由在传输前需计算路由，因此时延较大。

（3）混合路由协议：混合路由则综合利用主动和按需路由两种方式。一般来说，对于经常使用并且拓扑变化不大的网络部分，可以采用主动路由的方式建立维护相应的路由信息；而对于传输数据较少或拓扑变化较快的网络部分，则采用按需路由的方式建立路由，以取得效用和时延的折中。

2）按节点参与通信的方式

（1）直接通信路由协议：传感器节点直接发送数据给接收节点，在这种网络中，如果网络比较大的话，节点的能量会很快耗光。另外，随着节点数目的增加，网络中的数据冲突将变得更加严重。由于能耗和冲突的原因，这种路由方式在规模稍大的无线传感器网络中难以应用。

（2）平面路由协议：网络中的所有节点地位都是平等的，实现的路由功能也大致相同。当一个节点需要发送数据的时候，可能以其他节点为中转节点进行转发，最后到达接收节点。通常来说，在接收节点附近的节点参与数据中转的概率要比远离接收节点的节点参与的概率高，因此，接收节点附近的节点由于过于频繁地参与数据中转，会较快地耗光能量，这对于能量严重受限的无线传感器网络来说，是一个很大的问题。

（3）层次路由协议：将传感器节点分成不同的簇群，簇群内收集的监控信息都交给簇头节点，簇头节点可以通过数据聚集和融合减少传输信息量，最后簇头节点把处理后的数据传送给终端节点。相比于其他路由协议，层次型路由协议能满足传感器网络的可扩展性，有效地减小传感器节点的能量消耗，从而延长网络生命周期。显然，此类协议中，簇头节点的能量消耗远大于其他节点，因此网络协议可以选择满足条件的节点轮流担当簇头节点来均衡能耗。

3）按路由的发现过程

（1）以位置信息为中心的路由协议：它利用节点的位置信息，把查询或者数据转发给需要的地域，从而缩减数据的传送范围。许多传感器网络的路由协议都假设节点的位置信息为已知，所以可以方便地利用节点的位置信息将节点分为不同的域，基于域进行数据传送能缩减传送范围，减少中间节点能耗，从而延长网络的生命周期。

（2）以数据为中心的路由协议：它提出对传感器网络中的数据用特定的描述方式命名，数据传送基于数据查询并依赖数据命名，所有的数据通信都限制在局部范围内。这种方式的通信不再依赖于特定的节点，而是依赖于网络中的数据，从而减少了网络中传送的大量重复冗余数据，降低了不必要的开销，从而延长网络生命周期。

4）按路由选择是否考虑服务质量约束

保证QoS的路由协议是指在路由建立时，考虑时延、丢包率等QoS参数，从多条可行的路由中选择一条最适合QoS应用要求的路由；或者根据业务类型，保证满足不同业务需求的QoS路由协议。

由于无线传感器网络路由协议种类繁多，分类方法也多种多样，除了上述介绍的分类方法之外，还有根据路径数量、应用场合、数据传输方式等其他分类方法，这里就不再一一赘述。

5.8.2 平面路由协议

在平面路由协议中，各个传感器节点的地位是平等的。其优点是不存在特殊节点，路由协议的鲁棒性较好，通信流量平均地分散在网络中；缺点是缺乏可扩展性，限制了网络的规模。

1. Flooding and Gossiping 协议

1）洪泛路由协议

洪泛路由协议（Flooding Protocol）是一种最早的路由协议，接收到消息的节点以广播的形式转发报文给所有的邻居节点。

源节点 S 希望发送数据给目的节点 D，节点 S 首先通过网络将数据分组传送给它的每一个邻居节点，每一个邻居节点又将其传输给各自的邻居节点（除了刚刚给它们发送数据分组的节点 S 外）。如此继续下去，直到将数据传输到目标节点 D 为止，或者为该数据所设定的生命期限变为零为止，或者所有节点拥有此数据分组为止。

洪泛法的优点和缺点都十分突出，其优点是实现简单，适用于健壮性要求高的场合；其缺点是存在信息爆炸问题（如图5-25所示）、出现部分数据重叠的现象（如图5-26所示）和盲目使用资源等。

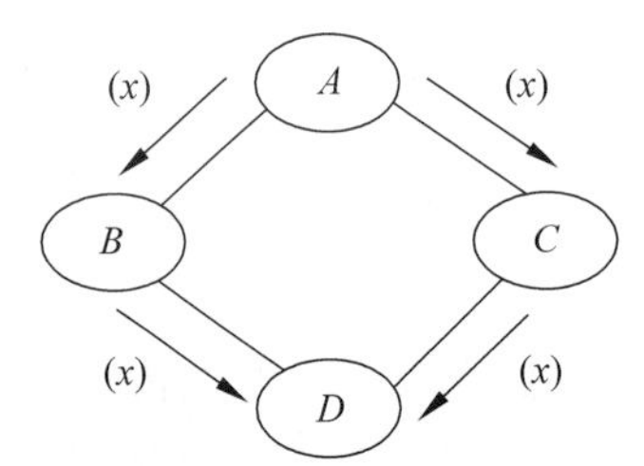

图5-25　洪泛法的信息爆炸问题

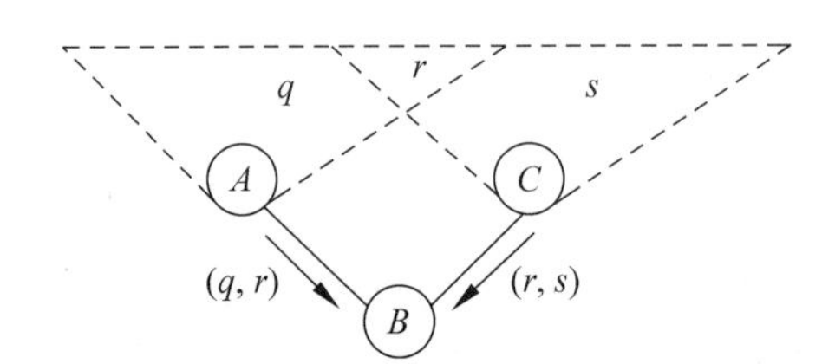

图5-26　洪泛法的信息重叠问题

当节点 A 广播消息后，节点 B 和节点 C 接收信息并广播，这个过程持续下去，有可能使得网络中的每一个节点都会收到该信息。对于单独的一个信息来说并不是太大的问题，但是对于规模较大的网络，其中需要传递信息的节点数量会很多，因此最终的结果会导致网络中的每个节点都参与到每次的数据传输并接收到每次传输的数据，这种可能性将使得网络中无效数据传输急剧增加，出现信息爆炸现象，消耗本来就紧张的能量、存储空间等资源。

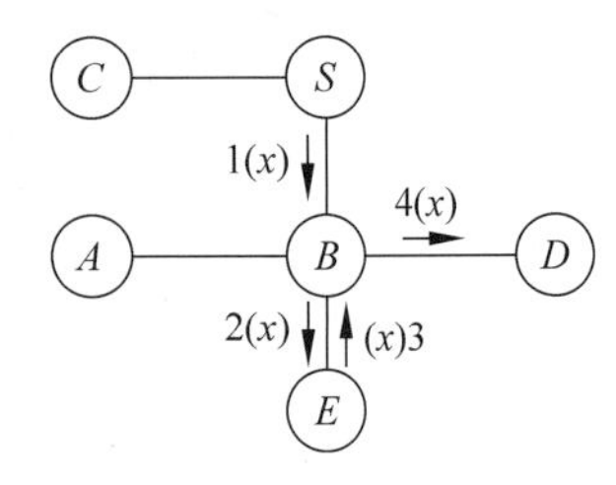

图5-27　闲聊法协议过程

在洪泛法中，信息重叠的情况会大量出现。如图5-27所示，可以看出，节点 A 和节点 C 收集的信息有相同重叠的部分 r，当它们把信息传送给节点 B 时，节点 B 会接收到信息 r 的两个副本。如果源节点 S 远离目的节点 D 时，这种现象尤其严重，而且收到的副本数量可能会远大于2。

上述两种情况的出现，其实都带来了资源的盲目消耗这个本质的问题，这在资源受限的无线传感器网络中是非常不利的。

2）闲聊法

闲聊法(Gossiping)是洪泛法的改进版本。为了减少资源的无谓消耗，闲聊法引入了随机发送数据的方法。在某一个节点发送数据时，不再像洪泛法那样给它的每个邻居节点都发送数据副本，而是随机选择某个邻居节点，向它发送一份数据副本。接收到数据的节点采用相同的方法，随机选择下一个接收节点发送数据，如图5-27所示。需要注意的是，如果一个节点E已收到它的邻居节点B的数据副本，若再次收到，那么它就将此数据发回它的邻居节点B。

从上述方法可以看出，闲聊法可避免出现信息爆炸问题，但是仍然无法解决部分数据重叠现象和盲目使用资源的问题，而且由于采用随机选择接收节点的方式，使得数据传输不可能按照最短路径进行，甚至会出现南辕北辙的现象，所以数据传输平均时延拉长，传输速率变慢，无谓的资源消耗依然很多。

2. SPIN协议

传感器信息协商协议(Sensor Protocols for Information via Negotiation，SPIN)是一种以数据为中心的自适应通信方式，使用三种类型的信息进行通信，即ADV、REQ和DATA信息。在传送DATA信息前，传感器节点仅广播包含DATA数据描述机制的ADV信息，当接收到相应的REQ请求信息时，才由目的地发送DATA信息。使用基于数据描述的协商机制和能量自适应机制的SPIN能够很好地解决传统的Flooding和Gossiping协议所带来的信息爆炸、信息重复和资源浪费等问题。

图5-28表示了SPIN的工作过程。在发送一个DATA数据包之前，一个传感器节点首先对外广播ADV数据包；如果某个邻居节点在收到ADV后有意愿接收该DATA数据包，那么它向该节点发送一个REQ数据包，然后节点向该邻居节点发送DATA数据包。类似地进行下去，DATA数据包可被传输到远方汇聚节点或基站。

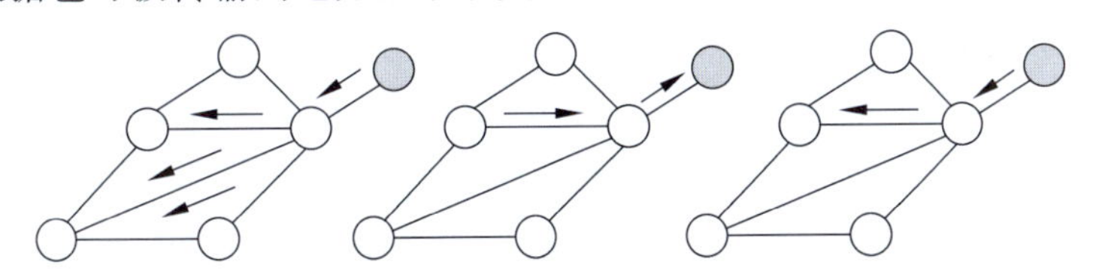

图5-28　SPIN工作过程

SPIN的缺点是没有考虑节能和多种信道条件下的数据传输问题。因此，后续又出现了点到点的通信模式、点到点模式下的节能路由、点到点通信中的信道衰减模式、广播信道模式等在SPIN基础上改进的路由协议。

(1) SPIN-PP：采用点到点的通信模式，并假定两节点间的通信不受其他节点的干扰，分组不会丢失，功率没有任何限制。要发送数据的节点通过ADV向它的相邻节点广播消息，感兴趣的节点通过REQ发送请求，数据源向请求者发送数据。接收到数据的节点再向它的相邻节点广播ADV消息，如此重复，使所有节点都有机会接收到任何数据。

(2) SPIN-EC：在SPIN-PP的基础上考虑了节点的功耗，只有能够顺利完成所有任务且能量不低于设定阈值的节点才能参与数据交换。

(3) SPIN-BC：设计了广播信道，使所有有效半径内的节点可以同时完成数据交换。为了防止产生重复的REQ请求，节点在听到ADV消息以后，设定一个随机定时器来控制REQ请求的发送，其他节点听到该请求，主动放弃请求权利。

(4) SPIN-RL：它是对SPIN-BC的完善，主要考虑如何恢复无线链路引入的分组差错与丢失。记录ADV消息的相关状态，如果在确定时间间隔内接收不到请求数据，则发送重传请求，重传请求的次数有一定的限制。

5.8.3 层次路由协议

在层次路由协议中，网络通常被划分为簇群，每个簇群由一个或多个成员组成，形成高一级的网络。在高级网络中，又可以分簇群，再次形成更高一级的网络，直至形成最高级的网络。分级结构中，簇群头节点不仅负责所管辖簇群内信息的收集和融合处理，还负责簇群间的数据转发。

层次路由协议中每个簇群的形成通常是基于传感器节点的保留能量和与簇群头节点的接近程度，同时为了延长整个网络的生存期，簇群头节点的选择需要周期更新。层次路由的优点是适合大规模的传感器网络环境，可扩展性较好；缺点是簇群头节点的可靠性和稳定性对全网性能的影响较大，信息的采集和处理也会消耗簇群头节点的大量能量。

1. LEACH

低功耗自适应聚类分级(Low Energy Adaptive Clustering Hierarchy，LEACH)协议是无线传感器网络中最早提出的分层路由算法。LEACH 可以将网络整体生存时间延长 15%，其基本思想是通过随机循环地选择簇头节点将整个网络的能量负载平均分配到每个传感器节点中，从而降低网络能源消耗，提高网络整体生存时间。

协议中首先随机选择一个节点作为簇头，簇头开始发送广播消息，然后其他普通子节点根据信号强弱选择加入的簇群。簇头按照 TDMA(时分复用)的方式分给每个普通子节点一个时隙，并广播消息；普通子节点在规定的时隙内向簇头发送数据。

LEACH 的详细内容请参考 4.4 节中的 LEACH 算法。

LEACH 采用了数据压缩和数据融合技术，簇头通过压缩数据和数据融合将多个消息合并，减少发送消息数量和能量。该协议的优点是能延长网络维持时间，有很好的扩展性；缺点是虽然加入了轮的重新选簇概念，但是由于不能全网时钟同步，很容易引起全网的瘫痪。

2. PEGASIS

高能效采集传感器信息系统(Power Efficient Gathering in Sensor Information Systems，PEGASIS)协议是在 LEACH 协议上提出的一种改进路由算法。PEGASIS 路由协议在网络中选择一个节点作为起始节点建立一条最优回路链，起始节点将数据融合后的数据信息发送给 Sink 节点。由于起始节点的负载较重，PEGASIS 采用了全网节点轮流作为回路链起始节点的方式来进行均衡。

PEGASIS 的模型假设如下。

(1) 节点都知道其他节点的位置信息，每个节点都具有直接和基站通信的能力。

(2) 传感器节点不具有移动性。

(3) 其他模型假设和 LEACH 中的相同。

该路由协议中使用了贪婪算法(Greedy Algorithm)来形成链，如图 5-29 所示。在每一轮通信之前才形成链。为确保每个节点都有其相邻节点，从离基站最远的节点开始构建，链中邻居节点的距离会逐渐增大，因为已经在链中的节点不能被再次访问，当其中一个节点失效时，链必须重构。

PEGASIS 中数据的传输使用 Token(令牌)机制，Token 很小，故耗能较少。在一轮中，簇头用 Token 控制数据从链尾开始传输。图 5-29 中，$C2$ 为簇头，将 Token 沿着链传给 $C0$，$C0$ 传送数据给 $C1$，$C1$ 将 $C0$ 数据与自身数据进行融合形成一个相同长度的数据包，再传给 $C2$。

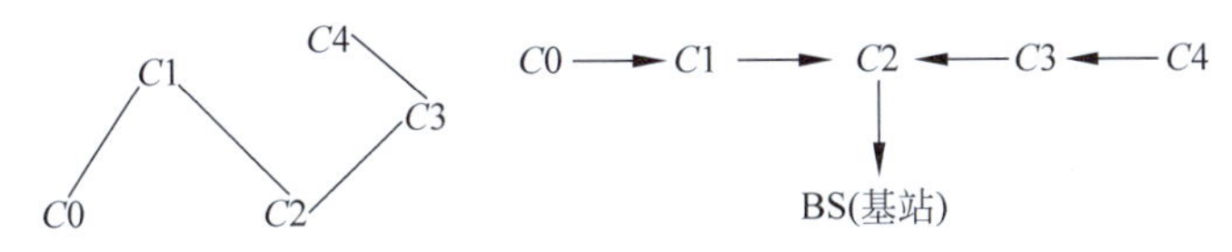

图 5-29　PEGASIS 数据传输链的形成

此后，$C2$ 将 Token 传给 $C4$，以同样的方式收集 $C4$ 和 $C3$ 的数据。这些数据在 $C2$ 处进行融合后，发给基站。网络中某些节点可能因与邻居节点距离较远而消耗能量较大，通过设置一个门限值限定此节点作为簇头。当该链重构时，此门限值可改变以重新决定哪些节点可作簇头，以增强网络的健壮性。

因为 PEGASIS 中每个节点都以最小功率发送数据分组，并有条件完成必要的数据融合，减小业务流量，所以整个网络的功耗较小。研究结果表明，PEGASIS 支持的传感器网络的生命周期是 LEACH 的近两倍。

5.8.4　能量感知路由

高效利用网络能量是传感器网络路由协议的一个显著特征。早期提出的一些传感器网络路由协议往往仅考虑了能量因素，为了强调高效利用能量的重要性，就将它们划分为了能量感知路由协议。能量感知路由协议从数据传输中的能量消耗出发，讨论最优能量消耗路径。

1. 能量消耗源

能量消耗源是很重要的概念，对能量消耗源的研究和分析有助于设计更加合理高效的能量感知路由机制。通过对无线传感器网络运行过程的分析，可以把无线传感器网络中的能量消耗源分为两类：通信相关能量消耗和计算相关能量消耗。

1）通信相关的能量消耗

通信相关的能耗包括对传输器、中转器和接收器的使用。传输器用来发送控制信号、路由请求和响应由节点产生和中转的数据包；接收器用来接收数据和控制包——它们中的一部分将该节点作为终点，而另一部分还等待被传送到其他地方。清楚地了解这些无线移动设备的能量特性对于设计有效的无线通信协议有着十分重要的意义。一个典型的移动无线通信设备以三种模式存在：传输模式、接收模式和监听模式。节点处在传输模式时消耗的能量最多，而在监听模式时消耗的能量最少。

2）计算相关的能量消耗

计算相关的能耗主要涉及协议的处理，主要包括对 CPU、主要存储器、一个很小的外设、磁盘或其他一些组成部分的使用。同样地，数据压缩技术在减少数据包长度的同时也因为计算量的增大而增加了能量消耗。

在计算相关能耗及通信相关能耗之间存在一个平衡关系。致力于降低通信相关能耗的技术可能会导致更高的计算相关能耗，从而形成一个恶性循环。因此，以提高能量效率为目的的协议应该尝试在它们之间达到一个平衡。

能量有效的路由协议，遵循使各节点消耗能量平均化的路由选择原则，这样有助于平衡每个节点承担的吞吐量。相应的方法就是避免路由经过剩余能量较低的节点，但这就需要一个分散节点能量的机制。同样地，可以降低路由更新的频率来保存能量，但是当节点移动性很强时可能会造成路由效率的降低。另一种提高网络能量性能的方法是利用网络的广播特性来传播和多点传送数据流。利用改变网络传输能量的方式来控制网络的拓扑，生成的拓扑必须满足一定的参数，这样的拓扑结构可以提高网络的能量效率。

2. 能量路由

能量路由是最早提出的传感器网络路由机制之一，根据节点的可用能量（Power Available，PA）或传输路径上链路的能量需求，选择数据的转发路径。节点可用能量就是节点当前的剩余能量。

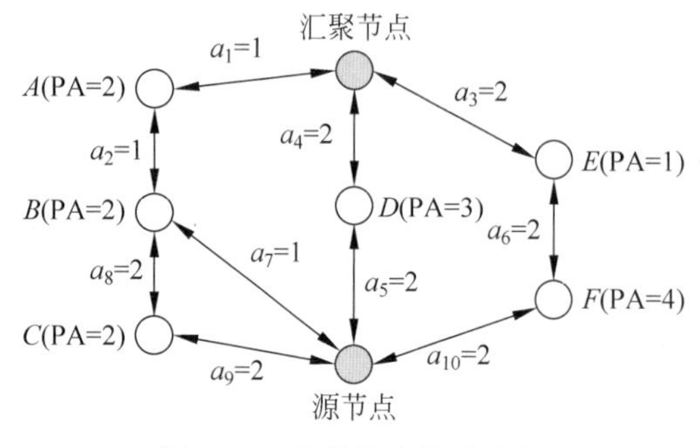

图 5-30 能量路由算法示意

在如图 5-30 所示的网络中，源节点是一般功能的传感器节点，完成数据采集工作。汇聚节点是数据发送的目标节点。大写字母表示节点，如节点 A，节点右侧括号内的数字表示节点的可用能量。图中的双向线表示节点之间的通信链路，链路上的数字表示在该链路上发送数据消耗的能量。

在图中可知，从源节点到汇聚节点的可能路径有 4 条。

路径 1：源节点—B—A—汇聚节点，路径上所有节点的 PA 之和为 4，在该路径上发送分组需要的能量之和为 3。

路径 2：源节点—C—B—A—汇聚节点，路径上所有节点的 PA 之和为 6，在该路径上发送分组需要的能量之和为 6。

路径 3：源节点—D—汇聚节点，路径上所有节点的 PA 之和为 3，在该路上发送分组需要的能量之和为 4。

路径 4：源节点—F—E—汇聚节点，路径上所有节点的 PA 之和为 5，在该路径上发送分组需要的能量之和为 6。

能量路由选择策略主要有以下几种：最大可用能量路由、最小能量消耗路由、最少跳数路由和最大最小 PA 节点路由。

上述能量路由算法需要节点知道整个网络的全局信息。由于传感器网络存在资源约束，节点只能获取局部信息，因此上述能量路由方法只是理想情况下的路由协议。

3. 能量多路径路由

一般来说，传统网络的路由机制往往选择源节点到目的节点跳数最小的路径传输数据，这样有利于减少端到端的网络延迟，尽可能保证业务的 QoS，但是用于无线传感器网络中，这种方法就会带来极大的问题。如果在信息传输过程中，总是选择最短路径的话，就有可能频繁使用同一条路径，因此该路径上的节点就可能因为能量频繁使用而耗尽，从而失效，使得整个网络分隔为几个互不相连的孤立部分，造成整个网络生存时间大大减少。为此，必须想办法避免这种情况的出现，也就是说，在信息传输过程中，尽可能地保证每个节点有较为公平的机会成为路径上的一环，每个节点在相对较长的时间内，能量消耗的比例较为一致。

有研究人员提出了一种能量多路径路由机制，该机制在源节点和目的节点之间建立多条路径，根据路径上节点的通信能量消耗以及节点的剩余能量情况，给每条路径赋予一定的选择概率，使得数据传输均衡地消耗整个网络的能量，延长整个网络的生存期。很显然，这种方法会带来一些额外的存储开销、计算开销以及带宽消耗，不过相对于整个网络生存时间的提高，这些开销是可以容忍的。

能量多路径路由机制属于为多个移动 Sink 节点传输数据的路由方法，其路由机制包括路径建立、数据传播和路由维护三个过程，其中，路径建立是该协议的重要步骤。每个节点需要知道到达目的节点的所有下一跳的节点，并计算其概率。概率的选择是根据节点到目的节点的通信代价来计算的，以 $\mathrm{Cost}(N_i)$ 表示节点 i（用 N_i 表示，下同）到目的节点的通信代价，其值为各个路径的加权平均值。

能量多路径路由的主要流程描述如下。

1）发起路径建立

目的节点广播路径建立消息，启动路径建立过程。广播消息中包含一个代价域，表示发出该消息的节点到目的节点路径上的能量信息，设初始值为零。

2）判断是否转发路径建立消息

当某一个节点接收到邻居节点发送的路径建立消息时，与发送该消息的节点进行比较，只有在自己距离源节点更近，并且距离目的节点更远的情况下，才转发该路径建立消息，否则丢弃该消息。

3）计算能量代价

如果节点决定转发路径建立消息，需要计算新的代价值来替代原来的代价值。当路径建立消息从 N_i 发送到 N_j 时，该路径的通信代价值为 N_i 的代价值加上两个节点间的通信能量消耗，即有

$$C_{N_j,N_i}=\mathrm{Cost}(N_i)+\mathrm{Metric}(N_j,N_i) \tag{5-3}$$

式中，C_{N_j,N_i} 表示节点 N_j 发送数据经由节点 N_i 路径到达目的节点的代价值，$\mathrm{Metric}(N_j,N_i)$ 表示节点 N_j 到节点 N_i 的通信能量消耗，计算公式如式(5-4)所示。

$$\mathrm{Metric}(N_j,N_i)=e_{ij}^{\alpha}R_i^{\beta} \tag{5-4}$$

式中，e_{ij}^{α} 表示节点 N_j 到节点 N_i 直接通信的能量消耗；R_i^{β} 表示节点 N_i 的剩余能量；α、β 是与网络有关的常量。

4）节点加入路径条件

代价太大的路径对网络生存时间没有益处，因此并非每个路径都是可用的，节点需要丢弃代价太大的路径。N_j 将 N_i 加入本地路由表 FT_j 中的条件是

$$\mathrm{FT}_j=\{iC_{N_j,N_i}\leqslant\alpha(\min_k(C_{N_j,N_k}))\} \tag{5-5}$$

式中，α 为大于1的系统参数。

5）节点选择概率计算

为了均衡网络中节点的能量消耗，节点选择概率需与能量消耗成反比，N_j 使用式(5-6)来计算选择 N_i 的概率。

$$P_{N_j,N_i}=\frac{\dfrac{1}{C_{N_j,N_i}}}{\displaystyle\sum_{k\in\mathrm{FT}_j}\frac{1}{C_{N_j,N_k}}} \tag{5-6}$$

6）代价平均值计算

节点根据路由表中的能量代价和下一跳节点选择概率计算本身到目的节点的代价 $\mathrm{Cost}(N_j)$，定义为经由路由表节点到目的节点代价的平均值：

$$\mathrm{Cost}(N_j)=\sum_{k\in\mathrm{FT}_j}P_{N_j,N_i}C_{N_j,N_k} \tag{5-7}$$

式中，N_j 将用 $\mathrm{Cost}(N_j)$ 代替消息中原有的代价值，然后向邻居节点广播该路由建立消息。

数据传播时，节点对于每一个接收的数据分组，都利用概率选择某一个下一跳节点，并转

发该分组。网络中路由的维护则是通过周期性地从目的节点到源节点实施扩散查询来保证所有路由处于有效状态的。从该协议原理可以看出，由于选择节点的概率和剩余能量成反比，因此能量多路径路由协议可以将通信能耗在各节点之间均衡，从而保证整个网络中各节点的能量消耗平稳而均衡地进行，最大限度地延长网络的生存期。

习题 5

1. 开放式系统互连网络参考模型（OSI）共有7个层次，从底向上依次是物理层、________、________、________、会话层、表示层和应用层。除物理层和应用层外，其余每层都和相邻上下两层进行通信。

2. 从无线联网的角度来看，传感器网络节点的体系由分层的________、________和应用支撑平台三部分组成。

3. 网络管理平台主要是对传感器节点自身的管理和用户对传感器网络的管理，包括拓扑控制、________、________、________、移动管理、网络管理等。

4. 物理层主要负责数据的________、________与接收，是决定无线传感器网络的节点体积、成本以及能耗的关键环节。

5. 无线通信的介质包括电磁波和________。

6. 通信信道是数据传输的通路，在计算机网络中信道分为________和________。

7. 目前无线传感器网络采用的主要传输介质包括无线电、________和________等。

8. 物理帧的第一个字段是前导码，字节数一般取4，用于收发器进行码片或者符号的同步。第二个字段是________，长度通常为________，表示同步结束，数据包开始传输。

9. 数据链路层主要负责多路数据流、________、________和误差控制，从而确保通信网络中可靠的 Point-to-Point 与 Point-to-Multipoint 连接。

10. 根据使用的信道数，即物理层所使用的信道数，可分为________、________的 MAC 协议。

11. 按源节点获取路径的方法有________、按需路由协议、混合路由协议。

12. 按节点参与通信的方式有________、________、层次路由协议。

13. 按路由的发现过程有________、以数据为中心的路由协议。

14. 保证 QoS 的路由协议是指在路由建立时，考虑________、________等 QoS 参数，从多条可行的路由中选择一条最适合 QoS 应用要求的路由。

15. 简述目前无线传感网络的通信传输介质有哪些类型以及它们各有什么特点。

16. 简述在设计传感网络物理层时，需要考虑哪些问题。

17. 简述传感网络的物理层帧结构。

18. 简述数据链路层中的媒体访问控制和误差控制的基本思想。

19. 简述网络层协议的基本思想。

20. 简述传输层中的 Event-to-Sink 传输和 Sink-to-Sensors 传输的基本思想。

21. 简述分层设计与跨层设计的方法内容。

22. 简述跨层设计的主要技术内容。

23. 简述无线传感器网络 MAC 协议的分类的方式内容。

24. 简述 IEEE 802.11 网络拓扑结构内容。

25. 简述 IEEE 802.11 协议 MAC 层的工作模式的内容。
26. 简述分布式协调功能(DCF)的基本内容。
27. 简述集中式协调功能(PCF)的基本内容。
28. 简述 S-MAC 协议的基本内容。
29. 简述 T-MAC 协议的基本原理。
30. 简述无线传感器网络路由协议的考虑因素有哪些。
31. 简述无线传感器网络的路由过程的步骤是什么。
32. 简述无线传感器网络路由协议分类方法的内容。
33. 简述能量感知路由的基本原理。

第6章 WSN支撑技术

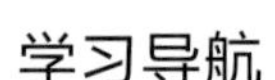

学习导航

- WSN支撑技术
  - 时间同步
    - 时钟同步问题
    - 时间同步问题
    - 时间同步基础
    - 时间同步协议
  - 定位技术
    - 基本描述
    - 节点位置的计算方法
    - 基于测距的定位算法
    - 距离无关的定位算法
    - 典型的定位系统
  - 数据融合
    - 数据融合的基本概念
    - 数据融合的分类
    - 基于组播树的数据融合算法的实现
  - 能量管理
    - 能量管理的意义
    - 电源节能方法
    - 动态能量管理
  - 容错技术
    - 容错技术的基本描述
    - 故障模型
    - 故障检测与诊断
    - 故障修复
  - QoS保证
    - QoS概述
    - QoS研究
  - 安全技术
    - 安全攻击
    - 安全协议
    - 安全管理

学习目标

◆ 了解时钟同步问题、时间同步问题、时间同步基础、时间同步协议、典型的定位系统、基于组播树的数据融合算法的实现、动态能量管理、故障检测与诊断、故障修复、QoS 保证和 WSN 的安全技术。

◆ 掌握节点定位的基本概念、基于测距的定位算法、距离无关的定位算法、数据融合的基本概念、数据融合的分类、动态能量管理、电源节能方法、故障模型。

6.1 时间同步

在分布式系统中，每个节点都有自己的时钟和对于时间的定义。然而，为了确定物理世界中事件之间的因果关系，消除传感器的冗余数据，在整体上促进传感器网络的工作，传感器节点之间需要遵循一个共同的时标。传感器网络中的每个节点都独立运作，并且依赖其自身的时钟，所以不同传感器节点的时钟读数也不同。除了这些随机差异（相位偏移），不同传感器时钟之间的间隙也会由于振荡器漂移率的变化而进一步增加。为了确保感测到的时间可以以有意义的方式进行比较，时间（或时钟）必须同步。有线网络的时间同步技术已经得到很多的关注，但这些技术并不适用于无线传感器，原因是无线感知环境会带来一些特殊的问题。这些挑战包括 WSN 可能的大规模性、自主配置需求以及鲁棒性，潜在的传感器的移动性以及对节能的需求。

▶ 6.1.1 时钟同步问题

基于硬件振荡器的计算机时钟是所有计算设备的重要组成部分。典型的时钟由一个稳定的石英振荡器和一个计数器组成，这个计数器随着石英晶体的振荡递减。当计数器的值为 0 时，它将复位为其初始值，并产生一个中断。而每一个中断（或者时钟周期）都将触发一个软件时钟（另一个计数器）。应用程序可以通过一个适当的应用程序编程接口（Application Programming Interface，API）来读取并使用软件时钟。因此，软件时钟为每一个传感器节点提供了一个本地时间，其中，$C(t)$表示在某一个实时时间 t 时的时钟读数。时间分辨率是软件时钟的两个增量（计数）之间的距离。

对于两个节点的本地时间而言，时钟偏移量表示时钟之间的差。同步是指调整一个或者两个时钟，从而使它们的读数匹配。时钟率表示一个时钟推移的频率，而时钟偏差则表示两个时钟频率之间的差。理想时钟的时钟率的值恒为 $\mathrm{d}C/\mathrm{d}t=1$，但实际上很多参数影响了时钟率，例如，环境的温度和湿度、电源电压以及石英的年龄。漂移率的偏差结果表明两个时钟的相对漂移率，即 $\mathrm{d}C/\mathrm{d}t-1$。一个时钟的最大漂移率用 ρ 表示，石英钟的典型值为 1～100ppm（$1\text{ppm}=10^{-6}$）。这个数值由振荡器的制造厂商给出，且满足

$$1-\rho\leqslant\frac{\mathrm{d}C}{\mathrm{d}t}\leqslant 1+\rho \tag{6-1}$$

图 6-1 显示了漂移率（Drift Rate）如何影响时钟的读数，它使得时钟要么准确无误，要么变快或者变慢。漂移率导致传感器时钟读数即使在同步以后也不一致，因此，有必要定期执行同步过程。假设时钟完全相同，那么任意两个被同步以后的时钟之间最大的漂移率为 $2\rho_{\max}$。为了把相对漂移限制到 δ 秒，同步操作之间的间隔 τ_{sync} 必须满足

$$\tau_{\text{sync}}\leqslant\frac{\delta}{2\rho_{\max}} \tag{6-2}$$

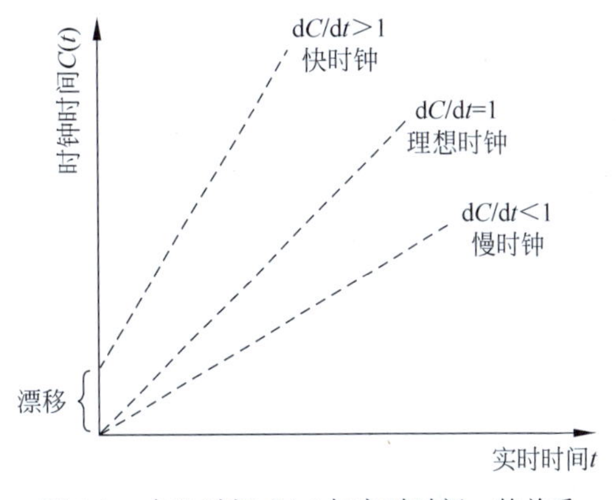

图 6-1 本地时间 $C(t)$与实时时间 t 的关系

$C(t)$必须是分段连续的，即它必须是一个时间的严格单调函数。因此，时钟的调整是一个渐进过程，例如，可以使用线性补偿函数来改变本地时间斜率。单纯地让时钟向前或者向后跳转可能会带来很严重的后果。例如，设定一个计时器在某个特定时间产生一个中断，然而执行同步会漏掉一些时间，可能使得这个特定的时间永远不会到来。

同步有两种，一种是外部的，另一种是内部的。外部同步是指所有节点的时钟都与一个外部时间源（或者参考时钟）同步。外部参考时钟是一个类似于世界协调时（UTC）的精确的实时标准。内部同步是指在没有外部参考时钟支持的情况下，所有节点的时钟同步。内部同步的目的是：尽管时间可能与外部参考时间不同，但是网络中所有节点的时间都一样。外部时间同步既保证了网络中的所有时钟一致，又保证了与外部时间源一致。当节点与外部参考时钟同步时，时钟精度表示时钟相对于参考时钟的最大偏移。当网络中的节点时钟内部同步时，精度表示网络中任意两时钟之间的最大偏移。需要注意的是，如果两个节点外部时钟同步的

精度是 Δ，则它们内部时钟同步的精度为 2Δ。

6.1.2 时间同步问题

1. 时间同步的必要性

WSN 中的传感器检测物理世界中的对象，并将活动和事件报告给感兴趣的观察者。例如，一些近身检测传感器，当有活动物体（例如车）经过时，会触发一个事件，磁、电容以及声学传感器都属于这一类。在传感器密集分布的网络中，多个传感器将进行同样的活动，并发生同样的事件。这些事件之间精确的时间相关性对于解决下面的问题至关重要：检测到多少移动的物体，物体向哪个方向移动，以及物体以怎样的速度移动。因此观察者能否为事件建立正确的逻辑顺序非常重要。在图 6-2 中，实时时间的顺序是 $t_1 < t_2 < t_3$，那么传感器标注的时间顺序必须是 $C_1(t_1) < C_2(t_2) < C_3(t_3)$。为了精确地确定物体移动的速度，传感器时间标注的时间差必须与实时时间的时间差对应，即 $\Delta = C_2(t_2) - C_1(t_1) = t_2 - t_1$。对 WSN 的数据融合而言，这是非常重要的，因为数据融合所关注的是观测相同或者相关事件的多传感器的数据集合。而数据融合更深一层的目标是消除冗余的传感器信息，缩短重要事件的响应时间以及降低对资源的需求（如能源消耗）。

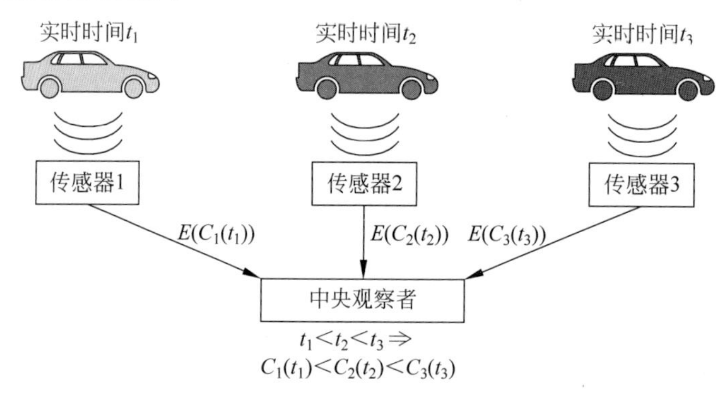

图 6-2　使用多传感器对移动物体的速度和方向的检测

对于分布式系统中各种应用程序以及算法而言，时间同步也是必需的。这些程序和算法包括通信协议（例如最多一次消息传递）、安全（例如在基于 Kerberos 的身份验证系统中，限制使用一些特别的关键字，并协助检测重放消息）、数据一致性（缓存一致性和数据复制一致性）以及并发控制（原子性和相互排斥）等。

MAC 协议（例如时分复用）允许多个设备共享一个通信访问介质。它将时间分为时隙，再把时隙分配给无线设备，并且每个时隙仅属于一个无线装置。基于 TDMA 方法的优点是：媒体接入可以预测（只允许每个节点在一个或者多个反复出现的时隙发送数据），而且该算法是能量高效的（当节点在一个时隙中既不是发送方也不是接收方时，就进入省电休眠模式）。然而为了实施 TDMA，各节点必须拥有统一的时间视角，也就是说，它们需要知道每个时隙确切的开始和结束时刻。

在能量使用方面，许多 WSN 都依赖休眠/唤醒机制，这个协议允许一个网络选择性地关闭一些传感器节点或者让一些节点进入低功耗休眠状态。在这个协议中，传感器之间的时间协调是非常重要的，因为节点需要知道它们应该何时进入休眠状态，何时被唤醒，从而确保相邻节点的唤醒状态相同，保证节点间能够通信。

最后，在 WSN 中，需要准确地定位传感器节点或者所监测的对象。许多定位技术都依赖测量技术来估计节点间的距离。而要检测无线电或者声音信号的传播时间，同步技术是必不可少的。

2. 时间同步面临的挑战

传统的时间同步协议都是为有线网络设计的，它们并没有把低成本低功耗的传感器节点和无线介质等因素考虑在内。与有线环境相似，WSN也面临着时钟噪声攻击(Clock Glitch)，以及由于温度和湿度变化所导致的时钟漂移等问题。尽管如此，传感器网络的时间同步协议必须将一系列额外的问题和限制条件考虑在内，将在本节进行相关讨论。

1) 环境影响

时钟的漂移率随环境的温度、压力和湿度的波动而有所不同。有线计算机一般工作在相当稳定的环境(例如，A/C控制的群集室或办公室)中。与之不同，无线传感器常常部署在室外以及一些恶劣的环境中，在这样的条件下，这些环境属性很容易波动。在受控制的环境下，振荡器的频率变化最多为3ppm，而1ppm的误差相当于每12天有1s的错误，该误差由室内温度的变化导致。然而对于工作在户外的低成本传感器节点而言，变化幅度可能更大。

2) 能量限制

无线传感器通常用能量有限的电源来驱动，也就是说，其电源是一次性电池或充电电池(如通过太阳能电池板充电)。更换电池会极大地增加成本，特别是当规模较大的网络和部署节点比较困难的时候。因此，为了保证电池的寿命，时间同步协议不能消耗过多的能量。由于节点间的通信是时间同步的基础，一个高能效的同步协议就应该使得节点间达到同步所通信的消息量最小。

3) 无线介质和移动性

众所周知，无线通信介质是不可预知的。雨水、雾、风和温度的改变都会带来环境特性的变化，从而导致通信介质性能的波动。这些波动限制了网络的吞吐量，提高了误码率，并产生了无线电干扰等问题。无线连接之间的非对称性使节点之间的信息交换产生更多的问题，也就是说，节点A可以接收节点B的消息，但是节点A的消息过弱而使得节点B无法准确解析。通常，A到B路径的特征(例如延时)可能与B到A的特征有显著的不同，从而产生非对称通信延迟。此外，无线网络中的通信干扰受网络的密度、无线设备的通信和干扰范围以及这些设备的活动水平等因素影响。许多无线传感器是移动的(例如安装在车辆上或者由人携带)，这会导致拓扑结构和链路质量变化显著且快速。最后，传感器节点可能不再工作或者能量耗尽，因此即使网络的拓扑结构或者密度发生变化，时间同步也要能继续工作。由于面临这些挑战，时间同步协议必须具有鲁棒性和可重构性。

4) 其他约束

除了电源能量的限制，低功耗低成本的传感器节点在处理速度和存储空间上也受到限制，这更要求时间同步协议必须低消耗、轻量化。小尺寸、低成本的传感器设备不允许采用大尺寸、昂贵的硬件来实现同步(例如GPS)。因此设计时间同步协议时，应该基于资源有限的环境，并尽可能少增加或不增加总体开支。WSN通常是大规模部署的，同步协议应该适应节点数目或密度的增长。最后，不同的传感器应用对时钟的精度和准度有不同的要求。例如，在目标追踪的应用中，时间同步能保证事件和消息的正确排序(在没有外部参考时钟的条件下)就足够了，但是对精度的要求是几微秒级。另外，传感器网络检测公共场所在一天的某段时间内的人流量时，需要外同步，其时间精度达到秒级就可以了。

6.1.3 时间同步基础

时间同步通常基于传感器节点之间某种形式的信息交换。如果介质像在无线系统里那样支持广播模式，那么，收发较少的消息就可以使多个设备同时完成时间同步。

1. 同步消息

大多数现有的时间同步协议基于两两同步的模式。在这种模式中，两个节点之间进行同步至少需要一个同步消息(Synchronization Messages)。要在整个网络范围内实现时间同步，可以在多个节点对之间不断重复该过程，直到每个节点都根据参考时钟将自己的时钟调整好。

1）单向消息交换

最简单的两两时间同步方式是在两个节点之间同步时只用一个消息，也就是一个节点发送一个时间戳给另一个节点。如图 6-3(a)所示，t_1 时刻，节点 i 向节点 j 发送一个时间同步消息，将时间 t_1 作为时间戳嵌入其中。收到消息时，从本地时钟中取得一个本地时间戳 t_2。以 t_1、t_2 两个时间戳的差作为 i 和 j 之间的时钟偏移的一个量度。准确地说，这两个时间的差值可以表示为

$$(t_2 - t_1) = D + \delta \tag{6-3}$$

其中，D 表示未知的传播延时。在无线介质中，传播延时是非常小的(几微秒)，通常可以忽略或者默认为某个特定值。节点可以用这种方法计算出频偏，从而调整自己的时钟，实现与 i 的同步。

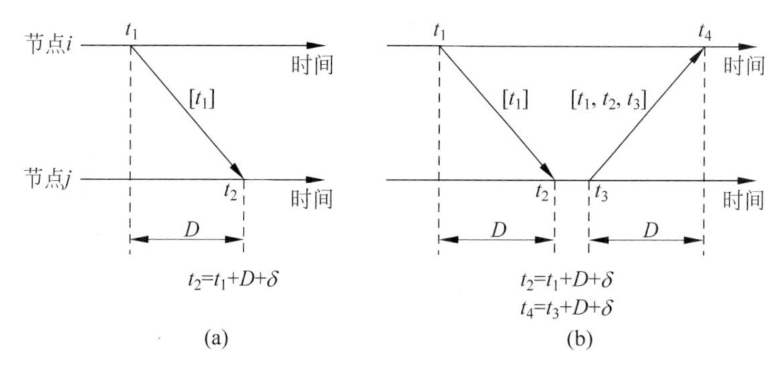

图 6-3 两两时间同步示例

2）双向消息交换

这种方式是采用两个同步消息，如图 6-3(b)所示。在 t_3 时刻，j 给 i 一个包含时间戳 t_1、t_2、t_3 的回复消息。在 t_4 时刻，i 接收到第二个消息时，在假定传播时延为固定值时，两个节点都能确定频偏。然而，节点 i 能更准确地确定传播时延和频偏。

$$D = \frac{(t_2 - t_1) + (t_4 - t_3)}{2} \tag{6-4}$$

$$\text{offset} = \frac{(t_2 - t_1) + (t_4 - t_3)}{2} \tag{6-5}$$

需要注意的是，这里假设传播时延在两个方向上都是相同的，并且在时间的量度尺度上，时钟漂移并不改变(因为时间单位的跨度很短，所以认为频偏是一致的)。尽管只有 i 有足够的信息确定频偏，但是它可以在第三个消息中与节点 j 共享。

3）接收端-接收端同步

这种方式采用接收端-接收端同步准则的协议，这种模式是根据同一消息到达不同节点的时差实现同步的。与大多数传统的接收端-发送端同步模式不同，在广播环境中，这些节点几

乎在相同的时间接收到消息，接收节点可以通过交换各自的接收时间来计算彼此的频偏（接收时间的差异可以反映它们的频偏）。图 6-4 是这种协议的一个例子，如果有两个接收端，只要三个消息即可使二者同步。注意，广播消息不包含时间戳，而是利用广播消息到达接收节点的时间不同来使节点同步。

2. 通信延时的不确定性

通信延时的不确定性对于时间同步所能达到的精度有很大的影响。如图 6-5 所示，通常，同步消息的延时包含以下四部分。

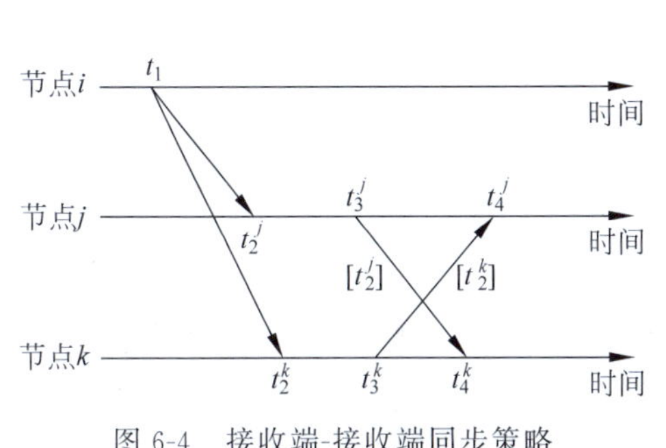

图 6-4　接收端-接收端同步策略

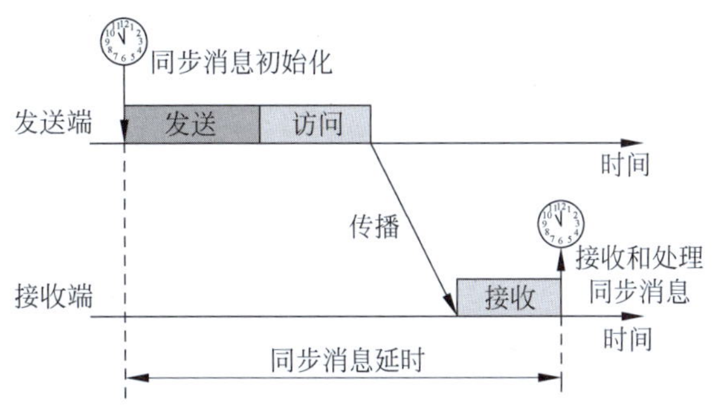

图 6-5　同步信息的端到端延时

（1）发送延时：发送节点生成同步消息和将消息发送到网络接口的时间。这包括操作系统活动（系统调用接口、内容切换）、网络协议栈以及网络设备驱动器等引起的延时。

（2）访问延时：这是发送节点访问物理信道的延时，主要取决于 MAC 协议。基于竞争的协议，如 IEEE 802.11 的 CSMA/CA，必须等待信道空闲才能进行访问。当同时有多个设备访问信道时，冲突会引起更长的延时（例如 MAC 协议的指数补偿机制）。更容易预测到的延时是，在基于 TDMA 的协议中，设备在发送消息前，必须在一个周期内等待属于它的那个时隙到来。

（3）传播延时：传播延时是消息从发送端到接收端真正的延时。当节点共享物理信道时，传播延时是非常小的，在分析关键路径时通常可以忽略。

（4）接收延时：接收设备从介质层中接收消息、处理消息以及将到达消息告知主机所需的时间。告知主机的方式一般是中断，用这种方式可以读取中断发生的本地时间（即消息到达时间）。因此，接收时间一般比发送时间晚一些。

为了减小其中一些组件的数量和种类，WSN 的许多同步方案采用了底层的技术。例如，MAC 层时间戳可以分别减少接收和发送的延时。

▶ 6.1.4　时间同步协议

目前，已经开发了许多 WSN 的时间同步协议，这些协议多数是根据前面介绍的消息交换思想加以改进得到的。

1. 基于全球时间源的参考广播

全球定位系统（GPS）连续广播从 1980 年 1 月 6 日 0 时起开始测量的 UTC（世界标准时间）。然而，与 UTC 不同的是，GPS 不受到闰秒的影响，因此比 UTC 时间快若干整数秒（2009 年是 15s）。甚至廉价的 GPS 接收器都可以接收到精度为 200ns 的 GPS 时间。时间信息也可以通过路基的无线电基站来传播。例如，美国国家标准及技术研究所用无线电基站 WWV/WWVH 和 WWVB 持续广播基于原子时钟的时间。然而，这些方案有许多限制从而影响了在WSN中的应用。例如,GPS信号不是任何地方都可以接收到的(例如水下、室内、茂密的森林中),并且对电源的要求也相对较高,这对低成本的传感器节点来说是不可行的,并且GPS接收器对小小的节点来说太大也太贵了。可是,许多传感器网络是既包含能量有限的传感器设备也包含功率较大的设备的层次化系统,功率较大的设备通常作为网关或者是簇头。这些大功率设备可以支持GPS或无线接收器,可以作为主时钟源。网络内其他所有节点可以利用它,使用本节介绍的"发送器-接收器"模式进行时间同步。

2. 基于树的轻量级同步

基于树的轻量级同步(LTS)协议的主要目的是用尽可能小的开销提供特定的精度(而不是最大精度)。LTS能够用于多种集中式或者分布式的多跳同步算法中。为了理解这种方案,将先讨论对于一对节点的同步信息交换。图6-6用图形化的方式描述了这种方案。

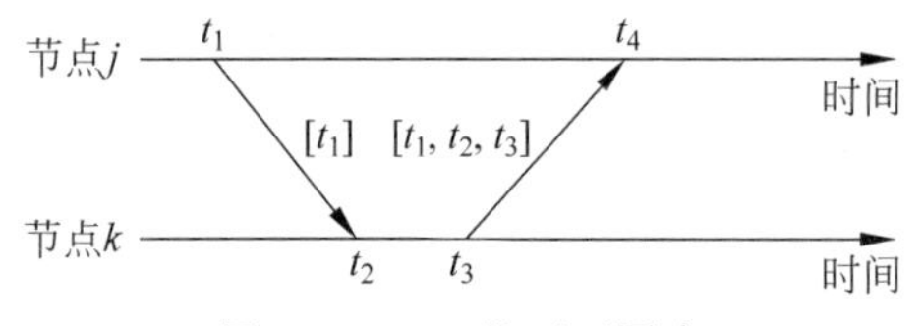

图6-6　LTS的两两同步

首先,节点j发送一个同步消息给节点k,同步消息的时间戳包含传输时间t_1。节点k在时刻t_2收到消息,回复一个包含时间戳t_3和之前记录的时间t_1和t_2的消息。这个消息在t_4时刻被节点j收到。注意,t_1和t_4是基于节点j的时钟,而t_2和t_3是基于节点k的时钟。假设传输时延是D(更进一步,认为D在两个方向是一样的),两个时钟之间未知的时钟偏移为offset,节点k的时间t_2等于$t_1+D+\text{offset}$。同样,t_4等于$t_3+D-\text{offset}$。所以,offset可以按式(6-6)计算。

$$\text{offset}=\frac{t_2-t_4-t_1+t_3}{2} \tag{6-6}$$

集中式的多跳LTS算法基于单一的参考节点,这个节点是网络内所有节点最大生成树的根节点。为了使同步准确性最高,树的深度必须最小。鉴于节点对之间两两同步会使产生的错误不断累加,因此误差会随着跳数增加在树节点增加。在LTS中,每执行一次树的生成算法如广度优先算法,就执行一次同步算法,树一旦生成,参考节点就与它的子节点进行两两同步来完成同步过程。一旦完成,每个子节点就重复这个过程直到所有节点都完成同步。两两同步有三个消息的固定开销,因此,如果一棵树拥有n条边,那么开销是$3n-3$。

分布式的多跳LTS不需要建立最大生成树,同步的责任从参考节点转移到传感器节点。这种模式假定:某个节点无论何时需要同步,总存在一个或几个节点能与它通信。这种模式允许节点自己确定再同步周期。也就是说,节点根据合适的准确度、到最近参考节点的距离、它们自己的时钟漂移ρ以及它们上次同步的时间来决定它们的再同步周期。最后,为了消除潜在的低效性,分布式LTS尽量满足邻节点的要求。为此,在挂起一个同步要求时,一个节点可以询问它的邻居,如果邻居有同步要求,则这个节点与自己的一跳邻节点同步,而不是与参考节点同步。

3. 传感器网络的时间同步协议

传感器网络的时间同步协议(TPSN)是另一种传统的使用树结构组织网络的"发射端-接收端"同步方式。TPSN同步包括两个阶段:级别探测阶段(在网络部署时执行)和同步阶段。

1) 级别探测阶段

这个阶段的目标是创建网络的分层拓扑结构,每个节点被分配一个级别,根节点(例如配备了GPS,可以通向外部世界的网关)驻留在级别0。根节点通过发出一个level_discovery消息开始这个过程,这个消息包含级别信息和发射者独有的身份信息。

与根节点相邻的每个节点利用这个消息来确定自己的级别(即级别 1),同时再次发出包含自己的级别和身份信息的 level_discovery 消息。重复这一进程,直到网络中每个节点都确定了自己的级别。若一个节点已经确立了自己在层次结构中的级别,当再次收到 level_discovery 发现消息时,就将其直接丢弃。当然,也会发生某些节点没有分配到级别的情况。例如,当 MAC 层发生冲突时,节点就无法收到 level_discovery 消息,或者某个节点加入网络时级别探测过程已经结束。在这种情况下,节点可以向邻节点发一个 level _request 信号,这些节点会回复它们所分配的级别。然后,这个节点将自己的级别设置为一个比收到的最小级别值大 1 的级别值。节点故障可以用相同的方法解决。当一个 i 级节点发现没有 $i-1$ 级邻节点(在接下来描述的同步阶段的通信步骤中)的时候,它也会发出一个 level_request 信号来重新插入层次结构中。如果根节点失效,1 级节点不会发出 level_request 信号,而是执行领导选举算法,然后开始新的级别探测,重新开始 TPSN 过程。

2) 同步阶段

在同步阶段,TPSN 沿着在前一阶段建立起的分层结构的边缘使用双向同步机制,也就是每个 i 级节点会与处于 $i-1$ 级的节点进行时钟同步。TPSN 的双向同步机制与 LTS 采取的方式相似。节点 j 在时间 t_1 发出一个同步脉冲信号,这个脉冲信号包含节点级别和时间戳。节点 k 在 t_2 时刻收到这个信号,然后在 t_3 时刻发出确认响应(包含时间戳 t_1、t_2、t_3 以及节点 k 的级别),最终,j 在 t_4 时刻收到这个数据包。与 LTS 一样,TPSN 假设传播延时 D 和时钟偏移在短时间内不会发生改变。t_1 与 t_4 通过 j 的时钟来计量,t_2 和 t_3 通过计算后的时钟来计量,这几个时间点有以下关系:$t_2=t_1+D+\text{offset}$,$t_4=t_3+D-\text{offset}$。基于这些参数,节点 j 可以计算偏移量和延迟 D。

$$D=\frac{(t_2-t_1)+(t_4-t_3)}{2} \tag{6-7}$$

$$\text{offset}=\frac{(t_2-t_1)-(t_4-t_3)}{2} \tag{6-8}$$

同步阶段是从根节点发出一个时间同步数据包(time_sync)开始的。等待随机时间之后(为了减少在介质存取时的冲突),1 级节点开始与根节点进行双向信息交换。当一个 1 级节点收到根节点的确认信息时,会计算自身的时钟偏移量从而调整自己的时钟。2 级节点会监听与它相邻的 1 级节点发出的同步脉冲信号,在经过一定的补偿时间之后,与 1 级节点开始双向同步。为了给 1 级节点足够的时间来接收和确认自己的同步脉冲,补偿时间是必要的。不断在所有层次中执行该过程,直到所有节点都与根节点进行了同步。

与 LTS 相似,TPSN 的同步误差取决于分层结构的层次深度和双向同步时端到端的信息传输延时。TPSN 依靠在 MAC 层的数据包的时间戳来使延时最小化,减少误差。

4. 洪泛时间同步协议

洪泛时间同步协议(FTSP)的目的是将整个网络的同步误差控制在微秒级;可伸缩性达到数百个节点;在网络拓扑结构变化时保持鲁棒性,包括连接故障和节点故障引起的网络变化。与其他方案不同的是,FPSP 在消除了大部分同步误差来源的同时,使用一个单独的信号来建立起发送节点与接收节点之间的同步。为此,FTSP 扩展了前面所描述的延迟分析,并将“端到端”延迟分解成如图 6-7 所示的几部分。

在延迟分析中,传感器节点的无线通信模块会在 t_1 时刻通过中断告知 CPU,自己已经准备好接收将要被发出的消息的下一部分。经过中断处理时间 d_1 之后,CPU 在 t_2 时刻生成一

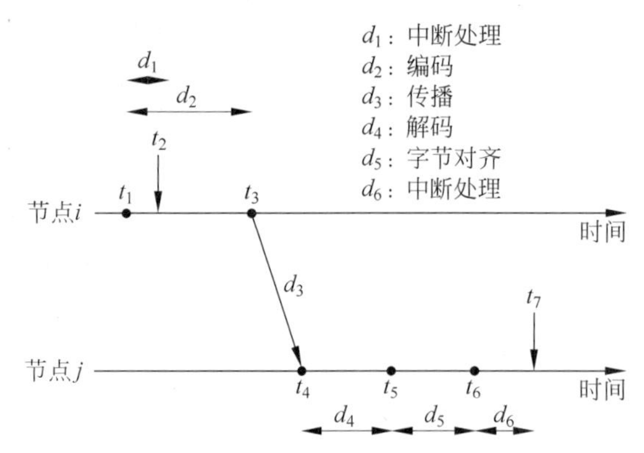

图 6-7　同步信息中的“端到端”延迟

个时间戳。无线通信模块用来编码和将信息转变成电磁波所需要的时间称为编码时间 d_2(在 t_1 和 t_3 之间)。传播延时 d_3(在 j 的时钟上的时间 t_3 和 k 的时钟上的时间 t_4 之间)之后会有解码时间 d_4(在 t_4 和 t_5 之间)。解码时间是无线通信模块将电磁波形式的信息重新解码成二进制码的时间。字节对齐时间 d_5 是由节点 j 和 k 之间不同的字节对齐(位偏移)引起的延迟,也就是说,接收模块必须确定已知同步字节的偏移量来相应地调整接收的信息。最后,k 上的无线通信模块在 t_6 时刻发出一个中断信号,允许 CPU 在 t_7 时刻获得最终的时间戳。

这些延迟对整个端到端延迟变化的影响是很大的。例如,传播延迟 d_3 通常非常小($<1\mu s$),而且是可以确定的。同样,编码时间 d_2 和解码时间 d_4 也是可以确定的,一般都在比较低的百微秒级别。字节对齐时间 d_5 取决于位偏移,一般长达到几百微秒。中断处理时间 d_1 和 d_6 是不确定的,通常会占用几微秒。

1) FTSP 的时间戳

在 FTSP 中,发送器通过一个无线信号与一个或者几个接收器进行同步,广播消息中包含发射器的时间戳(估计传输给定字节数的消息所需要的全部时间)。当消息到达后,接收器提取其中的时间戳,然后使用自己的本地时钟对到达信息标记时间。全局-本地时间对提供了一个同步点。因为发送器的时间戳必须嵌入当前要传送的消息中,因此,必须在包含时间戳的字节发送之前进行时间标记操作。在 FTSP 中,同步信息从一段前导码开始,这些字节后面是一些 SYNC 字节、数据字段和一个用于错误检测的循环冗余校验码(CRC),如图 6-8 所示。这段前导码用于将接收器的无线通信模块和载波频率同步;SYNC 字节用来计算位偏移,这些字节是正确重组信息的必要部分。FTSP 在发送器和接收器上使用多重时间戳来减少中断处理、编码/解码时产生抖动的时间。在被发送或接收的时候这些时间戳被记录在每个 SYNC 字节之后的字节中。时间戳通过减去正常字节传输时间的整数倍来进行归一化(例如在 Mica2 平台上大约是 417μs)。由中断处理时间引起的抖动可以使用归一化的时间戳中最小

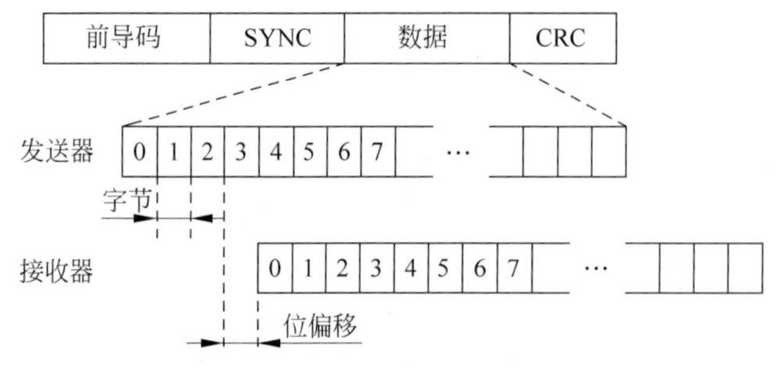

图 6-8　同步信息的格式以及发送器和接收器之间的位偏移

的那个来消除。此外,对正确的归一化时间戳求平均值,可以减少编码和解码时产生的抖动。只有最终的(误差校正)时间戳被添加到信息数据之中。在接收方,时间戳必须通过字节对齐时间(可以通过传送速度和位偏移量来判定)来进行进一步校正。

2) 多跳同步

与TPSN相似,FTSP通过选举产生的同步根节点来同步网络,在这个网络中根节点的选举是基于每个节点独有的ID(例如将级别最低的节点选作根节点)。根节点保留全局时间,网络中的其他所有节点都会将自己的时钟与根节点的全局时间同步。同步过程由根节点发出的包含时间戳的广播信息触发。所有在根节点的通信范围之内的节点可以直接从广播信息中建立同步点。其他节点从靠近根节点且已经同步过的节点发出的信号中收集同步点。

与TPSN相似,FTSP依赖于根节点选举算法来保证网络中只有一个同步根节点。每个广播信息包含根节点特有的ID(根ID)和一组序列号(除了已经讨论过的时间戳以外)。无论什么时候,当一个节点在一定的时间内没有接收到同步信息后,它将声明自己成为一个新的根节点。当节点收到一个来自级别比自己ID低的根节点ID发出的同步信息时,它会放弃自己的根状态。新的节点加入网络时,若它的ID级别比根ID级别还低,它不会立刻声明自己成为根节点,而是等待一段时间来收集同步信息,并根据当前的全局时间来调整自己的时钟。这些技术保证TPSN可以处理网络拓扑结构改变的问题,包括节点移动而导致网络拓扑结构发生变化的情况。

5. 参考广播同步

参考广播同步(RBS)协议依靠在一系列接收器之间广播消息来实现同步。在无线传播介质中,广播消息几乎同时到达多个接收器。消息延迟的不确定性主要由传播时延和接收器接收以及处理广播消息时所需的时间决定。RBS的强大之处在于它可以消除由发射器带来的不确定性同步误差。所有的同步方法都是以某种形式的消息交换进行的,因此这些消息中的不确定性延迟都会限制可以获得的时间同步方式的粒度。图6-9对传统同步协议和RBS的关键路径进行了比较。利用无线传播介质的性质,对于两个接收器,广播信号的发送时延和访问时延是相同的,也就是说,两个接收器实际的信息到达时间只会因为传播路径的变化和接收时延的不同而不同。因此,RBS的关键路径比传统同步方式的关键路径要短很多。

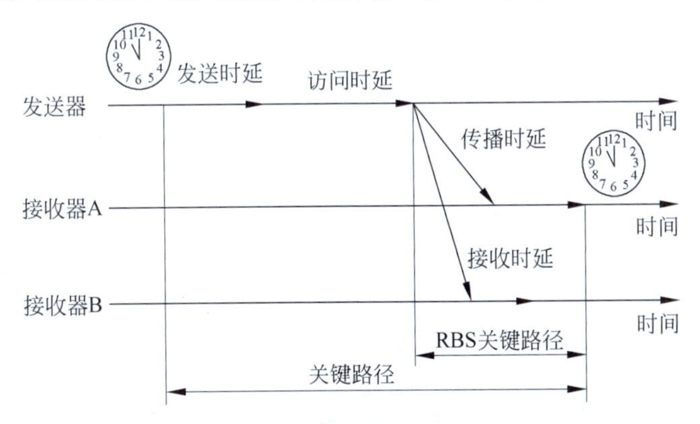

图6-9　同步信息交换过程中的关键路径分析

例如,当有两个接收器的时候,接收到信标时每个接收器都会记录一次(使用它们的本地时钟)。接下来,两个接收器会交换它们记录的信息,从而可以计算偏移量(例如本地信息到达时间的差异)。当有两个以上的接收器时,所有接收器对之间的最大相位误差称为群差值

(Group Dispersion)。当接收器数目增加时,很可能至少存在一个接收器不能很好地同步,这会导致更大的群差值。另外,增加参考广播消息的数量则会减小群差值。因为接收节点在接收时间上会有很多变化,使用多个参考广播消息可以增加同步的精确性。换言之,接收器 j 可以计算自己相对于另一个接收器 i 的偏移量,因为接收器 i 和 j 接收 m 个数据包的平均相位偏移为

$$\text{offset}[i,j]=\frac{1}{m}\sum_{k=1}^{m}(T_{j,k}-T_{i,k}) \tag{6-9}$$

通过建立多个包含各自广播域的参考信标,RBS 可以拓展到多跳情况下。这些域可以重叠,重叠域中的节点可以作为桥节点从而允许多个域之间的同步。例如,节点 A 和节点 B 在参考节点 C 的范围内,C 和 D 在参考节点 E 的范围内,那么 C 就是两个广播域之间的桥节点。

传感器节点之间同步需要大量的消息交换,这使得 RBS 成为一个成本很高的同步技术。因此,在 RBS 的基础上衍生出了后同步计划。在后同步中,除非发生兴趣事件,否则节点间不进行同步。如果同步过程在这个兴趣事件发生后很快开始,传感器节点可以仅在感兴趣时才调整它们的时钟,而不必收发不必要的同步消息而浪费能源。

6. 时间扩散同步协议

时间扩散同步(TDP)协议允许 WSN 达到一个平衡时间,也就是说,各节点都协商出一个全网的统一时间,并且保持它们的时钟相对该平衡时间有一点小的偏离。网络中的各节点从两种角色中选择一个,然后动态地加入树状结构内。两种角色是指主节点和分散的领导节点。TDP 的时间扩散程序负责将时间消息从主节点扩散到其邻节点,其中一些邻节点会成为分散的领导节点,并负责将主节点的消息传播至更远的节点。TDP 在两个阶段的操作中是有区别的:在激活阶段,每 τ 秒选举一次主节点(基于选举/再选举程序或 ERP),这样可以平衡网络的工作量并使网络能协商出平衡时间。紧跟每个激活状态后的是非激活状态,非激活状态没有时间同步。每个 τ 秒的间隔被进一步被分为 δ 秒的间隔,每个间隔从选举分散的领导节点开始。选举程序 ERP 会除掉叶节点和那些时钟偏离邻节点超过某一临界值的节点。该操作通过邻节点间交换信息,比较它们的读数来实现。而且,选举程序 ERP 会考虑传感器节点的能量状态以保证主节点和分散的领导节点的正常工作。

图 6-10 描述了时间扩散同步(TDP)的概念。一开始,被选举出的主节点向其邻节点发送时间消息。所有的分散领导节点都可以接收到这个消息(在图中,C 和 D 是节点 A 的领导节点),并回复一个 ACK 确认消息。主节点据此确定到每一个邻节点 j 的双向传输时延 Δ_j、双向延时的标准差,以及到所有邻节点的单向延时的估计值(如果用 Δ 表示所有双向传输的时延,那么单程时延就是 $\Delta/2$)。主节点用另一个含有时间戳的消息将标准差发送给每一个相邻的扩散领导节点。扩散领导节点通过这个时间戳、单向估计延时以及标准差来调整自己的时钟,然后与邻节点重复整个扩散过程。重复该过程 n 次,n 为从主节点到最后一跳的距离(在

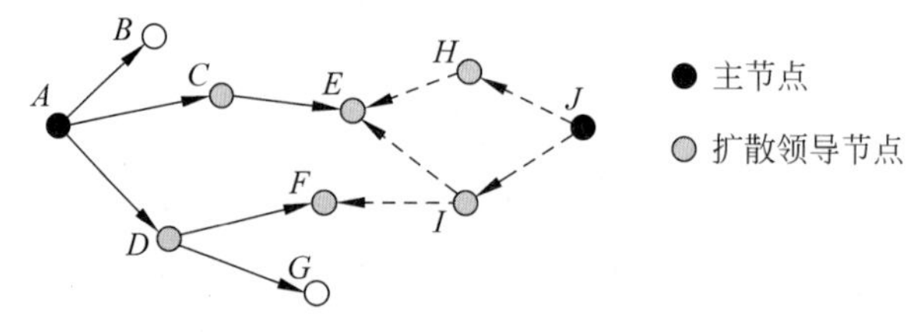

图 6-10 TDP 同步示例(两个主节点都是 $n=2$)

图 6-10 中,$n=2$)。注意,节点从多个主节点接收到时间消息时,就使用它们的标准差作为加权系数来确定它们对需调整的时钟的贡献大小。

7. Mini-Sync 和 Tiny-Sync 同步

Mini-Sync 和 Tiny-Sync 是两个紧密相关的协议,它们提供了低带宽、低存储空间、低处理需求的成对同步协议,可以作为整个传感器网络同步的基础模块。同一个传感器网络中两个节点的时钟关系可以被表示为

$$C_1(t)=a_{12}C_2(t)+b_{12} \tag{6-10}$$

其中,a_{12} 和 b_{12} 分别表示节点 1 和节点 2 之间的相对频偏和相对时钟差。为了确定它们的关系,节点可以使用双向通信方案。例如,节点 1 在 t_0 时刻向节点 2 发送一个时间戳探测消息,节点 2 在 t_1 时刻立即回复一个时间戳消息。节点 1 记录第二条消息的到达时间 t_2,便可得到一个三元组的时间戳(t_0,t_1,t_2),这个标签也叫作数据点。因为 t_0 在 t_1 之前,t_1 在 t_2 之前,下面的不等式应当成立。

$$t_0<a_{12}t_1+b_{12} \tag{6-11}$$

$$t_2>a_{12}t_1+b_{12} \tag{6-12}$$

多次重复这个过程,便会产生一系列数据点、a_{12} 与 b_{12}:允许在新的约束条件下取值,从而提高了算法精度。

这两种协议的基础是并非对所有数据点都有用的。每个数据点会产生两种约束下的相对频偏和相对补偿。Tiny-Sync 算法只包含这些约束条件中的 4 个,一旦获得一个新的数据点,现有的 4 个约束条件就需要与新产生的两个约束条件进行比较,只保留 4 个能精确估计频偏与时钟差的约束条件。这种算法的缺点是,如果结合其他尚未发生的数据点可能会做出更好的估计,但是该算法有可能会丢掉这些约束。所以,只有已经确认某个数据点没用时,Mini-Sync 协议才将其丢弃。这种算法比 Tiny-Sync 算法需要更高的计算和存储成本,但优点是可以提高算法精度。

6.2 定位技术

6.2.1 基本描述

1. 节点定位的基本概念

节点定位是无线传感器网络系统布设完成后面临的首要问题。节点定位是指根据有限的位置已知的节点来确定无线传感器网络中其他节点的位置,在无线传感器网络的节点之间建立起位置关联关系的定位机制。

在无线传感器网络中,需要定位的节点称为未知节点(Unknown Node),即不知道自身位置的节点,在一些资料中也称为盲节点(Blind Node)。而已知位置并协助未知节点定位的节点称为锚节点(Anchor Node),部分资料中也称为参考节点(Reference Node)、信标节点(Beacon Node),为了描述方便,统称为锚节点。锚节点在网络节点中所占的比例很小,可以通过 GPS 定位系统或根据预先指定等手段获取自身的精确位置。每个节点通信半径以内的其他节点,称为邻居节点(Neighbor Nodes)。如图 6-11 所示的典型的无线传感器网络结构,通过锚节点向网络广播信标信息,或未知节点通过与邻近的锚节点或已经知道位置信息的邻居节点之间通信,未知节点获得与其他节点的距离或跳数信息,然后根据一定的定位算法得到自身的位置信息。

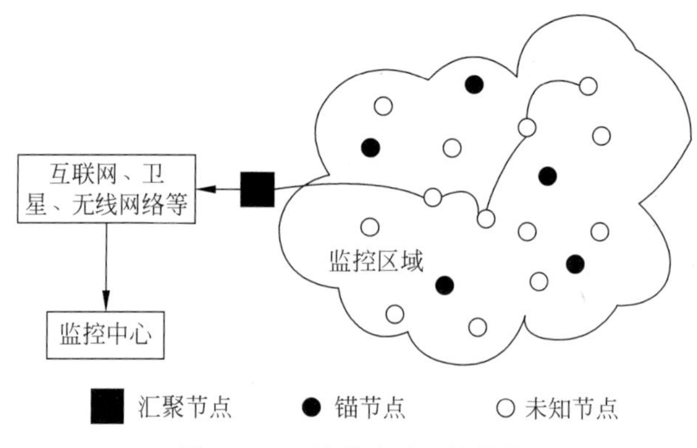

图 6-11　无线传感器网络结构

2. 定位算法的分类

近些年,国内外提出了很多关于传感器网络节点的定位算法,每一种算法都有自己的特点,到现在为止也没有一个通用的分类标准,通过查阅国内外的相关书籍和资料,从测量技术、定位形式、定位效果、实现成本等方面考虑,节点定位算法可分为以下 4 类。

1) 基于测距的定位算法和与距离无关的定位算法

根据是否需要测量实际节点间的距离将定位算法分为基于测距(Range-Based)的定位算法和与距离无关(Range-Free)的定位算法。基于测距的定位算法需要测量相邻节点间的距离或方位,并利用实际测得的距离来计算未知节点的位置。与距离无关的定位算法则不需要测量距离和角度信息,利用网络的连通性等信息,来估计节点的位置。

2) 基于锚节点的定位算法和无锚节点辅助的定位算法

根据定位过程中是否使用锚节点将定位算法分为基于锚节点的定位算法(Anchor-Based)和无锚节点辅助的定位算法(Anchor-Free)。基于锚节点的定位算法以锚节点作为定位中的参考点,各个节点定位后产生整体的绝对坐标系统。无锚节点辅助的定位算法的定位过程无须锚节点的参与辅助,只需知道节点之间的相对位置,然后各个节点以自身作为参考点,将邻居节点纳入自己的坐标系统,相邻的坐标系统依次合并转换,最后得到整体的相对坐标系统。

3) 集中式计算定位与分布式计算定位

集中式计算定位需要把信息传送到某个中心节点(例如服务器),在中心节点完成节点位置的计算。集中式计算定位从全局角度统筹规划,对计算量和存储量几乎没有限制,可以获得相对精确的位置估算。它的缺点是中心节点位置较近的节点因通信开销大而过早消耗完能量,会导致整个网络与中心节点信息交流的中断,无法实时定位。

分布式计算定位也称为并发式算法,依赖节点间的信息交换和协调,由节点自行计算自身位置。在定位精度上,分布式计算定位低于集中式计算定位,但分布式计算定位不会出现部分节点因通信开销大而过早耗完能量。

4) 紧密耦合定位与松散耦合定位

紧密耦合定位系统是指锚节点不仅被仔细地部署在固定的位置,并且通过有线介质连接到中心控制器。它的特点是适用于室内环境,具有较高的精确性和实时性,时间同步和锚节点间的协调问题容易解决。但这种部署策略限制了系统的可扩展性,代价较大,无法应用于布线工作不可行的室外环境。

松散型定位系统的节点采用无中心控制器的分布式无线协调方式,在精确性上低于紧密耦合定位系统，但是松散型定位系统部署灵活，只需要节点间的协调和信息交换即可实现定位。

3. 定位算法的性能分析

由于无线传感器网络与具体的应用有关，根据具体应用的需要，定位的条件和要求会有所不同，所以不同的定位方法和技术在不同的应用场合下所表现出的性能存在着巨大的差异。在无线传感器网络中，节点定位算法的性能直接影响其可用性，如何评价一个定位算法的可用性是设计无线传感器网络时需要考虑的问题。

评价一个定位算法，可以从定位精度、规模、锚节点密度、节点密度、覆盖率、容错性和自适应性、功耗、成本等方面考虑，这些性能指标是相互关联的，必须根据应用的具体需求做出权衡，以选择和设计合适的定位方案。下面具体分析各个性能指标。

(1) 定位精度：定位精度使用误差值与节点无线射程比值 R 来表示，定位精度是衡量定位算法的重要指标之一。

(2) 规模：不同的定位算法适用于不同的应用场合，定位算法可以定位的目标规模也不尽相同。因此可以从定位规模方面评价一个定位算法：在一定数量的基础设施或在一段时间内，以定位算法定位的目标数量为评价指标。

(3) 锚节点密度：锚节点密度是使用无线传感器网络中锚节点的数目与所有节点数目的比值来表示的。锚节点的位置已知，通常依赖人工部署或携带 GPS 设备实现，用于辅助定位其他节点。锚节点密度也是评价定位系统和算法性能的重要指标之一。

(4) 节点密度：节点密度通常以网络的平均连通度来表示，节点密度的增大会导致网络部署费用的增加，同时会因为节点间的通信冲突问题带来有限带宽的阻塞。

(5) 覆盖率：覆盖率是无线传感器网络定位算法的另一个重要指标。覆盖率表示能够实现定位的未知节点与未知节点总数的比值。在保证一定精度的前提下，覆盖率越高越好。

(6) 容错性和自适应性：定位系统和算法在实际的应用中，由于环境、功耗和其他原因的影响，存在严重的多径传播、非视距、传播衰减或节点失效等干扰，因此，定位系统和算法的软硬件必须具有很强的容错性和自适应性，能克服环境和功耗等方面的干扰，尤其是在少量节点发生异常的时候，能够通过自动调整或重构纠正错误，以适应环境的变化，从而减小定位误差。

(7) 功耗：由于传感器节点一般用电池供电，电池能量有限且不能进行补充，因此功耗是无线传感器网络设计和功能实现最重要的影响因素之一。由于不同的定位算法的通信开销、计算量、存储开销、时间复杂性等一系列关键性指标不同，不同的定位方法的功耗差别很大。其中，通信开销是节点最主要的功耗，因此可以简单地用通信报文量来近似衡量节点自定位算法的功耗。

(8) 成本：定位系统或算法的成本可从时间、空间和资金成本等方面来评价。时间成本包括定位系统的安装时间、配置时间、定位所需时间等。空间成本包括定位系统或算法所需的基础设施和网络节点的数量、硬件尺寸等。资金成本则指实现一种定位系统或算法的基础设施、节点设备的总费用。

6.2.2　节点位置的计算方法

未知节点获得与其他邻居节点的距离或相对角度信息，并满足节点定位的计算条件，就可以使用相关定位计算的基本方法来计算出自身的位置。定位计算的基本方法包括三边测量法、三角测量法、极大似然估计法、最小最大法。

1. 三边测量法

当未知节点到至少三个邻居节点的估计距离已知时，可使用三边测量法。三边测量法将以三个节点为中心的三个圆的交点作为未知节点的估计位置。

如图 6-12 所示，已知 A、B、C 三个节点的坐标分别为(x_1,y_1)，(x_2,y_2)，(x_3,y_3)，它们到未知节点 D 的距离分别为 d_1，d_2，d_3，假设节点 D 的坐标为(x,y)，那么存在下列公式。

$$\begin{cases}\sqrt{(x-x_1)^2+(y-y_1)^2}=d_1\\ \sqrt{(x-x_2)^2+(y-y_2)^2}=d_2\\ \sqrt{(x-x_3)^2+(y-y_3)^2}=d_3\end{cases} \tag{6-13}$$

由式(6-13)得到节点 D 的坐标为

$$\begin{bmatrix}x\\ y\end{bmatrix}=\begin{bmatrix}2(x_1-x_3)2(y_1-y_3)\\ 2(x_2-x_3)2(y_2-y_3)\end{bmatrix}^{-1}\begin{bmatrix}x_1^2-x_3^2+y_1^2-y_3^2+d_3^2-d_1^2\\ x_2^2-x_3^2+y_2^2-y_3^3+d_3^2-d_2^2\end{bmatrix} \tag{6-14}$$

虽然这种方法简单，但由于无线传感器网络节点的硬件和能耗限制，通常节点间测距误差较大，因此经常出现三个圆无法交于一点的情况。如果这三个圆不能交于一点，方程就会得出不正确解，这时就需要使用极大似然估计法来实现节点定位。

2. 三角测量法

三角测量法根据三角形的几何关系进行位置估算。三角测量法首先进行"点在三角形中"的测试，即任意选取三个锚节点组成三角形，以测试未知节点是否落在该三角形内。根据测试结果，如果在三角形内部，就可以采用以下的方法计算节点的位置。

如图 6-13 所示，已知 A、B、C 三个节点的坐标分别为(x_1,y_1)，(x_2,y_2)，(x_3,y_3)，节点 D 到 A、B、C 的角度分别为$\angle ADB$，$\angle ADC$，$\angle BDC$，假设节点 D 的坐标为(z,y)。对于节点 A、C 和$\angle ADC$，确定圆心为 $O_1(x_{01},y_{01})$半径为 r_1 的圆，$\alpha=\angle AOC$，则

$$\begin{cases}\sqrt{(x_{01}-x_1)^2+(y_{01}-y_1)^2}=r_1\\ \sqrt{(x_{01}-x_2)^2+(y_{01}-y_2)^2}=r_1\\ (x_1-x_3)^2+(y_1-y_3)^2=2r_1^2-2r_1^2\cos\alpha\end{cases} \tag{6-15}$$

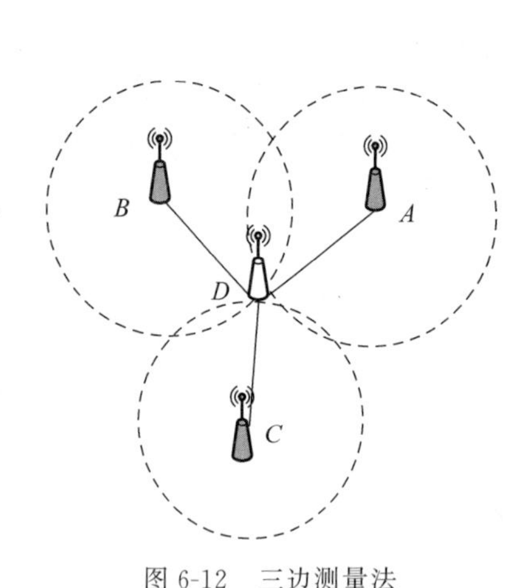

图 6-12　三边测量法

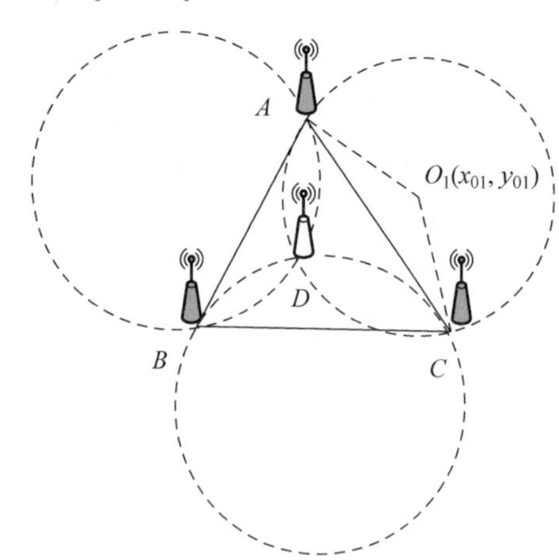

图 6-13　三角测量法

由式(6-15)能够计算得到圆心 $O_1(x_{01},y_{01})$点的坐标和半径 r_1。同理，由 A、B、$\angle ADB$ 和 B、C、$\angle BDC$ 分别确定相应的圆心 $O_2(x_{02},y_{02})$、$O_3(x_{03},y_{03})$。最后使用三边测量法，由

点 $D(x,y)$、$O_1(x_{01},y_{01})$、$O_2(x_{02},y_{02})$、$O_3(x_{03},y_{03})$确定节点 D 的坐标。

3. 极大似然估计法

极大似然估计法寻找一个使测距距离与估计距离之间存在最小差异的点，并以该点作为未知节点的位置，如图 6-14 所示。其基本思想为假如一个节点可以获得足够多的信息来形成一个由多个方程式组成并拥有唯一解的超限制条件或限制条件完整的系统，那么就可以同时定位跨越多跳的一组节点。如图 6-14 所示节点 A_1，A_2，…，A_n 的位置坐标已知，D 为未知节点，其估计位置通过最小化测量值间的误差和残余项来获得，具体实现过程如下。

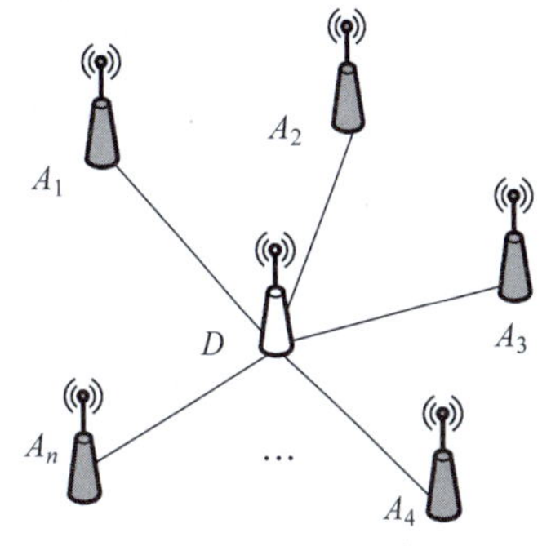

图 6-14　极大似然估计法

已知 n 个节点的坐标分别为 $A_1(x_1,y_1)$，$A_2(x_2,y_2)$，…，$A_n(x_n,y_n)$，它们到点 D 的距离分别是 $d_1,d_2,\cdots,d_n$，假设未知节点 D 的坐标是(x,y)，则存在以下关系式。

$$\begin{cases}(x_1-x)^2+(y_1-y)^2=d_1^2\\(x_2-x)^2+(y_2-y)^2=d_2^2\\\vdots\\(x_n-x)^2+(y_n-y)^2=d_n^2\end{cases}\tag{6-16}$$

将式(6-16)视为线性方程组 $\boldsymbol{AX}=\boldsymbol{b}$，解之可得

$$\boldsymbol{A}=\begin{bmatrix}2(x_1-x_n) & 2(y_1-y_n)\\2(x_2-x_n) & 2(y_2-y_n)\\\vdots & \vdots\\2(x_{n-1}-x_n) & 2(y_{n-1}-y_n)\end{bmatrix},\quad \boldsymbol{X}=\begin{pmatrix}x\\y\end{pmatrix}\tag{6-17}$$

$$\boldsymbol{b}=\begin{bmatrix}x_1^2-x_n^2+y_1^2-y_n^2+d_n^2-d_1^2\\x_2^2-x_n^2+y_2^2-y_n^2+d_n^2-d_2^2\\\vdots\\x_{n-1}^2-x_n^2+y_{n-1}^2-y_n^2+d_n^2-d_{n-1}^2\end{bmatrix}\tag{6-18}$$

由标准的最小均方差估计方法可以得到节点 D 的坐标为 $\hat{X}=(\boldsymbol{A}^{\mathrm{T}}\boldsymbol{A})\boldsymbol{A}^{\mathrm{T}}\boldsymbol{b}$。极大似然估计法的缺点在于需要进行较多的浮点运算，对于计算能力有限的传感器节点，其计算开销带来的功耗仍不容忽视。

4. 最小最大法

最小最大法的基本思想是依据未知节点到各锚节点的距离测量值及锚节点的坐标构造若干个边界框，即以锚节点为圆心，未知节点到该锚节点的距离测量值为半径所构成圆的外接矩形，计算外接矩形的质心为未知节点的估计坐标。

如图 6-15 所示，已计算得到未知节点 D 到锚节点的估计距离 d_i，锚节点 A、B、C 的坐标为$(x_i,y_i)(i=1,2,3)$，加上或减去测距值 d_i，得到锚节点的限制框。

$$[x_i-d_i,y_i-d_i]\times[x_i+d_i,y_i+d_i]\tag{6-19}$$

这些限制框的交集为$[\max(x_i-d_i),\max(y_i-d_i)]\times[\min(x_i+d_i),\min(y_i+d_i)]$。三个锚节点共同形成的交叉矩形，取矩形的质心为所求节点的估计位置，最小最大法在不需要进行大量计算的情况下能得到较好的效果。

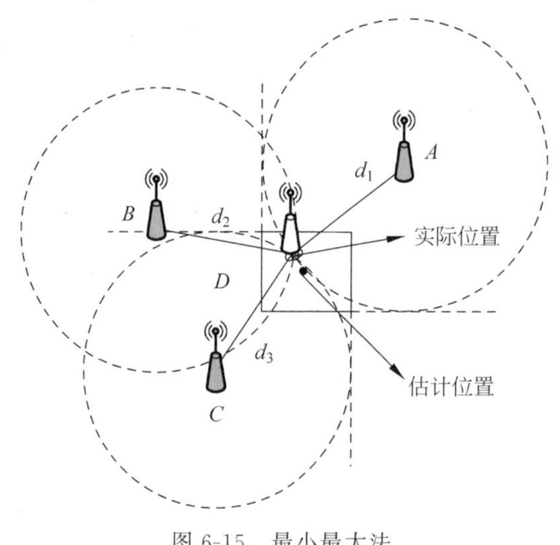

图 6-15　最小最大法

6.2.3　基于测距的定位算法

基于测距(Range-Based)的定位算法通过测量相邻节点间的距离或角度信息,然后使用三边测量、三角测量或最大似然估计定位计算方法计算节点位置。其常用的测距技术有 RSSI、TOA、TDOA 和 AOA。测距定位过程分为以下三个阶段。

(1) 测距阶段。未知节点测量到邻近锚节点的距离或角度。

(2) 定位阶段。计算出未知节点与三个或三个以上锚节点的距离或角度后,利用三边测量法、三角测量法或极大似然估计法计算未知节点的坐标。

(3) 校正阶段。对计算得到的节点的坐标进行循环求精,减少误差,提高定位算法的精度。

基于测距的定位算法需要额外的硬件支持,势必会增加系统的成本,而且基于测距技术的定位机制还使用各种算法来减小测距误差对定位的影响,包括多次测量、循环定位求精等,这些都要产生大量计算和通信开销。基于测距技术的定位机制虽然在定位精度上有可取之处,但并不适用于低功耗、低成本的应用领域。

1. 基于 RSSI 的定位机制

基于 RSSI(Received Signal Strength Indicator,接收信号强度指示)的定位机制,已知发送节点的发送信号强度,通过测量接收信号强度,计算信号的传播损耗,根据理论或经验信号传播衰减模型将传播损耗转换为距离。得到锚节点与未知节点之间的距离信息后,采用三边测量法或最大似然估计法可计算出未知节点的位置。

根据信号传播理论,由无线信号发射功率和接收功率之间的关系式可计算得到距离 d 值的估计值。已知发射功率,在接收节点测量接收功率,计算传播损耗,使用理论或经验的信号传播模型将传播损耗转换为距离。在自由空间中,距发射机 d 处的天线接收到的信号强度为

$$p_r(d)=\frac{p_t G_t G_r \lambda^2}{(4\pi)^2 d^2 l} \tag{6-20}$$

式中,p_t 为发射机功率;$p_r(d)$为在距离 d 处的接收功率;G_t、G_r 分别为发射天线和接收天线的增益;d 为距离;l 为与传播无关的系统损耗因子;λ 为波长。由式(6-20)可知,在自由空间中,接收机功率随发射机与接收机距离的平方衰减。通过测量接收信号的强度,再利用式(6-20)就能计算出收发节点间的估计距离。

实际应用中的情况要复杂得多，尤其是在分布密集的无线传感器网络中。反射、多径传播、非视距(NLOS)、天线增益等问题都会对相同距离产生显著不同的传播损耗。实际环境中通常采用以下经验公式。

$$p_r(d)[\mathrm{dBm}] = p_0(d_0)[\mathrm{dBm}] - 10n\log_{10}\left(\frac{d}{d_0}\right) + X_\sigma \tag{6-21}$$

式中，$p_0(d_0)$为距发射机 d_0 的参考信号强度；n 为信号传播路径衰落系数，与特定环境相关；X_σ 为由遮蔽效应引起的正态分布的随机变量。

目前很多通信控制芯片(如 TI 的 CC2530 无线芯片)通常会提供测量 RSSI 的方法，可以在锚节点广播自身坐标的同时即完成 RSSI 的测量，因此 RSSI 是一种低功率、廉价的测距技术，RADAR、SpotON 等许多定位系统中使用了该技术。它的主要误差来源是环境影响所造成的信号传播模型的建模复杂性，反射、多径传播、非视距(NLOS)、天线增益等问题都会对相同距离产生显著不同的传播损耗。因此这种方法是一种粗糙的测距技术，它有可能产生±50%的测距误差。一般只能适用于对误差要求不高的场合。

2. 基于 TOA 的定位机制

基于 TOA(Time Of Arrival，到达时间)的定位，已知信号的传播速度，通过测量信号传播时间来测量距离。

到达时间测距法通过测量信号传输时间来估算两节点之间的距离。TOA 可以通过以下两种方式完成节点间距离的测量。

(1) 测量信号单向传播时间，发送节点记录信号的发送时间并同步告知接收节点，接收节点记录信号的接收时间，通过这种方法测量到信号的传播时间，并由信号的传播速度计算得到节点间的距离。这种方法需要发送节点和接收节点的本地时间精确同步。

(2) 测量信号往返时间差，接收节点在收到信号后直接返回，发送节点测量收发的时间差，由于仅使用发送节点的时钟，因此避免节点间时间同步的要求。这种方法的误差来源于接收节点的处理延时，可以通过预先校准等方法来获得比较准确的估计。

在 TOA 定位方法中，需要未知节点与锚节点时间同步，否则会产生较大的定位误差。若无线电从锚节点到未知节点的传播时间为 t，无线电传播速度为 c，则锚节点到未知节点的距离为 $t\times c$。如图 6-16(a)所示，如果采用 TOA 定位的方法，无线电同步消息告知接收节点超声波发送时间 T_1，接收节点在接收到超声波信号后，记录信号到达时间 T_2，则超声波信号的传播时间 t 为 T_2-T_1。超声波速度乘以传播时间即为节点间距离。节点在计算出与多个邻近锚节点的距离后，可以利用三边测量法或者极大似然估计法计算出自身位置。

全球定位系统(GPS)使用 TOA 技术实现定位，GPS 使用了昂贵、高能耗的电子设备来精确同步卫星时钟，因此其具有较高的定位精度。在无线传感器网络中，节点在硬件尺寸、价格和功耗方面的要求限制了 TOA 技术在无线传感器网络中的应用。

3. 基于 TDOA 的定位机制

TDOA(Time Difference Of Arrival，到达时间差)通过计算两种不同无线信号到达未知节点的时间差，再根据两种信号传播速度来计算得到未知节点与锚节点之间的距离。例如，Cricket 定位系统中，如图 6-16 所示，发射节点同时发射无线射频信号和超声波信号，接收节点记录到达时间 T_1、T_2，已知无线射频信号和超声波传播的速度分别为 c_1、c_2，那么两节点间的距离为

$$(T_2 - T_1) \times \frac{c_1 c_2}{c_1 - c_2} \tag{6-22}$$

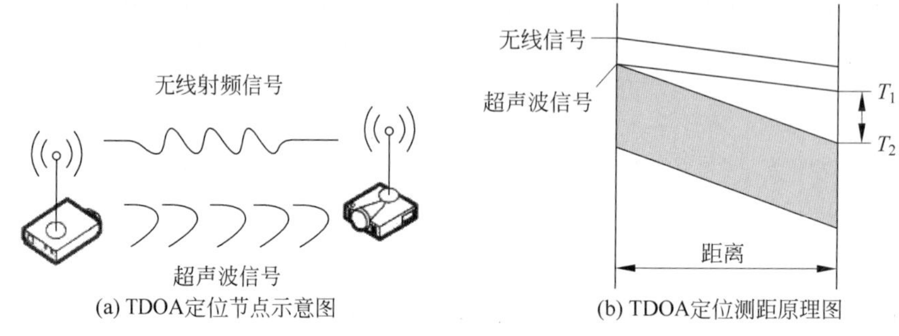

图 6-16　TDOA 定位原理图

在节点同步要求上，TOA 定位需要锚节点与未知节点时间同步，TDOA 无须同步锚节点与未知节点的时间，只需在网络节点部署完成后，实现锚节点之间的时间同步，由于锚节点在整个无线传感器网络中所占比例很小，因此实现 TDOA 的时间同步比 TOA 的时间同步代价要小。TDOA 定位算法定位精度高，易于实现，在无线传感器网络定位方案中得到较多应用。

4. 基于 AOA 的定位机制

基于 AOA(Angle Of Arrival，到达角)定位机制，接收节点通过天线阵列或多个接收器结合来得到发射节点发送信号的方向，计算接收节点和发射节点之间的相对方位或角度，再通过一定的算法得到节点的估计位置。

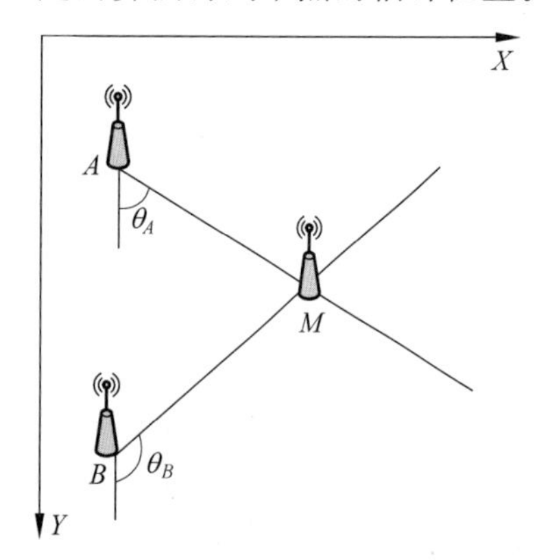

图 6-17　基本的 AOA 定位原理图

基本的 AOA 定位法如图 6-17 所示，在二维平面中，未知节点 M 得到与锚节点 A 和 B 所构成的角度之后就可以利用式(6-23)确定自身位置，即可计算出未知节点的估计位置。

$$\tan(\theta_i) = \frac{x - x_i}{x - y_i} \tag{6-23}$$

AOA 定位需要天线阵列或多个接收器实现定位，硬件系统设备复杂，不适用于对成本敏感的大规模无线传感器网络。且 AOA 定位需要两节点之间存在视线传输(LOS)，即使是在 LOS 传输为主的情况下，无线传输的多径效应依然会干扰 AOA 的定位。

▶ 6.2.4　距离无关的定位算法

基于测距的定位技术得到结果的精确度要比无须测距的高，但是由于基于测距的定位技术必须有测距的过程，势必会增加硬件或者增加通信量和计算量。由于节点尺寸、消耗和能量的限制，基于测距的算法在许多大规模传感器网络中是不实用的。而且通常情况下，当定位误差小于传感器节点无线通信半径的 40%时，定位误差对路由性能和目标追踪精确度的影响不会很大，因此无须测量节点间的绝对距离或方位的定位技术在实际的应用中表现出巨大的应用前景，距离无关的定位技术应运而生。

典型的距离无关的定位算法有质心定位算法、凸规划定位算法、APS 定位算法、Amorphous 定位算法、APIT 算法、SeRLoc 算法等。

1. 质心定位算法

质心定位算法是由南加州大学的 Nirupama Bulusu 等学者提出的一种仅基于网络连通性的

室外定位算法。未知节点以所有在其通信范围内的锚节点的几何质心作为自己的估计位置。

质心定位算法首先确定包含未知节点的区域，计算这个区域的质心，并将其作为未知节点的位置。在质心定位算法中，锚节点周期性地向邻近节点广播信标分组，信标分组中包含锚节点的标识号和位置信息。当未知节点接收到来自不同锚节点的信标分组数量超过某一门限或接收一定时间后，就确定自身位置为这些锚节点所组成的多边形的质心。

多边形的几何中心称为质心，设多边形顶点为 $A_1(x_1,y_1)$、$A_2(x_2,y_2)$、…、$A_n(x_n,y_n)$，则其坐标的平均值就是多边形质心的坐标，见式(6-24)。

$$(X_G,Y_G)=\left(\frac{\sum_{i=1}^{n}X_i}{n},\frac{\sum_{i=1}^{n}Y_i}{n}\right) \tag{6-24}$$

例如，如图 6-18 所示的多边形 $ABCDE$ 的顶点坐标分别为 $A(x_1,y_1)$，$B(x_2,y_2)$，$C(x_3,y_3)$，$D(x_4,y_4)$，$E(x_5,y_5)$，其质心坐标为

$$(x,y)=\left(\frac{x_1+x_2+x_3+x_4+x_5}{5},\frac{y_1+y_2+y_3+y_4+y_5}{5}\right)$$

质心定位算法的最大优点是非常简单，计算量小，易于实现。完全基于网络的连通性，无须锚节点和未知节点之间的协调，但是与估计的精度和锚节点的密度有关，密度越大，定位精度越高。

2. 凸规划定位算法

凸规划(Convex Optimization)定位算法是由加州大学的 Doherty 等提出的一种完全基于网络连通性诱导约束的定位算法。

1）凸规划定位算法的基本思想

凸规划定位算法的思想是把整个网络模型化为一个凸集，将节点间点到点的通信连接视为节点位置的几何约束，通过产生一系列相邻的约束条件就蕴涵着节点的位置信息，将这些约束条件组合起来，就可以得到此未知节点可能存在的区域，从而将节点定位问题转换为凸约束优化问题，然后使用线性矩阵不等式、半定规划或线性规划方法得到一个全局优化的定位解决方案，确定节点位置。如图 6-19 所示，根据未知节点 D 与锚节点 A、B、C 之间的通信连接和节点的无线通信半径，计算得到如图 6-19 所示的三个圆相交的部分，即未知节点可能存在的区域，使用相应的计算方法得到包含三个圆公共部分的矩形区域(图中的阴影部分)，然后计算该矩形区域的质心作为未知节点的估计位置。

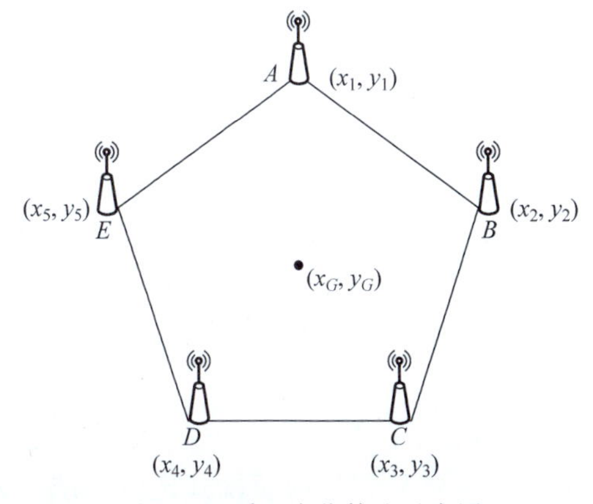

图 6-18　质心定位算法示意图

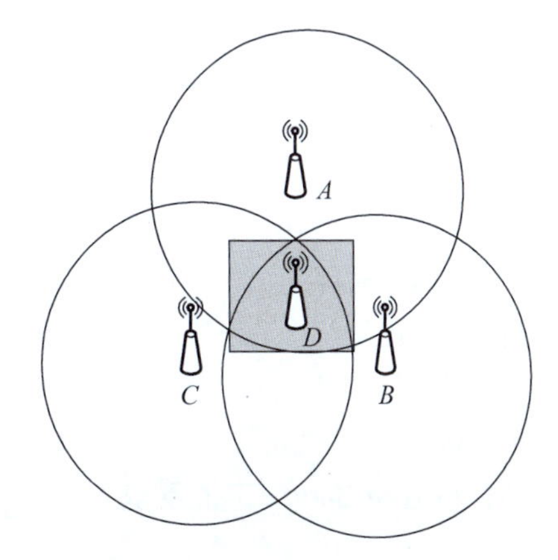

图 6-19　凸规划定位原理图

2）凸规划定位算法的理论基础

凸规划定位算法中，每个节点所面对的几何约束都被表示为线性矩阵不等式（Linear Matrix Inequality，LMI），而线性矩阵不等式可以利用半定规划（Semi Definite Program，SDP）的方法进行简单求解，最后求解的结果就是得到每个节点的约束区域。其中，SDP 问题可以表示为

$$\text{Minimum } \boldsymbol{c}^{\mathrm{T}}\boldsymbol{x}\text{，约束于}\begin{cases}F(x)=\boldsymbol{F}_0+x_1\boldsymbol{F}_1+\cdots+x_n\boldsymbol{F}_n=0\\ \boldsymbol{F}_i=\boldsymbol{F}_i^{\mathrm{T}}\\ \boldsymbol{AX}=b\end{cases} \tag{6-25}$$

$\boldsymbol{x}$ 为所求问题的决策向量。在二维空间，每个节点位置表示为$(\boldsymbol{x},\boldsymbol{y})$。在估计位置时，所有节点的坐标可以表示为一个向量 $\boldsymbol{x}=[x_1 \quad y_1 \cdots x_m \quad y_m \quad x_{m+1} \quad y_{m+1} \cdots x_n \quad y_n]^{\mathrm{T}}$，前面 m 个坐标为锚节点坐标，锚节点位置坐标已知无须计算，因此剩下的$(n-m)$个未知节点的坐标由算法计算得到。

3）凸约束模型

在无线传感器网络中，无线传感器节点的无线通信模型可看作如图 6-20 所示的模型，此时凸约束模型为径向约束（Radial Constraints），LMI 可表示为

$$\|\boldsymbol{a}-\boldsymbol{b}\|_2 \leqslant \boldsymbol{R} \Rightarrow \begin{bmatrix}\boldsymbol{I}_2\boldsymbol{R} & \boldsymbol{a}-\boldsymbol{b}\\ (\boldsymbol{a}-\boldsymbol{b})^{\mathrm{T}} & \boldsymbol{R}\end{bmatrix} \geqslant 0 \tag{6-26}$$

式中，$\boldsymbol{I}_2$ 为 2×2 单位矩阵；$\boldsymbol{R}$ 为节点通信半径；$\boldsymbol{a}$ 和 $\boldsymbol{b}$ 为两节点坐标。在二维空间中，用矩阵的 Schur 定理将非线性矩阵不等式转换为线性矩阵不等式。

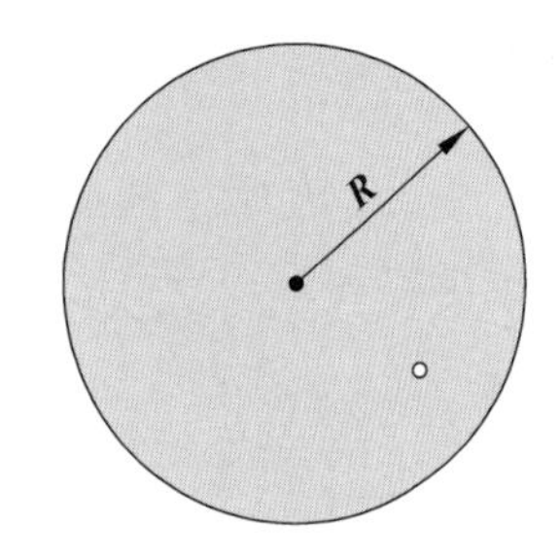

图 6-20　径向约束示意图

另外，并不是所有的约束都能用线性矩阵不等式来表示，只有当约束区域是凸区域的时候才能用线性矩阵不等式表示。例如，在参考文献中的圆、圆弧、梯形等都是凸区域。半定规划的方法是集中式的，对于大规模无线传感器网络，其约束条件个数 n 可能非常大，收集如此多的约束条件需要极大的通信开销，而且这些约束条件需要汇集到一个中心节点进行统一计算，中心节点周围的节点通信开销较大，可能过早地消耗完能量。

凸规划是一种集中式定位算法，在锚节点比例为 10%的条件下，定位精度大约为 100%。为了高效工作，锚节点需要被部署在网络的边缘，否则外围节点的位置估算会向网络中心偏移。

▶ 6.2.5　典型的定位系统

到目前为止，国内外研究机构和大学已经开发出很多成熟的无线传感器网络定位系统，很多定位系统已经走出实验室，应用于工农业中。现有的定位系统既有偏重紧密耦合型和基于基础设施的定位系统，又有偏重松散耦合型和不需要基础设施的定位系统。不需要基础设施的定位系统已经成为 WSN 领域的研究热点。在设计定位系统时，可以参考借鉴一些典型的定位系统的设计原理和设计方法。下面对典型室内定位系统 Active Badge、Active Office 和 Cricket 等加以归纳总结。

1. Active Badge 定位系统

Active Badge 定位系统是最早的室内定位系统之一，是符号定位的便携式定位系统。该定位系统在建筑物内部署红外传感器节点，通过以太网将节点组成一个传感器网络，用于定位

建筑物内部的人或物体。

Active Badge 定位系统如图 6-21 所示，传感器节点(Sensor)的位置已知，配备有红外信号接收器，在整个系统中充当锚节点的角色。需要定位的人或物体携带一个称为 Badge 的设备，作为定位系统中的未知节点。Badge 每隔 15s 发射一个持续时间约 0.1s 的全局唯一的红外(IR)信号。便携设备 Badge 在建筑物内部活动，Badge 周期性主动地向周围发送全局唯一的身份标识信息，Badge 节点所发射的周期性信号被附近传感器节点捕捉到并存储，通过网络送往中央服务器。中央服务器不断收集和更新 Badge 的位置信息，所以可以从中央服务器上查询出某个 Badge 的当前所在位置。因为红外光不能穿过墙壁，所以每一个房间(Room)就成为 Badge 所能分辨的最小单位，而且每个房间至少有一个红外信号接收器。

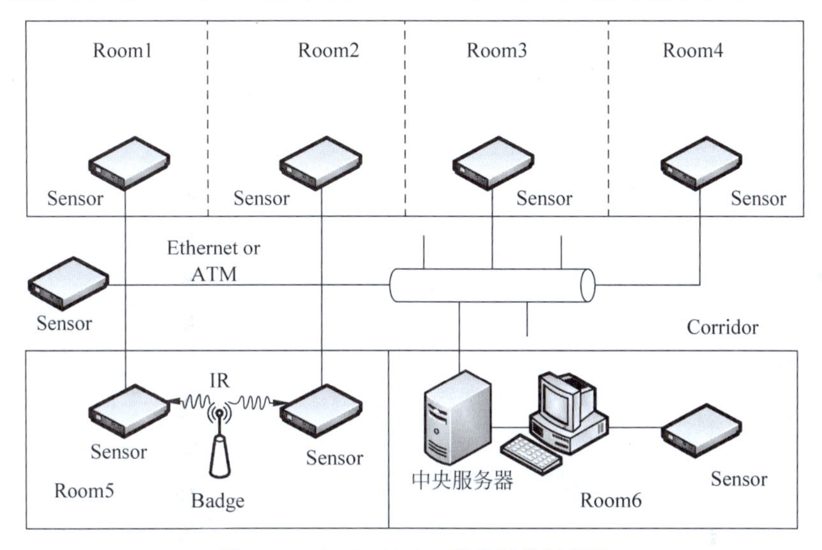

图 6-21　Active Badge 定位系统示意图

Active Badge 定位系统的定位精度以房间为单位。因 Badge 设备依靠电池供电，它的信号发射频率是决定系统性能的重要因素，每 15s 发射一次红外信号，系统的平均能耗会非常小。理论上，Badge 的电池可维持一年左右。红外信号的持续时间仅为 0.1s，当两个 Badge 被放置在同一位置时，两个信号冲突的概率为 2/150，则在同一个位置可安全地检测多个目标。并且为了减少信号冲突的概率，在 Badge 晶振上进行了特殊的设计，即设计有 10%的摆动率，即使两个 Badge 设备在某一时间同步，几个红外信号周期后也将失去同步。

2. Active Office 定位系统

Active Office 定位系统是 Andy Ward 等开发的一种室内定位系统。与 Active Badge 定位系统使用红外定位不同，Active Office 定位系统使用超声波定位。

Active Office 定位系统中，需要定位的移动设备由微处理器、418MHz 的无线接发器、Xilinx FPGA 和 5 个半球形排列的超声波换能器组成，组成框图如图 6-22(a)所示，每个移动设备都分配有全局唯一的 16 位地址。接收器中都有一个超声波探测器，用以接收移动设备发出的超声波，组成框图如图 6-22(b)所示。且接收器以阵列方式(间距为 1.2m)安装在固定的位置，例如房间的天花板，且接收器均配备有网络接口，以菊花链(Daisy-Chain)的形式连接到中心控制器。

Active Office 定位系统的工作流程如图 6-23 所示。定位开始时，中央控制器发送一个无线消息，该消息包含目标移动设备的 16 位地址，无线消息被所有的移动设备接收，由 FPGA

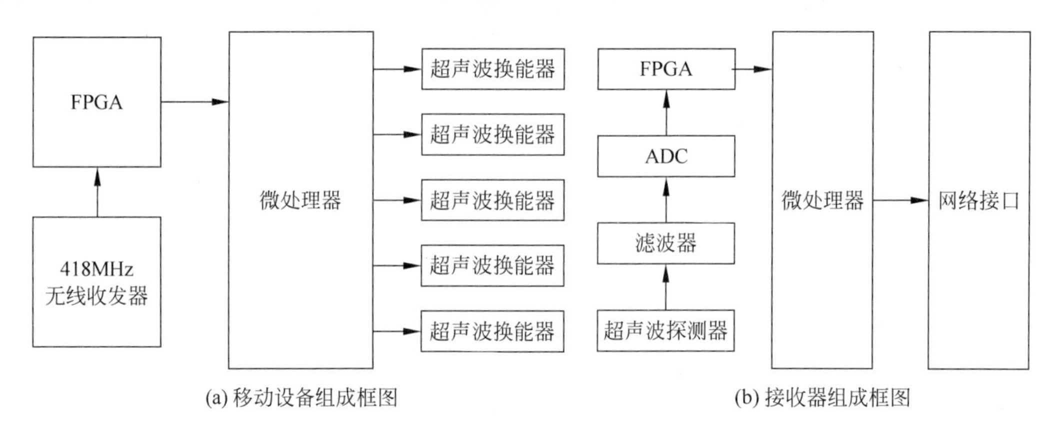

图 6-22　Active Office 节点组成框图

解码判断消息地址是否与自身地址相符。需要定位的目标设备收到无线消息以后，发出一个短时的超声波脉冲。中心控制器发送无线消息的同时通过网络向接收器发送复位信号，接收器监控超声波探测器是否接收到信号，监听时间为 20ms。接收器阵列接收到超声波脉冲信号后，计算接收到超声波信号的峰值时间，并计算超声波脉冲与中央控制器复位信号的到达时间差。中央控制器通过网络收集接收器记录的时间差，根据这些时间差可以计算出目标设备到每个超声波接收器之间的距离，在中央控制器上通过求解多边问题来计算设备位置，从而得到移动设备的位置。尽管移动设备只发送了一个短时超声波脉冲，但是由于环境的影响，可能在接收器端接收到多个超声波信号，因此接收器捕获超声波信号的峰值。无线消息的发送周期为 200ms，移动设备在接收无线消息后，进入能量节省状态，在 195ms 以后恢复工作，等待下一次无线消息，因此设备在大多数时间处于休眠状态，从而降低了设备的功能。

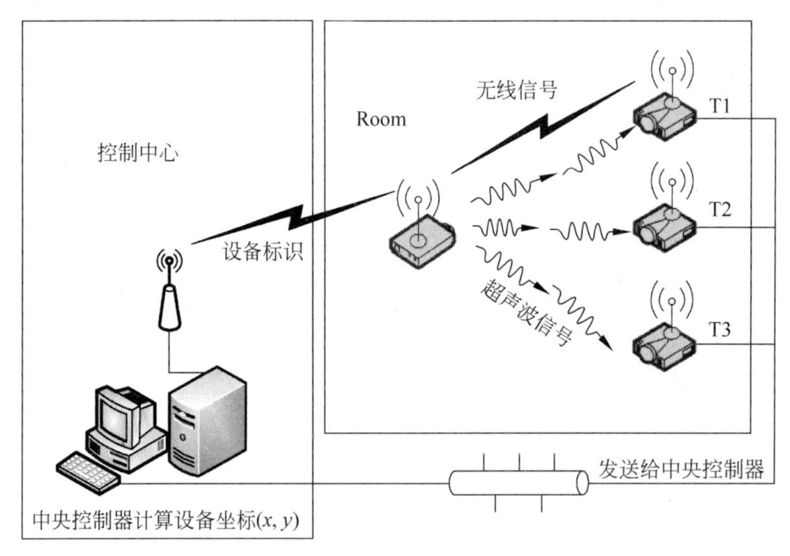

图 6-23　Active Office 定位系统的工作流程

Active Office 定位系统的定位精度很高，可以通过统计的方法去除那些过分偏离正常的数据，从而提高距离估计的精度。实验测试结果表明，95%的位置计算值与真实值误差在 14cm 以内。

3. Cricket 定位系统

Cricket 定位系统是麻省理工学院（MIT）开发的室内定位系统，它是为了弥补紧密耦合定位系统的不足而开发的最早的松散耦合定位系统，主要用于定位移动节点在建筑物内部的位置。

在 Cricket 定位系统中，如图 6-24 所示，锚节点部署在建筑物内部，安装在固定位置，例如在天花板上。锚节点周期地同时发射无线 RF 信号和超声波信号，RF 信号中包含该锚节点的位置和全局唯一的标识信息，超声波信号用于辅助未知节点计算其与锚节点的距离。未知节点（Cricket 定位系统中为 Listener）是需要定位的人或物体，当接收到锚节点的 RF 信号时，Listener 打开超声波接收器，接收到超声波信号后使用 TDOA 技术测量其与锚节点的距离。Listener 从锚节点处获得信息，通过这些信息推断自身所处的位置，并为应用程序提供 API。Cricket 定位系统在实验测试时，当 Listener 能够获得三个以上锚节点距离时使用三边测量法实现物理定位，否则就以房间为单位提供符号定位。

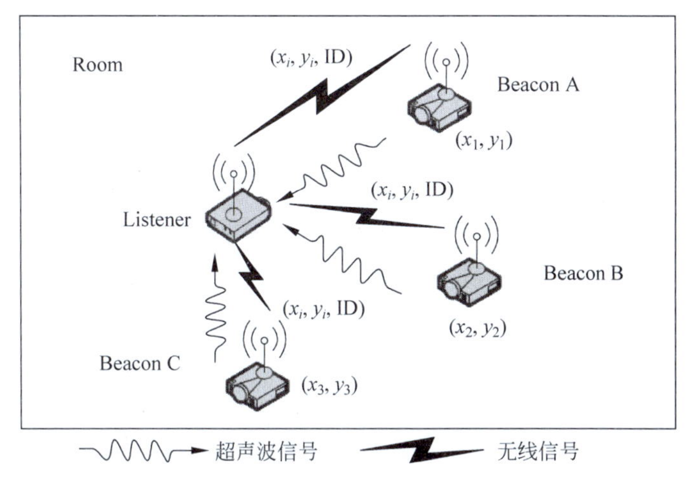

图 6-24 Cricket 定位系统示意图

Cricket 定位系统与 Active Badge、Active Office 定位系统不同的是：Cricket 定位系统不需要外部计算机系统或控制中心来辅助计算节点位置，节点就能完成自身位置的估计。

6.3 数据融合

▶ 6.3.1 数据融合的基本概念

数据融合可以充分利用多个传感器资源，通过对这些传感器及其观测信息的合理支配和使用，把多个传感器在空间或时间上的冗余或互补信息依据某种准则来进行组合，以获得被测对象的一致性解释或描述。

数据融合利用计算机技术对按时序获得的多传感器观测信息在一定的准则下进行多级别、多方面、多层次信息检测、相关估计和综合，以获得目标的状态和特征估计，产生比单一传感器更精确、完整、可靠的信息，以及更优越的性能，而这种信息是任何单一传感器所无法获得的。

如图 6-25 所示给出了数据融合的一般处理模型。

数据融合技术可以带来的好处有以下 6 个方面。

(1) 提高信息的可信度。利用多传感器能够更加准确地获得环境与目标的某一特征或一组相关特征，整个系统所获得的综合信息与任何单一传感器所获得的信息相比，具有更高的精

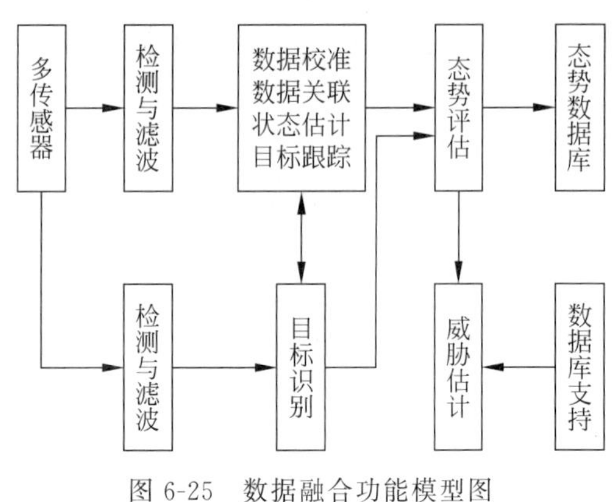

图 6-25 数据融合功能模型图

度和可靠性。

(2) 扩展系统的空间、时间覆盖能力。多个传感器在空间的交叠，时间上轮流工作，扩展了整个系统的时空覆盖范围。

(3) 降低系统的信息模糊程度。由于采用多传感器信息进行检测、判断、推理等运算，因此降低了事件的不确定性。

(4) 改善系统的检测能力。多个传感器可以从不同的角度得到结论，提高了系统发现问题的概率。

(5) 提高系统的可靠性。多传感器相互配合，系统就具有冗余度，某个传感器的失效不会影响整个系统，降低了系统的故障率。

(6) 提高系统决策的正确性。多传感器工作增加了事件的可信度，决策级融合所得结论也更可靠。

6.3.2 数据融合的分类

根据处理融合信息方法的不同，数据融合可分为集中式、分布式和混合式。

(1) 集中式：各个传感器的数据都送到融合中心进行融合处理。这种方法实时性能好、数据处理精度高，可以实现时间和空间的融合。但该方法融合中心的负荷大、可靠性低、数据传输量大，对融合中心的数据处理能力要求高。

(2) 分布式：各个传感器对自己测量的数据单独进行处理，然后将处理结果送到融合中心，由融合中心对各传感器的局部结果进行融合处理。与集中式相比，分布式处理对通信带宽要求低，计算速度快，可靠性和延续性好，系统生命力强。但分布式数据融合精度没有集中式高，在传感器做出决策的过程中增加了融合处理的不确定性。

(3) 混合式：以上两种方式的组合，可以均衡上述两种方式的优缺点，但系统结构同时变得复杂。

根据融合处理的数据种类，数据融合可以分为时间融合、空间融合和时空融合。

(1) 时间融合：对同一传感器对目标在不同时间的测量值进行融合。

(2) 空间融合：对不同传感器在同一时刻的测量值进行融合。

(3) 时空融合：对不同的传感器在一段时间内的测量值不断地进行融合。

根据信息的抽象程度，数据融合可分为数据级融合、特征级融合和决策级融合。

(1) 数据级融合：如图 6-26 所示，是直接在采集到的原始层进行的融合，在传感器采集的原始数据未经处理之前就对数据进行分析和综合，这是最低层次的数据融合。这种融合的主要优点是能保持尽可能多的原始现场数据，提供更多其他融合层次不能提供的细节信息。由于这种融合是在信息的最底层进行的，传感器的原始信息存在不确定性、不完全性和不稳定性，这就要求在进行数据融合时有较高的纠错能力。要求各传感器信息之间具有精确到一个数据的校准精度，故要求各传感器信息来自拥有同样校准精度的传感器。

数据级融合通常用于多源图像复合、图像分析和理解、同类(同质)雷达波形的直接合成、多传感器遥感信息融合等。

(2) 特征级融合：如图 6-27 所示，是在中间层进行的融合，它先对来自传感器的原始数据

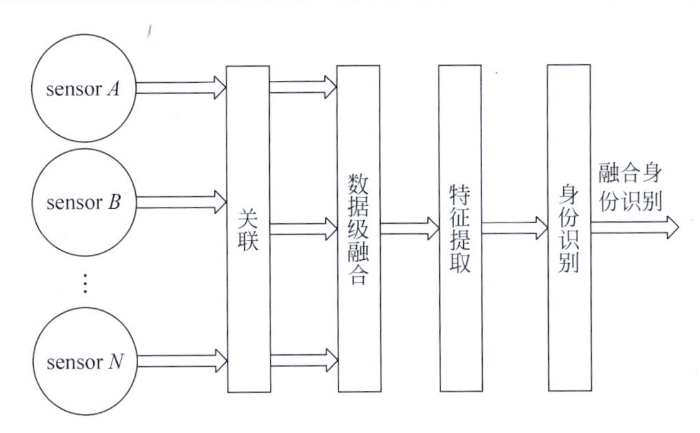

图 6-26　数据级融合过程

提取特征信息。通常来讲，提取的特征信息应是像素信息的充分表示量或充分统计量，然后按特征信息对多传感器数据进行分类、汇集和综合。特征级融合的优点在于实现了可观的信息压缩，有利于实时处理，并且由于所提取的特征信息直接与决策分析有关，因而融合结果能最大限度地给出决策分析所需要的特征信息。特征级融合分为两大类：目标状态数据融合和目标特性融合。目标状态数据融合主要用于多传感器目标跟踪领域；目标特性融合多用于多传感器的目标识别领域。

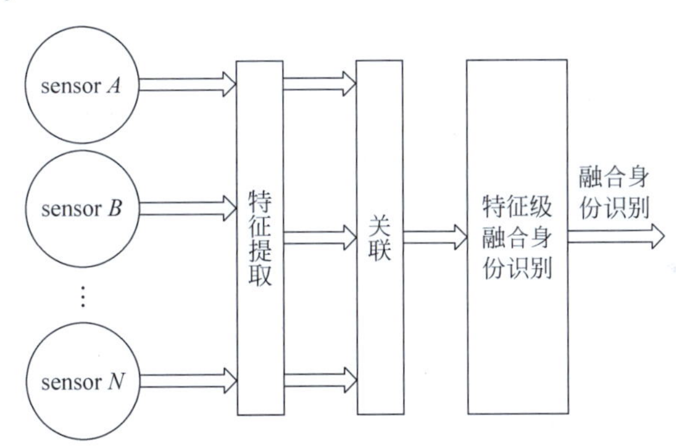

图 6-27　特征级融合过程

（3）决策级融合：如图 6-28 所示，是在最高层进行的融合。决策级融合是一种高层次融合，融合之前，每种传感器的信号处理装置已完成决策或分类任务。信息融合只是根据一定的准则和决策的可信度做最优决策，以便具有良好的实时性和容错性，即使在一种或几种传感器失效时也能工作。决策级融合的结果是为决策提供依据，因此，决策级融合通常是从具体的决

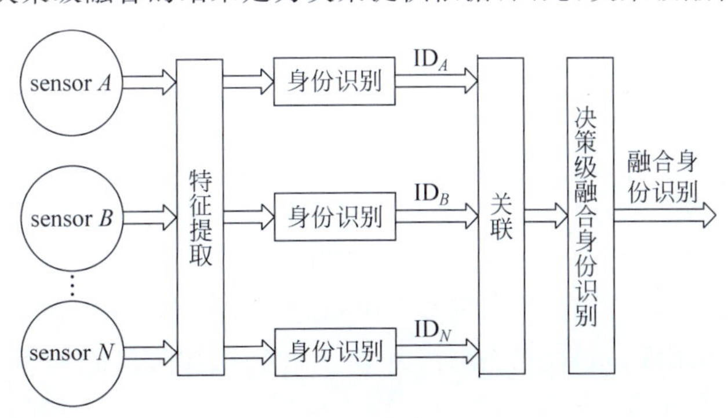

图 6-28　决策级融合过程

策问题出发，充分利用特征级融合所提取的对象的各类特征信息，采用特定的融合技术来实现。决策级融合是直接针对具体决策目标的，融合结果对决策的水平有直接影响。

决策级融合的主要优点如下。

(1) 具有很高的灵活性。

(2) 系统对信息传送的带宽要求较低。

(3) 能有效反映环境或目标各个侧面的不同类型信息。

(4) 当一个或几个传感器出现错误时，通过适当融合，系统还能获得正确的结果，所以具有容错性。

(5) 通信量小，抗干扰能力强。

(6) 对传感器的依赖性小，传感器可以是同质的，也可以是异质的。

(7) 融合中心处理代价低。

但是，决策级融合需要对传感器采集的原始信息进行预处理并获得各自的判决结果，因此预处理代价很高。

▶ 6.3.3 基于组播树的数据融合算法的实现

WSN 数据融合算法是一种准确度和实时性都较好的基于组播树的数据融合算法，该算法分为三个阶段：第一阶段为组播树的构造阶段，建立一个数据融合树；第二阶段为兴趣散布阶段，实现对数据的查询和路由；第三阶段为数据融合阶段，实现数据的融合。

1. 组播树的构造

定义 1 给定图 $G=(V,E)$，V 是图 G 的节点集；E 是图 G 的边集；边的费用函数 $C:E\to R$；组播节点集 D 为 V 的子集；m 为多播节点数；而 Steiner 树组播路由算法即为从图 G 中找出覆盖 D 中所有节点的最小生成树 $T_s(V_T,E_T)$，使得树的费用最小，该费用可表示为

$$\mathrm{Cost}(T_s)=\min_{T(V_T,E_T)}\sum_{E\in T(V_T,E_T)}C(E) \tag{6-27}$$

该最小生成树称为 Steiner 树。在传感器网络中，$C(E)$可以粗略地取值为 1，因为在无线链路中，所有节点以相同的功率发送数据，只要节点在其通信半径内均可以收到。当然，如果考虑到节点可以自适应地调整发射功率，则 $C(E)$应该是两个直接相邻节点的距离。

定义 2 在生成的 Steiner 树中，称属于 D 的节点为组播节点，同时任何一个多播节点都可以是源节点；属于 V_T 但不属于 D 的节点称为非组播节点或 Steiner 节点，D 称为组播节点集或多播组。

当 $D=V$ 时，求 Steiner 树简化为求图的最小生成树问题；而当 $D=2$ 时，Steiner 树退化为求两点之间的最短路径问题；而除此之外，求 Steiner 树问题是一个 NP 完全问题。

定义 3 给定一组 $D\in V$，指示函数 $I_D:V\to(0,1)$定义为：如果 $u\in D$，$I_D(u)=0$；$u\notin D$，$I_D(u)=1$。

指示函数用于区分节点 D 是否属于组播节点组。

传统的组播树是单个节点向多个目的节点分发数据的过程，而传感器网络中是多源节点向一个 Sink 节点发送数据的过程，这是一个反向组播树的构造过程。但基于传感器网络的特点，有效的组播树构造算法应该具有时间复杂度低，而且应该具有分布式的特点，这样对传感器网络而言，才具有实用性。目前典型的求解 Steiner 树的算法包括 KMB 算法、SPH 算法等。

组播树构造阶段的主要任务就是构造一棵组播树，为下一阶段的数据融合创造条件。组播树的构造算法参考 DDMC(Destination Driven Multi-Cast)算法。其中，$\pi[v]$表示节点 v 的

父节点，$d[v]$表示节点的标注值，$w(u,v)$表示链路的费用。DDMC 算法的伪代码如下。

```
for each v∈V do
  D[v] = 0;
  π[v] = null;
  D[v] = 0;
  S = 0;
  Q = V;
  While Q≠0 do
U = pop-min(Q);
  S = S∪{u};
  for each V∈adj[u]
  if d[v]>I_D(u) + w(u,v);
  if v∉S
  d[v] = I_D(u) + w(u,V);
  π[v] = u;
u 记录其子节点 v;
```

2. 兴趣散布阶段

本阶段的主要任务是簇首节点向整个网络散布其感兴趣的数据类型。Sink 节点可以简单地通过 flooding 的方式进行散布，在这种方式下，当网络规模比较小，而且 Sink 节点的兴趣变化比较缓慢时，由于实现简单，具有较好的性能。但当网络规模很大，或兴趣变化比较频繁时，flooding 方式并不合适，这里采用一种基于分簇的优化定向扩散路由进行散布。

基于分簇的优化定向扩散路由(Cluster Based Optimizing Directed Diffusion Routing，CBODD)是利用分簇思想来提高定向扩散能源有效性的无线传感器网络路由协议。通过分簇来简化网络拓扑及减少泛洪中的冗余消息来达到提高网络能源有效性的目的，使之能适用于大规模无线传感器网络。

(1) 分簇算法。这里采用一种基于被动分簇算法的分簇机制，通过定向扩散协议本身的泛洪传播来建立网络拓扑。因此不需要额外的控制信息(通过泛洪传播)来建立或维护网络拓扑，仅需在原有的包结构中加入一个与簇相关的信息结构来实现路由的建立与维护。

该被动分簇算法是指仅当网络中有数据通信需求时才在网络中建立分簇网络拓扑，网络拓扑的建立与维护在本地完成。因此，不需要单独的控制命令，这样就达到了降低能耗的目的。

(2) 路由的建立与维护。CBODD 路由的建立是由网络中的 Sink 节点发起的，当节点分布完成后，网络处于初始状态，如果之后仍然没有数据传输要求，则网络保持当前的初始状态，因此形成分簇的网络拓扑是由 Sink 节点发起的，分簇的网络拓扑形成以后，只有当网络拓扑受到损害或无法维持下去时，网络才会回到初始状态，等待 Sink 节点的下一次传输要求来重新建立网络拓扑并形成由源节点到 Sink 节点的路由。

在整个 CBODD 路由协议的建立过程中，主要分为三个阶段：扩散阶段，建立阶段，路径加强阶段。这与原定向扩散协议相同，但是这三个阶段是基于分簇的基础来完成的。如图 6-29 所示描述了 CBODD 路由建立的完整过程。

① 扩散阶段，当 Sink 节点广播兴趣时，若网络处于初始状态(图 6-29(a))，则网络拓扑随兴趣在网络中泛洪传播而建立起来(图 6-29(b))，同时建立起从源节点到 Sink 节点的网络梯度(图 6-29(d))；当网络成簇时，兴趣仅沿簇首扩散(图 6-29(c))，之后建立从源节点到 Sink 节点的网络梯度(图 6-29(d))。

② 建立阶段，当源节点采集到与兴趣匹配的数据时，源节点把数据发送给自己的簇首节点，簇首节点通过网关节点向多个相邻的簇首节点发送数据，Sink 节点可能收到多个路径的

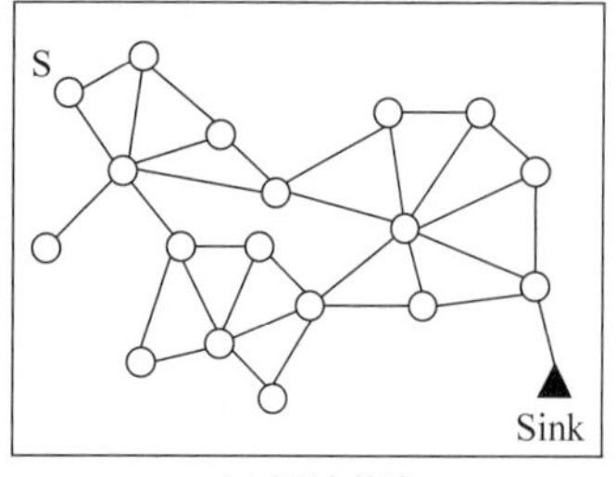

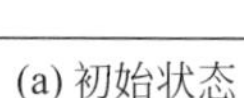

(a) 初始状态

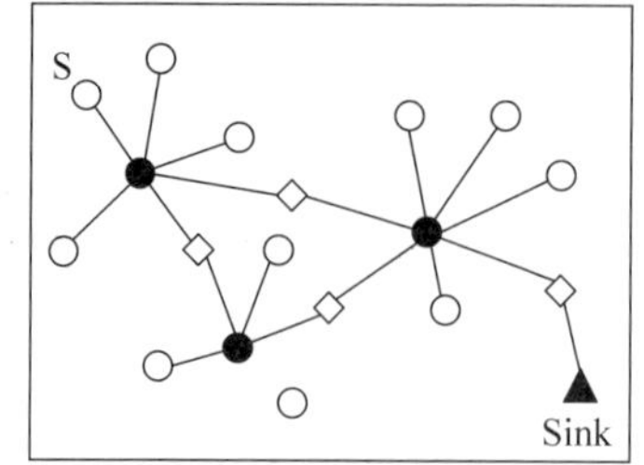

(b) 从初始状态经兴趣扩散后进入成簇状态

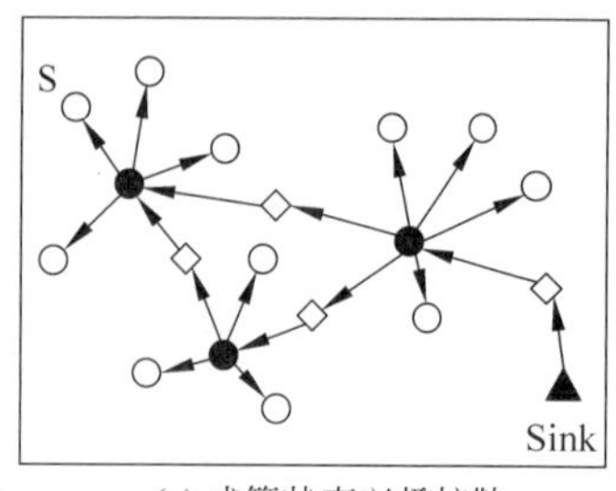

(c) 成簇状态兴趣扩散

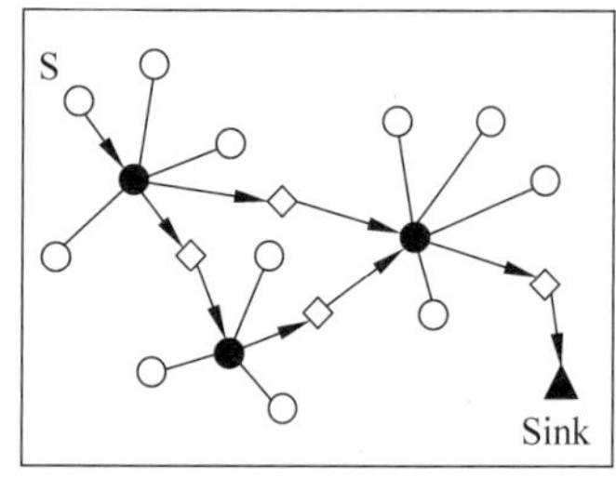

(d) 成簇状态梯度建立

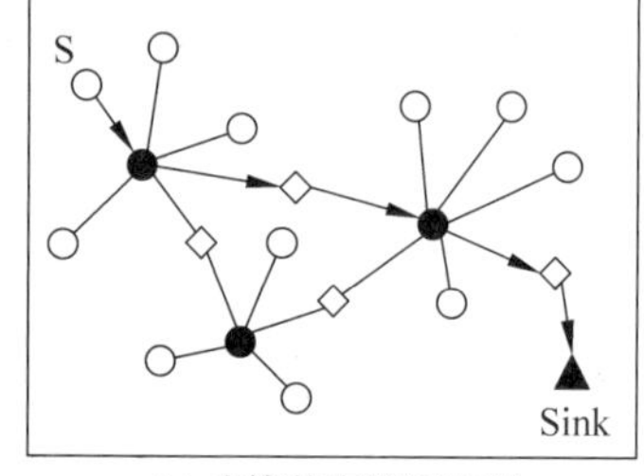

(e) 成簇状态路径加强

图 6-29　CBODD 路由建立过程

相同数据(图 6-29(d))。中间的簇首节点收到其他簇首节点转发的数据后,首先查询兴趣列表的表项,如果没有匹配的兴趣表项就丢弃数据,如果存在相应的兴趣表项,则检查与这个兴趣对应的数据缓冲池(Data-Cache)。数据缓冲池用来保存最近转发的数据。若在数据缓冲池中有与接收到的数据匹配的副本,说明已经转发过这个数据,则为避免出现传输环路而丢弃这个数据;否则,检查该兴趣表项中的邻居节点信息。对于转发的数据,数据缓冲池保留一个副本,并记录转发时间。

③ 路径加强阶段,节点在收到从 Sink 节点发来的数据后,启动建立到源节点的加强路径,后续数据将沿着加强路径以较高的速率进行传输(图 6-29(e))。

(3) CBODD 的实现机制。利用 NS2 所提供的网络路由应用编程接口(Network Routing Application Programming Interface)来实现基于定向扩散协议的 CBODD 协议。在网络应用编程接口中提供了一种过滤器 API(Filter API),利用这个 API 可以将设计的模块与定向扩散内核(Directed Diffusion Core)连接起来。在 CBODD 协议的实现过程中,将 NS2 中的定向扩散协议做以下修改。

① 原定向扩散协议包结构中增加与簇相关的信息。

② 增加一个优先级比梯度过滤器(Gradient Filter)优先级高的分簇过滤器(Clustering Filter),分簇过滤器的主要功能是实现网络拓扑的建立与维护。如图 6-30 所示,描述了加入分簇过滤器的定向扩散中的消息流。分簇过滤器在本地应用(Local Application)与梯度过滤器之间,当有消息输入(来自网络(1)或来自本地应用(3))时,消息先于梯度过滤器进入分簇过滤器,经过分簇过滤器的包过滤处理,然后采取下述方式进行转发消息包。

- 丢弃。
- 转发给本地应用(来自网络的消息)。
- 转发给梯度过滤器,经梯度过滤器再处理。
- 直接转发到网络。

因此,实现 CBODD 路由协议实际上主要是如何设计分簇过滤器。

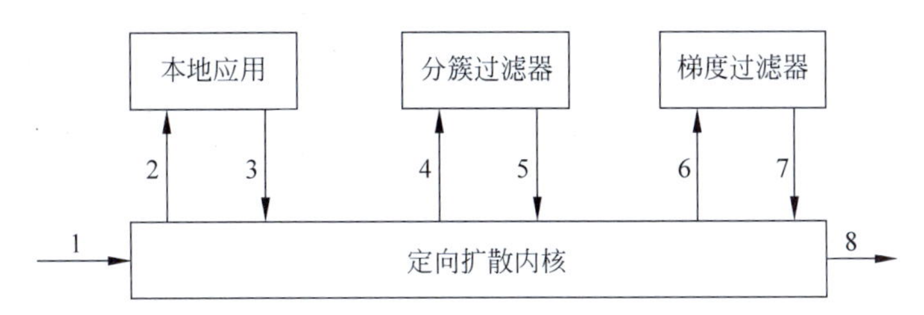

图 6-30 加入分簇过滤器的定向扩散中的消息流

在 NS2 中利用网络应用编程接口设计实现一个分簇过滤器分为以下两步。

① 创建定向扩散路由类。

例如：

```
dr = NR::createNR();
fcb = new ClusterFilter;
```

其中，NR::createNR()是 NR(Network Routing)类的一个方法，用于创建一个 NR 类，并返回一个指向它的指针；ClusterFilter 是本文定义的一个分簇过滤器的类，定义如下。

```
//定义分簇过滤器的优先级
#define LOGGING_APP_PRORITY 16
//定义分簇过滤器类
class ClusterFilter:public FilterCallbackf{
Public:
void recv(Message * msg,handle h);
};
```

② 建立分簇过滤器。

```
filterHandle = setupFilter();
```

其中，setupFilter()用于创建一个与所有兴趣消息相匹配的属性并将分簇过滤器加入定向扩散路由中去，用来过滤进入定向扩散路由中的数据包。函数过程描述如下。

```
//分簇过滤器建立过程函数
Handle setupFilter(){
NRAttrVec  attrs;
Handle h:
//这个属性用于匹配所有的兴趣消息
attrs.push_back(NRClassAttr.make(NRAttribute::EQ,
NRAttribute::INTEREST_CLASS)):
//利用 Filter API 的加入过滤器函数建立分簇过滤器
h = ((DiffusionRouting * )dr)→addFilter(&attrs,
LOGGING_APP_PRORITY,fcb):
ClearAttrs(&attrs);
//返回分簇过滤器的一个句柄
return; }
```

3. 数据融合阶段

当组播树构造后，每个源节点将数据转发给其父节点，父节点根据其子节点数目做以下动作：如果父节点仅有一个子节点，父节点将数据转发给其父节点；如果父节点有多个子节点，父节点将等待一段合适的时间，直到其所有子节点都将数据转发给其为止，然后，该父节点进行数据融合再进行转发，而其他的非组播节点不断进行数据融合，直到将数据融合到 Sink 节点为止，其融合采取一种改进的一致性融合算法。

(1) 一致性融合算法。基于数理统计方法的一致性算法的基本原理如下：设有 n 个传感器从不同位置各自独立地对某一目标参数进行测量，假设第 i 个传感器的测量值为 x_i。由于各种因素的影响，测量值具有随机性，一般 x_i 服从正态分布 $N(u_i,\sigma_i)$，σ_i 表示第 i 个传感器的测量精度，其测量模型可表示为

$$p(x_i)=\frac{1}{\sqrt{2\pi\sigma_i}}\mathrm{e}^{\frac{(x-\mu_i)^2}{2\sigma_i^2}},\quad i=1,2,\cdots,N \tag{6-28}$$

采用 d_{ij} 和 d_{ji} 作为传感器 i 和传感器 j 之间测量数据的相互支持性，称为置信距离。d_{ij} 和 d_{ji} 越小，表示两个传感器的测量值 x_i 和 x_j 越接近，反之 d_{ij} 和 d_{ji} 越大则表示两个传感器的测量值相差越大，因此，d_{ij} 和 d_{ji} 也称为传感器 i 和传感器 j 的融合度，可用式(6-29)来表示。

$$\begin{cases} d_{ij}=2\left|\int_{x_i}^{\sigma_j}P_i(x \mid x_i)\mathrm{d}x\right|=2A \\ d_{ji}=2\left|\int_{x_j}^{\sigma_i}P_j(x \mid x_j)\mathrm{d}x\right|=2B \end{cases} \tag{6-29}$$

式中，$P_i(x|x_i)$ 和 $P_j(x|x_j)$ 是条件概率。

$$p_i(x \mid x_i)=\frac{1}{\sqrt{2\pi\sigma_i}}\mathrm{e}^{\frac{(x-\mu_i)^2}{2\sigma_i^2}}$$

$$p_j(x \mid x_j)=\frac{1}{\sqrt{2\pi\sigma_j}}\mathrm{e}^{\frac{(x-\mu_j)^2}{2\sigma_j^2}}$$

利用正态分布的性质可以推出置信距离矩阵 $\boldsymbol{D}$ 为

$$\boldsymbol{D}=(d_{ij})_{N\times N}\begin{bmatrix} d_{11} & d_{12} & \cdots & d_{1N} \\ d_{21} & d_{22} & \cdots & d_{2N} \\ \vdots & \vdots & & \vdots \\ d_{N1} & d_{N2} & \cdots & d_{NN} \end{bmatrix} \tag{6-30}$$

根据多个传感器的置信距离矩阵 $\boldsymbol{D}$ 可以确定任一个传感器的测量值与另一传感器测量值的相互关系。

根据经验或多次测试的结果，给定一个阈值 ε_{ij}，令

$$r_{ij}=\begin{cases} 1, & d_{ij}>\varepsilon_{ij} \\ 0, & d_{ij}<\varepsilon_{ij} \end{cases}$$

若第 i 个传感器被第 j 个传感器支持的程度 r_{ij} 大于给定的阈值 ε_{ij}，则表示第 i 个传感器的测量数据是有效的；反之，则表示第 i 个传感器的测量数据是无效的。

由传感器之间的置信距离矩阵 $\boldsymbol{D}$ 可以得到传感器之间的关系矩阵 $\boldsymbol{R}$ 为

$$\boldsymbol{R}=(r_{ij})_{N\times N}\begin{bmatrix} r_{11} & r_{12} & \cdots & r_{1N} \\ r_{21} & r_{22} & \cdots & r_{2N} \\ \vdots & \vdots & & \vdots \\ r_{N1} & r_{N2} & \cdots & r_{NN} \end{bmatrix} \tag{6-31}$$

在关系矩阵 $\boldsymbol{R}$ 中，对于第 i 个传感器和第 j 个传感器共存在以下三种关系。

① $r_{ij}=r_{ji}=0$，表示传感器 i 与传感器 j 相互独立。

② $r_{ij}=1, r_{ji}=0$，表示传感器 i 对传感器 j 弱支持。

③ $r_{ij}=0, r_{ji}=1$，表示传感器 i 与传感器 j 相互强支持。

由关系矩阵 $\boldsymbol{R}$ 可以计算出各个传感器的测量数据被其他传感器测量数据支持的程度，被支持程度越高的传感器数据在融合中的重要程度越大，根据各个传感器数据的重要程度可对其进行融合处理，以获得对被测对象较为精确的估计值。

此算法中的不足之处如下。

① 当 $d_{ij}\neq d_{ji}, i\neq j$ 时，当传感器 i 与传感器 j 的测量精度不同时，置信距离 d_{ij} 和 d_{ji} 是不相同的，这与通常的距离对称性的要求不一致。

② 当 $\sigma_i\neq\sigma_j$ 时，$|x_i-x_j|/\sigma_i$ 的统计意义不清楚，只有在 $\sigma_i=\sigma_j$ 时才有明确的统计意义，表示标准正态分布的取值。

③ 在确定关系矩阵 $\boldsymbol{R}$ 时，阈值 ε_{ij} 是根据经验确定的，具有很大的主观性，阈值选取不当可能会对结果产生很大的影响。

(2) 改进的一致性融合算法。对结构监测系统，其主要监测内容有荷载(包括风、地震、温度作用)、几何监测和结构的静动力反应等。具体包括网格线形监测、构件静态应力和应变监测和振动监测等。主要使用的传感器有位移计、倾角仪、应变仪、测力计和加速度计等。对于大型复杂结构，一些主要承重和受力构件以及关键部位和构件是需要重点监测的对象，因此需要多种不同类型的传感器进行协同损伤监测。由于每类传感器进行损伤监测的方法和标准不同，其测量精度也可能不同，若直接采用一致性融合算法将会使置信距离不同。将导致最终分析得到的损伤程度结果不同。

置信距离和关系矩阵是一致性数据融合方法的关键。定义一种新的置信距离：

$$d_{ij}=d_{ji}=P_r\left(|Z|\leqslant\frac{|x_i-x_j|}{\sqrt{\sigma_i^2+\sigma_j^2}}\right)\tag{6-32}$$

式中，x_i、x_j 分别为第 i 个、第 j 个传感器的测量值；σ_i^2 和 σ_j^2 分别为第 i 个、第 j 个传感器方差；Z 为服从正态分布的随机变量。

比较两种方法的置信距离公式可知，对相同的测量值 x_i、x_j，后者定义的置信距离要小。这样定义的置信距离 d_{ij} 克服了当传感器测量精度不同时的不一致性。分析算法可知，d_{ij} 越接近于阈值 ε_{ij}，此距离所涉及的传感器 i 与传感器 j 支持与否越模糊，只有 d_{ij} 远离阈值 ε_{ij}，才能清楚说明其支持程度。因此，定义 $d_{ij}=\varepsilon_{ij}$ 时，其支持程度为 50%，d_{ij} 越小支持程度越高，d_{ij} 越大支持程度越低。由 d_{ij} 给出传感器 i 与传感器 j 支持程度的量度，令

$$r_{ij}=1-d_{ij}$$

这样可以克服人为定义阈值带来的主观误差，将各个传感器测定数据的相互支持程度模糊化，能够有效地减小由于各种扰动因素造成的融合结果的变化。计算出所有传感器的关系矩阵 $\boldsymbol{R}$，在关系矩阵 $\boldsymbol{R}$ 中，r_{ij} 仅表示两个传感器的测量值 x_i 和 x_j 之间的相互支持程度，并不能反映传感器 i 测量值 x_i 被系统中所有传感器测量值的综合支持程度。实际上，传感器 i 的测量值 x_i 的真实程度是由 $r_{i1}, r_{i2}, \cdots, r_{iN}$ 综合体现的。设 β_i 表示测量值被所有传感器测量值的综合支持程度，β_i 越大，表明 x_i 被其他测量值支持的程度越高，即第 i 个传感器测量值的真实性也越高。根据信息分享原理：最优融合估计的信息量之和可等效分解成若干信息量之和，或者说一个信息可被若干子系统所分享，且各信息所具有的权系数应满足：

$$\sum_{i=1}^{N}\beta_i=1,\quad 0\leqslant\beta_i\leqslant 1\tag{6-33}$$

根据概率源合并理论，存在一组非负数 $y_1, y_2, \cdots, y_n$ 使得

$$\beta_i = y_1 r_{i1} + y_2 r_{i2} + \cdots + y_N r_{iN}, \quad i = 1, 2, \cdots, N$$

将上式写成矩阵形式，则有

$$\boldsymbol{\beta} = \boldsymbol{R} \cdot \boldsymbol{Y} \tag{6-34}$$

式中，$\boldsymbol{\beta} = (\beta_1, \beta_2, \cdots, \beta_N)^{\mathrm{T}}$，$\boldsymbol{Y} = (y_1, y_2, \cdots, y_N)^{\mathrm{T}}$。

关系矩阵 $\boldsymbol{R}$ 是一个非负矩阵，由 Perronwe Frobenius 定理可知，$\boldsymbol{R}$ 存在最大模特征值 $\lambda(\lambda > 0)$ 使得该特征值对应的特征向量 $\boldsymbol{Y}$ 为正，并且满足式(6-35)：

$$\boldsymbol{R}\boldsymbol{Y} = \lambda \boldsymbol{Y} \tag{6-35}$$

展开可得

$$\lambda_{y_k} = y_1 r_{i1} + y_2 r_{i2} + \cdots + y_N r_{iN} \quad k = 1, 2, \cdots, N$$

令

$$a_k = \frac{\lambda y_k}{\sum_{i=1}^{N} \lambda y_i} = \frac{y_k}{\sum_{i=1}^{N} y_i} \tag{6-36}$$

式中，a_k 为第 k 个传感器的综合支持程度，最终的数据融合值 x 表示为

$$x = \sum_{i=1}^{N} a_k x_k$$

4. 算法验证及性能分析

采用数值算例的方式对改进的一致性融合算法进行验证。

方差 σ_i^2 定义为

$$\sigma_i^2 = \frac{1}{N} \sum_{i=1}^{N} (x_i - s_i)^2 \tag{6-37}$$

用 10 个传感器测量某系统的特性参数，这些数据存在大量冗余测量值。x_i 和方差 σ_i^2 分别如下，用以验证提出的数据融合算法的有效性。

$$x_i = 1.00, 0.99, 0.98, 0.97, 0.50, 0.65, 1.01, 1.02, 1.02, 1.50$$

$$\sigma_i^2 = 0.05, 0.07, 0.10, 0.20, 0.30, 0.25, 0.10, 0.10, 0.20, 0.30$$

利用改进算法得最终的融合数据值为

$$x = \sum_{i=1}^{N} a_k x_k = 0.97853$$

利用现有的一致性算法中定义的置信距离和关系矩阵计算此算例，为简化计算，假设所有传感器的阈值相同，分别取不同的值 0.25、0.50、0.75、1.0 进行对比计算，结果如表 6-1 所示。

表 6-1　一致性算法的数据融合结果

阈值ε	0.25	0.5	0.75	1.0
融合结果	1.000	0.979	0.952	0.9650

从计算结果可以看出，不同的阈值对应的数据融合结果是不同的，这是由于人为给定的阈值大小，直接影响参加融合的最大传感器组，从而影响各传感器测量数据的有效性，导致了融合结果的不同。而在本文改进算法中，将各传感器之间的支持程度模糊化，有效避免了这种人为给定阈值带来的主观误差。

6.4 能量管理

▶ 6.4.1 能量管理的意义

传感器节点采用电池供电，工作环境通常比较恶劣，一次部署终生使用，所以更换电池就比较困难。如何节省电源、最大化网络生命周期和低功耗设计是传感器网络的关键技术之一。

传感器节点中消耗能量的模块有传感器模块、处理器模块和通信模块。随着集成电路工艺的进步，处理器和传感器模块的功耗越来越小。无线通信模块可以处于发送、接收、空闲或睡眠状态，空闲状态就是侦听无线信道上的信息，但不发送或接收。睡眠状态就是无线通信模块处于不工作状态。

网络协议控制了传感器网络各节点之间的通信机制，决定无线通信模块的工作过程。传感器网络协议栈的核心部分是网络层协议和数据链路层协议。网络层主要是路由协议，选择采集信息和控制消息的传输路径，就是决定哪些节点形成转发路径，路径上的所有节点都要消耗一定的能量来转发数据。数据链路层的关键是 MAC 协议，控制相邻节点之间无线信道的使用方式，决定无线收发模块的工作模式（发送、接收、空闲或睡眠）。因此，路由协议和 MAC 协议是影响传感器网络能量消耗的重要因素。

无线传感器网络的能量管理（Energy Management，EM）主要体现在传感器节点电源管理（Power Management，PM）和有效的节能通信协议设计上。在一个典型的传感器节点结构中，与电源单元发生关联的有很多模块，除了供电模块以外，其余模块都存在电源能量消耗。从传感器网络的协议体系结构来看，它的能量管理机制是一个覆盖从物理层到应用层的跨层协议设计问题。

传感器节点通常由 4 部分组成：处理器单元、无线传输单元、传感器单元和电源管理单元，如图 6-31 所示。其中，传感器单元能耗与应用特征相关，采样周期越短、采样精度越高，则传感器单元的能耗越大。可以通过在应用允许的范围内，适当地延长采样周期，采用降低采样精度的方法来降低传感器单元的能耗。事实上，由于传感器单元的能耗要比处理器单元和无线传输单元的能耗低得多，几乎可以忽略，因此通常只讨论处理器单元和无线传输单元的能耗问题。

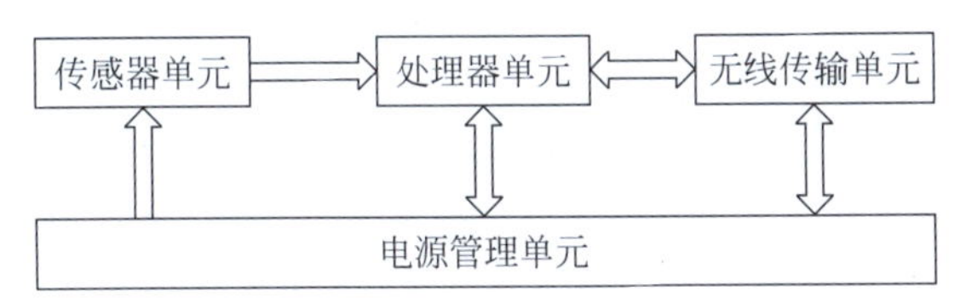

图 6-31 通常传感器网络节点的单元模块构成

（1）处理器单元能耗。处理器单元包括微处理器和存储器，用于数据存储与预处理。节点的处理能耗与节点的硬件设计、计算模式紧密相关。目前对能量管理的设计都是在应用低能耗器件的基础上，在操作系统中使用能量感知方式进一步减少能耗，延长节点的工作寿命。

（2）无线传输能耗。无线传输单元用于节点间的数据通信，它是节点中能耗最大的部件。因此，无线传输单元节能是通常设计的重点。传感器网络的通信能耗与无线收发器以及各个协议层紧密相关，它的管理体现在无线收发器的设计和网络协议设计的每一个环节。

▶ 6.4.2 电源节能方法

目前人们采用的节能策略主要有休眠机制、数据融合等，它们应用在计算单元和通信单元的各个环节。

1. 休眠机制

休眠机制的主要思想是：当节点周围没有感兴趣的事件发生时，计算与通信单元处于空闲状态，把这些组件关掉或调到更低能耗的状态，即休眠状态。该机制对于延长传感器节点的生存周期非常重要。但休眠状态与工作状态的转换需要消耗一定的能量，并且产生时延，所以状态转换策略对于休眠机制比较重要。如果状态转换策略不合适，不仅无法节能，反而会导致能耗的增加。

通过休眠实现节能的策略主要体现在以下几个方面。

1）硬件支持

目前很多处理器如 StrongARM 和 MSP430 等芯片，都支持对工作电压和工作频率的调节，为处理单元的休眠提供了有力的支持。

从大量的实践中可知，传感器节点的绝大部分能量消耗在无线通信模块上，而且无线通信模块在空闲状态和接收状态的能量消耗接近。

表 6-2　无线收发器各个状态的能耗

无线收发器状态	能耗/mW
发送	14.88
接收	12.50
空闲	12.36
休眠	0.016

现有的无线收发器也支持休眠，而且可以通过唤醒装置唤醒休眠中的节点，从而实现在全负载周期运行时的低能耗。无线收发器有 4 种操作模式：发送、接收、空闲和休眠。表 6-2 给出了一种无线收发器的能耗情况，除了休眠状态外，其他三种状态的能耗都很大，空闲状态的能耗接近接收状态，所以如果传感器节点不再收发数据，最好把无线收发器关掉或进入休眠状态以降低能耗。

无线收发器的能耗与其工作状态相关。在低发射功率的短距离无线通信中，数据收/发能耗基本相同。收发器电路中的混频器、频率合成器、压控振荡器、锁相环和能量放大器是主要的能耗部件。收发器启动时，由于锁相环的锁存时间较长，导致启动时间一般需要几百微秒，因此收发器的启动能耗是节能操作中必须考虑的因素。若采用无数据收发时关闭收发器的节能方法，则必须考虑收发器启动能耗与持续工作能耗之间的关系。

2）采用休眠机制的网络协议

通常无线传感器网络的 MAC 协议都采用休眠机制，例如 S-MAC 协议。在 S-MAC 协议中，在数据发送时，如果节点既不是数据的发送者，也不是数据的接收者，就转入休眠状态，在醒来后有数据发送就竞争无线信道，无数据发送就侦听其是否为下一个数据接收者。S-MAC 协议通过建立周期性的侦听和休眠机制，减少侦听时间，从而实现节能。

3）专门的节点功率管理机制

(1) 动态电源管理。动态电源管理(Dynamic Power Management，DPM)的工作原理是：当节点周围没有感兴趣的事件发生时，部分模块处于空闲状态，应该把这些组件关掉或调到更低能耗的状态(即休眠状态)，从而节省能量。

这种事件驱动能量管理对于延长传感器节点的生存期十分必要。在动态电源管理中，由于状态转换需要消耗一定的能量，并且带有时延，所以状态转换策略非常重要。如果状态转换过程的策略不合适，不仅无法节能，反而会导致能耗的增加。需要指出的是，如果节点进入完全休眠的状态，则可能会引起事件的丢失，所以必须合理控制节点进入完全休眠状态的时机和时间长度。

（2）动态电压调度。对于大多数传感器节点来说，计算负荷的大小是随时间变化的，因而并不需要节点的微处理器在所有时刻都保持峰值性能。根据 CMOS 电路设计的理论，微处理器执行单条指令所消耗的能量 Eop 与工作电压 V 的平方成正比，即 $Eop \propto V^2$。

动态电压调节（Dynamic Voltage Scaling，DVS）技术就是利用了这一特点，动态改变微处理器的工作电压和频率，使其刚好满足当时的运行需求，从而在性能和功耗之间取得平衡。很多微处理器如 StrongARM 和 Crusoe，都支持电压频率的动态调节。

动态电压调节要解决的核心问题是实现微处理器计算负荷与工作电压及频率之间的匹配。如果计算负载较高，而工作电压和频率较低，则计算时间将会延长，甚至会影响某些实时性任务的执行。但由于传感器网络的任务往往具有随机性，因而在动态电压调节过程中必须对计算负载进行预测。

2. 数据融合

相对于计算所消耗的能量，无线通信所消耗的能量要更多。例如研究表明，传感器节点使用无线方式将 1b 数据进行 100m 距离的传输，所消耗的能量可供执行 3000 条指令。通常传感器节点采集的原始数据的数据量非常大，同一区域内的节点所采集的信息具有很大的冗余性。通过本地计算和融合，原始数据可以在多跳数据传输过程中进行处理，仅发送有用信息，有效地减少通信量。

数据融合的节能效果主要体现在路由协议的实现上。路由过程的中间节点并不是简单地转发所收到的数据，由于同一区域内的节点发送的数据具有很大的冗余性，中间节点需要对这些数据进行数据融合，将经过本地融合处理后的数据路由到汇聚点，只转发有用的信息。数据融合有效地降低了整个网络的数据流量。

LEACH 路由协议就具有这种功能，它是一种自组织的在节点之间随机分布能量负载的分层路由协议，工作原理如下：相邻的节点形成簇并选举簇首，簇内节点将数据发送给簇首，由簇首融合数据并把数据发给用户。其中，簇首完成簇内数据的融合工作，负责收集簇中各个节点的信息，融合产生出有用的信息，并对数据包进行压缩，然后才发送给用户，这样就可以大大地减少数据流量，从而实现节能的目的。

6.4.3 动态能量管理

无线传感器网络利用大量具有感知、处理和无线通信功能的智能微传感器节点在特定测量区域完成复杂任务。无线传感器节点通常采用电池供电，因而能量有限。为使布置后的传感器节点寿命最大化，电路、结构体系、算法和协议等方面必须根据能量有效性进行设计。一旦设计了系统，额外的能量节省可通过采用 DPM 技术获得。另外，节点需要具有适度的可扩展能量特性，若应用需要，用户可根据传感精度延长任务时限。空闲能量管理的基本思想是在不需要时关闭设备，而必要时将其唤醒。对多种睡眠状态执行正确的转换策略对有效的空闲能量管理十分重要。DVS 对于减少处理器能耗是一种十分有效的有功能量管理技术。基于微处理器的系统多数表现出时变计算负荷的特征。在活跃性降低阶段，简单地降低工作频率可使能耗线性降低，但不会影响任务的总体能耗。降低工作电压意味着更大的电路延迟，会降低最佳性能。由于最佳性能并不是时刻需要的，因而可实现显著的能量节省。

机动目标跟踪是 WSN 的典型应用，其中，测量目标的状态信息对节点睡眠状态调整十分重要。由于无线传感器节点具有分布计算能力，为提高WSN能效性，可以利用目标先验信息进行动态能量优化并设计分布式优化算法提高优化性能。这里提出目标预测动态能量优化方法，采用粒子滤波算法(Particle Filter,PF)预测目标状态，研究节点动态唤醒机制和测量过程的自适应优化，运用分布式遗传模拟退火算法(Distributed Genetic Algorithm and Simulated Anneal,DGASA)优化WSN能耗，通过多节点分布式优化增强寻优能力，另外还采用了中转节点的路由方式。最后，通过仿真实验验证目标预测动态能量优化方法在WSN目标跟踪应用中的有效性。

1. 空闲能量管理

空闲模式的有效DPM需要多种具有能量差异的状态和各状态间转换的最优操作系统(Operation System,OS)策略。

1) 多种关闭状态

具有多种能量模式的设备有很多，例如，StrongARM SA-1100处理器有三种能量模式："运行""空闲"和"睡眠"。运行模式是处理器的一般工作模式，所有能量供应激活，所有时钟均运行，且所有资源均工作。空闲模式允许软件暂停未使用的CPU，而继续侦听中断服务请求。CPU时钟停止，并保存所有处理器的相关指令。中断产生时，处理器返回运行模式，并继续从暂停点开始工作。睡眠状态节省的能量最多，提供的功能最少，大部分电路的能量供应被切断，睡眠状态机守候预排程序的唤醒事件，这与蓝牙无线装置中的4种不同的能耗模式"激活""保持""嗅探""暂停"类似。

多数能量感知的设备支持多种断电模式(提供不同级别的能耗和功能)。具有多个此类设备的嵌入式系统按照设备能量状态的各种组合，拥有一系列能量状态。实际中，称为高级设置和能量管理接口(Advanced Configuration and Power Management Interface,ACPI)的开放式接口规范受到了Intel、Microsoft和Toshiba的共同支持，这些规范制定了OS与具有多种能量状态的设备连接并提供动态能量管理的标准。ACPI支持系统资源的有限状态模型，并指定了软/硬件的控制接口。ACPI控制整个系统的能耗和各设备的能量状态。遵守ACPI规范的系统具有5个全局状态：$SystemStateS_0$(工作状态)，以及$SystemStateS_1$～$SystemStateS_4$。$SystemStateS_1$～$SystemStateS_4$对应4种不同程度的睡眠状态。类似地，遵守ACPI规范的设备有4种状态：$PowerDeviceD_0$(工作状态)，以及$PowerDeviceD_1$～$PowerDeviceD_3$。睡眠状态根据能耗、进入睡眠需要的管理花费和唤醒时间来区分。

2) 传感器节点的构成

图6-32表示基本传感器节点的构成。各节点由嵌入式传感器、A/D转换器、带有存储器的处理器(此情形下为StrongARM SA-11x0处理器)，以及射频中路电路组成。每部分通过基本设备驱动受OS控制。OS的一个重要功能是能量管理(Power Management,PM)。OS根据事件统计情况决定设备的开启和关闭。传感器网络由分布在矩形区域R上的η类传感器节点组成，区域尺寸为WL，各节点可见度半径为p。

对于传感器节点，表6-3列举了与5种不同的有用睡眠状态相关的各部分能量模式。各节点睡眠模式对应于越来越深的睡眠状态，因而其特征描述为渐增的延迟和渐减的能耗。需要根据传感器节点的工作条件选择这些睡眠状态，例如，在激活状态中关闭存储器，或关闭其他任何部分是没有意义的。

(1) 状态S_1是节点的完全激活状态，节点可传感、处理、发送和接收数据。

(2) 状态S_2中，节点处于传感和接收模式，而处理器处于待命状态。

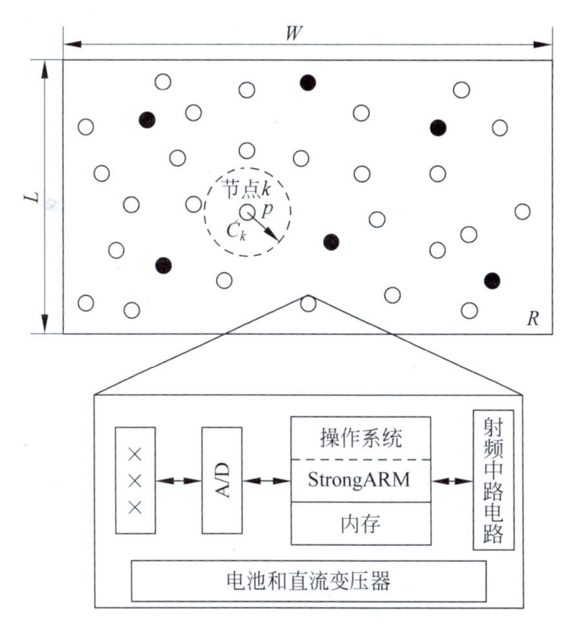

图 6-32　传感器网络和节点的体系

(3) 状态 S_2 与状态 S_1 类似,不同点在于处理器断电,当传感器或无线电接收到数据时处理器会被唤醒。

(4) 状态 S_3 是仅传感的模式,其中除了传感前端外均关闭。

(5) 状态 S_4 是设备全关闭的状态。

表 6-3　传感器节点有用睡眠状态

状态	StrongARM	存储器	传感器,A/D 转换器	无线电
S_0	激活	激活	开	发送,接收
S_1	空闲	睡眠	开	接收
S_2	睡眠	睡眠	开	接收
S_3	睡眠	睡眠	开	关
S_4	睡眠	睡眠	关	关

能量管理是根据观测事件进行状态转换的策略,目的是使能量有效性最大。可见,能量唤醒传感器模型与 ACPI 标准的系统能量模型类似。睡眠状态通过消耗的能量、进入睡眠的管理花费以及唤醒时间来区分。睡眠状态越深,则能耗越少,唤醒时间越长。

3) 睡眠状态转换策略

假设传感器节点在某时刻 t_0 探测到一个事件,在时刻 t_1 结束处理,下一事件在时刻 $t_2=t_1+t_i$ 发生。在时刻 t_1,节点决定从激活状态 S_0 转换到睡眠状态 S_k,如图 6-33 所示。各状态 S_k 的能耗为 P_k,而且转换到此状态和恢复时间分别为 $\tau_{d,k}$ 和 $\tau_{u,k}$。假设节点睡眠状态中,对于任意 $i>j$,$P_j>P_i$,$\tau_{d,i}>\tau_{d,j}$,且 $\tau_{u,i}>\tau_{u,j}$。睡眠模式间的能耗可采用状态间线性变化的模型。例如,当节点从状态 S_0 转换到状态 S_k,无线电、存储器和处理器这些单个部件逐步断电,状态间能耗产生阶梯变化。线性变化在解析上比较容易求解,并能合理地近似此过程。

现在获得一组与状态$\{S_k\}$相应的睡眠时间阈值$\{T_{\mathrm{th},k}\}$。若空闲时间 $t_i<T_{\mathrm{th},k}$,由于存在转换能量管理花费,从状态 S_0 转换到睡眠状态 S_k 将造成网络能量损失。假设在转换阶段无须完成其他工作(例如当处理器醒来时,转换时间包括 PLL 锁定、时钟稳定和处理器相关指令

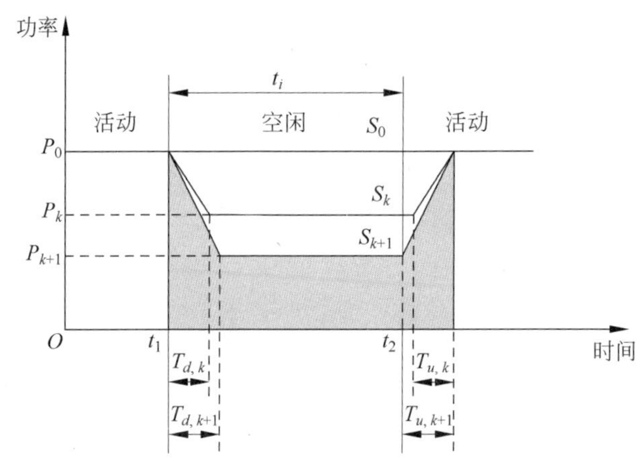

图 6-33　传感器节点睡眠状态转换策略示意

恢复的时间)。图 6-33 中,P_0 线下方区域表示状态转换节省的能量,可用式(6-38)计算。

$$E_{\text{save},k}=(P_0-P_k)t_i-\left(\frac{P_0-P_k}{2}\right)\tau_{d,k}-\left(\frac{P_0+P_k}{2}\right)\tau_{u,k} \tag{6-38}$$

仅当 $E_{\text{save},k}>0$ 时这种转换是合理的。于是,可得到下面的能量增益阈值:

$$T_{\text{th},k}=\frac{1}{2}\left[\tau_{d,k}+\left(\frac{P_0+P_k}{P_0-P_k}\right)\tau_{u,k}\right] \tag{6-39}$$

这意味着转换的延迟花费越大,能量增益阈值越高,而且 P_0 与 P_k 的差越大,阈值越小。

表 6-4 列出了图 6-33 所描述传感器节点的能耗,说明了现有组件在不同能量模式下相应的能量增益阈值。由此可见,阈值处于微秒量级。OS 的关闭策略以事件执行间隔统计和能量增益阈值为基础,可视为一个优化问题。若事件采用泊松过程模型,时刻 t_i 至少发生一个事件的概率可由式(6-40)获得:

$$P_{\text{E}}(t)=1-\mathrm{e}^{\lambda t_i} \tag{6-40}$$

此时,采用简单算法更新每单位时间的平均事件数 λ,计算阈值内的事件发生概率 $T_{\text{th},k}$,并根据有效的最小概率阈值选择最深的睡眠状态。

表 6-4　睡眠状态能量、延迟和阈值

状态	P_k/mW	τ_k/ms	$T_{\text{th},k}$	状态	P_k/mW	τ_k/ms	$T_{\text{th},k}$
S_0	1040	—	—	S_3	200	20	25
S_1	400	5	5	S_4	10	50	50
S_2	270	15	15				

2. 有功能量管理

对于具有能量约束的传感器节点,OS 能对有功能耗进行管理。将工作频率和电压降低到正适合传感应用的等级,性能不会有显著下降,但可以降低能耗。

DVS 对降低 CPU 能量是一种十分有效的技术。一些传感器系统具有时变的计算负荷。在活性较低阶段,简单地降低工作频率会造成能耗的线性降低,但不会影响每个任务的总体能耗,如图 6-34(a)所示(阴影区域表示能量)。降低工作频率意味着工作电压同样会降低。因为转换能耗与频率线性成比例,并与供电电压二次方成比例,可获得二次能量降低,如图 6-34(b)所示。由于最佳性能不是时刻需要的,因此能显著降低系统能耗,这意味着处理器的工作电压和频率可根据瞬时处理需要进行动态调整。

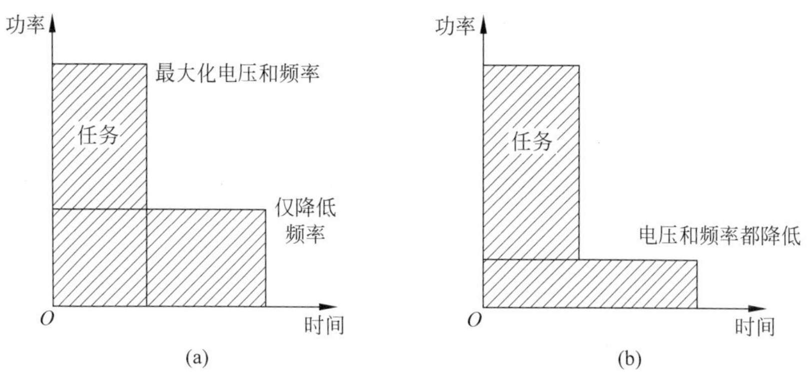

图 6-34 动态电压和频率缩放

3. 系统实现

无线通信模块在一块尺寸类似的电路板上由 2.4GHz 双功率无线电构成，范围为 10～100m。16 位总线接口连接器使无线通信模块能连接在处理器电路板上。另外，连接器支持不同传感器电路板(例如振动传感器)的接入。处理器电路板具有一个 RS-232 和一个 USB 连接器，用于远程调试和与 PC 相连。传感器节点包括固定振动传感器(扬声器、运算放大器与 A/D 电路)，此传感器采用同步串行端口(Synchronous Serial Port，SSP)与 StrongARM 处理器通信。运算放大器增益是可编程的，受处理器控制。传感器电路还结合了封装探测机制，当信号能量超过编程确定的阈值时，可绕过 A/D 电路唤醒处理器。这样可显著降低传感模式的能耗，并支持事件驱动算法。

1) DVS 电路

图 6-35 表示一个基本的核心能量供应调节方式。MAX1717 降压控制器用于动态调节核心供电电压，采用了 5 位数模转换器(Digital to Analog Converter，DAC)，输入范围是 0.925～2V。转换器工作依照下述原理：可变工作循环脉冲宽度调制(Pulse Width Modulate，PWM)信号交替开启功率管 VF_1 和 VF_2。功率管在工作周期 D 输出一个方波。LC 低通滤波器使等于 $DV_{battery}$ 的 DC 输出通过，而使 AC 分量衰减到可接受的范围内。工作周期 D 是可控的，采用

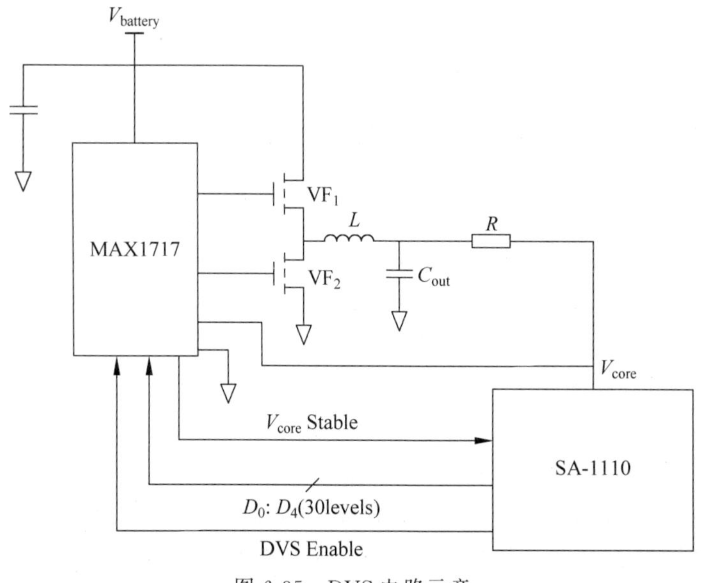

图 6-35 DVS 电路示意

DAC 引脚($D_0 \sim D_4$),可产生 30 个电压级别。双线远程传感方案补偿了地线与输出电压线上的电压降。StrongARM 根据是否需要 DVS 设置其使能引脚,将其作为电压调节器。调节器的反馈信号告知处理器输出核心电压是否稳定,这对于能量缩放中的无误差工作是必需的。

处理器时钟频率调节包括 SA-1110 的核心时钟设置(Core Clock Configuration,CCF)状态更新。核心时钟通过标准晶振时钟的倍频获得,采用基于 CCF 寄存器设置的锁相环(Phase-Locked Loop,PLL),见表 6-5。核心时钟(Core Clock,CCLK)可用快速 CCLK 或存储器时钟(Memory Clock,MCLK)驱动,其中,MCLK 运行频率为 CCLK 的一半。核心时钟除了在存储丢失时等待填充完成外一般采用 CCLK 方式。通过适当设置控制寄存器可取消核心时钟在 CCLK 和 MCLK 间转换的能力。

表 6-5 SA-1110 核心时钟频率设置和最低核心供电电压

CCF(4:0)	核心时钟频率(CCLK)/MHz		核心电压/V(3.6864MHz 振荡器)
	3.6864MHz 振荡器	3.6864MHz 振荡器	
00000	59.0	57.3	1.000
00001	73.7	71.6	1.050
00010	88.5	85.9	1.125
00011	103.2	100.2	1.150
00100	118.0	114.5	1.200
00101	132.7	128.9	1.225
00110	147.5	143.2	1.250
00111	162.2	157.5	1.350
01000	176.9	171.8	1.450
01001	191.7	186.1	1.550
01010	206.4	200.5	1.650
01011	221.1	214.8	1.750
01100—11111	—	—	—

电压和频率更新中的操作序列取决于操作是否提高处理器时钟频率,如图 6-36 所示。当时钟频率提高时,将核心供电电压提高到特定频率所需的最小值是最有必要的。最优电压-频率对存储在查询表中。一旦核心电压稳定,就开始更新频率。第一步包括重新校准存储计时器,可通过在 MSC 控制寄存器中设置适当值实现。在 CCLK 频率提高前设置时钟,使之不能在 CCLK 和 MCLK 间转换,防止核心时钟的意外转换。通过设置 CCF 寄存器,完成了 CCLK 频率的改变。完成了这些步骤后,恢复核心时钟在 CCLK 和 MCLK 间转换的能力。

降低频率时,操作序列略有不同。首先,更新核心时钟频率(按照前面提到的三个基本步骤)。在降低核心电压前需要重新校准存储计时器,因为一旦核心时钟频率降低,若不调整存储计时器,存储器读-写将造成误差(例如在读电压-频率查询表时)。接下来,核心电压降低,当其稳定时开始进行一般操作。为了确保正确操作,所完成的所有电压频率更新采用原子方式。例如,当频率更新而存储器未重新校准时,若发生一个中断,可能产生执行错误。

2) 空闲能量管理硬件实现

经过特别设计的传感器节点拥有一系列与上述类似的睡眠状态。另外,节点硬件支持事件驱动算法。图 6-37 进行了全面描述。StrongARM 的 GPIO 引脚与外围设备相连,用于生成和接收各种信号。SA1110 包含 28 个 GPIO 引脚,各引脚设置为输入或输出功能。另外,GPIO 引脚经过特别设置可用于探测上升或下降沿。4 个 GPIO 引脚专门用于实现系统能量供应控制。当不需要进行测量时可选择关闭所有模拟能量供应。或者仅关闭低通滤波器

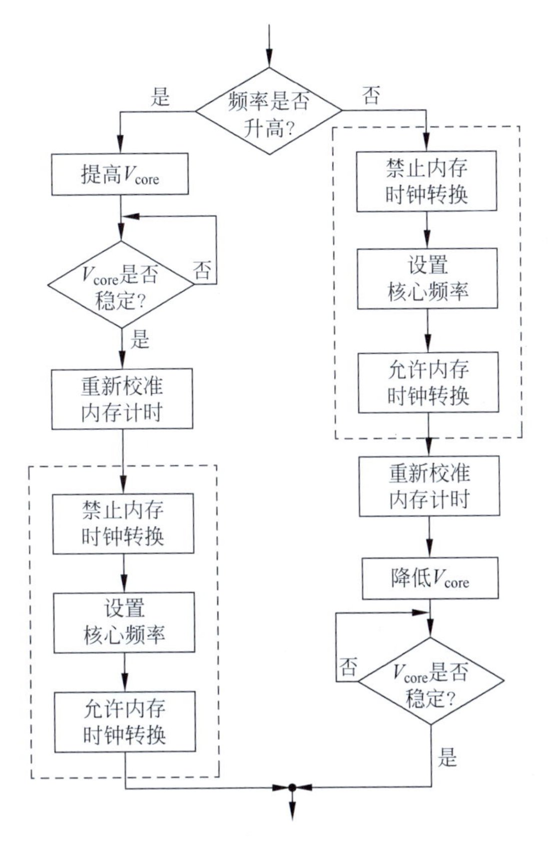

图 6-36　DVS 工作过程框图

(Low Pass Filter,LPF)的能量供应,而封装能量传感电路用于向处理器发出触发信号。此时,处理器激活 LPF,并开始采用 SSP 从 A/D 转换器读入数据。信号探测阈值同样可用其他 GPIO 引脚编程,对无线通信模块可采用类似的能量供应控制。不需要无线通信时,处理器可将其关闭。

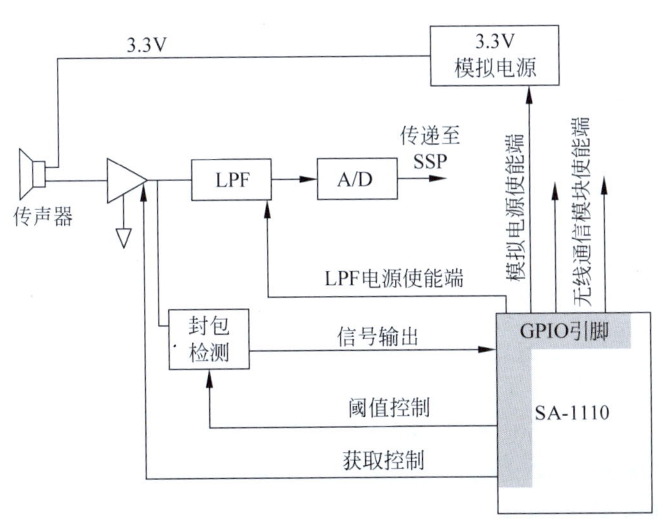

图 6-37　DVS 的硬件结构示意

3）处理器能量模式

SA1110 包含能量管理逻辑电路,控制三种不同模式的转换：运行、空闲和睡眠。各模式对应较低的能耗水平。

(1) 运行模式。这是 SA1110 的一般工作模式。所有单片能量供应开启，所有时钟开启，而且所有单片资源可用。处理器通常经过上电或重置在运行模式下启动。

(2) 空闲模式。此模式允许 CPU 未使用时停止 CPU，同时继续监视中断请求。CPU 时钟停止时，因为 SA1110 是全静态设计，所有状态信息均被保存。当重新开始一般操作时，CPU 精确地从停止处开始执行。在空闲模式下，所有单片资源(实时时钟、OS 计时器、中断控制器、GPIO、能量管理器、DMA 与 LCD 控制器等)都开启。PLL 也保持锁定，于是处理器可快速地进入和退出空闲模式。

(3) 睡眠模式。睡眠模式为处理器节省最多能量，同时提供最少的功能。SA1110 从运行/空闲转换到睡眠模式时顺序关闭单片资源，对处理器采用内部中断，并取消能量使能(PWR_EN)引脚的作用，从而给外部系统指示，说明能量供应可关闭。32.768kHz 晶振停止，睡眠状态机守候预排程序唤醒事件的发生。进入睡眠模式有两种方式：软件控制或能量供应错误。设置能量管理控制寄存器(Power Manager Control Register，PMCR)中的强制睡眠位，可进入睡眠模式。睡眠时通过软件设置标志位，然后采用硬件清空此标志位。于是，当处理器醒来时，此标志位已清空。整体睡眠的关闭序列耗时约 90ms。

表 6-6 表示各种模式下的能耗，包括 SA1110 处理器的两种不同频率和相应电压规格。值得注意的是，两种频率下所需最低工作电压(如表 6-6 所示)比如表 6-7 所示的略低。空闲模式能量约降低了 75%，而睡眠模式几乎节省了所有能量。

表 6-6　SA-1110 处理器能耗

频率/MHz	供电电压/V	能耗模式		睡眠/μA
		正常/mW	空闲/mW	
133	1.55	<240	<75	<50
206	1.75	<400	<100	<50

表 6-7　各种传感器工作模式的能耗

状　态	系统模式	成分模式			功率/mW
		处理器	无线电	模拟	
激活状态	激活	最高频率	开	开	975.6
	弱激活	最低频率	开	开	457.2
	空闲	空闲	开	开	443.0
睡眠状态	接收	空闲	开	关	403.0
	传感	空闲	关	关	103.0
	睡眠	睡眠	关	关	28.0

4. 动态能量管理实验

将传感器节点在完全激活状态(所有模块开启)的能耗作为 SA1110 工作频率的函数，采用 DVS 和仅使用频率调节(采用固定核心电压 1.65V)的能耗。系统能量供应为 4.0V。在激活模式下，能量管理主要由 DVS 实现。当在最高工作电压和工作频率下运行时，系统的能耗大约为 1W。采用 DVS 有功能量管理的最大系统能量节省约为 53%。实际节省的能量取决于负荷需要。

采用 DVS 时，当处理速率变化程度最小时，由于能量负荷模型具有凸性，因而存在最低能耗。虽然平均负荷可能是固定的，但电池寿命从 DVS 获得的改善会随着负荷波动的增加而降低。

表 6-7 列出了测得的各种工作模式下传感器节点的能耗。传感器节点可分类为处理器能量支配体系。无线电模块的能量需求受到处理器控制（在 3.3V 下约为 70mA）。DVS 可将系统能耗降低 53%。关闭各部分（模拟能量供应，无线电模块，以及处理器）可得到 44%的额外能量节省，也就是说，空闲能量管理的系统级能量节省约为 97%。图 6-38 说明了由各种能量管理装置带来的总体能量节省。

实际能量节省明显取决于处理速率和事件统计。为了评价激活模式下获得的能量节省，需要估计系统负荷变化的程度。若平均负荷需求为 50%，变化缓慢，则预计能量节省约为 30%。

另外，空闲模式能量节省十分显著。假设操作的工作周期为 1%，则能量节省约为 96%。这意味着传感器节点电池寿命的提高因子会超过 27（也就是说，若无能量管理时节点能维持一天，则现在几乎能维持一个月）。工作周期为 10%时，电池寿命提高因数约为 10。电池寿命是工作量和工作周期需求的函数。这里的重点在于系统是能量可扩展的，即系统可根据计算负荷和传感需要调整能耗。图 6-38 表示传感器节点电池寿命采用能量管理技术而获得提高的因子。

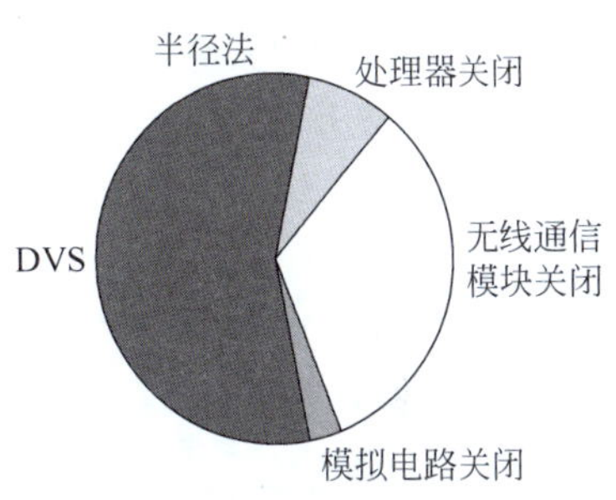

图 6-38 系统级能量节省分布

6.5 容错技术

在超大规模集成电路、分布式系统中，容错技术已经得到了深入研究。无线传感器网络的出现，对容错技术提出了新的挑战。无线传感器网络不仅自身容易发生故障，而且受到外界环境的影响，因此更需要有效的容错设计技术来满足其可靠性要求。

▶ 6.5.1 容错技术的基本描述

容错设计技术经过长期的发展，已经形成了一个专门的领域。这个领域中有一些基本的概念，如失效、故障、差错等。另外，由于无线传感器网络自身的特点，导致无线传感器网络容错设计与传统容错设计也有所不同。

早期计算机、通信、存储设备的可靠性曾被认为是计算机系统的关键问题之一。自 20 世纪 70 年代以来，容错在超大规模集成电路、分布式系统、数据库和互联网等领域都得到了充分的重视。容错的内容包括部件可信性、容错体系结构、软件可信性、可信性验证与评估等许多方面。容错技术是由部件级向系统级方向发展的，1964 年 IBM 推出大型主机 System 360 的时候，存储器的差错校正码技术立了汗马功劳；从 1975 年开始，商业化的容错机制推向市场；到 20 世纪 90 年代，软件容错的问题被提出来，进而发展到网络容错。

容错领域有几个基本概念：失效（failure）、故障（fault）、差错（error）。失效是指某个设备中止了它完成所要求功能的能力。故障是指一个设备、元件或组件的一种物理状态，在此状态下它们不能按照所要求的方式工作。差错是指一个不正确的步骤、过程或结果。故障只有在某些条件下才能在其输出端产生差错，这些差错由于在系统内部，不容易被观测到，只有积累到一定程度或者在某种系统环境下才能使系统失效。所以,失效是面向用户的,而故障和差错是面向制造和维修的。

无线传感器网络容错是指网络中某个节点或节点的某些部件发生故障时,网络仍然能够完成指定的任务。容错的要求在不同的应用中有所不同。例如,一个办公室有 6 个人,分别标记为 A、B、C、D、E、F。在办公室门口布设一个无线传感器网络,要求能识别出这 6 个人。传感器节点能感知每个人的高度和声音两个特征,高度由一串光感应器测得,声音由办公室门口的麦克风识别。图 6-39(a)表示了这 6 个人的身高和声音特征;图 6-39(b)将这些特征映射到一个二维图上。由于所有人的特征被映射在图 6-39(b)的不同方格中,所以无故障时系统能够区分出任意两个人。从图 6-39(b)可以看出,有一个高度或声音传感器失效时,系统仍然能够区分出大部分的人,但是也有一些不能识别的情况,例如 B 和 E 的高度相同,声音是区分他们的唯一方式,所以在区分 B 和 E 时,网络不能容忍声音传感器 V_s 发生故障。如果办公室只有 5 个人(没有 B 或 E),那么系统能够容忍任何一个声音传感器发生故障。

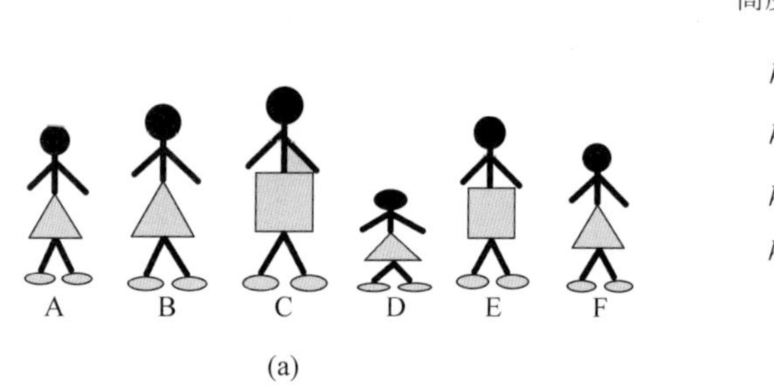

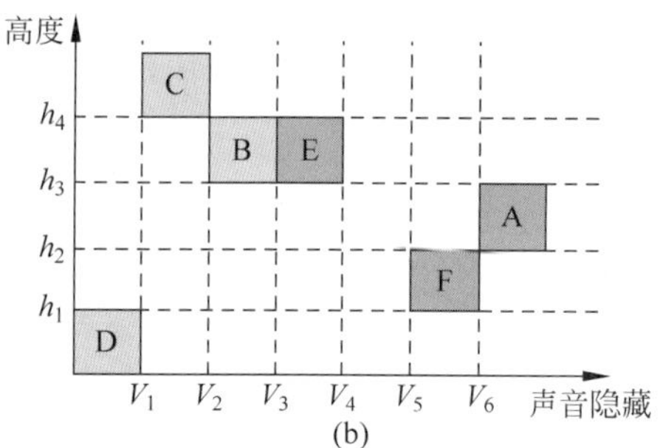

图 6-39　多模型传感器网络容错实例

可见,容错能力通常建立在信息的冗余上。

无线传感器网络的出现给容错设计技术带来了新的挑战,因为无线传感器网络需要考虑以下情况。

(1) 技术和实现因素。与集成电路封装得很好不同,传感器节点通常需要直接暴露在环境中,更容易受到物理、化学、生物等外力的破坏,所以本身可靠性要差很多。而且,成百上千的传感器节点组成一个分布式网络,在受到成本和能量限制的同时,需要完成一系列的任务,例如感知、执行、通信、信号处理、数值计算等,这本身就是一个挑战。

(2) 无线传感器网络的应用模式。无线传感器网络通常运行在无人干预的模式,它们需要具有更强的容错能力,确保某些部件或节点发生故障时,网络仍然能够完成预设的任务。

(3) 无线传感器网络是一个新兴的研究和工程领域,处理特定问题的最优方法还不明确。无线传感器网络的技术和预期应用还在快速地变化着,所以在特定传感器网络中容错处理还难以预见。

6.5.2　故障模型

无线传感器网络容错设计需要考虑三个方面:故障模型、故障检测与诊断、修复机制,如表 6-8 所示。

从整体上考虑,无线传感器网络中的故障可以分为三个层面,即部件级、节点级和网络级。由于网络、节点、部件间的包含关系,所以高层故障本质也是由低层故障造成的。

表 6-8 故障模型的层次

故障级别	故障表征	故障检测	修复机制
部件	故障节点能够正常通信，但是测量数据是错误的	检测出错误的测量数据	舍弃或校正出错的测量数据
节点	故障节点不能与其他节点进行通信	通过询问或重新路由等方法检测故障节点	通过移动冗余节点弥补形成的连接和覆盖问题

传感器节点由计算、通信、存储、能量供应、传感等功能部件构成，每个部件都可能发生故障。由于以往的容错研究主要关注处理器、SRAM 和 DRAM、非易失性的存储器和磁盘以及通信等部件，且它们的可靠性已经很高了，而传感部件受到低成本、能量有限、外界环境的限制，其可靠性是传感器网络应用的重要挑战。传感部件由感应器和 A/D 转换器(ADC)组成，由于感应器暴露在外界环境中，所以很容易发生故障。

发生故障的传感器可能完全不工作了，或者它仍能给出测量值，只是这个测量值是错误的。下面来描述这种错误的测量值，设某个节点所在地的真实值为 $\gamma(t)$，记测量误差符合正态分布 $N(0,\sigma^2)$。传感器发生故障时，测量值将可以形式化为 $f(t)=\beta_0(t)+\beta_1\gamma(t)+\varepsilon(t)$，其中，$\beta_0$ 是偏移值，β_1 是缩放倍数，ε 是测量噪声，由此可以得到下面几种故障模型。

(1) 固定故障：固定故障是指传感器的读数一直为某个固定的值。这个值通常大于或小于正常的感知范围。发生固定故障的传感器不能提供任何感知环境的信息。它可以形式化为 $f(t)=\beta_0(t)$。

(2) 偏移故障：偏移故障是指在真实值的基础上附加一个常量，它能被形式化为 $f(t)=\beta_0(t)+\gamma(t)+\varepsilon(t)$。

(3) 倍数故障：倍数故障是指真实值被放大或缩小某个倍数，它能被形式化为 $f(t)=\beta_1\gamma(t)+\varepsilon(t)$。如果没有对测量值的先验知识，仅从结果不能分辨出偏移故障和倍数故障。

(4) 方差下降故障：这类故障通常是由于使用时间过长，感应器老化后变得越来越不精确而产生的。设测量方差为 σ_m^2，故障方差为 σ_f^2，当 $\sigma_f^2>\sigma_m^2$ 时，则误差演变为故障，包含故障的 $f(t)=\gamma(t)+\varepsilon(t)$。

由于能量耗尽或通信部件发生故障，节点不能与其邻居通信，这时节点被判断为出现故障，即使节点的其他部件仍然正常。网络级的故障是指在某个区域内的节点都出现了故障，造成部分网络停止工作。

▶ 6.5.3 故障检测与诊断

故障检测的目标是检测网络中的异常行为。故障检测分为部件故障检测和节点故障检测。部件故障检测在本节主要研究传感部件故障；节点故障检测主要是定位发生故障的节点。

1. 部件故障检测

传感部件是很容易发生故障的部件，并且传感部件发生故障后，节点也随即发生故障，所以本节重点介绍传感部件的故障检测。一种简单的传感器故障是传感器要么起作用，要么不能正常工作。对这种故障，故障检测过程非常直接，通常只需要观察传感器的输出。另一种故障是针对有连续的或多级数字输出的传感器的故障。针对这类传感器的故障更加复杂。下面将分为基于空间相关性的故障检测和基于贝叶斯信任网络的故障检测来介绍这类故障的检测。对于检测的效果，通常用两个指标来衡量，即识别率和误报率。识别率是指发生故障的部件被检测为有故障的概率；误报率是把正常的部件判断为发生故障的概率。

1）基于空间相关性的故障检测

无线传感器网络相邻节点的同类传感器所测量的值通常很相近，称这种特性为空间相关性。一个节点通过周围邻居的同类传感器来检测自己的传感器是否发生了故障。根据故障检测时是否需要节点地理位置信息，可以分为以下两类。

（1）需要地理位置信息。

某节点的传感器测量到的结果与周围节点测量到的结果都不相同时，这个节点的传感部件很可能发生了故障。如图 6-40 所示，节点 1～节点 8 都感应到事件的发生，而节点 n 没有感应到事件的发生，则认为节点 n 的传感部件发生了故障。如果节点 n 及节点 1～节点 7 都感应到事件，则可以判断节点 8 的传感部件发生了故障。

在地理位置信息已知时，利用三个可信节点就可以实现感应器故障检测。图 6-41 是三角法检测传感器故障的示意图。节点 $n_j(j=1,2,3)$ 为无故障的可信节点，$O_j(j=1,2,3)$ 为节点所处位置，用以 $O_j(j=1,2,3)$ 为圆心的圆表示节点 $n_j(j=1,2,3)$ 的感知范围。为每个圆作两条切线，这两条切线分别垂直于这个圆心与另外两个圆心的连线，记两条切线的交点为 $x_j(j=1,2,3)$。设节点 n 位于由 $x_j(j=1,2,3)$ 组成的三角区域内，而节点 n 对事件的判断与 n_1、n_2、n_3 不同，即如果节点 $n_j(j=1,2,3)$ 都感应到事件发生而节点 n 没有感应到，或者节点 $n_j(j=1,2,3)$ 没有感应到事件发生而节点 n 感应到了，则认为节点 n 发生了故障。

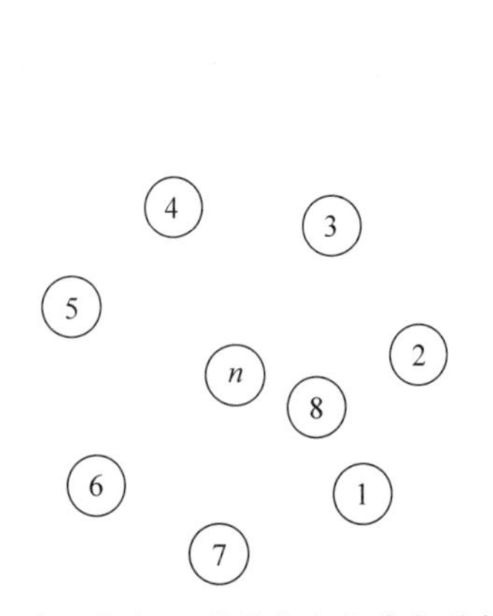

图 6-40　除了节点 n，其他节点都感应到事件发生

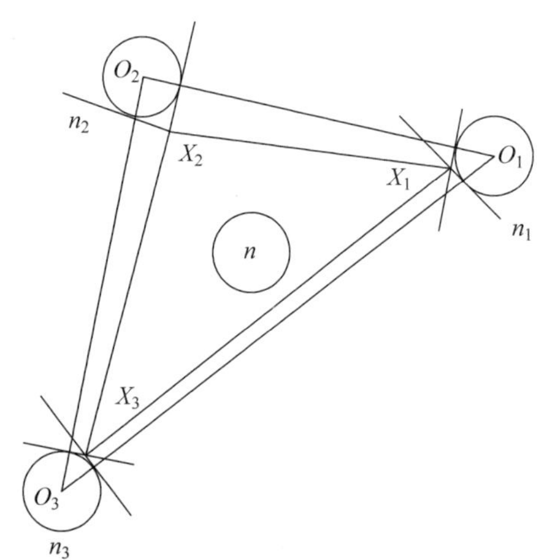

图 6-41　节点 n 在三个可信节点的三角区域内

（2）不需要地理位置信息。

无线传感器网络中的正常节点都能侦听到邻居发送的消息。节点可以依据侦听到的邻居数据来判断自己的测量值是否正确，判断策略可以分为多数投票策略、均值策略和中值策略。

多数投票策略是通过与邻居节点测量值进行比较，得到与自己的测量值相同或差距在允许范围内的邻居测量值个数，如果个数超过邻居数目的一半，则判定自己的测量值为正确的，否则就是错误的。多数投票策略的故障识别率比较高，但是在空间相关性不是很大的应用中，这种方法会存在较大的误报率。如果邻居节点分布较散或离自己较远，即使邻居测量值与自己的测量值都正确，但是它们之间的差距也可能超出允许的范围。

均值策略是计算邻居测量值的平均值，然后比较这个均值和自己的测量值，如果它们的差距在允许的范围内，则认为自己的测量值为正确的。由于邻居测量值可能存在错误，这些错误值偏离正确值较大时会使得均值可信度降低，这样就可能导致误判。

中值策略很大程度上避免了错误的邻居测量值对测量精度的影响。中值策略利用邻居测量值的中值与自己的测量值比较，这样即使有很多邻居测量值错误时，它仍然能正确地判断出自己的测量值是否正确。

设节点 n_i 有 N 个邻居，邻居测量值分别为 $x_j(j=1,2,\cdots,N)$。判断 n_i 的测量值 x_i 是否正确的三种策略的详细步骤如表 6-9 所示。

表 6-9　三种故障检测策略

多数投票策略

a. 得到节点 n_i 的邻居测量值 $x_j(j=1,2,\cdots,N)$

b. 比较 x_i 与 $x_j(j=1,2,\cdots,N)$，得到与 x_i 相同或在允许差距范围内的 x_j 的个数 k_i

c. 如果 $k_i \geqslant 0.5N$，则 x_i 正确；否则 x_i 错误

均值策略

a. 得到节点 n_i 的邻居测量值 $x_j(j=1,2,\cdots,N)$

b. 计算出邻居读数的均值 $\tilde{x}_i = \dfrac{\sum\limits_{j=1}^{N} X_j}{N}$

c. 自身测量值与上述均值比较 $f(x_i,\tilde{x}_i)=\begin{cases}1, & \left|\dfrac{x_i-\tilde{x}_i}{\tilde{x}_i}\right|>\xi \\ 0, & \text{其他}\end{cases}$

d. 若 $f(x_i,\tilde{x}_i)$ 值为 1，则认为这次测量值有误

中值策略

a. 得到节点 n_i 的邻居测量值 $x_j(j=1,2,\cdots,N)$

b. 计算出邻居测量值的中值 $\tilde{x}_i=\mathrm{MED}\left\{x_j \,\middle|\, \begin{matrix}N\\ j=1\end{matrix}\right\}$，MED 为求中值的运算

c. 自身测量值与上述中值比较 $f(x_i,\tilde{x}_i)=\begin{cases}1, & \left|\dfrac{x_i-\tilde{x}_i}{\tilde{x}_i}\right|>\xi \\ 0, & \text{其他}\end{cases}$

d. 若 $f(x_i,\tilde{x}_i)$ 值为 1，则认为这次测量值有误

判断策略比较如表 6-10 所示。

表 6-10　判断策略比较

选　　项	识别率	误报率	时间复杂度
多数投票	较高	低	$O(n)$
均值	较高	较低	$O(n)$
中值	高	低	$O(n\log_2,n)$

使用上述策略，会出现错误的判断。如图 6-42 所示，A_0、B_0 同时有两个正常邻居和两个故障邻居，以多数投票策略为例，它们被同时判断为正常，这样必然有一个被错误判断；C_0 的邻居中有三个节点与自己不同，所以 C_0 被判断为出现故障，而事实上 C_0 是一个正常的节点。

考虑到这种情况，在对检测精度要求很高的应用中，可以通过加权的方法来提高识别率，同时降低误报率。首先给每个传感器一个初值作为它的可信度，然后每当节点的测量值被判断为错误时，就将它的可信度减 1。在以后的判断中，将可信度作为传感器测量值的权重，这将提高检测的精度。

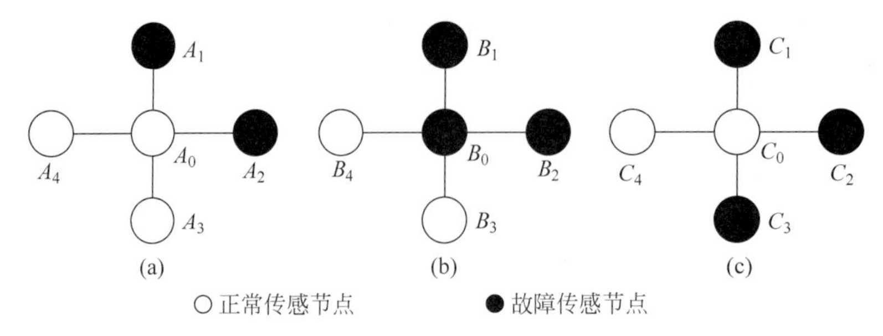

图 6-42　决策判断实例

2）基于贝叶斯信任网络的故障检测

不同部件间的潜在关系可以用来检测传感部件是否发生故障。这些部件可以属于同一个节点，也可以属于不同节点。这类故障检测方法主要是利用了部件间的信任关系，可以通过贝叶斯信任网络（BBN）进行表述。下面先介绍贝叶斯信任网络的基本含义。

贝叶斯信任网络包含一个有向图和与之对应的概率表集合。有向图中的顶点表示变量，边表示变量之间的影响关系。贝叶斯信任网络的关键特征是能够模型化并推理出不确定因素。模型化节点间的可靠关系是通过节点概率表实现的。

应用贝叶斯信任网络分为构造、学习、推理三个阶段。在构造阶段需要得到所有变量的联合概率分布。例如有 5 个变量时，其联合概率分布为 $P(A,B,C,D,E)=P(A)P(B|A)P(C|B,A)P(D|C,B,A)P(E|D,C,B,A)$。在实际中不是所有变量都有依赖关系的。假设 B 与 A、C 都独立，那么联合概率分布可以写成 $P(A,B,C,D,E)=P(A)P(B)P(C|A)P(D|B)P(E|D,B)$。学习阶段的任务是通过训练得到各变量间的条件概率。如果网络结构未知，学习阶段还需要推断出潜在的结构。推断过程是由一些已知属性值推断未知变量的概率分布。

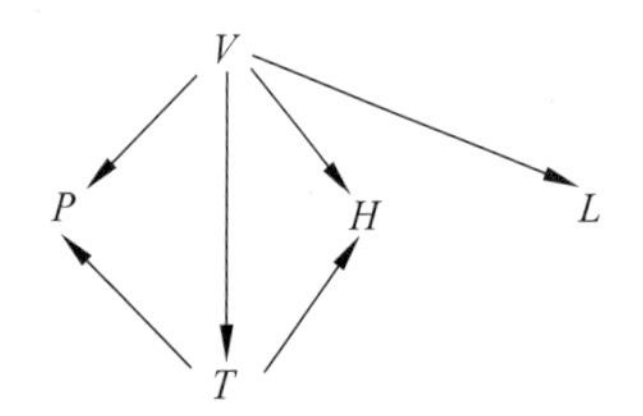

图 6-43　属性间的条件依赖条件

下面以大鸭岛实验情景来应用贝叶斯信任网络实现传感部件的故障检测。环境监测中有 5 个属性：温度（T）、相对湿度（H）、气压（P）、光照强度（L）、节点电压（V）。它们的关系如图 6-43 所示：气压和相对湿度受温度影响，而电压影响了其他所有属性。

一个节点所有属性的联合概率分布为 $P(V,T,H,P,L)=P(V)P(L|V)P(T|V)P(H|V,T)P(P|V,T)$。设所有属性被划分成两个不重叠的子区间 r_1、r_2，通过大量数据训练得到以下概率。

$P(S)$：传感器读数落入某个区间的概率。

$P(N|S)$：给定当前读数落入某区间的概率的情况下，邻居读数落入某区间的概率。在大鸭岛实验情景下通过训练所得概率如表 6-11 和表 6-12 所示。

可以根据这些条件，推测未知的情况。例如，已知节点的相对湿度感应值 $H\in r_2$，电压 $V\in r_1$，由此来推测是否 $T\in r_1$，如表 6-13 所示。

表 6-11　温度、电压的概率分布

S	$P(S_T)$	$P(S_V)$
r_1	0.9	0.6
r_2	0.1	0.4

表 6-12　气压、相对湿度的概率分布

S_T	S_V	$P(S_P)$		$P(S_H)$	
		r_1	r_2	r_1	r_2
r_1	r_1	0.5	0.5	0.6	0.4
r_1	r_2	0.9	0.1	0.3	0.7
r_2	r_1	0.2	0.8	0.2	0.8
r_2	r_2	0.7	0.3	0.6	0.4

表 6-13　计算推理

T	$P(H\|V,T)\ P(T)\ P(V)$	$P(T\|V=r_1,H=r_2)$
r_1	0.4×0.9×0.6=0.216	0.4
r_2	0.2×0.9×0.6=0.108	0.8

2. 节点故障检测

在传感部件的故障检测中，假设节点发生故障时仍能与外界正常通信。在实际部署中，由于电池耗尽或通信故障导致节点不能与网络正常连通，这类故障通常需要其他节点来检测。根据检测过程是否集中进行，节点故障检测可分为集中式和分布式两种。

1）集中式故障检测

集中式的故障检测通过在 Sink 节点放置检测程序，实时监测网络状态。Sink 节点需要收集的内容如表 6-14 所示。

表 6-14　需要收集的信息

名　　称	描　　述
邻居列表	由邻居 ID 组成的一个列表
链路质量	用 0(100%丢失)～100(100%传送)的一个数来表示
字节数	节点传输和收到的字节数
下一跳(路由表)	路由的下一跳节点
路径丢失(路由表)	从节点到 Sink 节点的链路质量的一种衡量

网络初始化完成后，Sink 节点保存节点的路由表、邻居列表、链路质量等参数值。在网络运行过程中，Sink 节点可以向其他节点发送收集信息的指令，然后其他节点向 Sink 节点上报消息；或者由节点周期性地上报信息。这样，Sink 节点能够利用这些信息判断出发生了什么事件。事件列表及判断依据如表 6-15 所示。

表 6-15　事件列表及判断依据

事　件　名	描　　述	用来识别事件的信息
节点丢失	节点没有出现在任何节点的邻居列表中	所有邻居表
孤立节点	节点没有任何邻居	此节点的邻居表
路由改变	比较当前路由表与上次路由表的变化	此节点的路由表信息
邻居表改变	比较当前路由表与上次邻居表的变化	此节点的邻居表
链路质量改变	此节点与邻居的链路质量低于统计定义的门槛值。把当前的和以前的链路质量写入日志	此节点的邻居表

集中式检测需要 Sink 节点的处理能力较高。如果网络规模很大，这些信息的传播也会消耗网络的大量资源。

2）分布式故障检测

分布式故障检测不是由 Sink 节点统一检测，而是由每个节点分别自行检测的。隐蔽终端(Hidden Terminals)、拥塞、链路不对称是几种常见的节点通信故障。

节点发现数据率下降后，它询问路由表中的子节点是否也有同样的现象，如果答案是肯定的，那么继续询问下去；当遇到否定的回答时，这个父节点就触发诊断程序，把诊断到的原因及可能的措施发往基站以写入日志。

图 6-44 表示了一种分布式故障诊断算法的基本步骤。整个算法分为多个阶段，每个阶段检测一种故障。每个阶段由两部分组成，一部分判断某一故障是否发生；另一部分是处理故障的措施。由于不同故障可能导致相同的现象，所以检测算法各个阶段的顺序要根据实际情况安排。如图 6-44 所示，隐蔽终端和网络拥塞都会引起网络层传输队列缓冲区溢出和无线信道的高冲突(High Contention of the Wireless Channel)。假如检测算法先判断是拥塞，那么就可能得出错误的结论。而利用 MAC 层提供的信息先判断是否是隐蔽终端，如果不是隐蔽终端则再判断是否为拥塞，这样就可以避免误判。

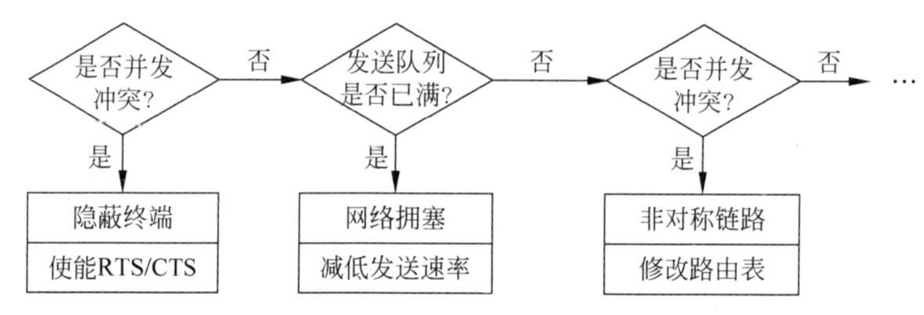

图 6-44　分布式故障诊断算法

▶ 6.5.4　故障修复

为了提高容错能力，可以在无线传感器网络部署之初放置一些冗余节点。当有节点失效时，冗余的节点移动到指定位置，从而弥补失效节点所造成的连接割断或覆盖漏洞。

1. 基于连接的修复

1）部署 k 连通拓扑

无线传感器网络中有些节点一旦出现故障，网络就会被断开。例如，图 6-45 中如果发生故障，网络就被划分成三个独立部分。为了使无线传感器网络能够容忍节点发生故障，一种方法是任意两个节点之间有多条路径。

一种建立容错拓扑的方法是构造 k 连通图。k 连通图是指网络中任意两点之间都至少有 k 条不相交的路径，k 连通网络中任意 $k-1$ 个节点发生故障时网络仍然保持连通。图 6-46 是三连通图，它能容忍任意两个节点的故障而保持网络的连通性。

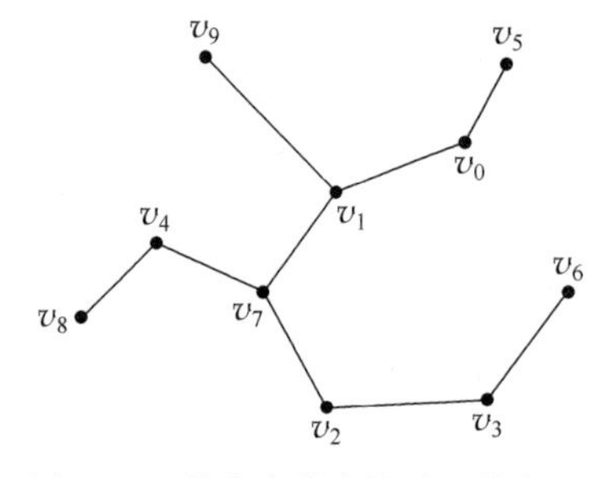

图 6-45　节点失效会导致网络断开

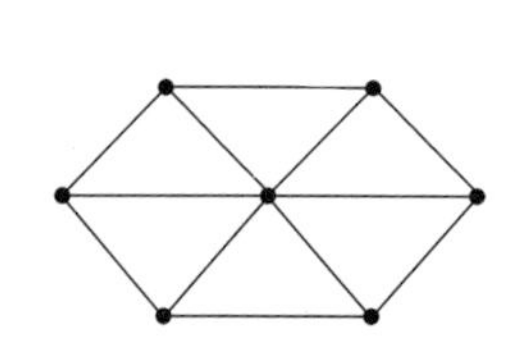

图 6-46　三连通图

在完全图中找最小代价的 k 连通子图是很难的，目前有很多近似算法。其中，$FGSS_k$ 和 $FLSS_k$ 分别是在网络中维持 k 连通的全局和局部近似算法。

$FGSS_k$(Fault-tolerant Global Spanning Subgraph)是一种集中式贪婪算法，它使得网络中的最大能耗最小化。$FGSS_k$ 把网络模型化为一个图，节点是图中的点，在存在直接通信连接的节点间作一条边，两个节点间的距离作为该边的权重。$FGSS_k$ 算法分为三步，首先按权重对所有边排序；然后按边权重从大到小依次考虑边是否应该加入生成子图，判断准则是该边的两个端点还没有 k 条路径连通时，就把这条边加入生成子图；最后判断是否所有节点都达到 k 连通，如果不是则重复第二步，否则算法结束。

$FLSS_k$(Fault-tolerant Local Spanning Subgraph)是一种分布式算法，它通过局部信息来调整发射功率和维护邻居集。由信息收集、拓扑构造、决定传输能量三个阶段组成。在信息收集阶段，每个节点以最大的能量广播自己的 ID 和位置信息，同时收集周围节点发来的信息，形成自己的邻居集；在拓扑构造阶段，使用 $FGSS_k$ 算法，每个节点生成一个子图，在这个子图中它与其他邻居都是 k 连通的；最后一个阶段通过去掉单向边或加强为双向边改进生成的连通图。

2）非 k 连通图

网络维持 k 连通需要消耗大量资源，所以很难在大规模的网络中达到 k 连通。那么在非 k 连通的网络中，需要有特定的方法来处理节点故障。如图 6-47 所示，一个节点或一片节点发生故障时，基站将不能收到它们的消息。

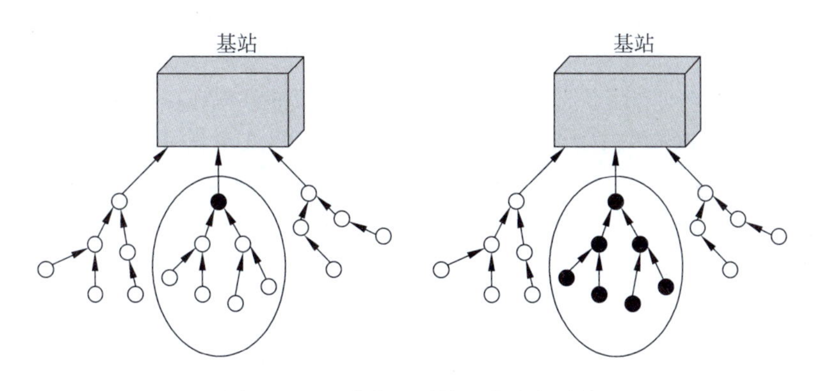

图 6-47　基站收不到某些节点的消息

基站查询到从某个节点开始通信中断了，可以把它们的下一跳重新定向到能与基站保持通信的最近节点。如图 6-48 所示给出了两种路由选择的新方案。

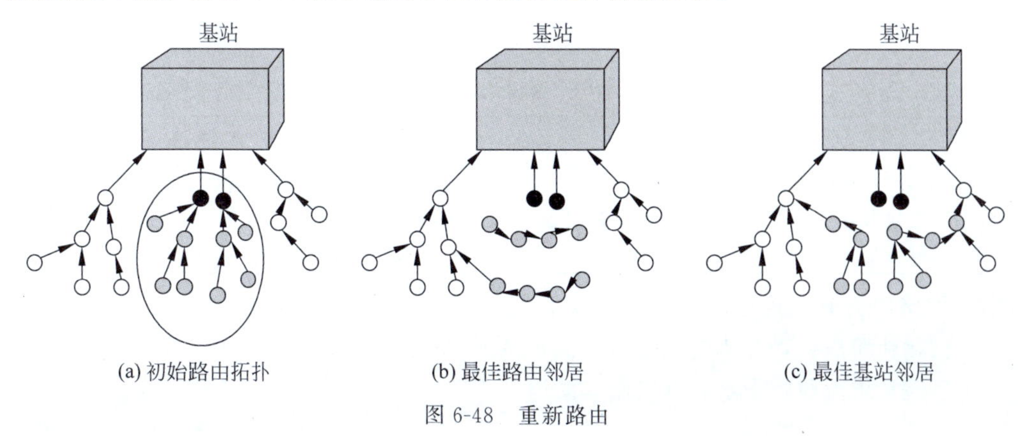

图 6-48　重新路由

为了延长整个网络的生命期以及减轻对网络带宽的要求，无线传感器网络通常不需要所有节点都保持活动状态。这样可以用冗余节点或睡眠节点弥补故障节点所造成的网络连接断开。容错节点是指一种可以替换失效活动节点的睡眠节点或冗余节点，表 6-16 给出了活动节点选择容错节点的方法。

表 6-16　基于连接的容错节点选择（处理节点 S_k）

节点 S_k 的状态	动　作
活动（active）	S_k 对每对没有互连的邻居指定一个容错节点（FT node），这个容错节点与这对邻居都有连接
睡眠（sleep）	（1）如果 S_k 的两个没有互连的邻居节点中，两个都是容错节点，则 S_k 为容错节点 （2）如果 S_k 的两个没有互连的邻居节点中，一个是容错节点，另一个是睡眠节点，则 S_k 为容错节点 （3）如果 S_k 的邻居节点中没有容错节点，则 S_k 为容错节点

活动节点失效会造成某些邻居的连接断开，所以它需要为它们指定容错节点，即它失效时，它的邻居可以通过指定的容错节点来通信。在图 6-49 中，S_k 指定 S_3 为 S_1、S_2 的容错节点。当 S_k 失效时，S_1 和 S_2 可以通过 S_3 来保持连通。

2. 基于覆盖的修复

无线传感器网络用来监测环境时，节点失效会造成某些区域不被覆盖，这时需要采取措施来弥补造成的覆盖空洞。节点的覆盖区域定义为整个感知区域去掉与其他节点重叠的感知区域，可以在网络中部署一部分可以移动的节点，当其他节点失效时，这些冗余的节点就移动到某个区域以弥补失效节点对网络造成的影响。如图 6-50 所示，节点 A、节点 D 的感知区域为粗线围成的区域，感知区域失效后，其覆盖区域需要其他节点来弥补。表 6-17 给出了覆盖区域和移动区域的定义。

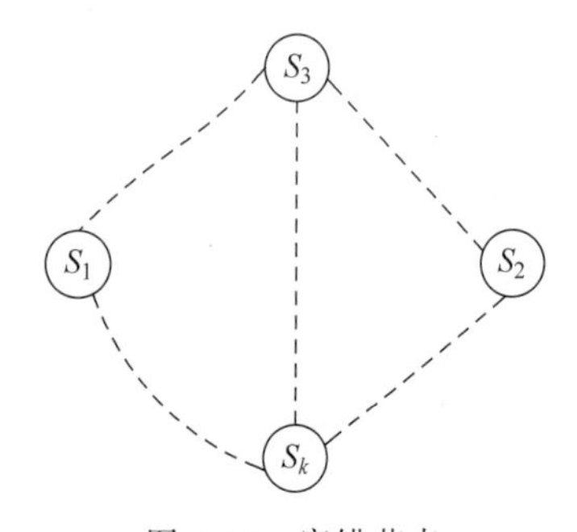

图 6-49　容错节点

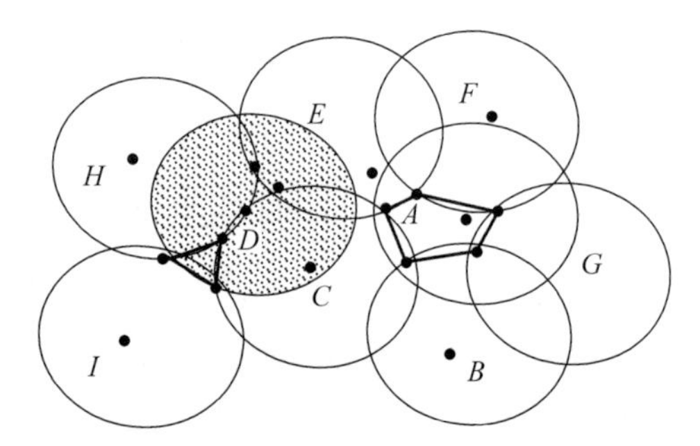

图 6-50　节点 A、节点 D 的感知区域

表 6-17　覆盖的两个定义

名　称	定　义	计算方法
覆盖区域	节点单独覆盖的区域	整个感知区域减去与其他节点重叠的感知区域
移动区域	有效节点移动到该区域即可重新覆盖遗漏的区域	以遗漏区域的边界为圆心、节点感知半径为半径作圆所形成的区域

假设网络中的节点具有移动能力，覆盖修复过程可以分为 4 个阶段。

（1）初始化阶段：节点计算自己的覆盖区域、每个覆盖区域对应的移动区域。

（2）恐慌请求阶段：垂死节点广播求助消息。

(3) 恐慌回应阶段：垂死节点的邻居收到求助消息后计算如果自己移动到垂死节点的移动区域，是否会影响自身的覆盖区域，如果不影响则给求助节点返回消息。

(4) 决策阶段：垂死节点根据收到的回应信息，决定让哪个节点移动。

在节点地理位置未知时，无线传感器网络提供了失效节点找冗余节点的算法。冗余节点通过移动来弥补垂死节点以保证覆盖和连通。由于地理位置未知，无线传感器网络主要考虑用试探的方法来探测移动的方向。

6.6　QoS 保证

6.6.1　QoS 概述

1. 服务质量定义

随着网络多媒体技术的飞速发展，Internet 上的多媒体应用层出不穷，如 IP 电话、视频会议、视频点播(VoD)、远程教育等多媒体实时业务、电子商务等。Internet 已逐步从单一的数据传送网演化为数据、语音、图像等多媒体信息的综合传输网。这些应用对网络中的带宽、时延以及分组丢失率等传输质量参数提出了不同要求。显然尽力传送服务已无法满足这些要求，需要 Internet 提供相应的机制满足应用对服务质量(Quality of Service，QoS)的要求，确保数据传输的适当服务级别。表 6-18 列出了目前 Internet 上一些主要应用的业务特征及其 QoS 需求。

表 6-18　Internet 业务特征及 QoS 需求

应　　用	业务特征	QoS 需求
电子邮件/文件传输、远程终端	数据量小、批文件的传输	允许时延，带宽需求低；尽力传送
HTML 网页浏览	一系列小的、突发的文件传输	允许适当的时延；带宽需求：变化的；尽力传送
客户/服务器电子商务	许多小的双向传输	对时延、丢失率敏感；带宽需求适当；必须可靠传送
基于 IP 协议的语音实时音频	连续或者变化地传送	对时延、抖动非常敏感；带宽需求低；需要可预计的时延和丢失率
流媒体	变化的位速	对时延、抖动非常敏感；带宽需求高；需要可预计的时延和丢失率

目前网络界针对如何定义网络 QoS 并没有一个统一的标准。QoS 论坛将 QoS 定义为网络元素(包括应用、主机或路由器等网络设备)对网络数据的传输承诺的服务保证级别。RFC2386 则将 QoS 看作网络在从源节点到目的节点传输分组流时需要满足的一系列服务要求。同样在网络分层模型中，不同的层对 QoS 也有不同的解释。为了更好地理解 QoS 的含义，从应用层和网络层的角度对 QoS 定义进行分析。在应用层，QoS 通常是指用户或者应用所获取具体业务的服务质量。而在网络层，QoS 则定义为对网络提供给应用及用户的服务质量的量度，网络提供特定 QoS 的能力依赖于网络自身及其采用的网络协议的特性。图 6-51 给出了一个简单的 QoS 模型。在这个模型中，应

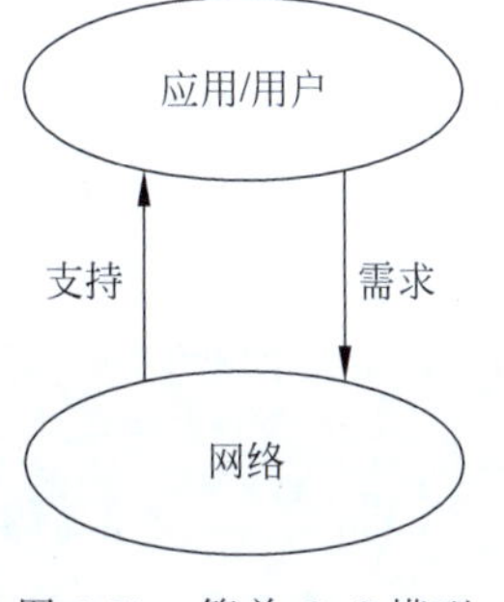

图 6-51　简单 QoS 模型

用/用户并不关心网络如何利用自身资源提供 QoS 支持,他们只关心直接影响应用质量的网络服务。而网络的目标则是最大限度地利用网络资源来提供 QoS 支持。为了实现这个目标,网络需分析应用 QoS 需求,并通过调度自身资源来提供 QoS 支持。

在网络 QoS 研究中,人们比较关注的服务质量标准主要包括可用性、吞吐量、时延、时延变化和丢包率等几个参数。

(1) 可用性:指综合考虑网络设备的可靠性与网络生存性等网络失效因素,当用户需要时网络即能开始工作的时间百分比。

(2) 吞吐量:又称为带宽,是在一定时间段内对网络流量的量度。一般而言,吞吐量越大越好。

(3) 时延:指一项服务从网络入口到出口的平均经过时间。许多实时应用,如语音和视频等服务对时延的要求很高。产生时延的因素很多,包括分组时延、排队时延、交换时延和传播时延等。

(4) 时延变化:指同一业务流中不同分组所呈现的时延不同。高频率的时延变化称作抖动,而低频率的时延变化称作漂移。抖动主要是由于业务流中相继分组的排队等候时间不同引起的,是对服务质量影响最大的一个问题。

(5) 丢包率:指网络在传输过程中数据包丢失的比例。造成数据包丢失的主要原因包括网络链路质量较差、网络发生拥塞,等等。

针对不同应用对网络 QoS 的需求,研究人员主要通过在不同网络协议层使用各种不同的算法与机制最大限度地利用网络资源来提供端到端的 QoS 支持。

2. 服务质量支持机制

当前,Internet 如何提供 QoS 支持(即 IP QoS)已成为业界关注的焦点,研究人员开展了大量的工作。但是,在网络 QoS 支持的研究中仍然存在着许多挑战和困难。首先,网络提供 QoS 支持的最大挑战是网络拥塞。在网络发生拥塞时,由于数据包在每一跳的队列缓冲区中都将等待更长的时间,所以会导致网络延迟增大。当队列缓冲区发生溢出时,新到数据包将丢弃,导致网络丢包率上升,同时网络的吞吐量也将下降;其次,为提高网络数据包传输的可靠性,通常采用多路径路由。这将带来新的问题:当两个数据包从源端发往目的端,没有任何保障时,它们会采用相同的路径到达目的端。当其中某个数据包由于所选择的路由路径较长或者所经过的节点发生拥塞时,就无法保证两个数据包到达目的端的时间,这样会带来不可接受的延迟与抖动。

为解决上述问题,更好地满足应用的需求,研究人员提出了许多 QoS 支持机制。在此简单介绍其中三种最主要的体系结构。

1) Int-serv 集成业务

Int-serv 主要引入了一个重要的网络控制协议 RSVP(资源预留协议)。RSVP 的引入使得 IP 网络为应用提供所要求的端到端的 QoS 保证成为可能。Int-serv 尽管提供 QoS 保证,但其扩展性差。因为其工作方式是基于每个流的,这就需要保存大量的与分组队列数成正比的状态信息。此外,RSVP 的有效实施必须依赖于分组所经过路径上的每个路由器。在骨干网上,业务流的数目可能很大,因此要求路由器的转发速率很高,这使得 Int-serv 难以在骨干网上得到实施。

2) Diff-serv 区分业务

IETF 在 RFC22475 中提出 Diff-serv 体系结构,旨在定义一种能实施 QoS 且更易扩展的方式，以解决 Int-serv 扩展性差的缺点。Diff-serv 简化了信令，对业务流的分类粒度更粗。Diff-serv 通过汇聚和 PHB(Per Hop Behavior)的方式提供 QoS。汇聚是指路由器把 QoS 需求相近的业务流看成一个大类，以减少调度算法所处理的队列数。PHB 是指逐跳的转发方式，每个 PHB 对应一种转发方式或 QoS 要求。由于 Diff-serv 采用对数据流分类聚集后提供差别服务的方法实现对数据流的可预测性传输，所以对 QoS 的支持粒度取决于传输服务的分级层次，各网络节点中存储的状态信息数量仅正比于服务级别的数量而不是数据流的数量，由此 Diff-serv 获得了良好的扩展性。

3）多协议标签交换

多协议标签交换(MPLS)将灵活的三层 IP 选路和高速的两层交换技术完美地结合起来，从而弥补了传统 IP 网络的许多缺陷。它引入了"显式路由"机制，对 QoS 提供了更为可靠的保证。多协议标签转换(MPLS)在路由寻址方面同传统路由器有明显的不同。MPLS 支持特殊路由，到达同一目的地的数据包可沿不同路径进行转发。MPLS 网络主要由标签交换边缘路由器(LER)和标签交换路由器(LSR)组成。相比集成业务与区分服务，MPLS 是目前最全面的服务质量保证体系。

以上三种体系结构仅提供了一种在区域网络内实施 QoS 支持的框架结构，而具体的一些策略和相应的实现机制则由不同的厂商来决定。目前有关 IP QoS 的 4 种实现机制大致可归纳为队列管理机制、队列调度机制、基于约束的路由(CBR)和流量工程。

▶ 6.6.2　QoS 研究

当无线自组织网络出现时，人们也很自然地有了在自组织网络上传送不同类型业务的需求，并且希望自组织网络能像固定的有线网络一样为不同业务的服务质量提供保障。然而，与固定的有线网络不同，在无线自组织网络中，无线链路的带宽相对较低，移动节点的内存、能源等资源都相对受限。因此，传统有线网络中的 QoS 支持机制无法直接应用于无线自组织网络。如何合理、有效地利用无线网络的资源，以获取更好的数据传输性能，进而为多媒体业务的服务质量提供保障，是无线自组织网络 QoS 研究中需要解决的首要问题。

无线传感器网络是一种新兴的无线自组织网络，由大量无线传感器节点通过自组织的方式组成网络。节点的传感器负责采集监测数据，无线射频收发装置负责节点之间以及节点与基站之间的数据交互。无线传感器网络的工作方式以及承载的业务类型都与传统网络以及无线通信网络有着很大的区别，具体如下。

(1) 无线传感器网络中，节点资源非常有限，其中尤以节点能量为最大限制。节点通常是电池供电的，并且工作在不易于更换电池的环境中。因此，计算复杂度以及开销过高的算法都不适用于无线传感器网络。

(2) 在大多数无线传感器网络应用中，网络中占多数的节点需要将采集的传感数据发送到基站节点，而基站节点仅发送少量的查询控制数据回传感器节点。因此，在设计无线传感器网络算法协议时，需要考虑网络通信负载的不均衡性。

(3) 无线传感器网络中通常有大量冗余节点，虽然这些冗余节点能够提高传输数据的可靠性，但也导致了网络额外的能量消耗。如何在保证数据可靠性的同时减少数据冗余，是无线传感器网络有待解决的一个重要问题。

(4) 无线传感器网络是一个异构网络，网络节点包含各种不同类型的传感器，如光、温度、湿度、压力、加速度以及图像传感器等。这将导致传感器采集传感数据的频率以及传送数据所需带宽等方面都有很大的不同。

上述无线传感器网络自身的特点，使得现有 QoS 支持机制都无法适用于无线传感器网络。实际上，自无线传感器网络出现以来，人们一直在对如何定义无线传感器网络的服务、如何衡量无线传感器网络的服务质量以及无线传感器网络究竟是否需要服务质量支持而争论不休。目前，研究人员普遍达成共识的是：无线传感器网络需要 QoS 支持，但是不同的应用对 QoS 有不同的理解和需求，无法对无线传感器网络的 QoS 形成统一的定义。

Holger Karl 在 *Protocols and Architecture for Wireless Sensor Network* 一书中将可靠性视作最重要的质量因素。他认为在无线传感器网络中可靠性包含检测可靠性（Detection Reliability）以及可靠数据传输（Reliable Data Transport）两个方面。检测可靠性是指无线传感器网络能否准确检测到监测区域发生的事件，即网络中所有活动节点传感范围能否覆盖整个监测区域。这类问题通常归结为覆盖问题。可靠数据传输是指如何保证传感器节点监测到的数据可靠地传输到汇聚节点。Dazhi Chen 对当前无线传感器网络的 QoS 支持研究进行了总结和归纳。他将当前无线传感器网络中的 QoS 研究总结为三类。①传统端到端 QoS 支持研究，针对实时性无线传感器网络应用，提供延迟服务保证；②可靠性保证，保证数据包传输的可靠性；③应用相关 QoS，包括传感覆盖和如何控制网络活动节点数量等问题。Mohamed Younis 则针对无线传感器网络中的 QoS 路由协议以及提供 QoS 支持的 MAC 层协议分别进行了介绍。无线传感器网络 QoS 需求参数及定义见表 6-19。

表 6-19　无线传感器网络 QoS 需求参数及定义

网络体系结构	QoS 需求参数	QoS 参数定义
应用层（Application Layer）	网络生存寿命	从网络撒布工作到其不能满足用户需求的时间间隔
	网络响应时间	网络向网络发出查询命令到其获得响应的延迟时间
	数据时效性（Data Freshness）	传感器节点发现数据到相应传感数据传送到基站节点的延迟时间
	检测概率	现实环境中的事件被网络发现并报告给用户的概率
	数据可信度（Data Fidelity）	用户从网络中所获取的数据的可信度
	数据精细度（Data Resolution）	用户从网络中所获取的数据的时空精细粒度
数据管理层		
数据存放与发现（Data Placement and Discovery）	丢失率	由于数据存放和发现所导致的信息丢失百分比
	出错率	由于数据存放和发现所导致的信息出错百分比
	通信代价	向中间存储节点或基站节点存放和提取信息所耗费的能量
	发现延迟（Discovery Latency）	向中间存储节点或基站节点发送用户查询请求并成功提取信息的时间延迟
	存放延迟（Placement Latency）	将数据传送到中间存储节点或基站节点的时间延迟
网内数据处理（In-network Data Processing）	计算开销	为生成一个样本所进行的网内数据处理的能量消耗
	数据抽象（Data Abstraction）	为描述现实世界现象所需处理的数据量
	数据完整性	所处理数据中包含事件发现信息的比例
	数据精度	所处理传感数据的精度
	处理延迟	预处理数据延迟

续表

网络体系结构	QoS 需求参数	QoS 参数定义
传输层（Transport Layer）	N-to-End Reliability	从所有传感数据源成功接收的单一数据包个数占实际传输数据包个数的比例
	N-to-End Bandwidth	单位时间从所有传感数据源成功接收单一数据包数
	N-to-End Latency	从所有传感数据源传送至目的地的单一数据包中最短延迟时间
	N-to-End Cost	从所有发送源获取单一数据包所需的传输次数
网络层（Network Layer）	路径延迟	网络所有源到目的路径的平均跳段数
	能量效率	沿路由路径传输一个数据包所消耗的能量
	路由维护开销	维护网络中所有源到目的路径的能量消耗率
	拥塞概率	路径流量负载超过路径所有链路的瓶颈容量的概率
	路由鲁棒性	一对节点之间的最少路径数
连通保持层（Connectivity Maintenance Layer）	网络半径	网络中，两个节点之间的最大传输延迟
	网络容量	网络中可以并发传送的最大数据包个数
	平均路径代价	所有源到目的节点对中，传送一个数据包的平均能量消耗
	连通保持代价	保持一个网络拓扑连通的能量消耗率
	连通鲁棒性	保持一个网络连通所能容许的失效节点个数
MAC 层	通信距离	一跳数据所能够传送的最大距离
	吞吐量	单位时间 MAC 层能够成功传送的数据帧最大个数
	能量效率	一跳范围内成功传输一帧数据所耗费的能量
	传输可靠性	成功传输帧的比例
覆盖保持层（Coverage Maintenance Layer）	观测精度	监测到事件发生的传感器节点而产生数据的准确度
	采样量	监测到事件发生的传感器节点单位时间所产生的数据量
	覆盖鲁棒性	覆盖质量，监测事件发生的传感器节点个数
	覆盖保持代价	保持所需网络覆盖的能量消耗率
定位与时钟服务层	定位与时钟精确度	网络中传感器节点定位/时钟信息的精确度
	能量消耗	提供定位与时钟服务的能量消耗比率
物理层	无线单元功能（Wireless Unit Capabilities）	信道速度、编码、射频功耗
	传感单元功能（Sensing Unit Capabilities）	采样精度与频率、测量精确度、传感距离与传感功耗
	处理单元功能（Processor Capabilities）	处理速度、计算功耗、定位功能与时钟同步功能

Jun Lu 认为前面文献中所提到的无线传感器网络 QoS 支持研究都只针对网络协议中的某个层或者某个特定的应用，没有从整体上考虑网络的各部分对 QoS 的影响。他认为无线传感器网络 QoS 研究应该首先从整体上明确无线传感器网络 QoS 的需求，然后分析这些 QoS 需求与网络各个功能组件之间的关系。他在表 6-20 中详细地定义并分析了网络的 QoS 需求及各需求之间的关系，并给出了一个无线传感器网络 QoS 分析模型。该模型是目前无线传感

器网络 QoS 研究中最为全面和详细的概括和分析，涵盖了目前无线传感器网络中的各个协议层及基本服务。利用该框架，应用设计者可以非常清晰地确定当前应用的 QoS 需求，而系统工程师在设计网络时则能够从全局协调受当前 QoS 需求影响的各功能模块之间的关系。

通过上述工作的分析，发现在目前大多数无线传感器网络应用中，人们关注较多的主要有两个问题：①如何保证网络能够及时可靠地发现所实施应用中相关事件的发生；②如何保证采集的传感数据在网络中传输时满足应用需求。这两个问题可以归结为感知服务质量（传感覆盖）和网络传输服务质量。

6.7 安全技术

6.7.1 安全攻击

WSN 易受各种攻击，根据 WSN 的安全要求，对 WSN 的攻击归类如下。

（1）对秘密和认证的攻击，标准加密技术能够保护通信信道的秘密和认证，使其免受外部攻击（如偷听、分组重放攻击、分组篡改、分组哄骗）。

（2）对网络有效性的攻击，常常称为拒绝服务（Denial of Service，DoS）攻击，可以针对传感器网络任意协议层进行 DoS 攻击。

（3）对服务完整性的秘密攻击，攻击者的目的是使传感器网络接收虚假数据，例如，攻击者威胁一个传感器节点的安全，并通过这个节点向网络注入虚假数据。

DoS 攻击通常就是攻击者针对网络进行的破坏、扰乱、毁灭。一种 DoS 攻击可以是削弱或者消除网络执行其预定功能的能力的任何事件。由于能够针对传感器网络任意协议层进行 DoS 攻击，所以层次化体系结构使得 WSN 在面对 DoS 攻击时很脆弱。下面按照 WSN 协议层次结构分析 WSN 的安全攻击。

1. 物理层安全攻击

物理层负责频率选择、载波频率生成、信号检测、调制/解调、数据加密/解密。传感器网络是 Ad Hoc 大规模网络，主要采用无线通信，无线传输媒介是开放式媒介，因此在 WSN 中有可能存在人为干扰。对于布置在敌方环境或者不安全环境中的 WSN 节点，攻击者很容易进行物理访问。

1）人为干扰

对无线通信的一种众所周知的攻击就是采用干扰台干扰网络节点的工作频率。一个干扰源只要功率足够大，就能够破坏整个 WSN；如果功率比较低，则只能破坏网络中的一个较小区域。即使采用功率较低的干扰源，假如干扰源随机分布在网络中，那么攻击者仍然有可能破坏整个网络。攻击者使用 k 个随机分布的干扰节点就能够破坏整个网络，使 k 个节点处于服务之外，k 比 N 小得多。对于单个频率的网络，这种攻击既简单又有效。

抗人为干扰的典型技术就是采用各种扩频通信技术（如跳频、码扩）。跳频扩频（Frequency Hopping Spread Spectrum，FHSS）就是发送信号时使用发射机和接收机均知道的伪随机序列在许多频率之间迅速切换载波频率。攻击者若不能跟踪频率选择序列，则不能及时干扰给定的时刻的工作频率。但是，由于工作频率范围是有限的，所以攻击者可以干扰工作频带的很大一部分甚至整个工作频带。

码扩是用来对抗人为干扰的另一种技术，通常用于移动网络中。码扩设计复杂性较高，能量需求也较高，从而限制了其在 WSN 中的应用。一般地，为了维护低成本和低功耗要求，传感器装置采用单频率工作，因此极易受人工干扰攻击。

假如攻击者持久性采用干扰台干扰整个网络，那么就会得到有效而完整的DoS效果。因此，传感器节点应该具有对抗人工干扰的策略，如切换到较低占空因数，尽量节省能量。

节点周期性苏醒，检查人工干扰是否已经结束。传感器节点通过节省能量可能能够承受得住攻击者的人工干扰，此后攻击者必须以更高的成本进行人工干扰。

假如人工干扰是断断续续的干扰，那么传感器节点可以采用高功率给中心节点发送几条高优先级的消息，将人工干扰报告给中心节点。各个传感器节点应该相互协作，共同努力将这些消息交付给中心节点。传感器节点也可以不定期地缓存高优先级消息，等待在人工干扰间隙将其中继给其他传感器节点。

对于大规模WSN，攻击者要成功干扰整个网络比较困难；假如进行干扰的只是被攻击者攻克的原网络节点，那么要成功干扰整个网络就更加困难了。

2）物理篡改

攻击者也可以从物理上篡改WSN节点、询问和危害WSN节点，这些是导致大规模、Ad Hoc、普遍性的WSN不断恶化的安全威胁。实际上，实施对分布在数千米范围内的几百个传感器节点的访问控制是极困难的，甚至是不可能的。WSN不仅要承受武力破坏，而且要承受较复杂的分析攻击。攻击者可以毁坏WSN节点，使其丧失正常工作能力；替换WSN节点中的关键组件（如传感器硬件、计算硬件甚至软件），将WSN节点变成失密节点，从而对其实现掌控；也可以提取WSN节点中的敏感组件（如加密密钥），以便能够自由访问高层通信。可能无法区分节点被毁、节点故障静默这两种情形。

物理篡改的一种对抗措施是篡改验证节点的物理层分组。这种对抗措施的成功依赖于：①WSN设计者在设计WSN时就精确、完整地考虑可能存在的物理安全威胁；②可用于设计、结构、测试的有效资源；③攻击者的智慧高低和果断程度。但是，这种对抗措施通常假定在WSN中，由于额外的成本开销，传感器节点是不能篡改验证的。这就意味着安全机制必须考虑传感器节点被危害的情形。

2. 链路层安全攻击

MAC层为相邻节点到相邻节点的通信提供信道仲裁，基于载波侦听的协作性MAC协议特别易受DoS攻击。

1）碰撞

攻击者只需要发送一字节就可能产生碰撞，从而损坏整个分组。分组中的数据部分发生变化，则在接收方不能通过校验和检验。ACK控制消息被损坏会引起有些MAC协议退避时间呈指数递增。除了旁听信道发送之外，攻击者需要的能量极少。

采用差错纠错机制能够容忍消息在任意协议层次上遇到不同程度的损伤，差错纠错编码本身存在额外的处理开销和通信开销。对于一个给定的差错纠错编码，恶意节点仍然能够使其损坏的分组多于网络能够纠正的分组，但是开销较高。

网络可以采用碰撞检测技术来识别恶意碰撞，恶意碰撞会产生一种链路层人为干扰，但是迄今为止还没有彻底有效的防护措施和技术。正当发送仍然需要节点之间的相互协作，以期避免互相损坏对方发送的分组。一个被攻击者彻底颠覆的节点能够故意、反复拒绝信道访问，而其能耗比全时段人工干扰低得多。

2）能量消耗

链路层可能采用反复重传技术。即使被一个异常延迟的碰撞（如在本帧即将结束时引起的碰撞)所触发的时候,也可能会进行重传。这种主动 DoS 攻击会耗尽附近节点的电池储能,危害网络的可用性(即使攻击者不再进行攻击)。随机退避只能降低无意碰撞概率,却不能防止这种攻击。

时分复接给每个节点分配一个发送时隙,不需要为发送每个帧而进行信道访问仲裁。这种方法能够解决退避算法中的不确定性延迟问题,但是仍然易受碰撞攻击。

可以利用大多数 MAC 协议的交互式特性进行询问攻击。例如,基于 IEEE 802.11 的 MAC 协议采用 RTS/CTS/DTA/ACK 交互方式预留信道访问和发送数据,因此节点可以反复利用 RTS 请求信道访问,得到目标相邻节点的 CTS 响应。持续发送最终耗尽发送节点和目标相邻节点的能量资源。

一种解决方法是限制 MAC 准入控制速率,网络不理睬过多信道访问请求,不进行能耗甚高的无线发送。这种限制策略不会使准入速率下降到网络所能支持的最大数据速率以下(但是会发生这种情况)。防止电池能量消耗攻击的一个策略是限制无关紧要的、却是 MAC 协议所需要的响应。为了提高总体效率,设计人员常常在系统中实现这种能力,但是处理攻击的软件代码需要额外逻辑。

3) 不公平性

不公平性是一种较弱形式的 DoS 攻击。断断续续地运用碰撞攻击和电池能量消耗攻击,或者滥用协作性 MAC 层优先权机制会引起不公平性。这种安全威胁尽管不能完全阻止合法的信道访问,但是会降低服务质量,如导致实时 MAC 协议的用户发生时间错位。

一种对付不公平性攻击的方法是采用短帧结构,因此每个节点占用信道的时间较短。但是,假如网络经常发送长消息,那么这种方法导致成帧开销上升。在竞争信道访问时,攻击者采取欺骗手段很容易突破这种防护措施:攻击者迅速做出响应,而其他节点则随机延迟其响应。

3. 对 WSN 网络层(路由)的攻击

由于 WSN 常常依靠电池供电,而电池能量非常有限,所以许多传感器网络路由协议设计得很简单,节省能量,使节点寿命、网络寿命达到最大,因此有时易受攻击。各种 WSN 网络层攻击的主要差异表现在是试图直接操作用户数据的攻击还是试图影响低层路由拓扑的攻击。针对 WSN 进行的网络层攻击分成以下几类:对路由信息的哄骗、篡改、重放;选择性转发;污水池攻击;女巫攻击;蠕虫攻击;hello 泛洪攻击;确认哄骗。

1) 对路由信息的哄骗、篡改、重放

针对路由协议最直接的攻击就是以节点之间交换的路由信息为目标进行攻击。攻击者通过对路由信息的哄骗、篡改、重放,能够创建路由闭环、吸引或者抵制网络流量、延长或者缩短源路由、产生虚假错误消息、分割网络、增大端到端时延等。

2) 选择性转发

多跳网络常常假定参与节点安全、正确地转发所收消息。在选择性转发攻击中,攻击者可能拒绝转发某些消息,简单地将这些消息丢掉,确保这些消息不会进一步传播。当恶意节点的表现类似黑洞、拒绝转发通过其传递的每个分组时,就是这种简单形式的选择性转发攻击。攻击者采用这种形式攻击存在风险:由于接收不到攻击者节点发送的消息,所以相邻节点将会认为攻击者节点已经失效,因而决定寻找另一条路由。另外一种表现形式稍有不同的选择性转发攻击是:攻击者选择性地转发分组,其兴趣在于抑制或者篡改若干个精选节点产生的分组,但是仍然可靠转发其余流量分组,从而降低了其攻击行为被怀疑的可能性。

当攻击者直接处在数据流传输路由上时，选择性转发攻击通常是非常有效的。攻击者旁听通过相邻节点的数据流量，因此通过人为干扰或者碰撞其感兴趣的每个转发分组就能够模仿选择性转发。这种攻击机制需要高超技巧，因此很难施行这种攻击。例如，如果网络中每个相邻节点对使用唯一一个密钥初始化跳频通信或者扩频通信，那么攻击者要施行这种攻击极其困难。因此，攻击者很可能沿着抗攻击能力最弱的路径，并且尽量包含自身的数据流实际传输路径进行选择性转发攻击。

3）污水池攻击

在污水池攻击中，攻击者的目的是引诱来自某个特定区域的附近所有流量通过一个失密节点，从而产生一个比喻性的污水池，中心位置就是攻击者。由于分组传输路径上的节点及其附近的节点有很多机会篡改应用数据，所以污水池攻击能够同时伴随许多其他攻击（如选择性转发攻击）。

污水池攻击的工作原理是使失密节点对路由算法和周围节点看上去很有吸引力。例如，攻击者可以哄骗或者重放到达中心节点的极高质量路由广播消息。有些路由协议可能会采用端到端应答（包含可靠性、时延信息）真正验证路由的质量。此时，微型计算机类攻击者采用大功率发射机直接对中心节点发送（发射功率足够高，单跳可达）或者采用蠕虫攻击，就能够提供到达中心节点的真正高质量路由。由于存在通过失密节点的真正或者虚假高质量路由，所以攻击者的每个相邻节点很可能将传递给中心节点的分组转发给攻击者，并且又将这种高质量路由信息传播给自己的相邻节点，攻击者由此有效创建一个巨大的影响球吸引传递给中心节点的所有数据流（来自离失密节点数个转发跳远的节点）。

进行污水池攻击的一个动机是为了进行选择性转发攻击，攻击者通过确保特定目标区域的所有数据流传递通过失密节点，就能够选择性抑制或者篡改来自该区域任意节点的分组。

传感器网络特别易受污水池攻击的原因在于其特殊的通信模式。因为所有分组的最终目的节点只有一个中心节点（在只有一个中心节点的 WSN 中），所以失密节点只需要提供单跳可达中心节点的高质量路由就有可能影响大量传感器节点。

4）女巫攻击

女巫攻击是指一个恶意装置非法占用多个网络身份。将一个恶意装置的额外身份称为女巫节点。女巫攻击会大幅度地降低路由协议、拓扑维护中的容错功效。认为使用不相交节点的各条路由实际上包含冒充多个身份的那个攻击者节点。

一个女巫节点可以采取以下方法获取身份。

（1）伪造一个新的身份。在有些情况下，攻击者可以简单任意地产生新的女巫身份，例如，假如使用一个 32b 的整数表示每个节点的身份，那么攻击者可以给每个女巫节点分配一个随机 32b 的整数。

（2）窃取某个合法节点的身份。给定一个合法节点身份识别机制，那么攻击者可能无法伪造新的身份。此时攻击者需要将其他合法节点的身份分配给女巫节点。假如攻击者摧毁了假扮节点或者使假扮节点临时性失效，那么可能无法察觉这种身份窃取行为。

女巫节点直接与合法节点通信，当一个合法节点给一个女巫节点发送一条消息时，其中一个恶意装置在无线信道上侦听此消息。女巫节点发送的消息实际上是其中一个恶意节点发送的。假如合法节点不能与女巫节点直接通信，那么其中一个或者多个恶意装置声明能够到达女巫节点。女巫节点发送的消息通过其中一个恶意节点传递，后者假装将消息传递给女巫节点。

女巫攻击对地理路由协议威胁极大。位置意识路由为了高效地利用地理路由传递分组，一般要求节点与其相邻节点交换位置坐标信息，攻击者运用女巫攻击就能够“立即出现在多个地点”。

5）蠕虫攻击

一条蠕虫就是一条连接两个网络子区域的低时延链路，攻击者在这条链路上中继网络消息。蠕虫可以由单个节点创建，即该节点位于两个相邻或者不相邻节点之间，转发其间的消息；也可以由一对节点创建，即这两个节点位于两个不同的网络子区域，并且相互进行通信。

在蠕虫攻击中，攻击者接收到某个网络子区域的消息，然后沿着低时延链路（蠕虫）将这些消息重放到网络其他区域中。特别是在同一个通信节点对之间，通过蠕虫发送的分组传输时延小于采用正常多跳路由时的分组传输时延。最简单的蠕虫攻击就是一个节点位于另外两个节点之间，转发这两个节点之间的消息。但是，蠕虫攻击通常涉及两个相距较远的恶意节点，这两个恶意节点共同有意低估相互之间的距离，沿着只有攻击者才能够使用的带外信道中继分组。

假如攻击者离中心节点较近，那么攻击者通过精心设计和布置的蠕虫就有可能彻底破坏路由。攻击者可能使离中心节点数个转发跳远的节点相信通过蠕虫只有一跳或者两跳远。这就能够产生污水池：处在蠕虫另一边的攻击者能够提供到达中心节点的虚假高质量路由，要是备用路由没有竞争力，那么附近区域中的所有流量有可能通过蠕虫传递，当蠕虫的端点离中心节点相对较远时就很可能总是如此。

较一般的情况是，蠕虫可以充分利用路由竞争条件。当一个节点根据其接收的第一条消息而忽略随后消息采用某种操作时，通常就会出现路由竞争条件。在这种情况下，要是攻击者能够使节点在多跳路由正常到达时间前接收某种路由信息，那么攻击者就能够影响最后得到的拓扑。蠕虫正是这样实现的，即使路由信息被加密和需要认证，蠕虫也仍然有效。蠕虫通过中继两个相距甚远节点之间的分组使这两个节点相信是相邻节点。

蠕虫攻击很可能与选择性转发或者偷听一起使用。当蠕虫攻击与女巫攻击一起使用时，可能很难检测蠕虫攻击。

6）hello 泛洪攻击

hello 泛洪攻击就是攻击者利用 WSN 路由协议中使用的 hello 消息进行的攻击。很多 WSN 路由协议要求节点广播 hello 消息，以向其相邻节点声明自己的存在和广播自己的一些信息（如身份、地理位置）。接收到 hello 消息的节点则可假定自己处在该 hello 消息发送节点的覆盖范围内。这个假设条件有可能是虚假的，如微型计算机类的攻击者采用足够大发射功率广播路由或者其他信息，就能够使网络中每个节点相信攻击者就是其相邻节点。

攻击者给每个网络节点广播到达中心节点的质量极高的路由，这样就可能使大量节点使用这条路由，但是离攻击者甚远的所有那些节点发送的分组就会被湮没，从而导致网络处于混乱状态。节点认识到到达攻击者的这条链路是虚假链路后几乎没有什么可选择的处理办法，其所有相邻节点都可能将分组转发给攻击者。那些依靠相邻节点间位置信息交换来维护网络拓扑或者进行流量控制的协议也易受 hello 泛洪攻击。

攻击者进行 hello 泛洪攻击时不必建立合法分组流。攻击者只需采用足够大的发射功率重复广播开销分组，使每个网络节点能够接收到这个广播，也可以认为 hello 泛洪是单方广播蠕虫。

“泛洪”经常用来表示一条消息在多跳拓扑上迅速传播给每个网络节点。但是 hello 泛洪攻击采用单跳广播将一条消息发送给大量接收节点，所以两者之间是有差别的。

7）确认哄骗

有些WSN路由协议依靠间接或者直接的链路层应答，由于WSN传输媒介的固有广播特性，所以攻击者可以旁听传递给相邻节点的分组，并对其做出链路层应答哄骗。应答哄骗的目的包括使发送节点相信一条质量差的链路是一条质量高的链路、一个失效节点或者被毁节点是一个活动节点。例如，路由协议可以运用链路可靠性选择传输路径的下一个转发跳。在应答哄骗攻击中，攻击者故意强迫使用一条质量差的链路或者一条失效的链路。因为沿着质量差的或者失效的链路传递的分组将会丢失，所以攻击者运用应答哄骗能够有效地进行选择性转发攻击，鼓励目标节点在质量差的或者失效的链路上发送分组。

4. 对传输层的攻击

传输层负责管理端到端连接。传输层提供的连接管理服务可以是简单的区域到区域的不可靠任意组播传输，也可以是复杂、高开销的可靠按序多目标字节流。WSN一般采用简单协议，使应答和重传的通信开销最低。WSN传输层可能存在两种攻击：泛洪和去同步。

1）泛洪

要求在连接端点维护状态的传输协议易受泛洪攻击，泛洪攻击会引起传感器节点存储容量被耗尽的问题。攻击者不断反复提出新的连接请求，直到每个连接所需的资源被耗尽或者达到连接最大限制条件为止。此后，合法节点的连接请求被忽略。假如攻击者没有无穷资源，那么这是不可能的：攻击者建立新连接的速度快到足以在服务节点上产生资源饥饿问题。

2）去同步

去同步就是指打断一个既存的连接。例如，攻击者反复给一个端主机发送哄骗消息，使这个主机申请重传丢失分组。假如时间同步正确，那么攻击者可以削弱端主机数据交换能力，甚至阻止端主机交换数据，从而导致端主机浪费能量试图从实际上并不存在的错误中恢复过来。一种对抗措施是要求认证端主机之间通信的所有分组。假定认证方法本身是安全的，那么攻击者就不能给端主机发送哄骗消息。

6.7.2 安全协议

SPINS采用网络安全加密协议(Secure Network Encryption Protocol，SNEP)提供数据机密性、数据认证、数据完整性、数据新鲜度，采用μTESLA提供广播认证。

1. SNEP

SNEP中，通信双方共用两个计数器，分别代表两种数据传输方向。每发送一组数据后，通信双方各自增加计数器。通过共享计数器状态，SNEP通信开销比较低。基于计数器交换协议，通信双方可以进行计数器同步。

SNEP中，使用消息认证码提供认证和数据完整性服务，MAC认证可以保证点到点认证和数据完整性。采用加密认证方式，可以加快接收者认证数据包的速度：接收者在收到数据包后马上可以对加密文件进行认证，发现问题直接丢弃。无须对数据包进行解密。另外，逐跳认证方式只能选择加密认证方式，因为中间节点没有端到端的通信密钥，不能对加密的数据包进行解密。

SNEP支持数据的新鲜性认证，通过在消息中嵌入计数器值，可以实现SNEP提供“弱数据新鲜性”。在MAC计算中加入一个随机数就可实现“弱数据新鲜性”保证。“弱数据新鲜性”是指消息中只提供消息块的顺序，不携带时延信息。

2. μTESLA 协议

μTESLA 是为低功耗设备传感器节点专门打造的实现广播认证的微型 TESLA 协议版本。在基站和节点松散同步的假设情况下，基于对称密钥体制，μTESLA 协议通过延迟公开广播认证密钥来模拟对称认证。μTESLA 协议实现了基站广播认证数据过程和节点广播认证运算过程。

在基站广播认证数据过程中，基站用一个密钥计算消息认证码。基于松散时间同步，节点知道同步误差上界，因而了解密钥公开时槽，从而知晓特定消息的认证密钥是否已经被公开。如果该密钥未公开，节点可以确信在传送过程中消息不会被篡改。节点缓存消息直至基站广播公开相应密钥。如果节点收到正确密钥，就用该密钥认证缓存中的消息；如果密钥不正确或者消息晚于密钥到达，该消息可能被篡改，将会被丢弃。

μTESLA 协议中，基站的消息认证码密钥来自一个单向散列密钥链，单向散列函数 F 公开。首先基站随机选择密钥 K_n 作为密钥链中第一个密钥，重复运用函数 F 产生其他密钥：

$$K_i = F(K_{i+1}), \quad 0 \leqslant i \leqslant n-1$$

密钥链中每个密钥都关联一个时槽，基站可以根据消息发送消息的相应时槽选择密钥来计算消息认证码，如图 6-52 所示。

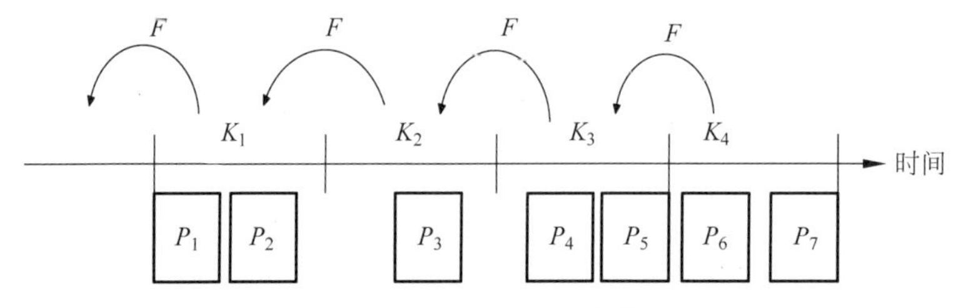

图 6-52　μTESLA 单向密钥链

假设接收者已知 K_0，并和发送方实现松散时间同步，密钥延时两个时槽后公开。数据包 P_1 和 P_2 在时槽 1 使用密钥 K_1 计算各自的消息认证码。同理，P_3 用 K_3 计算消息认证码。接收者在两个时槽后才能进行论证。假设 P_4、P_5、P_6 丢失，这使接收者不能验证接收到的 P_1 和 P_2。如果接收者收到 P_7，此时接收者可验证 P_3，同时恢复 K_1，如果满足 $K_0 = F[F(K_2)]$，则 $K_1 = F(K_2)$，这样接收者就可以验证 P_1 和 P_2。

▶ 6.7.3　安全管理

安全管理包含安全体系建立(即安全引导)和安全体系变更(即安全维护)两部分。安全体系建立表示一个传感器网络从一堆分立的节点，或者说一个完全裸露的网络如何通过一些共有的知识和协议过程，逐渐形成一个具有坚实安全外壳保护的网络。安全体系变更主要是指在实际运行中，原始的安全平衡因为内部或者外部的因素被打破，传感器网络识别并去除这些异构的恶意节点，重新恢复安全防护的过程。这种平衡的破坏可能由敌方在某一个范围内进行拥塞攻击形成路由空洞造成，也可能由敌方俘获合法的无线传感器节点造成，还有一种变更的情况是增加新的节点到现有网络中以延续网络生命期的网络变更。

SPINS 安全框架对安全管理没有过多的描述，只是假定节点之间以及节点和基站之间的各种安全密钥已经存在。在基本安全外壳已经具备的情况下，如何完成机密性、认证、完整性、新鲜性等安全通信机制。对于传感器网络来说这是不够的。试想一个由上万节点组成的传感器网络，随机部署在一个未知的区域内，没有节点知道自己周围的节点会是谁。在这种情况下，要想预先为整个网络设置好所有可能的安全密钥是非常困难的，除非对环境因素和部署过程进行严格控制。

安全管理最核心的问题就是安全密钥的建立过程。传统解决密钥协商过程的主要方法有信任服务器分配模型(Center of Authentication，CA)、自增强模型和密钥预分布模型。信任服务器模型使用专门的服务器完成节点之间的密钥协商过程，如 Kerberos 协议；自增强模型需要非对称密码学的支持，而非对称密码学的很多算法，如 Diffie-Hellman(DH)密钥协商算法，都无法在计算能力非常有限的传感器网络上实现；密钥预分布模型在系统布置之前完成了大部分的安全基础的建立，对系统运行后的协商工作只需要很简单的协议过程，所以特别适合传感器网络安全引导。对随机密钥模型的各个算法从下面几个方面进行评价和比较。

(1) 计算复杂度。

(2) 引导过程的安全度。

(3) 安全引导成功概率。

(4) 节点被俘后，网络的恢复力。

(5) 节点被复制后，或者不合法节点插入现有网络中，网络对异构节点的抵抗力。

(6) 支持的网络规模。

在介绍安全引导模型之前，首先引入一个概念——安全连通性。安全连通性是相对于通信连通性提出来的。通信连通性主要是指在无线通信环境下，各个节点与网络之间的数据互通性。安全连通性主要指网络建立在安全通道上的连通性。在通信连通的基础上，节点之间进行安全初始化的建立，或者说各个节点根据预共享知识建立安全通道。如果建立的安全通道能够把所有节点连接成一个网络，则认为该网络是安全连通的。图 6-53 描述了网络连通和安全连通的关系。

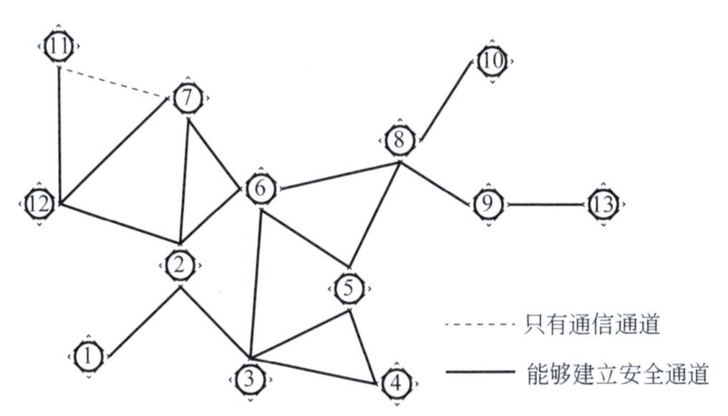

图 6-53　网络连通和安全连通的关系

图中所有节点是通信连通的，但不全是安全连通的，因为节点 4 以及节点对 9 和 13 无法与它们周围通信的节点建立安全通道。有的安全引导模型从设计之初就同时保证网络的通信连通性和安全连通性，如预共享密钥模型；另外一些安全引导模型则不能同时保证通信连通性和安全连通性。有一点可以确定，安全连通的网络一定是通信连通的，反过来不一定成立。

1. 预共享密钥模型

预共享密钥是最简单的一种密钥建立过程，SPINS 使用的就是这种建立过程。预共享密钥有以下几种主要的模式。

(1) 每对节点都共享一个主密钥，以保证每个节点之间通信都可以直接使用这个预共享密钥衍生出来的密钥进行加密。该模式要求每个节点都存放与其他所有节点的共享密钥。这种模式的优点包括：不依赖于基站，计算复杂度低，引导成功率为100%；任何两个节点之间的密钥是独享的，其他节点不知道，所以一个节点被俘不会泄露非直接建立的任何安全通道。但这种模型缺点也很多：扩展性不好，无法加入新的节点，除非重建网络对复制节点没有任何防御力；网络的免疫力很低，一旦有节点被俘，敌人将很容易通过该节点获得与所有节点之间的秘密并通过这些秘密攻破整个网络；支持的网络规模小，假设节点之间使用64位主共享密钥(8B)，那么1000个节点规模的网络就需要每个节点有8B的主密钥存储空间。如果考虑各种衍生密钥的存储，整个用于密钥存储的空间就是一个非常庞大的数字。一个合理的网络规模在几十个到上百个节点。

(2) 每个普通节点与基站共享一对主密钥，参考SPINS协议描述。这样每个节点需要存储的密钥空间将非常小，计算和存储的压力全部集中在基站上。该模式的优点包括：计算复杂度低，对普通节点资源和计算能力要求不高；引导成功率高，只要节点都能够连接到基站就能够进行安全通信；支持的网络规模取决于基站的能力，可以支持上千个节点；对于异构节点基站可以进行识别，并及时将其排除在网络之外。缺点包括：过分依赖基站，如果节点被俘后，会暴露与基站的共享秘密，而基站被俘则整个网络被攻破，所以要求基站被布置在物理安全的位置；整个网络的通信或多或少都要通过基站，基站可能成为通信瓶颈；如果基站可以动态更新的话，网络能够扩展新的节点，否则将无法扩展。这种模型对于收集型的网络比较有效，因为所有节点都是与基站(汇聚节点)直接联系；而对于协同型的网络，如用于目标跟踪型的应用网络，效率会比较低。在协同型网络的应用中，数据要安全地在各个节点之间通信，一种方法是通过基站，但会造成数据拥塞；另一种方法是通过基站建立点到点的安全通道。在通信对象变化不大的情况下，建立点到点安全通道的方式还能够正常运行；如果通信对象频繁切换，安全通道的建立过程也会严重影响网络运行效率。最后一个问题就是在多跳网络环境下，这种协议对于DoS攻击没有任何防御能力。在节点与基站之间通信的过程中，中间转发节点没有办法对信息包进行任何的认证判断，只能透明转发。恶意节点可以利用这一点伪造各种错误数据包发送给基站，因为中间节点透明传送，数据包只能在到达基站以后才能够被识别出来。基站会因此而不能提供正常的服务，这是相当危险的。

预共享密钥引导模型虽然有很多不尽如人意的地方，但因其实现简单，所以在一些网络规模不大的应用中可以得到有效实施。

2. 随机密钥预分布模型

1) 基本随机密钥预分布模型

随机密钥预分配方案是由Eschenauer和Gligor最早提出的，它的主要思想是根据经典的随机图理论，控制节点间共享密钥的概率性，并在节点被捕获之后，撤销节点的密钥链，以及更新节点间的共享密钥。随机密钥预分配方案的具体实施过程如下。

(1) 密钥预分配阶段。部署前，部署服务器首先生成一个密钥总数为S的大密钥池及密钥标识，每个节点从密钥池里随机选取K个不同密钥以及密钥对应的标识存入节点的存储器内，K个密钥称为节点的密钥链，K的选择应保证每两个节点间至少拥有1个共享密钥的概率大于预先设定的概率。

(2) 共享密钥发现阶段。随机部署后，每个节点都广播自己密钥链中所有的密钥标识，周围的邻居节点收到信息后查看自己的密钥链，如有相同密钥标识则存在共享密钥，就随机选取其中的一个作为双方的对密钥(Pairwise Key)；否则，进入第(3)阶段。

(3) 密钥路径建立阶段。当节点与邻居节点没有共享密钥时，节点通过与其他存在共享密钥的邻居节点经过若干跳后建立双方的一条密钥路径。

(4) 当检测到一个节点被捕获时，为了保证网络中其他未被捕获节点之间的通信安全，必须删除被捕获节点中密钥链的密钥。因此，控制节点广播被捕获节点密钥链中的所有密钥标识，其他节点收到信息后删除自己密钥链中含有相同密钥标识的对应密钥，与删除密钥相关的密钥连接将会消失，因此受影响的节点需要重新进入第(2)或第(3)阶段。

随机密钥预分配方案存在着一个概率问题，即有可能存在着一些节点与周围邻居节点没有共享密钥，也没有密钥路径，所以不能保证网络的密钥连接性。影响网络的密钥连接性的因素有网络的部署密度、目标区域的状况、密钥池 S 的大小以及节点密钥链的大小 k。k/S 越大，邻居节点之间存在共享密钥的概率就会越大。但 k/S 太大会导致网络安全变得脆弱，因为 k 太大会占用节点的太多资源，S 太小会容易让攻击者通过捕获少量节点就可以获得大部分密钥池中的密钥，进而危及网络安全。

根据经典的随机图理论，节点的度 d 与网络节点总数 n 存在以下关系。

$$d=\frac{n-1}{n}(\ln(n)-\ln(-\ln p_c)) \tag{6-41}$$

式中，p_c 为全网连通概率。对于一个给定密度的无线传感器网络，假设 n' 是节点通信半径内邻居节点个数的期望值，则相邻两个节点共享一个密钥的概率 p' 为

$$p'=d/(n'-1) \tag{6-42}$$

该方案的优点：一是节点仅存储少量密钥就可以使网络获得较高的安全连通概率，计算复杂度低；二是密钥预分配时不需要节点的任何先验信息(如节点的位置信息和连通关系等)；三是密钥管理具有良好的分布特性。

2) Q-Composite 随机密钥预分配方案

Chan 等在 Eschenauer 和 Gligor 的方案基础上提出了 Q-Composite 随机密钥预分配方案，该方案要求相邻节点间至少有 q 个共享密钥，通过提高 q 值来提高网络的抗毁性。Q-Composite 随机密钥预分配方案的具体实施过程如下。

(1) 密钥预分配阶段。部署服务器首先生成一个密钥总数为 S 的大密钥池及密钥标识，每个节点从密钥池里随机选取 k 个不同密钥以及密钥对应的标识存入节点的存储器内，k 个密钥称为节点的密钥链，k 的选择应保证每两个节点间至少拥有 q 个共享密钥的概率大于预先设定的概率。

(2) 共享密钥发现阶段。与随机密钥预分配方案类似，节点广播自己密钥链中的密钥标识，找出位于自己通信半径内与自己有共享密钥的节点。

(3) 共享密钥发现完成后。每个节点确定与自己邻居节点有 t 个共享密钥，$t>q$，则可以使用单向散列函数建立通信密钥 $K=\text{hash}(k_1\|k_2\|\cdots\|k_t)$。

该方案的网络连通性概率也是基于概率论和随机图理论计算的。

$$p(i)=\frac{\binom{S}{i}\binom{S-i}{2(k-i)}\binom{2(k-i)}{k-i}}{\binom{S}{k}^2} \tag{6-43}$$

式中，$p(i)$为从 S 个密钥中抽取 k 个预存储给节点时，两个邻居节点有 i 个公共密钥的概率。根据全概率公式，任意两个相邻节点能够直接建立共享密钥的概率为

$$p=1-(p(0)+p(1)+\cdots+p(q-1)) \tag{6-44}$$

网络中所有节点都从同一个密钥池中抽取密钥，所以未被捕获的节点间可能使用被捕获

节点泄露的密钥通信,这对网络安全构成重大威胁。使用量化指标"x 个节点被捕获时,一对未被捕获的节点间共享密钥泄露的概率"来评估方案的抗攻击能力,该值也等价于"x 个节点被捕获时,剩余网络不安全部分的比例"。在 Eschenauer 和 Gligor 的随机密钥预分配方案中,每个节点携带任意一个预分发密钥的概率为 k/S,x 个节点被捕获时,任意一对未被捕获的节点间共享密钥泄露的概率为

$$P_{\text{compromised}}=1-(1-k/S)^{x} \tag{6-45}$$

在该方案中,抗攻击能力计算与 Eschenauer 和 Gligor 提出的方案类似,但不同在于要考虑 $k-q+1$ 种可能性。由全概率公式可知,x 个节点被捕获时,任意一对未被捕获的节点间共享密钥泄露的概率为

$$P_{\text{compromised}}=\sum_{i=q}^{k}(1-(1-k/S)^{x})^{i}\frac{p(i)}{p} \tag{6-46}$$

该方案的优点是:相对随机密钥预分配方案,网络抗毁性比较好,少量节点被捕获不会影响网络中其他节点间的通信。缺点是:要想网络中相邻节点间至少有 k 个共享密钥的概率达到预先设定的概率,就必须缩小整个密钥池大小,增加节点间共享密钥的重叠度,从而限制了网络的可扩展性,攻击者捕获少量节点就能获得密钥池中大部分密钥。

3. 基于分簇式的密钥管理

1)低能耗密钥管理方案

低能耗密钥管理方案是由 Jolly 等提出的,它假定基站有入侵检测机制,可以检测出恶意节点,并能触发删除节点的操作。但是,对传感器节点不做任何信任的假设,簇头之间可以通过广播或单播与节点进行通信,该方案具体实施步骤如下。

(1)预分配阶段。

每个节点预先存储两个密钥和两个 ID 标识符,其中一个密钥是与某个簇头共享的,另外一个密钥是与基站共享的,两个 ID 标识符分别表示该簇头和节点自身的 ID。由于节点是不可信任的,且节点的存储空间有限,所以在节点存储少量密钥不仅可以节省节点的存储空间且能提高网络安全性。另外,所有簇头共享一个密钥用于簇头间的广播通信,且每个簇头还分配一个与基站共享的密钥和随机选择 $|S|/|G|$ 个传感器节点的密钥,其中,$|S|$ 表示传感器节点的个数,$|G|$ 表示簇头的个数,而基站则要存储所有的密钥 $|S|+|G|$。

(2)初始化阶段。

① 节点广播自己的信息,格式如下。

$$S_i\rightarrow *:\text{ID}_{G_j}\parallel \text{ID}_{S_i}\parallel K_{S_i,G_j}(\text{nonce}\parallel \text{sdata})$$

② 簇头接收到信息后,找出与自己没有节点密钥的所有节点的 ID 标识符,并在簇头间广播,格式如下。

$$G_i\rightarrow G:\text{ID}_{G_j}\parallel K_G(\text{nonce}\parallel \{\text{ID}\})$$

③ 每个簇头接收到信息后,在自己存储的密钥中查找与信息中节点标识符对应的密钥,然后将密钥信息发送回源簇头,格式如下。

$$G_j\leftarrow G_k:K_{G_j,G_k}(\text{nonce}\parallel (\text{ID}_{S_i},K_{S_i,G_k}))$$

④ 簇头发送信息给节点,指定节点的归属,格式如下。

$$S_i\leftarrow G_j:\text{ID}_{G_j}\parallel K_{S_i,G_k}(\text{nonce}\parallel \text{ID}_{G_j}\parallel \text{msg})$$

(3)加入新节点阶段。

加入新节点时,基站首先随机选择一个簇头,将新节点的密钥发送到该簇头,格式如下。

$$C\rightarrow G_h:K_{C,G_h}(\text{nonce}\parallel \text{ID}_{S_j}\parallel K_{S_i,G_h})$$

然后通过第(2)步的初始化阶段，新节点就可以加入网络。

该方案的优点是：节点只要预存两个密钥和两个ID标识符，对节点的存储空间要求不高，且计算复杂度低，网络的抗毁性能力强。缺点是：网络的扩展性差，通信依赖于簇头，如果多个相邻簇头被捕获，则整个网络就会瘫痪。而且，当簇头被捕获时，该方案重新指定一个新的簇头代替旧的簇头，然后把该簇内的所有节点都分配给新簇头。

但是这在实际应用中是不可行的，因为不能保证新簇头正好部署在旧簇头的位置上，所以也就不能保证新簇头能包含所有旧簇内的节点。

2) LEAP密钥管理方案

2003年Zhu等提出的LEAP(Localized Encryption and Authentication Protocol)是一个既能支持网内处理，又具有较好抗捕获性的密钥管理协议，这种协议支持4类密钥的生成和管理，提供了较好的低能耗的密钥建立和更新方案，同时还提供了基于单向密钥链的网内节点认证方案，并在不丢失网内处理功能和被动参与的情况下支持源认证操作。

Zhu等认为应该在网络节点中设立多种密钥以适应不同的需要，因此在LEAP中建立了4种类型的密钥：个体密钥(Personal Key)、对密钥(Pairwise Key)、簇密钥(Cluster Key)、组密钥(Group Key)。每种密钥都有不同的作用，个体密钥、对密钥、簇密钥、组密钥建立过程的具体步骤如下。

(1) 个体密钥。

个体密钥为节点与基站所共享的密钥，由节点在部署前通过预分配的主密钥 K^m 和伪随机函数 f 来生成，用于节点向基站发送秘密信息，节点 u 的个体密钥产生公式如下。

$$K_u^m = f_{K^m}(u) \tag{6-47}$$

(2) 对密钥。

对密钥是相邻节点间单独共享的密钥，用于节点间单独交换秘密信息，是通过交换其标识符及使用预分配的主密钥和单向散列函数计算得到的，具体产生步骤如下。

① 密钥预分配。管理节点产生一个初始化密钥局，每个节点预存局，并按式(6-47)计算出节点自身的主密钥：

$$K_u = f_{K_I}(u) \tag{6-48}$$

② 邻居发现。部署后，节点广播自己的标识符ID，邻居节点接收到信息后回复源节点，格式如下。

$$u \rightarrow * : u$$

$$v \rightarrow u : v, \mathrm{MAC}(K_v, u \mid v)$$

③ 对密钥建立。节点收到邻居节点的回复后就可以计算对密钥，按式(6-49)计算。

$$\begin{cases} K_{uv} = f_{K_v}(u), & u < v \\ K_{uv} = f_{K_v}(v), & u \geqslant v \end{cases} \tag{6-49}$$

④ 撤销密钥。对密钥建立周期过后，每个节点都撤销 K_1 及所有 K_v。

(3) 簇密钥。

簇密钥为同一簇内相邻节点所共享，由簇头产生一个随机密钥作为簇密钥，然后使用与邻居节点的对密钥逐一地把簇密钥加密后发送给邻居节点，邻居节点把簇密钥解密后保存下来。

(4) 组密钥。

组密钥为基站与所有节点共享的通信密钥,基站首先把组密钥使用与其子节点共享的簇密钥加密后广播给子节点,子节点获取最新的组密钥后与其下一级子节点共享的簇密钥加密组密钥后广播给其子节点。以此类推,直到所有节点都获取最新的组密钥为止。

LEAP 方案的优点是:任何节点的受损都不会影响其他节点的安全。缺点是:节点部署后,在一个特定的时间内必须保留全网通用的主密钥。主密钥一旦被暴露,则整个网络的安全都受到威胁。此外,在对密钥生成阶段因为只有单向认证,因此还存在 hello 攻击,即当攻击者 f 假冒除 v 外的网络中任何节点向节点 v 广播协商请求时,按照协议节点 v 将生成对所有节点的对密钥。

4. 基于本地协作的组密钥分发方案

基于本地协作的组密钥分发方案(Group Key Distribution via Local Collaboration)的基本思想是:网络生存时间被划分为许多时间间隔,称为会话,每次会话阶段由基站发起组密钥更新;组密钥更新时,基站向全组进行广播,合法节点可以通过预置的密钥信息和广播消息包获得一个私有密钥信息,节点通过和一定数目的邻居节点进行协作利用私有密钥信息计算获得新的组密钥。一个会话阶段的组密钥更新过程如下。

1) 初始化

基站随机选择一个度数为 $2t$ 的隐藏多项式向 $h(x)=a_0+a_1x+\cdots+a_{2t}X^{2t}$ 和一个度数为 t 的加密多项式 $l(x)$,并为每个节点 i 预置密钥信息 $h(i)$和 $l(i)$。

2) 广播组密钥信息

集合 $R=\{r_i\}$,$|R|=w\leqslant t$ 代表基站知道的被捕获节点的个数。基站向外广播的消息包 B 构造如下:$B=\{R\}\cup\{w(x)=g(x)f(x)+h(x)\}$。其中,$f(x)$为度数为 t 的私有密钥多项式,$g(x)=(x-r_1)(x-r_2)\cdots(x-r_w)$ 为剔除多项式。

3) 获得私有密钥

当合法节点 i 收到广播信息包 B 后,将其节点 ID 值代入广播多项式 $w(x)$,能够计算出其私有密钥 $f(x)=(w(i)-h(i))/g(i)$。相反,任意被捕获节点 j 均不能获得私有密钥,因为 $g(x)=0$,其 ID 代入 $w(x)$后只能得到其本身存储的密钥信息 $h(x)$。

4) 本地协作

为了获得新的组密钥,节点需要同至少 t 个邻居节点进行协作才能获得新的组密钥。节点向其邻居节点广播私有密钥请求,邻居节点收到请求信息后,如果信任该节点,则将其加密后的私有密钥 $s(i)=f(i)+l(i)$发送给请求节点。

5) 生成组密钥

当节点获得至少 t 个节点的 $s(i)$后,加上其自身存储的 $s(i)$,节点可获得 $t+1$ 个加密后的私有密钥。节点利用该 $t+1$ 个信息通过 Lagrange 插值,可获得一个组密钥多项式 $s(x)=f(x)+l(x)$。从而,节点可计算出新的组密钥 $K=s(0)$。

该方案使得只有组中的合法节点才能获得私有密钥 $f(i)$,以及只有被一定数目的邻居节点信任的节点才能够通过本地协作的方式获得新的组密钥。网络有多个会话阶段,节点需要存储所有会话阶段的 $h_j(i)$和一个固定的 $h_j(i)$,$h_j(i)$和 $l_j(i)$代表第 j 次会话用到的密钥信息。

该方案的优点是:实现比较简单,只需在节点部署之前给每个传感器节点预置所有会话阶段的密钥信息即可进行组密钥更新;安全性较好,能很好地抵制部分节点被捕获时对其他节点安全通信造成的影响；支持网络的动态变化，加入节点只需预置目前传感器网络所处阶段的组密钥及之后阶段的密钥信息即可参与网络协同操作。缺点是：孤立节点以及计算开销较大；存储开销较大，因为每个节点需要存储所有阶段的密钥信息，而网络的会话次数一般很大；通信开销较大，组密钥更新通过广播方式，同时每个节点需要和一定数目的邻居节点进行本地协作。

习题 6

1. 典型的时钟由一个稳定的石英振荡器和________组成，这个计数器随着每次石英晶体的振荡递减。

2. 同步消息的延时包含以下4部分：________，________，传播延时，接收延时。

3. 在无线传感器网络中，需要定位的节点称为未知节点，即不知道自身位置的节点，在一些资料中也称为________；而已知位置，并协助未知节点定位的节点称为________，部分资料中也称为参考节点、信标节点。

4. 定位计算的基本方法包括：________、________、极大似然估计法、最小最大法。

5. 距离无关的定位算法有________、凸规划定位算法等。

6. 典型的室内定位系统有________、Active Office 等。

7. 根据处理融合信息方法的不同，数据融合系统可分为________、________和________三种。

8. 根据融合处理的数据种类，数据融合系统可以分为________、________和时空融合。

9. 检测和决策理论是通过把被测对象的测量值与被选假设进行比较，以确定哪个假设能最佳地描述观测值。这种方法的代表为________、________、马尔可夫随机域理论等。

10. 无线传感器网内数据融合主要有两个融合层次，即________和应用级。

11. 数据包级上的融合操作有两种方法：________和无损的。

12. 数据融合算法中应用较多且比较典型的融合方法包括：________、________、贝叶斯估计、D-S证据推理、模糊逻辑、统计决策理论、产生式规则、聚类分析法、神经网络等。

13. 目前人们采用的节能策略主要有________和数据融合等，它们应用在计算单元和通信单元的各个环节。

14. 容错领域的基本概念包括________、________、差错。

15. 无线传感器网络容错设计需要考虑三个方面：________、故障检测与诊断、修复机制。

16. 故障检测分为________和节点检测。

17. 在网络 QoS 研究中，人们比较关注的服务质量标准主要包括可用性、吞吐量、________、________和丢包率等几个参数。

18. 传感器网络实现时间同步的作用是什么？

19. 传感器网络常见的时间同步机制有哪些？

20. 简述 TPSN 时间同步协议的设计过程。

21. 传感器网络定位问题的含义是什么？

22. 如何对传感器网络的定位方法进行分类？

23. 简述以下概念术语的含义：锚节点、测距、连接度、到达时间差、接收信号强度指示、视线关系。

24. 如何定义传感器网络的平均定位误差?
25. 如何评价一种传感器网络定位系统的性能?
26. RSSI 测距的原理是什么?
27. 简述 ToA 测距的原理。
28. 举例说明 TDoA 的测距过程。
29. 举例说明 AoA 测角的过程。
30. 试描述传感器网络多边定位法的原理。
31. 简述最小最大定位方法的原理。
32. 简述质心定位算法的原理及其特点。
33. 举例说明 DV-Hop 算法的定位实现过程。
34. 什么是数据融合技术? 它在传感器网络中的主要作用是什么?
35. 简述数据融合技术的不同分类方法及其类型。
36. 什么是数据融合的综合平均法?
37. 常见的数据融合方法有哪些?
38. 无线通信的能量消耗与距离的关系是什么? 它反映出传感器网络数据传输的什么特点?
39. 简述节能策略休眠机制的实现思想。
40. 简述传感器网络节点各单元能量消耗的特点。
41. 动态电源管理的工作原理是什么?
42. 传感器网络的安全性需求包括哪些内容?
43. 什么是传感器网络的信息安全?
44. 简述在传感器网络中实施 wormhole 攻击的原理过程。
45. SPINS 安全协议簇能提供哪些功能?
46. 如何选择传感器网络安全协议的加密算法?
47. 如何设计安全协议的随机数发生器?

第7章 WSN协议技术标准

学习导航

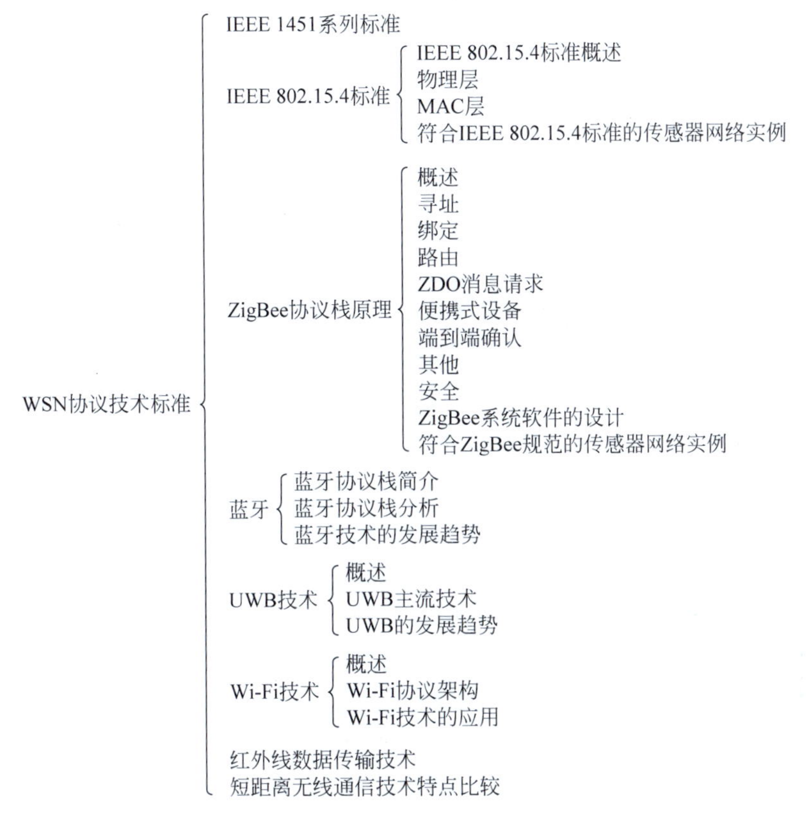

学习目标

- 了解IEEE 1451系列标准、IEEE 802.15.4标准、蓝牙(Bluetooth)、WiFi技术、UWB技术、红外线数据传输技术、短距离无线通信技术特点、符合ZigBee规范的传感器网络实例。
- 掌握ZigBee协议栈原理，包括寻址、绑定、路由、ZDO消息请求、便携式设备、端到端确认、安全、ZigBee系统软件的设计。

7.1 IEEE 1451系列标准

1. IEEE 1451标准的诞生

微处理器与传统传感器相结合，产生了功能强大的智能传感器，智能传感器的出现给传统工业测控带来了巨大的进步，在工业生产、国防建设和其他科技领域发挥着重要的作用。

继模拟仪表控制系统、集中式数字控制系统、分布式控制系统之后，基于各种现场总线标准的分布式测量和控制系统得到了广泛的应用，这些系统所采用的控制总线网络多种多样、千差万别，其内部结构、通信接口、通信协议等各不相同。

目前市场上在通信方面所遵循的标准主要包括 IEEE 803.2（以太网）、IEEE 802.4（令牌总线）、IEEE FDDI（光纤布式数据界面）、TCP/IP（传输控制协议/互联协议）等，以此来连接各种变送器（包括传感器和执行器），要求所选的传感器/执行器必须符合上述标准总线的有关规定。一般来说，这类测量和控制系统都可以采用如图 7-1 所示的结构来描述。

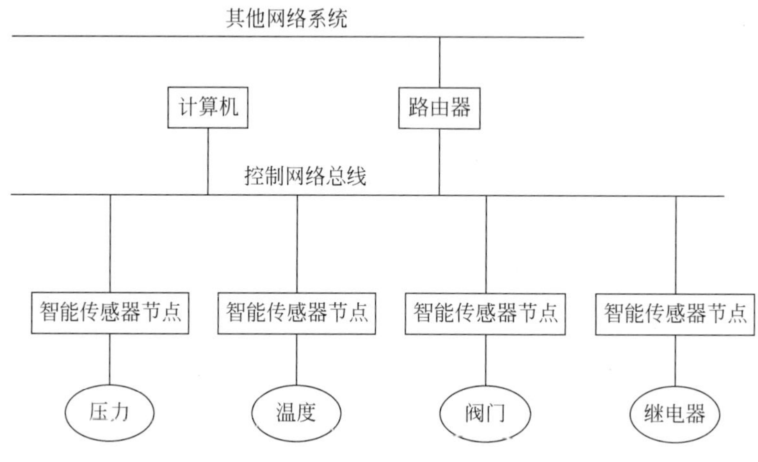

图 7-1 一种分布式测量和控制系统结构的示例

图 7-1 简单地表示了一种分布式测量和控制系统的典型应用示例，是目前市场上比较常见的现场总线系统结构图。实际上，由于这种系统的构造和设计是基于各种网络总线标准而定的，每种总线标准都有自己规定的协议格式，相互之间互不兼容，给系统的扩展、维护等带来不利的影响。

对传感器/执行器的生产厂家来说，希望自己的产品得到更大的市场份额，产品本身就必须符合各种标准的规定，因此需要花费很大的精力来了解和熟悉这些标准，同时硬件的接口要符合这些标准的要求，这无疑将增加制造成本。

对于系统集成开发商来说，必须充分了解各种总线标准的优缺点，并能够提供符合相应标准规范的产品，选择合适的生产厂家提供的传感器或执行器使之与系统匹配。

对于用户来说，经常根据需要来扩展系统的功能，增加新的智能传感器/执行器，选择的传感器/执行器就必须能够适合原来系统所选择的网络接口标准，但在很多情况下很难满足，因为智能传感器/执行器的大多数厂家都无法提供满足各种网络协议要求的产品，如果更新系统，将给用户带来很大的损失。

针对上述情况，1993 年有人提出构造一种通用的智能化变送器标准，1995 年 5 月给出了相应的标准草案和演示系统，并最终成为一种通用标准。智能化网络变送器接口标准的实行，有效地改变了多种现场总线网络并存而让变送器制造商无所适从的现状，智能化传感器/执行器在分布式网络控制系统中得到了广泛的应用。

对于智能网络化传感器接口内部标准和软硬件结构，IEEE 1451 标准中都做出了详细的规定。该标准大大简化了由传感器/执行器构成的各种网络控制系统，并能够最终实现各个传感器/执行器厂家的产品相互之间的互换性。

总之，IEEE 1451 系列标准是由 IEEE 仪器和测量协会的传感器技术委员会发起制定的。由于现场总线标准不统一，各种现场总线标准都有自己规定的通信协议，且互不兼容，从而给智能传感技术的应用与扩展带来不利。IEEE 1451 标准簇就是在这样的情况下提出来的。

制定 IEEE 1451 标准的目的就是通过定义一套通用的通信接口，以使变送器（传感器/执行器）能够独立于网络，并与现有基于微处理器的系统、仪器仪表和现场总线网络相连，解决不同网络之间的兼容性问题，并最终能够实现变送器到网络的互换性与互操作性。

IEEE 1451 标准定义了变送器的软硬件接口，而且该簇的所有标准都支持“变送器电子数据表”（Transducer Electronic Data Sheet，TEDS）的概念，为变送器提供了自识别和即插即用的功能。

IEEE 1451 标准将传感器分成两层模块结构：第一层模块结构用来运行网络协议和应用硬件，称为“网络适配器”（Network Capable Application Processor，NCAP）；第二层模块为“智能变送器接口模块”（Smart Transducer Interface Module，STIM），其中包括变送器和电子数据表格（TEDS）。

2. IEEE 1451 标准的发展历程

1993 年 9 月，IEEE 的第九技术委员会即传感器测量和仪器仪表技术协会接受了一种智能传感器通信接口的协议。1994 年 3 月，美国国家标准技术协会和 IEEE 共同组织了一次关于制定智能传感器接口和智能传感器连接网络通用标准的研讨会。1995 年 4 月，成立了两个专门的技术委员会，即 P1451.1 工作组和 P1451.2 工作组。

P1451.1 工作组主要负责智能变送器的公共目标模型进行定义和对相应模型的接口进行定义；P1451.2 工作组主要定义 TEDS 和数字接口标准，包括 STIM 和 NCAP 之间的通信接口协议和引脚定义分配。

IEEE 1451.1 标准在 1999 年 6 月通过 IEEE 的审核批准。IEEE 1451.1 标准采用面向对象的方法定义了一个与网络无关的信息对象模型，这个信息对象模型作为网络适配器与各类智能变送器相连的接口，如图 7-2 所示。IEEE 1451.1 标准为所支持的设备和设备的应用提供了很好的通用性，使得智能变送器与各网络之间的连接所受到的限制更少，连接变得更加容易。

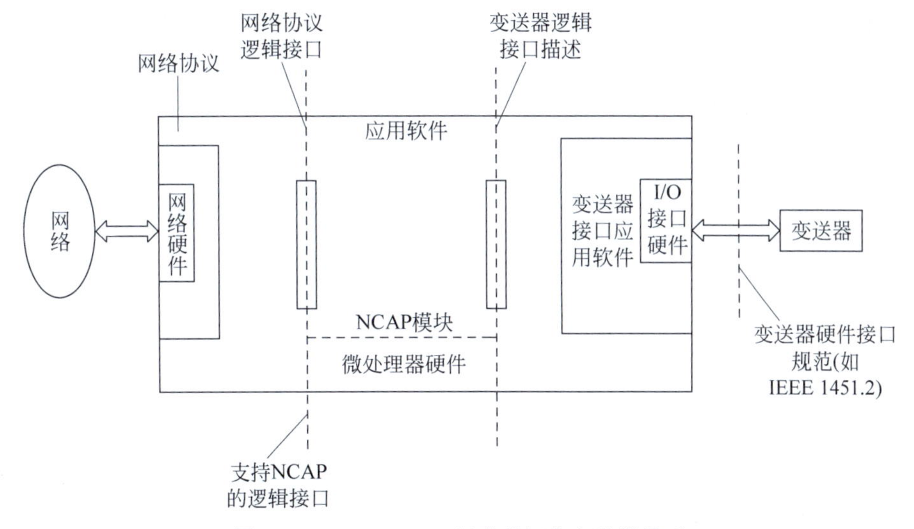

图 7-2　IEEE 1451.1 标准的智能变送器模型

IEEE 1451.2 标准称为变送器与微处理器通信协议和变送器电子数据表格式，它定义了电子数据表格（TEDS）及其数据格式、一个连接变送器到微处理器的 10 线“变送器独立接口”（Transducer Independent Interface，TII）和变送器与微处理器之间的通信协议。

IEEE 1451.2 标准在 1997 年 9 月通过 IEEE 的审核批准。它是在变送器和微处理器之间需要制定一个独立的数字通信接口标准的情况下产生的，使得变送器具有很好兼容性的“即插即用”功能。

后来技术委员会针对大量的模拟量传输方式的测量控制网络和小空间数据交换问题，成立了另外两个工作组 P1451.3 和 P1451.4。P1451.3 负责制定与模拟量传输网络与智能网络化传感器的接口标准；P1451.4 负责制定小空间范围内智能网络化传感器相互之间的互联标准。

IEEE 1451.3 标准称为分布式多点系统数字通信和变送器电子数据表格式，在 2003 年 9 月被 IEEE 核准，它为连接多个物理上分散的变送器定义了一个数字通信接口，同时还定义了 TEDS 数据格式、电子接口、信道区分协议、时序同步协议等。

IEEE 1451.4 标准称为混合模式通信协议和变送器电子数据表格式，在 2004 年 3 月通过了 IEEE 的认可。这是一项实用的技术标准，它使变送器电子数据表格与模拟测量相兼容。

制定 IEEE 1451.4 标准的主要目的如下：通过提供一个与传统传感器兼容的通用 IEEE 1451.4 传感器通信接口使得传感器具有即插即用功能；简化了智能传感器的开发；简化了仪器系统的设置与维护；在传统仪器与智能混合型传感器之间提供了一个桥梁；使得内存容量小的智能传感器的应用成为可能。

虽然许多混合型（即能非同时地以模拟和数字的方式进行通信）智能传感器的应用已经得到发展，但是由于没有统一的标准，市场接受起来比较缓慢。一般来说，市场可接受的智能传感器接口标准不但要适应智能传感器与执行器的发展，而且要使开发成本低。

IEEE 1451.4 就是一个混合型的智能传感器接口的标准，它使得工程师们在选择传感器时不用考虑网络结构，这就减轻了制造商要生产支持多网络的传感器的负担，也使得用户在需要把传感器移到另一个不同的网络标准时可减少开销。IEEE 1451.4 标准通过定义不依赖于特定控制网络的硬件和软件模块来简化网络化传感器的设计，这也推动了含有传感器的即插即用系统的开发。

IEEE 1451 系列标准的组成结构如图 7-3 所示，从图中可以看出，这些标准可以在一起应用，构成多种网络类型的智能传感器系统，也可以单独使用。

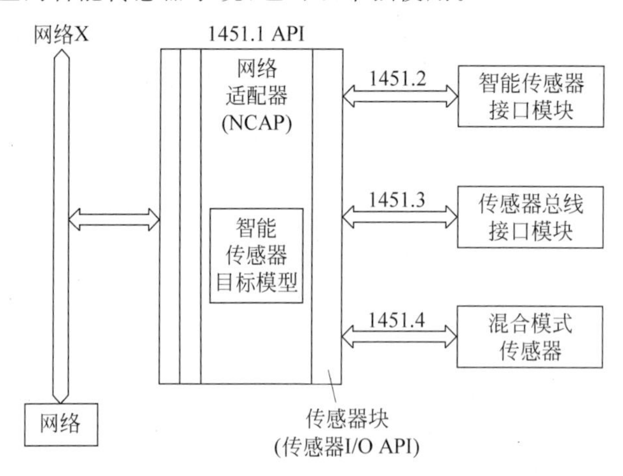

图 7-3　IEEE 1451 系列标准的组成结构

讨论 IEEE 1451 系列标准，一定要注意到所有的 IEEE 1451 系列标准都能单独或相互使用。例如，一个具有 P1451.1 模型的“黑盒子”传感器与一个 P1451.4 兼容的传感器相连接，就是符合 P1451 系列标准定义的。

3. IEEE 1451 标准的发展动向

IEEE 还在着手制定无线连接各种传感设备的接口标准。该标准的名称为 IEEE 1451.5，主要用于利用计算机等主机设备综合管理建筑物内各传感设备获得的数据。

随着无线通信技术的发展，基于手机的无线通信网络化仪器和基于无线 Internet 的网络化仪器等新兴仪器正在改变着人类的生活。IEEE 1451.5 提议标准即无线传感器通信与 TEDS 格式，早在 2001 年 6 月就被提出来了，主要是指在已有的 IEEE 1451 框架下，构筑一个开放的标准无线传感器接口，以满足工业自动化等不同应用领域的需求。

IEEE 1451.5 提议标准主要是为智能传感器的连接提供无线解决方案，尽量减少有线传输介质的使用。需要指出的是，IEEE 1451.5 提议标准描述的是智能传感器与 NCAP 模块之间的无线连接，并不是指 NCAP 模块与网络之间的无线连接。

IEEE 1451.5 提议标准的工作重点在于制定无线数据通信过程中的通信数据模型和通信控制模型。它主要包括两个内容：一个是为变送器通信定义一个通用的 QoS 机制，能够对任何无线电技术进行映射服务；另一个是对于每种无线发送技术都有一个映射层，用来把无线发送具体配置参数映射到 QoS 机制。

7.2　IEEE 802.15.4 标准

7.2.1　IEEE 802.15.4 标准概述

无线传感器网络的底层标准一般沿用无线个域网（IEEE 802.15）的相关标准部分。无线个域网（Wireless Personal Area Network，WPAN）的出现比传感器网络要早，通常定义为提供个人及消费类电子设备之间进行互联的无线短距离专用网络。无线个域网专注于便携式移动设备（如个人计算机、外围设备、PDA、手机、数码产品等消费类电子设备）之间的双向通信技术问题，其典型覆盖范围一般在 10m 以内。IEEE 802.15 工作组就是为完成这一使命而专门设置的，且已经完成一系列相关标准的制定工作，其中就包括被广泛用于传感器网络的底层标准 IEEE 802.15.4。

IEEE 802.15.4 通信协议是短距离无线通信的标准，是无线传感器网络通信协议中物理层与 MAC 层的一个具体实现。随着通信技术的迅速发展，人们提出在自身附近几米之内通信的需求，出现了个人区域网络（Personal Area Network，PAN）和无线个域网的概念。

WPAN 为近距离范围内的设备建立无线连接，把几米内的多个设备通过无线方式连接在一起，使它们可以相互通信甚至接入 LAN 或 Internet。1998 年 3 月，IEEE 标准化协会正式批准成立 IEEE 802.15 工作组。这个工作组致力于 WPAN 的物理层和介质访问子层的标准化工作，目标是为在个人操作空间（Personal Operating Space，POS）内相互通信的无线通信设备提供通信标准。POS 一般是指用户附近 10m 左右的空间，在这个范围内用户可以是固定的，也可以是移动的。

在 IEEE 802.15 工作组内有 4 个任务组（Task Group，TG），分别制定适合不同应用的标准。这些标准在传输速率、功耗和支持的服务等方面存在差异。

IEEE 802.15.4 标准主要针对低速无线个域网（LR-WPAN）制定。该标准把低能量消耗、低速率传输、低成本作为重点目标，这和无线传感器网络相一致，旨在为个人或者家庭范围内不同设备之间低速互连提供统一接口。由于 IEEE 802.15.4 定义的低速无线个域网的特性和无线传感器网络的簇内通信有众多相似之处，很多研究机构把它作为传感器网络节点的物理层和链路层通信标准。

低速无线个域网是一种结构简单、成本低廉的无线通信网络，它使得在低电能和低吞吐量的应用环境中使用无线连接成为可能。与无线局域网相比，低速无线个域网只需很少的基础设施，甚至不需要基础设施。IEEE 802.15.4 标准为低速无线个域网制定了物理层和 MAC 子层协议。

IEEE 802.15.4 标准定义的 LR WPAN 具有以下特点。

(1) 在不同的载波频率下实现 20kb/s、40kb/s 和 250kb/s 三种不同的传输速率。

(2) 支持星状和点对点两种网络拓扑结构。

(3) 有 16 位和 64 位两种地址格式，其中，64 位地址是全球唯一的扩展地址。

(4) 支持冲突避免的载波多路侦听技术(Carrier Sense Multiple Access with Collision Avoidance，CSMA/CA)。

(5) 支持确认机制，保证传输可靠性。

IEEE 802.15.4 标准主要包括物理层和 MAC 层的标准。IEEE 目前正在考虑以 IEEE 802.15.4 的物理层为基础实现无线传感器网络的通信架构。下面侧重介绍它的物理层和 MAC 层技术。

7.2.2 物理层

IEEE 802.15.4 标准规定物理层负责以下任务。

(1) 激活和取消无线收发器。

(2) 当前信道的能量检测。

(3) 发送链路质量指示。

(4) CSMA/CA 的空闲信道评估。

(5) 信道频率的选择。

(6) 数据发送与接收。

IEEE 802.15.4 标准定义了 27 个信道，编号为 0～26；跨越 3 个频段，具体包括 2.4GHz 频段的 16 个信道、915MHz 频段的 10 个信道、868MHz 频段的 1 个信道。这些信道的频段中心定义如下(其中 k 表示信道编号)。

$$f_c = 868.3\text{MHz}, \quad k = 0$$

$$f_c = 906 + 2 \times (k - 1)\text{MHz}, \quad k = 1, 2, \cdots, 10$$

$$f_c = 2405 + 5 \times (k - 11)\text{MHz}, \quad k = 11, 12, \cdots, 26$$

1. 物理层服务规范

物理层(PHY)通过射频连接件和硬件提供 MAC 层和无线物理信道之间的接口。物理层在概念上提供物理层管理实体(Physical Layer Management Entity，PLME)，该实体提供了用于调用物理层管理功能的管理服务接口。PLME 还负责维护属于物理层的管理对象数据库，该数据库被称为物理层的个域网信息库(PAN Information Base，PIB)。

物理层参考模型如图 7-4 所示。物理层提供两种服务：通过物理层数据服务接入点(PHY Data Service Access Point，PD-SAP)提供物理层的数据服务；通过 PLME 服务接入点(PLME Service Access Point，PLME-SAP)提供物理层的管理服务。

物理层数据服务接入点实现对等 MAC 子层实体间的介质访问控制协议数据单元(MAC

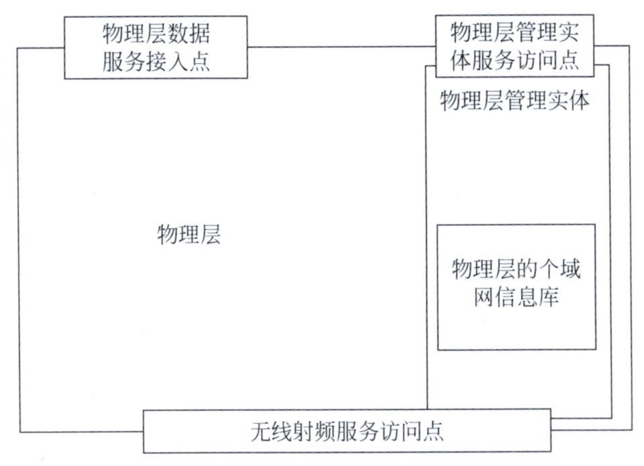

图 7-4 IEEE 802.15.4 标准的物理层参考模型

Protocol Data Unit,MPDU)传输,它支持如表 7-1 所示的三种原语。所谓原语是指由若干机器指令构成的一段程序,用以完成特定功能,它在执行期间是不可分割的,即原语一旦开始执行直到完毕之前不允许中断。

表 7-1 物理层数据服务接入点的原语

PD-SAP 原语	request	confirm	Indication
PD-DATA	PD-DATA. request	PD-DATA. confirm	PD-DATA. indication

物理层管理实体服务访问点在介质访问控制层管理实体(MAC Layer Management Entity,MLME)和物理层管理实体之间传输管理命令,支持如表 7-2 所示的原语。

表 7-2 物理层管理实体服务访问点的原语

PLME-SAP 原语	request	confirm
PLME-CCA	PLME-CCA. request	PLME-CCA. confirm
PLME-ED	PLME-ED. request	PLME-ED. confirm
PLME-GET	PLME-GET. request	PLME-GET. confirm
PLME-SET-TRX-STATE	PLME-SET-TRX-STATE. request	PLME-SET-TRX-STATE. confirm
PLME-SET	PLME-SET. request	PLME-SET. confirm

2. 物理层帧结构

IEEE 802.15.4 物理层的帧结构如表 7-3 所示。

表 7-3 IEEE 802.15.4 物理层的帧结构

4 字节	1 字节	1 字节		变长
前导码	SFD	帧长度(7b)	保留位(1b)	PSDU
同步头		物理帧头		PHY 负载

前导码由 32 个 0 组成,用于收发器进行码片或者符号的同步。帧起始定界符(Start Frame Delimiter,SFD)由 8b 组成,表示同步结束,数据包开始传输,SFD 与前导码构成同步头。帧长度由 7b 组成,表示物理服务数据单元(PHY Service Data Unit,PSDU)的字节数,其中,0~4 位和 6、7 位为保留值。帧长度和 1b 保留位构成了物理头。PSDU 是变长的,携带 PHY 数据包的数据,包含介质访问控制协议数据单元。PSDU 是物理层的载荷。

7.2.3 MAC层

MAC层用来处理所有对物理层的访问,并负责完成以下任务。

(1) 如果设备是协调器,那么就需要产生网络信标。

(2) 信标的同步。

(3) 支持个域网络的关联和去关联。

(4) 支持设备安全规范。

(5) 执行信道接入的CSMA-CA机制。

(6) 处理和维护GTS机制。

(7) 提供MAC实体间的可靠连接等。

1. MAC层服务规范

MAC层为业务相关的汇聚子层(Service Specific Convergence Sublayer,SSCS)和物理层提供接口。MAC层在概念上提供介质访问控制层管理实体(MLME),负责用于调用MAC层管理功能的管理服务接口。MLME还负责维护属于MAC层的管理对象数据库,该数据库被称为MAC层的个域网信息库。IEEE 802.15.4标准的MAC层的组件和接口如图7-5所示。

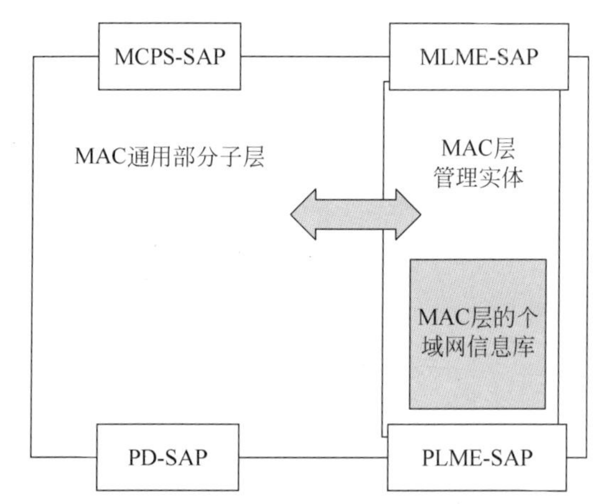

图7-5 IEEE 802.15.4标准的MAC层组件和接口

MAC层提供两种服务,分别通过两个服务接入点进行访问。

(1) MAC数据服务,通过MAC公用部分子层(MCPS)数据服务接入点(MCPS-SAP)进行访问。

(2) MAC管理服务,通过介质访问控制层管理实体-数据服务接入点(MLME-SAP)进行访问。

以上两个服务分别通过PD-SAP和PLME-SAP接口,组成业务相关的汇聚子层和物理层之间的接口。除了这些外部接口,在介质访问控制层管理实体和MAC公用部分子层之间还存在一个内部接口,介质访问控制层管理实体可以通过它使用MAC数据服务。

2. MAC层的帧结构

MAC层的每一个帧包含以下基本组成部分。

(1) 帧头(MHR),包含帧控制、序列号、地址信息。

(2) 可变长的MAC负载,包括对应帧类型的信息,确认帧不包含负载。

(3) 帧尾(MFR),包括帧检验序列(FCS)。

1）MAC 层的通用帧结构

MAC 层的通用帧结构由帧头、MAC 负载和帧尾构成。帧头的域都以固定的顺序出现，不过寻址域不一定要在所有帧中都出现，一般的 MAC 帧结构如表 7-4 所示。

表 7-4　IEEE 802.15.4 MAC 层的通用帧结构

16 位，2 字节	1	0/2	0/2/8	0/2	0/2/8	变长	2
帧控制	序列号	目标 PAN 标识	目标地址	源 PAN 标识	源地址	帧负载	FCS
		地址域					
MHR						MAC 负载	MFR

帧控制域的长度是 16b，包含帧类型定义、寻址域和其他控制标志等。

序列号域的长度是 8b，为每个帧提供唯一的序列标识。

目标 PAN 标识域的长度是 16b，内容是指定接收方的唯一 PAN 标识。

根据寻址模式域中指定的寻址模式，目标地址域的长度可以是 16b 或者 64b，内容是指定接收方的地址。

源 PAN 标识域的长度是 16b，内容是发送帧设备的唯一 PAN 标识。

根据寻址模式域中指定的寻址模式，源地址域的长度可以是 16b 或者 64b，内容是发送帧的设备地址。

帧负载域长度可变，根据不同的帧类型其内容各不相同。

FCS 域的长度是 16b，包含一个 16b 的 ITU-TCRC。

2）不同类型的 MAC 帧

表 7-5～表 7-8 分别是 4 种类型帧的结构，即信标帧、数据帧、确认帧和命令帧的结构。

表 7-5　MAC 层的信标帧结构

16 位，2 字节	1	4/10	2	变长	变长	变长	2
帧控制	序列号	寻址域	超帧规范	GTS 域	地址域	信标超载	FCS
MHR			MAC 负载				MHR

表 7-6　MAC 层的数据帧结构

16 位，2 字节	1	4/10	变长	2
帧控制	序列号	寻址域	数据负载	FCS
MHR			MAC 负载	MHR

表 7-7　MAC 层的确认帧结构

16 位，2 字节	1	2
帧控制	序列号	FCS
MHR		MHR

表 7-8　MAC 层的命令帧结构

16 位，2 字节	1	4/10	1	变长	2
帧控制	序列号	寻址域	命令帧标识	命令负载	FCS
MHR			MAC 负载		MHR

3. MAC 层的功能描述

表 7-9 列出了 MAC 层定义的命令帧内容。全功能设备（FFD）必须能够传输和接收所有

的命令帧，而精简功能设备（RFD）则不用。表中说明了哪些命令是 RFD 必须支持的。注意 MAC 命令传输只发生在信标网络的 CAP 中，或者非信标网络中。

表 7-9 MAC 层定义的命令帧

命令帧标识	命令名称	RFD		命令帧标识	命令名称	RFD	
		发	收			发	收
0x01	关联请求	×		0x06	孤儿指示	×	
0x02	关联请求应答		×	0x07	信标请求		
0x03	去关联指示		×	0x08	协调器重新关联		×
0x04	数据请求	×		0x09	GTS 请求		
0x05	PAN ID 冲突指示	×		0x0a～0xff	保留		

7.2.4 符合 IEEE 802.15.4 标准的传感器网络实例

下面是符合 IEEE 802.15.4 标准的一个无线传感器网络应用实例。普通节点由一组传感器节点组成，如温度传感器、湿度传感器、烟雾传感器，它们对周围环境的各个参数进行测量和采样，将采集到的数据发往中心节点。中心节点对发来的数据和命令进行分析处理，完成相应操作。普通节点只能接收从中心节点传来的数据，与中心节点进行数据交换。

传感器网络采取星状拓扑结构，由一个与计算机相连的无线模块作为中心节点，可以与任何一个普通节点通信。网络采取主机轮询查询和突发事件报告的机制。主机每隔一段时间向每个传感器节点发送查询命令；节点收到查询命令后，向主机发回数据。如果发生紧急事件，则节点主动向中心节点发送报告。中心节点通过对普通节点的阈值参数进行设置，还可以满足不同用户的需求。

网内的数据传输是根据无线模块的网络号、网内 IP 地址进行的。在初始设置的时候，先设定每个无线模块所属网络的网络号，再设定每个无线模块的 IP 地址，通过这种方法能够确定网络中无线模块地址的唯一性。若要加入一个新的节点，只需给它分配一个不同的 IP 地址，并在中心计算机上更改全网的节点数，记录新节点的 IP 地址。

1. 数据传输流程

1）命令帧的发送流程

命令帧的发送流程如图 7-6 所示。因为查询命令帧采取轮询发送机制，所以丢失若干查询命令帧对数据的采集影响并不大。如果采取出错重发机制，则容易造成不同节点的查询命令之间的互相干扰。

2）关键帧的发送流程

关键帧的发送流程如图 7-7 所示，它采用了出错重发机制。

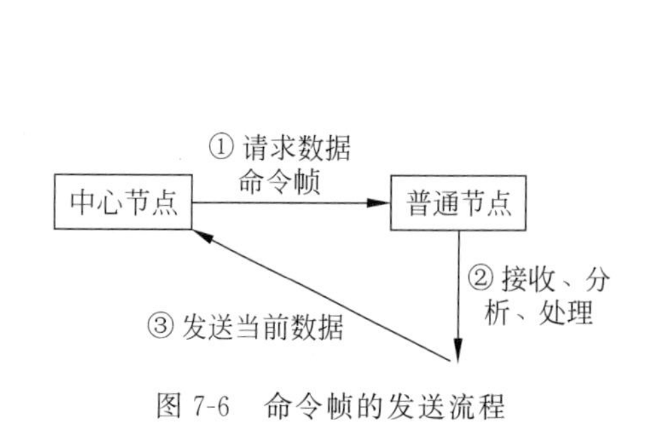

图 7-6 命令帧的发送流程

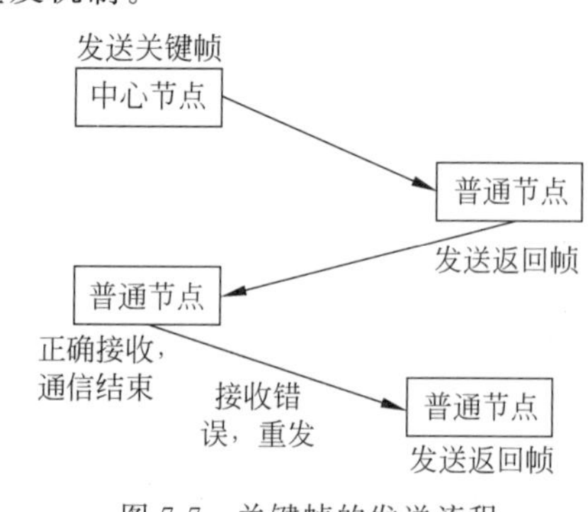

图 7-7 关键帧的发送流程

2. 数据传输的帧格式

IEEE 802.15.4 标准定义了一套新的安全协议和数据传输协议，这里采用的无线模块根据 IEEE 802.15.4 标准，定义一套帧格式来传输各种数据。

(1) 数据帧：数据型数据帧结构的作用是把指定的数据传送到网络中指定节点的外部设备，具体的接收目标也由这两种帧结构中的“目标地址”给定。

数据型数据帧的组成如图 7-8 所示。

数据类型 44h	目的地址	数据域长度	数据域	校验位

图 7-8　数据型数据帧的组成

(2) 返回帧：返回型数据帧结构的作用是保证无线模块将网络情况反馈给自身 UART0 上的外设。

返回型数据帧的组成如图 7-9 所示。

数据类型 52h	目的地址	数据域长度	数据域	校验位

图 7-9　返回型数据帧的组成

这里采用上述两种帧格式，定义适用于传感器网络的数据帧，并针对这些数据帧采取不同的应对措施，保证数据传输的有效性。传感器网络的数据帧格式是在无线模块数据帧的基础上进行修改的，主要包括传感数据帧、中心节点的阈值设定帧、查询命令帧和重启命令帧。

传感数据帧和阈值设定帧长度都是 8B，包括无线模块的数据类型 1B、目的地址 1B、“异或”校验段 1B、数据长度 5B。5B 的数据长度包括传感数据类型 1B、数据 3B、源地址 1B。

当传感数据类型位是 0xBB 时，代表将要传输的是 A/D 转换器当前采集到的数据，源地址是当前无线模块的 IP 地址；当数据类型位为 0xCC 时，表示当前数据是系统设置的阈值，源地址是中心节点的 IP 地址。

重启命令帧和查询命令帧长度都是 5B，包括无线模块的数据类型 1B、目的地址 1B、数据长度 1B(只传递传感器网络的数据类型位)，并用 0xAA 表示当前的数据是查询命令，用 0xDD 表示让看门狗重启命令。

对返回帧来说，传感器节点给中心节点计算机的返回帧在无线模块的数据帧基础上加以修改，帧长度是 6B。它包括无线模块的数据类型 1B、目的地址 1B、数据长度 2B、源地址 1B、“异或”校验 1B。

在返回帧的数据类型中，用 0x00 表示当前接收到的数据是正确的，用 0x01 表示当前接收到的数据是错误的。中心节点若收到代表接收错误的返回帧，则重发数据，直到传感器节点正确接收为止。若计算机收到 10 个没有正确接收的返回帧，则从计算机发送命令让看门狗重启。

对于无线模块给外设的返回帧，当无线模块之间完成一次传输后，会将此次传输的结果反馈给与其相连接的外设。若成功传输，则类型为 0x00；若两个无线模块之间通信失败，则类型为 0xFF。当接收到通信失败的帧时，传感器节点重新发送当前的传感数据。若连续接收到 10 次发送失败的返回帧，则停发数据，等待下一次的查询命令。

若传感器节点此时发送的是报警信号，则在连续重发 10 次后，开始采取延迟发送，即每次隔一定的时间后，向中心节点发送报警报告，直到其发出。如果在此期间收到中心节点的任何命令，则先将警报命令立即发出。因为 IEEE 802.15.4 标准已经在底层定义了 CSMA/CA 的冲突监测机制，所以在收到发送不成功的错误帧后，中心计算机将随机延迟一段时间(1～10

个轮回)后,再发送新一轮的命令帧,采取这种机制可避免重发的数据帧加剧网络拥塞。如此10次以后,表示网络暂时不可用,并且以后每隔10个轮回的时间发送一个命令帧,以测试网络。如果收到正确的返回帧,则表示网络恢复正常,开始新的轮回。

7.3 ZigBee协议栈原理

7.3.1 概述

2007年4月,德州仪器推出业界领先的ZigBee协议栈(Z-Stack)。Z-Stack符合ZigBee2006规范,支持多种平台,包括基于CC2420收发器以及TI MSP430超低功耗单片机的平台、CC2530平台等。Z-Stack包含了网状网络拓扑的几乎全功能的协议栈,在竞争激烈的ZigBee领域占有很重要的地位,CC2530协议栈采用ZStack-CC2530-2.2.0-1.3.0,以下所设文件均在此子目录内。

1. 基本特点

ZigBee可工作在2.4GHz(全球流行)、868MHz(欧洲流行)和915MHz(美国流行)三个频段上,分别具有最高250kb/s、20kb/s和40kb/s的传输速率,它的传输距离在10～75m的范围内,但可以继续增加。作为一种无线通信技术,ZigBee具有以下6方面的特点。

(1) 功耗低。由于ZigBee的传输速率低,发射功率仅为1mW,而且采用了休眠模式,功耗低,因此ZigBee设备非常省电。据估算,ZigBee设备仅靠两节5号电池就可以维持长达6个月到2年左右的使用时间,这是其他无线设备望尘莫及的。

(2) 成本低。ZigBee模块的初始成本在6美元左右,估计很快就能降到1.5～2.5美元,并且ZigBee协议是免专利费的。低成本对于ZigBee也是一个关键的因素。

(3) 时延短。通信时延和从休眠状态激活的时延都非常短,典型的搜索设备时延为30ms,休眠激活的时延是15ms,活动设备信道接入的时延为15ms。因此,ZigBee技术适用于对时延要求苛刻的无线控制(如工业控制场合等)应用。

(4) 网络容量大。一个星状结构的ZigBee网络最多可以容纳254个从设备和1个主设备,一个区域内可以同时存在最多100个ZigBee网络,而且网络组成灵活。

(5) 可靠。采取了碰撞避免策略,同时为需要固定带宽的通信业务预留了专用时隙,避开了发送数据的竞争和冲突。MAC层采用了完全确认的数据传输模式,每个发送的数据包都必须等待接收方的确认信息。如果传输过程中出现问题可以进行重发。

(6) 安全。ZigBee提供了基于循环冗余校验(CRC)的数据包完整性检查功能,支持鉴权和认证,采用了AES-128的加密算法,各个应用可以灵活确定其安全属性。

2. 设备类型

在ZigBee网络中存在三种逻辑设备类型:Coordinator(协调器)、Router(路由器)和End-Device(终端设备)。ZigBee网络由一个Coordinator以及多个Router和多个End-Device组成。

图7-10是一个简单的ZigBee网络示意图。其中,●节点为Coordinator,◎节点为Router,○节点为End-Device。

1) Coordinator(协调器)

Coordinator负责启动整个网络。它也是网络的第一个设备。协调器选择一个信道和一个网络ID(也称为PAN ID,即Personal Area Network ID),随后启动整个网络。协调器也可

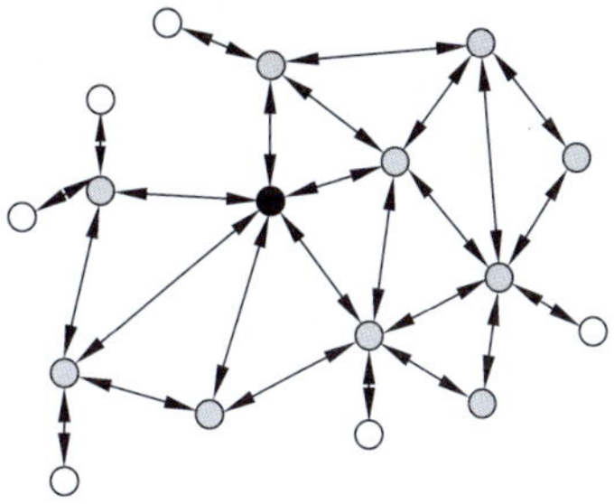

以用来协助建立网络中安全层和应用层的绑定。

ZigBee 协议使用一个 16 位 PAN ID 来标识一个网络，协调器的角色主要涉及网络的启动和配置。一旦这些都完成后，协调器的工作就像一个路由器。

2) Router(路由器)

路由器的功能主要是：允许其他设备加入网络，多跳路由和协助它自己的由电池供电的子终端设备的通信。通常，路由器希望一直处于活动状态，因此它必须使用主电源供电。但是当使用树状网络模式时，允许路由间隔一定的周期操作一次，这样就可以使用电池给其供电。

图 7-10　ZigBee 网络示意图

3) End-Device(终端设备)

终端设备没有特定的维持网络结构的责任，它可以睡眠或者唤醒，因此它可以是一个电池供电设备。通常，终端设备对存储空间(特别是 RAM)的需要比较小。注意在 Z-Stack 中一个设备的类型通常在编译的时候通过编译选项 ZDO_COORDINATOR 和 RTR_NWK 确定。所有的应用例子都提供独立的项目文件来编译每一种设备类型。

3. 栈配置

栈参数的集合需要被配置为一定的值，连同这些值在一起被称为栈配置(Stack Profile)。ZigBee 联盟定义了这些由栈配置组成的栈参数。网络中的所有设备必须遵循同样的栈配置。为了促进互用性这个目标，ZigBee 联盟为 ZigBee2006 规范定义了栈配置。所有遵循此栈配置的设备可以在其他开发商开发的遵循同样栈配置的网络中使用。

▶ 7.3.2　寻址

1. 地址类型

ZigBee 设备有两种地址类型(Address Types)。一种是 64 位 IEEE 地址，即 MAC 地址；另一种是 16 位网络地址。64 位地址是全球唯一的地址，设备将在它的生命周期中一直拥有它。它通常由制造商或者被安装时设置。这些地址由 IEEE 来维护和分配。16 位网络地址是当设备加入网络后分配的。它在网络中是唯一的，用来在网络中鉴别设备和发送或接收数据。

2. 网络地址分配

ZigBee 使用分布式寻址方案来分配网络地址(Network Address Assignment)。这个方案保证在整个网络中所有分配的地址是唯一的。这一点是必需的，因为这样才能保证一个特定的数据包能够发给它指定的设备，而不出现混乱。同时，这个寻址算法本身的分布特性保证设备只能与它的父设备通信来接收一个网络地址。不需要整个网络范围内通信的地址分配，这有助于网络的可测量性。

在每个路由加入网络之前，寻址方案需要知道和配置一些参数。这些参数是 MAX_DEPTH，MAX_ROUTERS 和 MAX_CHILDREN。这些参数是栈配置的一部分，ZigBee2006 协议栈已经规定了这些参数的值：MAX_DEPTH＝5，MAX_ROUTERS＝6 和 MAX_CHILDREN＝20。

MAX_DEPTH 决定了网络的最大深度。协调器位于深度 0，它的第一级子设备位于深度 1，它的子设备的子设备位于深度 2，以此类推。MAX_DEPTH 参数限制了网络在物理上的长度。

MAX_CHILDREN 决定了一个路由器或者一个协调器节点可以处理的子节点的最大个数。

MAX_ROUTER 决定了一个路由器或者一个协调器节点可以处理的具有路由功能的子节点的最大个数。这个参数是 MAX_CHILDREN 的一个子集，终端节点使用（MAX_CHILDREN－MAX_ROUTER）剩下的地址空间。

如果开发人员想改变这些值，则需要完成以下两个步骤。

（1）要保证这些参数新的赋值合法，即整个地址空间不能超过 2^{16}，这就限制了参数能够设置的最大值。可以使用 projects\ZStack\tools 文件夹下的 CSkip. xls 文件来确认这些值是否合法。当在表格中输入了这些数据后，如果数据不合法就会出现错误信息。

（2）当选择了合法的数据后，开发人员还要保证不再使用标准的栈配置，取而代之的是网络自定义栈配置（例如，在 nwk 目录下的 nwk_globals. h 文件中将 STACK_PROFILE_ID 改为 NETWORK_SPECIFIC）。然后 nwk_globals. h 文件中的 MAX_DEPTH 参数将被设置为合适的值。

3. Z-Stack 寻址

为了向一个在 ZigBee 网络中的设备发送数据，应用程序通常使用 AF_DataRequest()函数。数据包将要发送给一个 afAddrType_t（在 ZComDef. h 中定义）类型的目标设备。

```
typedef struct
{
union
{
uint16 shortAddr;                       //16 位网络短地址
} addr;
afAddrMode_t addrMode;
byte endPoint;
} afAddrType_t;
```

注意，除了网络地址之外，还要指定地址模式参数。目的地址模式可以设置为以下几个值。

```
typedef enum
{
afAddrNotPresent = AddrNotPresent,      //地址未指定
afAddr16Bit = Addr16Bit,                //16 位网络地址
afAddrGroup = AddrGroup,                //组地址
afAddrBroadcast = AddrBroadcast         //广播地址
} afAddrMode_t;
```

因为在 ZigBee 中，数据包可以单点传送（Unicast）、间接传送（Indirect）或者广播（Broadcast）传送和组寻址，所以必须有地址模式参数。一个单点传送数据包只发送给一个设备，多点传送数据包则要传送给一组设备，而广播数据包则要发送给整个网络的所有节点。这将在下面详细解释。

1）单点传送（Unicast）

Unicast 是标准寻址模式，它将数据包发送给一个已经知道网络地址的网络设备。将 afAddrMode 设置为 Addr16Bit 并且在数据包中携带目标设备地址。

2）间接传送（Indirect）

当应用程序不知道数据包的目标设备在哪里的时候使用该模式。将模式设置为

AddrNotPresent 并且目标地址没有指定。取代它的是从发送设备的栈的绑定表中查找目标设备，这种特点称为源绑定。当数据向下发送到达栈中时，从绑定表中查找并且使用该目标地址。这样，数据包将被处理成为一个标准的单点传送数据包。如果在绑定表中找到多个设备，则向每个设备都发送一个数据包的副本。

上一个版本的 ZigBee(ZigBee04)，有一个选项可以将绑定表保存在协调器(Coordinator)当中。发送设备将数据包发送给协调器，协调器查找它栈中的绑定表，然后将数据发送给最终的目标设备。这个附加的特性叫作协调器绑定(Coordinator Binding)。

3) 广播传送(Broadcast)

当应用程序需要将数据包发送给网络的每一个设备时，使用这种模式。地址模式设置为 AddrBroadcast。目标地址可以设置为下面广播地址中的一种。

(1) NWK_BROADCAST_SHORTADDR_DEVALL(0xFFFF)——数据包将被传送到网络上的所有设备，包括睡眠中的设备。对于睡眠中的设备，数据包将被保留在其父节点直到查询到它，或者消息超时(NWK_INDIRECT_MSG_TIMEOUT 在 f8wConfig. cfg 中)。

(2) NWK_BROADCAST_SHORTADDR_DEVRXON(0xFFFD)——数据包将被传送到网络上的所有在空闲时打开接收的设备(RXONWHENIDLE)，也就是说，除了睡眠中的设备外的所有设备。

(3) NWK_BROADCAST_SHORTADDR_DEVZCZR(0xFFFC)——数据包发送给所有的路由器，包括协调器。

4) 组寻址(Group Addressing)

当应用程序需要将数据包发送给网络上的一组设备时，使用该模式。地址模式设置为 afAddrGroup 并且 addr. shortAddr 设置为组 ID。在使用这个功能之前，必须在网络中定义组(参见 Z-Stack API 文档中的 aps_AddGroup()函数)。

注意组可以用来关联间接寻址。在绑定表中找到的目标地址可能是单点传送或者是一个组地址。另外，广播发送可以看作一个组寻址的特例。

下面的代码说明了一个设备怎样加入一个 ID 为 1 的组当中。

```
aps_Group_t group;
//Assign yourself to group 1
group.ID = 0x0001;
group.name[0] = 0; //This could be a human readable string
aps_AddGroup(SAMPLEAPP_ENDPOINT, &group);
```

4. 重要设备地址

应用程序可能需要知道它的设备地址和父地址。使用下面的函数获取设备地址(在 Z-Stack API 中定义)。

- NLME_GetShortAddr()——返回本设备的 16 位网络地址。
- NLME_GetExtAddr()——返回本设备的 64 位扩展地址。

使用下面的函数获取该设备的父设备地址。

- NLME_GetCoordShortAddr()——返回本设备的父设备的 16 位网络地址。
- NLME_GetCoordExtAddr()——返回本设备的父设备的 64 位扩展地址。

7.3.3 绑定

绑定(Binding)是一种两个(或者多个)应用设备之间信息流的控制机制。在 ZigBee 2006 发布版本中，它被称为资源绑定，所有的设备都必须执行绑定机制。

绑定允许应用程序发送一个数据包而不需要知道目标地址。APS层从它的绑定表中确定目标地址，然后将数据继续向目标应用或者目标组发送。

注意：在ZigBee的1.0版本中，绑定表是保存在协调器当中的。现在所有的绑定记录都保存在发送信息的设备当中。

1. 建立绑定表

建立一个绑定表(Building a Binding Table)有以下三种方法。

- ZigBee Device Object Bind Request——一个启动工具可以告诉设备创建一个绑定记录。
- ZigBee Device Object End Device Bind Request——两个设备可以告诉协调器它们想要建立一个绑定表记录。协调器来协调并在两个设备中创建绑定表记录。
- Device Application——一个设备上的应用程序建立或者管理一个绑定表。

1) ZigBee Device Object Bind Request

任何一个设备都可以发送一个ZDO信息给网络中的另一个设备，用来建立绑定表，称之为援助绑定，它可以为一个发送设备创建一个绑定记录。

一个应用程序可以通过ZDP_BindReq()函数(在ZDProfile.h中)，并在绑定表中包含两个请求(地址和终点)以及想要的群ID。第一个参数(目标dstAddr)是绑定源的短地址，即16位网络地址。确定已经在ZDConfig.h中允许了这个功能(ZDO_BIND_UNBIND_REQUEST)。用户也可以使用ZDP_UnbindReq()用同样的参数取消绑定记录。

目标设备发回ZigBee Device Object Bind或者Unbind Response信息，该信息是ZDO代码根据动作的状态，通过调用ZDApp_BindRsq()或者ZDApp_UnbindRsq()函数来分析和通知ZDApp.c的。

对于绑定响应，从协调器返回的状态将是ZDP_SUCCESS、ZDP_TABLE_FULL或者ZDP_NOT_SUPPORTED。

对于解除绑定响应，从协调器返回的状态将是ZDP_SUCCESS、ZDP_NO_ENTRY或者ZDP_NOT_SUPPORTED。

2) ZigBee Device Object End Device Bind Request

这个机制是在指定的时间周期(Timeout Period)内，通过按下选定设备上的按钮或者类似的动作来绑定。协调器在指定的时间周期内，搜集终端设备的绑定请求信息，然后以配置ID(Profile ID)和群ID(Cluster ID)协议为基础，创建一个绑定表记录作为结果。默认的设备绑定时间周期(APS_DEFAULT_MAXBINDING_TIME)是16s(在nwk_globals.h中定义)。但是将它添加到f8wConfig.cfg中，则可以更改。

应该注意到，所有的例程都有处理关键事件的函数(例如，在TransmitApp.c中的TransmitApp_HandleKeys()函数)。这个函数调用ZDApp_SendEndDeviceBindReq()(在ZDApp.c中)。这个函数搜集所有终端节点的请求信息，然后调用ZDP_EndDeviceBindReq()函数将这些信息发送给协调器。

协调器调用函数ZDP_IncomingData()(在DProfile.c中)接收这些信息，然后调用ZDApp_ProcessEndDeviceBindReq()(在ZDObject.c中)函数分析这些信息，最后调用ZDApp_EndDeviceBindReqCB(在ZDApp.c中)函数，这个函数再调用ZDO_MatchEndDeviceBind()(在ZDObject.c中)函数来处理这个请求。

当收到两个匹配的终端设备绑定请求时，协调器在请求设备中启动创建源绑定记录的进程。假设在 ZDO 终端设备中发现了匹配的请求，协调器将执行下面的步骤。

（1）发送一个解除绑定请求给第一个设备。这个终端设备锁定进程，这样解除绑定被首先发送以去掉一个已经存在的绑定记录。

（2）等待 ZDO 解除绑定的响应，如果响应的状态是 ZDP_NO_ENTRY，则发送一个 ZDO 绑定请求在源设备中创建一个绑定记录。如果状态是 ZDP_SUCCESS，则继续前进到第一个设备的群 ID。

（3）等待 ZDO 绑定响应，如果收到了，则继续前进到第一个设备的下一个群 ID。

（4）当第一个设备完成后，用同样的方法处理第二个设备。

（5）当第二个设备也完成之后，发送 ZDO 终端设备绑定请求消息给两个设备。

3）Device Application

应用自己管理绑定表意味着应用程序需要通过调用下面的绑定管理函数在本地进入并且删除绑定记录。

- bindAddEntry()——在绑定表中增加一个记录。
- bindRemoveEntry()——从绑定表中删除一个记录。
- bindRomoveClusterIdFromList()——从一个存在的绑定表记录中删除一个群 ID。
- bindAddClusterIdToList()——向一个已经存在的绑定表记录中增加一个群 ID。
- bindRemoveDev()——删除所有地址引用的记录。
- bindRemoveSrcDev()——删除所有源地址引用的记录。
- bindUpdateAddr()——将记录更新为另一个地址。
- bindFindExisting()——查找一个绑定表记录。
- bindIsClusterIdInList()——在绑定表记录中检查一个已经存在的群 ID。
- bindNumBoundTo()——拥有相同地址（源或者目的）记录的个数。
- bindNumEntries()——绑定表中记录的个数。
- bindCapacity()——最多允许的记录个数。
- bindWriteNV()——在 NV 中更新表。

2. 配置源绑定

为了在设备中使能源绑定在 f8wConfig.cfg 文件中包含 REFLECTOR 编译标志，同时在 f8wConfig.cfg 文件中查看配置项目 NWK_MAX_BINDING_ENTRIES 和 MAX_BINDING_CLUSTER_IDS。NWK_MAX_BINDING_ENTRIES 是绑定表中记录的最大个数，MAX_BINDING_CLUSTER_IDS 是每个绑定记录中群 ID 的最大个数。绑定表在静态 RAM 中未分配，因此绑定表中记录的个数和每个记录中群 ID 的个数都实际影响着使用 RAM 的数量。每一个绑定记录超过 8B(MAX_BINDING_CLUSTER_IDS×2B)。除了绑定表使用的静态 RAM 的数量，绑定配置项目也影响地址管理器中的记录的个数。

7.3.4 路由

1. 概述

路由（Routing）对于应用层来说是完全透明的。应用程序只需简单地向下发送去往任何设备的数据到栈中，栈会负责寻找路径。这种方法，应用程序不知道操作是在一个多跳的网络中进行的。

路由还能够自愈 ZigBee 网络,如果某个无线连接断开了,路由会自动寻找一条新的路径避开那个断开的网络连接。这就极大地提高了网络的可靠性,这是 ZigBee 网络的一个关键特性。

2. 路由协议

ZigBee 执行基于用于 AODV 专用网络的路由协议(Routing Protocol),简化后用于传感器网络。ZigBee 路由协议有助于网络环境有能力支持移动节点、连接失败和数据包丢失。

当路由器从它自身的应用程序或者别的设备那里收到一个单点发送的数据包时,网络层(NWK Layer)根据路由程序将它继续传递下去。如果目标节点是它相邻路由器中的一个,则数据包直接被传送给目标设备;否则,路由器将要检索它的路由表中与所要传送的数据包的目标地址相符合的记录。如果存在与目标地址相符合的活动路由记录,则数据包将被发送到存储在记录中的下一级地址中。如果没有发现任何相关的路由记录,则路由器发起路径寻找,数据包存储在缓冲区中直到路径寻找结束。

ZigBee 终端节点不执行任何路由功能。终端节点要向任何一个设备传送数据包,它只需简单地将数据向上发送给它的父设备,由它的父设备以它自己的名义执行路由。同样地,任何一个设备要给终端节点发送数据,发起路由寻找,终端节点的父节点都以它的名义来回应。

注意 ZigBee 地址分配方案使得对于任何一个目标设备,根据它的地址都可以得到一条路径。在 Z-Stack 中,如果正常的路径寻找过程不能启动(通常由于缺少路由表空间),那么 Z-Stack 拥有自动回退机制。

此外,在 Z-Stack 中,执行的路由已经优化了路由表记录。通常,每一个目标设备都需要一条路由表记录。但是,通过把一定父节点记录与其所有子节点的记录合并,这样既可以优化路径也不丧失任何功能。

ZigBee 路由器,包括协调器,执行下面的路由函数:①路径的发现和选择;②路径保持维护;③路径期满。

1) 路径的发现和选择

路径发现是网络设备凭借网络相互协作发现和建立路径的一个过程。路径发现可以由任意一个路由设备发起,并且对于某个特定的目标设备一直执行。路径发现机制寻找源地址和目标地址之间的所有路径,并且试图选择可能最好的路径。

路径选择就是选择出可能的最小成本的路径。每一个节点通常持有跟它所有相邻节点的"连接开销(Link Costs)"。通常,连接开销的典型函数是接收到的信号的强度。沿着路径,求出所有连接的成本总和,可以得到整条路径的"路径成本"。路由算法试图寻找到拥有最小路径成本的路径。

路径通过一系列的请求和回复数据包被发现。源设备通过向它的所有相邻节点广播一个路由请求数据包时,来请求一个目标地址的路径。当一个节点接收到 RREQ 数据包时,它依次转发 RREQ 数据包。但是在转发之前,它要加上最新的连接成本,然后更新 RREQ 数据包中的成本值。这样,沿着所有它通过的连接,RREQ 数据包携带着连接成本的总和。这个过程一直持续到 RREQ 数据包到达目标设备。通过不同的路由器,许多 RREQ 副本都将到达目标设备。目标设备选择最好的 RREQ 数据包,然后发回一个路径答复数据包(Route Reply)RREP 给源设备。

RREP 数据包是一个单点发送数据包,它沿着中间节点的相反路径传送直到它到达原来发送请求的节点为止。

一旦一条路径被创建，数据包就可以发送了。当一个节点与它的下一级相邻节点失去了连接(当它发送数据时，没有收到 MAC ACK)时，该节点向所有等待接收它的 RREQ 数据包的节点发送一个 RERR 数据包，将它的路径设为无效。各个节点根据收到的数据包 RREQ、RREP 或者 RERR 来更新它的路由表。

2）路径保持维护

网状网提供路径维护和网络自愈功能。中间节点沿着连接跟踪传送失败，如果一个连接被认定是坏链，那么上游节点将针对所有使用这条连接的路径启动路径修复。节点发起重新发现直到下一次数据包到达该节点，标志路径修复完成。如果不能够启动路径发现或者由于某种原因失败了，则节点向数据包的源节点发送一个路径错误包(RERR)，它将负责启动新的路径发现。这两种方法，路径都自动重建。

3）路径期满

路由表为已经建立连接路径的节点维护路径记录。如果在一定的时间周期内，没有数据沿着这条路径发送，这条路径将被表示为期满。期满的路径一直保留到它所占用的空间要被使用为止。这样，路径在绝对不使用之前不会被删除。在配置文件 f8wConfig. cfg 中配置自动路径期满时间。设置 ROUTE_EXPIRY_TIME 为期满时间，单位为 s。如果设置为 0，则表示关闭自动期满功能。

3. 表存储

路由功能需要路由器保持维护一些表格。

1）路由表

每一个路由器包括协调器都包含一个路由表(Routing Table)。设备在路由表中保存数据包参与路由所需的信息。每一条路由表记录都包含目的地址、下一级节点和连接状态。所有的数据包都通过相邻的一级节点发送到目的地址。同样，为了回收路由表空间，可以终止路由表中的那些已经无用的路径记录。

路由表的容量表明一个设备路由表拥有一个自由路由表记录或者说它已经有一个与目标地址相关的路由表记录。在文件 f8wConfig. cfg 中配置路由表的大小。将 MAX_RTG_ENTRIES 设置为表的大小(不能小于 4)。

2）路径发现表

路由器设备致力于路径发现，保持维护路径发现表(Route Discovery Table)。这个表用来保存路径发现过程中的临时信息。这些记录只在路径发现操作期间存在。一旦某个记录到期，它就可以被另一个路径发现使用。这个值决定了在一个网络中，可以同时并发执行的路径发现的最大个数。这个可以在 f8wConfig. cfg 文件中配置 MAX_ RREQ_ENTRIES。

4. 路径设置快速参考

路由设置如表 7-10 所示。

表 7-10　路由设置

设置路由表大小	MAX_RTG_ENTRIES，这个值不能小于 4 (f8wConfig. cfg 文件)
设置路径期满时间	ROUTE_EXPIRY_TIME，单位为 s。设置为零则关闭路径期满(f8wConfig. cfg 文件)
设置路径发现表大小	MAX_RREQ_ENTRIES，网络中可以同时执行的路径发现的个数

▶7.3.5　ZDO消息请求

ZDO 模块提供功能用来发送 ZDO 服务发现请求消息，接收 ZDO 服务发现回复消息。

图 7-11 描述了应用程序发送 IEEE 地址请求和接收 IEEE 地址回复的函数调用。

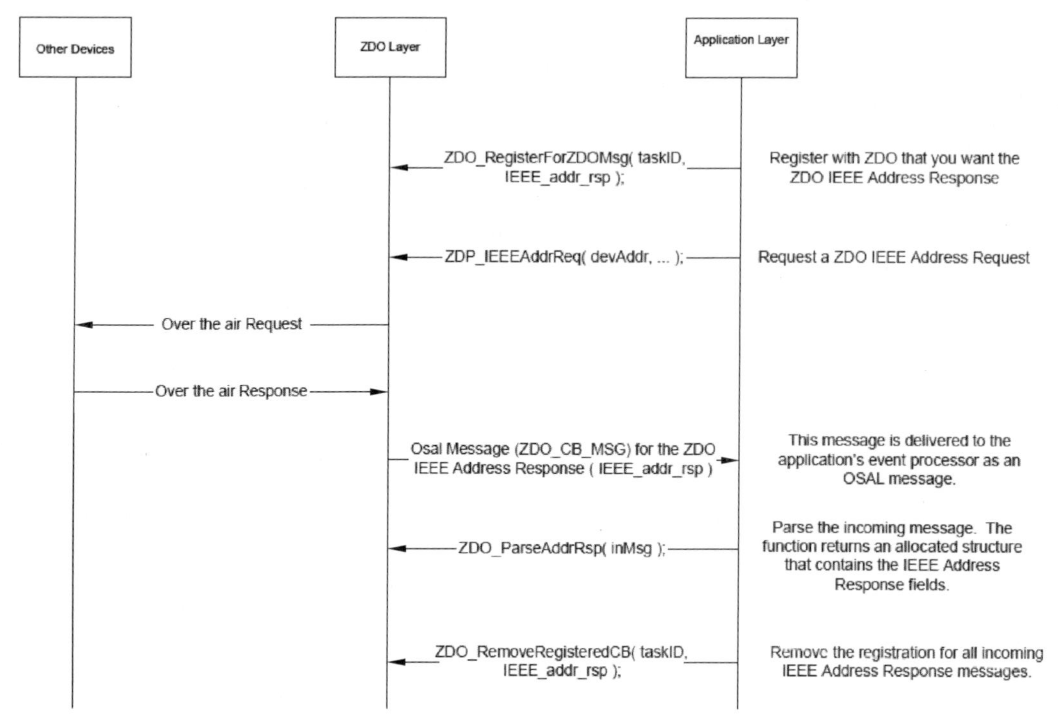

图 7-11 ZDO IEEE 地址请求及应答

图 7-12 是一个应用程序想知道什么时候一个新的设备加入网络的实例。

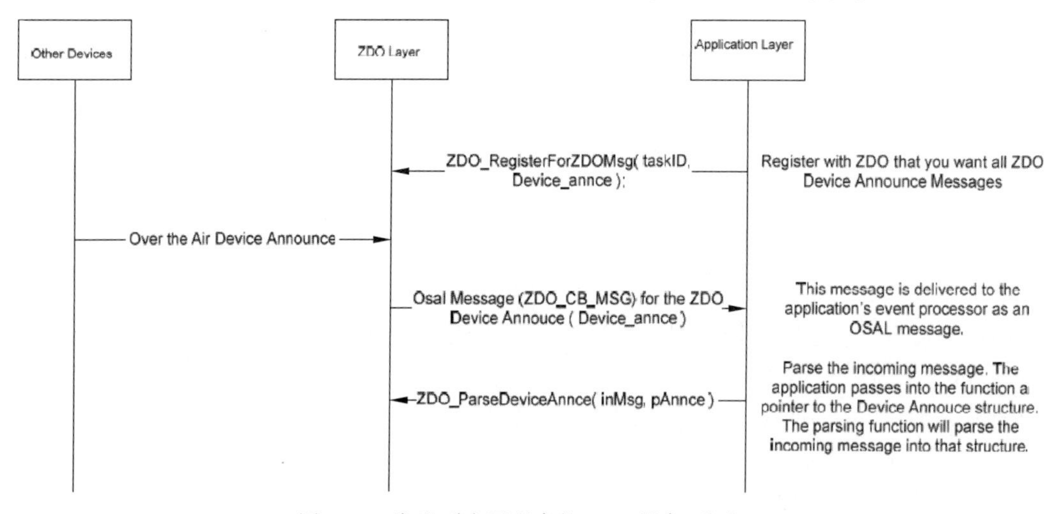

图 7-12 发送到应用程序的 ZDO 设备(公告)

7.3.6 便携式设备

在 ZigBee2006 中,终端节点就是便携式设备(Portable Devices)。这就意味着当一个终端节点没有侦听到它的父节点回应(超出范围或者无法胜任)时,它将试着重新加入网络(加入另一个新的父节点)。

终端节点通过巡检(MAC 数据请求)失败或者通过数据消息失败侦听它的父节点都没有回应。MAX_POLL_FAILURE_RETRIES 用来控制失败重传次数。这个值可以在 f8wConfig. cfg

文件中修改。并且，这个值越大，敏感度就越低，重新加入网络需要的时间就更长。

当网络层侦测到它的父节点没有回应时，它将调用 ZDO_SynIndicationCB()函数，这个函数将启动重新加入。重新加入过程首先对已有的父节点进行孤点扫描(Orphan-Scan)，然后扫描潜在的父节点并且将它的潜在父节点加入网络。

在一个安全网络中，假设设备都拥有一个钥匙，新的钥匙不用再分发给设备。

▶7.3.7 端到端确认

对于非广播消息，有两种基本的消息重试类型：端到端的确认(APS ACK)和单级确认(Single Hop Acknowledgement)(MAC ACK)。MAC ACK 默认情况下是一直打开的，通常能够充分保证网络的高可靠性。为了提供附加的可靠性，同时使发送设备能够得到数据包已经被发送到目的地的确认，可以使用 APS ACK。

APS ACK 在 APS 层完成，是从目标设备到源设备的一个消息确认系统。源设备将保留这个消息直到目标设备发送一个 APS ACK 消息表明它已经收到了消息。对于每个发出的消息可以通过调用函数 AF_DataRequest()的选项来使能/禁止这个功能。这个选项区域是一个位映射选项，对于将要发送的消息的选项区域或 AF_ACK_REQUEST 就可以使能 APS ACK。消息重试(如果 APS ACK 消息没有收到)的次数和重试之间的时间间隔的配置项在 f8wConfig. cfg 文件中。

APSC_MAX_FRAME_RETRIES 是 APS 层在放弃发送数据之前，没有收到 APS ACK 确认重新发送消息的次数。APSC_ACK_WAIT_DURATION_POLLED 是重新发送之间的时间间隔。

▶7.3.8 其他

1. 配置信道

每一个设备都必须有一个 DEFAULT_CHANLIST 来控制信道集合。对于一个 ZigBee 协调器，这个表格用来扫描噪声最小的信道。对于终端节点和路由器节点来说，这个列表用来扫描并加入一个存在的网络。

2. 配置 PAN ID 和要加入的网络

ZigBee 协议使用一个 16b 的域标识符(PAN ID)来标识一个网络。这个可选配置项用来控制 ZigBee 路由器和终端节点要加入哪个网络。文件 f8wConfig. cfg 中的 ZDO_CONFIG_PAN_ID 参数可以设置为 0～0x3FFF 中的一个值。协调器使用这个值，作为它要启动的网络的 PAN ID。而对于路由器节点和终端节点来说，只要加入一个已经用这个参数配置了 PAN ID 的网络。如果要关闭这个功能，只要将这个参数设置为 0xFFFF。要更进一步控制加入过程，需要修改 ZDApp. c 文件中的 ZDO_NetworkDiscoveryConfirmCB()函数。

3. 最大有效载荷

对于一个应用程序，最大有效载荷(Maximum Payload Size)基于几个因素。MAC 层提供了一个有效载荷长度常数 102。NWK 层需要一个固定头大小、一个有安全的大小和一个没有安全的大小。APS 层必须有一个可变的基于变量设置的头大小，包括 ZigBee 协议版本、KVP 的使用和 APS 帧控制设置等。最后，用户不必根据前面的要素来计算最大有效载荷。AF 模块提供一个 API，允许用户查询栈的最大有效载荷或者最大传送单元(MTU)。用户调用函数 afDataReqMTU()(见 af. h 文件)，该函数将返回 MTU 或者最大有效载荷。

```
typedef struct
{
uint8 kvp;
APSDE_DataReqMTU_t aps;
}afDataReqMTU_t;
uint8 afDataReqMTU(afDataReqMTU_t * fields)
```

通常,afDataReqMTU_t 结构只需要设置 kvp 的值,这个值表明 KVP 是否被使用,而 aps 保留。

4. 离开网络

ZDO 管理器执行函数 ZDO_ProcessMgmtLeaveReq()提供对 NLME-LEAVE. request 原语的访问。NLME-LEAVE. request 原语设备移除它自身或者它的一个子设备。函数 ZDO_ProcessMgmtLeaveReq()根据提供给它的 IEEE 地址移除设备。如果设备要移除它自己,它需等待大约 5s 然后复位。一旦设备复位它将重新回来,并处于空闲模式。它将不再试图连接或者加入网络。如果设备要移除它的子设备,它将从本地的连接表(Association Table)中删除该设备。只有在它的子设备是终端节点的情况下,NWK 地址才会被重新使用。如果子节点是路由器设备,NWK 地址将不再使用。

即便一个子节点的父节点离开了网络,子节点依然存在于网络中。

尽管 NLME-LEAVE. request 原语提供了一些可选参数,但是 ZigBee2006 限制了这些参数的使用。现在,在 ZDO_ProcessMgmtLeaveReq()函数中使用的可选参数(RemoveChildren、Rejion 和 Silent)都应该使用默认值。如果改变这些值,将会发生不可预料的结果。

5. 描述符

ZigBee 网络中的所有设备都有一个描述符(Descriptors),用来描述设备类型和它的应用。这个信息可以被网络中的其他设备获取。

配置项在文件 ZDOConfig. h 和 ZDOConfig. c 中定义和创建。这两个文件中还包含节点、电源描述符和默认用户描述符。改变这些描述符可以自定义网络。

6. 非易失性存储项

1) 网络层非易失性存储器

ZigBee 设备有许多状态信息需要被存储到非易失性存储空间中,这样能够让设备在意外复位或者断电的情况下复原,否则它将无法重新加入网络或者起到有效作用。

为了启用这个功能,需要包含 NV_RESTORE 编译选项。注意,在一个真正的 ZigBee 网络中,这个选项必须始终启用。关闭这个选项的功能也仅仅是在开发阶段使用。

ZDO 层负责保存和恢复网络层最重要的信息,包括:最基本的网络信息库(Network Information Base,NIB),管理网络所需要的最基本属性;子节点和父节点的列表;应用程序的绑定表。此外,如果使用了安全功能,还要保存类似于帧个数这样的信息。

当一个设备复位后重新启动,这类信息恢复到设备当中。如果设备重新启动,这些信息可以使设备重新恢复到网络当中。在 ZDAPP_Init 中,函数 NLME_RestoreFromNV()的调用指示网络层通过保存在 NV 中的数据重新恢复网络。如果网络所需的 NV 空间没有建立,这个函数的调用将同时初始化这部分 NV 空间。

2) 应用的非易失性存储器

NV 同样可以用来保存应用程序的特定信息,用户描述符就是一个很好的例子。NV 中用户描述符 ID 项是 ZDO_NV_USERDESC(在 ZComDef. h 中定义)。在 ZDApp_Init()函数中，调用函数 osal_nv_item_init()来初始化用户描述符所需要的 NV 空间。如果针对这个 NV 项的这个函数是第一次调用，这个初始化函数将为用户描述符保留空间，并且将它设置为默认值 ZDO_DefaultUserDescriptor。

当需要使用保存在 NV 中的用户描述符时，就像 ZDO_ProcessUserDescReq()（在 ZDObject.c 中）函数一样，调用 osal_nv_read()函数从 NV 中获取用户描述符。

如果要更新 NV 中的用户描述符，就像 ZDO_ProcessUserDescSet()（在 ZDObject.c 中）函数一样，调用 osal_nv_write()函数更新 NV 中的用户描述符。

记住：NV 中的项都是独一无二的。如果用户应用程序要创建自己的 NV 项，那么必须从应用值范围为 0x0201～0x0FFF 中选择 ID。

7.3.9 安全

1. 概述

AES/CCM 安全算法是 ZigBee 联盟以外的研究人员发明的，并且广泛应用于其他通信协议之中。ZigBee 提供以下的安全特性。

- 构造安全(Infrastructure Security)。
- 网络访问控制(Network Access Control)。
- 应用数据安全。

2. 配置

为了拥有一个安全的网络，首先所有设备镜像的创建必须将预处理标志位 SECURE 都置为 1。在文件 f8wConfig.cfg 中可以找到该标志位。

接下来，必须选择一个默认的密码，可以通过 f8wConfig.cfg 文件中的 DEFAULT_KEY 来设置。理论上，这个值设置为一个随机的 128b 数据。

这个默认的密码可以预先配置到网络上的每个设备或者只配置到协调器上，然后分发给加入网络的所有设备，可以通过文件 nwk_globals.c 中的 gPreConfigKeys 选项来配置。如果这个值为真，那么默认的密码将被预先配置到每个网络设备上。如果这个值为假，那么默认的密码只需配置到协调器设备当中。注意，在以后的场合，这个密码将被分发到每个加入网络的设备。因此，加入网络期间成为“瞬间的弱点”，竞争对手可以通过侦听获取密码，这将降低网络的安全性能。

3. 网络访问控制

在一个安全的网络中，当一个设备加入网络时会被告知一个信任中心（协调器）。协调器拥有允许设备保留在网络或者拒绝这个设备访问网络的选择权。

信任中心可以通过任何逻辑方法决定是否允许一个设备进入这个网络。其中一种方法是信任中心只允许一个设备在很短的窗口时间加入网络。举例说明，如果一个信任中心设备有一个 push 键。当该键按下时，在这个很短的时间窗口中，它允许任何设备加入网络，否则所有的加入请求都将被拒绝。以它们的 IEEE 地址为基础，一个秒级的时间段将被配置在信任中心用来接收或者拒绝设备。这种类型的策略可以通过修改 ZDSeeMgr.c 模块中的 ZDSecMgrDeviceValidate()函数来实现。

4. 更新密码

信任中心可以根据自己的判断更新通用网络密码。应用程序开发人员修改网络密码更新策略。默认信任中心执行能够用来符合开发人员的指定策略。一个样例策略将按照一定的间隔周期更新网络密码。另一个策略将根据用户输入来更新网络密码。ZDO安全管理器(ZDSecMgr.c)API通过ZDSecMgrUpdateNwkKey和ZDSecMgrSwitchNwkKey提供必要的功能。ZDSecMgrUpdateNwkKey允许信任中心向网络中的所有设备广播新的网络密码,此时,新的网络密码将被作为替代密码保存在所有网络设备中。一旦信任中心调用ZDSecMgrSwitchNwkKey,一个全网范围的广播将触发所有的网络设备使用替代密码。

▶ 7.3.10 ZigBee系统软件的设计

1. 系统设计事项

1) ZigBee协议栈

ZigBee系统软件的开发是在厂商提供的ZigBee协议栈的MAC和物理层基础上进行的,涉及传感器的配合和网络架构等问题。

协议栈分为有偿和无偿两种。无偿的协议栈能够满足简单应用开发的需求,但不能提供ZigBee规范定义的所有服务,有些内容需要用户自己开发。例如,Microchip公司为产品PICDEMO开发套件提供了免费的MP ZigBee协议栈;Freescale公司为产品13192DSK套件提供了Smac协议栈。

有偿的协议栈能够完全满足ZigBee规范,提供丰富的应用层软件实例、强大的协议栈配置工具和应用开发工具。一般的开发板都提供有偿协议栈的有限使用权,如购买Freescale公司的13192DSK和TI公司的Chipcon开发套件,可以获得F8的Z-Stack和Z-Tracc等工具的90天使用权。单独购买有偿的协议栈及开发工具比较昂贵,在产品有希望大规模上市的前提下可以考虑购买。

2) ZigBee芯片

现在芯片厂商提供的主流ZigBee控制芯片在性能上大同小异,比较流行的有CC2420和CC2530。

主要问题在于ZigBee芯片和微处理器(MCU)之间的配合,每个协议栈都是在某个型号或者序列的微处理器和ZigBee芯片配合的基础上编写的。如果要把协议栈移植到其他微处理器上运行,需要对协议的物理层和MAC层进行修改,在开发初期这会非常复杂。因此芯片型号的选择应保持与厂商的开发板一致。

对于集成了射频部分、协议控制和微处理器的ZigBee单芯片和ZigBee协议控制与微处理器相分离的两种结构,从软件开发角度来看,它们并没有什么区别。以CC2430为例,它是CC2420和增强型51单片机的结合。所以,对于开发者来说,选择CC2430还是CC2420增强型51单片机,在软件设计上是没有什么区别的。

3) 硬件开发

ZigBee应用大多采用4层板结构,需要满足良好的电磁兼容性能要求。天线分为PCB天线和外置增益天线。多数开发板都使用PCB天线。在实际应用中外置增益天线可以大幅度提高网络性能,包括传输距离、可靠性等,但同时也会增大体积,需要均衡考虑。制版和天线的设计都可以参考主要芯片厂商提供的参考设计。

RF芯片和控制器通过SPI和一些控制信号线相连。控制器作为SPI主设备,RF射频芯片为从设备。控制器负责IEEE 802.15.4 MAC层和ZigBee部分的工作。协议栈集成完善的RF芯片的驱动功能,用户无须处理这些问题。通过非SPI控制信号驱动所需要的其他硬件,如各种传感器和伺服器等。

微控制器可以选用任何一款低功耗单片机，但程序和内存空间应满足协议栈要求。射频芯片可以选用任何一款满足 IEEE 802.15.4 要求的芯片，通常可以使用 CC2530 射频芯片。硬件在开发初期应以厂家提供的开发板为基础进行制作，在能够实现基本功能后，再进行设备精简或者扩充。

通常为微控制器和 RF 芯片提供 3.3V 电源，根据不同的情况，可以使用电池或者市电供电。一般来说，ZigBee 协调器和路由器需要市电供电，端点设备可以使用电池供电时，要注意 RF 射频芯片工作电压范围的设置。

2. 软件设计过程

ZigBee 网络系统的软件设计主要过程如下。

1）建立 Profile

Profile 是关于逻辑器件和它们的接口的定义，Profile 文件约定了节点间进行通信时的应用层消息。ZigBee 设备生产厂家之间通过共用 Profile，实现良好的互操作性。研发一种新的应用可以使用已经发布的 Profile，也可以自己建立 Profile。自己建立的 Profile 需要经过 ZigBee 联盟认证和发布，相应的应用才有可能是 ZigBee 应用。

2）初始化

它包括 ZigBee 协议栈的初始化和外围设备的初始化。

在初始化协议栈之前，需要先进行硬件初始化。例如，首先要对 CC2530 和单片机之间的 SPI 进行初始化，然后对连接硬件的端口进行初始化，如连接 LED、按键、AD/DA 等的接口。

在硬件初始化完成后，就要对 ZigBee 协议栈进行初始化了。这一步骤决定了设备类型、网络拓扑结构、通信信道等重要的 ZigBee 特性。一些公司的协议栈提供专用的工具对这些参数进行设置，如 Microchip 公司的 ZENA、Chipeon 公司的 SmartRF 等。如果没有这些工具，就需要参考 ZigBee 规范在程序中进行人工设置。

以上初始化完成后，开启中断，然后程序进入循环检测，等待某个事件触发协议栈状态改变并做相应处理。每次处理完事件，协议栈又重新进入循环检测状态。

3）编写应用层代码

ZigBee 设备都需要设置一个变量来保存协议栈当前执行的原语。不同的应用代码通过 ZigBee 和 IEEE 802.15.4 定义的原语与协议栈进行交互。也就是说，应用层代码通过改变当前执行的原语，使协议栈进行某些工作；而协议栈也可以通过改变当前执行的原语，告诉应用层需要做哪些工作。

协议栈通过 ZigBee 任务处理函数的调用而被触发改变状态，并对某条原语进行操作，这时程序将连续执行整条原语的操作，或者响应一个应用层原语。协议栈一次只能处理一条原语，所有原语用一个集合表示。每次执行完一条原语后，必须设置下一条原语作为当前执行的原语，或者将当前执行的原语设置为空，以确保协议栈保持工作。

总之，应用层代码需要做的工作就是改变原语，或者应对原语的改变做相应动作。

7.3.11 符合 ZigBee 规范的传感器网络实例

下面是一种基于 ZigBee 的无线传感器网络的系统实现方案，即“燃气表数据无线传输系统”，它是一种燃气表数据的无线传输系统，无线通信部分使用 ZigBee 规范。

利用 ZigBee 技术和 IEEE 1451.2 协议来构建的无线传感器节点，它的基本结构如图 7-13 所示。智能变送器接口模块(STIM)部分包括传感器、放大和滤波电路、A/D转换器;变送器独立接口(TII)部分主要由控制单元组成;网络适配器(NCAP)负责通信。

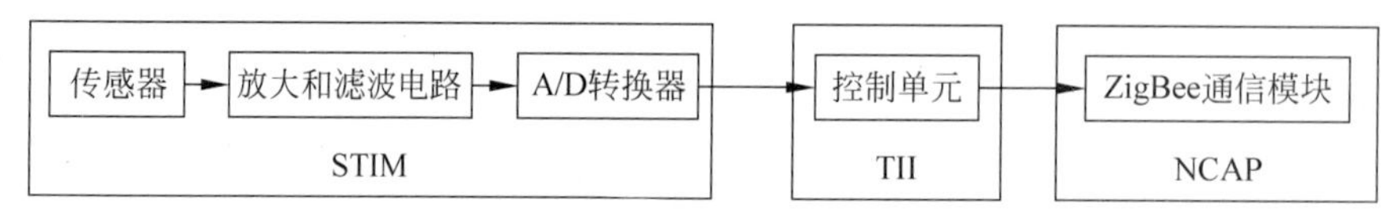

图 7-13　无线传感器节点的基本结构

STIM 选用"CG-L-J2.5/4D 型号"的燃气表。TII 选用 Atmel 公司的 80C51 单片机键盘控制时钟,这是一种 8 位的 CPU。NCAP 选用赫立讯公司 IP·Link 1000-B 无线模块。在此方案中,燃气表的数据是已经处理好的数据。由于燃气表数据为一个月抄一次,所以在设计过程中不用考虑数据的实时性问题。

IP·Link 1000-B 模块为赫立讯公司为 ZigBee 技术而开发的一款无线通信模块。它的主要特点如下:支持多达 40 个网络节点的链接方式;300～1000MHz 的无线收发器;高效率发射、高灵敏度接收;高达 76.8kb/s 的无线数据速率;IEEE 802.15.4 标准兼容产品;内置高性能微处理器;具有两个 UART 接口;10 位、23kHz 采样率 ADC 接口;微功耗待机模式。它为无线传感器网络降低功率损耗提供了一种灵活的电源管理方案。

存储芯片选用有 64KB 存储空间的 Atmel 公司的 24C512 EEPROM 芯片;按一户需要 8B 的信息量计算,可以存储 8000 多个用户的海量信息,这对一个小区完全够用。

所有芯片选用 3.3V 的低压芯片,可以降低设备的能源消耗。在无线传输中,数据结构的表示是一个关键的部分,它往往可以决定设备的主要使用性,如图 7-14 所示。

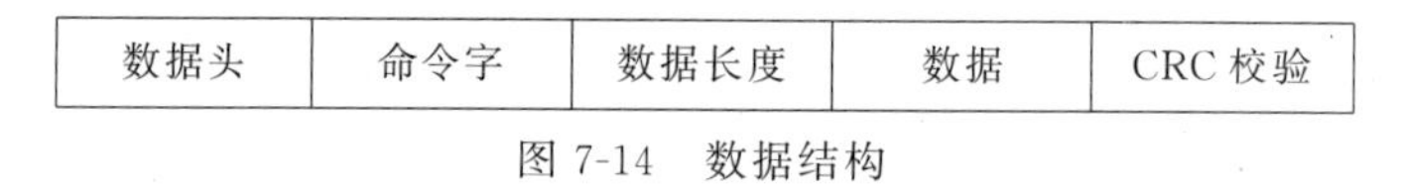

数据头	命令字	数据长度	数据	CRC 校验

图 7-14　数据结构

数据头:3B,固定为 AAAAAA。

命令字:1B,是具体的命令。01 为发送数据,02 为接收数据,03 为进入休眠,04 为唤醒休眠。

数据长度:1B,为后面"数据"长度的字节数。

数据:0～20B,为具体的有效数据。

CRC 校检:2B,是对从命令字到数据的所有数据进行校检。

在完整接收到以上格式的数据后,通过 CRC 校检来完成对数据是否正确进行判读,这在无线通信中是十分必要的。

IEEE 802.15.4 提供三种有效的网络结构(树状、网状、星状)和三种器件工作模式(协调器、全功能模式、简化功能模式)。简化功能模式只能作为终端无线传感器节点;全功能模式既可以作为终端传感器节点,也可以作为路由节点;协调器只能作为路由节点。

"燃气表数据无线传输系统"采用的是星状拓扑结构,主要因为其结构简单,实现方便,不需要大量的协调器节点,且可降低成本。每个终端无线传感器节点为每家的气表(平时无线通信模块为掉电方式,通过路由节点来激活),手持式接收机为移动的路由节点。整个网络的建立是随机的、临时的。当手持接收机在小区里移动时,通过发出激活命令来激活所有能激活的节点,临时建立一个星状的网络。

这里的网络建立和数据流的传输过程如下。

(1) 路由节点发出激活命令。

(2) 终端无线传感器节点被激活。

(3) 每个终端无线传感器节点分别延长某固定时间段的随机倍数后,节点通知路由节点自己被激活。

(4) 节点建立激活终端无线传感器节点表。

(5) 路由节点通过此表对激活节点进行点名通信,直到表中的节点数据全部下载完成。

(6) 重复(1)~(5),直到小区中所有终端节点数据下载完毕。

这样当一个移动接收机在小区里移动时,可以通过动态组网把小区内的用户燃气信息下载到接收机,再把接收机中的数据拿到处理中心进行集中处理。通过以上步骤建立的通信过程,在小区的无线抄表实际系统中得到很好的应用。

7.4 蓝牙

蓝牙(Bluetooth)是近几年出现并发展起来的一种短距离无线通信技术,它是一种很复杂的技术,由许多组件和抽象层组成。蓝牙运行在 2.4GHz 的非授权 ISM 频段,通信距离只有 10m 左右。蓝牙技术具有不同的通信方式,如点对点的通信方式、点对多点的通信方式和较复杂的散射网方式。蓝牙技术标准的开发主要是由早在 1998 年由爱立信、诺基亚、IBM、东芝和英特尔 5 家公司主导成立的蓝牙特殊利益集团(Bluetooth SIG)来完成的。蓝牙特殊利益集团在 1999 年发布最早的 Bluetooth 1.0 规范版本,蓝牙技术标准的推出则是为了使得这种低成本低功耗的短距离无线通信技术在全球范围得到更广泛的使用。

▶ 7.4.1 蓝牙协议栈简介

为了保证各制造商所生产的支持蓝牙无线通信技术的设备之间能够相互通信,蓝牙规范必须做出较详细的说明和规定。蓝牙规范 1.0 版本是 1999 年发布的最早版本,其主要包括两大部分:核心规范和协议子集规范。核心规范对蓝牙协议栈中各层的功能进行定义,规定系统通信、控制、服务等细节;协议子集规范由众多协议子集构成,每个协议子集详细描述了如何利用蓝牙协议栈中定义的协议来实现一个特定的应用,还描述了各协议子集本身所需要的有关协议,以及如何使用和配置各层协议。

蓝牙协议栈的结构如图 7-15 所示,蓝牙协议栈与 ISO 制定的 OSI 模型有些不同。蓝牙协议栈支持参与节点之间的 Ad Hoc,并且对资源缺乏的设备进行功率保持和自适应调整,以便支持典型的网络协议的所有层。蓝牙协议栈是事件驱动的多任务运行方式,它本身作为一个独立的任务来运行,由操作系统协调它和应用程序间的关系。

▶ 7.4.2 蓝牙协议栈分析

按照普遍的分类方法,把蓝牙协议栈中的协议组成分为以下三大类。

第一类是由蓝牙特殊利益集团专门针对蓝牙开发的核心规范(Specification of the Bluetooth System-Core),其包括无线层规范(Radio Specification,RF)、基带规范(Base Band Specification)、链路管理器协议(Link Manager Protocol,LMP)、逻辑链路控制和适配协议规范(Logical Link Control and Adaptation Protocol Specification,L2CAP)、服务发现协议(Service Discovery Protocol,SDP)、通信协议簇、主机控制接口功能协议簇、测试与兼容性和附件。

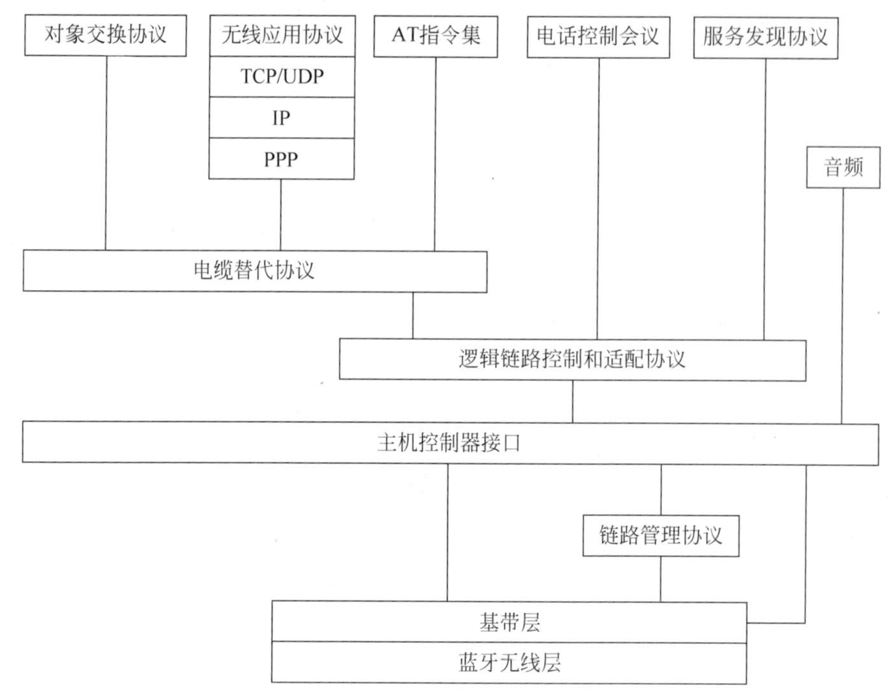

图 7-15 蓝牙协议栈的结构

第二类是由蓝牙特殊利益集团基于现有的协议开发而成的协议子集规范(Specification of the Bluetooth System Profiles),包括通用接口描述文件、服务与应用描述文件、无线电话描述文件、内部通信描述文件、串行接口描述文件、头戴设备描述文件、拨号网络描述文件、传真描述文件、局域网访问描述文件、通用交换描述文件、目标推送描述文件、文件传输描述文件、同步描述文件和附件。

第三类是蓝牙特殊利益集团采纳的其他组织制定的协议,即根据不同的应用需要来决定所采用的不同协议,例如,图 7-15 中的 PPP、TCP/UDP、IP 和对象交换协议等。PPP 运行于串行接口协议上,实现点对点的通信;TCP/UDP 和 IP 都是互联网通信的基本协议,在蓝牙设备中通过采用这些协议可以实现与连接在互联网上的其他设备之间的通信;对象交换协议是采用简单和自发的方式交换对象,它提供了类似于 HTTP 的基本功能。

以上三部分组成了完整的蓝牙协议。在这些协议中,核心的协议主要是无线层规范、基带层规范、链路管理器协议、逻辑链路控制与适配协议和服务发现协议,绝大部分的蓝牙设备都需要这 5 个协议,而其他的协议则根据应用的需要而定。下面就从功能、采用的主要技术和实现原理方面来对各子层协议进行介绍。

1. 蓝牙无线层

蓝牙无线层,是蓝牙协议栈的最底层,主要完成处理空中接口数据的发送和接收,包括载波产生、载波调制和发射功率控制等。在蓝牙无线层规范中定义了蓝牙无线层的技术指标,包括频率带宽、带外阻塞、允许的输出功率以及接收器的灵敏度等。基于蓝牙技术的设备运行在 2.4GHz 的 ISM 频段,在 2.4GHz 频段范围共分为 79 个信道,每个信道为 1MHz,数据传输速率为 1Mb/s;蓝牙无线层采用跳频扩频(FHSS)技术,跳速为 1600hops/s,在 79 个信道中采用伪随机序列方式跳频。

蓝牙采用时分双工方式接收和发送数据,采用高斯移频键控(GFSK)作为调制技术。蓝牙设备工作在ISM频段，由于运行在该频段的无线设备比较多，蓝牙设备在工作过程中会受到来自家电、手机等无线电系统的干扰。为了提高蓝牙系统的抗干扰能力和防盗听能力，蓝牙采用了FHSS技术。蓝牙发射机以2.4GHz为中心频率，按照所限定的速率从一个频率跳到另一个频率，不断地搜寻其中干扰较弱的信道，跳频的频率和顺序由发射机内部产生的伪随机码来控制，接收机则以相对应的跳频频率和顺序来接收。只有跳频频道的顺序和时间相位都与发射机相同时，接收机才能正常对接收到的数据进行正确解调，而且一个频率上的干扰只会产生局部数据的丢失或者错误，而不会影响整个蓝牙系统的正常工作，因此，采用FHSS技术有效地提高了蓝牙系统的抗干扰能力和安全性。

FCC规定，工作在ISM频段中不采用扩频技术的无线通信设备的最大发射功率不能超过1mW，如果想要获得更高的发射功率，必须采用扩频技术。采用扩频技术的无线通信设备的最大发射功率最高可达100mW。按照蓝牙规范中最大发射功率的不同，可把蓝牙设备分为1～100mW、0.25～2.5mW、1mW三个功率等级，蓝牙设备制造商最常用的是0.25～2.5mW这个功率等级。当然，对于蓝牙设备的实际的功率控制是通过接收机随时监测它自身的接收信号强度指示器实现的。

2. 基带层

从图7-15可知，在蓝牙协议栈中，基带层位于蓝牙无线层之上。基带层定义了蓝牙设备相互通信过程中必需的编码/解码、跳频频率的生成和选择等技术。基带层规范还定义了各个蓝牙设备之间的物理射频连接，以便组成一个微微网。在基带层可以组合电路交换和分组交换，为同步分组传输预留时间槽，一个分组可占1个、3个或者5个信道，每个分组以不同跳频发送。同时，基带层还具有把数据封装成帧和信道管理的功能。

蓝牙可以提供点对点和点对多点的无线通信。在基于蓝牙的网络中，所有设备的地位都是平等的。这些设备在网络中具有主设备和从设备之分，一个主设备最多可以同时和7个从设备进行通信，一个主设备和一个或者多个从设备可以组成一个微微网(如图7-16所示)，微微网中的设备共享一个通信信道，而且每个微微网都有其独立的时序和跳频顺序。多个(最多可达256个)微微网可以形成一个散射网(如图7-17所示)。每个微微网中只能有一个主设备，任何蓝牙设备既可以作为主设备，也可以作为从设备，也可以在作为一个微微网的主设备的同时又是另一个微微网的从设备。当出现同一设备属于多个微微网中的成员时，就使微微网之间的通信成为可能。因此，利用蓝牙技术可以组建点对点微微网、点对多点微微网和由多个微微网形成的散射网。

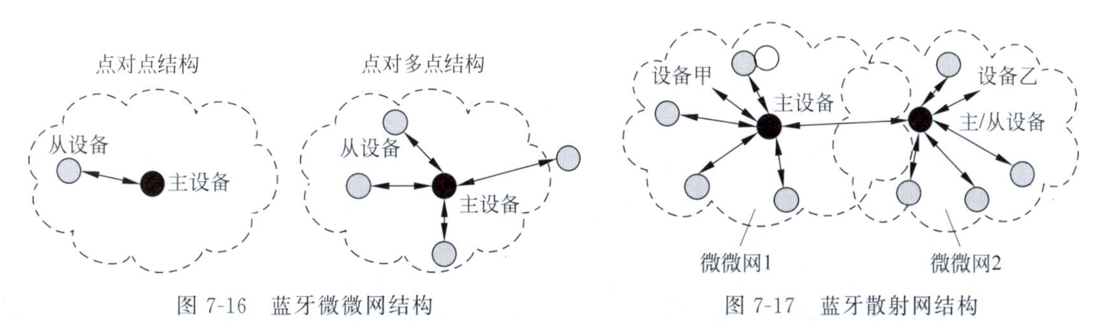

图7-16　蓝牙微微网结构

图7-17　蓝牙散射网结构

一般来说，形成散射网的每个微微网都有一个主设备，而且每个设备都只有一个固定的角色。在图7-17中显示的是一种比较特殊的散射网，它由两个微微网组成。散射网设备甲是微微网1的主设备，设备乙是微微网2的主设备，但是当这两个微微网组成一个散射网时，在微微网 2 中作为主设备的设备乙在微微网 1 中又扮演从设备的角色，那么相当于设备乙在整个散射网中扮演主/从设备的双重角色。

在基带层中，为微微网的主设备和从设备之间提供了两种基本的物理链路类型：同步面向连接(SCO)链路和异步无连接(ACL)链路。

SCO 链路是主设备和从设备之间的对称、点对点的同步链路。SCO 链路不仅能传输数据分组，也能传输实时性要求高的语音分组，而且该链路主要用于传送语音。SCO 链路通过预先保留的时隙来连续地传输信息，它可以看成电路交换连接的一种类型，但是 SCO 链路不允许分组进行重传。微微网中的一个主设备与从设备最多只能同时建立三个 SCO 链路，不同主设备之间只能建立两个 SCO 链路。

ACL 链路提供了分组交换的机制，用于承载异步数据，它只能传输数据分组。在没有为 SCO 链路预留时隙时，主设备可以通过 ACL 链路与任何从设备进行数据交换；主设备在为同步 SCO 传输预留时隙后，把 ACL 传输分配在剩下的时隙中。可以看出，SCO 链路的优先级比 ACL 链路高。由于一个主设备和一个从设备之间只能存在一条 ACL 链路，可以通过重传发生错误的分组来保证数据的完整性和正确性。ACL 链路支持广播方式，主设备可以同时向微微网中的所有从设备发送消息，未指定从设备地址的 ACL 分组被认为是广播分组，可以被所有从设备接收。主设备负责控制 ACL 的带宽和传输的对称性。

蓝牙规范协议中还定义了 LC 信道、LM 信道、用户同步数据信道、用户异步数据信道和用户等时数据信道 5 种逻辑信道。在这 5 种信道中，LC 信道映射到分组头，其他信道映射到分组的有效载荷，用户同步数据信道只能映射到 SCO 分组，其他信道可以映射到 ACL 分组。

在蓝牙规范中，可以根据不同的方法来对分组进行分类。

(1) 根据分组的作用，分为用户数据分组和链路控制分组。用户数据分组又分为 SCO 分组和 ACL 分组，链路控制分组又分为 ID 分组、NULL 分组、FS 分组和 POLL 分组。

(2) 根据分组携带的信息，分为语音分组、数据分组和基带数据分组。基带数据分组允许提示携带语音和数据，但是其中的语音字段不允许重传，数据字段可以重传。所有的语音和数据分组都附有不同级别的前向纠错或循环冗余校验编码，并可以进行加密，以保证传输的可靠性。

(3) 根据分组的长度，分为单时隙分组和多时隙分组(3 个或者 5 个时隙)，每个时隙长度均为 625μs。

蓝牙协议基带规范中定义了分组的一般格式，如图 7-18 所示。

访问码	分组头	净荷
72b/68b	54b	0～2745b

图 7-18　分组的一般格式

这三个组成部分并不是必须全部包括的，也就是说，可以根据分组类型的不同包含不同的组成部分。例如，在 ID 分组中可以只包括访问码，在 NULL 分组和 POLL 分组中只包括访问码和分组头。下面将对这三部分进行简单介绍。

(1) 访问码：如果在分组格式中有分组头则访问码的长度为 72b，否则为 68b。访问码具有伪随机性，根据蓝牙设备的工作模式不同，可以具有不同的功能。它可以作为标识微微网的信道访问码，也可以作为用于特殊的信令过程的设备访问码，还可以作为用于查询通信范围内蓝牙设备的查询访问码。

(2) 分组头：分组头的长度为 54b，其中包含链路控制信息。

(3) 净荷：从图 7-18 可知，净荷的长度比较灵活，最长可达 2745b。净荷包含需要传送的有效信息，如语音字段和数据字段。

3. 链路管理器协议

在链路管理中，其作用主要是由链路管理器来实现的。链路管理器主要完成基带层连接的建立和管理，其中主要是微微网的管理和安全服务，完成链路配置、时序/同步、主从设备角色切换、信道控制和认证加密等功能。在信道控制中，所有信道控制的工作都由主设备管理。它还为上层的软件模块提供了不同的访问接入口，可以控制无线设备的工作周期和 QoS，并使微微网中的设备处于低功率模式。

概括起来，链路管理器实现的功能主要有以下三个方面。

(1) 处理控制和协商基带分组的大小。

(2) 链路管理和安全性管理，包括 SCO 链路和 ACL 链路。链路的建立和关闭、链路的配置(蓝牙设备主/从角色的转换)、密钥的生成、交换和控制等。

(3) 管理设备的功率和微微网中各设备的状态，例如，使微微网中的设备处于低功率模式。

蓝牙规范定义了在蓝牙设备的链路管理器之间传输的链路管理器协议数据单元(LMP_PDU)，主要用于链路的管理、安全和控制。LMP_PDU 的优先级很高，甚至高于 SCO 分组传输，它也是 ACL 分组的净荷，作为单时隙分组在链路管理逻辑信道上传输。

1) 链路管理器协议链路的建立和关闭

链路管理器(LM)负责蓝牙设备之间基带连接的建立和管理。LMP 不封装任何高层的 PDU，因而，LMP 事务与任何高层无关。在这里要注意的是：链路管理器之间的交互是非实时的。当一个蓝牙设备希望与其他蓝牙设备进行通信时，链路管理器通过控制基带建立一条 ACL 链路。ACL 链路的建立过程如图 7-19 所示，主设备的链路管理器首先发送链路管理器协议连接请求数据单元给从设备，从设备则对该请求进行响应，如果接收主设备的连接请求则返回链路管理器协议连接接收数据单元，否则返回链路管理器协议连接拒绝数据单元，但是不给出拒绝连接的原因。在连接请求被接受之后，主设备和从设备的链路管理器就对链路的相关参数进行协商。协商完了之后，主设备发送链路管理器协议连接完成数据单元，从设备则响应返回链路管理器协议接收数据单元。

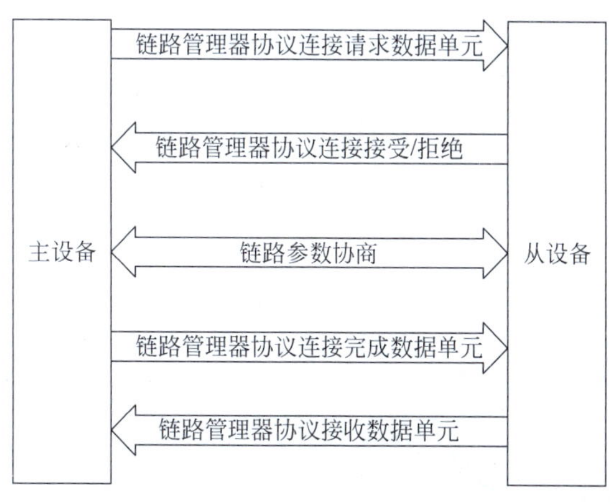

图 7-19 ACL 链路的建立过程

在建立了 ACL 链路之后，可以使用 LMP 消息在已有的 ACL 链路上建立 SCO 链路，主设备和从设备都可以发起 SCO 链路的建立过程。当主设备发送请求建立一条 SCO 链路时，它发送一个链路管理器协议 SCO 请求数据单元，从设备只需响应返回链路管理器协议接收数据单元来接受请求或者链路管理器协议拒绝数据单元来拒绝请求。

从设备也可以通过链路管理器协议 SCO 请求数据单元发起 SCO 链路的建立，其过程如图 7-20 所示。在前面的内容中讲述到，一个主设备可以同时和多个从设备建立 SCO 链路，那么从设备指定的某些参数可能已经被主设备的另外 SCO 链路所使用，所以从设备的链路管理器协议 SCO 请求中的参数是无效的。如果主设备拒绝建立 SCO 链路请求，则响应返回链路管理器协议请求拒绝数据单元。对蓝牙链路的关闭，主设备和从设备都可以发起。

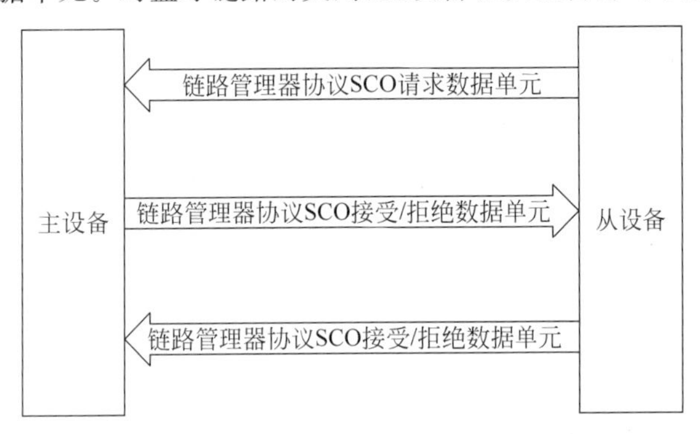

图 7-20　从设备请求 SCO 链路建立的过程

2）主/从角色的切换

一般情况下，在蓝牙微微网建立时，首先发出寻呼请求的设备默认为主设备，处于寻呼扫描的设备为从设备。主设备负责确定分组的大小、信道时间间隙、控制从设备的带宽和同步时序等。

一般应用中，都需要主设备和从设备的角色切换。在 LMP 中提供了实现主/从角色切换的方法。主/从角色切换示意图如图 7-21 所示。图 7-21(a)的微微网由分别编号为 0、1、2、3、4 的设备组成，设备 0 为主设备，其他为从设备。当微微网中有设备请求角色切换时，则该设备发送转换请求，如果有设备接受角色切换，则进行响应返回接受请求。以图 7-21 为例，假如从设备 1 请求角色切换，主设备 0 接受请求，那么左边的微微网 1 就分成右边的微微网 2 和微微网 3。在微微网 1 中原来编号为 1 的从设备在微微网 3 中则成了主设备，而在微微网 1 中原来编号为 0 的主设备在微微网 3 中成了从设备，但是在微微网 2 中，编号为 0 的设备仍然扮演主设备角色，编号为 2、3、4 的设备角色没有改变。从这可以看出，编号为 0 的设备扮演了双重角色，这样也完成了主/从角色切换。

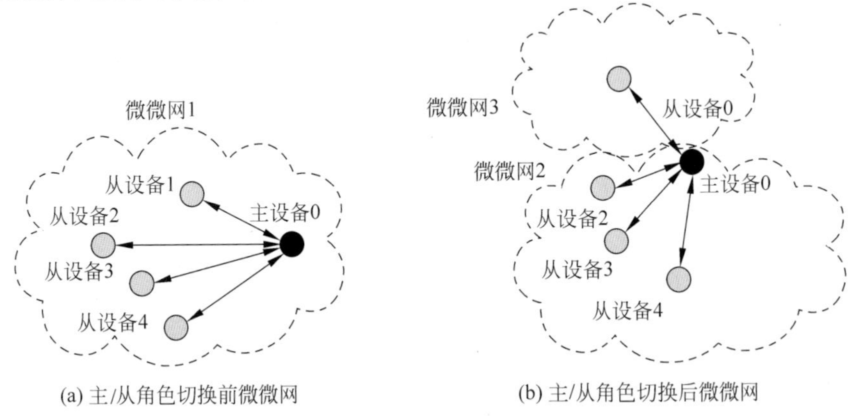

图 7-21　主/从角色切换示意图

4. 逻辑链路控制和适配协议

逻辑链路控制和适配协议规范(L2CAP)是蓝牙协议栈的核心组成部分,是其他协议实现的基础。它主要是完成协议的多路复用/分用、接收上层的分组分段传输、在接收端进行重组和处理服务质量等。在逻辑链路控制和适配协议层的流量控制和差错控制要依赖于基带层。逻辑链路控制和适配协议层提供三类逻辑信道:无连接信道,它支持无连接服务,而且是单向的,其主要用于从主设备到多个从设备的广播,提供可靠的数据报服务;面向连接信道,类似于 HDLC,它支持面向连接的服务,每个信道都是双向的,且每个方向都指定了服务质量流规范,可用于双向通信;信令信道,它是一种保留信道,提供了两个 L2CAP 实体之间信令消息的交换。但是需要注意的是:逻辑链路控制和适配协议只能在基带上运行,而不能在其他的介质层上运行。

1) 信道复用

在逻辑链路控制和适配协议中采用了复用技术,允许多个高层连接通过一条 ACL 链路传输数据,任何两个逻辑链路控制和适配协议端点之间可以建立多个连接。换句话说,蓝牙协议栈高层的多个不同的应用程序可以共享一条 ACL 链路,那么如何来区分各应用程序的分组呢?每个数据流都在不同的信道上运行,每个信道的端点都有一个唯一的信道标识符,逻辑链路控制和适配协议就是采用这个信道标识符来标识分组的。这样,当逻辑链路控制和适配协议接收到一个分组后,就可以正确地交给对应的处理程序。

2) 信道连接的建立、配置和断开

逻辑链路控制和适配协议使用 ACL 链路来传输数据。逻辑链路控制和适配协议可以向高层协议和应用程序提供面向连接和无连接两种数据服务。下面就面向连接的信道的建立、配置和断开进行介绍。

首先是建立连接阶段,任何一个设备(本地设备)的高层协议层发送一个连接请求到逻辑链路控制和适配协议层。如果当时没有可用的 ACL 链路,逻辑链路控制和适配协议再发送一个连接请求到低层协议层,然后通过空中接口传输到另一个需建立连接的设备(远程设备)的低层协议层,然后再向上传递到逻辑链路控制和适配协议层。这个过程与 TCP/IP 传送报文的过程很相似。

在逻辑链路控制和适配协议连接建立之后,还不能执行数据传输功能,必须要对信道进行配置才可以。信道的配置过程是怎样的呢?一般情况下,该过程依次由以下几个步骤完成,如图 7-22 所示。

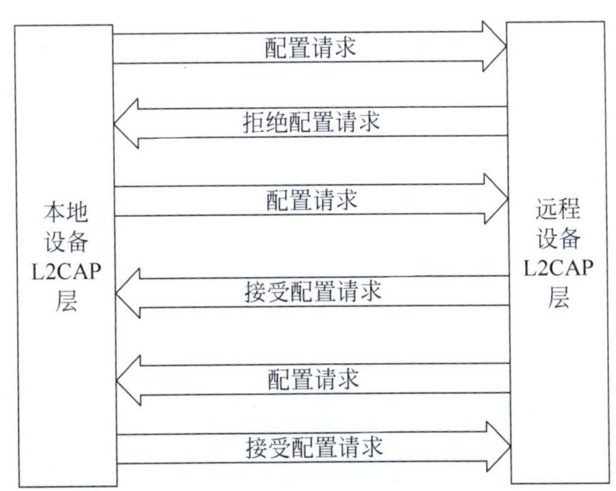

图 7-22　逻辑链路控制和适配协议中信道的配置过程示意图

(1) 本地设备发送配置请求给远程设备,请求中包含一个通信方向上的信道的配置参数。远程设备对这个请求做出响应,它可以接受也可以拒绝该请求。

(2) 当远程设备拒绝了请求时,则本地设备和远程设备进入配置协商阶段。本地设备改变其配置参数,然后重发配置请求,直到远程设备接受请求为止。

(3) 在这个通信方向配置好了后,远程设备发送相反通信方向上的配置请求。如果这两个设备在限定的时间内就参数的配置还没有达成一致,它们将放弃信道的配置并关闭连接。如果达成一致,则配置完成。此时,信道就可以进行数据的发送和接收。

逻辑链路控制和适配协议中信道的断开有两种方式。一种方式是在数据传输结束后,高层协议将发送连接关闭请求给逻辑链路控制和适配协议层。逻辑链路控制和适配协议层的信道中每个设备都可以发起关闭连接的请求。当逻辑链路控制和适配协议接收到关闭连接请求分组后,通过低层向信道另一端的逻辑链路控制和适配协议发送该连接关闭请求。接收到连接关闭请求的逻辑链路控制和适配协议端将对其响应并返回信息,其过程如图 7-23 所示。

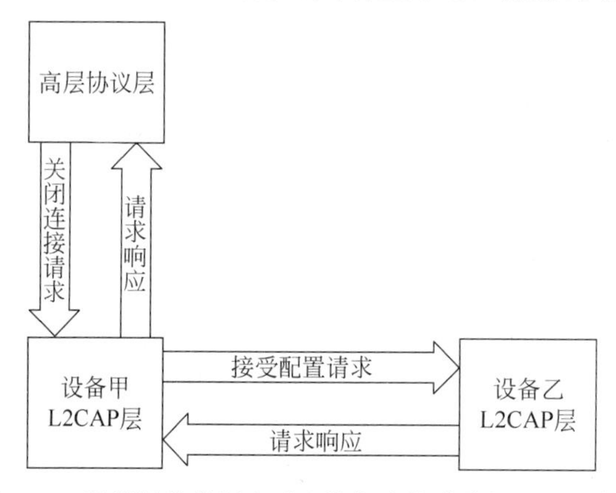

图 7-23　逻辑链路控制和适配协议中信道关闭过程示意图

另一种方式是因为超时而断开连接。在逻辑链路控制和适配协议层发送一个信号后都将启动一个响应超时定时器,定时器的时间值可以自主来设定。当超过设定的时间值还没有收到对应的响应分组时,就会断开连接。如果是重发分组,则把定时器的时间值设置为原来的 2 倍就可以了。当然,时间的设定值有个最大限度。

5. 服务发现协议

服务发现协议(SDP)实现查询服务;对连接到某请求服务的详细属性进行查询;建立到远程设备的 L2CAP 连接,建立一个使用某服务的独立连接。下面就 SDP 的重点内容进行探讨。

1) SDP 的客户机/服务器模型

SDP 是一种客户机/服务器结构的协议。SDP 服务器主要是为其他的蓝牙设备提供服务,而 SDP 客户机是在有效通信范围内享用服务的对象。任何一个蓝牙设备都可以同时作为服务器和客户机。每个 SDP 服务器都有自己的数据库,与服务有关的信息存放在 SDP 数据库。SDP 客户机和服务器之间要进行服务信息的交换,则事先要在它们之间建立 L2CAP 链路。L2CAP 链路建立之后,就可以进行服务信息的查询。一个 SDP 客户机必须按照一定的步骤来查找 SDP 服务器提供的服务,其步骤如下。

(1) 与远程设备建立 L2CAP 链路连接。

(2) 搜索 SDP 服务器上指定的服务类型或者浏览服务列表。

(3) 获得连接到指定服务所需要的属性值。

(4) 建立一个独立的非 SDP 连接来使用连接到的指定服务。

2) SDP 数据库

SDP 数据库中存放的是 SDP 服务器能够提供的所有服务的记录列表。一条服务记录包括描述一个给定服务的所有信息,它是由一系列属性组成的。服务记录中的每个属性值都描述了服务的一个不同特征。服务记录中的属性值可以分为通用服务属性和专用服务属性。通用服务属性是所有类型的服务都可能包括的信息,它可以被所有类型的服务使用。每个服务的服务记录中并不一定包括所有的通用服务属性,但是有两个通用服务属性是所有的通用服务属性都必须包括的,分别是服务类型属性和服务记录句柄。服务类型属性定义了服务的类型,其属性 ID 为 0x0001,服务记录句柄作为服务记录的指针,唯一地标识了一个 SDP 服务器中的每条服务记录,其属性 ID 为 0x0000,属性值是一个 32 位的无符号整数。专用服务属性是与一个特定的服务类型有关的,根据服务类型不同其应用也不同。

3) 通用唯一标识符

在蓝牙协议的 1.0 版本中的 SDP 部分只定义了一些通用的服务。在实际应用中,为了保证任何独立创建的服务之间不发生冲突,通过为每个服务定义分配一个通用唯一标识符(UUID)来解决该问题。UUID 是一个长度为 128b 的数值,它是通过一定的算法计算出来的,并不是随便构造的,这样就使得 UUID 不会重复。在上面提到过,每个服务记录中都有一个 UUID 属性,它可以包含在 SDP 查询消息中,然后发送给服务器,以便查询该服务器是否支持与指定 UUID 匹配的服务。

4) SDP 消息

SDP 为客户机发现服务器所支持的服务及服务属性提供了方法,SDP 客户机和服务器之间需要通过交换消息来获得服务类型及所需要的信息,这些用于交换的消息被封装为 SDP 数据单元进行传输。客户机通过两种方式来发现服务器提供的服务和服务属性。一种是浏览服务器中所有可用的服务列表来查找需要的服务,另一种是特定的服务查询。前者是客户机先从根节点开始浏览,然后是各个叶节点,逐层往下。后者是客户机已经知道了它正在搜寻的服务器中服务的 UUID,就可以直接在服务查询消息中包含这个 UUID 值。蓝牙的 SDP 具有以下两个优点。

(1) 简单性,每个蓝牙应用模式几乎都要用到服务发现协议,这就要求执行服务发现协议的过程尽量简单。

(2) SDP 是经过优化的运行于 L2CAP 之上的协议,它有限的搜索能力及非文本的描述方式具有良好的紧凑性和灵活性,可以减少蓝牙设备通信过程的初始化时间。

无论客户机是通过浏览服务器上的层次服务列表来查找服务,还是查询某个特定的服务,一般都要按照以下步骤进行,如图 7-24 所示。

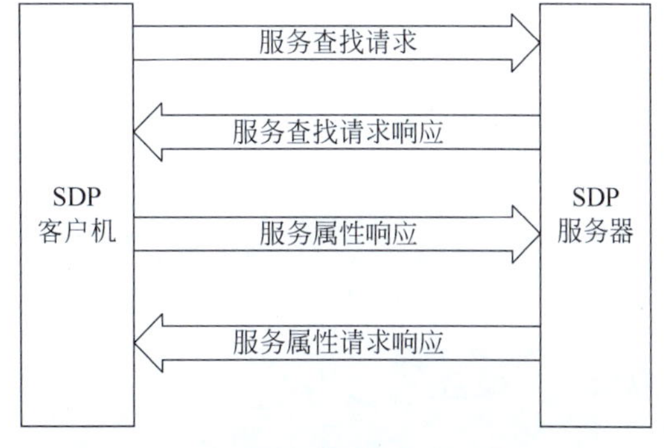

图 7-24　服务查找请求和服务属性请求与响应过程示意图

首先,客户机发送一个服务查找请求消息给服务器,服务查找消息中包含由 UUID 组成的服务查找模式、服务器返回的最大匹配的服务记录数,以及延续状态等参数。如果服务器有与服务查找模式相匹配的服务，它返回一个消息，在消息中包含一个或多个满足要求的服务句柄，然后，客户机用获得的服务句柄向服务器发送一个服务属性请求消息，获取服务的通用和专用服务属性，为后续的服务连接提供足够的信息，服务器返回与服务句柄有关的属性值。

由于在蓝牙规范1.0中的SDP部分没有指定接入服务的方式，因此在完成上述过程后，客户机利用所获得的服务属性，采用其他的协议来与服务器建立连接，以便接入和使用该服务。

为了加快服务查询和获得服务属性的速度，SDP还提供了一种服务查找属性请求消息，它实际上是服务查找请求和服务属性请求的结合。客户机只需要发送一个包括需要查找的服务和要求返回的服务属性的请求，服务器就可以返回匹配的服务句柄及相关服务属性。这种方式在需要访问大量服务记录的时候可以有效提高访问效率。

▶ 7.4.3 蓝牙技术的发展趋势

在Bluetooth SIG发布Bluetooth 1.0规范后，又先后发布了V1.1和V1.2版本。不过，由于其他无线通信技术的不断出现，蓝牙的高传输速率变得越来越没有竞争优势，蓝牙V1.1和V1.2的数据传输速率都不超过1Mb/s，直到2005年3月Bluetooth SIG发布了新的标准(Bluetooth 2.0+DR Enhanced Data Rate)，将传输速率提升至2Mb/s。蓝牙的另一大问题是它的专利主要被几家创始公司所拥有，并且Bluetooth SIG在与IEEE的合作过程中，对IEEE 802.15的工作进行了限制，不允许其对蓝牙标准进行过多的修改，这使得蓝牙作为一个国际标准的推广大打折扣。就目前来看，其市场前景还不能判断，不过，计算机行业、移动通信行业和家电行业都对蓝牙技术十分青睐，认为蓝牙技术将对未来的无线移动数据通信业务产生巨大的促进作用。蓝牙技术持续发展的最终形态脱离了以手机为核心的发展构架，在各类PC周边产品之间以蓝牙技术传输资料的应用正在同步进行，而不是围绕在手机的架构下打转。蓝牙技术已被公认为无线数据通信最为重大的进展之一。当然，蓝牙仍然是一项发展中的技术，目前其应用正处于起步阶段，要真正达到大规模进入商用市场并在用户中普及，还有大量应用技术细节需要解决。但是毫无疑问，蓝牙的发展必将产生深刻的影响。

7.5 UWB技术

超宽带(Ultra-Wide Bandwidth，UWB)技术是近年来在国际上新兴的一种无线通信技术。一般的通信系统通过发送射频载波进行信号调制，而UWB通信系统则不同，它没有采用载波，而是利用持续时间非常短(纳秒级)的窄脉冲形式传输数据，而且数据传输速率可以达到几百兆比特每秒。

2002年2月，UWB技术首次获得了美国联邦通信委员会(FCC)的批准用于民用通信，这一举措有力地促进了UWB的发展。UWB技术在军事、工业、医疗等领域具有巨大的应用潜力，使得国际上对于UWB技术及其标准的制定也越来越重视。

▶ 7.5.1 概述

FCC规定UWB工作频谱位于3.1～10.6GHz，因此UWB产品要受到其他工作在这个频段上的设备的干扰，为了降低干扰程度，只好对UWB设备的发射功率进行限制。每一种无线通信技术系统空间容量是每个运营商都关心的问题。所谓空间容量就是单位面积信号覆盖区域内系统的吞吐量。相比于蓝牙技术系统 30kb/(s・m^2)的空间容量,UWB 的空间容量可达 1Mb/(s・m^2),其优势是显而易见的。

UWB 技术中最重要和先进的部分是信号的编码与调制。与其他通信系统一样,UWB 也可以实现对信号的编码。UWB 通常采用的编码技术是直接序列编码和跳时编码。UWB 采用的调制方式比较多,有脉冲幅值调制(PAM)、相位调制(BPSK、QPSK 等)、通断键控(OOK)、脉冲位置调制(PPM)和正交脉冲调制等,这样调制技术的选择余地大。

UWB 中还采用了多带调制技术,多带调制技术具有很多优点。首先,它可以有效地使用 FCC 所规定的 3.1～10.6GHz 整个频谱;再就是可以独立对待单个子频带,这样就增加了 UWB 系统的灵活性。在 UWB 设备和其他设备共存时,多带调制技术可以有效地降低 UWB 设备对其他窄带设备的干扰。

7.5.2 UWB 主流技术

UWB 技术主要有 MB-OFDM 和 DS-UWB 两种技术标准。在 UWB 标准化的工作上,就存在这两大阵营,即多频带正交频分复用(MB-OFDM)和直序列码分多址(DS-UWB),这两大阵营的代表厂商前者有德州仪器、英特尔、三星电子等,后者是美国 Xtreme Spectrum 和以飞思卡尔等为主的 DS-UWB 联盟。对于用哪种标准目前还没有确定,下面就这两种技术进行介绍。

1. MB-OFDM

MB-OFDM 是德州仪器、英特尔、三星电子和飞利浦等公司所支持的技术。MB-OFDM 是基于多载波的 OAVB 方案,采用 OFDM 技术传输子带信息。MB-OFDM 把频段分成多个 528MHz 的子频带(第一代只有三个子频带),每个子频带采用 TFI-OFDM(时频-正交频分复用)方式,每个子频带上都可以进行数据传输。传统意义上的 UWB 系统使用的是持续时间不足 1ns 的脉冲,而 MB-OFDM 通过多个子频带来实现带宽的动态分配,从而增加了符号的时间。符号时间长的好处是使得抗符号间干扰能力较强,但是抗符号间干扰性能力的提高是通过提高发射机设备的复杂性作为代价的,而且同时还要考虑子信道间干扰的影响。相对而言,MB-OFDM 在性能方面具有优势,其初期数据传输速率就高达 480Mb/s,而且 OFOM 技术对微弱信号具有很强的能量捕获能力,因而相对其他技术来讲,MB-OFDM 的通信距离较长。在表 7-11 中列出了 MB-OFDM 的主要技术参数。

表 7-11 MB-OFDM 和 DS-UWB 相关技术指标比较

技术指标	MB-OFDM	DS-UWB
频带数	10(第一代:3)	2
频带带宽	528MHz	1.268～2.736GHz
频率范围	1 组:3.168～4.752GHz 2 组:4.752～6.336GHz 3 组:6.336～7.920GHz 4 组:7.920～9.504GHz 5 组:9.504～10.560GHz	3.2～5.15GHz 5.852～10.6GHz
调制方式	TFI-OFDM、QPSK	BPSK、QPSK、DS-SS
纠错编码	卷积码	RS 码/卷积码
复用方式	TFI	CDMA

续表

技术指标	MB-OFDM	DS-UWB
链路余量	5.3dB/10m 110Mb/s 10.0dB/4m 200Mb/s 11.5dB/2m 480Mb/s	6.7dB/10m 110Mb/s 11.9dB/4m 200Mb/s 1.7dB/2m 480Mb/s

MB-OFDM 技术具有以下主要特点。

(1) 多频带调制方式,易于实现,功耗很低,频带的利用率高。

(2) 有很强的抗多径和抗干扰能力。

(3) 更易于对符号间干扰进行抑制。

(4) TFI-OFDM 系统完全避开在 U-NII 频段进行数据传输,同时信道和子载波分配灵活,可以与世界各地不同地方的频谱规则保持一致,有助于在全球范围内建立相关标准。

(5) TFI-OFDM 系统只需要一条发送链路和一条接收链路,可以方便地进行升级。

2. DS-UWB

DS-UWB 最早是由已被美国摩托罗拉公司收购的 Xtreme Spectrum 公司所提出的,它是基于脉冲的 UWB 方案,发射信号占用整个 1.7GHz 的频段。为了避免来自 U-NII 的干扰,DS-UWB 技术把频谱分为两个频段,U NII 频段的两侧各有一个子频段,低频段占用 3.2～5.15GHz 的带宽,高频段占用 5.825～10.6GHz 的带宽。根据所占用的频段,DS-UWB 技术有低频段、高频段及双频段三种操作方式。低频段方式就是在低频段上进行数据传输,其传输速率为 28.5～400Mb/s;高频段方式就是在高频段上进行数据传输,其传输速率为 57～800Mb/s;双频段方式则占用高频段和低频段,最高的数据传输速率可达到 1.2Gb/s。

DS-UWB 在每个超过 1GHz 的频段内用极短的时间脉冲传输数据,采用 24 个码片的 DSSS(直接序列扩频)实现编码增益,采用 RS 码和卷积码纠错方式。DS-UWB 技术比较成熟,已开发出第二代芯片。

DS-UWB 技术的主要特点如下。

(1) 单频段方式或窄脉冲方式,多个传输任务可共享整个频段的频率,频率利用率高。

(2) 对现有的、许可频段内的用户造成的干扰少,能有效抵抗多径衰落。

(3) 能够进行高精度定位和跟踪。

(4) 易于实现低功耗、低速数据流的无线传输,也可实现高速率、高 QoS 的多媒体业务等。

7.5.3 UWB 的发展趋势

在 UWB 标准之争中,MB-OFDM 和 DS-UWB 各有技术优势,支持这两种技术的两大阵营互不相让,难以达成一致。虽然 UWB 标准制定的延缓会使超宽频进入市场,但是在学术界、产业界特别是 FCC 的大力支持下,已有多项 UWB 方面的专利和多种 UWB 产品问世,例如,美国风险企业 Artimi 在 2005 年发布了具备 UWB 通信功能的 LSI RTMI-100,其最大传输速率为 800Mb/s。同时,UWB 技术也有许多新的、挑战性的问题值得人们去研究,如 UWB 设备与传统窄带业务之间的兼容性及如何共存问题,随着国际上对 UWB 技术的关注和重视,很多知名高科技公司及科研机构和大学都在开展 UWB 无线通信技术的研究和开发。有理由相信,随着各国科研人员的进一步努力及合作,UWB 技术将会更加完善、更加有效地服务于人们生活的各个方面,并在无线通信领域产生巨大的影响。

7.6 WiFi 技术

▶ 7.6.1 概述

目前,国内外的无线传感器网络所使用的无线通信技术大多采用 ZigBee 技术。但是针对需要高速率传输的无线传感器网络,选择 ZigBee 技术并不是最佳的选择,WiFi 技术正好可以弥补 ZigBee 传输速率低的缺点。WiFi 的全称为 Wireless Fidelity,它又称为 IEEE 802.11b 标准,其最大优点是传输速率快,可以达到 11Mb/s,另外有效距离较长,与已有的各种 IEEE 802.11 DSSS 设备兼容。

WiFi 即无线保真技术或无线相容性认证,是一种无线局域网传输的技术与规格,即 IEEE 所定义的无线通信标准 IEEE 802.11。无线局域网是有线局域网的扩展和替换,是在有线局域网的基础上通过无线 Hub、无线访问节点(AP)、无线网桥、无线网卡等设备使无线通信得以实现。IEEE 802.11 标准发布于 1997 年,其中定义了介质访问控制层和物理层,随后 IEEE 又发布了一些补充协议,包括物理层的补充协议 802.11a/b/g 和其他一些服务相关协议。总之,WiFi 属于短距离无线技术,使用 2.4GHz 附近的频段,覆盖范围的半径可达到几百米,多用于家庭和办公无线接入场合。

WiFi 技术具有以下 4 个特点。

(1) 无线电波的覆盖范围广。WiFi 覆盖范围的半径可达到 100m 左右,可以在普通大楼中使用。

(2) WiFi 传输速率快,可以达到 11Mb/s,但是传输的无线通信质量和传输的安全性能不是很好。

(3) 厂商进入该领域的门槛较低。厂商只要在机场、车站、咖啡店等公共场所设置"热点",并通过高速线路将 Internet 接入上述场所。

(4) 无须布线。WiFi 最主要的优势在于无须布线,可以不受布线条件的限制,因此非常适合移动办公用户的需要。

1. IEEE 802.11 WLAN 标准

IEEE WLAN 标准开始于 20 世纪 80 年代中期,它是由美国联邦通信委员会(FCC)为工业、科研和医学频段的公共应用提供授权所产生。这项政策使各大公司和终端用户不需要获得 FCC 许可证就可以应用无线产品,促进了 WLAN 技术的发展和应用。WLAN 标准的第一个版本发布于 1997 年,即 IEEE 802.11,定义了介质访问控制层(MAC)和物理层。其最初的版本主要用于办公室局域网和校园网,用户和用户终端的无线接入业务主要限于数据存取,传输速率最高达到 2Mb/s。

由于 802.11 在传输速率和传输距离上都不能满足人们的需要,1999 年,IEEE 小组又相继推出两个补充版本:802.11a 和 802.11b。802.11a 定义了一个在 5GHz 的 ISM 频段上数据传输速率可达到 54Mb/s 的物理层;802.11b 定义了一个在 2.4GHz 的 ISM 频段上数据传输速率高达 11Mb/s 的物理层,成为第一个在 WiFi 标准下将产品推向市场的标准。1999 年,工业界成立了 WiFi 联盟,致力于解决符合 802.11 标准的产品的生产和设备兼容性问题。2003 年 6 月,IEEE 802.11g 规范正式批准,物理层传输速率提高到 54Mb/s,并提高了与 IEEE 802.11b 设备在 2.4GHz 的 ISM 频段上的公用能力。如表 7-12 所示为 IEEE 802.11 标准的发展,对各种版本的安全、局部灵活性以及网状网络、高层数据传输速率的性能改进等主要特性进行了简要分析。

表 7-12 IEEE 802.11 标准家族

标　准	主要特性
IEEE 802.11	原始标准,支持速率 2Mb/s,工作在 2.4GHz ISM 频段
IEEE 802.11a	高速 WLAN 标准,支持速率 54Mb/s,工作在 5GHz ISM 频段,使用 OFDM 调制技术
IEEE 802.11b	最初的 WiFi 标准,支持速率 11Mb/s,工作在 2.4GHz ISM 频段,使用 DSSS 和 CCK
IEEE 802.11d	使所用频率的物理层电平配置、功率电平、信号带宽可遵从当地 RF 规范,从而有利于国际漫游业务
IEEE 802.11e	规定所有 IEEE 802.11 无线接口的服务质量要求,提供 TDMA 的优先权和纠错方法,从而提高时延敏感型应用的性能
IEEE 802.11f	定义了推荐方法和公用接入点协议,使得接入点之间能够交换需要的信息,以支持分布式服务系统,保证不同生产厂商的接入点的公用性,例如支持漫游
IEEE 802.11g	数据传输速率提高到 54Mb/s,工作在 2.4GHz ISM 频段,使用 OFDM 调制技术,可与相同网络中的 IEEE 802.11b 设备共同工作
IEEE 802.11h	5GHz 频段的频谱管理,使用动态频率选择和传输功率控制,满足欧洲对军用雷达和卫星通信的干扰最小化的要求
IEEE 802.11i	指出了用户认证和加密协议的安全弱点,在标准中采用高级加密标准和 IEEE 802.1X 认证
IEEE 802.11j	日本对 IEEE 802.11a 的扩充,在 4.9～5.0GHz 频段增加 RF 信道
IEEE 802.11k	通过信道选择、漫游和 TPC 来进行网络性能的优化。通过有效加载网络中的所有接入点(包括信号强度强弱的接入点)来最大化整个网络的吞吐量
IEEE 802.11n	采用 MIMO 无线通信技术、更宽的 RF 信道及改进的协议栈,提供更高的数据传输速率,从 150Mb/s、350Mb/s 至 600Mb/s,可向后兼容 IEEE 802.11a、IEEE 802.11b 和 IEEE 802.11g
IEEE 802.11p	车辆环境无线接入,提供车辆之间的通信或车辆的路边接入点的通信,使用工作在 5.9GHz 的授权智能交通系统
IEEE 802.11r	支持移动设备从基本业务区到基本业务区的快速切换,支持时延敏感服务,如 VoIP 在不同接入点之间的站点漫游
IEEE 802.11s	扩展了 IEEE 802.11 MAC 来支持扩展业务区网状网络。IEEE 802.11s 协议使得消息在自组织多跳网状拓扑结构网络中传递
IEEE 802.11T	评估 IEEE 802.11 设备及网络的性能测量、性能指标及测试过程的推荐方法,大写字母 T 表示推荐,而不是技术标准
IEEE 802.11u	修正物理层和 MAC 层,提供一个通用及标准的方法与非 IEEE 802.11 网络(如蓝牙、WiMAX)共同工作
IEEE 802.11v	扩大了网络吞吐量,减少冲突,提高网络管理的可靠性
IEEE 802.11w	扩展了 IEEE 802.11 对数据帧的管理和保护,以提高网络安全

2. 组网方式

WiFi 连接点的网络成员和结构如下。

(1) 基本服务单元：网络最基本的服务单元。最简单的服务单元可以只由两个站点组成,站点可以动态地连接到基本服务单元中。

(2) 分配系统：用于连接不同的基本服务单元。分配系统使用的媒介在逻辑上和基本服务单元相同,但使用的媒介是截然分开的,尽管物理上可能会是同一个媒介,例如同一个无线频段。

(3) 站点：网络最基本的组成部分,指任何采用 IEEE 802.11 MAC 层和物理层协议的设备。

(4) 接入点：在一组站点和分布式系统之间提供接口的站点。接入点既有普通站点身份，又有接入分配系统的功能。

(5) 扩展服务单元：由分配系统和基本服务单元组合而成，这种组合是逻辑上的组合，不同的基本服务单元有可能在地理位置上相距较远。分配系统也可以使用各种各样的技术。

IEEE 802.11 只负责在站点使用的无线媒介上寻址。分配系统和其他局域网的寻址不属于无线局域网的范围。IEEE 802.11 标准定义了两种工作模式，即 Ad Hoc 模式和固定模式。

1) Ad Hoc 模式

若两个或两个以上的 IEEE 802.11 站点直接相互通信，不依靠接入点或有线网络，则形成 Ad Hoc 网络。Ad Hoc 模式也称为对等模式，允许一组具有无线功能的计算机或移动设备之间为数据共享迅速建立起无线连接，如图 7-25 所示。Ad Hoc 模式中的基本业务区称为独立基本业务区，在同一个独立基本业务区下所有站点广播相同的信标帧，使用随机生成的基本服务组 ID。

2) 固定模式

固定模式为站点与接入通信取代站点间直接通信。例如，家庭 WLAN 有一个接入点及多个通过以太网集成器或交换机连接的有线设备，如图 7-26 所示。

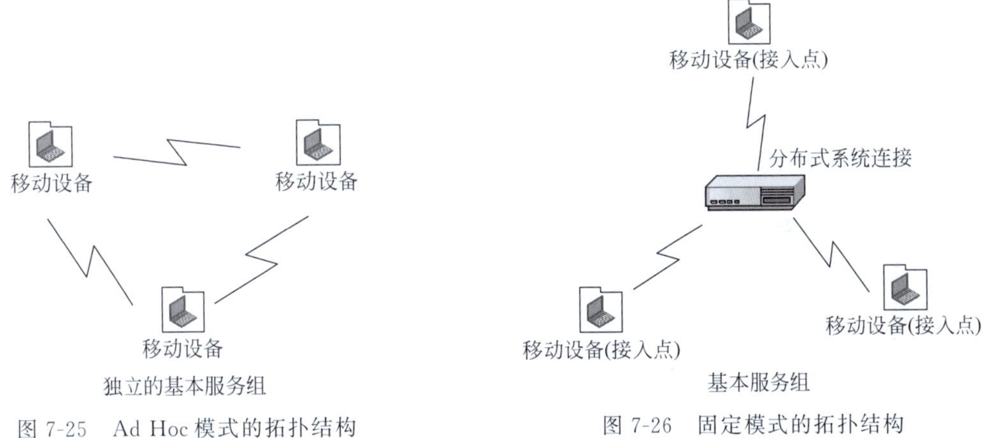

图 7-25　Ad Hoc 模式的拓扑结构　　图 7-26　固定模式的拓扑结构

每个移动设备既是普通的站点，又是接入点。在基本服务组内站点间通过接入点实现通信，即使两个站点位于相同的单元中。

在简单的网络中，采用这种在单元内先从发送站点到接入点、再从接入点到目的站点的通信方式似乎是没必要的，但当接收站处于待机模式、临时不在通信范围内以及切断时，接入点可以缓存数据。这是基本服务组和独立基本服务组相比的优势所在。在固定模式中接入点还可以承担广播信标帧的任务。

接入点连接到分布式系统，分布式系统通常是有线网络，接入点也可以作为连接到其他无线网络单元的无线网桥，此时含有一个接入点的单元即为一个基本服务组。在一个局域网中的两个或多个这样的单元构成了扩展业务组。

7.6.2　WiFi 协议架构

IEEE 802.11 标准规范定义了一个通用的媒体访问层(MAC)，提供了支持基于 802.11 无线网络操作的多种功能。

1. 802.11 规范

IEEE 802.11 标准规范的逻辑结构包括无线局域网的物理层和媒体访问控制层(MAC)。逻辑链路控制层(LLC)由 IEEE 802.2 规范定义,也用于以太网 IEEE 802.3 中。逻辑链路控制层为网络层和高层协议提供链路,如图 7-27 所示。

每个 IEEE 802.11 站点都由 MAC 层实现,通过 MAC 层站点可以建立网络或接入已存在的网络,并传送数据给逻辑链路控制层。以上使用了两种服务,即站点服务和分布式系统服务,并通过通信站点 MAC 层之间的各种管理、控制、数据帧的传输来实现站点服务和系统服务。在使用站点服务和系统服务之前,MAC 首先需要接入基本服务组内的无线传输媒体,同时多站点也竞争接入传输媒体。

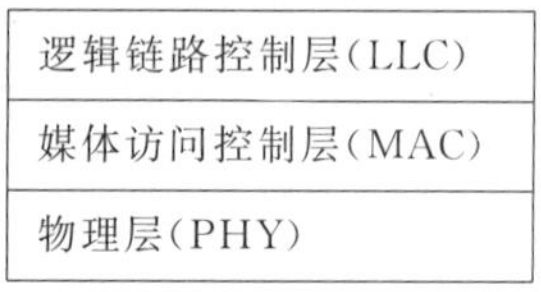

逻辑链路控制层(LLC)
媒体访问控制层(MAC)
物理层(PHY)

图 7-27　IEEE 802.11 的逻辑结构

2. 无线媒体接入

由于无线电收发信机不能在既发送又接收的同时还监听其他站点的发射,所以无线网络站点无法检测到自己的发射和其他站点发射的冲突,导致了无线网络中多个发射站点的共享媒体接入的实现比有线网络复杂。IEEE 802.11 标准定义了一些 MAC 层协调功能来调节多个站点的媒体接入,可选择点协调功能和分布式协调功能两种模式。

点协调功能可以在时间要求严格的情况下为站点提供无竞争的媒体接入。

分布式协调功能可对基于接入竞争采取带有冲突避免的载波检测多路访问(CSMA/CA)机制。

这两种模式可以在时间上交替使用,即一个点协调功能的无竞争周期后面紧跟一个分布式协调的竞争周期。分布式协调功能使用的媒体接入方法是载波监听/冲突避免(CSMA/CA),如图 7-28 所示。

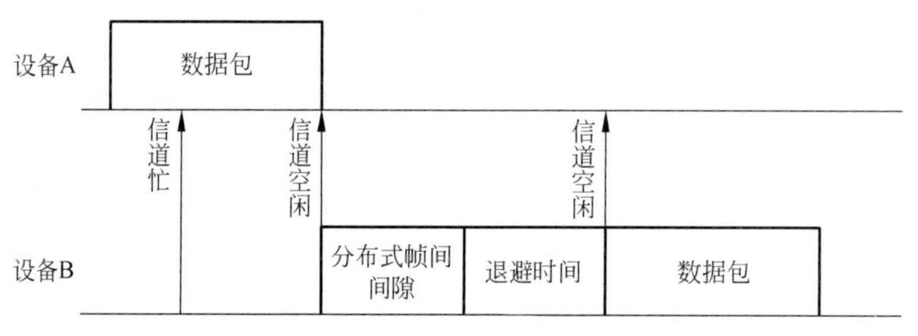

图 7-28　IEEE 802.11 CSMA/CA

在这种方式下,要发送数据的站点首先检测信道是否繁忙,如果信道正在被使用,继续检测信道,直到信道空闲。一旦信道空闲,站点就再等一个设定的时间(即分布式帧间间隙),如果站点在分布式帧间间隙结束前没有监听到其他站点发送数据,首先将时间分为多个时隙单元,然后选择一个以时隙为单元的随机退避时间,继续检测信道。

CSMA/CA 是一种简单的媒体接入协议,由于在发送数据包的同时不能检测到信道上有无冲突,所以只能尽量避免冲突。当存在干扰时,站点会不停地退避以避免冲突或等待信道空闲,网络的吞吐量会严重下降,也没有服务质量的保证。因为所有的站点都要竞争接入,所以 CSMA/CA 是基于竞争的协议。

3. 物理层

1997 年完成并公布的 IEEE 802.11 标准的最初版本支持三种可选的物理层,即调频序列扩频、直接序列扩频和红外物理层。这三种物理层支持的数据传输速率为1Mb/s和2Mb/s。

(1) 调频序列扩频：规定了2.44GHz为中心、间隔为1MHz的78个调频信道，这些调频信道26个为一组，被分成三组，最大跳跃速率为2.5跳/秒，由物理层管理子层决定选用哪一组。调频序列扩频采用两级和四级高斯频移键控(GFSK)，分别实现传输速率1Mb/s和2Mb/s。

(2) 直接序列扩频(工作在2.4GHz)：将工作的频段分为11个信道，信道相互覆盖且频率间隔是5MHz。直接序列扩频采用差分二进制相移键控和四相差分键控，分别实现传输速率1Mb/s和2Mb/s。

(3) 红外物理层：规定工作波长为800～900nm，与IrDA的红外线收发器阵列不同，红外物理层采用漫射的传播模式。通过天花板反射红外线波束实现站点之间的连接，根据天花板的高度不同，连接范围为10～20m。红外物理层采用16-PPM和4-PPM脉冲调制(PPM)，分别实现传输速率1Mb/s和2Mb/s。

IEEE 802.11标准的物理层标准主要有IEEE 802.11b、IEEE 802.11a和IEEE 802.11g，这些标准分别定义了不同的物理层传输方式、调制方式。IEEE 802.11标准的扩充版本集中在IEEE 802.11b、IEEE 802.11a、IEEE 802.11g和IEEE 802.11n。

7.6.3　WiFi技术的应用

无线局域网的应用范围广泛，室内应用包括大型办公室、车间、酒店宾馆、智能仓库等；室外应用包括城市建筑物群间通信、学校校园网络、工矿企业厂区自动化等。下面介绍几种典型的行业引用。

1. 交通运输

交通运输行业的重要特征之一就是流动性，包括行业中的承运管理方、承运的工具、流动的货物、流动的旅客等。迅速流动的特征及对象是无线网络产品主要针对的市场，因为无线网络解决方案具有构建迅速、使用自由的重要特征，这些特征是任何基于线缆的网络产品无法比拟的。例如，在空旷的码头、机场等场合，利用无线网络产品可以在不依赖环境的情况下构建局域网络。无线网络不仅可以用于交通运输行业的生产和管理，还可以为网络时代的交通运输环境提供信息增值服务。在交通运输行业，无线网络产品至少可以在以下应用中体现出其特点。

(1) 实时远程交通报告分析。

(2) 车队指挥及控制，用于城市公交、学校班车、租车服务、机场车辆服务。

(3) 无线安全监控，包括码头、航道、道路和机场。

(4) 具有空间自由的停车管理系统。

(5) 航空行李及货物控制。

(6) 实时旅客信息发布。

(7) 移动售票服务。

(8) 机场旅客Internet访问无线接入服务。

2. 医疗行业

无线网络产品的自由和便捷是对医疗行业最具有吸引力的特点。任何密集的网络线缆都无法满足医疗行业环境及业务特征的需求，突发、移动、清洁、便利等特性是用于医疗行业的计算机网络必须具有的性能。但是直到无线网络产品的出现，并没有一种性能价格比优秀的网络组网方案能够满足医疗卫生行业的需求。摆脱了网络线缆束缚的无线网络产品为医疗卫生行业的应用提供了较好的解决方案，具体表现如下。

（1）病房看护监控。

（2）生理支持系统及监护。

（3）支持系统供给及资源管理。

（4）急救系统监控。

（5）灾情救援支持。

3. 教育行业

教育行业是多媒体网络技术的一个较大的应用场合。从幼儿园到高等学校，校园网络已经成为大多数校园的必要设施。无论是对于一个已经拥有宽带的校园网络，还是对于一个还未建设校园网络的教育单位，无线网络技术都是一个可以发挥优势的新事物。利用无线网络技术和产品可以迅速建立校园网络，以满足学生和教师的任意上网需要。对于较为完善的校园信息系统，通过无线网络可以使访问网上教育资源变得自由和轻松，无论是在教室、宿舍、学术交流中心，甚至是草坪，无线网络都将覆盖校园的任何地方。在教育行业，WiFi 技术具有以下典型的应用。

（1）迅速建立小型或中型的校区网络，投资较少。

（2）为已建成的校园网络增加网络覆盖面，使网络覆盖整个校区。

（3）学生宿舍网络接入系统。

（4）校园活动需要的临时性网络，如招生活动、学术交流中心。

（5）任意地点访问教育网络资源，包括教室、会议中心，甚至是户外。

7.7　红外线数据传输技术

IrDA 是一种利用红外线进行点对点通信的技术，是由红外线数据标准协会（Infrared Data Association）制定的一种无线协议，其硬件及相应软件技术都已比较成熟。在传输速率方面，目前 IrDA 的最高速率标准为 4Mb/s，通信距离在 1m 以内，同时在点对点通信时要求接口对准角度不能超过 30°，红外信号要求视距传输，方向性强，对邻近区域的类似系统也不会产生干扰，并且窃听困难。在应用上，IrDA 技术和蓝牙技术有惊人的相似之处，笔记本式计算机、手持设备、计算机外设等也是 IrDA 目前重要的应用领域。尽管 IrDA 技术免去了线缆，但使用起来仍然有许多不便，在实际应用中由于红外线具有很高的背景噪声，受日光、环境照明等影响较大，一般要求的发射功率较高。同时，它不仅通信距离短，还要求必须在视线上直接对准，中间不能有任何阻挡。另外，IrDA 技术只限于在两个设备之间进行连接，不能同时连接多个设备。IrDA 设备的核心部件——红外线 LED 是一种不耐用的器件，频繁使用会令其使用寿命大大缩短。虽然与蓝牙技术相比，IrDA 有许多局限，但据有关专家预测，由于目前采用该技术的设备数量庞大，而且产品价格低廉，通信速度也比较快，因此，IrDA 技术在未来的一段时间内还会长期存在，其发展趋势将类似于传统的串口与现在流行的 USB 接口，同生共存。

7.8　短距离无线通信技术特点比较

近年来，相关的短距离无线通信技术都有较大的发展，性能都有提高，如表7-13所示为几种短距离无线通信技术在通信速率、通信特点和应用场合的比较。

表7-13　几种短距离无线通信技术的比较

规　　范	ZigBee	IrDA	Bluetooth	802.11b	802.11a	802.11g
工作频率	868MHz/915MHz，2.4GHz	波长820nm	2.4GHz	2.4GHz	5.2GHz	2.4GHz
传输速率/($Mb \cdot s^{-1}$)	0.25	1.52/4/16	1/2/3	11	54	54
数据/语音	数据	数据	语音/数据	数据	数据	数据
最大功耗/mW	1～3	几个	1～100	100	100	100
传输方式	点到多点	点到点	点到多点	点到多点	点到多点	点到多点
连接设备数	216～264	2	7	255	255	255
安全措施	32b、64b、128b密钥	靠短距离小角度传输保证	1600次/秒跳频、128b密钥	WEP加密	WEP加密	WEP加密
支持组织	ZigBee联盟	IrDA	Bluetooth	IEEE 802.11b	IEEE 802.11a	IEEE 802.11g
主要用途	控制网络、家庭网络、传感器网络	透明可见范围、近距离遥控	个人网络	无线局域网	无线局域网	无线局域网

习题7

1. 目前市场上在通信方面所遵循的标准主要包括IEEE 803.2 ________、IEEE 802.4 ________、IEEE FDDI ________、TCP/IP ________等

2. 物理层(PHY)通过射频连接件，硬件提供________和________之间的接口。

3. MAC层为业务相关的________和________提供接口。

4. MAC层的通用帧结构由________、________和帧尾构成。

5. 帧控制域的长度是16b，包含帧类型定义、寻址域和其他控制标志等。

6. 在ZigBee网络中存在三种逻辑设备类型：________，________和End-Device(终端设备)。ZigBee网络由一个Coordinator以及多个Router和多个End_Device组成。

7. 智能变送器接口模块(STIM)部分包括________、________和滤波电路、A/D转换。

8. 制定IEEE 1451系列标准的目的是什么？

9. IEEE 802.15.4标准的设计目标是什么？

10. 低速无线个域网具有哪些特点？

11. 描述IEEE 802.15.4协议物理层的帧结构。

12. 描述IEEE 802.15.4协议MAC层的通用帧结构。

13. ZigBee的物理设备有哪些类型？它们分别具有什么特点？

14. 简述ZigBee的技术特点。

15. 根据ZigBee技术的特点，说明为什么在家居智能化网络中通常选择ZigBee技术？

16. ZigBee网络系统的软件设计主要包括哪些过程？

17. 根据传感器网络方案设计的现实经历，列举自己在方案设计中存在的主要问题和解决方法。

18. 说明WiFi技术的基本思想。

19. 说明UWB技术的基本思想。

第8章 WSN接入技术

学习导航

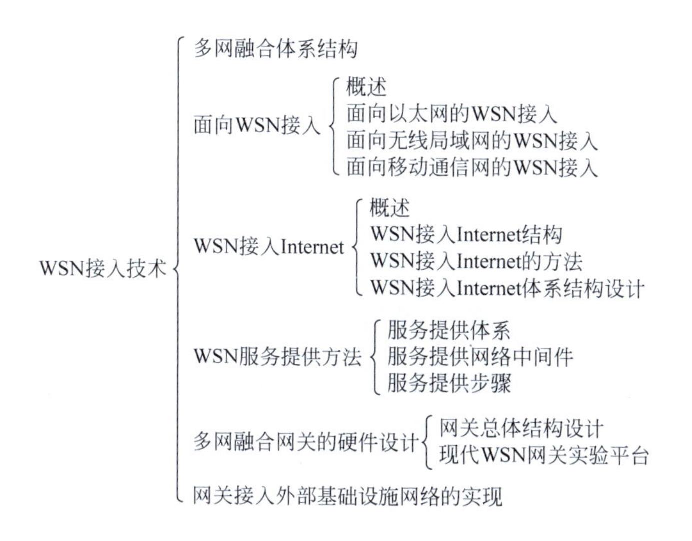

学习目标

- 了解接入 WSN 的方式中的面向以太网的 WSN 接入、面向无线局域的 WSN 接入、面向移动通信网的 WSN 接入、WSN 接入 Internet 结构、WSN 接入 Internet 的方法、WSN 接入 Internet 体系结构设计，以及服务提供体系、服务提供网络中间件、服务提供步骤。
- 掌握多融合网关的硬件设计，包括网关总体结构设计、现代 WSN 网关实验平台、网关接入外部基础设施网络的实现。

8.1 多网融合体系结构

多网融合的无线传感器网络是在传统无线传感器网络的基础上，利用网关接入技术，实现无线传感器网络与以太网、无线局域网、移动通信网等多种网络的融合。在多网融合的无线传感器网络中，网关的地位异常特殊，作用异常关键，担当网络间的协议转换器、不同网络类型的网络路由器、全网数据聚集、存储处理等重要角色，成为网络间连接不可缺少的纽带，其体系结构如图 8-1 所示。传感器节点采集感知区域内的数据，进行简单处理后发送至汇聚节点；网关读取数据并转换成用户可知的信息，如传感器节点部署区域内的温度、湿度、加速度、坐标等；接着通过无线局域网、以太网或移动通信网进行远距离传输。

处于特定应用场景之中的、高效自组织的无线传感器网络节点，在一定的网络调度与控制策略驱动下，对其所部署的区域开展监控与传感；网关节点设备将实现对其所在的无线传感器网络的区域管理、任务调度、数据聚合、状态监控与维护等一系列功能。经网关节点融合、处理并经过相应的标准化协议处理和数据转换之后的无线传感器网络信息数据，将由网关节点设备聚合,根据其不同的业务需求及所接入的不同网络环境,经由 TD-SCDMA 和 GSM 系统下的地面无线接入网、Internet 环境下的网络通路及无线局域网络下的无线链路接入点等,分别接入 TD-SCDMA 与 GSM 核心网、Internet 主干网及无线局域网等多类型异构网络,并通过各网络下的基站或主控设备,将传感信息分发至各终端,以实现针对无线传感器网络的多网远程监控与调度。同时,处于 TD-SCDMA、GSM、Internet 等多类型网络终端的各应用与业务实体,也将通过各自的网络连接相应的无线传感器网络网关,并由此相应的无线传感器网络节点实现数据查询、任务派发、业务扩展等多种功能,最终实现无线传感器网络与以移动通信网络、Internet 为主的各类型网络的无缝的、泛在的交互。

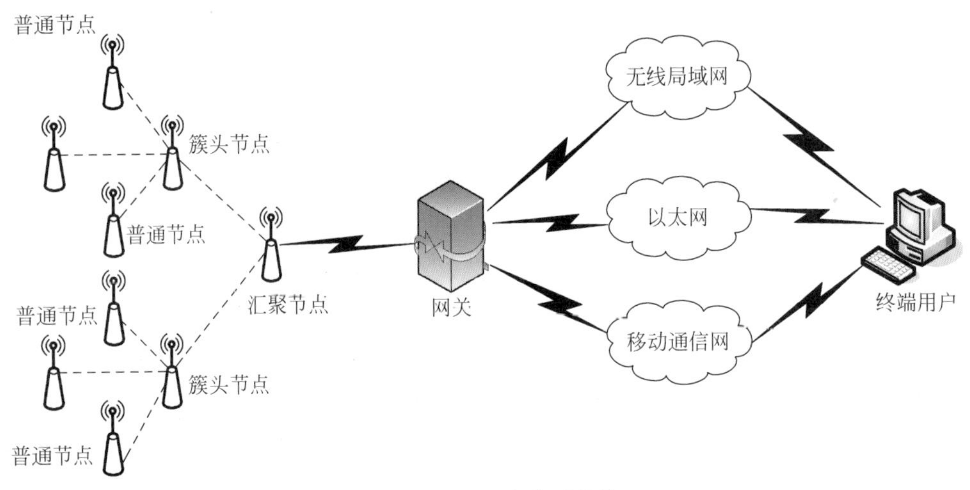

图 8-1　多网融合体系结构

8.2　面向 WSN 接入

▶ 8.2.1　概述

1. 网关研究现状

某些高校和研究所也开始多媒体传感器网络方面的研究和探索。

另外,在无线传感器网络中,网关担当网络间的协议转换器,不同网络类型的网络路由器,全网数据聚集、存储处理等重要角色,成为网络间连接不可缺少的纽带。传统的 WSN 网关是利用汇聚节点与 PC 相结合来实现的,利用 PC 与外部网络连接将无线传感器网络的数据进行远距离传输。目前,比较典型的是基于有线通信方式的以太网和无线通信方式的 GPRS、CDMA 等 WSN 网关。也有利用公共电话网(PSTN),采用拨号方式建立临时连接的方式来实现远程数据传输的网关。

2. 网关分类

目前应用比较广泛、技术比较成熟的无线传感器网络网关主要有以下三类。

1) 基于 Internet 的 WSN 网关

使用 Internet 的 WSN 网关,人们从任何地点、任何时刻获取到数据的愿望成为现实。实现该系统必须解决许多关键性问题,如数据传输的可靠性、准确性和实时性等。基于 Internet 的 WSN 网关适用于异地或者远程控制的数据采集、故障监测、报警等,其应用范围十分广泛。

2）基于无线通信的 WSN 网关

对于工作点多、通信距离远、环境恶劣且实时性和可靠性要求比较高的场合，可以利用无线通信网络来实现主控站与各子站之间的数据通信，采用这种远程数据传输方式有利于解决复杂连线，无须铺设电缆或光缆，降低了环境成本。基于无线通信的 WSN 网关应用领域十分广泛，如森林火灾监测、军队指挥自动化建设等均可以采用这种技术来实现。

3）利用公用电话网的 WSN 网关

在通信不是很频繁、通信数量较小、实时性和保密性要求不高的场合，可以租用公用电话网，采用拨号方式建立临时连接的方式来实现 WSN 网关的远程数据传输。这种网关价格低廉，运行可靠，可以实时传输数据。

3. 网关设计接入方式考虑因素

在实际应用中，选择网关的接入方式时，应该综合考虑以下三个方面。

（1）应该考虑 WSN 的应用环境所能提供的可能的网络接入方式。

（2）与现有网络相比，WSN 是一种以数据为中心的网络，网关节点的上行数据量大而下行数据量小。因而，在考虑网关与外部网络的连接方式时，上行数据速率是一个关键指标。

（3）网关节点的成本和集成难度也是一个关键因素。通过有线方式接入其他网络，给硬件设备的布置带来了许多不便，大大局限了网关设备的应用。GPRS 接入方式上行数据速率较低。CDMA 接入方式涉及与通信运营商的交涉，开发较为不便。

综合考虑以上因素，WLAN 在网络覆盖、数据传输速率、网络的稳定性和设备性价比上都有优势。因此，无线传感器网关设备通过 USB 2.0 接口加载无线网卡设备，选用 WLAN 作为网关与监控中心的空中接口，克服了硬件设备布置的局限性，大大扩展了网关设备的应用范围。如表 8-1 所示为几种接入方式在网络覆盖、上行数据速率和集成难度方面的比较。

表 8-1　无线传感器网络接入基础网络的方式比较

接入方式	上行数据速率	网络覆盖	网关集成难度及成本
有线接入	最高(56kb/s～100Mb/s)	室内	易集成，成本低
GPRS 接入	较低(115.2kb/s)	较广	易集成，成本低
CDMA 接入	较高(153.6kb/s)	较广	易集成，成本低
WLAN 接入	高(1～54kb/s)	热点区域	易集成，成本较低
卫星接入	最低，传输延迟大	最广	不易集成，成本低

8.2.2　面向以太网的 WSN 接入

1. 以太网接入 WSN 方式

以太网是总线型拓扑结构局域网的典型代表，最初是美国施乐（Xerox）公司于 1975 年研制成功的基带总线局域网，并用曾经在历史上表示传播电磁波的以太（Ether）来命名，后来由数字设备公司、英特尔公司和施乐公司在 1982 年联合公布一个标准，它是当今 TCP/IP 采用的主要局域网技术。以太网的成功在于它提供了低成本的高速传输，采用以太网产品的用户很容易将 10Mb/s 的以太网改造为高速数据系统而不需要增加太多费用。

以太网作为目前应用最为广泛的局域网技术，在工业自动化和过程控制领域得到了越来越多的应用。随着互联网技术的发展，通过以太网无缝接入互联网的通信方式成为自动化控制系统通信的主流。

μCLinux 继承了 Linux 优异的网络能力，提供了通用的 Linux API 以支持完整的 TCP/IP，同时它还支持许多其他网络协议，因此对于嵌入式系统来说它无疑是一个网络完备的操作系统。Linux下开发以太网应用程序的关键技术是socket通信机制。

套接字（socket）是一个支持网络输入输出（I/O）的结构。应用程序在它需要与网络连接时，创建一个套接字。然后，它就通过套接字与远程应用建立连接，通过从套接字中读取数据和写入数据来与远程应用通信。

图8-2说明了这个概念。本地程序可通过套接字将信息传入网络。一旦信息进入网络，网络协议会引导信息通过网络，远程程序会访问它。类似地，远程程序可将信息输入套接字，信息将从那里通过网络回到本地程序。

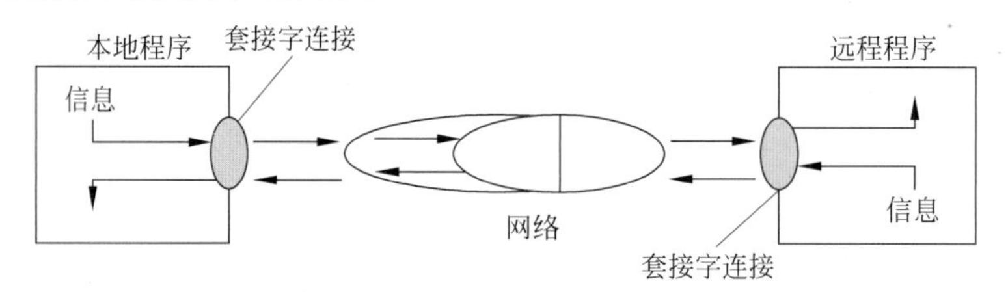

图8-2　网络的套接字连接

Linux环境下的socket编程是对以太网通信应用程序开发的主要手段。网络的socket数据传输是一种特殊的I/O，socket也是一种文件描述符，具有一个类似文件的函数调用socket()。该函数返回一个整型的socket描述符，随后的连接建立、数据传输等操作都是通过该socket()函数实现的。常用的socket类型有两种：流式socket和数据报式socket。两者的区别在于：前者对应于TCP服务，后者对应于UDP服务。流式socket提供面向连接的、可靠的、双向的、有序的、无重叠且无记录边界的通信模式，有一系列的数据纠错功能，可以保证在网络上传输的数据及时、无误地到达对方。

在网关的设计过程中，考虑到对数据传输的可靠性要求较高，故采用基于TCP的流式socket。

2. 以太网数据传输的实现

网关与远程终端之间的以太网数据传输程序，采用的是面向连接的客户机/服务器模型，其通信过程如图8-3所示。

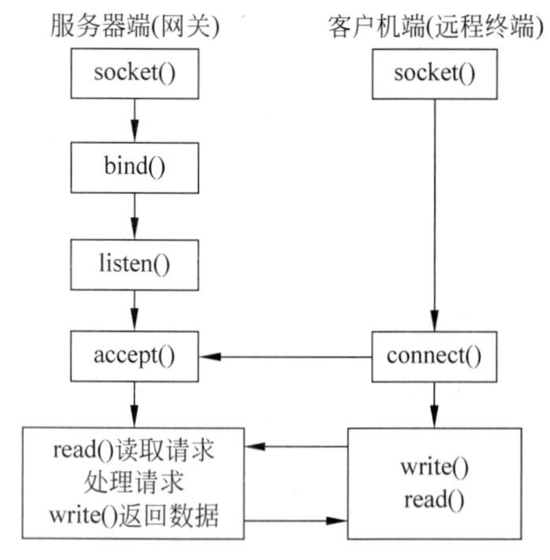

图8-3　以太网通信方式网关与远程终端通信过程

在服务器端：网关调用socket()函数，建立一个socket（套接字），指定TCP及相关协议；之后将本地创建的socket地址（包括主机地址和端口号）与所创建的套接字绑定；在该端口号上进行监听，调用accept()函数接收远程PC发来的连接请求；通过read()函数读取该请求并调用write()函数转发封装好的信息。

在客户机端：远程PC调用一个socket()函数，建立一个socket，指定TCP及相关协议；调用connect()函数将本地端口号和地址信息传送至网关，请求建立连接；之后通过write()函数进行服务请求的发送，通过read()函数进行响应的接收，读取网关发送的信息。

▶ 8.2.3 面向无线局域网的 WSN 接入

网关节点通过无线网卡模块以无线的方式接入无线局域网，从而实现无线传感器网络与Internet 的互联互通。

所谓无线网络，就是利用无线电波作为信息传输的媒介构成的无线局域网(WLAN)，与有线网络的用途十分类似，最大的不同在于传输媒介的不同，利用无线电技术取代网线，可以和有线网络互为备份，但速度较慢。无线网卡是无线网络的终端设备，是无线局域网的无线覆盖下通过无线连接网络进行上网使用的无线终端设备。具体来说，无线网卡就是使某一设备可以利用无线来上网的一个装置，但是有了无线网卡也还需要一个可以连接的无线网络，如果设备所在地有无线路由器或者无线接入点(Access Point，AP)覆盖，就可以通过无线网卡以无线的方式连接无线网络。无线局域网通信协议经历了多项标准的演进，各协议的典型参数如表 8-2 所示。

表 8-2 无线局域网各通信协议的典型参数表

协议名称	使用频段/GHz	传输速率/($Mb \cdot s^{-1}$)	兼容性
IEEE 802.11a	5	54	与 IEEE 802.11b 不兼容
IEEE 802.11b	2.4	11	兼容
IEEE 802.11g	2.4	54	向下兼容 IEEE 802.11b
IEEE 802.11n	5/2.4	300	向下兼容

无线网卡按照接口的不同可以分为以下 4 种。

(1) 台式计算机专用的 PCI 无线网卡。

(2) 笔记本式计算机专用的 PCMCIA 接口网卡。

(3) USB 无线网卡。

(4) 笔记本式计算机内置的 MINI-PCI 无线网卡。

根据无线传感器网络的实际应用要求，网关采用 USB 无线网卡。这种网卡只要安装了驱动程序，就可以使用。在选择时要注意的是，只有采用 USB 2.0 接口的无线网卡才能满足IEEE 802.11g 或 IEEE 802.11g+的需求。

网关节点还可以通过 GSM 移动台空中接口、TD-SCDMA 移动台空中接口和相应的编码调制系统接入移动网络。

为了以无线的方式接入无线局域网，需要为网关设备的嵌入式 Linux 系统加载无线模块内核，并移植无线网卡驱动到嵌入式 Linux 系统中。

▶ 8.2.4 面向移动通信网的 WSN 接入

本节以 GPRS 和 TD-SCDMA 为例，介绍面向移动通信网的无线传感器网络接入技术。

通用分组无线业务(General Packet Radio Service，GPRS)是一种基于 GSM 系统的无线分组交换技术，提供端到端的、广域的无线 IP 连接。虽然 GPRS 是作为现有 GSM 网络向第三代移动通信演变的过渡技术，但是它在许多方面都具有显著的优势。越来越广泛的无线数据通信技术的应用，促使无线传输需求的骤增，中国移动适时推出了 GPRS 业务，在一定程度上满足了用户无线接入互联网的需求。GPRS 网不但具有覆盖范围广、数据传输速率快、通信质量高、永远在线和按流量计费等优点，并且其本身就是一个分组型数据网，支持 TCP/IP，无须经过 PSTN 等网络的转接，可直接与 Internet 互通。

通过在网关上连接 SIM100 模块电路来实现 GPRS 应用，GPRS 远程数据传输软件设计需要达到以下两个目的。

(1) 通过短消息将无线传感器网络的信息发送至手机终端。

(2) 通过 GPRS 数据传输程序将信息发送至远程终端(PC)。

在程序设计时，主要是通过向串口写入各种 AT 命令来实现上述目的。

1. 短消息收发方式

在 ESTI 制定的 SMS 规范中，与短消息收发有关的规范主要包括 GSM03.38、GSM03.40 和 GSM07.05。前两者着重描述 SMS 的技术实现(含编码方式)，后者规定了 SMS 的 DTE-DCE 接口标准(AT 命令集)。在手机中有三种方式来发送和接收短消息：Block Mode、Text Mode 和 PDU Mode。Block Mode 目前已经很少使用了。Text Mode 即文本模式，可使用不同的 ASCII 字符集，从技术上说也可用于发送中文短消息，但国内手机基本不支持，主要用于欧美地区。PDU Mode 被所有手机支持，可以使用任何字符集，这也是手机默认的编码方式。由于一条短消息的内容长度有限制，所以在设计程序时，发送无线传感器网络数据的短消息采用 Text Mode(英文)，发送网关温度报警的短消息采用 PDU Mode(中文)。设置短消息收发方式的 AT 命令为 at+cmgf=1(0)，1 为文本方式，0 为 PDU 方式。

完成短消息收发方式设置后，即可以利用 AT 命令来发送短消息了，文本方式和 PDU 方式的短消息发送有较大区别，具体如下。

(1) 文本方式发送示例。

```
at + cmgs = 目的手机号码< CR >
>输入所发送信息< Ctrl + Z >
```

(2) PDU 方式发送示例。

```
at + cmgs = TPDU 串的长度< CR >
>输入所发送信息的 PDU 编码< Ctrl + Z >
```

这里需要注意的是，在进行应用编程时，回车与换行对应的字符分别为“\r”和“\n”，Ctrl+Z 对应的十六进制为 oxla。

2. 短消息 PDU 编码

由于网关的报警短消息内容为中文，在发送前需要对短消息内容进行 PDU 编码。

PDU 编码由两部分组成：短消息服务中心(Short Message Service Center，SMSC)地址和 TPDU 串。SMSC 地址由三部分组成：SMSC 地址信息的长度、SMSC 地址类型(TON/NPI)和 SMSC 地址的值。

(1) SMSC 地址信息的长度为 1B，这个值代表 SMSC 地址长度(一般为 7b)与用国际格式号码长度(一般为 1b)之和，一般情况下 SMSC 地址信息的长度为 0x08。

(2) SMSC 地址的值即短消息服务中心号码，如北京地区附近为+8613800100500，但在 PDU 编码中需要将其转换为两两颠倒的格式形成 7B，如果组成号码的数字为奇数，则补 F 凑成偶数。上述号码将转换成 0x683108100005F0，为 7B。

3. GPRS 数据传输程序设计

在进行 GPRS 数据传输之前，SIM100 模块首先要建立 TCP 连接过程，利用指令 at+cipstart=“tep”，“219.224.239.145”，“2020”\r 来实现，同时在服务器上运行名为 server 的软件，写入指令后，SIM100 模块将返回 OK 信息，注意这个信息并不代表连接成功，只代表指令的输入正确。一般情况下，如果连接成功模块会在 5～10s 返回 CONNECT OK；如果不成功，则可能是服务器端的 server 软件没有开启或者模块处在盲区，这时模块在 60s 后返回 CONNECT FAIL。建立连接后，便可以进行数据传输，数据传输流程图如图 8-4 所示。

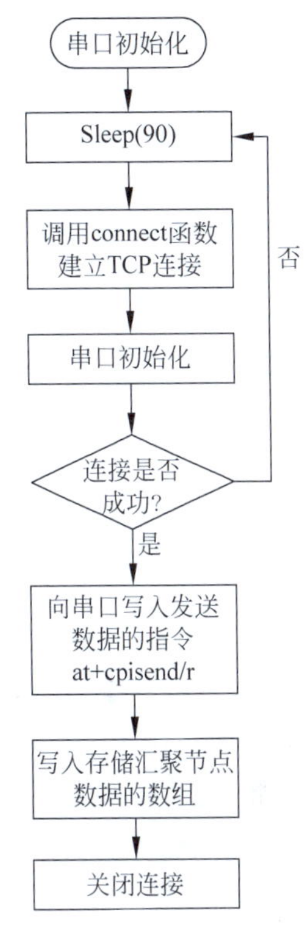

图 8-4 GPRS 数据传输流程图

4. 协议栈结构

以无线传感器网络与目前主流的 TD-SCDMA 网络为例，其协议栈结构如图 8-5 所示。网关节点设备通过 ZigBee 射频获取来自无线传感器网络内的多元化采集信息(包括一般环境传感信息、多媒体传感信息等)，并逐渐通过自下而上各协议层次的规范化数据解析。网关上的系统软件与支撑软件，根据其接入网络或服务对象设置业务与数据需求，并根据传感数据的自身特性，开展处理、分析、融合与提取，得到满足条件的多类型传感信息，并提供给建立于系统软件之上的 TD-SCDMA 协议体系，作为其初始业务源。网关节点将按照该协议的规范与标准，完成业务类型确定、数据格式转换、数据帧封装等一系列操作，由 TD-SCDMA 射频实现最终的接入功能。

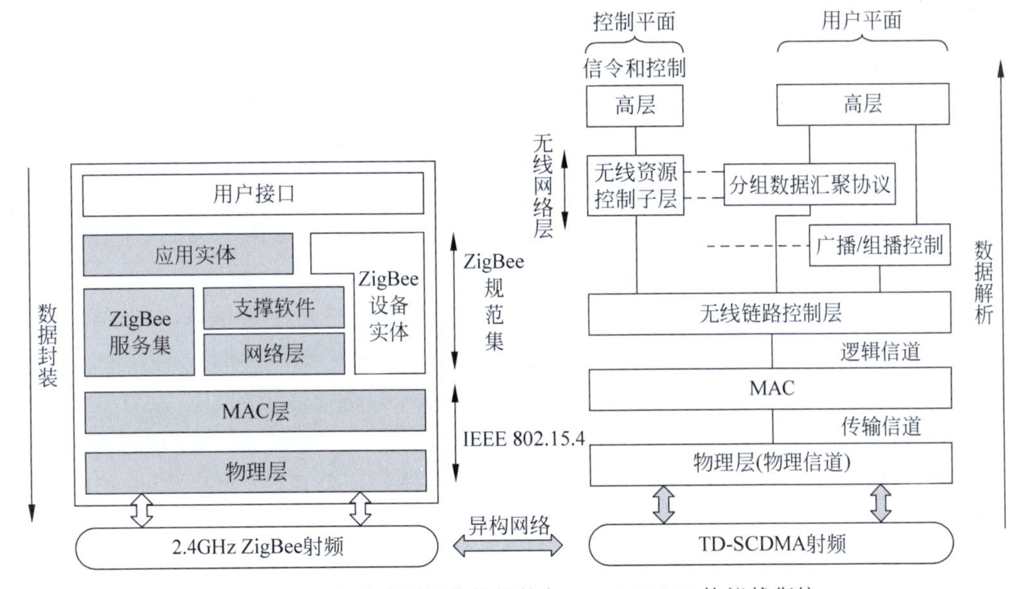

图 8-5 无线传感器网络协议栈与 TD-SCDMA 协议栈衔接

8.3 WSN 接入 Internet

8.3.1 概述

传感器网络既可独立工作，也可连接到其他网络。独立运行的传感器网络不能对外提供服务，应用范围受限。传感器网络作为服务提供者，向用户提供环境监测服务，而在许多应用场景中，用户为Internet上的主机，因此将传感器网络集成到现有的IP网络具有重要的研究价值和实际意义。在野外监控、生物监控等应用中，负责监控的传感器节点定期采样环境信息，并将监测的数据通过无线链路传送到网关，将网关连接到互联网上，使得Internet上的研究人员能够取得实时环境监测数据。

传感器网络被部署在监测区域，实时监测物理世界信息，为用户提供环境监测服务。Internet作为一个巨大的资源库，是资源整合、资源共享、服务提供、服务访问和信息传输的载体，但是Internet缺乏与物理世界直接交互的能力。将传感器网络接入Internet使其真正延伸到世界的各个物理角落，人们能够方便地了解到自己所关心的物理区域状态(如温度、湿度、振动等)。将传感器网络接入Internet是信息技术进一步发展的需要，对推动网络技术的新发展具有重要的意义。

由于传感器网络特殊的应用背景、通信条件以及节点资源的严格受限，Internet使用的TCP/IP协议栈并不适用于传感器网络。传感器网络协议栈和传统的TCP/IP协议栈存在较大的差异。使用专用网络协议栈的传感器网络和其他网络之间的互联存在许多难题，Internet上的用户难以直接使用传感器网络提供的服务。

由于传感器网络的自身特性以及往往部署在无人照看的区域，传感器网络接入Internet面临以下挑战。

(1) 实现专用于传感器网络协议栈和互联网TCP/IP协议栈之间的接口，这也是接入互联网的网络必须要解决的问题。

(2) 在网络层地址分配上，传感器网络使用节点ID或者位置来标识节点，而不是使用唯一标识的IP地址，进行节点地址转换是传感器网络接入Internet时必须解决的问题。

(3) 在传输层，TCP和UDP在传感器网络中应用的主流方案是：传感器网络采集到的数据和其他无须强调可靠性的信息传输使用UDP，而网络管理、接入互联网等需要满足可靠性和兼容性的应用则使用TCP。即在汇聚节点和传感器节点之间主要使用UDP，而在用户和汇聚节点之间使用TCP/UDP。

(4) 传感器网络自身能量受限，通常情况下，传感器节点是以电池供电的，而且基本上不具备再次充电的能力。在这种情况下，网络的主要性能指标是网络运转的能量消耗。由于通信的能耗远高于计算的能耗，因此传感器网络协议设计必须遵循最小通信量原则，有时甚至要牺牲其他网络性能，如传输延迟和误码率等，这与传统的IP网络截然不同。

(5) 传感器网络是数据收集型网络，其数据传输模式不同于传统的点对点方式。在传感器网络中，将每个传感器节点视为一个单独的数据采集装置，进而可以将整个传感器网络视为分布式数据库，因此一对多或者多对一的数据流是其通信的主要模式，而传统的IP网络以点对点的数据传输为主。

(6) 传统IP网络遵循分层协议原则，传输层对上层应用屏蔽了下层的路由。传感器网络情况正好相反，由于其特定的应用背景，因此其设计原则是网内处理。在某些数据流交汇的节点进行数据融合，以便过滤掉冗余信息，这在大部分传感器网络路由协议算法中得到充分体现。而互联网是围绕以地址为中心的思想设计的，网上流动的数据通常有对应的特定源和目的地址，而以地址为中心的思想并不适合传感器网络。

(7) 在Internet中，采用能力强大的服务器为用户提供服务，而这在传感器网络中是不现实的，如何进行传感器网络服务提供的研究，目前仍处于空白状态。

(8) 传感器网络是针对特定环境的专用型网络，在不同的应用环境下，传感器网络的实现方式不同，因此，难以实现统一的传感器网络接入 Internet 的方法。

目前，传感器网络接入 Internet 的研究尚处于初级阶段，主要方式如下：利用网关或者赋予 IP 地址的节点，屏蔽下层无线传感器节点，向远端的 Internet 用户提供实时的信息服务，并且实现互操作；利用移动代理技术，在移动代理中实现传感器网络协议栈和传统的 TCP/IP 协议栈的数据包转换，实现传感器网络接入 Internet。

8.3.2　WSN 接入 Internet 结构

为了降低网络的通信负载和地址管理的复杂性，在传感器网络中，不需要为每个节点分配全局唯一的标识符，而仅使用 ID 和位置来标识传感器节点。设计传感器网络接入 Internet 结构，需要保证传感器网络自身的特色以及保持传统的 TCP/IP 协议栈。

传感器网络接入 Internet 方案需要屏蔽下层的传感器网络。根据传感器网络节点是否能够支撑 TCP/IP 协议栈，其接入 Internet 的结构分为同构网络和异构网络接入方式。

1. 同构网络接入方式

在传感器网络和 Internet 之间设置一个或几个独立网关节点，实现传感器网络接入 Internet 的网络称为同构网络，如图 8-6 所示。在同构网络中，除了网关节点外，所有节点具有相同的资源。

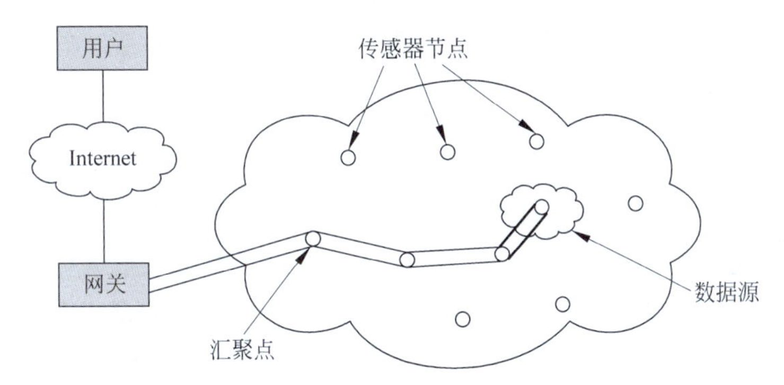

图 8-6　通过特定网关接入 Internet 的同构网络

同构网络利用应用层网关作为接口，将传感器网络接入 Internet。对于网络结构简单的传感器网络，网关可以作为 Web 服务器，传感器节点的数据存储在网关上，并以 Web 服务的形式提供给用户。对于结构复杂的多层次传感器网络，网关可以视为分布式数据库的前台，用户通过 SQL 提交查询，查询的应答和优化在传感器网络内部完成，结果通过网关返回给用户。

此方式实际上是把与互联网标准 IP 的接口置于传感器网络外部的网关节点。同构网络接入方式比较适合于传感器网络的数据流模式，易于管理，无须对传感器网络本身进行大的调整。此方式的缺点是，由于查询造成大量数据流在网关节点周围聚集，并不符合网内处理的原则，会造成一定程度的信息冗余。其改进方案是使用多个网关节点，多出口方案的好处在于解决网络瓶颈问题，并且避免了网络的局部拥塞，但是信息冗余的问题依然没有得到解决。

2. 异构网络接入方式

与同构网络相反，如果网络中部分节点拥有比其他大部分节点更高的能力，并被赋予 IP 地址，运行 TCP/IP 协议栈，则这种网络称为异构网络，如图 8-7 所示。

异构网络的特点是：部分能力高的节点被赋予 IP 地址，作为与互联网标准 IP 的接口。这些高能力的节点可以完成复杂的任务，承担更多的负荷，可以充当簇头节点。

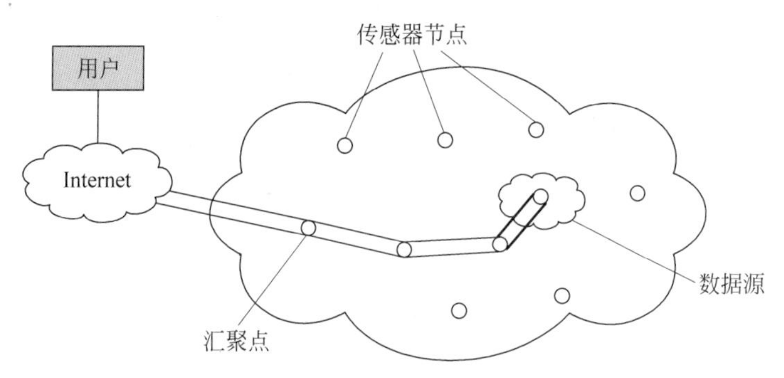

图 8-7　通过 IP 节点接入 Internet 的异构网络

在分簇的异构网络中，可以在底层传感器网络的基础上，以这些被赋予 IP 地址的簇头节点建立一个 IP 网络。与同构网络相比，异构网络的能耗分布较为均衡，而且采用网内处理原则，减少信息冗余。但是异构网络需要对传感器网络进行较大的调整，包括节点功能、路由算法等，增加了传感器网络设计与管理的难度。

▶ 8.3.3　WSN 接入 Internet 的方法

目前，研究人员对传感器网络如何接入 Internet 没有达成共识。无论是采用同构网络还是异构网络结构，接入节点的设计以及传感器网络的服务提供方式都是非常重要的。现有传感器网络接入 Internet 方案主要有以下 5 种。

1. 应用层网关

美国南加利福尼亚大学的 Marco Z Z 指出，使用 TCP/IP 协议栈给每个传感器节点分配 IP 地址，对于传感器网络是不适合的。他提出使用应用层网关的方法实现传感器网络接入 Internet。应用层网关是传感器网络接入 Internet 最常见的方法，应用层网关集成两个网络协议栈，实现异构网络协议栈的转换。使用应用层网关的优点是结构简单，传感器网络可以自由选择协议栈，无须对 Internet 进行任何改动。其缺点是在应用层实现协议转换效率较低；传感器网络数据汇聚到网关，容易形成网络瓶颈；传感器网络对用户完全屏蔽，用户难以直接访问特定的传感器节点。应用层网关方式互联 WSN 和 Internet 体系结构如图 8-8 所示。

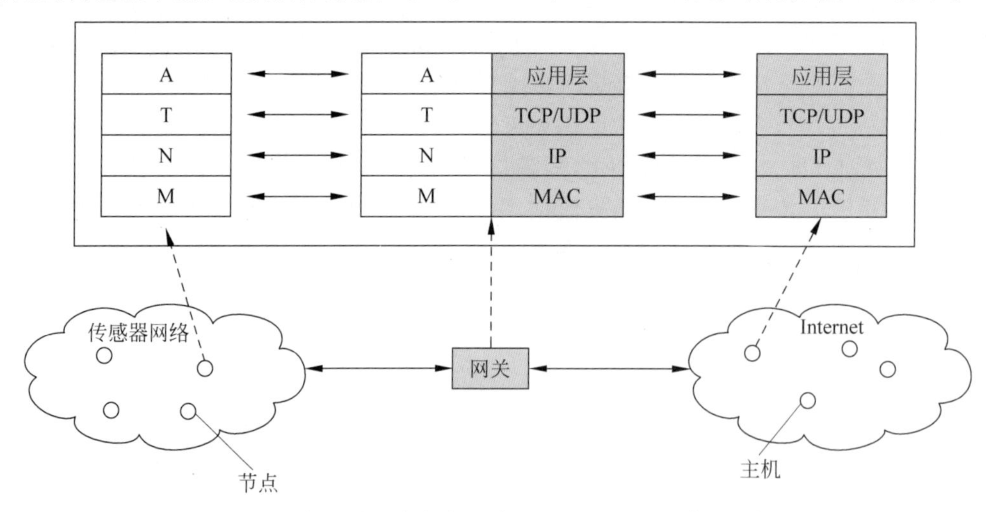

图 8-8　应用层网关方式互联 WSN 和 Internet 体系结构

2. 延时容忍网络

在应用层网关方法的基础上，美国 Intel 伯克利研究中心的 Kevin Fall 提出传感器网络和 Internet 融合的延时容忍网络（DTN）体系结构。使用延时容忍网络实现传感器网络接入 Internet 的主要思想是，在 TCP/IP 网络和非 TCP/IP 网络协议栈上部署 Bundle 层，实现传感器网络接入 Internet。此方法能够使各种异构传感器网络接入 Internet，但是需要在网络的协议栈上部署额外的层次，这对广泛使用的 Internet 来说也是不实际的。DTN 方式互联 WSN 和 Internet 体系结构如图 8-9 所示。

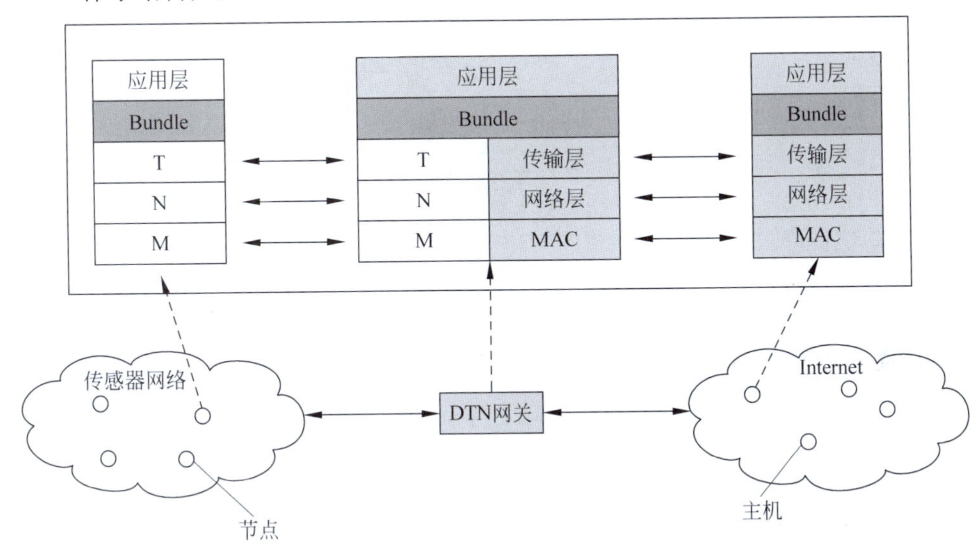

图 8-9　DTN 方式互联 WSN 和 Internet 体系结构

3. TCP/IP 覆盖传感器网络协议栈

由于传感器网络能量受限的特性，传统 IP 难以直接使用。A Dunkels 等针对传感器网络设计了特定的 IP 解决方案 u-IP。此方案需要给某些能力较强的传感器节点分配 IP 地址，主要的优点是 Internet 用户能够直接将请求发送到具有 IP 地址的传感器网络节点。TCP/IP 覆盖 WSN 方式互联 WSN 和 Internet 体系结构如图 8-10 所示。

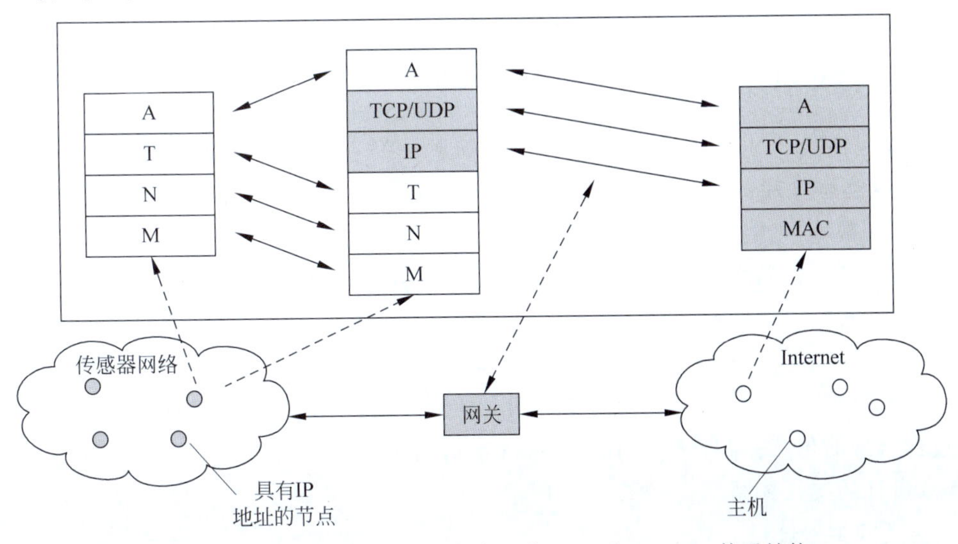

图 8-10　TCP/IP 覆盖 WSN 方式互联 WSN 和 Internet 体系结构

4. 传感器网络协议栈覆盖 TCP/IP

美国科罗拉多州立大学的 Hui Dai 和 Richard Han 将传感器网络协议栈部署在 TCP/IP 协议栈上，实现传感器网络和 Internet 的互联。在此方式中，每个被部署传感器网络协议栈的 Internet 主机都被看作虚拟的传感器节点。WSN 覆盖 TCP/IP 方式互联 WSN 和 Internet 体系结构如图 8-11 所示。

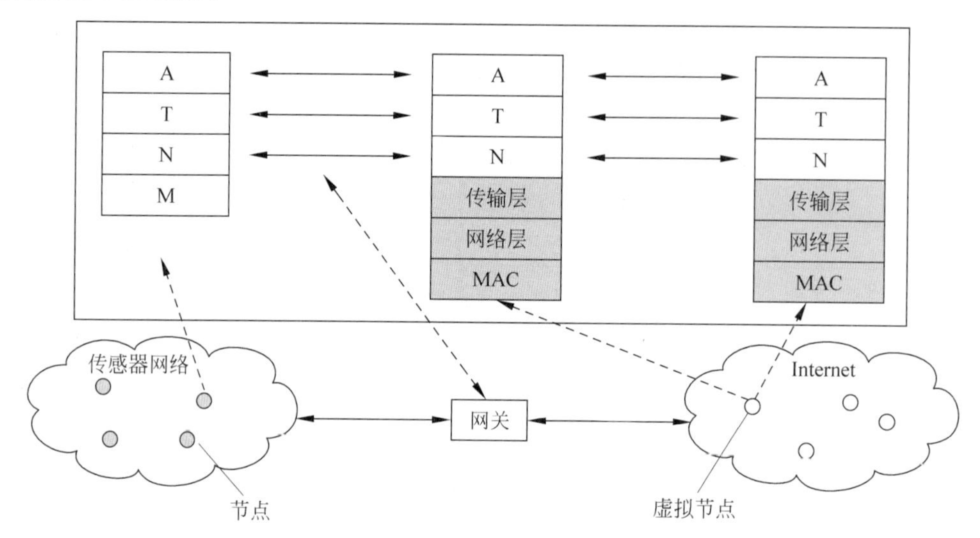

图 8-11　WSN 覆盖 TCP/IP 方式互联 WSN 和 Internet 体系结构

5. 移动代理

最近，移动代理技术被提议解决传感器网络接入 Internet 问题，主要方法是在通信移动代理中封装，当代理所在的节点将要耗尽能量而导致与 Internet 断开连接时，移动代理可以携带有用信息，选择转移到附近的合适节点，使之成为接入节点。远端用户可以在所发出数据的移动代理中实现封装所需的长期交互过程中的所有信息，由该代理程序携带用户的查询请求，发送至传感器网络并在其上运行，与网关或接入节点进行所需的交互。在此期间，传感器网络与 Internet 的连接甚至可以中断而不会影响移动代理程序的工作，当移动代理程序工作结束后，如果连接恢复，代理即可将交互结果返还给远端用户。

8.3.4　WSN 接入 Internet 体系结构设计

传感器网络接入 Internet 需要解决两个问题：WSN-Internet 网关实现传感器网络和 Internet 的网络层互联；在网关上实现协议转换，包括传感器网络数据包转换成 Internet 数据包和 Internet 数据包转换成传感器网络数据包。

传感器网络是以数据为中心的网络，为 Internet 用户提供环境信息监测服务。网络中主要的通信模式包括：用户通过网关节点以广播的方式将服务请求发送到传感器网络；传感器网络为用户提供服务的响应信息；网络管理者通过网关节点对传感器网络进行配置；传感器网络内部的通信。为了协调传感器网络和 Internet 通信，向 Internet 用户提供环境信息监测服务，设计合理的传感器网络接入 Internet 体系结构对传感器网络的应用具有重要的实用价值。本章设计的接入体系结构如图 8-12 所示。

1. 接入网关设计

目前，传感器网络主要使用两种网络地址形式：节点 ID 和节点位置。Internet 主机使用

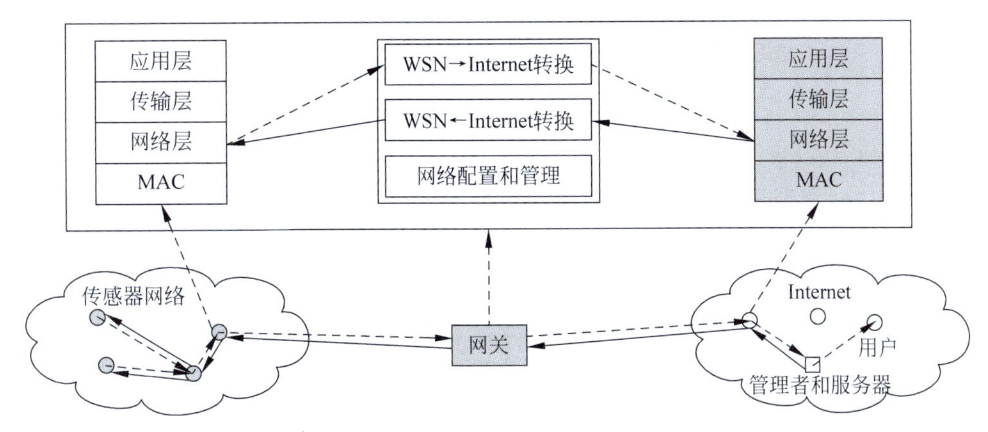

图 8-12 传感器网络接入 Internet 体系结构

IP 地址唯一标识自己。传感器网络接入 Internet 首先必须解决网络层的接入问题。为了实现异构网络的接入，在传感器网络和 Internet 之间部署协议转换网关(称为 WSN-Internet 网关)。WSN-Internet 网关包括以下几部分：Internet→WSN 数据包转换，WSN→Internet 数据包转换以及为服务访问提供支撑服务提供、服务注册、位置管理和服务管理。设计的 WSN-Internet 网关结构如图 8-13 所示。

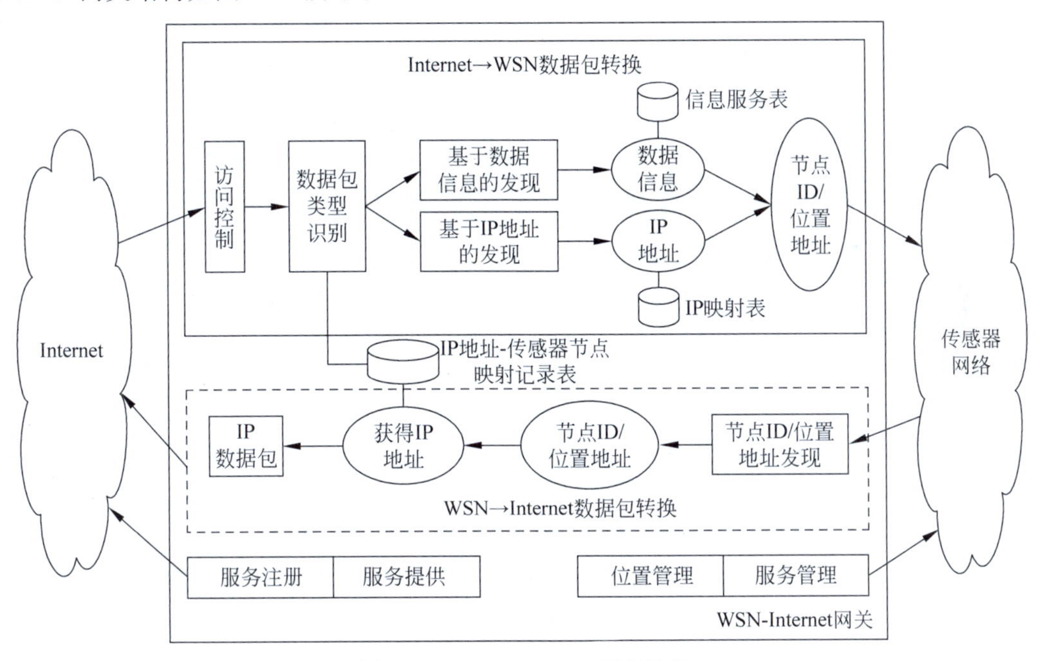

图 8-13 WSN-Internet 网关结构

WSN-Internet 网关完成的主要功能为：将 Internet 用户的请求或者操作命令数据包转换成传感器网络数据包；将传感器网络的响应数据包转换成 Internet 数据包；对传感器网络服务进行管理，将服务在中心管理服务器上注册，并对用户提供环境监测服务。

为了实现 IP 地址和节点 ID/位置之间的转换，在 WSN-Internet 网关中建立三张表：信息服务表、IP 映射表和 IP 地址-传感器节点映射表。信息服务表用在基于数据信息发现的 Internet→WSN 数据包转换中，将传感器网络提供的服务与相应的传感器节点 ID/位置对应起来；IP 映射表使用在基于 IP 地址发现的 Internet→WSN 数据包转换中，将 IP 地址与传感器节点 ID/位置对应起来；IP 地址-传感器节点映射记录表记录 Internet→WSN 数据包转换过程中对应的原始 IP 数据包和转换之后的传感器网络数据包，其目的就是为 WSN→Internet 数据包转换过程提供地址转换服务。

2. Internet→WSN 数据包转换

在将 Internet 数据包转换成传感器网络数据包的过程中，存在两种地址转换类型：基于 IP 地址发现和基于数据信息发现。在基于 IP 地址发现中，WSN-Internet 网关根据 Internet 数据包的 IP 来检索 IP 映射表，确定目的传感器节点的 ID/位置。在基于数据信息发现中，WSN-Internet 网关提取数据包的数据信息，通过检索信息服务表，确定目的传感器节点 ID/位置。在将转换后的数据包发送给传感器网络之前，将原始的 Internet 数据包和转换后的数据包存储在 IP 地址-传感器节点映射记录表中。其目的是为传感器网络的响应数据包转换成 Internet 数据包提供地址映射，具体的转换算法如下。

(1) 对来自 Internet 用户请求数据包中的请求令牌进行认证(具体认证方式可采用证书方式)，若请求令牌非法，则丢弃此信息；若请求令牌合法，提取数据包中的用户 IP 地址。

(2) 在请求令牌认证通过之后，提取此请求数据包中的地址转换类型，若转换类型为基于数据信息的发现，则执行(3)；若转换类型为基于 IP 地址的发现，则执行(4)。

(3) 提取数据包内容，根据请求数据包的内容查找信息库得到相应传感器节点的 ID/位置。

(4) 根据步骤(1)中提取的用户 IP 地址查找 IP 映射库得到相应的传感器节点的 ID/位置。

(5) 将步骤(1)中提取的用户 IP 地址和步骤(3)中得到的传感器节点 ID/位置保存在 IP 地址和传感器节点映射记录表中，供此请求的响应消息使用。

(6) 生成传感器网络中的数据包。

数据包转换的具体流程如图 8-14 所示。

3. WSN→Internet 数据包转换

当接收到来自传感器网络的响应用户的数据包时，WSN-Internet 网关使用数据包中包含 ID/位置在 IP 地址-传感器节点映射表中查找先前转换的传感器网络数据包，WSN-Internet 网关能够发现最初的 Internet 数据包，并得到用户 IP 地址，然后创建一个新的 Internet 响应数据包。具体的转换步骤如下。

(1) 提取来自 WSN 的请求响应数据包中的传感器节点 ID/位置。

(2) 根据获得的节点 ID/位置，查找 IP 地址和传感器节点映射记录表获得对应的 IP 地址。

(3) 生成 WSN-Internet 网关给用户的请求响应数据包。

(4) 从 IP 地址-传感器节点映射记录表中删除该条记录。

数据包转换的具体流程如图 8-15 所示。

4. 数据包转换表生成

在上述数据包转换过程中，需要在网关建立三张映射表，分别为信息服务表、IP 映射表和 IP 地址-传感器节点映射表。这三张表是数据包转换的依据，由 WSN-Internet 网关负责生成和维护。

在 Internet→WSN 数据包转换中，若是基于数据信息进行地址转换的，信息服务表提供目的传感器节点的地址。在网络初始化过程中，所有的传感器节点将能够提供的监测服务向

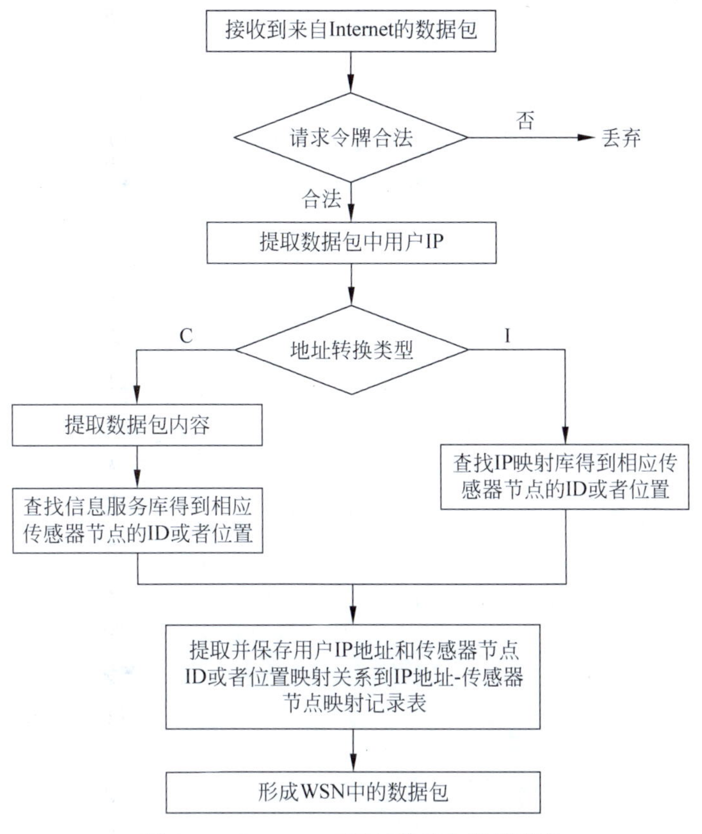

图 8-14　Internet→WSN 数据包转换流程

网关进行注册，网关将此注册信息写入信息服务表。当网关接收到来自 Internet 用户的请求时，根据具体的用户请求内容，将请求消息发送给能够提供服务的传感器节点。若是基于 IP 地址发现进行地址转换，IP 映射表提供目的传感器节点的地址。预先在 WSN-Internet 网关的 IP 映射表中注册 IP 地址和传感器节点的对应关系，可以使具有特定 IP 地址的管理节点或者用户能够访问特定的传感器节点。

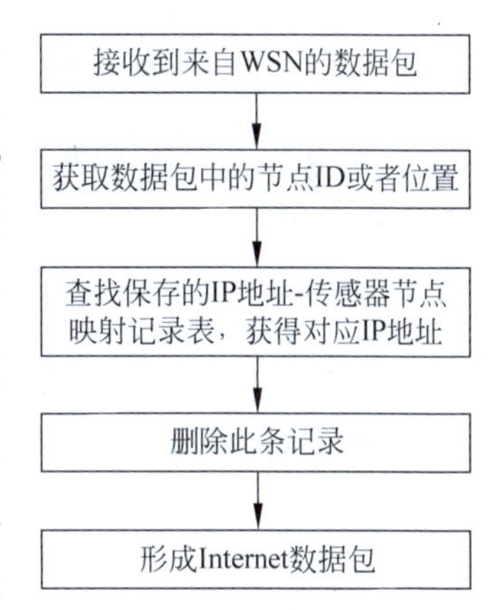

图 8-15　WSN-Internet 数据包转换流程

传感器网络传送到 Internet 上的数据包为用户请求的响应信息。在 Internet→WSN 数据包转换的过程中，WSN-Internet 网关在 IP 地址-传感器节点映射表中记录 IP 数据包和转换后的传感器网络数据包。当用户请求得到响应后，WSN-Internet 网关需要将响应数据包转换成 IP 数据包，使用 WSN-Internet 网关中预先记录的信息确定 Internet 上的目的用户。

8.4　WSN 服务提供方法

传感器网络服务提供是其能够得到广泛应用的基础，但是，目前传感器网络的研究仅局限于自身数据收集技术，Internet 用户访问传感器网络服务方式的研究较少。利用网络中间件技术，本章提议传感器网络服务提供方式。

▶ 8.4.1 服务提供体系

传感器网络接入 Internet，将 Internet 的功能延伸到物理世界的各个角落。借助 Web Service 的思想设计传感器网络服务提供方式，如图 8-16 所示。在 Internet 上部署特定的服务器，传感器网络可以将自身能够提供的服务在服务器上注册并通过服务器向用户提供；同时也可以通过网关直接向用户提供服务；传感器网络内部也存在服务调用关系，多个不同种类的传感器节点相互协作完成特定的任务。

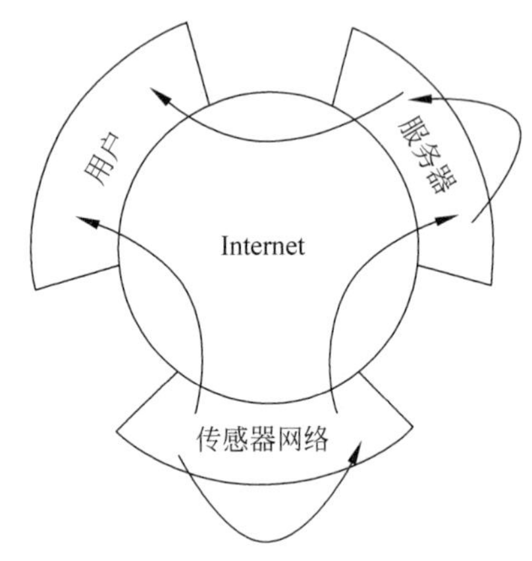

图 8-16　传感器网络的服务提供示意

在前面所提出的传感器网络接入 Internet 的体系结构下，利用网络中间件思想，提出了传感器网络服务提供方式。传感器网络通过 WSN-Internet 网关接入 Internet，在 Internet 上部署管理服务器。传感器网络通过 WSN-Internet 网关将其能够提供的服务在管理服务器上注册。管理服务器为用户提供传感器网络服务的查找、订购和使用服务。服务提供方式如图 8-17 所示。

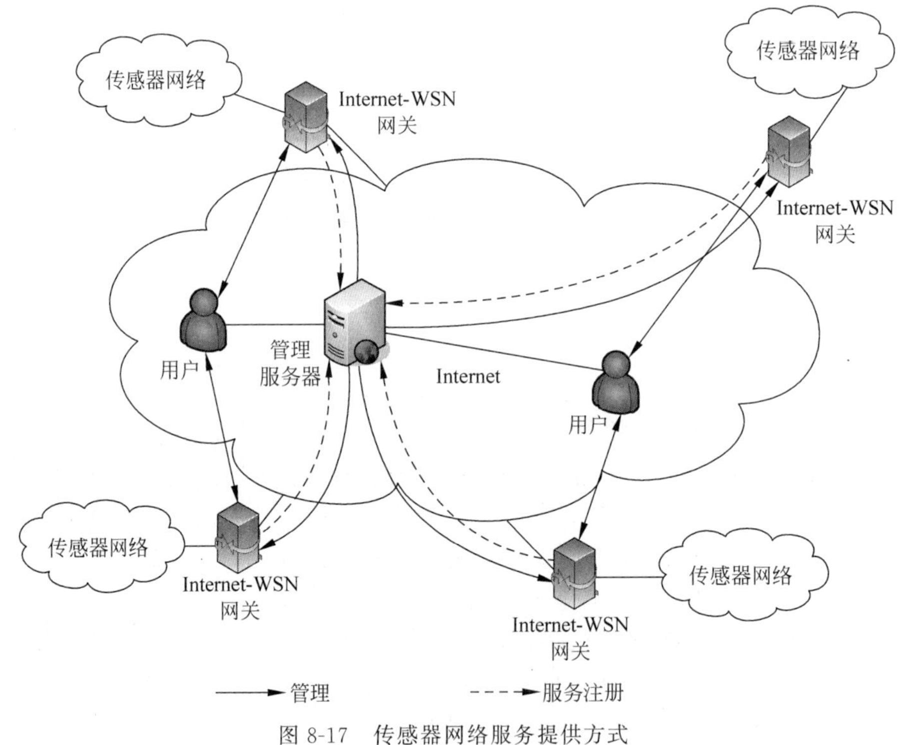

图 8-17　传感器网络服务提供方式

▶ 8.4.2 服务提供网络中间件

为了完成传感器网络服务提供，设计如图 8-18 所示的网络中间件。

在 WSN-Internet 网关中部署 Internet→WSN 数据包转换、WSN→Internet 数据包转换、服务注册、服务提供、位置管理、服务管理和访问控制模块；在管理服务器上部署安全管理支撑模块、服务注册模块、服务查找模块、服务定购模块、服务配置模块、服务接口模块和服务逻辑执行模块。

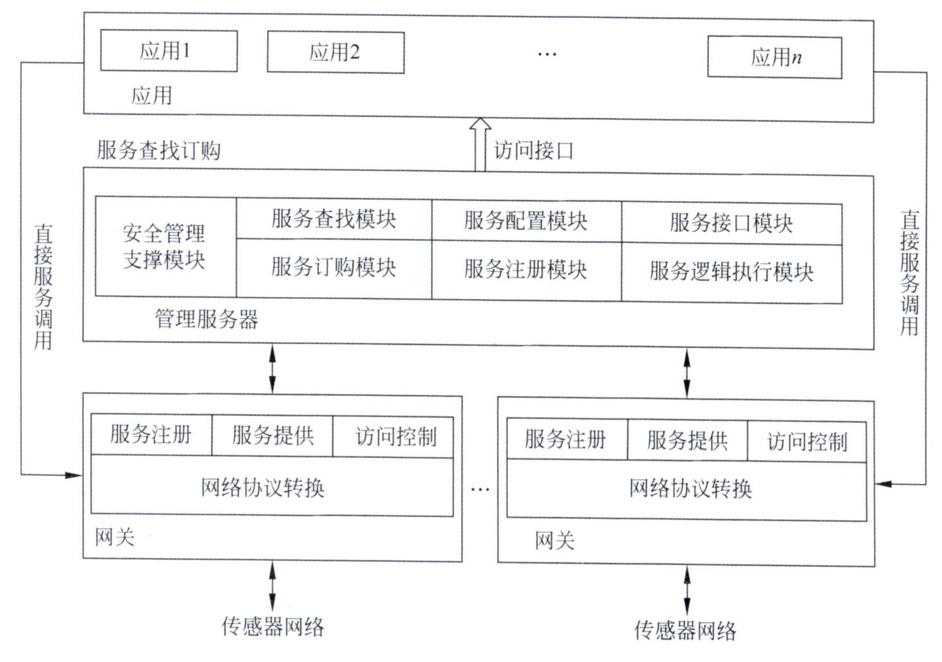

图 8-18　传感器网络服务提供网络中间件

WSN-Internet 网关执行数据包转换，对传感器网络进行管理，将传感器网络提供的服务注册到管理服务器，并对服务的访问进行控制；管理服务器执行相应的安全管理，接受 WSN-Internet 网关的服务注册，用户的服务查找和订购，代理用户调用传感器网络服务；用户向管理服务器查找和订购需要的服务，根据预先的访问策略，通过管理服务器或者直接调用传感器网络服务。

8.4.3　服务提供步骤

传感器网络服务访问由服务注册、服务查询、服务订购和服务调用 4 个步骤组成。服务注册分为两个步骤：传感器网络将自己能够提供的服务向 WSN-Internet 网关注册；WSN-Internet 网关将传感器网络提供的服务向管理服务器注册。服务查询为 Internet 用户向管理服务器查询传感器网络服务。服务订购为 Internet 用户订购传感器网络服务，订购传感器网络服务的用户能够得到服务访问令牌和服务访问方法。服务调用为用户在令牌认证通过后，通过 WSN-Internet 网关调用传感器网络服务，具体流程如图 8-19 所示。

传感器网络通过 Internet-WSN 网关向中心管理服务器注册自己能够提供的服务。Internet 上的用户通过管理服务器查询传感器网络提供的服务。在服务查询之后，用户订购自己需要的传感器网络服务。在订购服务之后，得到传感器网络服务访问令牌的用户能够通过 Internet-WSN 网关调用传感器网络服务，具体步骤如下所示。

1. 服务注册

（1）WSN-Internet 网关查询传感器网络能够提供的服务。

（2）传感器网络中的各个传感器节点收到 WSN-Internet 网关服务查询时，将自己的 ID/位置和能够提供的环境监测服务类型向 WSN-Internet 网关注册。

（3）WSN-Internet 网关综合传感器网络能够提供的服务，将这些服务和提供服务的节点

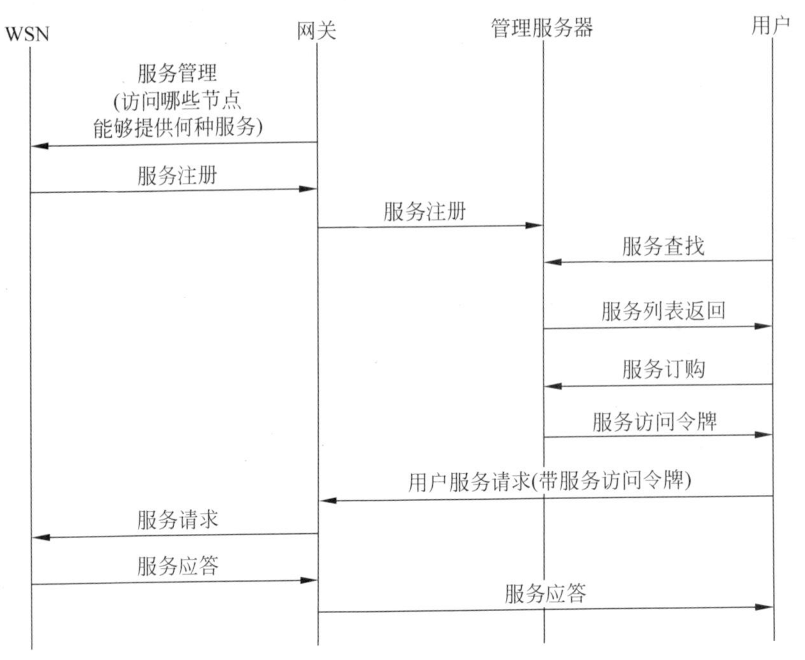

图 8-19　传感器网络服务提供流程

存储在信息服务库中，然后向 Internet 中的管理服务器注册服务（这个服务注册信息包括服务类型、服务描述、服务订购方式、服务调用地址、服务调用绑定方式）。至此，管理服务器能够向 Internet 用户提供传感器网络服务查询、订购和使用服务。

2. 服务查询

（1）Internet 用户向管理服务器提出服务查询请求。

（2）管理服务器向 Internet 用户返回查询服务列表。

3. 服务订购

（1）Internet 用户根据查询的服务向管理服务器订购所需要的服务。

（2）订购成功（身份认证成功或者交纳费用）后，管理服务器给用户返回调用所订购服务的访问令牌和服务调用方式。

4. 服务调用

（1）用户根据获得的服务访问令牌和服务调用方式，向 WSN-Internet 网关提出服务请求。

（2）WSN-Internet 网关对来自用户的消息进行 Internet→WSN 的数据包转换，并将转换得到的数据包发送给相应的传感器节点。

（3）传感器节点将请求响应消息返回给 WSN-Internet 网关。

（4）WSN-Internet 网关将收到的传感器节点返回的请求响应消息进行 WSN→Internet 数据包的转换，并将转换得到的数据包发送给提出服务调用请求的 Internet 用户。

8.5　多网融合网关的硬件设计

网关的构建以实用性、开放性、功能的可扩展性、技术的先进性为指导原则，通过对无线传感器网络数据传输过程的分析，并按照嵌入式系统的开发流程总结出网关的设计需求如下。

1．硬件需求

网关硬件平台应由具有低功耗、高性能的嵌入式微处理器对数据进行处理；存储器系统用于存储应用程序及从无线传感器网络接收到的数据；在调试程序及上传数据时需要用到串行通信接口；以太网接口作为网关与终端进行数据传输的一个接口；无线网卡通过 USB 接口接入本网关；此外，网关硬件还应包括 JTAG 测试接口、时钟系统及复位电路等。

2．软件需求

网关软件平台应为便于移植的、可裁剪的嵌入式操作系统，方便随时根据需要添加或删除内核模块。此平台应支持 WSN 数据的采集、转换、转发等应用程序，并支持多线程编程。

根据上述硬件和软件需求，无线传感器网络网关的总体实现目标如下。

(1) 网关设计要具备良好的可扩展性。

(2) 实现对无线传感器网络不同节点信息的采集和转换。

(3) 远程数据传输应具备无线和有线两种方式，提高可靠性。

(4) 网关可以实现各模块程序并行执行。

8.5.1　网关总体结构设计

1．网关节点设备的技术指标

(1) 无线传感器网络网关节点具备无缝接入 GSM、TD-SCDMA、Internet、WLAN 等网络的能力，并具备信息聚合、处理、选择与分发功能，具备独立寻址与编址能力。

(2) 每个无线传感器网络节点都可以通过网关节点的中转，实现与各异构网络终端的一对一或一对多的数据通信与信息交互。

(3) 网关节点的处理频率高于 16MHz，数据吞吐量大于 10Mb/s，无线数据传输速率高于 250kb/s。

(4) 网关节点同时支持无线传感器网络协议栈与主流移动通信网络协议栈、TCP/IP 协议栈、IEEE 802.11 协议栈。

(5) 网关节点支持网内节点组网规模大于 128 个，并可以实现对网内节点稳定、高效的监督、管理与控制，可以对网内无线传感器节点的工作模式、频率设置、采样时间等进行控制，实现远程管理。

2．网关设备的典型结构

无线传感器网络的特点决定了只有将它与现有的网络基础设施相融合，才能方便人们进行网络控制、管理和数据采集，进而最大限度地发挥其作用并最大化地扩展其应用。由于自身硬件资源的限制及部署环境中的网络基础设施等条件的影响，在现有的硬件及网络系统架构下，无线传感器网络及其节点无法接入 Internet 及主流的移动通信网络，这也就在一定程度上限制了无线传感器网络大规模应用的开展。为解决上述无线传感器网络接入的限制并实现多类型网络的融合，需要研制并实现一种可接入移动通信网络、Internet 等多类型异构网络的无线传感器网络网关设备，以期在底层硬件结构上屏蔽各类型网络与无线传感器网络的协议差别，统一其业务规范与数据流，保证无线传感器网络和其他多类型网络之间的异构数据通信与交互。

网关典型的系统架构如图 8-20 所示，包括以下几个组成模块。

1) 多类型网络控制与接入模块

网关节点主要通过多类型网络控制与接入模块，实现与 TD-SCDMA、Internet 等多类型

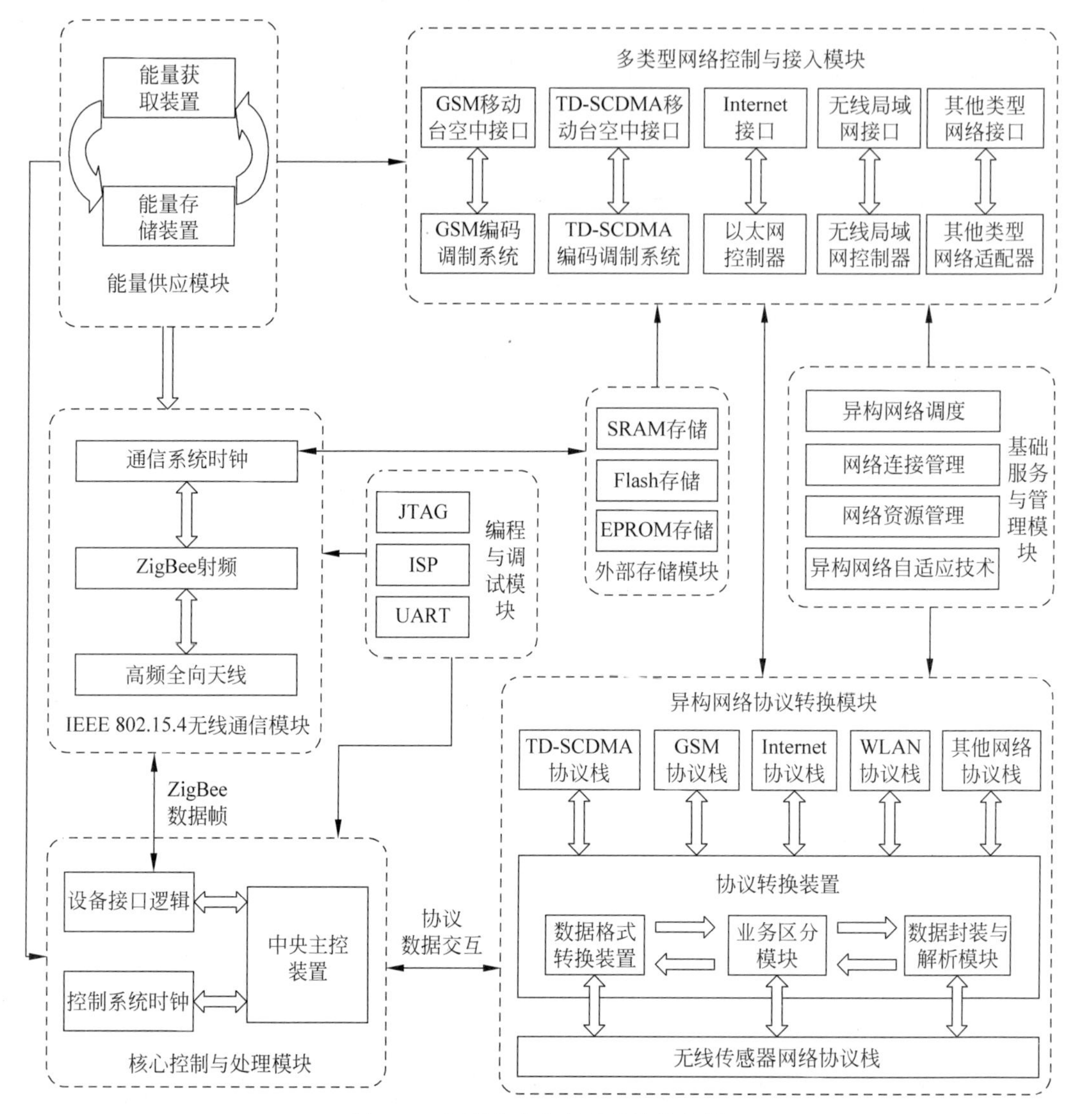

图 8-20　网关节点设备系统结构实例

网络的互联与互通。根据不同网络协议下的接入标准与层间结构，本模块将重点包括TD-SCDMA编码调制系统及其空中协议接口、Internet控制器及其网络接口设备、无线局域网络适配装置及其射频子系统等多类型网络接入装置，并在此基础上，考虑底层硬件系统二次开发需求，为其他类型网络接入装置提供相应的设备接口，便于网关设备的进一步开发。

2）异构网络协议转换模块

异构网络协议转换模块是网关设备实现其接入功能的核心，将重点实现无线传感器网络与TD-SCDMA、Internet等网络协议栈的对接与融合。模块根据各类型网络协议模型的特点和层次特性，自物理层开始，逐一开展异构网络业务区分、数据封装与解析、数据格式转换等操作，最终实现无线传感器网络综合业务数据的上传和以TD-SCDMA、Internet为代表的主要支撑网络数据下载。

3）核心控制与处理模块

面向多类型异构网络的网关节点的核心控制与处理模块主要实现对无线传感器网络任务的全局处理、数据融合与信息提取，还为多类型网络提供基础服务与管理功能，完成异构网络调度、网络资源管理、网络连接管理及自适应切换等功能，是整个网关节点的调度中心装置。无线传感器网络网关节点拟定以32位嵌入式微处理系统为核心，并配置较为完善与丰富的嵌入式操作系统及支撑软件，以保证其控制与处理功能的稳定、高效、正确执行。本模块将主要包括中央主控装置、设备接口逻辑及控制系统时钟等。

4）IEEE 802.15.4无线通信模块

无线传感器网关节点的无线通信模块的主要作用是从协议底层正确获取网络内各节点的多种类型下的传感数据信息，交由核心控制与处理模块进行处理，并最终传送至指定的接入网络。同时，由各类型网络下行而来的、经过协议与格式转换后的数据流、控制流、业务流等，也通过本模块发布至无线传感器网络的各个独立节点。针对网关节点无线通信模块的特殊性与重要性，拟定在其硬件通信实体上全面加载基于IEEE 802.15.4的ZigBee网络协议栈，其硬件基本组成包括ZigBee射频、面向2.4GHz的高频全向天线及用于控制整个无线通信时序的通信系统时钟。

5）外部存储和能量供应模块

由于无线传感器网络与TD-SCDMA、Internet等网络在所承载的网络业务类型与业务量、传输数据量与数据传输速率、网络带宽与调制方式、载波频段等方面存在明显区别，必然要求网关节点具备必要的存储能力，以尽可能降低其所接入的不同类型网络之间的差异性。同时，作为无线传感器网络的终端设备，具备较强存储功能的网关节点为更好地实现其在网络管理与控制功能提供保障。在原有无线传感器网络节点存储体系的基础上，从网关设备总体结构出发，在存储介质类型与存储容量方面，进行进一步扩展，以满足应用需求。另外，网关设备的能量供应模块为节点的各组成模块的功能实现提供了能量支撑。

6）多类型网络协议栈存储模块

由于无线传感器网络、TD-SCDMA、Internet等网络的体系结构复杂性，在开展网关节点设备研制过程中，必须充分考虑设备对各类型网络协议的支持与规范。为此，拟定在无线传感器网络网关节点中，构建拥有较强存储能力并可进行快速访问的存储模块，以实现对各类型网络通信协议栈的集中存取与访问控制。建立丰富的协议接入与访问接口，以保证网关节点进行无线传感器网络与异构网络互联时，实现快速协议转换与业务切换。考虑到二次开发的需求，拟定在本模块中，为其他类型的接入网络保留协议栈存储空间及访问路径。

7）基础服务与管理模块

基础服务与管理模块是无线传感器网关设备的中心调度模块，通过与协议转换模块和多类型网络控制与接入设备的协调，完成各类型接入网络与无线传感器网络的数据与业务接入与互联。本模块结构中主要包括以下部件。

（1）异构网络调度部件：实现多类型网络与无线传感器网络的资源调度。

（2）网络连接管理部件：管理并实现网关设备与多类型异构网络的连接。

（3）网络资源管理部件：对无线传感器网络内的各种软硬件资源进行有效管理与分配，并实现与多类型异构接入网络的资源共享。

（4）异构网络自适应连接部件：为网关节点接入不同的网络环境提供切换与自适应支持。

一个无线传感器网络网关硬件部分通常包括5个主要模块：外部网络接入与控制设备、IEEE 802.15.4无线通信模块、处理器模块、外部存储器模块和能量供应模块。

如图8-20所示为网关硬件电路的总体结构图，网关系统以ARM920T为核心，用

DM9000AEP 网络芯片接入以太网，用 USB 接口无线网卡 RT73 接入无线局域网，用符合 IEEE 802.15.4 协议的 2.4GHz 芯片 CC2530 接入 ZigBee 网络，再加上简单的外围辅助电路，完成了整个硬件电路的设计。

外部网络接入与控制设备由 Internet 接口与以太网控制器、无线局域网接口与无线局域网控制器以及其他类型的网络接口与网络适配器构成，用来实现无线传感器网络与外部网络（如 Internet）之间的通信。IEEE 802.15.4 无线通信模块由通信系统时钟、ZigBee 射频和高频全向天线构成，用来实现与无线传感器节点之间的通信。处理器模块一般包括处理器、存储器和 A/D 转换器等功能单元，主要用于控制节点运作、存储和处理数据。由于无线传感器网络采集与处理的数据量大，需在网关设置一个外部存储器，外部存储器模块一般由 SRAM 存储器、Flash 存储器和 EPROM 存储器构成。能量供应模块一般由一些微型电池及能量检测功能单元组成，主要是为节点提供能量，同时也要节省能量消耗。此外，节点也可以根据具体需求增加其他功能模块，如定位系统、移动装置等。

网关设备节点将具备接入多类型网络的能力，这必然要求构建于网关节点之上的嵌入式系统软件为网络接入提供协议支撑。为此，下面将细致分析无线传感器网络与各种接入网络（如移动通信网络、Internet、无线局域网络等）协议栈的实现细节与结构化设计，并由此建立无线传感器网络与各类型网络的协议转换系统。网关节点将主要完成无线传感器网络传感信息的无缝网络发布以及多类型异构网络业务需求与功能控制的无障碍通告。

由于无线传感器网络接入系统复杂，接入类型多样，因此必须要求网关设备系统软件拥有自主、灵活、智能、快速的网络识别与切换能力，根据不同网络的接入要求，实现其与无线传感器网络的无缝互联。

3. 面向多类型异构的 WSN 网关节点设备实现策略

1）功能化、模块化与集成化设计策略

网关节点设备，除了要对传感器网络中的各节点进行监测、管理、任务调度与分配、全局与个体控制等功能以外，还需要同移动通信网络（如 TD-SCDMA、GSM 等）、Internet、无线局域网络等进行复杂交互与融合，拥有较为庞大的硬件体系结构。因此，必须全面实施模块化的设计策略，重点面向总线和模块间的接口规程设计，并将门级元件与中小型 IC 进行较大规模的整合，以简化网关节点设备的开发、设计、测试与验证流程。

为进一步推广面向多类型异构网络接入的无线传感器设备，网关节点还需要同时实现高度集成化的目标，以保证在二次开发和后续业务拓展中，仍可以发挥较大作用。

2）通用部件复用策略

由于网关节点不仅面向单一的无线传感器网络，因此必须充分考虑其功能部件的利用效率，以增强网关设备的功能性。需要在详细研究各类型异构网络接入设备硬件体系架构的基础上，分析其设备共性与相似性，并在此基础上，重点开展对网关设备中的主要功能部件（如主控制器、协议栈存储器、射频部件等）的多功能复用，以尽可能地简化网关节点的硬件设备结构组成，提高系统的运转效率。

3）可重用及二次开发策略

为面向更多类型的网络应用，进一步拓展无线传感器网络的应用规模，在对网关节点设备的研制过程中，应充分考虑其二次开发能力，深度挖掘其进一步开发的潜能，使得网关节点设备拥有支持更多的网络接入类型的能力，具备多元化和可扩展的特点，以满足更多的新型网络业务需要，拥有较强的可持续运转能力。

网关设备将重点面向TD-SCDMA、GSM等主流移动通信网络标准及Internet系统，全面构建可接入多种异构网络的无线传感器网关节点设备。

▶8.5.2　现代WSN网关实验平台

1. 总体结构图

现代无线传感器网络网关开发，有许多公司都有自己的产品，虽然品种很多，但结构原理基本一样，下面以武汉创维特的CVT-WSN-S全功能无线传感器网络教学实验系统为例来说明网关的相关结构知识。

CVT-WSN-S全功能无线传感器网络教学实验系统，集成无线ZigBee、IPv6、Bluetooth、RFID等通信技术于一体，采用强大的Cortex-A8(可搭配Linux/Android/WinCE操作系统)嵌入式处理器作为自能终端，配合多种传感器模块，提供丰富的实验例程，便于"物联网无线网络""传感器网络""RFID技术""嵌入式系统""下一代互联网"等课程的学习。

系统配备ZigBee(兼容TI CC2530和ST STM32W两套方案)、IPv6、蓝牙、WiFi 4种无线通信节点，可以快速构成小规模ZigBee、WiFi、IPv6、蓝牙通信网络。同时模块化的开发方式，使其完全兼容各种传感器网络，并可以在互联网上实现对各种通信节点的透明访问。

系统配备RFID无线射频识别模块扩展功能：支持125kHz、13.56MHz高频14 443Hz、13.56MHz高频15 693Hz、900MHz、2.4GHz有源标签读写器5种RFID读卡器。

Cortex-A8智能终端平台可进行Linux/Android/WinCE三种嵌入式编程开发，包括开发环境搭建、Bootloader开发、嵌入式操作系统移植、驱动程序调试与开发、应用程序的移植与开发等。

配备磁检测传感器、光照传感器、红外对射传感器、红外反射传感器、节点传感器、酒精传感器、人体检测传感器、三轴加速度传感器、声响检测传感器、温湿度传感器、烟雾传感器、振动检测传感器12种传感器模块及传感器扩展接口板(根据教学定制自己需要的传感器)，可以通过标准接口与通信节点建立连接，实现传感器数据的快速采集和通信。

智能终端平台基于HTML5的Canvas和Web Socket技术，通过IE浏览器可以远程实时通信，可以直接访问通信节点。

2. 平台网关

无线传感器网络网关属于协议网关的一种，可以转换不同的协议。在无线传感器网络中汇聚节点用于连接传感器网络、互联网和Internet等外部网络，可实现几种通信协议之间的转换，所以在无线传感器网络中可以认为汇聚节点是无线传感器网络的网关，在CVT-WSN-S实验板上有5种不同形式的网关。

1) Cortex-A8智能网关

Cortex-A8网关开发板如图8-21所示，硬件参数如下。

图8-21　Cortex-A8网关开发板

- 核心CPU采用三星公司S5PV210，基于Cortex-A8内核，采用0.65mm pitch值的17mm×17mm FPGA封装，内部集成了双通道32b DDR2内存接口。主频高达1GHz。
- 内存：1GB，Samsung K4T1G084QQ；原厂方案。

Flash：1GB，Samsung K9K8G08U0A；原厂方案。

- 选用群创最新 7 英寸液晶显示触摸屏，800×480px，LED 背光，16∶9 宽屏，16.7MHz 真彩色，五点触控电容触摸屏。
- 板载支持：SD 卡或 MMC 卡。
- 视频：TV-OUT/VGA/HDMI 高清；支持 TV-IN 和 SDIO 摄像头。
- 支持 1080P 视频播放；支持 2D、3D 加速；支持视频 TV 输入。
- 4 路 TTL；2 路 RS232 串口 100M 网口；板载 WiFi；板载 ZigBee 工业 20pin 接口。

2）IPv6 网关

IPv6 网关板如图 8-22 所示，硬件参数如下。

- 微处理器 STM32W108，128KB Flash，8KB RAM。
- 工业 SoC 设计 ZigBee 集成化解决方案。
- 传送速率最大 250kb/s；通道 16 个可选频段。
- 传输距离 0～200m 可调。
- JTAG 引出，程序调试；1 个 KEY，2 个 LED。
- 模块化设计积木设计。
- 开源无线传感网操作系统方案：TinyOS 基于 IPv6 协议栈进行组网；Contiki OS 系统应用开发，基于 IPv6 协议栈进行组网。
- 电源电压：DC 5V±0.2V。

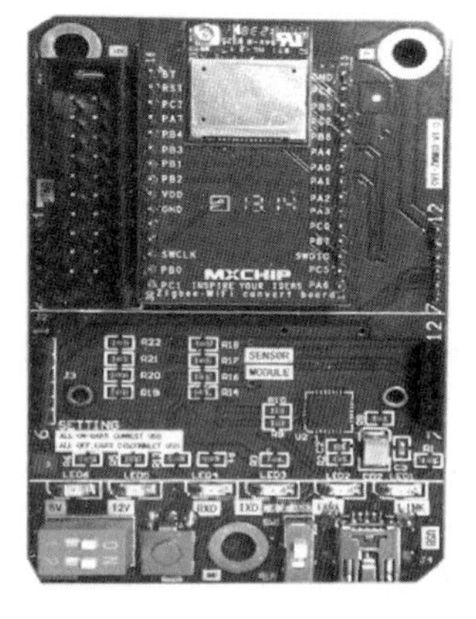

图 8-22　IPv6 网关板

3）WiFi 网关

WiFi 网关板硬件参数如下。

- 处理器：内嵌 ARM7 处理器 72MHz。
- 板载天线 2.4GHz 2dB 陶瓷天线。
- 支持多种网络协议：TCP/IP/UDP。
- 支持 UART/GPIO/以太网数据通信接口。
- 支持透明协议数据传输模式，支持串口 AT 指令。
- 支持 802.11b/g/n 无线标准。
- 支持 TCP/IP/UDP 网络协议栈。
- 支持无线工作在 STA/AP/AP+STA 模式。
- 提供友好的 Web 设置界面。
- 网关自带 ZigBee 与 WiFi 模块通过串口相连，同时 WiFi 模块也可直接与计算机相连。

4）蓝牙网关

蓝牙模块板如图 8-23 所示，硬件参数如下。

- 基于 TI CC2540 低功耗蓝牙 SoC 芯片。
- 软件支持业界领先的蓝牙 4.0 低功耗协议栈。
- 支持 UART 透传，AT 指令。
- 配置 com 接口，外设主从开关。
- 支持电池供电。
- 数字接口部分全部引出。

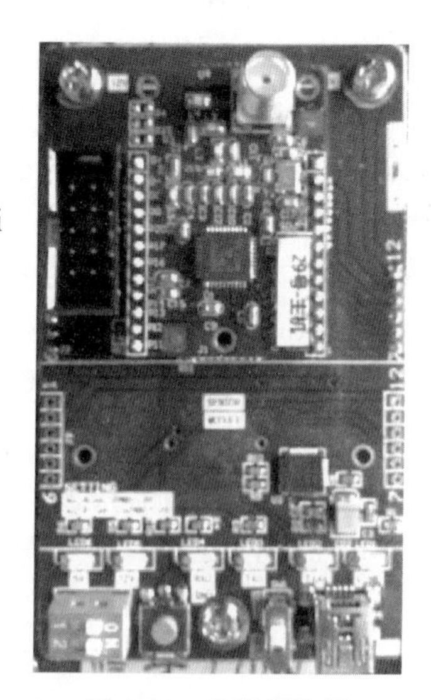

图 8-23　蓝牙模块板

- BLEStack 软件包。
- 兼容 TI 原版设计。
- TI 公司发布的最新协议栈无须修改可运行。
- 提供基于 iOS 系统的手机端监控软件。
- 实现防丢器等功能演示。
- 可用该模块实现蓝牙转 ZigBee 功能手机通过蓝牙控制 ZigBee 节点。

5) ZigBee 网关

网关节点通过 USB 口和计算机(PC)实现通信；通过网关内置 ZigBee 模块和各无线传感器网络节点实现通信。网关节点是将所有节点数据汇总、分析、存储和发送的一个机构。

它的工作流程是：当计算机发送命令以后，网关接收命令，首先判断是不是可用的命令，如果可用，根据命令判断计算机需要哪个节点的信息，并向该节点发送命令要求将对应数据传回网关，然后再将接收到的指定节点的信息按既定格式发送给 PC，PC 通过传感器网络 PC 软件显示出来。

以 ZigBee 技术为基础的无线传感器网络网关由网关开发板、显示屏、CC2530 模块等组成。

(1) 网关硬件参数。

- 微处理器 CC2530，128KB Flash，8KB RAM。
- 2.4GHz(IEEE 802.15.4)。
- TI ZigBee 最新协议栈 ZigBee2007，安全传输 AES 等可选加密方式，开发环境 IAR 编译器。
- 电源电压：+2.0～+3.6V。

(2) 网关协议的转换。

CC2530 是 ZigBee 芯片的一种，广泛使用于 2.4GHz 片上系统解决方案。建立在基于 IEEE 802.15.4 标准的协议之上，支持 ZigBee2006、ZigBee2007 和 ZigBeePro 协议。CC2530 芯片支持“ZigBee 协议↔串口”协议的转换。

在无线传感器网络数据采集和传输的过程中，CC2530 模块通过无线可以接收到其他传感器节点的数据，此无线通信协议为 ZigBee 协议。

网关的主要作用就是通过协议转换将数据发送出去。将 CC2530 模块插入网关开发板的 CC2530 插槽中，便成为网关开发板的一部分。网关协议转换过程如图 8-24 所示。

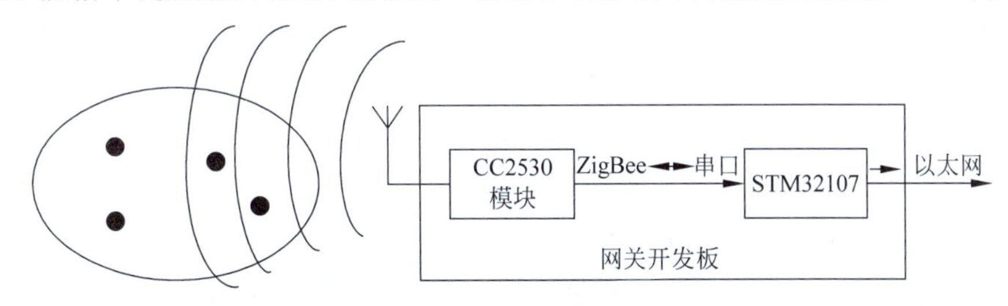

图 8-24 网关协议转换过程

CC2530 模块通过 ZigBee 协议接收到其他支持 ZigBee 协议节点发送的数据后，将此数据经过“ZigBee 协议↔串口”的转换，通过串口可以将数据传输至网关开发板的 STM32F107VCT6 处理器中。

网关开发板的 STM32F107VCT6 处理器可以通过处理将协议转换为以太网，将数据通过以太网发送出去。

8.6 网关接入外部基础设施网络的实现

WSN 网关设计的一个关键功能就是实现与 Internet 的互联。实现 WSN 通信协议与当前互联网传输控制协议/网间协议（TCP/IP）的转换。WSN 与 Internet 互联通常采用以下三种方式进行。

（1）在 WSN 与 TCP/IP 网络之间设置一个服务代理，代理既可以与 WSN 网络节点通信，也可以与 TCP/IP 网络上的主机进行通信。本书设计的网关正是充当此代理的作用。

（2）在 WSN 与 TCP/IP 网络之间采用一种时延自适应网（DTN）结构，能可靠地运行在异常恶劣的环境中。

（3）由于 WSN 的网络特性，从节点省能及容量有限的角度，WSN 可以运行简化的 TCP/IP 内核。事实证明，此种方式同样行之有效，当然需要解决许多挑战性问题。

实际的网关设计可以分别基于上述三种结构或者采用三种方式的结合。本节通过加载无线网卡模块，以无线的方式接入外部网络。这需要为网关设备的嵌入式 Linux 系统加载无线模块内核，并移植无线网卡驱动到嵌入式 Linux 系统中，具体步骤如下。

（1）修改 Wireless_tools. 29. tar. gz 工具包的 Makefile 文件，使其编译时采用交叉编译，生成适合嵌入式网关设备的文件。

（2）顺序执行 make、make install 命令，进行编译及安装。

（3）用网线将网关设备与 PC 连接起来，用 mount 命令将 PC Linux 系统挂载到网关 Linux 系统下，并将 wireless/sbin 目录及 wireless/lib 目录下的内容分别复制到网关 Linux 系统下的/sbin 和/lib 目录下。

（4）下载最新版本的无线网卡驱动，修改其 Makefile 文件，使其编译时采用交叉编译，生成适合嵌入式网关设备的文件。

（5）在嵌入式 Linux 系统中，在/etc 目录下新建目录 Wireless/RT73STA。

（6）执行 make all 指令，将生成的 rt73. ko、rt73. bin、rt73sta. dat 文件复制到 Wireless/RT73STA 目录下。

（7）在网关设备终端下执行 dos2unix/etc/Wireless/RT73STA/rt73sta. dat 命令，实现格式转换。

（8）执行 insmod 命令加载 rt73. ko，再用 ifconfig、iwconfig 等命令设置网关 IP 地址等内容。

网关节点设备通过 ZigBee 射频获取来自无线传感器网络内的多元化采集信息（包括一般环境传感信息、多媒体传感信息等），并逐渐通过自下而上各协议层次的规范化数据解析。网关系统软件与支撑软件根据其接入网络或服务对象的业务与数据需求，并根据传感数据自身的特性，开展处理、分析、融合与提取，得到满足条件的多类型传感信息，并提供给建立于系统软件之上的 TCP/IP 体系，作为其初始业务源。网关节点将按照该协议的规范与标准，完成业务类型确定、数据格式转换、数据帧封装等一系列操作，由无线网卡模块实现最终的接入功能。

嵌入式网关系统软件部分由三个模块组成：利用Z-Stack协议栈实现ZigBee协调器功能的模块，实现精简嵌入式TCP/IP的功能模块，ZigBee报文转换为无线局域网报文模块。

在分析控制系统、Z-Stack及TCP/IP实现的基础上，本书提出了网关系统与IEEE 802.15.4/ZigBee网络通信协议层次，网关系统与Internet通信协议层次的应用模型。该通信协议的层次体系结构如图8-25所示。

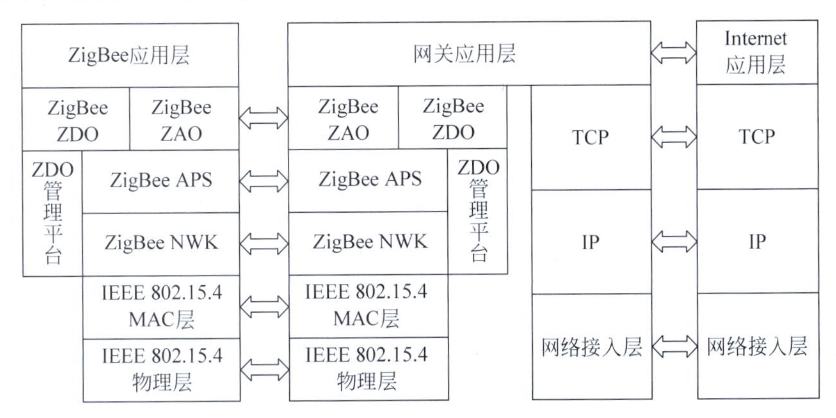

图8-25 网关系统通信协议的层次体系结构

习题8

1. 多网融合的无线传感器网络是在传统无线传感器网络的基础上，利用________接入技术，实现无线传感器网络与以太网、无线局域网、移动通信网等________。

2. 传统的________是利用________与PC相结合来实现的，利用PC与外部网络连接将无线传感器网络的数据进行远距离传输。

3. 在传感器网络和Internet之间设置________或________，实现传感器网络接入Internet的网络称为同构网络。

4. 与同构网络相反，如果网络中部分节点拥有比其他大部分节点更高的能力，并被赋予________，运行________，这种网络称为异构网络。

5. WSN-Internet网关的主要功能为：将________的请求或者操作命令数据包转换成传感器网络数据包，将传感器网络的响应数据包转换成________。

6. Internet与WSN之间的数据包转换过程中，需要在网关建立三张映射表，分别为________、________和IP地址-传感器节点映射表。

7. 无线传感器网络网关属于________的一种，可以转换________。

8. 接入WSN的方式有几种？

9. 以太网接入WSN的基本思想是什么？

10. 无线局域网接入WSN的基本思想是什么？

11. 移动通信网接入WSN的基本思想是什么？

12. 画出网关总体结构设计图。

13. 网关接入外部基础设施网络是如何实现的？

14. 画出WSN接入体系结构。

15. 传感器网络接入 Internet 方法的基本思想是什么？
16. WSN 接入网关设计的基本思想是什么？
17. Internet→WSN 数据包转换的基本思想是什么？
18. WSN→Internet 数据包转换的基本思想是什么？
19. 服务提供体系的基本思想是什么？
20. 服务提供步骤是什么？

第 9 章　WSN的应用

学习导航

- WSN的应用
  - 基于WSN路况信息监测技术的实现
    - 路面参数监测传感器选择
    - 道路车流量监测的传感器
    - 交通参数监测技术
    - 交通参数监测的实施方案
  - 基于WSN的智能家居系统设计与实现
    - 智能家居的基本描述
    - 智能家居系统的整体架构
    - 节点硬件设计
    - 终端节点硬件设计
    - 节点软件部分设计
    - 节点功能的实现
    - 节点能量控制
    - 智能家居网关分析
    - 智能家居网关通信技术
    - 智能家居网关总体设计
    - 智能家居网关硬件设计
    - 智能家居网关操作系统及驱动移植
    - 智能家居网关应用软件设计
    - 智能家居系统演示平台搭建
  - 基于TinyOS的WSN定位系统的设计
    - 定位系统设计的原则
    - 定位系统算法选择
    - WSN节点硬件设计
    - TinyOS程序编译与移植
    - RSSI定位的TinyOS实现
    - 未知节点程序设计
    - 信标节点程序设计
    - 网关节点程序设计
    - 实验测试结果
    - 无线传输损耗模型分析与验证
  - WSN的移动机器人的定位
    - 移动机器人的定位的基本概念
    - 基于RSSI的WSN的定位
    - CC2530中机器人的定位的实现
    - 定位性能的评价标准

学习目标

- 了解基于 WSN 路况信息监测技术的实现，包括路面参数监测传感器选择、道路车流量监测的传感器、交通参数监测技术、交通参数监测的实施方案。
- 了解基于 TinyOS 的 WSN 定位系统的设计，包括定位系统设计的原则、TinyOS 程序编译与移植、RSSI 定位的 TinyOS 实现、未知节点程序设计、信标节点程序设计、网关节点程序设计、实验测试结果、无线传输损耗模型分析与验证。
- 掌握基于 WSN 的智能家居系统设计与实现，包括智能家居系统的整体架构、节点硬件设计、终端节点硬件设计、节点软件部分设计、节点功能的实现、节点能量控制、智能家居网关分析、智能家居网关通信技术、智能家居网关总体设计、智能家居网关硬件设计、智能家居网关操作系统及驱动移植、智能家居网关应用软件设计、智能家居系统演示平台搭建。

◆ 掌握 WSN 的移动机器人的定位，包括移动机器人的定位的基本概念、基于 RSSI 的 WSN 的定位、CC2530 中机器人的定位的实现。

9.1 基于 WSN 路况信息监测技术的实现

▶ 9.1.1 路面参数监测传感器选择

实时监测恶劣天气和道路状况，对提高行驶安全和道路维护是非常必要的。监测通行道路上的积水、积冰和积雪状况，以及道路所在区域的雾和光线条件等，可以用来决定能见度、天气和道路等自然条件是否适宜于安全驾驶。如果存在安全隐患，可以通过安装在路边的交通指示牌、C2C 或 C2I 的通信系统等，将安全隐患信息传送到将要通过此路段的驾驶员。

基于传感器网络的路况信息监测和安全增加措施，在一些不容易被驾驶员发现或容易忽略的道路交通隐患状况下是非常有用的。交通信号控制根据道路的状态做出实时调整，同时道路的状态信息可被交通管理部门用来作为维护道路安全行驶的依据。交通部门根据实时获取的道路状态信息，对道路实施及时的修理和维护。

随着微机电系统（Micro-Electro-Mechanical System，MEMS）技术的发展，单片集成微型传感器的制作成为可能。这些微型化、集成化和低功耗的传感器非常适合使用在无线传感器网络的节点上。目前，国外一些著名公司如 NI、Honeywell、Freescale 以及日本的 KOA、Semitec 等，都有性能较好的产品问世。

如图 9-1 所示为 Mica 节点配备的可用于道路状况参数监测的微传感器板，电路板集成了温度传感器（可用于积冰和雪测量）、湿度传感器（可用于雨和雾测量）、光强度传感器（道路光线测量）和气体压强传感器。此外，微传感器板上的声传感器可用来估算风速，加速度传感器可用来估算车载质量。所有的传感器及其信号处理电路，都集成在一块名片大小的电路板上。从节能角度考虑，单个传感器的测量电路是可关断的，考虑到道路状况参数变化的特点，可以每隔 30min 或 15min 测量一次道路状况参数，其余时间传感器的测量电路完全关断。

图 9-1　Mica 节点配备的道路参数监测传感器板（微型气象站）

由于监控道路区域的路况参数变化较为一致，可以将用于道路状况参数监测的传感器分散到监控区域的各传感器网络节点上，或者使用专门的具有能量供应的节点用于道路状况参数监测。微传感器板留有丰富的接口，采用即插即用的安装方式，灵活使用在设计的传感器网络节点上。

1. 温度传感器

温度测量和控制在工业、农业、科学研究、国防和人们日常生活方面扮演着重要角色。道路状况参数监测节点上的温度传感器，既可以测量天气温度，也可以结合道路参数，获取道路结冰、结雾和下雪状态。例如，可以利用道路参数节点监测到的路面积水状况及其温度参数变化来推导路面结冰的状态；利用监测到的天气湿度参数，结合温度参数推导结雾的状态。

随着电子技术和材料科学的发展，温度传感器的种类和性能得到了提高。它们从原理上大概可分为电阻式、PN 结式、热电阻式和辐射式 4 类。为道路参数监测节点选择温度传感器时，主要考虑的因素涉及传感器功耗、供电电压、测温精度、封装、监测节点控制器（MCU）的兼容性和价格等。

如表 9-1 所示为适宜在监测节点上使用的常见数字输出的温度传感器及其性能列表。表中所列的温度传感器功耗低，具有两线接口，与常用的微控制器具有很好的通信兼容性。温度的测量范围宽，测量精度高，表中所列的温度测量精度是全温度范围内的测量精度，常温下测量精度在 0.5℃以下。

表 9-1 道路状况监测的常用温度传感器

类　型	生产厂家	功耗（测量）/μA	供电电压/V	价格/美元	数据接口	全温度范围内最大测量误差/℃
DS1621	MAXIM	1000	2.7～5.5	1.66	2-Wire/SMBus	±2（−55～+125）
AD7418	Analog Devices	600	2.7～5.5	3.05	I^2C	±3（−40～+125）
TMP275	Texas Instruments	100	2.7～5.5	1.60	SMBus	±1（−40～+125）
MCP9800	Microchip	200	2.7～5.5	0.90	I^2C/SMBus	±3（−55～+125）
LM92	National Semiconductor	350	2.7～5.5	1.70	SMBus	±1.50（−25～+125）

美国 Crossbow 公司专门从事无线传感器网络技术的开发与研究，为节点配置的系列传感器板上的温度传感器采用了热敏电阻原理。热电阻测温是基于金属导体的电阻值随温度的增加而增加这一特性来进行温度测量的，主要特点是测量精度高，性能稳定。

Crossbow 公司的 MDA100 和 MTS101CA 系列传感器板采用了 YSI 公司的 44006 热敏电阻。采用的热敏电阻具有很高的精度和稳定性，经过仔细校验，其测量精度能达到 0.2℃，测量电路如图 9-2 所示。这种传感器测量电路简单，温度测量精度取决于校验和 A/D 采集精度。

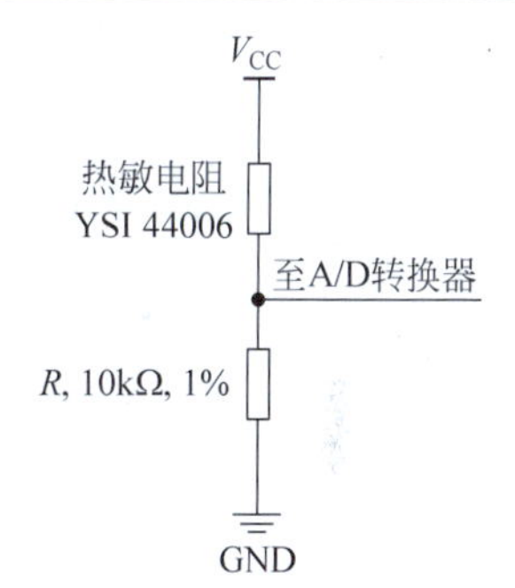

图 9-2 热敏电阻测量原理图

2. 湿度传感器

道路参数监测节点上安置的湿度传感器不仅可以测量道路所在区域的湿度，而且所测的湿度数据可作为雨雾测量的判定依据。为道路参数监测节点选择湿度传感器时，主要考虑的因素包括传感器功耗、供电电压、湿度测量精度、响应时间、封装、信号调理电路功耗复杂度和传感器价格等。如表 9-2 所示为适宜在路况参数监测节点上使用的常见湿度传感器及其性能。

表 9-2 通路状况监测的常用湿度传感器

类　型	生产厂家	响应时间/s	功耗	工作电压/V	是否集成温度传感器	信号输出形式	湿度测量误差
SHT15	Sensirion	<4	30μW	2.4～5.5	是	数字（I^2C）	±2%RH
HIH4030	Honeywell	5	1mW	4～5.8	否	电压输出	±3.5%RH
HTS2030	Humirel	5	5mW	<10	是（NTC）	电容输出	偏离响应曲线±2% RH（10%～90%）RH

表 9-2 中所列的湿度传感器以瑞士 Sensirion 推出的 SHTxx 系列数字温湿度传感器较为突出。SHTxx 采用领先世界的 CMOSens 数字传感技术制造，具有高可靠性和长期稳定性。它具有全量程标定，两线数字接口，可与单片机直接相连，大大缩短研发时间、简化外围电路并降低费用。另外，这种传感器体积微小、响应迅速、低能耗、可浸没、抗干扰能力强、温湿一体，兼有露点测量，性价比高。

Crossbow 公司系列传感器板的湿度测量采用 SHTxx 系列传感器。Honeywell 公司推出的湿度传感器也具有较好的性能，传感器直接输出与湿度呈线性关系的电压信号，信号调理电路较为简单，在便携式湿度测试系统中较为常用。法国 Humirel 公司提供的 HTS2030 系列湿度传感器是电容输出量，集成负温度系数(NTC)的热敏电阻来测量温度，可对测量的湿度数据提供温度补偿。

3. 光强度传感器

为道路参数监测节点选择光强度传感器时，主要考虑的因素是传感器功耗、供电电压、光波长、强度测量范围、封装、信号调理电路功耗复杂度以及传感器价格等。如表 9-3 所示为适宜在路况参数监测节点上使用的常见光强度传感器及其性能。

表 9-3　道路状况监测的常用光强度传感器

<table>
<tr><th>类　型</th><th>生产厂家</th><th>功能/mW</th><th>工作电压/V</th><th>有效分辨力/b</th><th>数据接口</th><th>光强测量范围/%</th></tr>
<tr><td>TLS2560</td><td>TAOS</td><td>0.75</td><td>2.7～5.5</td><td>16</td><td>I²C/SMBus</td><td>0～40 000</td></tr>
<tr><td>ISL29002</td><td>Intenil</td><td>0.9</td><td>2.5～3.3</td><td>15</td><td>I²C</td><td>0～100 000</td></tr>
<tr><td>S1087-01</td><td>Hamanofsu</td><td rowspan="3" colspan="2">功耗取决于光电二极管的信号调理电路，器件可工作在零偏置(光状)和反偏置(光导)模式下</td><td rowspan="3" colspan="2">器件输出与光强信号呈线性关系的最弱电流信号</td><td>(320～1100)nm 光强测量范围宽</td></tr>
<tr><td>BWP33</td><td>SMEM5</td><td>(350～1100)nm 光强测量范围宽</td></tr>
<tr><td>PDB-C171SM</td><td>Advaicd Photooix</td><td>(320～1100)nm 光强测量范围宽</td></tr>
</table>

从表 9-3 可知，光强度测量传感器 TLS2560 和 ISL29002 内部集成了电流放大器、用于消除人为光闪烁的 50Hz/60Hz 抑制滤波器和 A/D 转换，通过 I²C 或 SMBus 接口与微控制器通信。另外，这些传感器都具有很高的灵敏度，可以达到人眼的灵敏度，并具有低功耗和掉电模式。

表 9-3 中所列的其他光强度测量器件都是光电二极管，核心部分也是一个 PN 结。与普通二极管相比，在结构上不同的是，为了便于接收入射光照，PN 结面积尽量做得大一些，电极面积尽量小些，而且 PN 结的结深度很浅，一般小于 1μm。发光二极管通过将接收的光信号变成与之成比例的微弱电流信号，来检测光强度。输出电流小(一般只有数微安)，而且输出阻抗超过几兆欧，因此，相应的信号调理电路必须仔细设计，以满足低偏置电流、低噪声和高增益的要求。

光电二极管能以两种模式工作：一是零偏置工作模式(光伏模式)，如图 9-3(a)所示；二是反偏置工作模式(光导模式)，如图 9-3(b)所示。

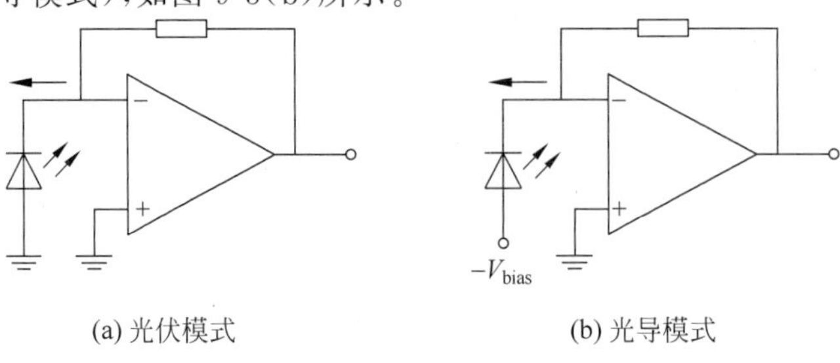

(a) 光伏模式　　(b) 光导模式

图 9-3　光电二极管工作模式

在光伏模式时，光电二极管可非常精确地线性工作。在光导模式时，光电二极管可实现较高的切换速度，但要牺牲线性。在反偏置条件下，即使无光照，仍有一个很小的电流，叫作暗电流（无照电流）。在零偏置时则没有暗电流，这时二极管噪声基本上是分路电阻产生的热噪声。在反偏置时由于导电产生的散粒噪声称为附加的噪声源。

在设计光电二极管的过程中，通常是针对光伏或光导两种模式之一进行最优化设计，而不是两种模式的使用都是最优化的。

将光电二极管电流转换为可用电压的简便方法，是用一个运算放大器作为电流（电压转换器），二极管偏置由运算放大器的虚地维持在零电压，短路电流即被转换为电压。在最高灵敏度时，使用的放大器必须能检测 30pA 的二极管电流。这意味着反馈电阻必须非常大，而放大器的偏置电流必须很小。

例如，对于 30pA 的偏置电流，1000MΩ 反馈电阻将产生 30mV 的相应电压。因为再大的电阻是不切实际的，所以，对于最高灵敏度的情况使用 1000MΩ。这样对于 10pA 的二极管电流，放大器将给出 10mV 输出电压；而对于 10nA 的二极管电流，输出电压为 10V，这样便需要 60dB 的动态范围。

对于更大的光强值，必须使用较小的反馈电阻来降低电路增益。要精确测量数十皮安范围的光电二极管电流，运算放大器的偏置电流不应大于数十皮安。Analog Devices 公司的 AD549 输入偏置电流只有 150fA，是精确测量光电二极管电流的较好选择。不过在一般应用场合，无须选择偏置电流如此小的运算放大器。

上述光电二极管测量精度较高，但信号调理电路较为复杂。在一些较为简单的应用场合下，可以采用如图 9-4 所示的测试电路。通过 A/D 转换器直接测量光电二极管两端的压降推导光强度。

美国 Moteiv 公司推出的 Tmote Sky 型无线传感器节点采用如图 9-4 所示的光电二极管测试电路，节点上使用的光电二极管是 S1087-01。Tmote Sky 型节点是 UC Berkeley 研制的第四代无线传感器网络节点 Telos 的商业化版本。

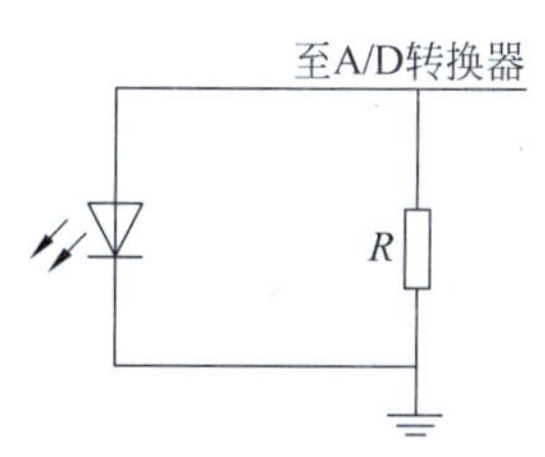

图 9-4　光电二极管简单测试电路

4. 大气压力传感器

为道路参数监测节点选择气压传感器时，主要考虑的因素是传感器功耗、供电电压、信号输出方式、封装、信号调理电路功耗复杂度以及传感器价格等。如表 9-4 所示为适宜在路况参数监测节点上使用的常见气压传感器及其性能列表。

表 9-4　道路状况监测的常用大气压力传感器

类　型	生产厂家	工作原理	能量消耗/mA	工作电压/V	信号输出方式	其他说明
MPX4115A	Freescale	硅压阻	7	4.85～3.35	电压	片上集成放大器，温度补偿，表贴封装
HPX015AS	Honeywell	硅压阻	0.6	3.0～10.0	电压	不带补偿和校准，表贴封装
MS5534B	Intersema	硅压阻	1	2.2～3.6	数字输出	集成 15 位 A/D 转换器和温度补偿，SPI 接口，表贴封装
X3PM	Fujikura	硅压阻	<6	3±0.15	电压	片上集成放大器，温度补偿，双列直插封装
SM5812	Silicon Microstructures	硅压阻	10	5±0.25	数字输出	集成 11 位 A/D 转换器和 DSP 算法补偿，I^2C 接口，双列直插封装
SCP1000	VTI Technologies	电容式	0.025	2.4～3.3	数字输出	片上集成温度测量，压力校验补偿功能，I^2C 或 SPI 接口

该表中所列的大气压力传感器都是采用基于 MEMS 技术硅压阻原理研制的，MPX4115A 和 X3PM 型压力传感器内部集成信号放大电路和温度补偿。

MS5534B、SM5812 和 SCP1000 型压力传感器内部集成信号调理电路、A/D 转换、温度补偿，并分别具有 SPI 或 I^2C 接口直接和微控制器相连，具有精度高、功耗低、体积小、使用简单等特点，是配置在无线传感器网络节点上的优先选择。尤其是芬兰 VTI Technologies 公司的 SCP1000 型压力传感器功耗最低，消耗电流只有 25μA，而且内部还集成温度传感器，是路况信息监测节点气压监测的最佳选择。Crossbow 公司传感器板的大气压测量采用 MS5534B 系列传感器。

由于电桥式硅压阻压力传感器的内部没有信号调理功能，在设计信号处理电路时，要考虑到所测量信号的源内阻较大（5kΩ 左右），共模分量较大（为电桥供电电压的 1/2）。在一般应用中可将电桥的两个输出端分别通过抗混叠滤波器后，直接接入 A/D 转换器。但在一些精度要求较高的场合，需要在电桥的输出端接入仪表放大器后，再进入 A/D 转换器。

5．加速度传感器

路况信息监测节点上配置了加速度传感器，可以用来估算车辆的重量，而且可以用来监测节点的振动状态。路况信息监测节点振动状态的监测，可用来实现节点的节电模式。节点初始状态运行在低功耗模式，只有加速度传感器周期性进入数据采集状态，并判定采集的数据。如果大于事先设定的阈值，表明车辆有可能经过监测节点，监测节点进入正常运行状态，否则节点继续运行在低功耗模式。

为道路参数监测选择加速度传感器时，考虑因素包括功耗、供电电压、信号测量范围、信号输出方式、封装、信号调理电路功耗复杂度和价格等。如表 9-5 所示为适宜在路况参数监测节点上使用的常见加速度传感器及其性能。

表 9-5　道路状况监测的常用加速度传感器

类　　型	生产厂家	工作电压/V	能量消耗	测量范围/g	信号输出方式	其他说明
ADXL202E	Analog Devices	3～5.25	0.6mA@3.0V	±2	占空比输出	两轴电容式微机电原理
MMA6271QT	Freescale	2.2～3.6	0.5mA@3.0V	±2.5/−10	电压	两轴电容式微机电原理，量程可调
MXR6500G	MEMSIC	2.7～3.6	2.0mA@3.0V	±1.7	比例输出	集成温度测量，片上温度补偿，两轴，基于对流的热传递原理
LIS202DL	ST Microelectronics	2.16～3.6	0.3mA@2.5V	±2/±8	数字信号	I^2C/SPI 数据接口，两轴，量程可调，低功耗
H34C	Hitachi Metals	2.2～3.6	0.36mA@3.0V	±3	电压	集成温度测量，三轴，低功耗，内部补偿功能
MS7000	COLIBRYS	2.5～5.5	0.2mA@3.0V	±2/±10	电压	单轴电容式微机电原理，低功耗，量程可调，片上补偿
SCA3000-ED1	VTI Technologies	2.35～3.6	0.12mA@2.5V	±3	数字信号	三轴电容式微机电原理，超低功耗

基于 MEMS 技术的加速度传感器是 MEMS 技术成功应用的典型范例之一。表 9-5 所列的加速度传感器都是基于 MEMS 原理研制的。采用这种技术的加速度传感器从原理上可分为压电式、容感式和热感式三种。

压电式加速度传感器运用的是压电效应，内部有一个刚体支撑的质量块，在运动的情况下质量块产生压力，刚体产生应变，把加速度转变成电信号输出。

容感式加速度传感器内部也存在一个质量块，从单个单元来看，它是标准的平板电容器。加速度的变化带动活动质量块的移动，从而改变平板电容两极的间距和正对面积，通过测量电容变化量来计算加速度。

热感式加速度传感器内部没有任何质量块，它的中央有一个加热体，周边是温度传感器，里面是密闭的气腔。工作时在加热体的作用下，气体在内部形成一个热气团。热气团的密度和周围的冷气是有差异的，通过惯性热气团的移动，形成的热场变化让感应器感应到加速度值。

由于压电式加速度传感器内部有刚体支撑的存在，在通常情况下，压电式加速度传感器只能感应到“动态”加速度，而不能感应到“静态”加速度。而容感式和热感式既能感应“动态”加速度，又能感应“静态”加速度。

表 9-5 所列的加速度传感器，除 MEMSIC 公司的 MXR6500G 采用了热感式原理外，其余的传感器采用了容感式原理，都可以感应动态和静态加速度。表中所列的加速度传感器数据输出方式有占空比输出、电压输出和数字信号输出，它们与监测节点的微控制器具有较好的兼容性。

该表中的传感器以芬兰 VTI Technologies 公司的三轴加速度传感器 SCA3000-E01 功耗为最低，只有 0.3mW，而且这种传感器各方面的性能卓越，是路况信息监测节点的适宜选择。

6. 路面参数传感器的设计方法

路况监测节点安置在路面上，可以用来监测路面的积冰、积雪和积水状况。在路况监测节点上设计如图 9-5 所示的电容极板，如果路况监测节点上方覆盖积冰、积雪和积水，则电容极板之间的介电常数就会发生变化，通过测量两个电容极板之间的电容来推导路面积冰、积雪和积水状况。

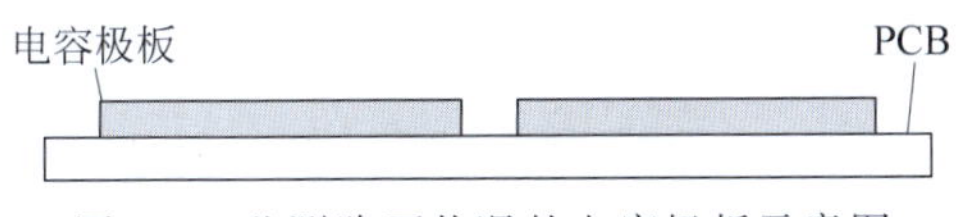

图 9-5　监测路面状况的电容极板示意图

这种路面参数的监测方法成本低，功耗也较低，但这样设计的电容量非常小，约为 10pF，测量的电容变化量一般只是初始电容的 10%～20%，甚至更低。因此，对提取电容变化量的测量电路要求比较高。

在电容测量领域，既有传统的分立式解决方案，也有集成式单芯片测量方案。传统的分立式测量方案设计较为困难、不易集成，并很难达到较高的测量精度。针对这种情况，一些公司推出单芯片精确测量电容的方案。其中，以 Acam Messelectronic 公司推出的 PS021、Irvine Sensors 公司的 MS3110 以及 Analog Devices 公司的 AD7745 性能较为出色，可胜任路况检测的微电容测量方案。

在这三款芯片中，PS021 的测量范围较宽，从零飞法一直到几百纳法，功耗低，但芯片成本较高，不适宜使用在路况监测传感器节点。MS3110 和 AD7745 电容测量性能指标较为相似，但 MS3110 的使用电路较复杂，需要 5V 供电电压和 16V 以上的片上集成 EEPROM 读写电压，而且输出量为模拟电压。

综上所述，AD7745 是使用在路况参数节点上的理想选择。AD7745 有高精度的电容/数字转换功能，所需测量的电容可直接连接到器件的输入端，采用高精度的 Σ-Δ 技术，同时结合了 24-bit 解决方案，体现了很低的低噪性能及不大于 1mA 的低功耗特性。AD7745 采用单端或差分的浮点传感器接口，电容测量的精度为 4fF，具有高达 0.01% 的线性度，共模电容高达 17pF，差分模式下的满刻度电容变化范围是 ±4pF，芯片内部还集成了温度传感器，运用 I^2C

接口和外部的微控制器通信。

如图 9-6 所示为 AD7745 的内部结构示意图。该芯片包括一个二级调制器和一个三级数字滤波器。当输入量为电容时，工作在 CDC 状态；当输入为电压和来自温度传感器的电压时，也可以工作在 ADC 状态。除了作为转换器外，芯片还集成乘法器、激励源、CAP DAC、温度传感器、电压参考和时钟发生器。它的控制逻辑和 I^2C 兼容串行接口。

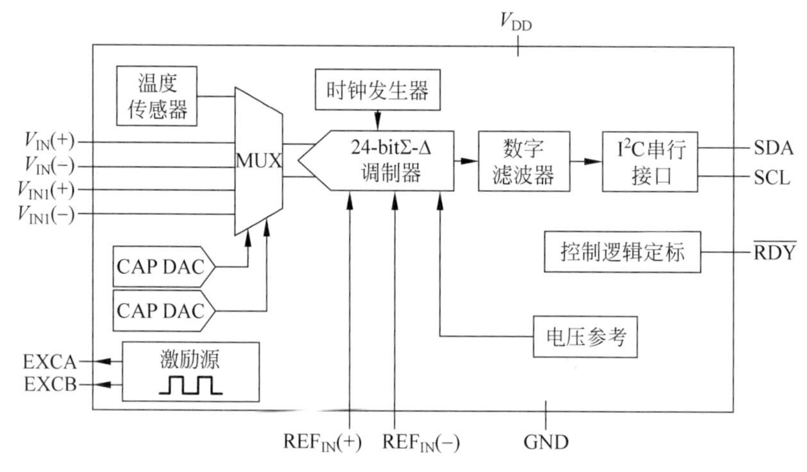

图 9-6　AD7745 内部结构示意图

如果对路况监测节点中设计的电容要求精度不是很高，可以利用节点中的微控制器上集成的 A/D 转换器、电压比较器和可编程恒流源输出功能，设计出简易、低成本的电容测量方案。

一种方案是利用恒流源对待测电容进行充电，此时电容的容量和充电时间是成正比的，可利用 A/D 转换器或者比较功能同某个固定电压比较，来实现电容测量。

另一种方案是利用一个电阻和电容的串联结构，采用恒定电压充电的方法，然后根据电容充电的曲线超过某个固定电压所需要的时间，利用曲线拟合的方法来测量。这种方法的时间和容值是非线性的。

▶ 9.1.2　道路车流量监测的传感器

交通参数监测最重要的信息是车流量，交通管理部门根据各路段的车流量信息和交通堵塞情况，采取相应的监管措施和分流手段，均衡车流量和减缓交通堵塞。驾驶员也可以根据实时的交通堵塞情况，重新选择路径，绕开交通拥挤路段，缓解堵塞路段的交通压力。

车流量的监测首先必须要探测到车辆，在探测车辆的基础上，通过诸如统计等方法，实现对车辆计数、车流速度等参数的分析。车辆探测的准确与否，直接关系到其他应用的效果。

1. 声响传感器

1）声响传感器简介

声响传感器是一种将声信号转换为电信号的换能器件。它的种类很多，按换能原理可分为电动式、电容式、电磁式、压电式、半导体式传声器。按接收声波的方向性可分为无方向性和有方向性两种，有方向性传声器包括心形指向性、强指向、双指向性等。

衡量声响传感器的主要性能指标有灵敏度、频率响应、指向特性和输出阻抗。灵敏度是表示传声器声/电转换效率的重要指标，它是在自由声场中传声器频率为 1kHz、在恒定声压下与声源正向(声入射角为零)时所测得的开路输出电压(单位为 mV/Pa)，转换成分贝表示为－60dB。

传声器在不同频率声波作用下的灵敏度是不同的，以中音频的灵敏度为基准，把灵敏度下降为某一规定值的频率范围称为传声器的频率特性。频率范围宽，表明传声器对较宽频带的声音具有较高的灵敏度，理想的传声器频率特性应为 20Hz～20kHz。

传声器的输出阻抗是指传声器的两根输出线之间在 1kHz 时的阻抗，分为低阻（如 50Ω、150Ω、200Ω、250Ω、600Ω）和高阻（如 10kΩ、20kΩ、50kΩ）两种。

方向性表示传声器的灵敏度随声波入射而变化的特性。单方向性表示只对某一方向来的声波反应灵敏，而对其他方向来的声波则基本无输出。无方向性表示对各个方向来的相同声压的声波，都能有近似相同的输出。

在实际使用中，可根据需求选择合适的传声器。为路况信息监测的传感器节点选择声传感器时，除了需要考虑上述 4 个指标以外，还需要考虑传感器的封装，尽量选择封装较小的声传感器。

近年来，随着 MEMS 技术的迅速发展，很多公司和研究机构积极从事基于 MEMS 技术的微传声器研发，并陆续推出了系列产品。如表 9-6 所示为常见的微型传声器产品性能。

表 9-6 微型传声器的产品性能

类　型	生产厂家	供电电压/V	功耗/μA	说　明
SMM310	Infincon	1.5～3.3	80	全向性，单端模拟电压输出，贴片封装，灵敏度－42dB，输出阻抗 7Ω
AKC2001/R	AKUSTCA，INC	2.6～3.6	掉电功耗 75	全向性，数字输出，贴片封装
SP0204LE5	KNOWLES ACOLSTICS	1.5～5.5	100～350	全向性，模拟输出，灵敏度－42dB，输出阻抗＜100Ω
SM003A	J1，WORLD	1.5～3.6	≤150	全向性，模拟输出，灵敏度（－42±3）dB，输出阻抗＜100Ω

表 9-6 中所列产品具有较良好的性能，如低供电电压、低功耗，适宜用作测量交通流量。除了基于 MEMS 技术的微传声器外，利用其他技术研制的微传声器的功耗较低，采用微型封装，也可以使用在路况监测的无线传感器节点。

2）声响传感器车辆探测信号

如图 9-7（a）所示为 Mica2、Mica DOT 节点及其传感器板 MTS310（图 9-7（b））。节点 Mica2 和 Mica DOT 具有相同的功能，只是外形不同。图 9-7（b）为 Mica2 节点配置的传感器板 MTS310，传感器板上安置了 Panasonic 公司的微传声器 WM-62。

WM-62 是一种全向型电容微传声器，原理如图 9-8 所示。它的频率效应特性如图 9-9 所示。这种传声器的前端振动膜和后板组成了电容极板，由一个恒定的直流电压通过较大阻值的电阻给电容两个电极充电。当有声波激励微传声器的振动膜时，电容值会随着声波压强的变化而改变，变化量和声波压强成比例。

(a) Mica2、Mica DOT节点

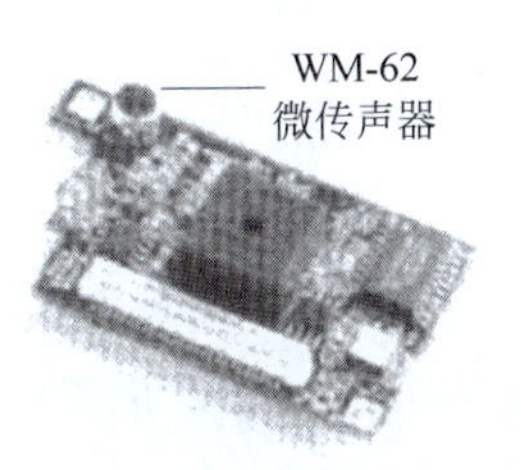

(b) 传感器板310

图 9-7 Mica2、Mica DOT 节点和传感器板 MTS310

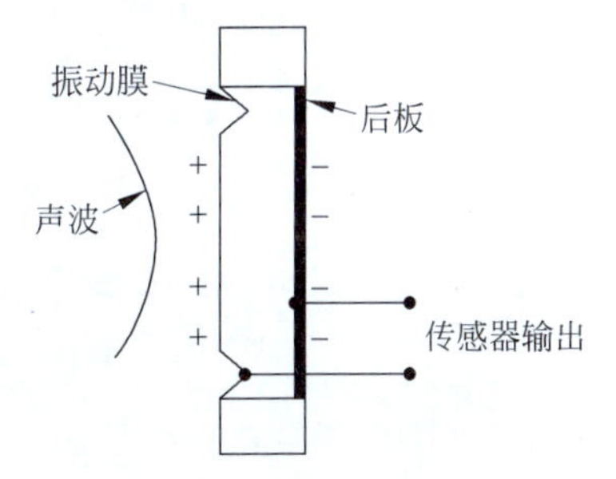

图 9-8 WM-62 微传声器原理示意图

在实际使用时，如果在微传声器两端施加一个高频电压信号，微传声器的输出信号就是随着声压变化的调制信号。如图 9-10 所示为 WM-62 微传声器监测到的车辆声频信号。

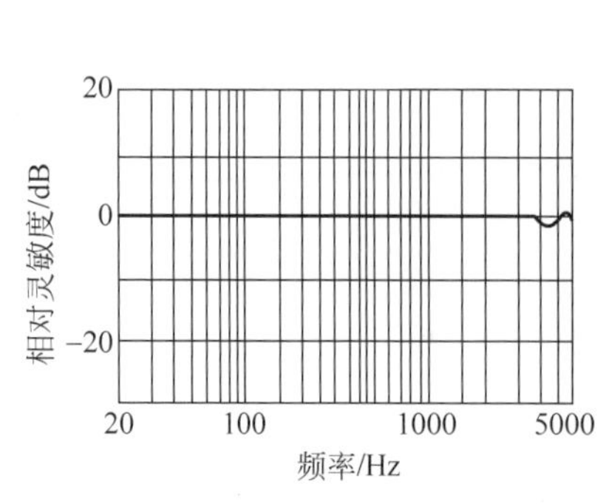

图 9-9　WM-62 微传声器频率响应特性

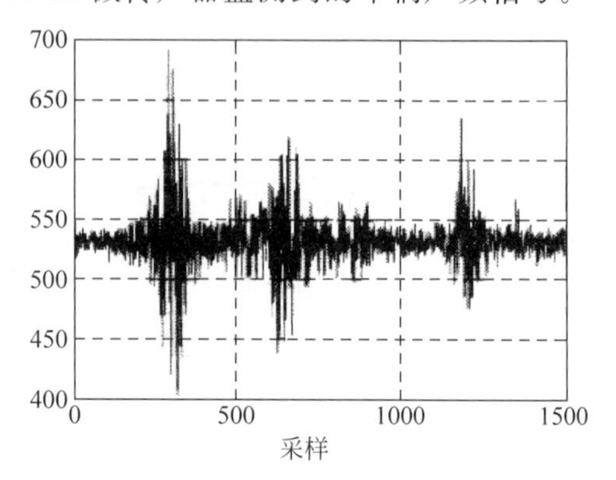

图 9-10　WM-62 微传声器监测到的车辆声频信号

美国加利福尼亚大学伯克利分校的研究人员经过一系列试验验证，微传声器监测的车辆声频信号的背景噪声取决于环境和风速大小，噪声频率在 500Hz 以内，而车辆声频信号有效范围频率为 500～5000Hz。

如图 9-11 所示为车辆声频信号处理电路，将原始数据 $r(k)$首先通过一个有效频率为 500～5000Hz 的带通滤波器。通过带通滤波器的信号在经过抽样和平方转换后，成为能量分布信号 $e(k)$。$s(k)$和 $e(k)$的关系如式(9-1)所示。

$$e(k)=[s(Nk)]^2 \tag{9-1}$$

式中，N 为抽样频率。

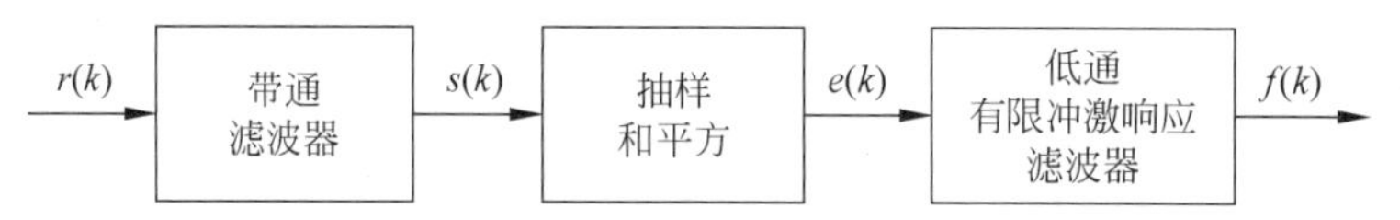

图 9-11　车辆声频信号处理电路方框图

图 9-11 车辆声频信号处理方框图转换后的能量分布信号 $e(k)$仍然变化不稳定，有必要引入低通滤波器来滤除其中的高频分量。常用的数字低通滤波器包括有限冲激响应滤波器和无限冲激响应滤波器。

如图 9-12 所示为车辆声频信号背景噪声通过带通滤波器前后的时域比较，从图中可知，带通滤波器能够很好地滤除车辆声频信号背景噪声，使噪声电平保持在较低水平。

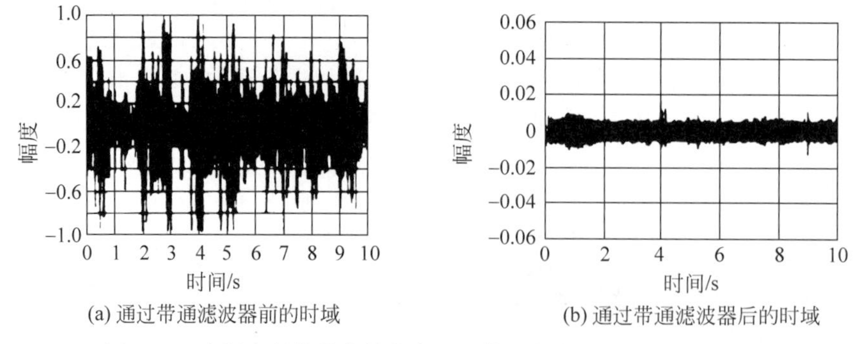

(a) 通过带通滤波器前的时域　　(b) 通过带通滤波器后的时域

图 9-12　车辆声频信号背景噪声通过带通滤波器前后的时域比较

在设计滤波器时主要考虑的性能指标如下：-3dB 截止频率 ω_p、阻带频率 ω_s、阻带衰减增益等指标。如图 9-13 所示为设计滤波器的幅度响应。经过低通滤波器后的平滑能量信号输入后端的车辆探测算法。

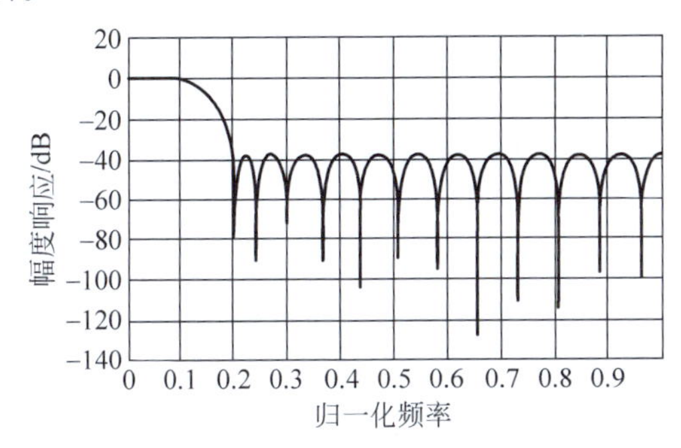

图 9-13 设计滤波器的幅度响应

如图 9-14 所示为原始车辆声频信号数据经过一系列信号处理算法的示意图。从该图右端的曲线可知，经过一系列信号处理后信号能量分布较为集中，极大地简化了后端车辆探测算法和提高了车辆探测算法的精度。

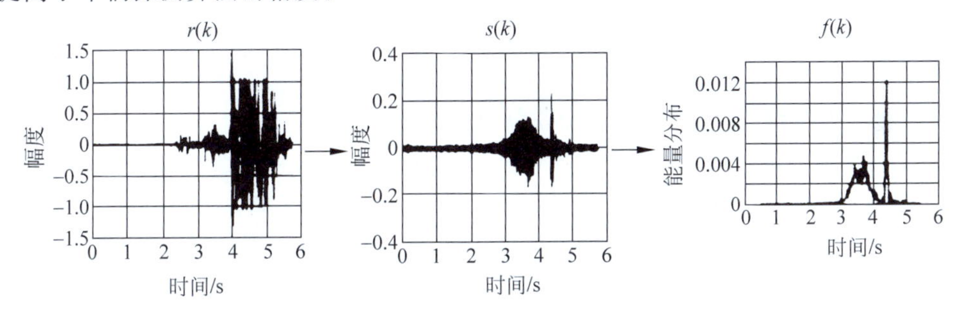

图 9-14 原始车辆声频数据实施信号处理的过程

2. 磁阻传感器

1) 磁阻传感器简介

磁阻传感器按照所感测的磁场范围不同可分为三类，即低磁场、中磁场和高磁场。检测低于 1mGs($1\text{Gs}=10^{-4}\text{T}$)磁场的传感器定义为低磁场传感器，检测 1mGs～10Gs 磁场的传感器定义为地球磁场传感器，检测高于 10Gs 磁场的传感器定义为附加磁场传感器。如表 9-7 所示为各种磁传感器的检测磁场范围。

表 9-7 各种磁传感器的检测磁场范围

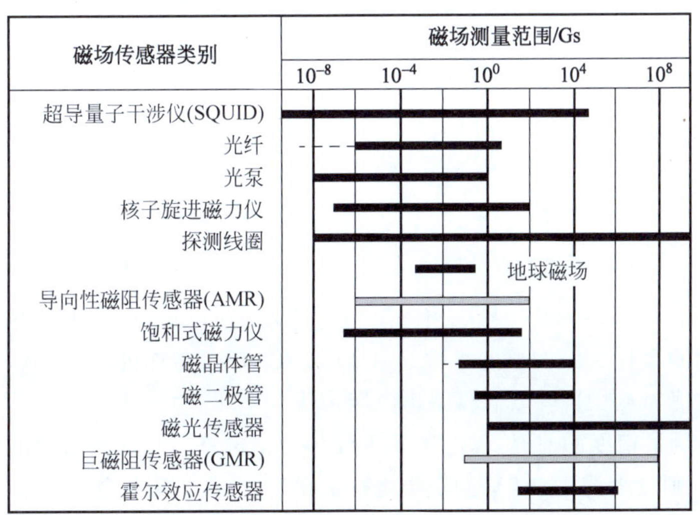

地球磁场传感器的探测范围非常适合中磁场，Honeywell 公司推出的磁阻传感器(AMR)，由于采用薄膜工艺技术，可以做到成本低、体积小、功耗低和灵敏度高，并且相关测量电路相对简单，非常适合作为交通传感器来感知车辆。

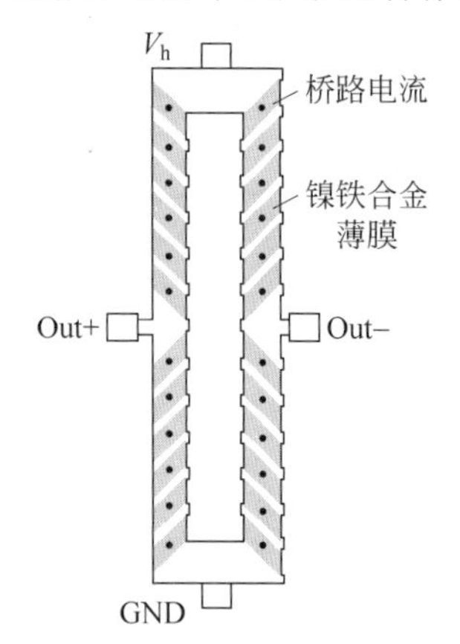

图 9-15　AMR 惠斯通电桥

AMR 传感器可以准确检测出地球磁场 1/12 000 的强度和方向的变化。它采用薄膜工艺，通过在硅片上沉积一层镍铁合金，然后刻蚀形成电阻带，一般在硅基底上会刻蚀出 4 个电阻带，把它们连接起来形成惠斯通电桥(图 9-15)，用以测量外部地球磁场的强度和方向。

如图 9-15 所示，如果向这个桥路施加一个正向磁场，则 V_h 与 Out＋之间和 Out－与 GND 之间的电阻值会减小，而另外两个臂上的阻值则增加。结果 Out＋的电压高于 $V_h/2$，而 Out－的电压低于 $V_h/2$，输出一个与外部磁场强度相关的差分电压。

通常 AMR 传感器的灵敏度是 1mV/(V・Gs)，如果桥路的参考电压是 5V，并且假设有 0.5Gs 的磁场激励，则磁阻传感器输出 2.5mV 的差分电压。由于电压很小，因而在送入 A/D 转换器之前，需要一级放大电路(图 9-16)，同时变差分信号为单端信号。

电桥的阻值在 1000Ω 左右，并且 4 个臂上的微带阻值可以利用激光修阻技术精确地匹配在范围内。另外，此类传感器的带宽范围为 1～5MHz，响应速度极快，最低可以保证行驶速度 400km/h 的车辆，在每 0.1mm 的行程上采样一次，满足车辆探测的应用绰绰有余。

AMR 传感器在使用时受到周围环境强磁场(大于 10Gs)的干扰后，内部的原有磁域会被扰乱得不到恢复，致使传感器的灵敏度急剧下降，甚至失去感知功能，如图 9-17 所示。为此在 AMR 传感器内部设计了一个置位/复位带，通过足够大小的瞬间电流可以使传感器内 4 个臂上的镍铁导磁合金带的磁域恢复到初始状态，使 AMR 传感器恢复到最高灵敏度。设计消磁复位电路在道路交通监测中是非常必要的。

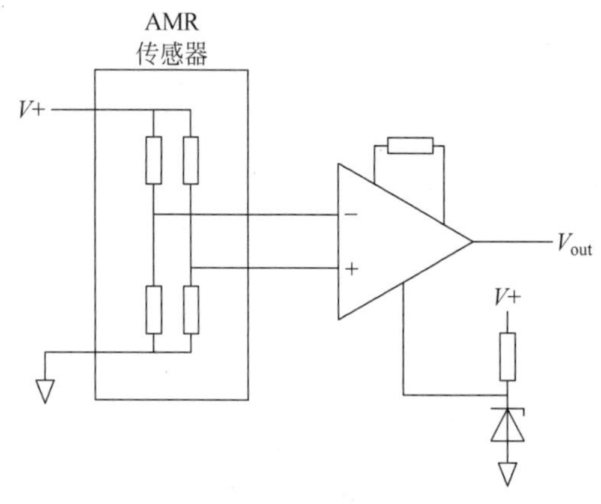

图 9-16　磁阻传感器的接口

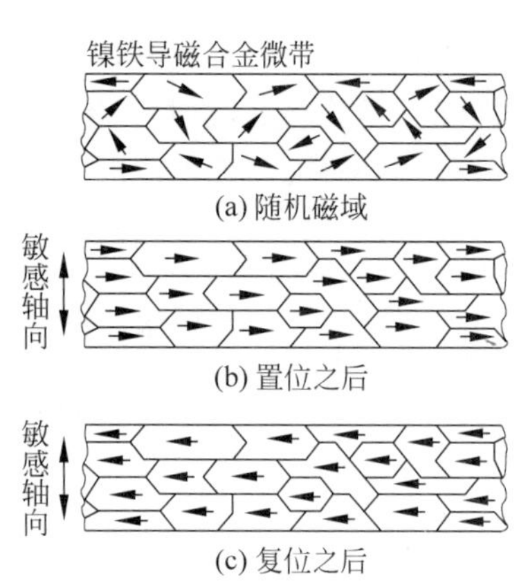

图 9-17　磁阻传感器的磁域敏感方向

现以 Honeywell 公司的低功耗 AMR 磁阻传感器 HMC1051 为例说明消磁电路的设计。HMC1051 的置位/复位带阻的温度系数是 0.37%/℃，假设工作温度为－40～＋85℃，带阻在＋25℃下的电阻值为 9.0Ω，可以计算得出电阻值为 7～11Ω。

在保证磁场测量精度的前提下，考虑到无线传感器网络节点能量有限的特点，消磁电流应该在 0.5A 以上，则最少需要 5.5V 的供电电压。消磁电路本身也会有压降，系统可以设计 H

桥瞬间脉冲电流产生电路，利用3.3V的系统供电电压实现两倍(6.6V)放电效果。

如图9-18所示为H桥置位/复位电路，通过电容C_{31}放电来产生所需的消磁电流。两个对称的场效应管IRF7509(对管)共同构成一个开关控制电路，不但体积小，而且导通电阻小、允许的瞬态电流大。SET和RESET两个逻辑控制信号同时反方向改变自己的电平，使置位/复位带(R_{sr})的两端也同时改变极性。因为C_{32}和C_{33}不能立即改变两端的电压，所以电压的改变瞬间地全部作用在两端，直至C_{32}和C_{33}开始去存储电荷，从而产生两倍供电电压(6.6V)的效果。C_{32}和C_{33}可以合并成一个0.22μF的电容，但这里选择用两个0.1μF电容来实现，因为它们的等效串联电阻(ESR)经过并联以后变小了，可减小电容相对于置位/复位带所带来的功耗。

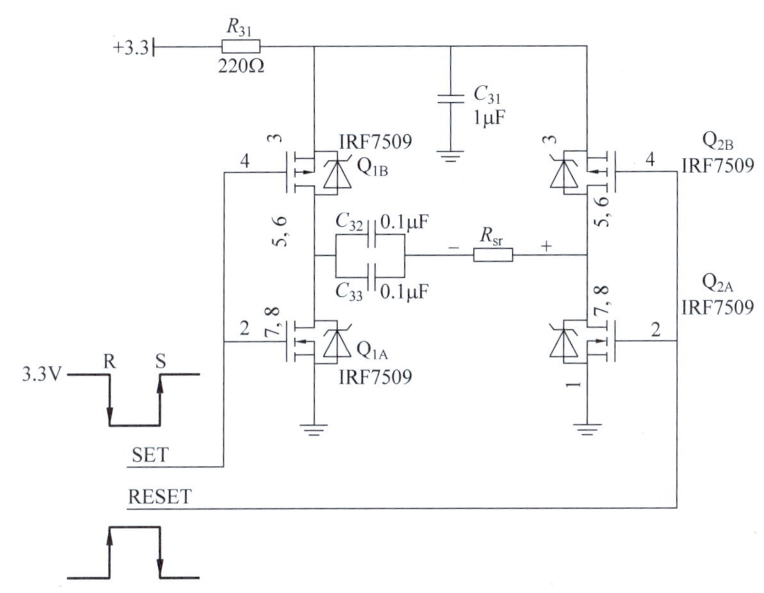

图9-18　H桥置位/复位电路

此外，PCB布局的时候消磁电路应该离AMR传感器越近越好，并且电源和地的布线一定要考虑到使电子的流向顺畅，才能得到瞬态的大电流。

2) 磁阻传感器信号漂移

车辆检测是利用AMR传感器检测磁场数据的变化来实现的，这里设在没有车辆经过检测区域时，磁场的数据是稳定的。在实际情况下，地球的磁场是变化的，所以，在进行车辆探测时，需要使用模拟信号处理，或者采用车辆探测算法消除地球磁场缓慢小幅度的变化。软件算法可以通过不断更新磁场数据的基准值，保证车辆判断阈值在正确的范围。模拟信号电路可通过缓慢修正车辆探测比较信号处理中的阈值电压，来消除信号漂移。

AMR传感器的一个重要特征是磁场数据温度变化系数较大，在夏季天气交替更换较为频繁时，这种情况表现较为明显，如图9-19所示。在天气转晴、周围温度升高时，AMR传感器电桥两端的电压相对于基准值降低，在天气由晴转阴时，电桥两端的电压值相对于基准值升高。由于存在热延迟效应，电桥两端的偏移电压变化相对于AMR传感器温度变化有一个延迟。

AMR传感器的镍铁导磁合金薄膜随温度变化导致电桥两端的偏移电压变化，其温度变化系数为-3100×10^{-6}/℃，在25℃时电桥的偏移电压为1.5mV。当温度变化到30℃时，电桥的偏移电压为1.48mV，0.02mV的电桥偏移电压看起来并不是个大问题，但在电桥供电电

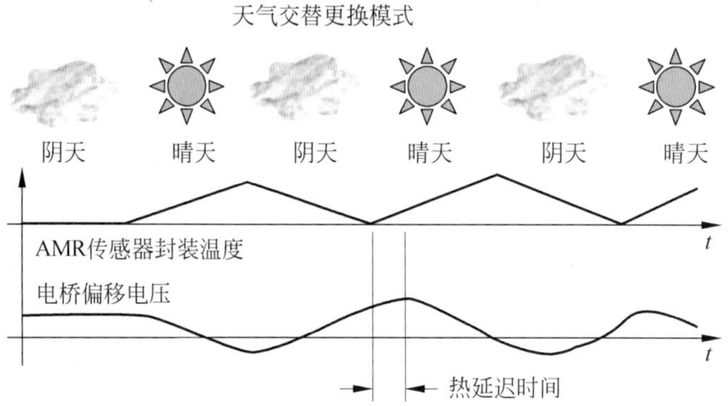

天气交替更换模式

阴天 晴天 阴天 晴天 阴天 晴天

AMR传感器封装温度

电桥偏移电压

热延迟时间

图 9-19　AMR 传感器的热效应

压为 3V 时，0.02mV 的偏移电压等效于 20mGs，而且在 AMR 传感器后端的放大器放大倍数为 200 时，5℃的温度变化导致模拟输出电压变化为 4mV。这对于车辆探测算法来说，造成的干扰还是较大的。

温度导致的干扰可以通过合理的散热封装设计来降低，也可以从无线车辆探测节点的软硬件设计方面消除温度的影响，下面以 Honeywell 公司的低功耗 AMR 传感器 HMC1051 为例说明消除温度影响的方案。利用 AMR 传感器自带的置位/复位电路可以消除或减少许多影响，包括温度漂移、非线性错误、交叉轴影响和由于高磁场的存在而导致信号输出的丢失。

利用置位/复位电路可以消除温度漂移等因素的影响，但是频繁地利用电流脉冲置位和复位会消耗较多的能量，这对于没有永久能量供应的无线传感器节点来说是不合适的。可以利用软件自适应算法随时修正磁场数据的基准值来消除温度变化对 AMR 传感器的影响。

3）磁阻传感器的车辆探测信号分析

地球的磁场在很广阔的区域内是恒定的，可以看作均匀磁场。大的铁磁物体的磁扰动，例如，对于一辆汽车，可看作多个双极性磁铁组成的模型。这些双极性磁铁具有北-南的极化方向，引起地球磁场的扰动。

这些扰动在汽车发动机和车轮处尤为明显，但也取决于在车辆内部、车顶或后备厢中有没有其他铁磁物质。在道路中间和旁边放置磁阻传感器探测由于车辆经过而导致的畸变磁场，从而监测车辆的存在，在此基础上推导车辆长度、车速等交通参数。

从电磁场理论的角度研究车辆经过时磁场的变化规律。车辆可看作偶极磁体的组合体。根据 Maxwell 定理，静态偶极磁体磁场可用式(9-2)和式(9-3)表示，即

$$\Delta \cdot \boldsymbol{B}=0 \tag{9-2}$$

$$\Delta \times \boldsymbol{B}=\mu_0\mu_r J \tag{9-3}$$

式中，$\boldsymbol{B}$ 为磁感应强度；μ_0 为空气的磁导率；μ_r 为介质的相对磁导率；J 为电流密度。

只有在电流密度是常数和电流恒定时，电场和磁场才是静态的，静态磁场公式才有效。当车辆经过时磁场变化较缓慢，所以可以使用静态磁场学的公式模拟车辆经过磁场的变化规律。

移动的铁磁性物体可看作移动的磁偶极子，偶极子可看作由两个数值相等但极性相反的磁荷 $+q_m$ 和 $-q_m$ 构成，磁荷的间距为 $2a$，a 是偶极子的中心距离磁荷的距离，磁偶极子的中心坐标为(x_m，y_m，z_m)，考虑作为移动的磁偶极子，其中心坐标可表示为时间的函数($x_m(t)$，$y_m(t)$，$z_m(t)$)，如图 9-20 所示。

磁偶极子的方位可以采用两个偶极子中心为坐标原点的球坐标表示，其球形坐标分别为球半径 a、顶角 θ、方位角 ϕ。对于车辆这种不均匀的铁磁性物体具有很复杂的磁性特征，这些

磁性特征是以发动机、车轴、备用轮胎等铁磁性物体组成的变化的磁偶极子所产生的，如果要将所有磁偶极子所产生的磁效应都予以考虑，那是非常复杂的工作。

实际上，在车辆探测过程中，将车辆看成单个的偶极子就可以为车辆探测提供很充足的磁感应强度 $\boldsymbol{B}$ 变化估计。单个磁偶极子的 $\boldsymbol{B}$ 值可以用式(9-4)表示，式(9-4)中的向量 $\boldsymbol{r}_1$ 和 $\boldsymbol{r}_2$ 可以用式(9-5)和式(9-6)表示，即

$$\boldsymbol{B}=\frac{\mu}{4\pi}q_{\mathrm{m}}\left(\frac{\boldsymbol{r}_1}{\boldsymbol{r}_1^3}-\frac{\boldsymbol{r}_2}{\boldsymbol{r}_2^3}\right) \tag{9-4}$$

$$\boldsymbol{r}_1=(x_{\mathrm{m}}+r\sin\theta\cos\phi)\boldsymbol{x}+(y_{\mathrm{m}}+r\sin\theta\sin\phi)\boldsymbol{y}+(z_{\mathrm{m}}+r\cos\theta)\boldsymbol{z} \tag{9-5}$$

$$\boldsymbol{r}_2=(x_{\mathrm{m}}-r\sin\theta\cos\phi)\boldsymbol{x}+(y_{\mathrm{m}}-r\sin\theta\sin\phi)\boldsymbol{y}+(z_{\mathrm{m}}-r\cos\theta)\boldsymbol{z} \tag{9-6}$$

磁感应强度 $\boldsymbol{B}$ 值可以分解为三个轴上的分量，如式(9-7)所示。三轴分量 B_x、B_y 和 B_z 分别可以采用式(9-8)、式(9-9)和式(9-10)表示，即

$$\boldsymbol{B}=B_x\boldsymbol{x}+B_y\boldsymbol{y}+B_z\boldsymbol{z} \tag{9-7}$$

$$B_x=\frac{\mu}{4\pi}q_{\mathrm{m}}\left[x_{\mathrm{m}}\left(\frac{1}{r_1^3}-\frac{1}{r_2^3}\right)+r\sin\theta\cos\phi\left(\frac{1}{r_1^3}+\frac{1}{r_2^3}\right)\right] \tag{9-8}$$

$$B_y=\frac{\mu}{4\pi}q_{\mathrm{m}}\left[y_{\mathrm{m}}\left(\frac{1}{r_1^3}-\frac{1}{r_2^3}\right)+r\sin\theta\cos\phi\left(\frac{1}{r_1^3}+\frac{1}{r_2^3}\right)\right] \tag{9-9}$$

$$B_z=\frac{\mu}{4\pi}q_{\mathrm{m}}\left[z_{\mathrm{m}}\left(\frac{1}{r_1^3}-\frac{1}{r_2^3}\right)+r\cos\theta\left(\frac{1}{r_1^3}+\frac{1}{r_2^3}\right)\right] \tag{9-10}$$

上面公式中的 r_1 和 r_2 分别是向量 $\boldsymbol{r}_1$ 和 $\boldsymbol{r}_2$ 的幅值，如式(9-11)、式(9-12)所示。

$$r_1=\sqrt{(x_{\mathrm{m}}+r\sin\theta\cos\phi)^2+(y_{\mathrm{m}}+r\sin\theta\sin\phi)^2+(z_{\mathrm{m}}+r\cos\theta)^2} \tag{9-11}$$

$$r_2=\sqrt{(x_{\mathrm{m}}-r\sin\theta\cos\phi)^2+(y_{\mathrm{m}}-r\sin\theta\sin\phi)^2+(z_{\mathrm{m}}-r\cos\theta)^2} \tag{9-12}$$

利用 AMR 三轴磁场传感器测量车辆经过时周围磁场的变化趋势，然后和理论计算的结果比较。采用如图 9-21 所示的测试方法，将三轴磁场测量节点安置在道路旁边，一辆汽车从 x 轴的负端驶向 x 轴正端，三轴磁场传感器以每轴 64 次/秒的频率采样磁场数据。

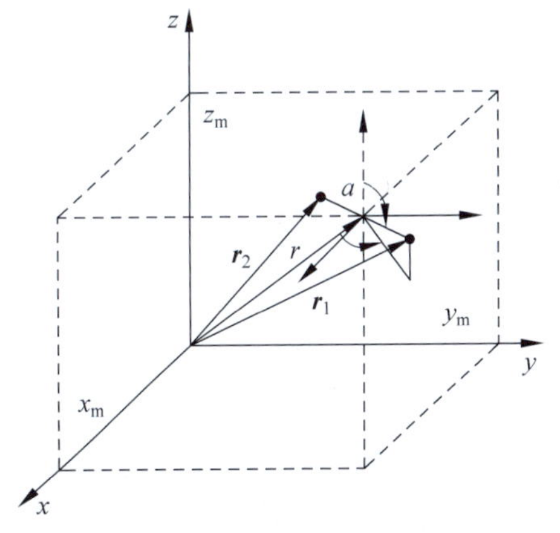

图 9-20　静态磁偶极子模型

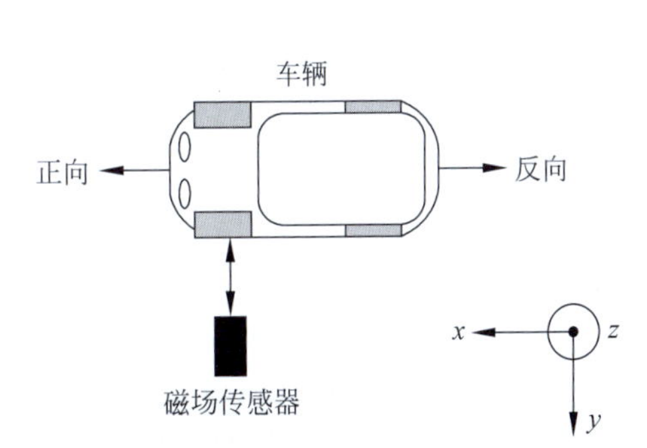

图 9-21　测试车辆产生磁场变化

如图 9-22 所示为经过理论计算和实际测量的磁场变化比较曲线图，图中的理论仿真和实验验证的磁场强度不同，是因为在理论仿真时没有考虑车辆的铁磁特性。不过在这两种情况下的磁场变化趋势是相同的，表明理论仿真和实验验证的结果是一致的，这同时也验证了 AMR 传感器感测车辆的可行性。

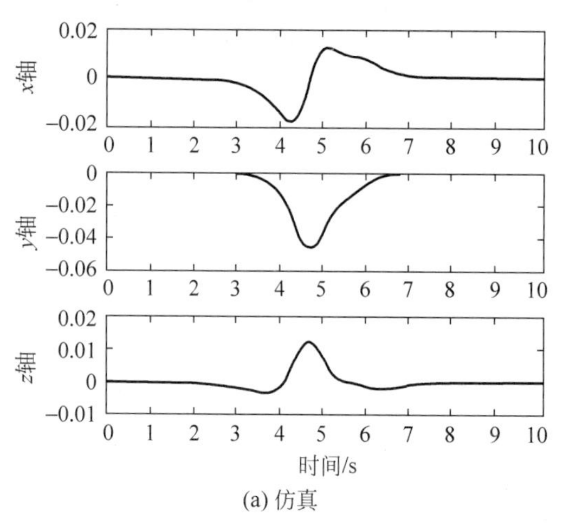

(a) 仿真

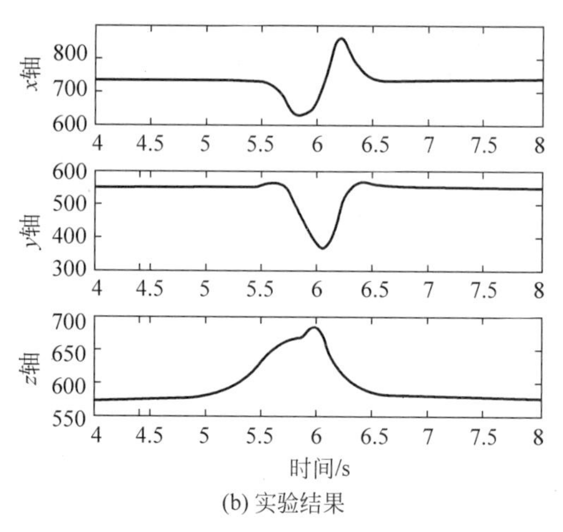

(b) 实验结果

图 9-22 仿真和实际测试产生的车辆扰动磁场

▶ 9.1.3 交通参数监测技术

1. 监测原理

车辆的每部分都产生一个可重复的对地球磁场的扰动，这种特性具有的磁场扰动可作为这种车辆或这类车辆的特性。不管车辆向哪个方向行驶，这个特征都会被可靠地监测到。

沿着向上方向的 z 轴磁场可用来检测车辆的存在。当传感器与车辆平行时出现峰值。当在车辆距传感器 10ft(10ft＝0.3048m)的情形下，可用来指示车辆的存在，通过建立合适的阈值，可以滤掉旁边车道的车辆或远距离车辆带来的干扰信号。

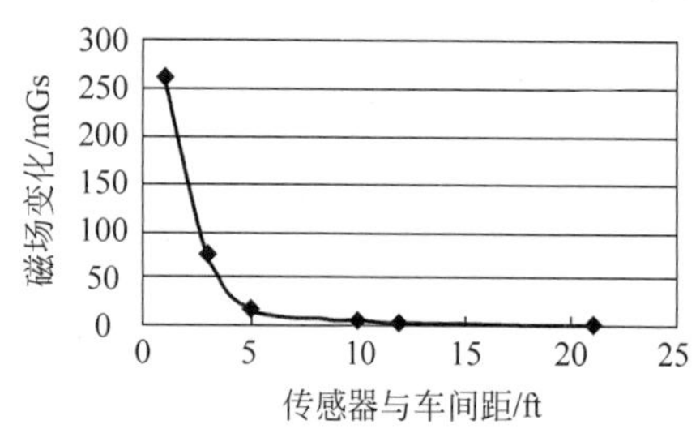

图 9-23 车辆与传感器不同距离时的磁场变化关系

检测车辆存在的另一种方法是观察磁场变化的大小：磁场的大小等于$(x^2+y^2+z^2)^{1/2}$，数值的变化表明了对地磁场整体的干扰的程度。图 9-23 显示了数值上的快速衰减，当传感器只监测单一车道车辆，而忽略其他车道车辆的存在时，这种特点非常有用。

2. 车辆参数监测算法

1）磁阻信号处理

从以上分析可知，安装在无线传感器节点上的 AMR 传感器监测交通参数是完全可行的。利用 10 位精度的 A/D 采集磁场信号，只有最后一位的传感器噪声，所以不需要额外的硬件消除传感器噪声。利用声传感器采集的声信号具有较大的噪声，需要使用额外的硬件和复杂的信号处理算法来消除噪声，不适合使用在能量有限的无线传感器网络节点上。

图 9-24(a)是三轴磁阻传感器采集的原始车辆干扰磁信号曲线。图 9-24(b)是经过均值处理算法后的磁阻信号变化曲线，可看出经过处理后的磁信号变化较为平滑，没有出现频繁的波动，有利于车辆监测做出正确判断。

从曲线上可看出磁阻信号频繁的波动，这不利于车辆监测算法对车辆监测实现正确的判断，所以提出均值算法对原始磁阻信号进行处理，利用前 M 个原始磁信号均值数据取代第 M 个磁阻信号，对于前 M 个磁阻信号则取前 k 个原始磁阻信号的均值，即

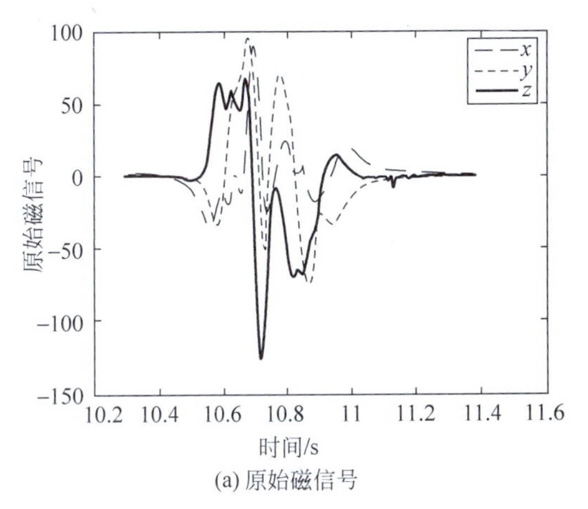

(a) 原始磁信号

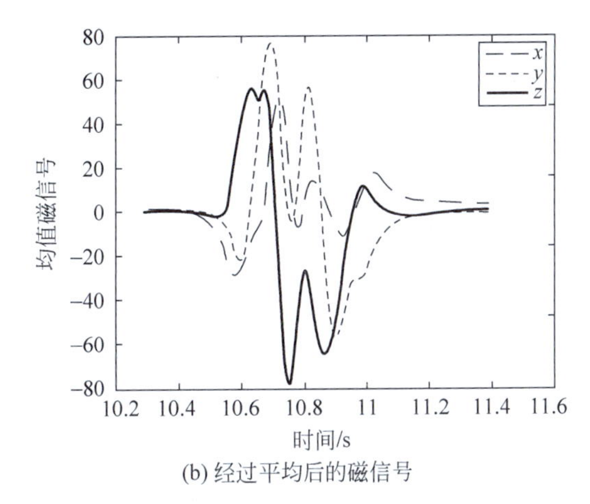

(b) 经过平均后的磁信号

图 9-24 原始磁阻信号和经过处理后的磁信号对比

$$a(k)=\begin{cases}\dfrac{r(k)+r(k-1)+\cdots+r(1)}{k}, & k<M\\[2ex]\dfrac{r(k)+r(k-1)+\cdots+r(k-M+1)}{M}, & k\geqslant M\end{cases}\tag{9-13}$$

2）车辆监测算法

交通流量监测系统需要在较大范围内部署，所以车辆监测算法需要有足够的鲁棒性，保证在不同工作环境下的车辆准确探测。由于无线传感器节点的微处理器处理能力有限，车辆监测算法需要的计算要尽可能简单。基于以上两点考虑，这里设计了适用于无线传感器节点磁阻信号的自适应阈值运动车辆监测算法（ATDA），此车辆监测算法同样适用于声信号。

为满足无线传感器节点的微处理器数据处理能力和车辆监测的实时性要求，ATDA 算法没有采用其他的统计算法，而是采用阈值检测方法实现车辆监测。如图 9-25 所示为车辆扰动时测量的 z 轴磁信号的简单模型。如果车辆磁信号模型如图 9-25 所示那样简单，ATDA 算法只需采用固定的阈值检测方案就能对车辆实现实时监测。但是，现实情况是车辆磁信号的模型比如图 9-25 所示的情形要复杂得多，而且还要考虑地球磁场本身的漂移，以及要顾及采用的 AMR 磁阻传感器具有较严重的温漂系数，所以很难设计一个较简单的车辆监测算法。综合上述因素，这里设计的 ATDA 算法过程如图 9-26 所示。

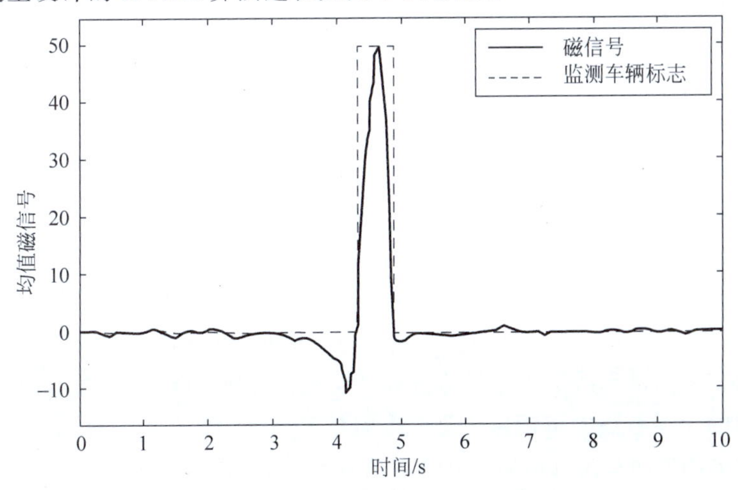

图 9-25 简单的车辆扰动 z 轴磁信号变化

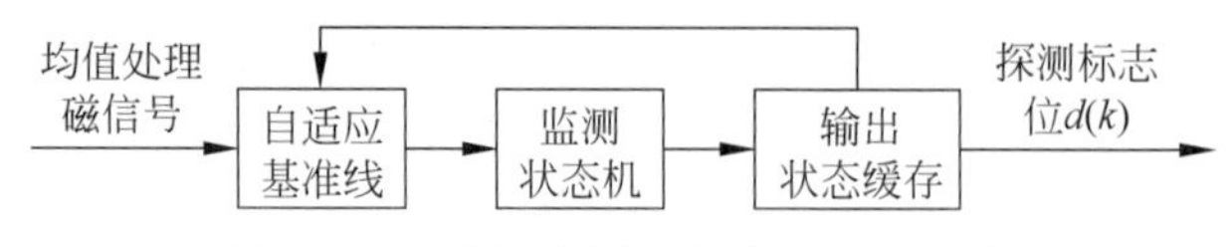

图 9-26 车辆监测的阈值算法实现过程

经过均值处理后的磁信号进入自适应基准值处理环节，此环节的设置用来消除不可控制的磁信号漂移。配置在设计的无线节点中 AMR 磁阻传感器的磁信号漂移频率大约是每分钟变化一次，而运动车辆监测所需的时间约为 10s，这表明磁信号的漂移不会对车辆监测过程造成本质影响。但是磁信号的长期漂移会对车辆监测算法造成影响，为解决磁信号长期漂移问题，为 ATDA 算法的监测状态机提供自适应磁信号阈值，设计自适应基准线跟踪磁信号的漂移基准值，式(9-14)为三轴磁信号的自适应基准线公式，即

$$B_i(k)=\begin{cases}B_i(k-1)\times(1-\alpha_i)+\alpha_i(k)\times(\alpha_i), & \text{如果 } s(\tau)=0,\forall\tau\in[(k-s_{\text{buf}}),\cdots,(k-1)]\\ & \text{对于 } i\in[x,y,z]\\ B_i(k-1) & \text{其他}\end{cases}\tag{9-14}$$

式中，$B_i(k)$为自适应基准线值；α 为比例参数，决定原基准线值在更新基准线值中所占的权重；$s(\tau)$为车辆监测状态机的状态；s_{buf} 为 $s(\tau)$的缓存大小；下标 i 表示磁信号的三个坐标轴。

根据上面的公式可知，只有在没有磁信号波动和没有监测到车辆的一定时间内，自适应基准线值才会根据磁阻传感器读取的数据进行更新。为保证自适应基准值主要取决于背景磁信号，将式(9-14)中的比例参数设置为 0.05，这样新测量的磁信号在自适应基准值中的权重为 0.05，即

$$T(k)=\begin{cases}\left.\begin{cases}\text{true} & \text{如果 } |a_x(k)-B_z(k)|>h_z(k)\\ \text{false} & \text{其他}\end{cases}\right\} \text{对于 } s(k-1) \text{ 状态为未监测到车辆}\\ \left.\begin{cases}\text{true} & \text{如果 } |a_z(k)-B_z(k)|>h_z(k)\\ & \text{或 } |a_x(k)-B_x(k)|>h_x(k)\\ \text{false} & \text{其他}\end{cases}\right\} \text{对于 } s(k-1) \text{ 状态为监测到车辆}\end{cases}\tag{9-15}$$

在式(9-14)产生的自适应基准值 $B(k)$的基础上，根据式(9-15)可生成一个过阈值 $T(k)$标志位，式中 $h(k)$是相应的阈值。根据交通参数测量实验，在十字路口和交通易堵塞的路段，经常会出现车辆停靠在磁阻无线节点的上方，z 轴的磁信号低于自适应磁信号阈值，这时容易造成车辆的重复计数。实验测试分析可知，此时 x 轴的磁信号分量一般会高于阈值。

为避免重复计数，在车辆监测状态机为真值的情况下，引入 x 轴的磁测量信号对标志位 $T(k)$进行判定。在车辆经过无线节点的上方时，磁信号的 x 轴分量和 z 轴分量都低于阈值的可能性很小，所以引入 x 轴磁信号分量可有效避免车辆重复计数。

将配置磁阻传感器的无线节点安装在车道上，还会出现如图 9-27 所示的情况，车道一的卡车对车道二中的无线节点的车辆探测会产生假信号，让无线节点 2 造成错误判断。经过理论分析和实验测试都表明车辆对相邻车道的 z 轴磁信号造成的干扰较微弱，所以为了避免相邻车道假信号的误判，车辆监测算法以 z 轴的磁信号分量为车辆监测的主要判断依据。

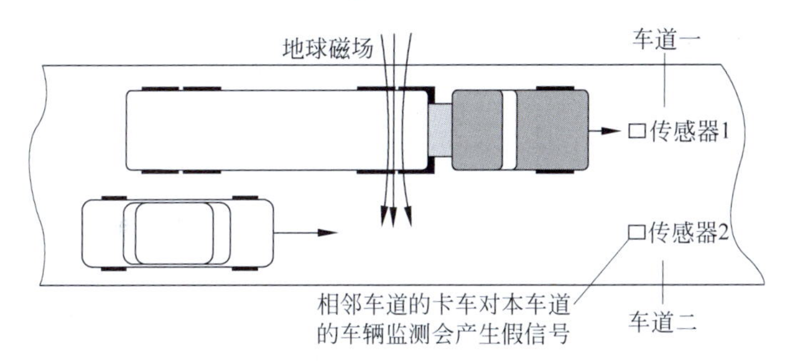

图 9-27　相邻车道的磁信号造成车辆监测的误判

图 9-27 中相邻车道的磁信号会造成车辆监测的误判，经过自适应基准值处理环节后的信号进入后端的监测状态机阶段。此状态机的设计用来滤除不是车辆产生的噪声信号，不运用复杂的统计功能而输出简单二进制的车辆监测标志位。

下面分别从状态机的各种不同状态来说明状态机的实现原理，如图 9-28 所示。

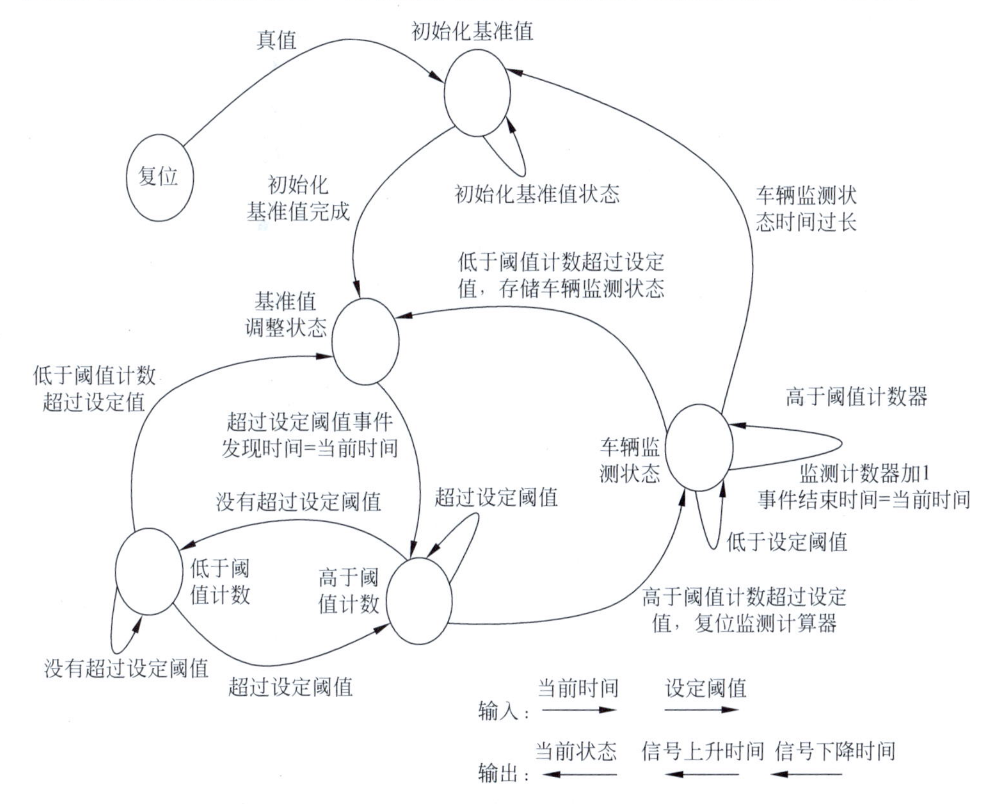

图 9-28　车辆监测状态机的实现原理

(1) S_1(初始化基准值状态)。没有车辆经过无线传感器节点附近时，节点系统复位进入 S_1 状态，初始化节点环境状态的基准值。

(2) S_2(基准值调整状态)。无线节点经过程序预先设计的时间(通常需要 3s)，进入基准值自适应调整状态，如果此时采用的 z 轴磁信号数据大于自适应基准值，则跳入 S_3 状态。

(3) S_3(高于阈值计数状态)。处理采集的磁阻信号如果产生连续的 $T(k)$标志位真状态，表明有类似车辆特征的物体出现。如果在连续产生的 $T(k)$标志位真状态计数达到程序事先设定的数值，则跳入 S_5 状态；如果 S_3 状态中出现 $T(k)$标志位假状态，则跳入 S_4 状态。

(4) S_4(低于阈值计数状态)。状态机跳入此状态后，继续计数产生的 $T(k)$标志位假状态，如果达到程序事先设定的临界阈值，状态跳入 S_2 状态，根据采集的磁阻信号自适应基准值；如果计数没有达到设定的临界阈值时，出现 $T(k)$ 标志位为真状态，则状态机马上跳回 S_3 状态。

（5）S_5（监测到车辆状态）。跳入此状态表明车辆进入无线节点的有效监测范围，磁阻传感器采集的磁信号具有较强的跳动，如前面讨论 $T(k)$ 产生的过程，这时需要采集和处理 z 轴和 x 轴的磁阻信号。

最后根据状态机运行结果输出探测事件标志位 $d(k)$。

在状态机运行过程中，始终用 $T(k)$ 标志位为真状态时间更新监测事件结束时间。状态机计数输入标志位假状态，假设标志位计数达到程序预先设定的阈值后，跳入 S_2 状态自适应基准值并等待下一次的车辆监测事件。在此状态中，如果建立的基准值和车辆监测的阈值使状态机在此状态中保持的时间过长，则需要引入一种故障自动防护机制确保状态机的正常运行。这可以通过建立一个监测事件计数器，当计数器的值达到不合理的状态时，状态机跳回 S_1 状态，重新复位整个状态机。从以上对 ATDA 算法的详细分析可知，运行本算法需要的计算量较小，而且只需较少的磁信号数据就可以对车辆监测执行正确的判断，这样交通参数节点只需每秒采集百次的磁信号数据，无须始终处于运行状态。

为降低节点的功耗，节点可以设置在超低占空比运行模式，如果每秒采集磁信号 100 次的话，节点的运行占空比为 1%。节点在通常状态下，处于休眠模式。当休眠周期完毕后快速进入磁信号采集状态和 ATDA 算法执行过程，执行完成后又进入休眠状态。

3）车速和车长测量算法

目前，常用的粗略车速监测方法，是利用单个感应线圈监测器感应车辆经过线圈所需要的时间，这里假设车辆的长度是固定的数值，然后利用预设的车辆长度除以监测车辆经过的时间，从而可以确定车速。采用这种方法得到的车速精度主要取决于预设的车辆长度。如果需要得到高精度的车速测量，可以在道路上安置两个感应线圈监测器或采用雷达和微波的方法。

利用两个配置 AMR 磁阻传感器的无线节点也可以精确测量车速。如图 9-29 所示为两个时间同步的无线节点测量车速的示意图。将节点 A 和节点 B 按车辆行驶的方向安置在车

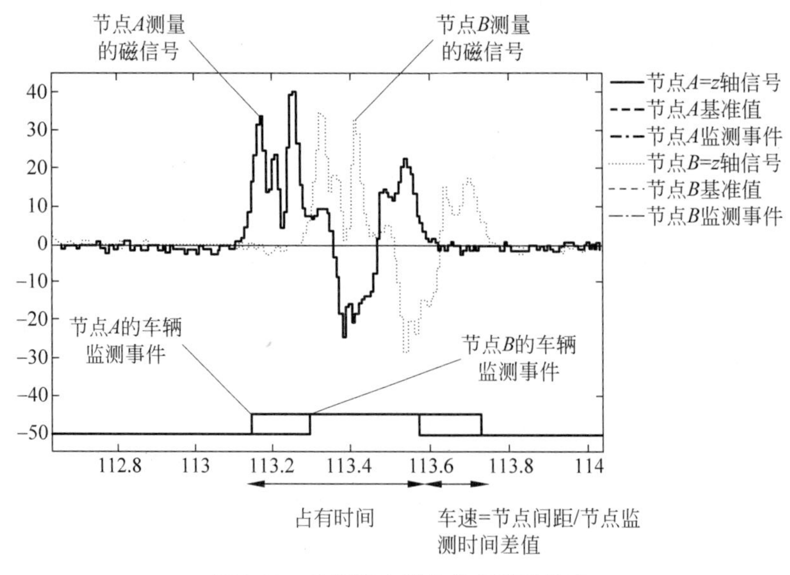

图 9-29　采用两个无线节点测量车速

道中间，节点间距预先设定(例如3m)，假设车辆在安置了节点的3m范围内没有发生侧向的偏移和加速，则无线节点A和无线节点B测量的车辆扰动磁信号是相同的。

根据上面介绍的ATDA算法可知，监测标志位会出现在两个节点的磁测量信号的相同点，这样两个磁信号曲线出现监测标志位的时间差就是车辆经过两个无线节点的时间，因而可推算出车速和车辆磁性物质长度(近似为车辆长度)，具体推算过程如下。

$$\Delta t_{\mathrm{up}}=t_{B,\mathrm{up}}-t_{A,\mathrm{up}}$$

$$v_{\mathrm{up}}=\frac{D_{AB}}{Vt_{\mathrm{up}}}$$

$$v_{\mathrm{down}}=\frac{D_{AB}}{Vt_{\mathrm{down}}}$$

$$\hat{v}_{\mathrm{down}}=\mathrm{avg}(v_{\mathrm{up}},v_{\mathrm{down}})$$

$$t_{A,\mathrm{occupancy}}=t_{A,\mathrm{down}}-t_{A,\mathrm{up}}$$

$$t_{B,\mathrm{occupancy}}=t_{B,\mathrm{down}}-t_{B,\mathrm{up}}$$

$$t_{\mathrm{pair,occupancy}}=\mathrm{avg}(t_{A,\mathrm{occupancy}},t_{B,\mathrm{occupancy}})$$

$$\hat{v}_{\mathrm{fixedLength}}=\frac{L_{\mathrm{fixed}}}{t_{\mathrm{pair,occupancy}}}$$

因此，可以得出如下的车辆长度计算公式为

$$\hat{L}_{\mathrm{pair}}=\hat{v}_{\mathrm{pair}}\times t_{\mathrm{pair,occupancy}} \tag{9-16}$$

式中，t为时间；v为速度；D为节点间距；L为车辆中磁性物质的长度；up和down表示监测标志位从0变化到1和从1变化到0。

由于铁磁性物质对地球磁场的干扰具有延伸性，所以在通常状况下通过磁信号曲线推算的车辆磁性物质长度比实际的车长要长，到底长多少取决于车辆金属物质的成分。

如果布置在车道中的节点A和节点B具有不同的灵敏度，则两个节点测量的同一车辆的磁阻信号的幅度不同，这样监测标志位就不会出现在两个节点的磁测量信号的相同位置。

通常具有较高磁信号测量精度的节点具有较长时间的监测标志位为真值的占有时间，这样对车辆速度的估算会造成较大的误差。假设磁信号测量精度的差异对Δt_{up}和Δt_{down}的影响幅度相同但变化方向相反，可以从理论上消除节点测量精度对速度测量的影响。

具体推导过程如下。

$$\overline{\Delta t_{\mathrm{up}}}=\Delta t_{\mathrm{up}}-\varepsilon \quad \overline{\Delta t_{\mathrm{down}}}=\Delta t_{\mathrm{down}}+\varepsilon$$

$$\overline{t_{\mathrm{up}}}+\overline{t_{\mathrm{down}}}=\frac{D_{AB}}{\Delta t_{\mathrm{up}}-\varepsilon}+\frac{D_{AB}}{\Delta t_{\mathrm{down}}+\varepsilon}=\frac{D_{AB}(\Delta t_{\mathrm{down}}+\varepsilon+\Delta t_{\mathrm{up}}-\varepsilon)}{\Delta t_{\mathrm{up}}\Delta t_{\mathrm{down}}+\varepsilon(\Delta t_{\mathrm{up}}-\Delta t_{\mathrm{down}})+\varepsilon^2}$$

$$\frac{D_{AB}(\Delta t_{\mathrm{down}}+\Delta t_{\mathrm{up}})}{\Delta t_{\mathrm{up}}\Delta t_{\mathrm{down}}}=\Delta t_{\mathrm{down}}+\Delta t_{\mathrm{up}}$$

$$(\varepsilon^2\approx 0;(\Delta t_{\mathrm{up}}-\Delta t_{\mathrm{down}})\approx 0) \tag{9-17}$$

式中，$\overline{\Delta t_{\mathrm{up}}}$、$\overline{\Delta t_{\mathrm{down}}}$是随时间变化的参数，变化的幅度取决于磁信号测量精度有关的变量ε。

其他可能造成车辆速度测量误差的因素包括：两个无线节点的时钟不同步，有限的磁阻信号采集频率以及节点安置间距。如果提高磁阻信号的采集频率和时钟同步精度，则需要消耗较高的能量，同样这也会提高车辆速度的测量精度，在应用中可根据应用需要的速度测量精度和能量消耗之间权衡，选择合适的时间同步精度和磁信号采集频率。

在实际应用中，有时并不需要知道单个车辆的运行速度，而需要通过对整体车流速度估算来判断交通的堵塞状况，这里提供利用单个无线节点估算车流速度方案。

假设一排的车辆具有类似的车速 V_{platoon}。如果一排中有 N 个车辆，则可以连列 N 个等式，共计$(N+1)$个未知数 $L_1, L_2, \cdots, L_N, V_{\text{platoon}}$，即

$$t_{\text{occupancy},i} = L_i / V_{\text{platoon}}, \quad \forall i \in (1,2,\cdots,N) \tag{9-18}$$

如果铁磁性物质长度（车长）的概率分布 $p(L)$已知，则可计算 $t_{\text{occupancy}}$ 的最大似然估计，如式(9-19)所示。同样也可根据 V_{platoon} 的最大似然估计值推算出单个铁磁性物质长度（车长）$\hat{L}_i$，如式(9-20)所示。

$$\bar{V}_{\text{platoon}} = \bar{L} / \bar{t}_{\text{occupancy}} \tag{9-19}$$

$$\hat{L}_i = t_{\text{occupancy}} / \bar{V}_{\text{platoon}} \quad \forall i \in (1,2,\cdots,N) \tag{9-20}$$

式(9-19)和式(9-20)中，$\bar{L}$ 和 $\bar{t}_{\text{occupancy}}$ 分别为铁磁性物质长度（车长）的中值和车辆在节点上停留时间的中值。

9.1.4 交通参数监测的实施方案

1. 单磁阻传感器的交通参数监测

为验证单磁阻传感器节点监测交通参数的性能，设置如图 9-30 所示的实验。将单磁阻传感器节点安置在车道中间，节点在十字路口红绿灯后方，传感器节点以每秒 128 次的速率采集磁阻信号，所有的车辆监测都是由传感器节点实时完成的，实验者观察有 332 辆车辆从节点旁边经过，传感器节点实时监测到 330 辆，表明磁阻传感器节点的监测车辆成功率为 99%，没有监测到的两辆车是摩托车，所有的非摩托车都实时监测到，传感器节点也监测到三辆摩托车。如果在车道上布置多个节点的话，所有的车辆包括摩托车也可以监测到。

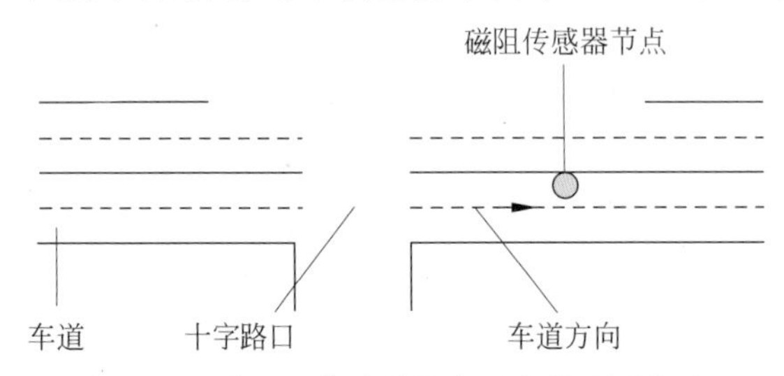

图 9-30 单磁阻传感器的交通参数监测实验

如图 9-31 所示为磁阻传感器节点 10min 内监测到的车辆。由于无线节点安置在十字路口的红绿灯后方，所以监测到的车辆由于红绿灯影响呈多串分布，相邻串之间的时间间隔是 1min（相邻绿灯时间间隔）。每串中车辆数是不相同的，这也表明监测车道上的交通流量没有达到饱和，可以通过无线节点中监测到的交通流量实时调控红绿灯的显示时间，使交通流量最大化。

前面介绍了在单磁阻节点利用中值法估算车辆速度的方案，如图 9-32 所示为利用 5 点和 11 点中值法估算车辆速度的示意图。该图中假定 L 均值为 5m，N 值分别取值 11 和 5，相应的速度估算结果如图 9-32 所示，11 点速度估算比 5 点速度估算平滑。在本次实验中交通流量为 330 辆/时，因此，11 点估算相当于 2min 内的车辆速度平均。假设是一个较大交通流量，例如 2000 辆/时，11 点估算相当于取 20s 内通过的车辆速度均值。

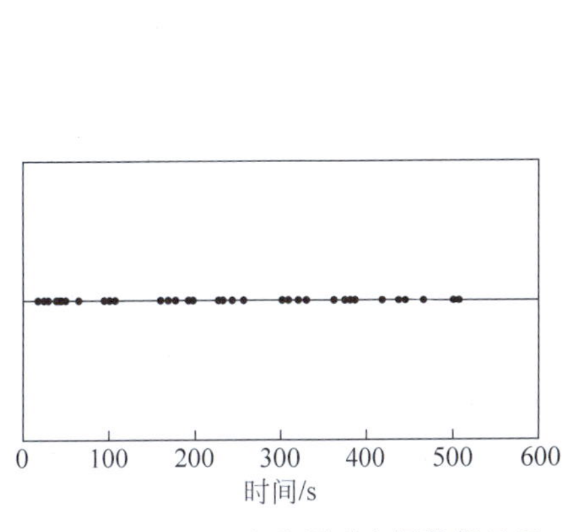

图 9-31　10min 内监测到车辆数据显示

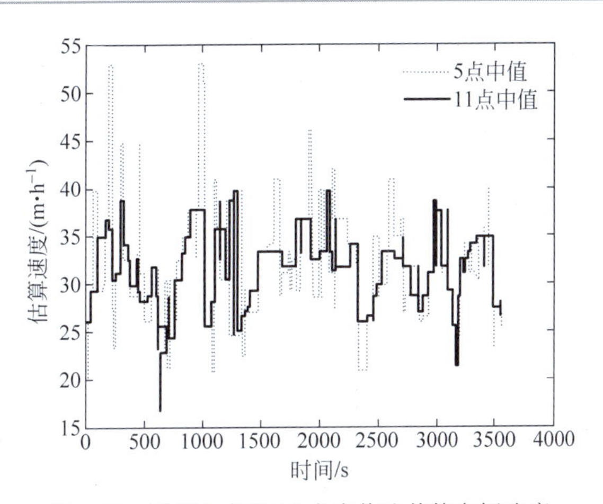

图 9-32　利用 5 点和 11 点中值法估算车辆速度

如图 9-33 所示为相邻车辆的间隔时间示意曲线,相邻车辆时间间隔是前一车辆的监测标志位从 1 下降到 0 的时间和现在车辆的监测标志位从 0 上升到 1 的时间差值。该图中所示部分的相邻车辆时间间隔较大,是由于交通信号灯的原因。

图 9-34 是利用式(9-20)估算的铁磁性物质长度的分布示意图。

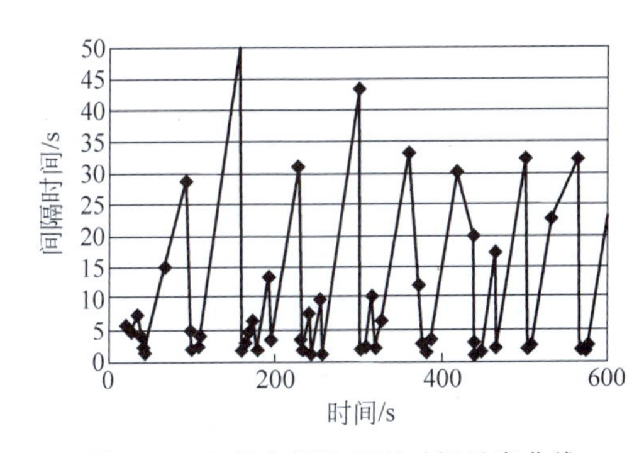

图 9-33　相邻车辆的间隔时间示意曲线

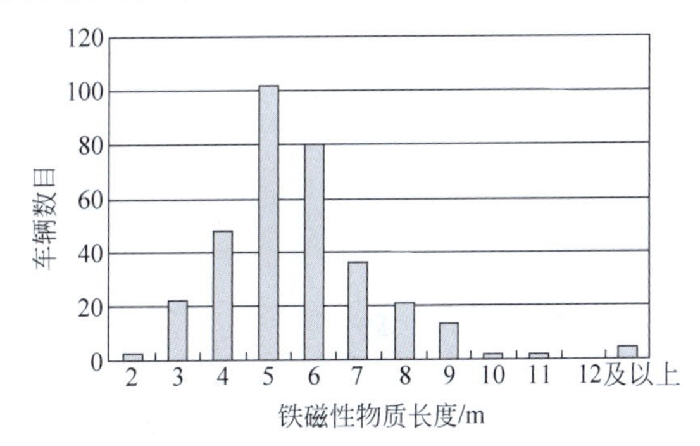

图 9-34　估算的铁磁性物质长度分布示意图

2. 双磁阻传感器的交通参数监测

双磁阻传感器节点测量交通参数的方案如图 9-35 和图 9-36 所示。前者使用了两个无线节点,每个节点中安置了一个磁阻传感器,而后者在单节点中安置了两个磁阻传感器。这两种方案都可以监测交通参数信息,但是两者的区别是在双节点方案中节点的间距普遍较远,约为 1.5m,而单节点方案中节点间距约为 15cm,两者相差 10 倍。

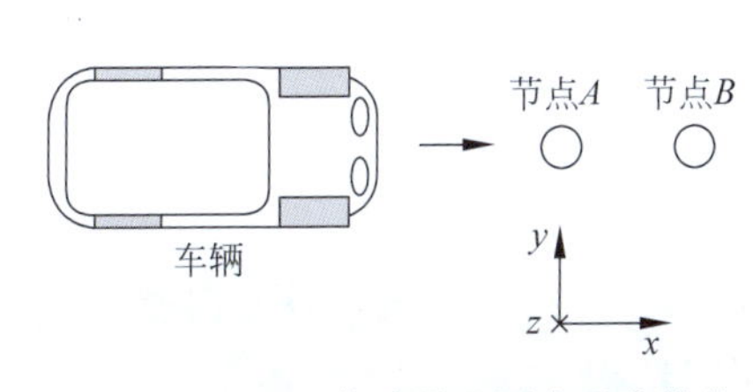

图 9-35　双磁阻传感器监测交通参数的安置方案一(双节点方案)

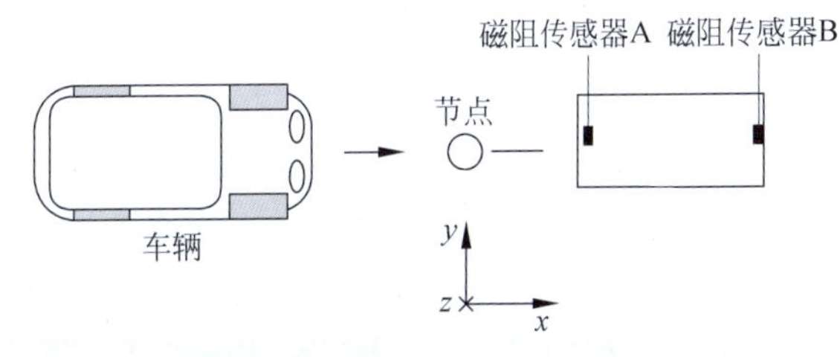

图 9-36　双磁阻传感器监测交通参数的安置方案二(单节点方案)

对于交通流量的监测,两种方案中节点的运行没有多大区别。但是对于车辆的长度和车速的监测，两种方案有较大差别。在双节点方案中节点之间需要通过无线方式实现时间同步，而单节点方案较容易实现磁阻信号采集和同步。

由于双节点方案中节点间距较远，车辆在两个节点之间只要有少许偏移，就会造成两个磁阻传感器采集的信号曲线不一致，给车长和车速的测量带来较大误差，而双节点方案中车速和车长监测需要节点间频繁交互采集的交通信息。双节点方案中节点之间频繁的时间同步和交通信息交互会造成能量较大的消耗，对于这两方面的问题，单节点方案却不存在。

从工程实用化的角度考虑选择单节点方案较为可行，但是单节点方案为了能够监测车长和车速，两个磁阻传感器采集车辆干扰的信号需要区分开。磁阻信号采集频率高，节点消耗能量高；而磁阻传感器间距大，造成了节点设计成本的增加，所以需要在磁阻信号的采集频率和磁阻传感器的间距之间权衡。在实际工程应用中，根据需要的交通参数监测精度确定相应的指标。

9.2 基于WSN的智能家居系统设计与实现

9.2.1 智能家居的基本描述

网络化的智能家居系统可以为人们提供家电控制、照明控制、窗帘控制、电话远程控制、室内外遥控、防盗报警，以及可编程定时控制等多种功能和手段，使人们的生活更加舒适、便利和安全。

1. 智能家居定义

智能家居可以定义为一个过程或者一个系统。利用先进的计算机技术、自动化控制技术、网络通信技术、综合布线技术将与家居生活有关的各种子系统有机地结合在一起，通过统筹管理家中的各种设备(如音视频设备、照明系统、窗帘控制、空调控制、安防系统、数字影院系统、网络家电等)，家居生活更加舒适、安全。一方面，智能家居将让用户用更方便的手段来管理家庭设备，如通过触摸屏、无线遥控器、电话、互联网或者语音识别控制家用设备，可以执行场景操作，使多个设备形成联动；另一方面，智能家居内的各种设备相互间可以通信，不需要用户指挥也能根据不同的状态互动运行，从而给用户带来最大程度的高效、便利、舒适与安全。

2. 智能家居的主要功能

现有的智能家居所实现的主要功能有：家庭安全防范(如防盗、防火、防天然气泄漏及紧急求助等)，照明系统控制(如控制电灯开关、明暗等)，环境监测与控制(通过传感器获取家庭温度、湿度、光照度、风速等信息来控制窗帘、门窗、空调等电器)，家电控制(如控制家庭影院、电饭煲、微波炉、电风扇等)，智能化监控(火灾自动断电、天然气泄漏时自动关闭气阀并打开窗户和换气扇，下雨时自动关闭窗户等)，多途径控制(通过遥控器、触摸屏、电话、手机、网络等多种不同的方式控制家庭设备)。

3. 智能家居所采用的技术和布线方式

现有的智能家居所采用的技术和布线方式可分为以下4种。

(1) 集中控制技术。以单片机为核心，集成外围接口单元。但由于系统容量限制，安装完毕之后扩展增加控制回路比较困难。拓扑结构主要是星状结构。

(2) 现场总线技术。主要由电源供应器、双绞线和功能模块三个基本部分组成，模块只要接入总线就可以加入系统，可扩展性较强。拓扑结构主要采用星状与环状结构。

(3) 电力载波技术。将120kHz的编码信号加载到50Hz的电力线上，由发射设备将高频信号送给接收器，其优点是直接通过预设电力线进行信号传输，即插即用，使用方便。拓扑结构可以根据需求进行动态变化。

(4) 无线射频(RF)技术。利用无线射频技术，在电器上增加无线通信等功能，使得智能家居布设简单，成本降低，使用方便。其拓扑结构和电力载波技术一样，都可以根据需求进行动态变化。

从2009年起，随着物联网技术的兴起，基于无线射频技术的智能家居技术逐渐开始成为业界研究和发展的重点。

9.2.2 智能家居系统的整体架构

1. 系统整体架构设计

图9-37为一般家庭内部结构图。在家庭外部通过互联网将每家每户的智能网关连接到同一个服务器，计算机或手持移动设备通过互联网与智能家居服务器相连，进而可以获得用户所需的信息或者对智能家居设备实施控制。智能家居系统的整体架构如图9-38所示。

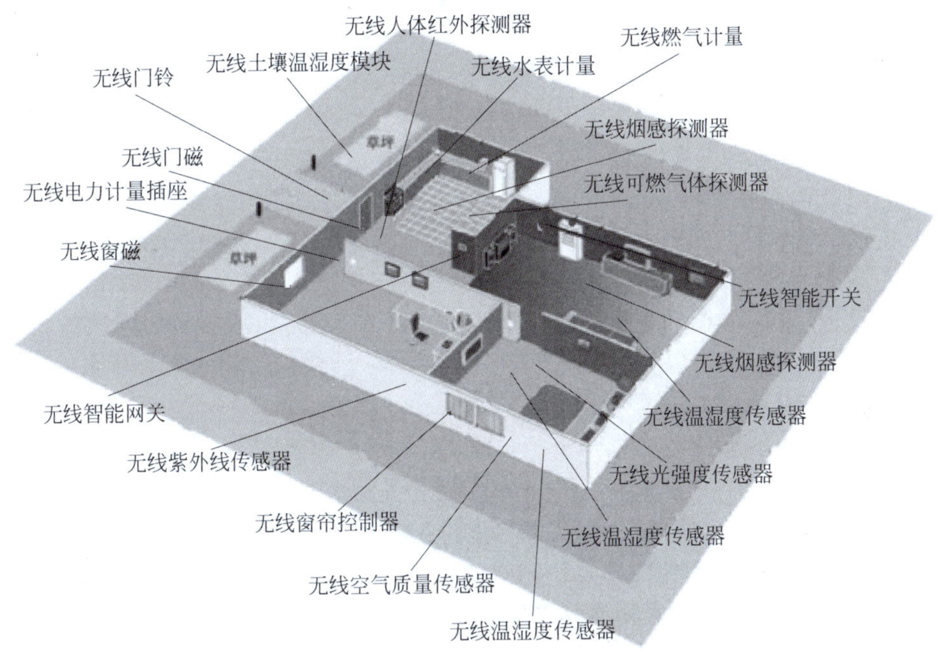

图9-37　家庭内部架构图

2. 智能家居系统的主要功能模块

(1) 无线智能网关：一方面，它是所有家庭内部无线传感器模块和无线控制设备的信息收集控制终端；另一方面，它连接智能家居系统内部网络和Internet。该系统使用ZigBee作为智能家居系统内部的网络协议。通过无线智能网关设备将智能家居系统里所有的传感器设备采集的信息和家用电器的相关信息传输到网络服务器，通过Internet访问服务器获得用户所需的信息，或者通过这些终端设备向智能家居系统里控制设备和用电器发送命令。此外，家庭内部的警报信息也通过该智能网关主动地发送到用户终端设备中。

(2) 无线智能开关：家中的墙壁开关面板可以直接被此开关取代，该开关不但可以像传统灯光开关一样使用，而且由于使用ZigBee网络将智能开关与家庭里其他智能家居设备组成

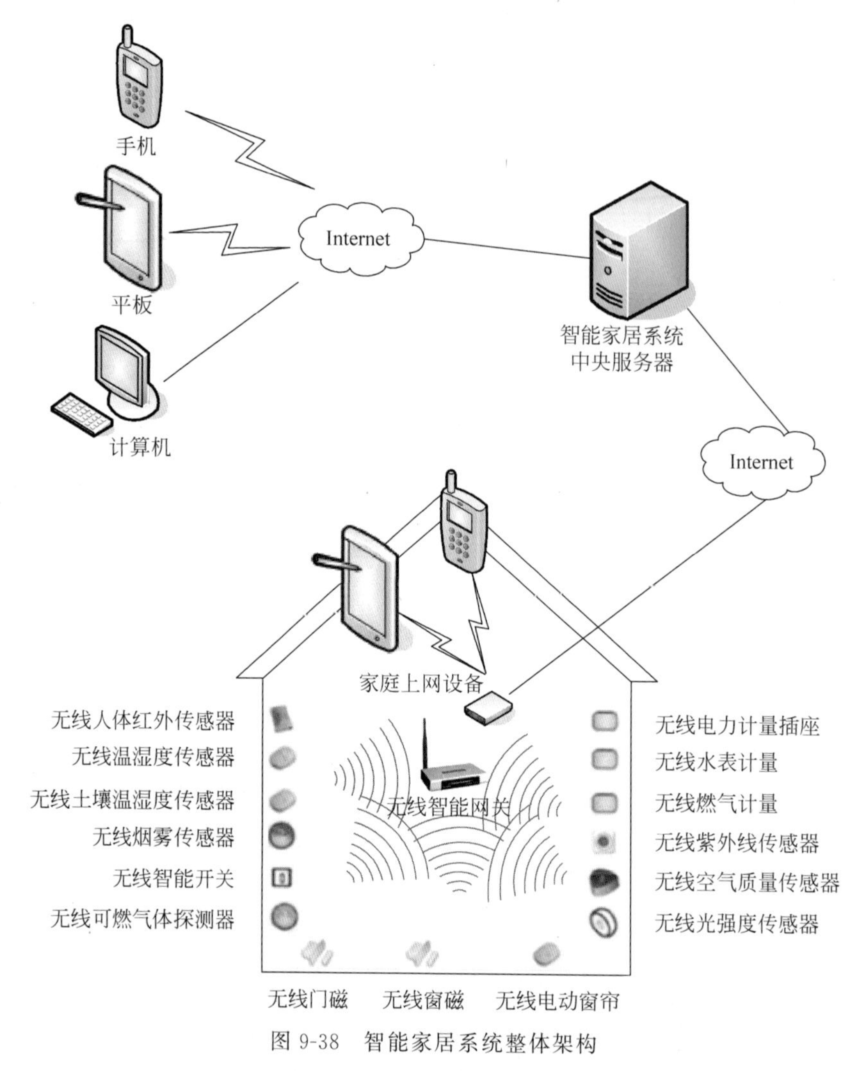

图 9-38　智能家居系统整体架构

了无线传感器控制网络，可以通过控制终端和智能网关向该开关发送命令，进一步调节灯光的明暗方面，在与其他智能家居终端节点协同工作时，可以根据需要个性化地进行智能调节。例如，可以设定起床和睡眠模式，在定时器的驱动下，对室内明暗环境进行个性化调节。当用户出门在外时，可以通过手持终端查询电灯的开或关状态，在出门忘记关灯时可以通过手持终端对电灯实施关闭操作。

（3）无线温湿度传感器：该模块主要用于对室内、室外温湿度或者土壤进行实时监测。为了保证对家庭各个区域进行全面的监测，需要在室内布置多个这类节点。有了无线温湿度探测器，可以确切地知道室内准确的温湿度。其现实意义在于可以根据室内温湿度情况适时地启动空调和加湿器来保证室内温湿度适宜用户居住。而且在住户回到家前查看室内温湿度情况，根据查得的数据，适时打开或调节空调和加湿器，在住户回到家后可以享受家里舒适的环境。

（4）无线电力计量插座：主要用于统计家用电器的耗电量，并在以后进一步分析，为如何节约用电提供支持；在电流过载时适时地关闭电力通路保护用电器，也可以对部分电器实施开关控制，如饮水机、电热水器等。

(5) 无线人体红外探测器：主要用于防止非法入侵，也可以根据室内是否有人和光线强弱对智能开关实施控制。例如，在黑暗中家人进入某一房间时，人体红外探测器监测有人进入后，打开电灯来照明，这一功能对儿童和上了年纪的人尤为重要。在家人离开家并设防后，如果有人非法入侵，红外探测器可检测到入侵并向用户发出入侵警报。在监控设备的支持下，还可以控制监控设备记录入侵过程。

(6) 无线空气质量传感器：该传感器模块主要用来探测室内的空气质量，并根据检测结果控制室内通风或净化设备，对空气进行净化，使室内空气质量适合住户的居住。这对于幼儿和生病的人意义很大，并可以在一定程度上预防感冒等流行性病症。

(7) 无线门磁、窗磁：主要用于非法入侵监测。当有人在家时，安防处于撤防状态，门、窗的打开不会触发报警。在布防状态下，一旦有人非法入侵，该模块就会通过智能家居网关向用户发出报警信息，并联合监控设备对入侵实施记录。

(8) 无线窗帘控制器：该设备就是窗帘的无线遥控器，可以用来控制窗帘的打开和关闭的幅度。例如，用户设定起床模式，在该模式生效后，系统会自动向窗帘控制器发出打开指令，并根据光线强度传感器采集的光照强度适当地调节窗帘来调节室内光照强度。

(9) 无线光强度传感器：主要用于监测室内光照强度，在系统支持下，控制窗帘和电灯等设备来调节室内光照强度。有些人喜欢居住在较暗的环境下，有些人喜欢在较亮的环境下生活，用户可以个性化设定，系统会根据该模块采集的信息调节室内光照强度。

3. 智能家居系统的网络结构

智能家居系统可选择的网络拓扑结构有三种：星状、树状和网状。在该系统中网络协调器的通信距离可以覆盖正常的家庭居住环境，所有终端节点均可直接与协调器通信，终端节点与传感器和控制器连接，传输环境数据和控制命令，数据量都很小，采用星状网络拓扑结构完全可以满足系统要求，并且有控制简单、故障诊断容易、不涉及路由寻址等优点。在 ZigBee 网络中协调器和路由节点要求是全功能设备，信息采集和控制节点则只需是精简功能设备，它们只能与 ZigBee 网络协调器通信，相互之间不能通信，一个基于 ZigBee 技术的智能家居系统应包括以下 6 部分。

(1) 网络协调器：主要负责建立和管理网络，接收从终端节点获取到的数据或向终端节点发送控制命令，以及与智能网关或上位机通信获取网关或上位机发送来的控制命令或上传终端节点采集到的数据。

(2) 信息采集节点：网络终端节点分为采集节点和控制节点两种，采集节点负责采集各种传感器或门磁等装置的状态变化信息。

(3) 控制节点：控制节点通过执行接收网络协调器发送来的命令实现对所连接的家居设备的控制。

(4) 路由节点：路由节点负责扩展网络覆盖范围及数据转发功能，可使更多的设备加入网络。

(5) PC：用于扩展系统功能，PC 可以显示网络协调器接收到的信息或向网络协调器发送控制命令，同时可以通过以太网向远程 PC 传送数据。

(6) 智能网关：智能网关除实现上位机功能外，还可以接入短信模块，实现 ZigBee 网络与广域无线网的融合，用户可以通过手持终端接收信息或发送控制命令。

系统需要设计的功能模块包括 ZigBee 无线通信模块、温湿度采集模块、光照采集模块、可燃气体监测模块、空气质量监测模块、红外入侵监测模块、门磁模块、无线窗帘控制模块、电子锁无线控制模块等。图9-39展示了智能家居系统的网络结构。

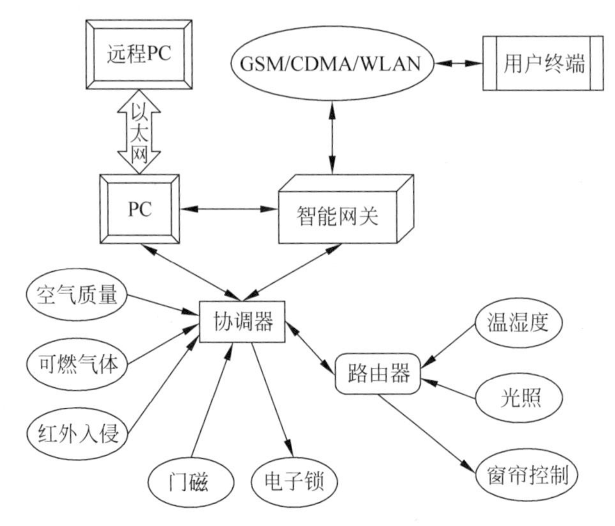

图9-39 智能家居系统的网络结构

在智能家居系统中,由于终端节点数目较多,多个终端节点同时发送数据可能造成数据丢失现象,所以应根据各节点具体任务的不同设置不同的任务优先级,以保证优先级高的任务的可靠性。涉及安防监控的节点的优先级应该最高,包括红外入侵监测、门磁感应、可燃气体监测等;控制节点的优先级次之,包括无线窗帘控制和电子锁无线控制;温湿度采集、光照采集、空气质量监测等环境状态信息采集任务的优先级设置为最低。

在系统中,网络协调器通过电源直接供电,信息采集节点和控制节点大多采用两节干电池供电,所以在设计和使用中应尽量减少使用电池的节点的工作时间,以延长节点的使用寿命。

4. ZigBee网络设备类型

根据ZigBee网络设备的功能是否完整,可以将ZigBee设备分为全功能设备(FFD)和简化功能设备(RFD),全功能设备包含完善的功能,而简化功能设备则精简了一部分功能。

而从网络配置上来讲,ZigBee网络中有三种类型的节点:ZigBee协调器(ZC)、ZigBee路由器(ZR)和ZigBee终端设备(ZE)。ZigBee网络的协调器必须是FFD,且只能有一个,它负责新建网络、设置网络参数、管理网络中的节点及存储网络中的节点信息,一般采用电源直接供电。ZigBee网络的路由器也必须是FFD,其在网络中起到路由发现、数据转发和网络扩展等功能。ZigBee终端设备可以是FFD,也可以是RFD,通常用来与传感器或控制器连接采集环境数据或执行控制命令,由于常放置在各种恶劣环境中,所以一般采用电池供电。

9.2.3 节点硬件设计

1. 节点芯片选型

ZigBee控制节点设计的实质是围绕着ZigBee的核心芯片设计,现在的ZigBee核心芯片通常具有:微控制单元(Micro Controller Unit,MCU)模块、发现发射接收模块、串口模块、AD转换模块等。根据目前ZigBee芯片的发展和使用的对象进行综合分析,需要选择集成度很高的ZigBee核心芯片作为本项目的解决方案,这样才能保证设计的难易程度和实现的可行性,并且让ZigBee网络建立更加容易,维护起来更加方便可行。

设计选用 TI 公司最新的 ZigBee 芯片 CC2530F256，此芯片射频部分工作在 2.4GHz 频段。CC2530 是一款真正的片上系统解决方案，具有低成本和低功耗的优点，是 TI 公司专门设计的基于 IEEE 802.15.4 协议，并适合星状网络或网状网应用的 ZigBee 芯片。由于 CC2530F256 的出色性能，它得到了很多科技工作者的高度重视。它的优势体现如下。

(1) 集成度很高，相当于内嵌了一个 8051 的单片机，这包括 MCU、256KB 的 ROM 和 8KB 的 RAM 存储器，并且支持串口调试。

(2) 节能方面表现优秀，通常只需要 3V 左右的供电电压即可。在闲置工作环境下，它分别工作在睡眠模式、唤醒模式或中断模式，这几种工作模式所消耗的电能非常少，所以能做到节能。一旦有任务需要执行，它从闲置状态转换为工作状态的相应时间也很少，保证了既节能也不影响工作性能。

(3) 除了内嵌 8051 单片机，还集成了 MAC 定时器、A/D 转换器、温度传感器等外部设备。在设计中可以节省很多的外围费用成本，并且设计的电路板更加节省空间，使用起来更加方便，功能更加齐全。

(4) ZigBee/ZigBee PRO、ZigBee RF4CE 协议都是基于 IEEE 802.15.4 标准的解决方案。主要应用于智能家居系统、工业监控系统、低功耗 WSN 等领域。

(5) TI 公司官方具有功能完善的开发工具，并且兼容 IAR 嵌入式开发平台。

2. ZigBee 控制节点核心电路设计

由于 CC2530 芯片内集成了许多特色功能模块，而核心板主要是为了独立 RF 系统，并合理地处理分布外设资源。根据 TI 公司官方提供的参考原理图，可以看出 ZigBee 核心电路的原理图非常简单，主要考虑以下几部分。

(1) 晶振电路的设计。这部分又包括两部分：主晶振电路和辅助晶振电路的设计。它们所使用的晶振频率分别是 32MHz 和 32.768MHz。

(2) 无线发射和接收模块的设计。这部分的设计主要是天线的设计。天线可以通过 0Ω 电阻来选择使用板载 PCB 天线或者 50Ω 鞭状天线。ZigBee 控制节点的核心硬件电路原理图如图 9-40 所示。从图上可知，ZigBee 控制节点核心电路从构成上看较为简单，主要包括稳压电路、晶振电路、巴伦电路等。

由于电路的天线都属于单极天线，而 CC2530 采用是的差分的 RF 口，因此，必须由电路来改变这种特性，这个电路称为巴伦电路(即平衡/非平衡转换器)，其电路如图 9-41 所示。巴伦电路的参数直接影响着 RF 系统天线的性能。本系统的巴伦电路参数是在参考官方数据的前提下，再根据实际效果进行调节获得的。

在无线 RF 电路中，对电源的要求非常高，电源的性能不仅关系着系统的稳定性，更重要的是对 RF 的发射距离及接收灵敏度造成严重的性能损失。另外，系统中还集成了 12 位 A/D 转换器，基准源选择采用内部参考电压，电源性能还直接影响着 A/D 转换器的精度。因此，核心板上在电源的输入采用高阻抗磁珠和大电容对其进行耦合滤波，在芯片的所有供电引脚旁都加上了射频段的耦合电容，以降低整个系统的供电阻抗，良好的电源性能有助于 RF 系统性能的提升，具体的电源处理如图 9-42 所示。

电源部分的处理要考虑精度问题和不受高频信号影响等因素，因此这部分需要明确的是 R3 精度要高，误差必须控制在 0.5%以下，在选择外围所配套的器件时要特别地注意，特别是在电容的材质上做了特殊的要求。

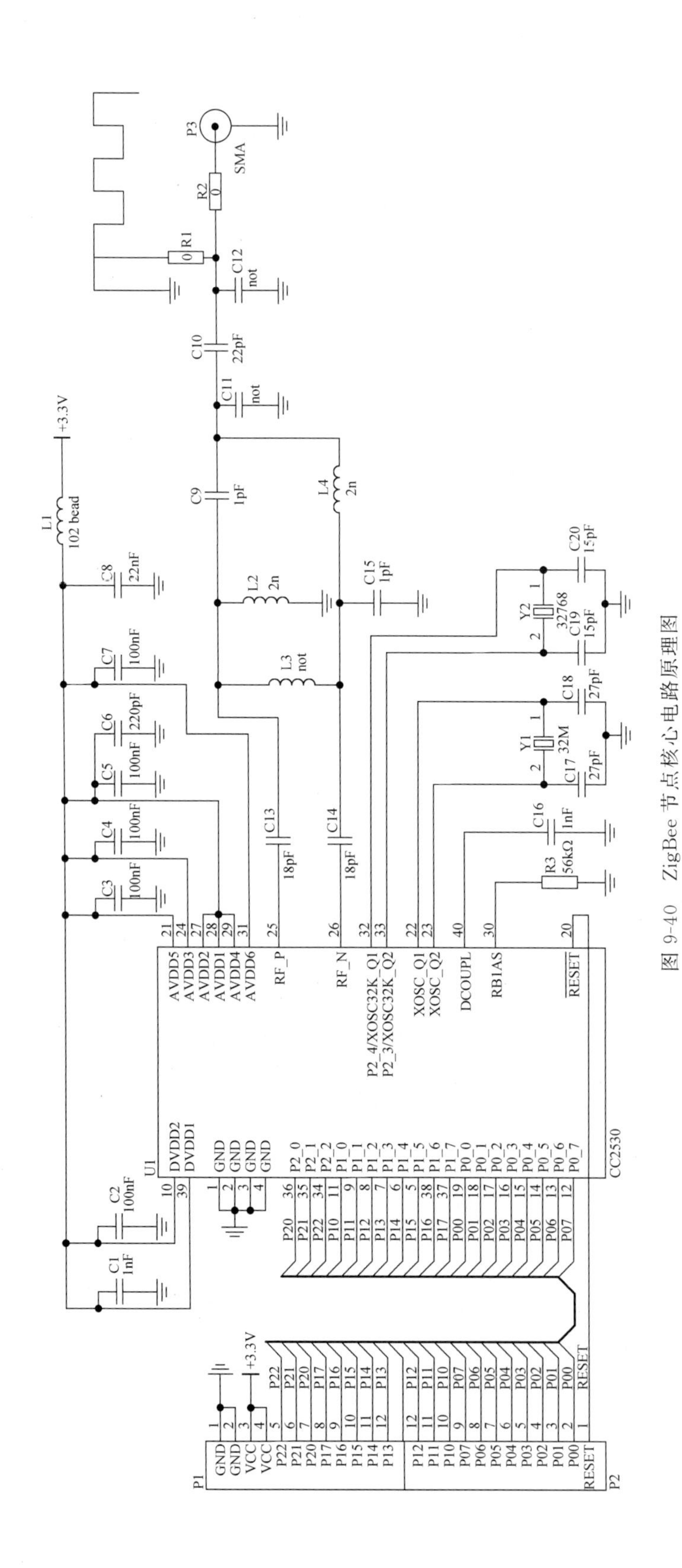

图 9-40　ZigBee 节点核心电路原理图

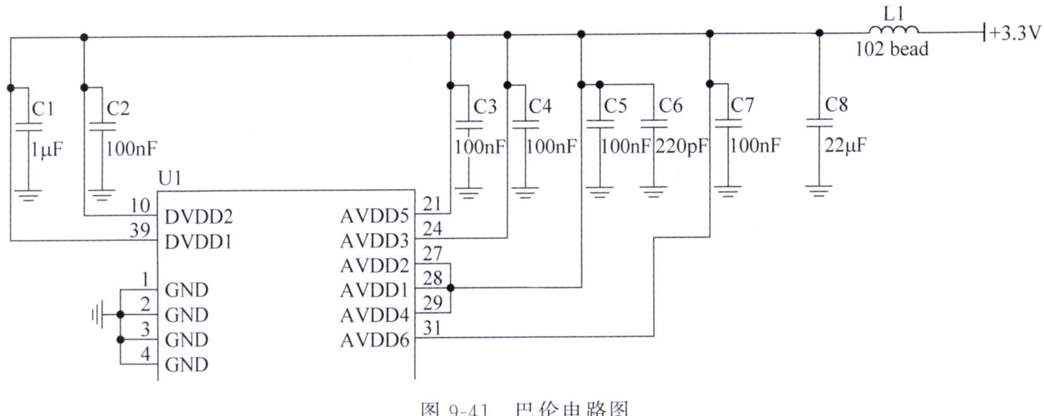

图 9-41 巴伦电路图

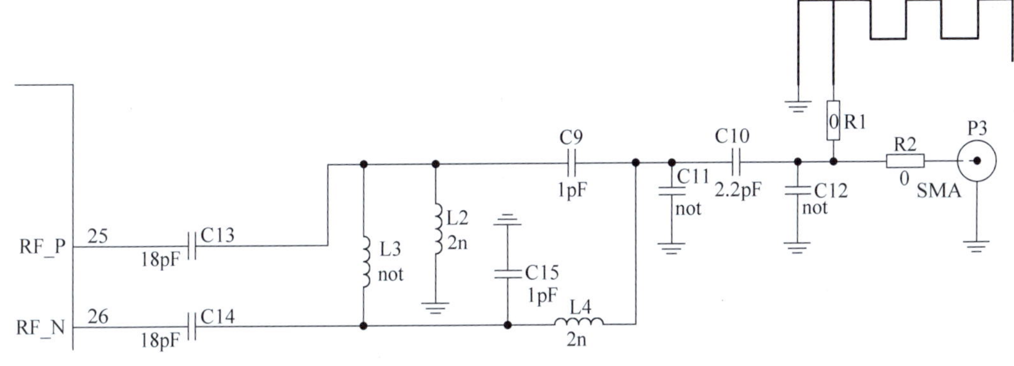

图 9-42 核心板电源处理图

3. ZigBee 节点天线设计

对于短距离无线通信设备(Short Range Devices,SRD)来说,天线的设计关系到通信距离的问题。因此,需要考虑天线辐射模型、增益、阻抗匹配、带宽、尺寸和成本等因素,这些因素都是在设计天线的时候需要考虑的。如今,我国的 ISM 频段工作在 2.4GHz,这包括 ZigBee 技术、蓝牙技术、WiFi 技术。那么,如何设计所需要的天线呢?这里就来讨论一下这个问题。对于 2.4GHz 这个频段,在考虑天线类型时,有三种类型可供选择,分别是板载天线、Whip 天线、Chip 天线。对这三类天线进行的比较如下。

(1) 板载天线:节省硬件的设计空间,但是频率的高低会影响设计尺寸的大小,因此设计的难度不小,但所需要的开发费用相对比较低廉。

(2) Whip 天线:这种天线不论是高频还是低频的表现都特别好,但是由于设计和制作费用都偏高,因此能适用的地方不多。

(3) Chip 天线:这种天线的性能介于板载天线和 Whip 天线之间,制作成本也介于其他两种天线之间。

天线从平衡与否的角度来分类,又分为非平衡天线和平衡天线两种。非平衡天线选取 50Ω 作为特征阻抗,而且非平衡天线的参考信号只有一个。假如在为 ZigBee 芯片外围设计的是非平衡天线时,要考虑芯片本身预留的是平衡天线的口,那么,两种类型之间需要增加平衡非平衡变压器来改变非平衡天线的电路特性。

对于 CC2530 来说,板载天线不失为一种较经济的选择,而且通信距离也可以满足要求。

CC2530 是终端节点的核心部件,射频部分负责组网,而内部集成的增强型 8051 内核负责控制射频、外部器件和运行 ZigBee 协议栈。

智能家居系统终端节点采用市电 220V 进行供电，电压变换电路采用 AC 220V 转 DC 5V 模块。在 5V 转 3.3V 的 DC-DC 转换电路中使用 LM1117 低压差电压调节器芯片。

9.2.4 终端节点硬件设计

智能家居系统在家庭内部使用 ZigBee 进行组网，组网硬件使用 TI 公司的 CC2530 无线片上系统。

1. 终端节点硬件电路详细设计

1）温湿度传感器电路模块

所选择的数字温湿度传感器是 DHT21。该产品具有质量好、响应快、极强的抗干扰能力、低成本等优点。DHT21 与外部 MCU 的连接如图 9-43 所示。连接线长度在 20m 以内时使用 5kΩ 的上拉电阻，在长度大于 20m 时要选择合适阻值的上拉电阻。使用时常常在电源引脚和地引脚之间加一个 100nF 的滤波电容。

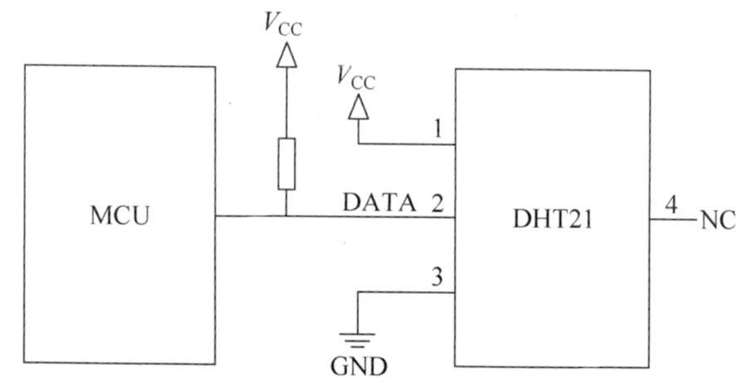

图 9-43 DHT21 与外部 MCU 的连接示意图

DHT21 所需要的供电电压为 3～5.5V，在本设计中使用 5V 为其供电。在 DHT21 上电后，在 1s 以内不要发送任何指令，直到其状态稳定。实际电路中在其电源和地引脚间架了 100nF 的滤波电容。DATA 是外部 MCU 从 DHT21 读取数据的引脚，它是一种单总线接口，一次读温湿度数据的操作时间大约是 5ms。

2）光照传感器电路模块

环境光强度传感器采用 BH1750FVI。BH1750FVI 采用两线串行总线接口，输出量为数字型。利用它的高分辨率可以探测较大范围的光强度变化。其串行总线接口支持 I^2C BUS 接口。其内部有一个光敏二极管、运算放大器和 16 位模数转换器，时钟信号由内部振荡器提供。图 9-44 是 BH1750FVI 的基本框图。

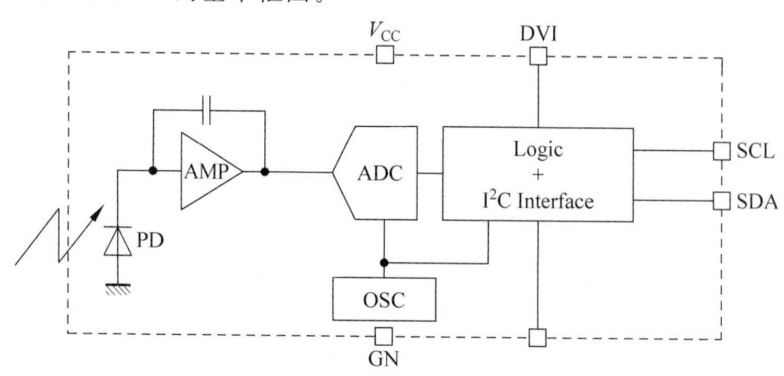

图 9-44 BH1750FVI 的基本框图

BH1750FVI 与 CC2530 的电路连接图如图 9-45 所示。

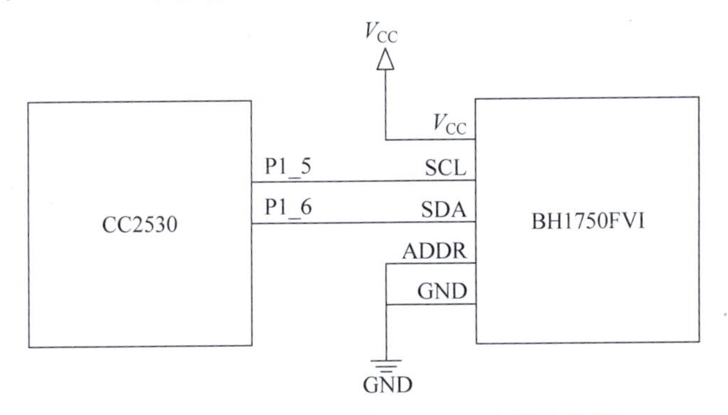

图 9-45　BH1750FVI 与 CC2530 电路连接图

3）人体红外传感器电路模块

人体红外传感器采用 SS-101 模块。SS-101 红外线人体感应模块是基于红外线技术的产品，当其感应范围内有人进入时，该传感器感应到红外光谱的变化，然后将输出引脚的电平拉高。当其检测到红外光谱变化时，会将输出引脚拉高，并持续到该感应区域没有红外光谱变化，在延时开关的作用下负载自动关闭。由于该模块的高灵敏度、强可靠性，各种电器自动感应设备都使用它。通过对封锁时间段的设置，可以实现"封锁时间"和"感应输出时间"两者的间隔工作；该功能还可以对各种负载切换过程中产生的干扰进行有效抑制。该模块有两种触发方式：可连续触发或不可连续触发，触发方式可以通过模块上的跳线来切换。SS-101 红外线人体感应模块示意图如图 9-46 所示。SS-101 供电电压范围为 4.5～20V，在本设计中使用 5V 为其供电。

SS-101 红外线人体感应模块与 CC2530 的电路连接如图 9-47 所示。

图 9-46　SS-101 红外线人体感应模块示意图　　图 9-47　SS-101 与 CC2530 电路连接图

4）可燃气体传感器电路模块

可燃性气体的种类很多，其中包括天然气、甲烷、液化气、氢气、一氧化碳、异丁烷、丙烷等。MQ-X 型气敏元件可以用来检测这些可燃气体。MQ-X 型元件的电路原理图如图 9-48 所示。其中，DOUT 是 TTL 电平输出，当可燃气体值超过预定值时，该引脚输出低电平。AOUT 是模拟输出。将该引脚连接到外部微控制器的 ADC 引脚，通过模数转换器采集当前可燃气体的浓度。

5）电动窗帘遥控器电路模块

在智能家居模拟系统中，采用的窗帘是由 433MHz 频率遥控的电动窗帘。使用 CC2530 模拟该窗帘遥控器设计的电路，这个遥控电动窗帘的实现属于间接方式，该方法实现简单，不必对窗帘控制系统进行改变。在以后的实验和实践中，可以通过修改该遥控窗帘，通过 CC2530 直接实现对窗帘的控制。

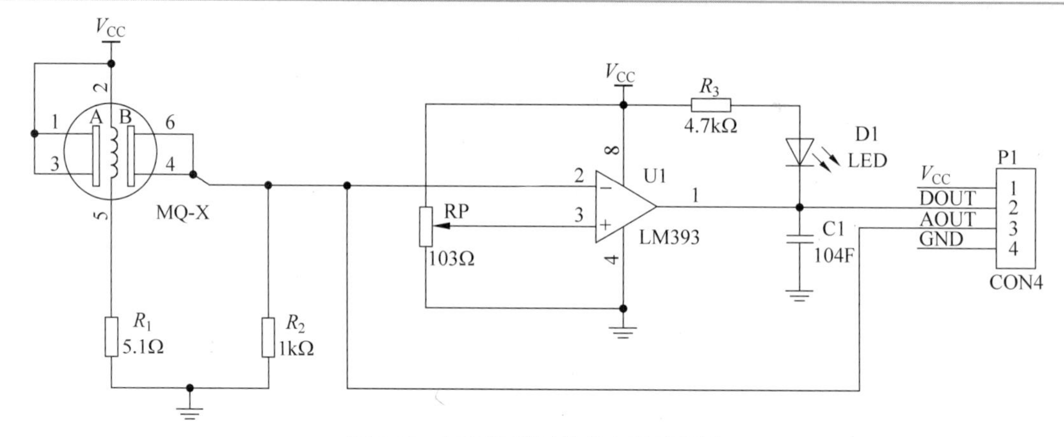

图 9-48　MQ-X 型元件的电路原理图

TXD 为脉冲输入引脚。测量控制编码后，在 CC2530 上编写代码，通过软件模拟的方式在 CC2530 的 P1_7 引脚输出该控制编码，最终实现对窗帘的控制。

6）报警器电路模块

报警器在智能家居系统里主要服务于其他设备，为危险或非法入侵等提供警示作用。在报警器的提醒下用户对突发状况采取相应的应对处理措施。防止或预防某事件发生所造成的后果。报警器采用简单的蜂鸣器实现，在以后可以针对实际情况选用其他的报警器方案。由 CC2530 控制蜂鸣器的电路实现如图 9-49 所示。

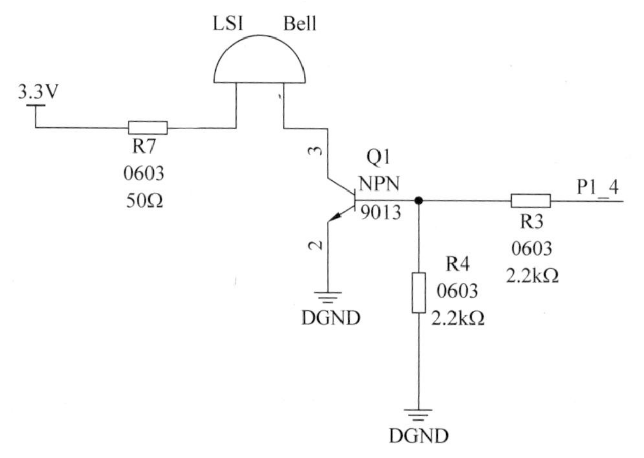

图 9-49　CC2530 控制蜂鸣器电路

2. 基于 Z-Stack 的终端节点应用层设计实现

1）基于 CC2530 的 Z-Stack 研究

Z-Stack 是遵从 ZigBee2007 规范的为 IEEE 802.15.4 产品和平台使用的协议栈。它在 CC2530 片上系统、MSP430＋2520 和 LM3S9B96＋CC2520 上支持 ZigBee 和 ZigBee-Pro 特征集。Z-Stack 支持 Smart Energy、家庭自动化、楼宇自动化和医疗健康等公共应用。Z-Stack 支持 IAR 工程建立 ZigBee Network Processor(ZNP)设备。ZigBee 协议采用分层的体系结构，其下层为上层提供服务，ZigBee 协议的体系结构如图 9-50 所示。

执行 Z-Stack 协议栈是从 main 函数开始的。首先需要对系统的硬件进行初始化，然后初始化系统，最后执行操作系统，操作系统的初始化流程如图 9-51 所示。

在初始化结束后就开始运行操作系统。该操作系统是基于事件定时机制的串行执行任务的系统。首先系统根据 MAC 定时器更新系统软件时钟，计算相邻两次操作所消耗的时间，然

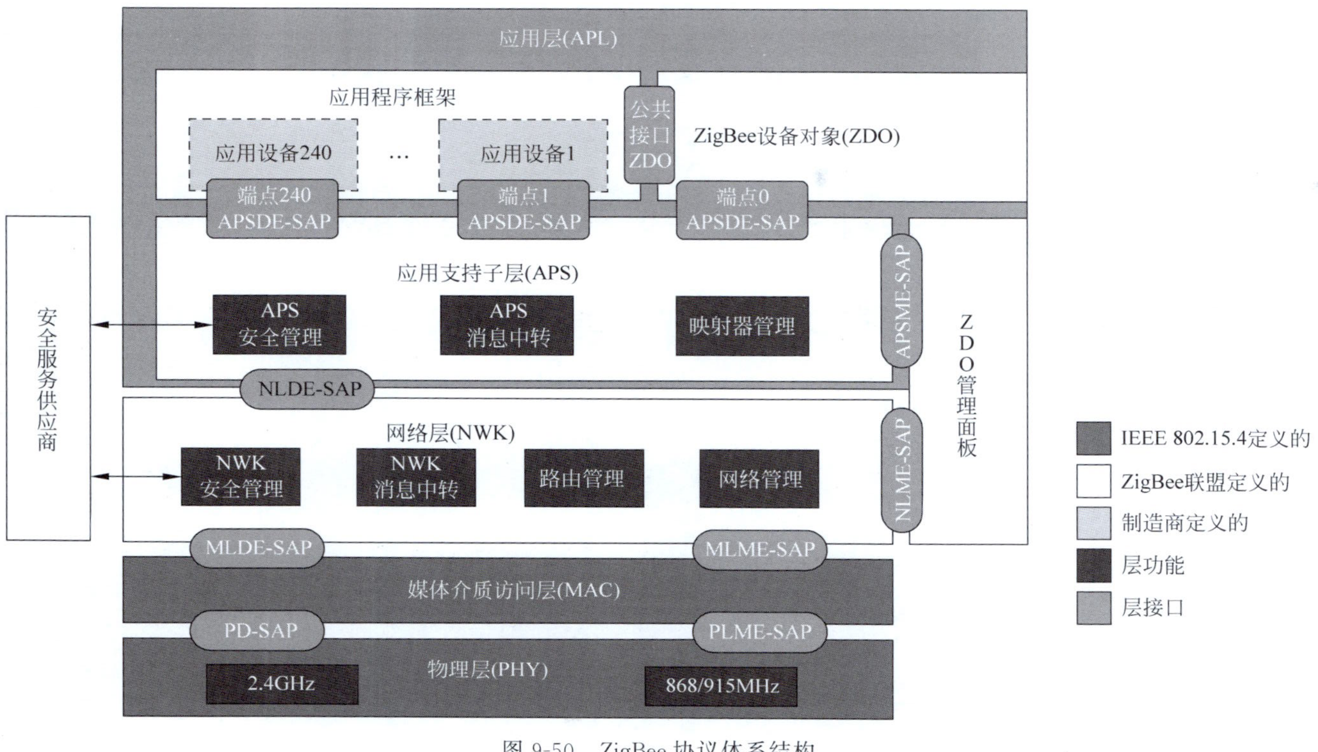

图 9-50 ZigBee 协议体系结构

后根据这个时间值更新事件被触发的剩余时间。在对每个事件任务更新其超时值之后，系统开始查询是否有任务由于超时、到时而应该被触发，并根据优先级选择最高优先级的事件，调用相应层的事件处理函数，最终对该事件做处理。

操作系统的执行流程如图 9-52 所示。

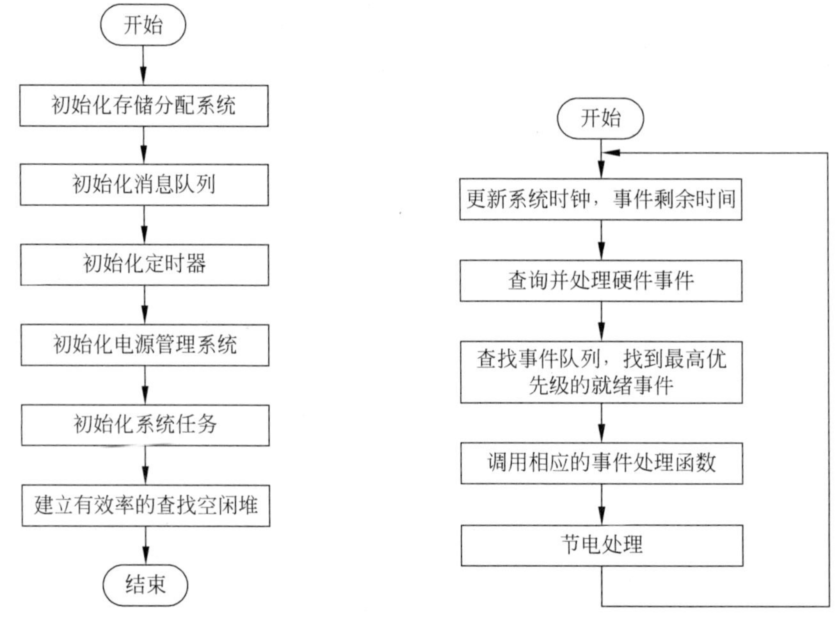

图 9-51　操作系统初始化流程　　　　图 9-52　操作系统执行流程

该操作系统的实现比较简单，在该操作系统中有以下设置任务的方法。

调用函数 osal_start_timerEx(uint8 taskID, uint16 event_id, uint16 timeout_value)。

参数说明如下。

taskID：该定时器所属任务 ID。

event_id：该定时器所属事件的 id。

timeout_value：该定时器的定时值。

该函数的主要功能是设置事件的超时值(timeout)，事件的定时结构体如下。

```
typedef struct
{
void * next;
uint16 timeout;
uint16 event_flag;
uint8 task_id;
uint16 reloadTimeout;
} osalTimerRec_t;
```

所有定时结构体组成一个链表，无类型指针 next 用于连接下一个定时结构体。timeout 保存超时值；event_flag 即 event_id，是定时事件的 id；task_id 是该事件所属的任务 id；reloadTimeout 用于保存重新装载超时值。如果使用函数 osal_start_timerEx 来设置任务，那么 reloadTimeout 值被设置成 0，即任务只执行一次。如果想设置周期性的任务，那么要调用函数 osal_start_reload_timer(uint8 taskID, uint16 event_id, uint16 timeout_value)。函数 osal_start_reload_timer 与函数 osal_start_timerEx 的参数相同，不同的是函数 osal_start_reload_timer 在设置超时值 timeout 时 reloadTimeout 也被置成同样的值。

操作系统在执行更新事件定时剩余值时，先查询每个事件结构体，并将超时剩余值减去两次该操作的时间间隙。然后查询是否有超时剩余值为 0 的事件。对于超时剩余值为 0 的事件结构体，如果 reloadTimeout 没有被设置(即为 0)，那么直接调用函数 osal_set_event (uint8 task_id, uint16 event_flag)，设置该事件为就绪态。如果该任务设置了 reloadTimeout，那么先调用 osal_set_event 函数，然后重新装载 timeout 值，实现任务的周期性运行。在执行了更新操作之后，操作系统先轮询硬件层是否有事件发生并处理。然后操作系统查询任务事件队列，找到处于就绪态的最高优先级任务事件，然后执行该任务事件对应的处理函数。

2）基于 CC2530 的 Z-Stack 应用设计

应用层位于 Z-Stack 协议栈的最上层，在 ZigBee 协议和操作系统的支持下实现开发者所期望的功能。基于 Z-Stack，设计实现了基于 ZigBee 协议的智能家居系统的终端节点。终端节点在完成硬件初始化和协议栈初始化之后开始启动协议栈。启动协议栈后的首要任务是将终端节点与协调器绑定。绑定通过调用协议栈绑定 API 函数进行，接下来由协议栈处理绑定过程，这一过程不需要用户参与。协议栈在绑定结束后会调用绑定回调函数，用户在回调函数中判断绑定是否成功执行。如果绑定失败则用户需要重新启动绑定操作。如果绑定成功，则结束后需要将终端节点与网关先进行一次时间同步。进行时间同步的目的是维持终端节点的时钟准确，这样能够保证上传的传感器等数据所带的时间戳是准确的。在此说明时间同步操作也是周期性的，具体周期值可在实际应用时随时更改。在第一次时间同步之后，开始根据终端节点的板上资源设置周期上传网络和节点信息任务、周期传感器采样任务等。接下来就开始等待事件的发生，这里的事件包括周期性任务超时触发的事件和传感器等外部设备通过中断等方式触发的事件。周期性事件在被触发后会将超时值恢复为其周期，并开始等待下次被执行。而由传感器等所触发的事件是一次性事件，每被触发一次就执行一次处理函数。终端节点的应用层执行流程实际上是对应用层各种事件的处理过程，其执行流程如图 9-53 所示。

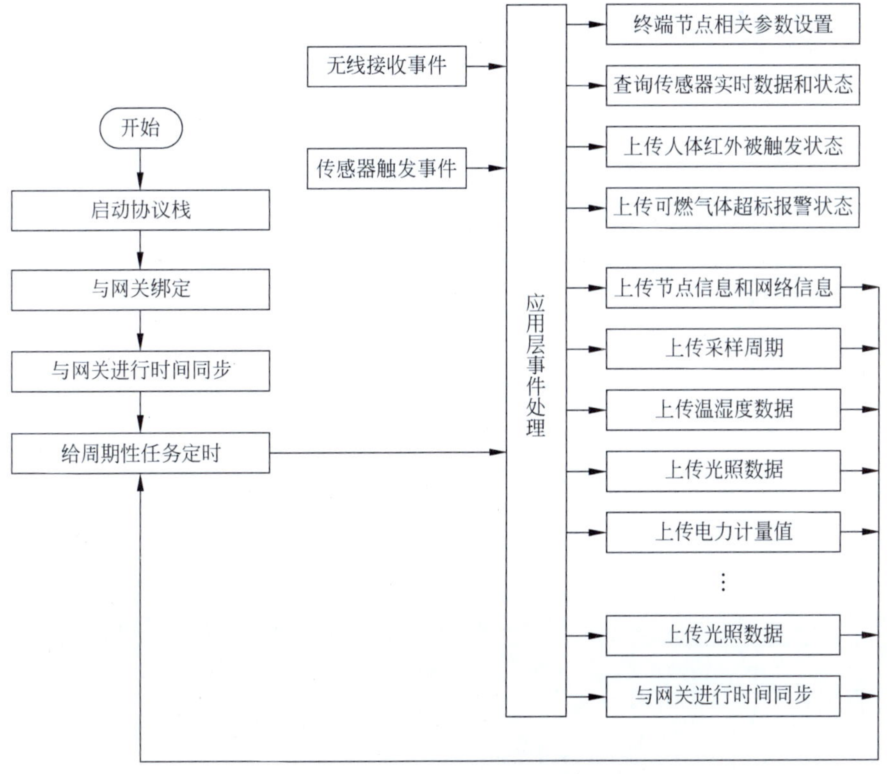

图 9-53　终端节点应用层执行流程

无线接收函数负责处理来自网关传来的所有命令。这些命令类型主要包括两类：控制命令、查询命令。控制命令用于对 CC2530 或传感器进行控制。而查询命令用于查询终端节点的软硬件信息和传感器采样数据及状态。无线接收处理函数执行流程如图 9-54 所示。

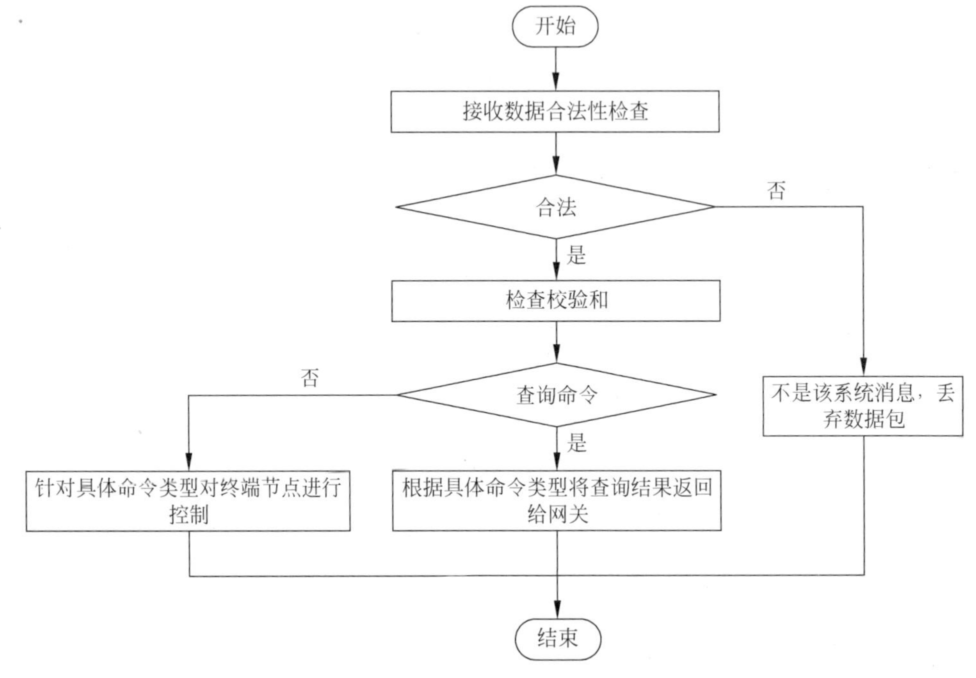

图 9-54　无线接收处理函数执行流程

在此智能家居系统中，ZigBee 网络通信的数据帧主要分为用于传送网络状态信息的网络帧、用于传送数据信息的数据帧、用于查询状态和管理的命令帧。

终端节点和网关通过 ZigBee 网络通信的帧格式，网络状态帧格式如表 9-8 所示。

表 9-8　节点类型及网络状态帧格式

起始符	消息长	消息类型	校验和	IEEE 地址	
IEEE 地址				节点类型	父节点地址

网络状态帧各个字段说明如表 9-9 所示。该帧的起始用@标识。由于 ZigBee 协议栈应用层一次最多发送数据 200B，因此数据长度用 1B 表示（最大可表示 255）。消息类型 0x20 用来标识该消息是网络状态帧。校验和设在其后面的目的是各种帧格式在帧头上统一。接下来是网络信息字段和节点信息字段。网络状态帧字段描述如表 9-9 所示。

表 9-9　网络状态帧各字段描述

段名	内容	段长	数据类型	说　明
起始符	@	1	char	消息的起始
消息长	*	1	uint8	整个消息报的长度
消息类型	0x20	1	uint8	标识消息是哪种类型（此为网络消息）
校验和	*	1	uint8	整个包的校验
IEEE 地址	*	8	uint64	节点的 IEEE 地址

续表

段名	内容	段长	数据类型	说　　明
节点类型	*	1	uint16	节点类型
父节点地址	*	2	uint16	发送此消息的父节点逻辑地址

网络数据帧主要是传送传感器数据及采样周期等数据。数据帧格式如表 9-10 所示。

表 9-10　数据帧格式

起始符	消息长	消息类型	校验和	数据类型	数据长度	数据起始	…
…	…	数据结束					

数据帧格式在帧头部分与网络状态帧格式相同，其类型由 0x21 标识。在数据里首先是数据类型字段，该字段用于标识具体传送的数据类型。数据长度字段标识数据的具体长度，该值用于查找数据帧数据字段的起始和结束。数据帧各字段的描述如表 9-11 所示。

表 9-11　数据帧各字段描述

段名	内容	段长	数据类型	说　　明
起始符	@	1	char	消息的起始
消息长	*	1	uint8	整个消息报的长度
消息类型	0x21	1	uint8	标识消息是哪种类型
校验和	*	1	uint8	整个包的校验
数据类型	*	1	uint8	传输的数据类型
数据长度	*	1	uint8	传输的数据长度
数据字段	*	*		具体数据

命令帧是网关发送给终端节点的消息，主要是为了控制终端节点及其所连接的设备和查询相关信息。命令帧格式如表 9-12 所示。

表 9-12　命令帧格式

起始符	消息长	消息类型	校验和	命令类型	命令长度	命令头	…
…	命令尾						

命令帧的帧头格式也同网络状态帧相同，其帧类型由 0x22 标识。命令类型字段标识该命令是查询命令还是控制命令，之后是命令的长度。由于命令采用统一的 8b 格式，所以命令长度都是 1B。命令长度字段的值总为 1。命令帧各字段的描述如表 9-13 所示。

表 9-13　命令帧各字段描述

段名	内容	段长	数据类型	说　　明
起始符	@	1	char	消息的起始
消息长	*	1	uint8	整个消息报的长度
消息类型	0x22	1	uint8	标识消息是哪种类型
校验和	*	1	uint8	整个包的校验
命令类型	*	1	uint8	所要发送的命令类型

续表

段名	内容	段长	数据类型	说　　明
命令长度	1	1	uint8	命令的长度
命令字段	*	1	uint8	具体命令

9.2.5　节点软件部分设计

1. 软件开发环境 IAR

系统使用IAR Embedded Workbench用于Z-Stack协议栈的开发，这是TI公司为ZigBee芯片CC2530提供的很好的软件开发平台。只要在IAR系统上就可以进行协议栈Z-Stack的开发。而且开发非常简单，只要开发者调用API函数即可以进行开发，而底层的程序已经由TI公司进行开发。

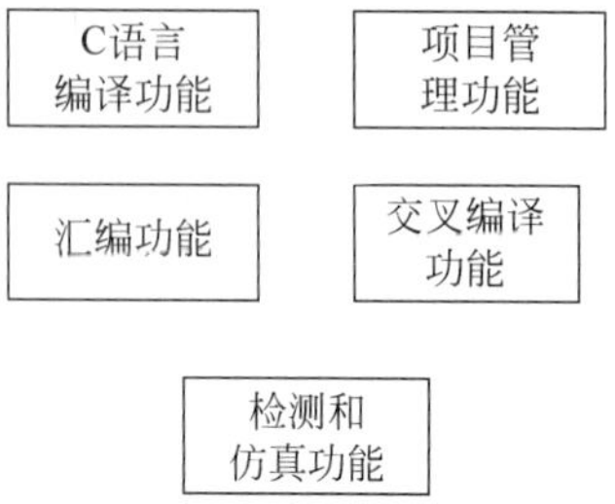

C语言编译功能

项目管理功能

汇编功能

交叉编译功能

检测和仿真功能

图 9-55　IAR 软件主要功能图

IAR 8.1.0软件是针对C语言的调试和编译，可以兼容多种微处理器，目前可支持三十多种微处理器，其中包括8位的、32位的微处理器。并且用户界面与Keil软件类似，非常直观易用，如图9-55所示为IAR软件主要的5个功能。

经过IAR编译以后的程序代码非常节省资源，已经把代码最优和最简洁化，这一切都归功于IAR软件编译器的高效运作。

IAR软件虽然具有很大的优势和特点，但是要直接使用这个软件来进行ZigBee协议的开发还不行，需要在IAR软件系统安装TI协议栈开发软件Z-Stack-CC2530-2.3.0-1.4.0，才能保证在IAR软件开发平台上进行协议栈的开发。

2. IAR 工程文件的快速建立

(1) 先打开IAR软件，在软件的工具栏中，选择Project选项，新建一个Project——Create New Project，选择默认选项，单击OK按钮，并选择8051内核。

(2) 打开上次已经安装好的IAR软件，新建一个Project——Create New Project，选择默认选项，单击OK按钮，并保存在自己希望的路径下。

(3) 在文件栏选项里选择新建文件选项，这时空白的文件出现在操作栏中。在此文件中输入“#include<ioCC2530.h>”，并且单击“保存”按钮，在对话框中输入名字并保存为.c格式的文件。

(4) 还需要在IAR里配置几个选项。打开Project→Options→General Options配置，单击圆圈按钮，先向上返回上一级目录，然后打开Texas Instruments文件夹，选择CC2530F256芯片。选择Linker→Config→Linker command file选项。导出配置文件，先向上返回上一级目录，然后打开Texas Instruments文件夹，选择nk51ew_cc2530F256.xcl（这里是使用CC2530F256芯片）。

(5) 然后在Debugger选项的Driver里选择Texas Instrument(使用编程器仿真)，至此，已经完成了ZigBee CC2530基于IAR开发环境的操作流程。

3. Z-Stack 协议栈简介

Z-Stack是TI公司在IEEE 802.15.4标准和ZigBee联盟所推出的ZigBee2006规范的基

础上，推出的功能强大的 ZigBee 协议栈，最新的 Z-Stack 版本基于 ZigBee2007/PRO 规范，适用于 TI 的 CC2430/2431/2520/2530/2531 系列芯片。Z-Stack 完全实现了 ZigBee 规范规定的 MAC 层、网络层、应用层、安全服务层框架，Z-Stack 配合 OSAL 完成整个协议栈的运行，支持多种平台。

Z-Stack 协议栈紧凑而简单，对具体实现的硬件需求很低，通常使用 8 位微处理器即可满足要求，全功能的协议软件需要 32KB 的 ROM，简单功能的协议软件仅需要约 4KB 的 ROM。Z-Stack 的版本较多，将选用基于 ZigBee2007/PRO 的 Z-Stack2. 3. 0-1. 4. 0。在 TI 官网下载最新版的 Z-Stack-CC2530 安装好之后，使用 IAR Embedded Workbench IDE 打开 Z-Stack-CC2530 中的示例程序，在最左边的 Workspace 栏中可以看到整个协议栈程序的架构，如图 9-56 所示。App 目录包含应用层内容和用户创建的项目的具体内容，是程序设计的主要目录；HAL 目录包含与硬件相关的头文件、配置文件和驱动文件及相关操作函数，也需要做一些改动；ZMain 为主函数目录，包含项目的入口函数。

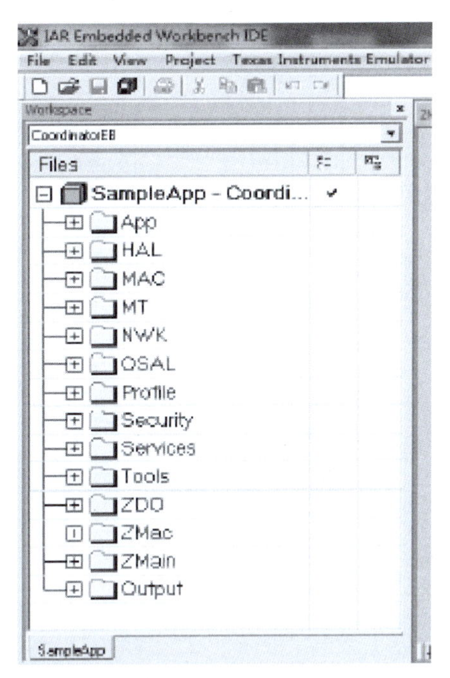

图 9-56　Z-Stack 协议栈

4. Z-Stack 的运行机制

Z-Stack 协议栈基于操作系统的思想来构建，通过轮转查询机制实现系统任务的处理。系统在完成各层初始化后开启低功耗模式，当有事件唤醒系统时则进入中断完成事件处理，事件处理结束之后，系统将重新回到低功耗模式，这种机制起到了很好地降低节点功耗的作用，针对多个事件同时发生的情况，系统会先判断事件的优先级，然后从高到低依次处理。Z-Stack 的工作流程包括系统启动，初始化各层和操作系统，以及操作系统的任务轮转查询处理等步骤，具体流程如图 9-57 所示。

Z-Stack 协议栈的 main()函数主要实现在中断关闭的情况下，对协议栈各层功能和板载硬件，以及一些外部接口的初始化，并启动 OSAL 操作系统。

main()函数最后一条语句中的 osal_start_system()函数实现了从主函数进入操作系统的死循环中，不再返回主函数，然后操作系统采用轮转查询方式来执行相应的任务。

进入轮询后，Z-Stack 开始根据任务的优先级逐级向下查询是否有任务要执行，如有任务就通过 events=(tasksArr[idx])(idx,events)语句调用相应的任务处理函数处理任务，如果没有就继续查询。

Z-Stack 中设置 tasksEvents[]数组用于存放所有的任务事件。数组的内存空间分配由 tasksEvents=(uint16 *)osal_mem_alloc(sizeof(uint16) * tasksCnt)语句完成，每一个元素对应一个任务，每个元素的每一位对应一个事件，需要添加任务时只需添加新的 tasksEvents[]数组元素即可。

osal_set_event()函数是用于在 Z-Stack 中设置 tasksEvents[]数组值为非零值来触发 osal_msg_send()而间接调用 osal_set_event()来实现事件触发的。

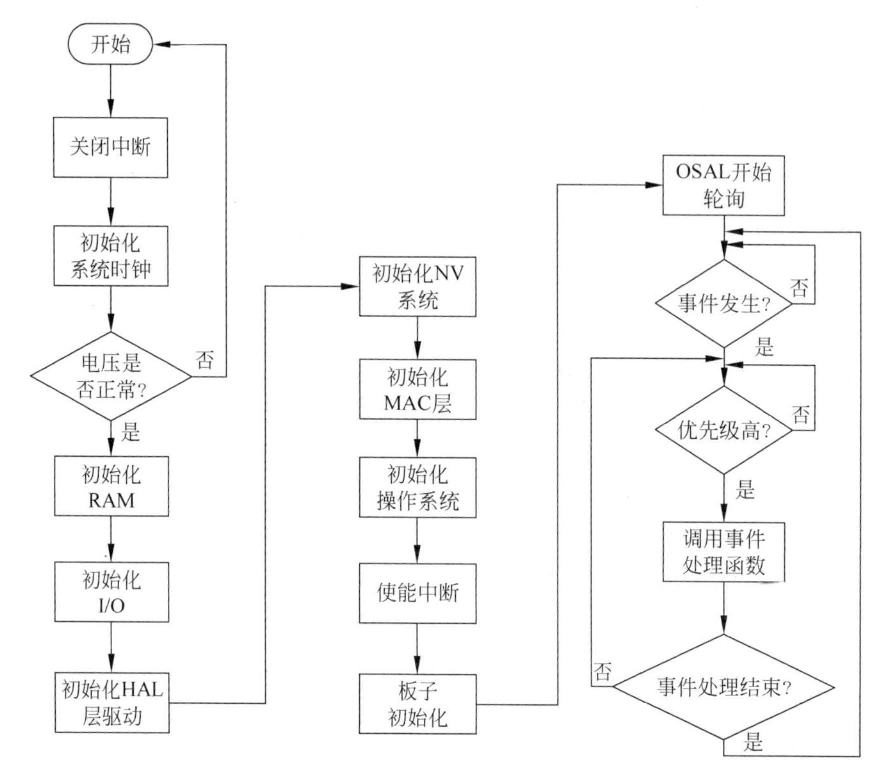

图 9-57　Z-Stack 工作流程图

5. Z-Stack 的寻址模式

ZigBee 设备有两种地址：一种是 64 位的 IEEE 地址，又叫作 MAC 地址或者扩展地址(Extended Address)；另一种是 16 位的网络地址，又叫作逻辑地址或者短地址。

MAC 地址是全球唯一的地址，由 IEEE 提供，一般在出厂时由制造商设置好或者在安装的时候设置。而网络地址通常是设备加入网络后被分配的地址，这个地址在其加入的网络中是唯一的，用来进行网络通信。

在 ZigBee 网络中，网络协调器的逻辑地址被唯一确定为 0000H，路由节点和终端节点的逻辑地址是由协调器分配的。Z-Stack 中为了保证在一个网络节点逻辑地址的唯一性，规定了参数配置和一些算法来用于分配，所遵循的寻址算法本身具有分布特性，确保每个设备只能与它的父设备通信，接受一个网络地址，而不需要整个网络范围内的地址分配。在地址分配前需要先配置参数 MAX_NODE_DEPTH，NWK_MAX_ROUTERS 和 NWK_MAX_DEVICES。MAX_NODE_DEPTH 定义了网络最大深度，协调器的深度为 0，它的子节点的深度为 1，它的子节点的子节点深度为 2，以此类推。NWK_MAX_ROUTERS 决定了一个协调器或路由节点最多可以接入的具有路由功能的子节点的个数。NWK_MAX_DEVICES 决定了一个协调器或路由器节点最多可以接入的任意子节点的个数。这三个参数在 Z-Stack 都进行了限制：MAX_NODE_DEPTH=5，NWK_MAX_ROUTERS=6 和 NWK_MAX_DEVICES=20。

在程序中，ZigBee 设备的网络地址是通过结构体 afAddrType_t 来实现的。

```
typedef struct
{
union
{
uint16 shortAddr;
```

```
ZLongAddr_t extAddr;
} addr;
afAddrMode_t addrMode;
byte endPoint;
uint16 panId;
} afAddrType_t;
```

在协议栈中触发事件有三种方式,第一种方式是直接调用 osal_set_event()触发事件;第二种触发方式是通过 osal_start_timerEx()函数设置一个软件的定时器,当这个定时器溢出时就会调用 osal_set_event()启动触发;第三种方式是通过调用系统消息传递函数。其中,afAddrMode_t 是用于表示地址模式的结构体,因为在 Z-Stack 中数据包传送方式有单点传送、组传送和广播传送,对应的地址模式有单播地址、组播地址和广播地址。

```
typedef enum
{
afAddrNotPresent = AddrNotPresent,
afAddr16Bit = Addr16Bit,
afAddr64Bit = Addr64Bit,
afAddrGroup = AddrGroup,
afAddrBroadcast = AddrBroadcast
} afAddrMode_t;
```

单点传送是最简单直接的寻址模式,它将数据包直接发送给一个逻辑地址已经知道的网络节点,此时将地址模式设置为 Addr16Bit,并且在数据包中携带目标设备的地址。而当地址模式设置为 Addr64Bit 时,表示为指定 64 位物理地址的单点传送模式。组传送模式就是将数据包发送给网络上的一组设备。此时将地址模式设置为 afAddrGroup 并且将目标设备地址设置为组 ID,组 ID 需要在 aps_AddGroup()函数中设置 groupID。

广播传送模式就是将数据包发送给网络中的每一个设备。此时将地址模式设置为 AddrBroadcast。目标地址可以设置为下列广播地址的一种:①0xFFFF,此时数据包将被传送到网络上包括处于休眠状态的节点在内的所有节点,发送给休眠中节点的数据包将被暂时保留在其父节点中,等待它周期性醒来,再到其父节点查询,如果保留超时,则消息失效;②0xFFFD,此时数据包将被传送到网络上除了处于休眠状态的节点外所有打开接收的设备;③0xFFFC,此时数据包发送给协调器和所有路由器。

除此之外,Z-Stack 还支持当目标设备地址未知时,将地址模式设置为 AddrNotPresent,此时 Z-Stack 将自动从绑定表中查找到目标设备的网络地址并发送。

在 Z-Stack 中常用来获取当前设备地址或设备父节点地址的函数有以下几个:NLME_GetShortAddr(),返回本设备的 16 位网络地址;NLME_GetExtAddr(),返回本设备的 64 位扩展地址;NLME_GetCoordShortAddr(),返回本设备的父设备的 16 位网络地址;NLME_GetCoordExtAddr(),返回本设备的父设备的 64 位扩展地址。

9.2.6 节点功能的实现

1. 协调器节点程序设计

ZigBee 网络软件设计主要包括 ZigBee 网络协调器、路由器和终端设备的软件设计。ZigBee 协调器在网络中的主要任务包括网络建立、数据收发和串口通信。如图 9-58 所示是 ZigBee 协调器的工作流程图。

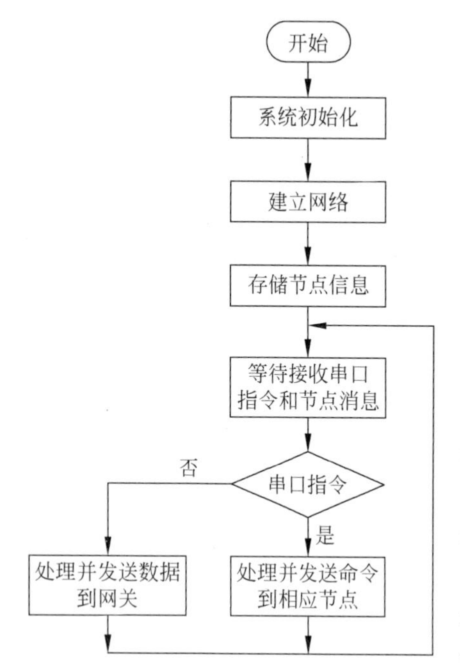

图 9-58　ZigBee 协调器的工作流程图

1）网络建立

Z-Stack 协议栈本身包含一些工程模板，在开发应用中一般采用在这些模板中添加用户自定义任务来实现应用所需要的功能，通过修改 SampleApp 模板并添加任务完成。添加一个新任务首先是从修改 OSAL_SampleApp.c 文件的 taskarr[]数组开始的，taskarr[]的定义如下。

taskarr[]数组包括从 MAC 层到 ZDO 以及用户应用任务事件处理函数，用户自定义的任务是在 taskarr[]定义语句最后的 SampleApp_ProcessEvent()函数中具体完成添加的。

新任务的添加完成后还要通过 osalInitTasks()函数完成新任务的初始化，任务初始化的作用就是为系统的各个任务分配初始存储空间，osalInitTasks()函数通过 osal_mem_alloc()函数为任务数组中各任务分配存储空间，通过 osal_memset()把各个任务的内存全部设置为 0。指针数组 tasksEvents[]的各个元素分别指向各任务存储空间，指针数组 tasksArr[]的各个元素分别指向各任务事件处理函数，这两个指针数组里的各元素是按顺序一一对应的。在 osalInitTasks()函数的最后，SampleApp_Init(taskID)函数实现了用户自己添加的任务的初始化。

Z-Stack 在 f8wConfig.cfg 文件中设置 ZDAPP_CONFIG_PAN_ID 的值来设定网络唯一的 PANID。

ZigBee 网络信道的选择主要在 mac_radio_defs.h 文件中进行设置，语句如下。

```
#define MAC_RADIO_CHANNEL_DEFAULT 11
```

开启 CC2591 射频前端的设置较复杂，具体如下。

(1) 在 hal_board_cfg.h 中把源代码 #define xHAL_PA_LNA 改为 define HAL_PA_LNA。

(2) 添加 LNA 控制端口初始化，在 mac_rffrontend.c 文件的 MAC_RfFrontendSetup()函数中添加 P0SEL &= 0x7F; P0DIR |= 0x80。

(3) 设置 PA 控制引脚，在 mac_radio_defs.c 文件 macRadioTurnOnPower()函数中做以下修改：RFC_OBS_CTRL0=0x68; OBSSEL1=0xFB; RFC_OBS_CTRL1=0x6A; OBSSEL4=0xFC。

2）数据收发

网络建立成功后，ZigBee 协调器开始任务轮询，监听是否有数据接收处理、串口接收处理等任务。

在 Z-Stack 协议中，应用层通过调用 afStatus_t _DataRequest(afAddrType_t * dstAddr, endPointDesc_t * srcEP, uint16 cID, uint16 len, uint8 * buf, uint8 * transID, uint8 options, uint8 radius)函数来发送数据。该函数实质上是调用 APS 层的 APSDU_DATA _Request 原语实现了数据的发送。其中，形参 dstAddr 包含目标设备的地址模式、节点类型和网络地址等信息，srcEP 为源端点的简单描述，cID 为待发送数据的 16 位 cluster ID，len 表示待发送数据的长度，* buf 为指向发送数据缓冲区的指针，transID 为任务 ID，options 用于设置发送模式选项，radius 用来确定传输跳数。

cluster ID 表示簇 ID，簇是一种包括一些命令和属性的组合，这些命令和属性一起就被定义为 ZigBee 簇库(ZCL)。Z-Stack 通过设置不同的 cluster ID 表示相应的命令和属性，这样要实现某些功能只需要传送其对应的 cluster ID 就可以了，实现了节点消息的简单和统一管理。系统程序中包含两种 cluster，分别表示周期性消息发送和 Flash 消息发送，语句如下。

```
#define SAMPLEAPP_PERIODIC_CLUSTERID  1
#define SAMPLEAPP_FLASH_CLUSTERID  2
```

Z-Stack 的接收处理函数 SampleApp_ProcessEvent()会对接收到的数据进行分析，然后根据具体的任务调用不同的任务处理函数完成事件处理。协调器获取到环境信息或报警信息后主要通过串口发送到 PC 或网关，然后通过 GSM 网络发送到用户手机。

3) 串口通信

在 Z-Stack 中，节点的串口通信单元已经由硬件抽象层实现了接口封装，其实现文件为 hal_uart. c 和 hal_uart. h。封装完成的串口通信功能函数包括串口初始化函数 void HalUARTInit(void)、开串口函数 uint8 HalUARTOpen(uint8 port, halUARTCfg_t * config)、关串口函数 void HalUARTClose(uint8 port)、读串口函数 uint16 HalUARTRead(uint8 port, uint8 * buf, uint16 len)，以及写串口函数 uint16 HalUARTWrite(uint8 port, uint8 * buf, uint16 len)。

串口通信的相关参数设置主要在 mt_uart. c 文件中完成，主要语句如下。

```
uartConfig.configured = TRUE;
uartConfig.baudRate = HAL_UART_BR_9600;        //设置串口比特率为 9600b/s
uartConfig.flowControl = FALSE;                //不使用流控制
```

2. 路由器程序设计

ZigBee 路由器上电之后无须按键就会加入网络，路由器仅负责数据转发的任务，所以程序比较简单，工作流程图如图 9-59 所示。

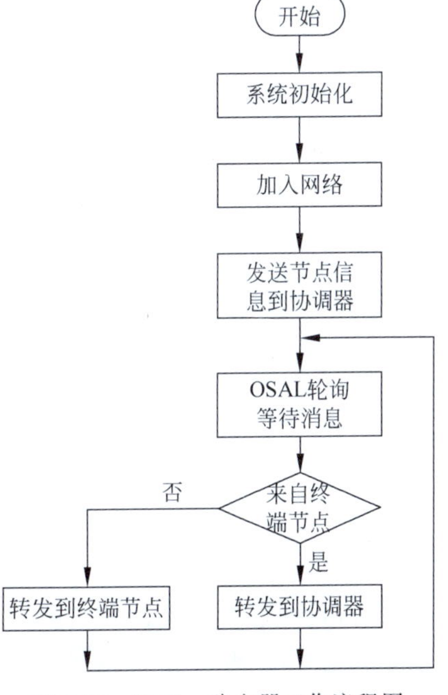

图 9-59 ZigBee 路由器工作流程图

3. 终端节点程序设计

根据功能可将终端节点分为三类：第一类是与环境感知类传感器相连，采集环境数据，并定时发送给协调器；第二类是与安防监测节点相连，当监测到报警时，就向协调器发送警报信息；第三类是与控制设备相连，通过接收协调器的控制命令，实现对所连设备的控制。

终端节点发送数据的格式根据不同的节点类型设置不同的节点标志位，数据起始位则统一为 H。协调器收到数据后，根据节点标志位来判断数据的类型。

例如，温湿度采集节点发送的数据的前两字节是 H2，当协调器判断该数据的第二字节为 2 时，就会将其作为温湿度数据来处理。

终端节点上电并完成初始化后，主动查找协调器建立的网络并获取 PANID，通过 PANID 判断是否与上次加入的网络一致。成功入网后，终端节点将节点信息发送给网络协调器，并进入工作状态。环境信息采集节点开始定时采集家居环境数据，在数据前加上相应的前缀，然后封装成包,单播发送给协调器;安防监测节点则开始监测环境,当相应环境值超过标定的阈值时,就会向协调器发送携带数据前缀的报警信息;设备控制类节点开始等待协调器发送控制命令。在通信过程中,当协调器收到的数据或控制节点收到的命令无法识别时,就会丢弃数据不做处理。

数据采集节点周期发送采集的数据是通过设定一个系统软定时器实现的。当设备加入网络后,其网络状态就会变化,就会触发 ZDO_STATE_CHANGE 事件,通过调用 SampleApp_ProcessEvent()处理 ZDO_STATE_CHANGE 事件,同时开启一个定时器。语句如下。

```
osal_start_timerEx(SampleApp_TaskID,SAMPLEAPP_SEND_PERIODIC_MSG_EVT,SAMPLEAPP_SEND_PERIODIC_
MSG_TIMEOUT);
```

定时时间到了以后,系统软定时器链表会把这个定时器删除,所以在 SampleApp_ProcessEvent()函数的 SAMPLEAPP_SEND_PERIODIC_MSG_EVT 事件处理中要重新启动一个软定时器,这样就实现了信息的周期性发送。节点发送数据的周期是通过设置 SAMPLEAPP_SEND_PERIODIC_MSG_TIMEOUT 的值完成的。在实验中,信息采集周期设置为 10s。

1) 温湿度采集驱动设计实现

DHT21 输出的数据格式共 40b,并且高位在前。数据格式如图 9-60 所示。

校验和是湿度值的高 8b、湿度值的低 8b、温度值高 8b、温度值低 8b 相加结果的低 8b。当温度数据的最高位为 1 时,说明温度低于 0℃。

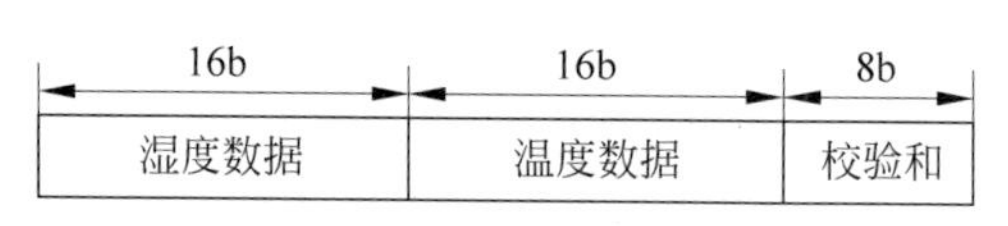

图 9-60 DHT21 输出数据格式

由于 DHT21 采用的是单总线串行通信方式。数据传送开始前,MCU 要先向 DHT21 发送一个开始信号,开始信号结束后 DHT21 会给出一个响应信号,紧接着送出 40b 的数据。DHT21 只在被主机触发后才会进行温湿度采集,否则将处于低功耗模式下,通信过程如图 9-61 所示。

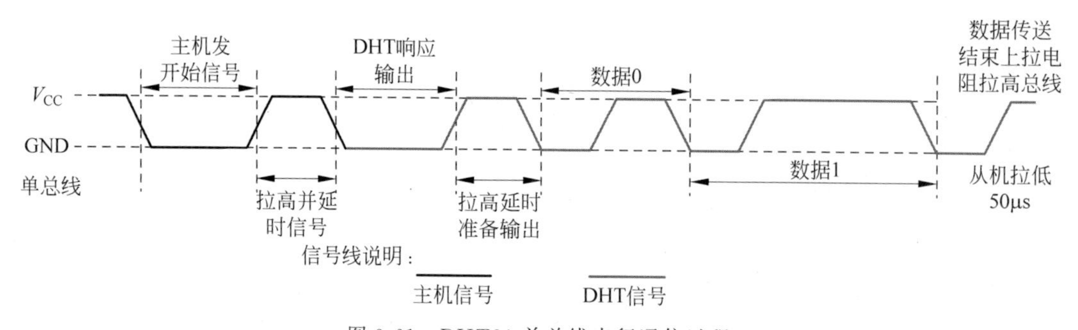

图 9-61 DHT21 单总线串行通信过程

静默时总线处于高电平。主机发送的开始信号将总线拉低至少 18ms。在发送完开始信号后,主机要将总线拉高 20~40μs,然后读取 DHT21 的信号响应。在接收到主机发送的开始信号结束后,它将发出 80μs 低电平响应信号。当主机检测到总线被拉低后,说明 DHT21 已经做出了响应。在 80μs 的低电平响应信号结束后,它会再发出 80μs 的高电平信号。主机与 DHT21 建立连接的时序如图 9-62 所示。

在发送一个位数据前要先发出一个 50μs 的低电信号,随后其发出的高电平的长短决定数据位是 0 还是 1。当 40b 的数据传送完成后,总线会在 DHT21 的作用下被拉低 50μs。空闲状

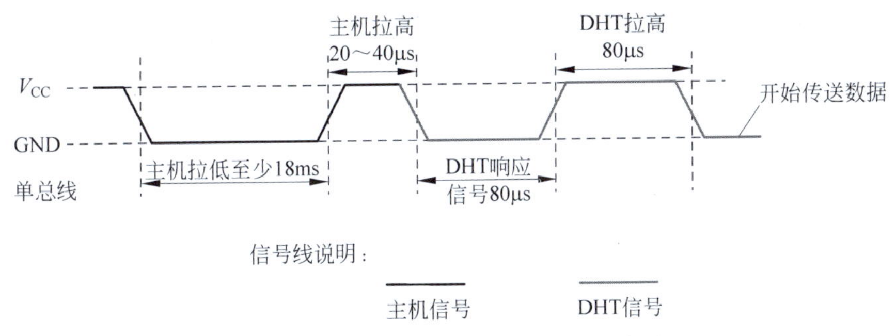

图 9-62 主机与 DHT21 建立连接时序图

态时上拉电阻会将总线拉高。图 9-63 的信号表示方式代表了数据位 0，图 9-64 的信号表示方式代表了数据位 1。

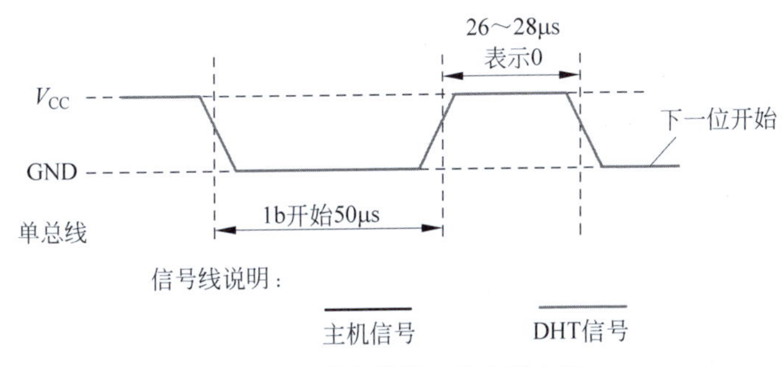

图 9-63 数字信号 0 的表示方法

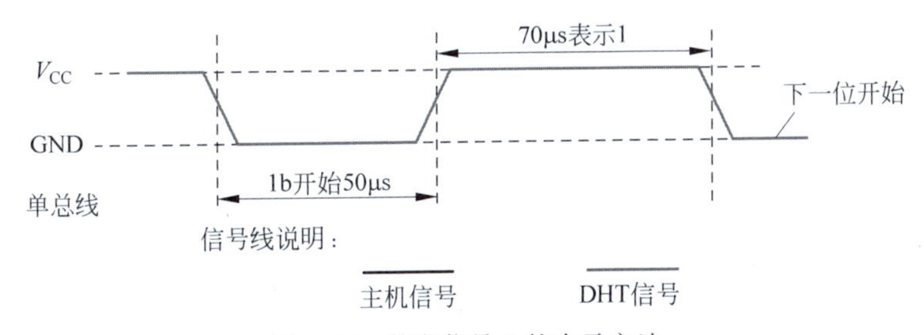

图 9-64 数字信号 1 的表示方法

DHT21 的测量分辨率分别为温度 16b、湿度 16b。采样周期间隔建议为 2s 以上。一次完整的从 DHT21 读取温湿度数据的程序流程图如图 9-65 所示。

2）光照采集驱动设计实现

本智能家居系统中光照采集模块采用 BH1750FVI 芯片。BH1750FVI 通信接口采用 I^2C 总线通信方式。I^2C 即 Inter-Integrated Circuit（集成电路总线），它是飞利浦公司在 20 世纪 80 年代开发的一种多向控制串行总线。I^2C 总线有两根信号线：数据线 SDA 和时钟线 SCL。每个接到 I^2C 总线上的器件都有唯一的地址。I^2C 总线上的设备分为主机（master）和从机（slave）。一次完整的总线通信过程为：总线启动、数据传输、总线停止。I^2C 总线的数据传输时序如图 9-66 所示。

由于 CC2530 没有 I^2C 总线接口，所以不能直接对 BH1750FVI 进行控制。通过对 I^2C 总线的时序分析，可以用 CC2530 的两个普通的 I/O 接口实现 I^2C 总线的模拟。与 BH1750FVI 的 SCL 引脚相连接的 I/O 口设置成输出方式，并由软件控制产生串行时钟信号；与 SDA 引脚相连的 I/O 口根据 I^2C 时序的要求随时更改其输入/输出方式。根据 I^2C 总线的要求，实现了

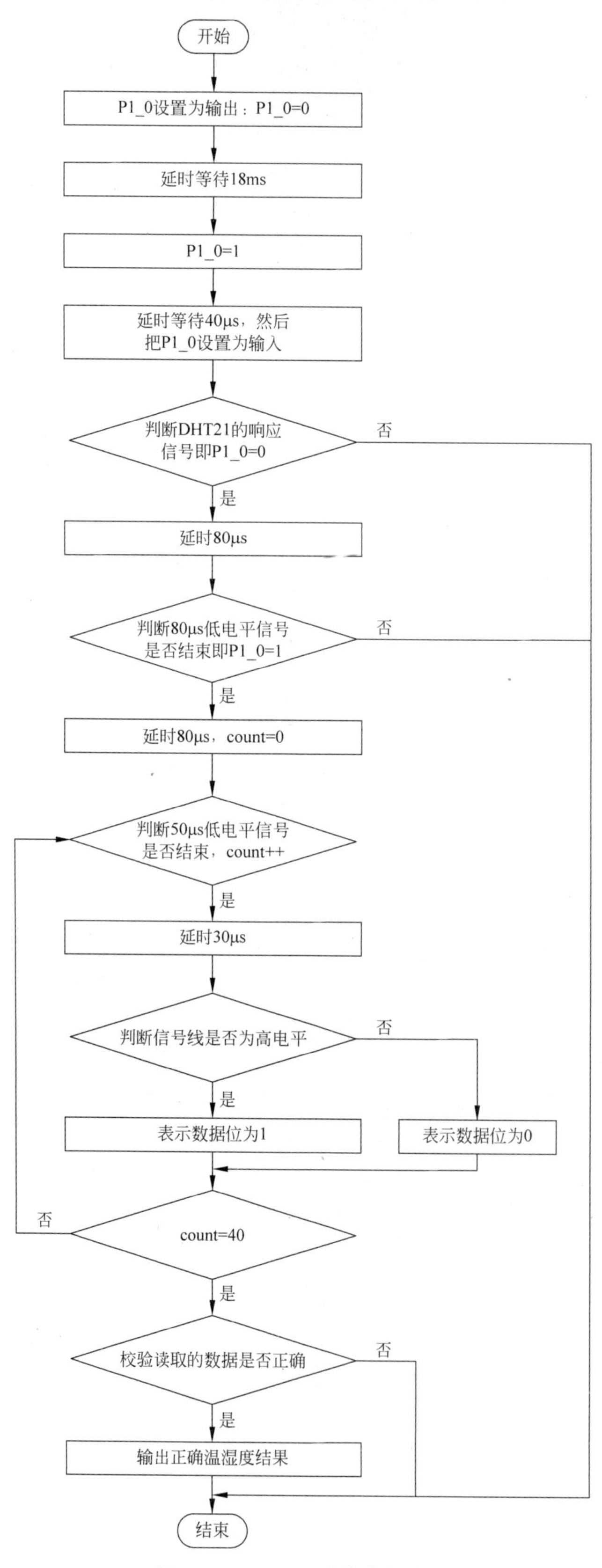

图 9-65 DHT21 采集数据流程

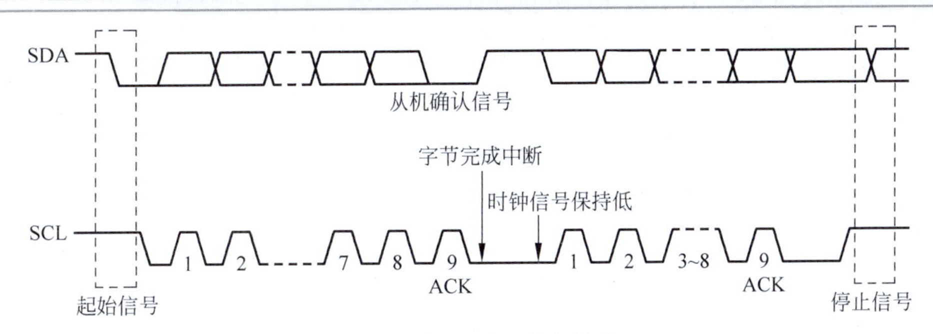

图 9-66 I²C 总线的数据传输

6 个完成 I²C 总线数据传输要求的函数，它们分别为

```
① void iic_start(void);                          //用于启动 I²C 总线
② void iic_stop(void);                           //用于停止 I²C 总线传输
③ char iic_get_ack(void);                        //用于接收确认
④ void iic_write_byte(unsigned char data);       //用于向 I²C 总线写一字节数据
⑤ unsigned char iic_read_byte(void);             //用于从 I²C 总线读一字节数据
⑥ void iic_send_ack(char ack);                   //向 I²C 总线发送确认
```

3）人体红外采集驱动设计实现

人体红外监测模块采用 TTL 方式与主机通信。当有人从该模块前走过并被其检测到时，TTL 引脚电平被拉高。与该引脚连接的 CC2530 引脚中断使能的情况下，CC2530 产生中断。在 Z-Stack 中操作系统的支持下，中断产生时操作系统会设置一个 HAL 层的红外触发事件。HAL 层事件处理函数在检测到该事件时，将该红外触发事件发送到应用层。应用层事件处理函数在检测到该事件发生时，调用应用层的红外处理函数。处理完成后整个触发过程结束。人体红外监测模块触发到被处理的程序流程图如图 9-67 所示。

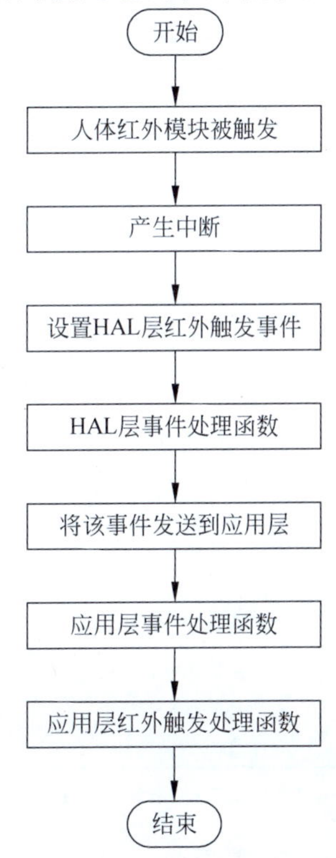

图 9-67 人体红外触发到被处理流程

4）可燃气体浓度采集驱动设计实现

前面已经介绍可燃气体模块有两种输出方式：一种是TTL电平触发输出；另一种是通过模数转换器输出浓度值。其中，TTL电平触发方式输出与人体红外一样，这里就不再具体说明。这里主要说明通过CC2530模数转换器实现对可燃气体浓度的采集。浓度采集其实就是对CC2530的A/D转换器操作。CC2530的A/D转换器通用操作流程如图9-68所示。

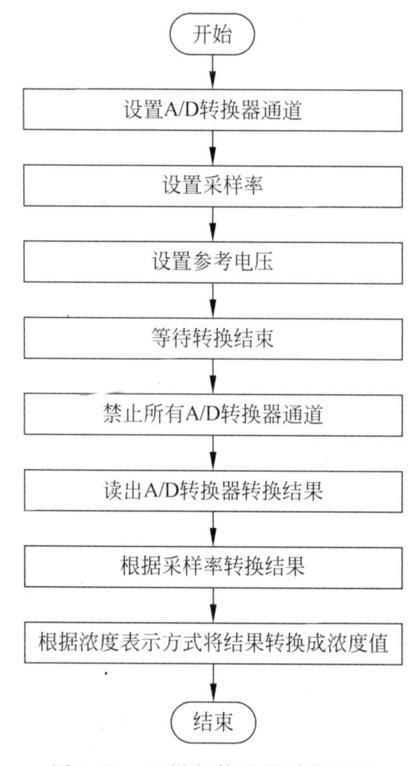

图9-68　可燃气体浓度采集流程

▶ 9.2.7　节点能量控制

1. 能量控制的意义

在无线传感器网络中，节点能量的控制显得尤为重要，特别是可供用户随身携带的中心节点。如果节点能量控制不好，就需要用户经常更换电池，这样势必降低整个系统的实用性。

这里以表9-14来更直观地表现出对CC2530节点能量进行控制的重要性。

表9-14　CC2530各种状态下的能耗情况

项　　目	用户手册标称能耗	实测能耗/mA
激活态下的无线接收模式	27mA	30.1
激活态下的无线发送模式	24.7mA	29.5
激活态下不进行无线收发	7mA	10.81
状态1	296μA	0.4
状态2	0.9μA	小于0.1
状态3	0.6μA	小于0.1

注：以上实测数据均采用Eone的VC52型万用表测得（电流挡最小量程为0.1mA）。

假设采用两节总电量为300mA·h的普通5号干电池对节点进行供电，若节点一直处于激活态，并且不断进行无线收发，则在不考虑电池电压下降的情况下10h后电池就会耗尽。在实际应用中，如果让节点不断在激活态和状态1之间切换，假设10s进入一次激活态，执行完任务后立即进入休眠。由于程序的执行速度很快，只在几十毫秒的时间内，节点是完全处于激活状态的，其余时间均处于休眠状态，这样耗电量就能够大大降低。理论上，工作时间在总时间中所占的比例越小(即电池工作时间的占空比)，系统能耗就越低。值得注意的是，若休眠时间过长(即电池工作时间占空比过小)，则会造成系统响应实时性变差。在实际应用中，需要综合考虑系统的实时响应性及能耗问题。经过多次程序调试，证明10s的周期是完全合适的，并且还可以把这个周期变得更长一点，在智能家居系统中，定为20～30s的周期是比较合适的。若定时唤醒的周期设为10s，假设节点执行预设程序段所用的时间为50ms，此时节点的工作时间占空比为0.05/10=0.5%。那么，节点在这10s内的平均每秒耗电量可以通过以下公式计算得到。

$$I_1=(9.95\times0.3+0.05\times30)/10=0.448(\mathrm{mA})$$

若设定30s的定时周期，同样假设节点执行预设程序段所用的时间为50ms，此时节点工作时间占空比为0.05/30=0.16%。那么，节点在这30s内平均每秒耗电量可以通过下式计算得到。

$$I_2=(29.95\times0.3+0.05\times30)/30=0.35(\mathrm{mA})$$

经过进一步的计算可以得到：拥有300mA·h电量的两节5号干电池在10s的定时周期下可以连续工作670h；而在30s的定时周期下可以连续工作长达850h以上。若电池容量增大则可连续工作更长时间。电池容量、节点工作占空比及节点连续工作时间的关系如图9-69所示。

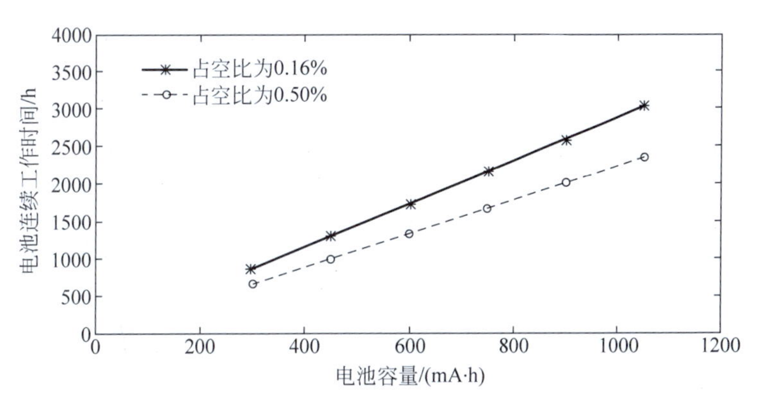

图9-69　电池容量、节点工作占空比及节点连续工作时间的关系

2. 节点能量控制的实现

CC2530提供了包括激活态在内的5种工作模式，表9-15给出了各个工作模式下的SoC(片上系统)的高速振荡器、低速振荡器、CPU状态及数字电源整流器的配置情况。

如表9-15所示，可以根据CC2530的实际使用环境来编写程序，使其在不同的状态间切换，从而实现能耗控制、使系统的耗电量达到最低的目的。当需要CPU运行时，CC2530必须处于激活态；当只需要采用收发DMA通道来进行数据收发时，CC2530也可以处于状态0；当CC2530内部的CPU及无线收发模块都可以停止工作时，可以处在状态2。其中，状态3与状态0～状态2的不同之处在于，进入状态3后，只能由外部I/O中断唤醒；而状态0～状态2都可以由内部定时唤醒或外部I/O中断唤醒两种方式之一进行唤醒。

表 9-15　CC2530 的工作模式

工作模式	高速振荡器	低速振荡器	数字电压整流	CPU 状态
配置状态	A. 无 B. 高速晶振开 C. 高速 RCOSC	A. 无 B. 低功耗振荡器开 C. 32.768kHz 晶振		
激活态	B 或者 C	B 或者 C	开	运行
状态 0	B 或者 C	B 或者 C	开	空闲
状态 1	A	B 或者 C	开	空闲
状态 2	A	B 或者 C	关	空闲
状态 3	A	A	关	空闲

图 9-70 分别以进入状态 1，以及利用内部定时中断唤醒到激活态两个程序段为例，介绍 CC2530 如何编程实现这两个步骤。可以看出无论是睡眠还是唤醒，其关键都在于对 SLEEP 寄存器的操作。

① 进入状态 1。

```
SLEEP = (SLEEP&0xFC)|0x01;
asm("NOP");
asm("NOP");
if(SLEEP&0x03){
    PCON| = 0x01;
    asm("NOP");
}
```

② 用定时中断唤醒到激活态。

```
_PRAGMA(vector = VECT(5,
0x2B))_near_func  _interrupt
void ST_ISR(void);
_PRAGMA(vector = VECT(5,
0x2B))  _near_func  _interrupt
void ST_ISR(void){
IRCON& = 0x7F;
WORIRQ& = 0xFE;
SLEEP& = 0xFC;
}
```

图 9-70　CC2530 状态切换的程序实现

9.2.8　智能家居网关分析

1. 工作原理

智能家居网关作为一种传输网关，它的作用在于在智能家居内部网络与外部 Internet 之间建立通信桥梁，完成不同网络的数据跨异构网络的传输。其基本工作原理可以描述如下：网关连接到外部 Internet，即远程服务器，接收远程服务器发送来的控制和查询命令，解析命令并将命令按照指定的格式发送给与网关可以直接通信的智能家居内部网络中的各前端设备节点，实现对各设备的控制；同时作为智能家居内部网络的信息汇聚节点，接收来自各前端设备节点的数据信息，并对数据进行处理后发送到可以通信的外部 Internet，即远程服务器，从而完成智能家居系统网络数据的异构网传输。

2. 功能要求

智能家居系统中，智能家居网关一方面是家庭内部网络中信息数据的汇聚点，另一方面它联系着远程服务器，即 Internet，因此其性能直接影响整个智能家居系统的最终性能。构建智能家居网关时应当在充分考虑实用性、易操作性、高兼容性和可扩展性等基本要求的基础上，满足网关还需具备较强的处理能力、通信能力和存储能力的性能要求。

通过分析目前市场上主流智能家居网关的基本功能，并结合未来的发展趋势和实际应用需求，确定了本智能家居网关的功能需求如下。

（1）家庭内部网络建立功能：网关负责智能家居内部网络的建立、管理和维护。

(2) 家庭内部网络数据发送及汇聚功能：向家庭内部网络设备节点转发控制命令，并接收来自内部网络中各设备节点的数据信息。

(3) 设备信息存储功能：存储智能家居内部网络中各设备节点的编号、名称、类型、状态、位置等信息。

(4) Internet 数据传输功能：完成与 Internet 中的客户端和服务器的数据通信，包括经 Internet 接收控制命令、返回查询和控制结果等。

(5) 内外网访问功能：既可以通过家庭无线局域网(WLAN)WiFi 访问网关，又可以通过公共 WiFi、3G 或 GPRS 等经 Internet 公网服务器访问网关，实现对家庭内部网络中各种设备的控制。

(6) 状态显示功能：网关实时显示当前的工作状态，包括内部网络数据发送和汇聚状态、Internet 数据发送和接收状态、与服务器连接状态等。

(7) 用户设置功能：接受基本的人工输入配置网关的请求，执行相应的配置。

综合以上的功能要求，可以初步确定网关的软硬件需求如下。

硬件需求：网关硬件平台应当具备高性能的微处理器、存储器、家庭内部网络通信模块、串行通信接口、Internet 通信接口、按键、指示灯、电源、复位电路等。

软件需求：网关软件应该包括可裁剪、易移植的嵌入式操作系统，底层设备驱动(如存储器驱动、串口驱动、网卡驱动等)，网络协议栈(如内部网络协议栈、Internet 协议栈等)，存储设备信息的嵌入式数据库，家庭内部网络通信软件，Internet 通信软件，支持内部网络与 Internet 之间协议转换的网关核心控制软件。

9.2.9 智能家居网关通信技术

1. 内部网络通信技术

智能家居内部网络通信方式有无线和有线两种选择。相较于有线通信，无线通信能够省去布线的麻烦，可以方便地增加或删除网络节点，甚至改变网络的拓扑结构。但是由于无线通信方式出现较晚，其发展远远滞后于有线通信，在性能、技术成熟度、普及性等方面远远不及有线通信。出于成本和性能的考虑，早期的智能家居内部网络通信方式以有线(双绞线)为主，如消费电子总线(Consumer Electronics Bus，CEBUS)、LonWorks 总线、ApBus 等。近年来，随着无线通信技术的飞速发展，无线通信性能显著提高，其价格不断下降，已经逐渐渗透到各行各业的应用中，并在诸如智能家居内部网络等很多应用场合取代有线通信方式。智能家居内部网络的通信距离通常在 100m 以内，并且短距离无线通信与长距离无线通信相比具有低成本、低功耗、小体积的优势，因此智能家居内部网络的构建以短距离无线通信方式为主。时下主流的短距离无线通信技术有 ZigBee、Bluetooth、HomeRF、WiFi、UWB 等。对这几种典型的无线通信技术的比较如表 9-16 所示。

表 9-16 几种典型的无线通信技术比较

	ZigBee	Bluetooth	HomeRF	WiFi	UWB
频段	2.4GHz/915MHz/868MHz	2.4GHz	2.4GHz	2.4GHz	3.1～10.6GHz
调制技术	BPSK OQPSK	GFSK	FSK	QPSK (CCK)OFDE	PPM PAM OFDM
最大速率	250kb/s	1Mb/s	2Mb/s	54Mb/s	1Gb/s

续表

	ZigBee	Bluetooth	HomeRF	WiFi	UWB
功耗	＜100mW	1～100mW	＜1W	＞1W	＜1W
覆盖距离	10～100m	100m	50m	100m	10m
网络节点数	255	8	127	50	＞100
安全性	高	高	高	一般	高
成本	低	高	高	高	高
主要应用	采集、传输数据	语音、图像传输	计算机、电话及移动设备	计算机、Internet网关	多媒体

除表9-16中介绍的几种无线通信技术外，还有工作频段为433MHz、覆盖距离为500m、功耗小于2W的无线数传技术。从组网节点数、传输距离、通信速率、功耗、稳定性、成本以及适应国内的ISM(工业、科学和医疗)频段——2.4GHz免许可证频段、利于智能家居系统的布置、使用和推广等方面综合考虑，本书选择ZigBee技术作为智能家居内部网络通信方式。

与其他短距离无线通信技术相比，ZigBee技术具有以下优势。

(1) 低功耗：收发信息功率较低，无数据发送和接收时处于很低功耗的休眠状态。

(2) 低成本：软件上ZigBee协议栈设计精炼，硬件上普通节点只需8位处理器，研发和生产成本低。

(3) 短时延：ZigBee网络节点从睡眠转入工作状态仅需15ms，入网仅需30ms。

(4) 高容量：一个ZigBee主节点最多可管理254个子节点，ZigBee主节点还可由上层网络节点管理，可组成最多65 000个节点的网络。

(5) 高可靠：MAC层采用CSMA/CA(带冲突避免的载波侦听多路访问)碰撞避免机制以及完全确认的数据传输机制。

(6) 高安全：ZigBee提供三级安全模式，可以采用AES-128加密技术(高级加密标准的对称密码)保证数据安全。

ZigBee技术支持三种静态和动态的自组织网络拓扑结构：星状、网状、簇状。ZigBee的物理层和MAC层直接引用了IEEE 802.15.4，IEEE 802.15.4定义了两种不同的网络设备：全功能设备(Full Functional Device，FFD)和精简功能设备(Reduced Functional Device，RFD)。IEEE 802.15.4规定网络中有一个称为PAN网络协调器(Coordinator)的FFD设备，它是LR-WPAN中的主控制器，负责发送网络信标、建立网络、管理网络节点、寻找节点间路由消息、接收节点信息。FFD设备具备控制器的功能，可以和网络中的FFD、RFD设备进行双向通信，可以作为网络协调器、路由器，也可以作为终端设备。RFD设备功能有限，只能与FFD设备双向通信，在网络中只用作终端设备。

ZigBee技术的工作原理：首先由一个FFD担任网络协调器，该协调器扫描搜索一个未用的最佳信道，并以此信道建立网络，之后让其他的FFD和RFD加入该网络，最终形成一个完整的ZigBee工作网络。当网络中某节点需要发送数据时，进行下列动作。

(1) 该节点首先通过天线能量检测(ED)和载波检测(CS)，并结合空闲信道评估(Clear Channel Assessment，CCA)算法确定信道是否空闲。

(2) 若信道空闲，该节点向目标端发送请求发送(Request to Send，RTS)帧，直到接收到来自目标端的允许发送(Clear to Send，CTS)帧，开始数据传输。

(3) 该节点收到来自目标端的ACK帧，数据传输结束。RTS-CTS握手程序确保了数据传输过程中不会发生碰撞。

ZigBee 技术是针对近距离、低复杂度、低功耗、低速率、低成本、自组织的网络而设计的，主攻市场为家庭、建筑物控制自动化和工业控制自动化等。

近年来，ZigBee 技术得到了迅猛发展，在无线传感网领域被广泛使用，因此选择 ZigBee 技术作为智能家居内部网络的通信手段。

2. 外部网络通信技术

目前嵌入式系统接入 Internet 公网的方式有多种，包括无线方式（WiFi、GPRS、5G 等），有线方式（ISDN、ADSL、Ethernet 等），混合方式（HFC 等）。在这众多的技术手段中，以太网以其高度灵活、相对简单、容易实现、方便管理、易于扩展、开放性高的特点，成为当今占主导地位的局域网组网技术。

以太网不是一种具体的网络，它是一种技术规范，是当今局域网应用中最通用的通信协议标准，定义了在局域网中采用的电缆类型和信号处理方法。标准以太网（IEEE 802.3）采用同轴电缆、双绞线、光纤等多种介质作为传输载体，传输速率可达 10Mb/s；快速以太网（IEEE 802.3u）采用双绞线、光纤作为传输载体，传输速率可达 100Mb/s；千兆以太网（IEEE 802.3z、IEEE 802.3ab）采用光缆、双绞线作为传输载体，传输速率可达 1000Mb/s（1Gb/s）；万兆以太网（IEEE 802.3ae）采用光纤作为传输载体，传输速率可达 10Gb/s。这 4 种以太网技术采用相同的帧格式、帧结构、网络协议、全/半双工工作方式、流控模式、布线系统以及完全兼容的技术规范，因此它们之间能够很好地配合工作，并且使得以太网具有升级平滑、实施容易、性价比高、管理方便等优点。以太网支持总线型和星状两种网络拓扑结构，采用 CSMA/CD（带冲突检测的载波侦听多路访问）介质访问机制，以太网中的每个节点可以看到网络中发送的所有信息，因此，它是一种广播网络。当以太网中的一台主机需要发送数据时，它将执行下列动作。

（1）监听信道上是否有信号在传输，如果有，则说明信道处于忙状态，继续监听直到信道空闲为止。

（2）如果监听到信道空闲，则立即开始传输数据。

（3）传输数据的过程中保持监听，若检测到冲突，则执行退避算法，随机等待一定的时间，重新执行动作（1）。

（4）若传输数据时未发生冲突则发送成功，继续下一次数据发送前需等待 9.6μs（以 10Mb/s 为例）。

以太网以其成熟的技术、广泛的用户基础和较高的性价比，成为传统的数据传输网络应用中非常出色的解决方案。

9.2.10 智能家居网关总体设计

智能家居网关既要连接智能家居内部网络，又要连接 Internet，同时需要提供足够的信息存储空间、基本的人工输入功能、状态输出功能。网关的总体框架如图 9-71 所示。

智能家居网关作为一种典型的嵌入式系统，应该具备较强的实时任务处理能力、一定的信息存储功能、较强的可扩展性、低功耗等特点。在网关的设计过程中综合考虑网关特点，确定了相关的产品设计目标。

（1）实时数据处理能力：为满足网关的高实时性要求，在网关设计时应选择数据处理能力强，能快速、准确处理大量数据的微处理器，同时由于网关的特殊性，微处理器还应该具备出色的串行通信和以太网通信能力。

（2）数据存储能力：需要为网关设计足够容量的存储模块，保存家庭内部网络中设备的信息。

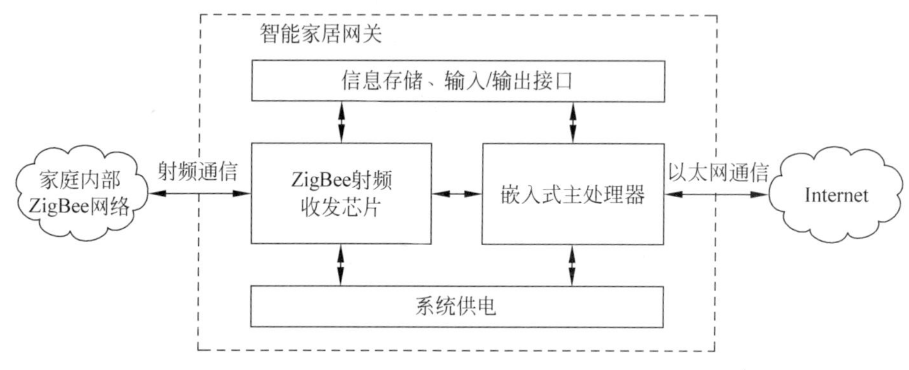

图 9-71　智能家居网关总体框架图

(3) 体积和功耗：在进行网关硬件设计时，应尽可能缩小网关体积、提高网关集成度、降低网关功耗。

(4) 可靠性：在网关设计过程中，应该从网关硬件元件选型、硬件电路设计、网关软件设计等方面综合考虑，保证网关的长期稳定运行。

(5) 可扩展性：在网关软硬件设计过程中，要充分考虑后期的扩展需要。在硬件上预留待扩展接口，软件采用分层次分模块的设计方法，以便日后修改。

智能家居网关需要在家庭内部网络和外部 Internet 之间交互大量的数据，因此家庭内部网络数据的收集、处理、存储、传输，外部 Internet 数据的接收、处理、传输是网关实现的重点和难点，网关的整体解决方案如下。

1) 智能家居内部网络汇聚功能

智能家居内部网络的数据汇聚功能是智能家居网关的核心功能之一，作为智能家居内部网络的汇聚节点，网关需要完成内部网络的构建、维护、数据收发的任务。智能家居网关选择 ZigBee 技术构建家庭内部网络，需要为网关配置符合 ZigBee 技术标准的网络协调器，并与主处理器硬件接口实现无缝连接，分析 ZigBee 协议栈，根据实际需求修改相关的网络配置，完成 ZigBee 协调器的硬件选型及功能应用，最终解决智能家居内部网络的数据通信问题。

2) 智能家居内外网访问功能

智能家居的内外网访问功能是智能家居网关的一项不可缺少的功能，网关需要为用户提供内网(家庭 WiFi，不经 Internet)、外网(经 Internet)两种访问方式。

智能家居网关选择以太网技术实现外部通信，需要为网关选择合适的以太网卡，并完成与主处理器的硬件电路连接，为网关移植 TCP/IP 协议栈，并利用 Socket 网络编程完成以太网通信功能的开发，为了保证数据通信的可靠，采用面向连接的 C/S(客户机/服务器)模式，在外网中网关作为客户机，在内网中网关作为服务器。

3) 设备信息存储功能

设备信息存储是网关功能提升的重要标志，网关需要将家庭内部网络中各设备节点的信息进行本地保存。智能家居网关选择 SQLite 嵌入式数据库保存设备信息，需要为网关选择合适容量的外部存储器，并完成与主处理器的硬件接口连接，为网关移植嵌入式 SQLite 数据库，并设计合理的数据表，借助增、删、改、查等基本的数据库操作完成家庭内部网络中设备信息的存储、更新、查询。

4) 网关中心控制功能

网关中心控制功能完成网关的整体工作流程控制，需要检测各个外部 I/O 接口的状态，经通信接口接收 ZigBee 协调器的数据或向 ZigBee 协调器转发命令，经以太网接收外部网络的控制命令或向外部网络返回数据，经独立按键接收网关配置请求，经 LED 显示网关运行状态。网关需要选择合适的处理器，完成外围硬件电路的设计，移植嵌入式 Linux 操作系统，移植相关的外设驱动及网络协议栈，采用 C 语言开发网关的应用软件，应用多线程技术提高网关的响应速度。

9.2.11 智能家居网关硬件设计

1. 硬件总体设计

设计的网关要求具有较强的数据处理、存储、内外网通信能力，作为家庭内部网络的数据汇聚节点，网关应该具备 ZigBee 网络协调器模块，作为外部 Internet 的接入点，网关应该具备以太网模块。在网关硬件的设计上还应考虑未来功能扩展的需要，预留一些可扩展接口。根据网关功能要求，智能家居网关硬件主要包括以下这些功能模块：处理器模块、存储器模块、ZigBee 协调器模块、以太网模块、电源模块、按键指示灯模块。智能家居网关硬件结构框架如图 9-72 所示。

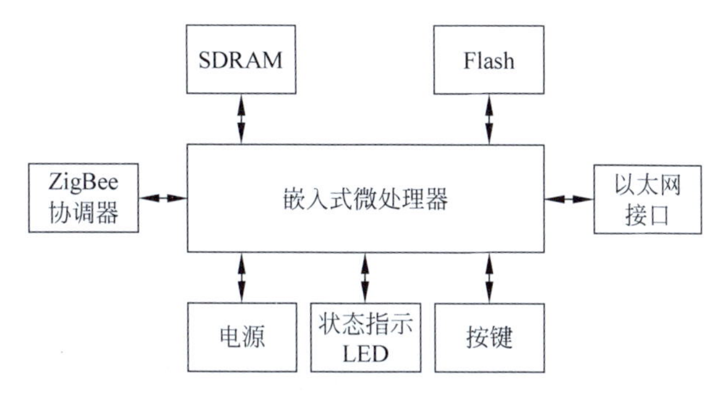

图 9-72 智能家居网关硬件结构框架图

各模块的硬件要求如下。

处理器模块：智能家居网络数据处理量大，应该选择处理能力强、功能接口多的 32 位微处理器作为网关核心，ARM、DSP、MIPS 均可。

存储器模块：智能家居网关要移植并运行嵌入式 Linux 操作系统和嵌入式 SQLite 数据库，还需要存放和运行网关应用程序，因此要求存储器模块容量足够、存取速度快、可擦写次数多。

ZigBee 协调器模块：它是智能家居内部 ZigBee 网络的主控制器，应该具备 ZigBee 标准指定的所有功能和全部特征。

以太网模块：它连接智能家居网关与 Internet，应该符合以太网技术标准。

电源模块：网关需要稳定的电源为其持续供电，一般的 32 位嵌入式系统采用 DC3.3V 或 5V 电源供电。

按键指示灯模块：按键作为网关的输入接口，应该正常接受用户的设置请求，指示灯作为网关的输出接口，应该正常指示网关的工作状态。

2. 微处理器选型

智能家居网关既要负责对内、对外的数据通信，还要负责数据的处理、存储和转发，因此对微处理器的性能有很高的要求。传统的 8 位微处理器处理能力低、片上资源少、不利于扩展，且多任务处理能力低下，难以进行复杂的控制运算，因此达不到智能家居网关的要求。相较而言，32位微处理器支持更高速率的系统时钟，支持更宽的地址总线和数据总线，支持嵌入式操作系统，拥有更多的片上资源和扩展接口，满足智能家居网关的应用要求。现有智能嵌入式设备普遍采用基于ARM内核的32位微处理器，从芯片性能、功耗、性价比、应用前景等方面综合考虑，网关选择韩国三星(Samsung)公司的ARM系列芯片S3C6410。

S3C6410是三星(Samsung)公司的一款高性能、低功耗的"准64位"RISC微处理器，它基于ARM11内核(ARM1176JZF-S)，包含16KB的指令数据cache和16KB的指令数据TCM，内核工作电压1.2V时主频可达667MHz，内核工作电压1.1V时主频533MHz，通过AXI、AHB和APB组成的64/32位内部总线和外部模块相连。S3C6410有很好的外部存储器接口，提供两个DRAM和Flash/ROM外部存储器接口，DRAM端口可以配置为移动DDR或标准SDRAM，Flash/ROM端口可以配置为NAND Flash、NorFlash、OneNAND、CF和ROM类型的外部存储器。S3C6410片内还集成了丰富的硬件资源，包括4通道UART、32通道DMA、4通道32位定时器、通用I/O端口、IIS总线接口、I^2C总线接口、SPI、USB Host、USB OTG(480Mb/s)、3通道SD/MMC主控制器、时钟生成PLL、RTC、Camera接口、2通道PCM Audio、TFT 24位真彩色LCD控制器、电源等系统管理。

S3C6410采用90nm COMS工艺，424脚FBGA封装，低功耗、低成本、高性能且全静态设计使得S3C6410非常适合于移动设备及通用处理的应用领域。

3. ZigBee协调器

作为智能家居内部ZigBee网络的汇聚节点，网关应该具备ZigBee网络协调器的功能。本网关选择TI公司的CC2530芯片完成ZigBee协调器的功能，CC2530是TI公司推出的用于IEEE 802.15.4、ZigBee和RF4CE应用的一个完整的片上系统解决方案。

CC2530内部集成了一个高性能的RF收发器和一个增强型的8051CPU，自带8KB的RAM，32/64/128/256KB的闪存，具备功能丰富的外部设备，包括21个通用I/O引脚、2个16位定时器、2个8位定时器、2个串行通信接口USART(能够运行于异步UART模式或同步SPI模式)、12位ADC、IR发生电路、电池监视器等，硬件支持CSMA/CA，工作电压为2～3.6V，可编程输出功率高达4.5dBm，可以运行于不同的工作模式，能够很好地适应低功耗系统的要求，适合高吞吐量的全双工应用，采用40脚QFN封装，只需较少的外接元件就能完成正常的无线通信。

网关选择集成的ZigBee协调器，模块实物图。该协调器基于TI公司CC2530F256芯片，工作电压为2.6～3.6V，运行ZigBee2007协议，具有ZigBee协议的全部特点，能够实现自组网、为节点分配地址，无线频率2.405～2.480GHz，串口速率可调，接收灵敏度－96dBm，传输距离为可视开阔300m，工作电流：发射时最大34mA，接收时最大32mA，待机时30mA。

4. 以太网电路

嵌入式设备联网是业界发展的潮流和需要，智能家居网关选择以太网作为Internet公网接入方式。本网关选择中国台湾DEVICOM公司的DM9000AE以太网控制芯片，该芯片内部集成了介质访问控制子层(MAC)和物理层(PHY)的功能，物理层集成了10/100(Mb/s)自适应收发器，能够与三类、四类、五类10M和五类100M非屏蔽双绞线直接相连并实现自动识别、匹配线路带宽，支持IEEE 802.3x标准的全双工流量控制模式和背压模式的半双工流量控制模式，能够以字节(8b)、字(16b)、双字(32b)的命令长度访问内部存储器从而适应多种处理器，内部集成16KB的SDRAM用作发送和接收数据缓冲区，集成2.5～3.3V电压调节器，工作电压3.3V，兼容3.3V和5.0V输入/输出电压，采用48引脚的LQFP封装。DM9000AE与

S3C6410 接口电路图如图 9-73 所示。

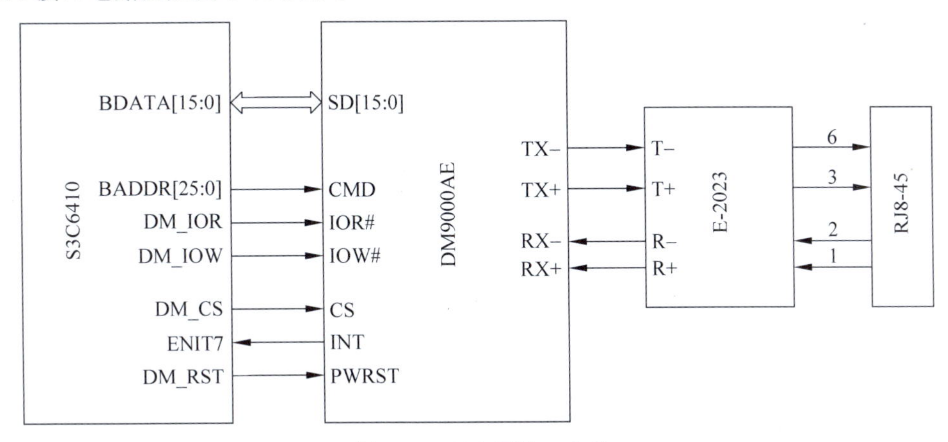

图 9-73 以太网接口电路

5. 按键及指示灯电路

考虑到用户的设置需求，为网关设计了设置按键，按键一端接地，另一端接至 S3C6410 的中断引脚 XEINT0，同时经 10kΩ 上拉电阻接至 3.3V 电源。

为了清楚地指示网关运行状态，为网关设计了 4 路 LED 状态指示灯，如图 9-74 所示，LED 正极接至 3.3V 电源，负极经 10kΩ 限流电阻接至 S3C6410 的 4 路 I/O 引脚 GPM0～GPM3。

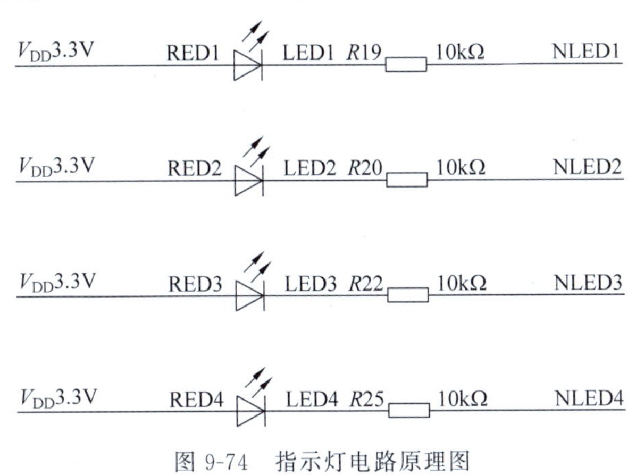

图 9-74 指示灯电路原理图

▶ 9.2.12 智能家居网关操作系统及驱动移植

1. 软件总体设计

按照网关的硬件设计，网关采用 S3C6410+CC2530 双处理器架构，CC2530 作为家庭内部 ZigBee 网络协调器，运行 Z-Stack 协议栈，负责 ZigBee 网络的建立、节点的管理、数据的收发等工作；S3C6410 作为核心处理器，运行开源、成熟、应用广泛的嵌入式 Linux 操作系统，负责完成网关的核心功能，包括处理和转发 ZigBee 网络数据、收发和处理以太网数据、操作网关数据库、整体功能控制等。本网关中，CC2530 使用 TI 官方提供的基于 Z-Stack 协议栈的应用程序，S3C6410 上运行的网关核心功能软件是设计的重点。

在软件层次上，智能家居网关与一般的嵌入式设备基本相同，根据软件工程分层的思想可以把网关软件分为设备驱动层、系统内核层、应用软件层。由网关的硬件组成可知，网关的设备驱动层需要移植 NAND Flash 驱动、SDRAM 驱动、串口驱动、以太网卡驱动，操作系统内核中需要移植 TCP/IP 协议栈、SQLite 数据库，应用软件需要实现串口通信、以太网通信、数据库操作、多线程管理等。基于 ARM 及 Linux 开发平台的智能家居网关软件总体框架如图 9-75 所示。

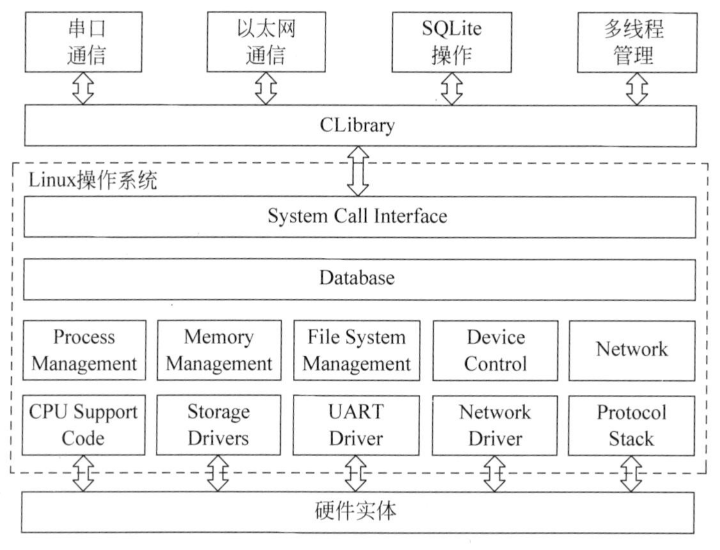

图 9-75　网关软件总体框架图

2. Linux 操作系统移植

嵌入式系统的软件开发一般采用宿主机/目标机的方式，网关运行嵌入式 Linux 操作系统，一般按照以下步骤进行软件开发：建立交叉编译环境、BootLoader 移植、Linux 内核裁剪和移植、Yaffs2 文件系统制作和移植、应用程序开发。下面介绍 Linux 系统开发环境的搭建。

3. 驱动移植

设备驱动是协助硬件设备完成正常工作的一类软件，它与计算机硬件设备联系最紧密，通过设置设备相关的寄存器来控制设备的工作方式，可以直接与硬件设备交互，还可以与内核空间和用户空间进行数据交互。从应用设备是否运行操作系统的角度，设备驱动可以分为两类：无操作系统的设备驱动、有操作系统的设备驱动。无操作系统时，设备驱动的函数接口被直接提供给上层应用软件，两者联系紧密；有操作系统时，设备驱动融入操作系统内核，成为连接硬件和内核的桥梁，不再给上层应用软件提供直接的编程接口，此时的设备驱动从逻辑关系上分为两层，上层为独立于具体硬件的接口，下层是对具体硬件的操作，这样分层提高了设备驱动的重用率，并降低了其移植难度。各部分关系如图 9-76 所示。网关硬件设备驱动的具体移植请参考其他资料。

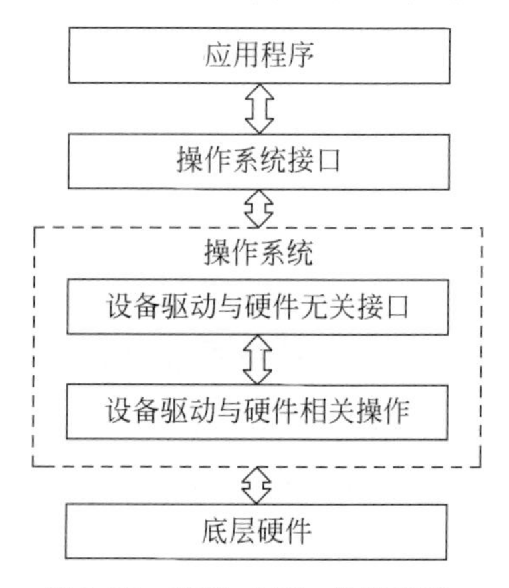

图 9-76　硬件、驱动、操作系统、应用程序关系

▶ 9.2.13　智能家居网关应用软件设计

1. ZigBee 协调器软件设计

本网关的 ZigBee 协调器核心芯片 CC2530 移植 TI 公司的 Z-Stack 协议栈，Z-Stack 协议栈体系结构参照 OSI 7 层模型，根据职能的不同可以分为 4 层：物理层(PHY)、介质访问控制

层(MAC)、网络层(NWK)、应用层(APP)。Z-Stack 采用事件轮询机制,工作流程如下:首先进行 HAL(硬件抽象层)、MAC(介质访问控制层)、NWK(网络层)、OSAL(操作系统抽象层)的初始化,完成后执行轮询式操作系统的主体部分即任务轮询,并进入低功耗模式,当有事件发生时,系统被唤醒,处理中断事件,结束后又进入低功耗模式,当几个事件同时发生时,系统根据优先级逐个处理事件。

ZigBee 协调器采用 Z-Stack 2.5.0 版本,工程目录如图 9-77 所示。其中,APP(应用层)用于创建、修改应用层的任务内容;HAL(硬件抽象层)用于配置 ZigBee 协调器相关的硬件参数;MAC(介质访问控制层)用于 MAC 层的参数配置并提供 MACLIB 函数接口文件;MT(调试接口层)提供 AF(应用框架)层的调试函数文件,如串口等通信函数;NWK(网络层)用于网络层的参数配置并提供 MACLIB 函数接口文件;OSAL(操作系统抽象层)提供协议栈的操作系统;Profile(应用配置层)提供 AF 层的处理函数文件;Security(安全层)提供安全层的处理函数;Services(服务层)提供地址模式定义和地址处理函数;Tools(工程配置层)提供协议栈的参数配置;ZDO(设备对象层)提供层处理函数;ZMac(MAC 层)用于 MAC 层参数配置并提供 MACLIB 回调处理函数;ZMain(主函数层)用于硬件配置和提供入口函数。

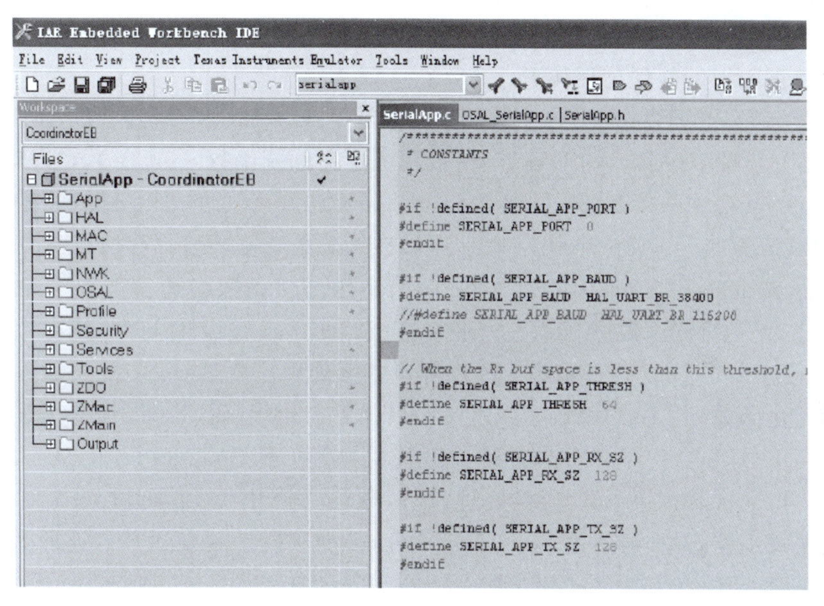

图 9-77　Z-Stack 工程目录

2. Z-Stack 组网配置

针对本网关的应用,主要对 Z-Stack 中 Tools、APP、NWK、OSAL 等层的源码文件做必要的修改和配置,配置参数主要如下。

DEVICE_LOGICAL_TYPE:标识设备在 ZigBee 网络中的类型,本网关中定义为 ZG_DEVICETYPE_COORDINATOR(网络协调器),在文件 ZGlobals.h 中。

DEFAULT_CHANLIST:标识默认的网络信道,可设置为 2.4GHz 上的 16 个信道,取值为 0x0B～0x1A,本网关中设置为 0x0F,为避免信道冲突,同一区域的不同网络中该值应该不同,在文件 f8wConfig.cfg 中。

DZDAPP_CONFIG_PAN_ID:标识一个具体的 ZigBee 网络 ID,取值为 0x0000～0xFFFF 的任意值,使用不同的 PAN_ID 的 ZigBee 设备之间无法通信,从而允许多个 ZigBee 网络共存于同一区域,本网关中设置为 0x000E,在文件 f8wConfig.cfg 中。

STACK_PROFILE_ID：标识网络拓扑结构，本网关中定义为 GENERIC_STAR（星状），在文件 nwk_globals.h 中。

SERIAL_APP_BAUD：标识与 MCU 之间的串口通信速率，本网关设置为 38 400，在文件 SerialApp.c 中。

NWK_MAX_DEVICE_LIST：标识网络中最大设备个数，本网关设置为 50 个，在文件 nwk_globals.h 中。

MAX_BCAST_RETRIES：标识广播数据发生错误时的最大重传次数，本网关中设置为两次，在文件 ZGlobals.h 中。

MTO_ROUTE_EXPIRY_TIME：标识路由节点过期之前的空闲时间，本网关中设置为 RTG_NO_EXPIRY_TIME（永不过期），在文件 nwk_globals.h 中。

3. Z-Stack 程序实现

Z-Stack 协议栈运行在 OSAL 操作系统上，OSAL 提供了中断管理、电源管理、任务管理等功能，本网关中 ZigBee 协调器的主要任务包括构建 ZigBee 网络、接收前端节点的数据、与网关主控芯片的串口通信。Z-Stack 中协调器组网、处理节点入网请求的功能由 MAC 层和网络层的处理任务函数 macEventLoop()、nwk_event_loop()实现，不需要做修改，关于串口数据透传和无线数据收发的处理过程如下。

（1）在 ZigBee 协调器的主循环函数 osal_start_system()中，经 Hal_ProcessPoll()、HalUARTPoll()、HalUARTPollDMA()函数调用定义回调函数 uartCB()，在串口任务初始化函数 SerialApp_Init()中定义串口回调函数 SerialApp_CallBack()，并通过 HalUARTOpen()函数将 uartCB()赋值为 SerialApp_CallBack()，这样在每次系统循环时都会执行一次回调函数，回调函数会执行 SerialApp_Send()函数，而 SerialApp_Send()函数会通过调用 HalUARTRead()函数将串口 DMA 数据读至数据 buffer 并通过 AF_DataRequest()函数将数据经无线发送出去。

（2）在 tasksArr[]系统任务数组中添加串口数据处理任务 SerialApp_ProcessEvent()，在系统任务初始化函数 osalInitTasks()中定义串口任务初始化函数 SerialApp_Init()，当协调器从空中捕获到信号时，会使串口数据处理任务进入 AF_INCOMING_MSG_CMD 分支，并调用 SerialApp_ProcessMSGCmd()函数处理，该函数通过调用 HalUARTWrite()函数将数据经串口发往网关主控芯片，再通过 SerialApp_Resp()函数向前端发送节点返回数据成功接收的响应。

ZigBee 协调器的应用软件流程如图 9-78 所示。

4. 以太网通信软件设计

网关操作系统采用嵌入式 Linux，其内核移植了完整的 TCP/IP 协议栈，继承了 Linux 优秀的网络通信能力，并且提供了 C 语言下的网络编程 API。Linux 下网络编程通过 Socket 套接字机制完成。

socket 套接字分为三种常用类型：SOCKET_STREAM（流式套接字）、SOCKET_DGRAM（数据报套接字）、SOCKET_RAW（原始套接字）。其中，流式套接字服务于面向连接的 TCP 应用，数据报套接字服务于无连接的 UDP 应用，原始套接字则提供一些较低层次的控制。本网关需要具备面向连接的可靠的以太网通信功能，因此采用流式套接字。socket 提供两种编程模型：对等模型、C/S 模型，根据本网关的应用需求，采用 C/S 模型，该模型以请求/应答的方式完成数据交互。由于面向连接的 socket 编程较为复杂，为保证系统的网络通信能力，多采用多线程技术。

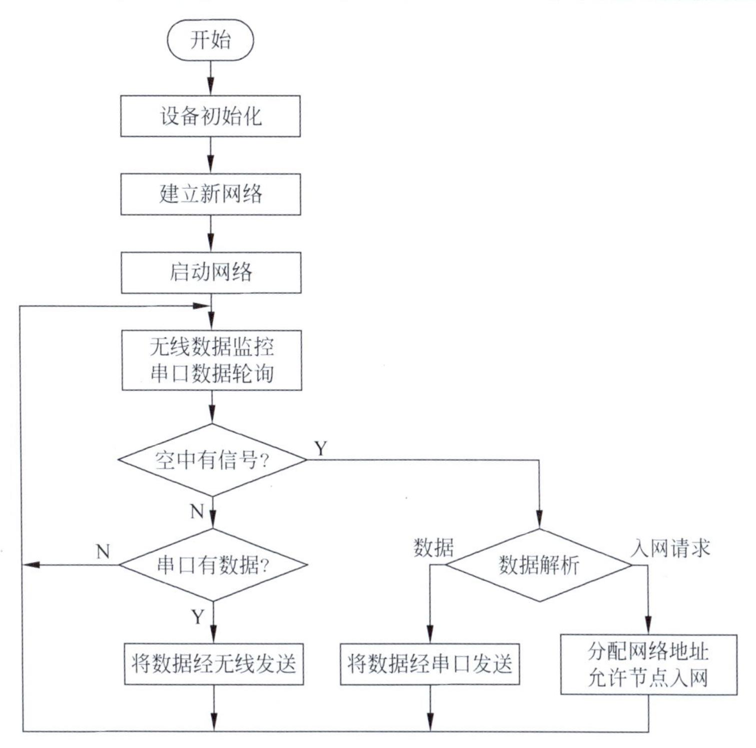

图 9-78　ZigBee 协调器的应用软件流程图

如图 9-79 所示，服务器端先启动，利用 socket()函数创建套接字，调用 bind()函数为套接字绑定地址和端口，调用 listen()函数使服务器端循环监听该端口，等待客户端的连接请求。客户端启动后利用创建好的 socket 套接字向服务器端发起 connect()连接请求，服务器端收到连接请求后，调用 accept()函数创建一个新的 socket 套接字，从而与客户端建立连接通道，之后服务器和客户端利用 recv()和 send()函数进行数据交互，双方通信完成后需要调用 close()函数关闭套接字，释放系统资源。

网关需要具备内外网访问功能，因此它需要同时具备服务器和客户端的功能，在家庭无线局域网(WLAN)内，网关作为服务器循环监听客户端的连接请求，提供给手机、平板等客户端登录、查询、控制的功能；在 Internet 中，网关作为客户端连接外部服务器，并保持与服务器的常连接，通过服务器提供给手机、平板等客户端登录、查询、控制的功能。无论是作为服务器还是客户端，网关需要处理的以太网数据均包括以下三部分。

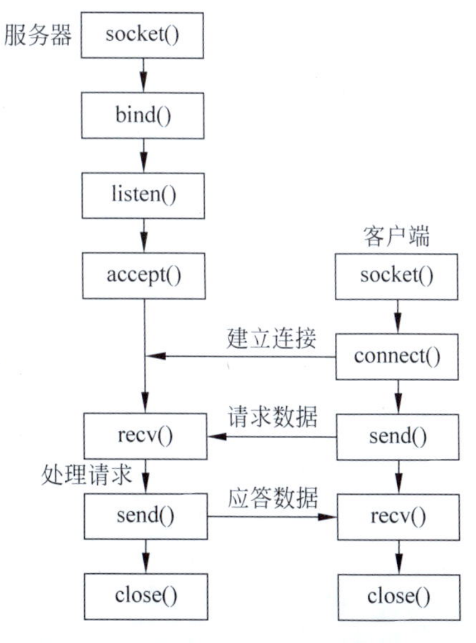

图 9-79　Linux 下 socket 通信过程

(1) 待封装、转发至前端设备的控制命令，包括灯和窗帘的开启、关闭，红外的自学习、控制，墙壁开关的绑定，遥控器和键值的删除等控制命令。

(2) 关于前端设备信息的查询请求，包括对房间个数、类型、名称，设备个数、类型、名称、位置、状态，遥控器个数、位置、名称、键值等信息的查询。

(3) 关于前端设备信息的设置命令，包括新建房间、遥控器，删除房间、设备、红外，修改房间名称、设备名称、设备位置等设置命令。

对于以上三种以太网数据分别做以下处理。

(1) 对于控制命令，首先解析命令，然后重新封装成前端被控设备可以识别的命令格式，并经 ZigBee 协调器发往前端设备。

(2) 对于查询请求，首先根据具体的查询实体要求构造 SQL 查询语句，查询数据库，根据查询请求的来源将查询结果封装成客户端或服务器可以识别的格式，最后经 socket 套接字发往客户端或服务器。

(3) 对于设置命令，首先解析命令，根据具体的命令内容构造 SQL 执行语句，对数据库执行 SQL 新增/删除/更新命令，对于新增命令，需要首先查询数据表 deldev_tab 或 delroom_tab 获得可用的设备或房间编号；对于删除命令，需要将删除的设备或房间编号加入数据表 deldev_tab 或 delroom_tab，最后根据命令来源将执行结果封装成客户端或服务器可以识别的格式，最后经 socket 套接字发往客户端或服务器。

以太网数据通信的软件控制流程如图 9-80 所示。

5. UART 串口通信软件设计

在本网关中，主控芯片 S3C6410 与 ZigBee 协调器的通信通过 UART 串口完成，因此串口软件在本网关中的作用十分重要。基于 Linux 的串口编程包括串口驱动和串口应用程序，前文中本网关已经对串口驱动做了移植，因此本节主要实现串口应用程序的编写。

Linux 下对串口的操作通过操作对应的设备文件来实现，串口设备文件在目录/dev 下，本网关中使用 ttySAC1(串口 1)文件，通过 open()、read()、write()等函数完成对串口属性的设置、串口设备文件的操作，进而完成与串口的数据通信。串口应用程序编程的基本流程如图 9-81 所示。

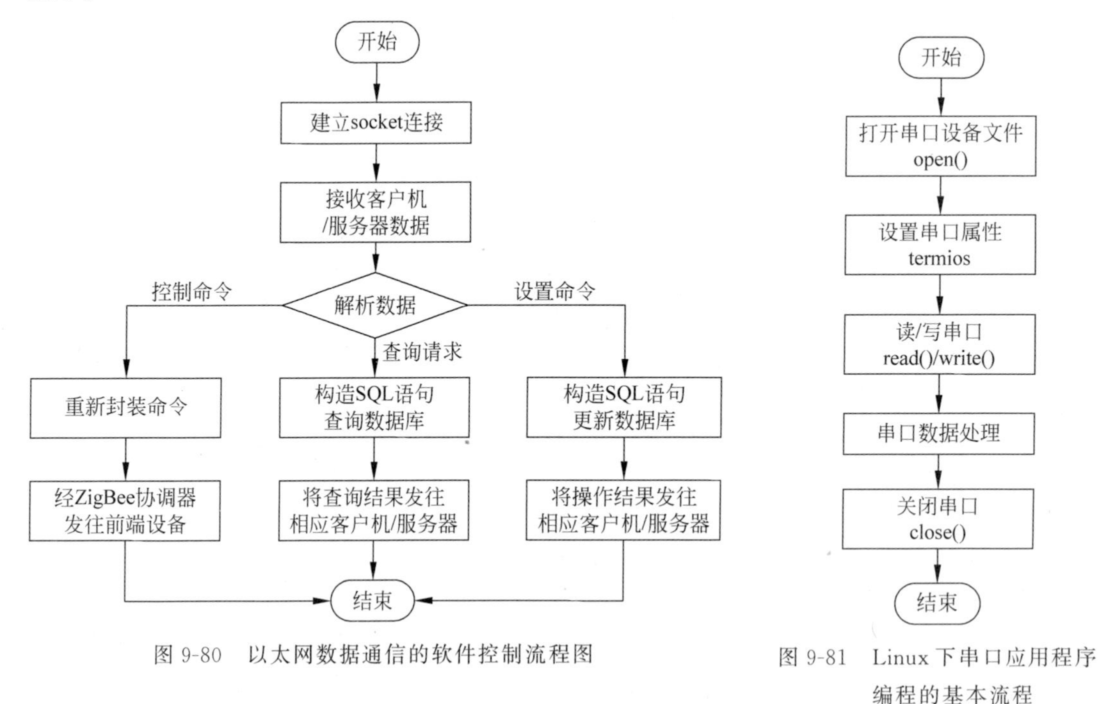

图 9-80 以太网数据通信的软件控制流程图

图 9-81 Linux 下串口应用程序编程的基本流程

如图 9-82 所示，首先调用 open()函数以读写方式打开串口设备文件，然后设置串口属性，通过设置终端属性结构体 termio 中的相应变量值来完成属性的配置，该结构体的基本项如下。

```
struct termio {
unsigned short c_iflag;                    /* 输入模式标志 */
unsigned short c_oflag;                    /* 输出模式标志 */
unsigned short c_cflag;                    /* 控制模式标志 */
unsigned short c_lflag;                    /* 本地模式标志 */
unsigned char c_line;                      /* 行标志 */
unsigned char c_cc[NCC];                   /* 控制字符 */
};
```

属性的设置还需要通过一些特定的函数来进行，如 cfsetispeed()、cfsetospeed()函数设置波特率，tcflush()函数清除输入、输出缓存，tcsetattr()函数使设置的属性生效等。属性设置完成后即可通过调用 read()、write()函数进行串口通信，对接收到的数据进行相应的处理，最后调用 close()函数关闭串口连接，恢复串口的默认配置。

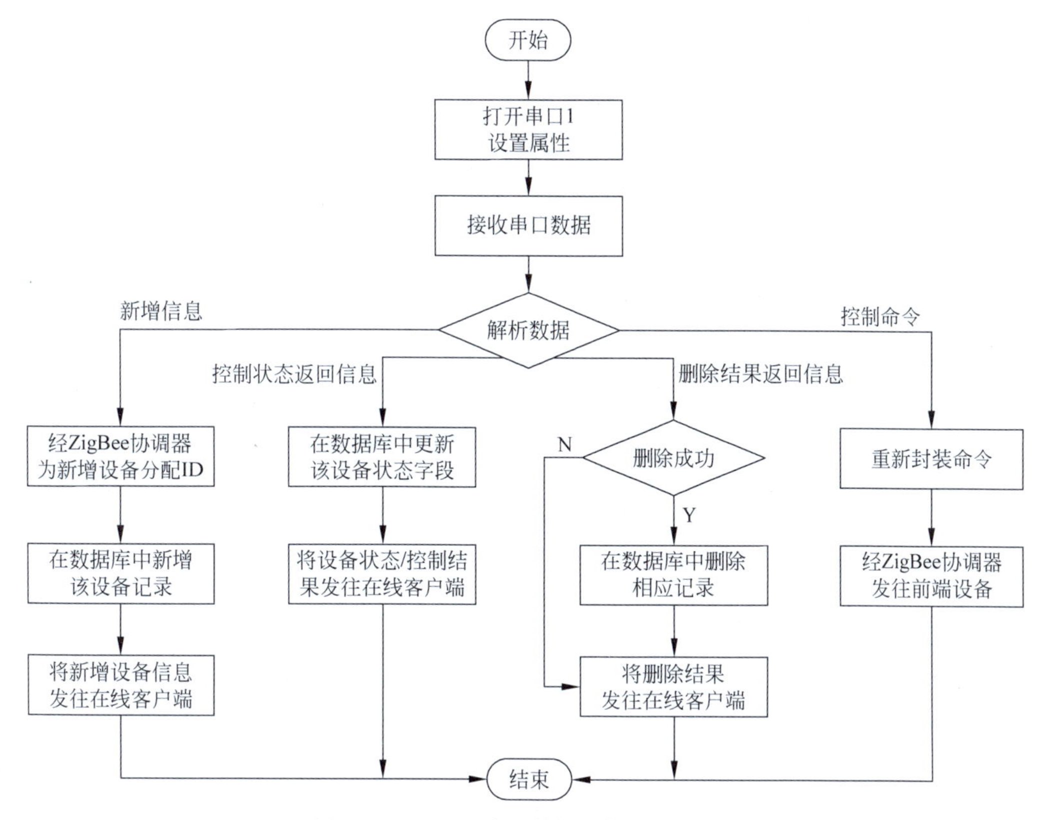

图 9-82　UART 串口数据通信软件流程图

网关中与 UART 串口之间进行数据交互的是 ZigBee 协调器，UART 串口通信部分需要处理的数据可以分为 4 部分。

(1) 前端设备新增信息，包括灯、窗帘、红外、墙壁开关等设备的新增信息。

(2) 前端设备控制返回信息，包括灯和窗帘的控制状态返回、遥控器自学习和控制的状态返回信息。

(3) 前端设备删除返回信息，包括遥控器、遥控器键值删除是否成功的返回信息。

(4) 墙壁开关的控制命令，包括对灯、窗帘等设备的开启、关闭控制命令。

对以上4种数据分别做以下处理。

(1) 对于前端设备的新增信息，首先在数据库中查询可用的设备ID，通过ZigBee协调器将分配的ID返回给新增的设备，再根据新增设备的ID、类型、状态等信息构造SQL执行语句，在数据库相关的数据表中新增设备记录，最后将新增设备类型信息封装成客户端和服务器可以识别的格式，经socket套接字发往当前在线的每个客户端。

(2) 对于前端设备的控制状态返回信息，首先根据设备ID、状态等信息构造SQL执行语句，在数据库中更新该设备记录的状态字段，再将设备ID、设备状态、控制结果等信息封装成客户端和服务器可以识别的格式，经socket套接字发往当前在线的每个客户端。

(3) 对于前端设备的删除结果返回信息，若删除成功，则根据设备ID、从ID、键值信息构造SQL执行语句，在数据表dev_tab、con_tab中删除相应的遥控器或键值记录，在数据表deldev_tab中增加ID、从ID记录，并将被删除的设备ID、从ID、键值、删除结果等信息封装成客户端和服务器可以识别的格式，经socket套接字发往当前在线的每个客户端，若删除不成功，则不操作数据库，直接发送封装好的删除结果等信息至每个客户端。

(4) 对于墙壁开关的控制命令，首先解析命令，再将命令重新封装成前端被控设备可以识别的命令格式，并经ZigBee协调器发往前端设备。

9.2.14 智能家居系统演示平台搭建

演示平台选择武汉创维特公司的CVT-WSN-Ⅱ物联网综合教学实验板。

1. 实验设备

(1) 硬件：CVT-WSN物联网实验箱配套的网关协调器以及多个传感器模块，PC。

(2) 软件：PC操作系统Windows XP，CVT物联网综合实验平台环境。

2. 基础知识

在做本实验前，请务必熟悉各传感器实验的相关内容并理解其相关原理。

(1) 网关协调器从接通电源起，持续检测是否有节点加入或离开本网络，收到新的节点数据，表示有新的节点加入，3s内若没有收到相应节点数据，认为节点离开网络。

(2) 网络容量为一个网关节点，0～9个路由节点或端节点。

(3) 路由节点或端节点接通电源，自动加入网络。

(4) 路由节点或端节点加入网络后，持续发送传感器信号以及相关传感器数据给网关协调器。

(5) 网关协调器将无线网络中采集到的信号通过串口发送给PC端软件，PC端软件对数据进行分析、处理并显示在界面中。

(6) 当有控制传感器接入网络时，可由PC端软件向网关协调器发送数据，再由网关发送给控制节点，从而实现控制。

(7) 节点加入网络后，按照网关的要求发送本地传感器信号和状态信号，PC端也可以发送控制信号，来控制节点。

RFID扩展板模拟RFID门禁系统；烟雾传感器模拟烟雾监控；蜂鸣器模拟报警警铃；步进电机模拟窗帘滑轮；温湿度传感器模拟室内温湿度计；雨滴传感器模拟室外天气。

3. 实验步骤

(1) 将PC与网关协调器通过串口连接起来，接通电源。

(2) 打开PC端管理软件，单击设置图标，对串口进行设置，如果直接使用PC的串口1连接，可以不用修改；如果使用 USB 转串口，需要选择通信串口，其他选项不需要做修改，如图 9-83 所示。

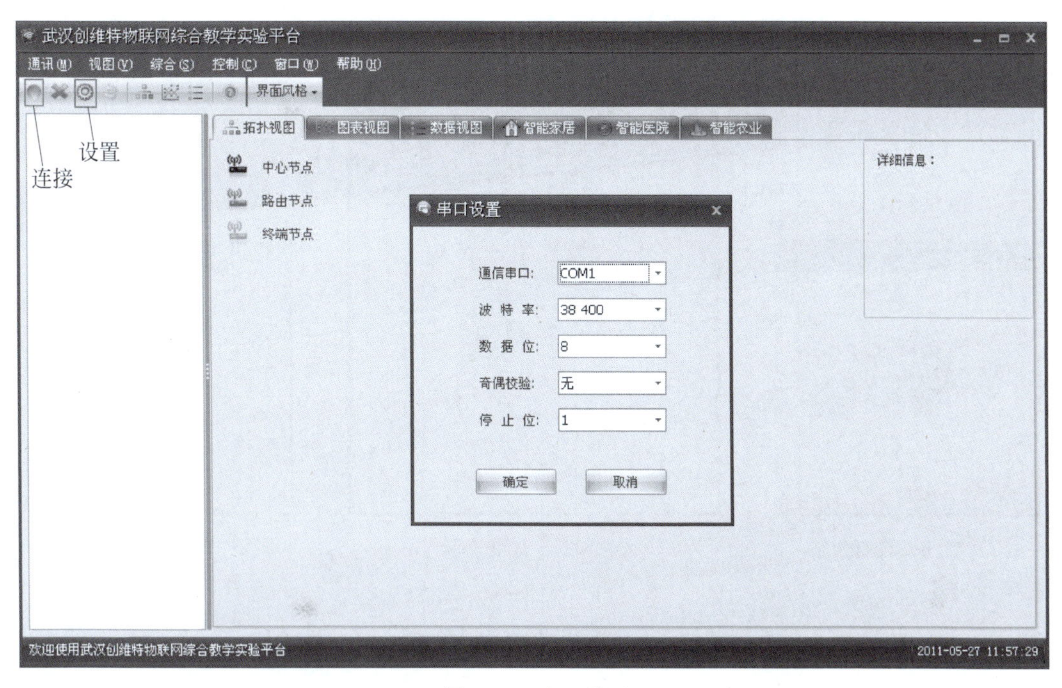

图 9-83　串口设置

设置好通信串口后，单击"连接"按钮，此时拓扑视图中会出现中心节点图标，若中心节点图标没有出现，请检查串口连接以及设置，界面设置如图 9-84 所示。

图 9-84　界面设置

(3) 将指示扩展板以及传感器扩展板 2 接通电源，双击可燃气体报警图标，涂抹少许酒精到烟雾传感器上或在烟雾传感器附近制造烟雾，观察现象如图 9-85 所示。

(4) 将控制扩展板接通电源,双击窗帘控制图标,控制窗帘,观察电机转动情况,如图 9-86 所示。

(5) 将传感器扩展板 1 接通电源,双击室内温湿度图标,观察温湿度值并观察显示变化,如图 9-87 所示。

图 9-85 安全报警图

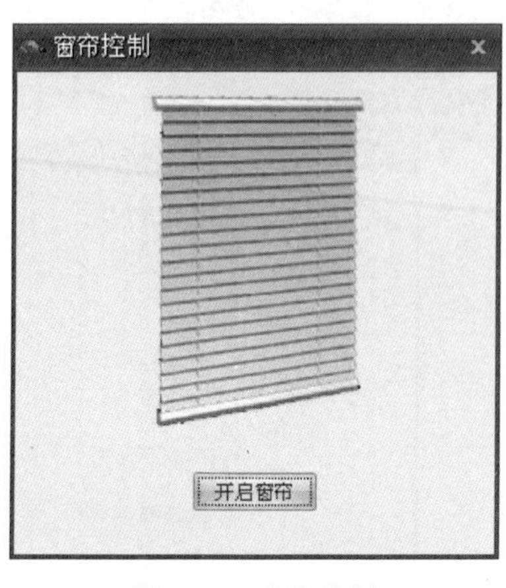

图 9-86 窗帘控制

图 9-87 观察天气变化

9.3 基于 TinyOS 的 WSN 定位系统的设计

9.3.1 定位系统设计的原则

虽然不同的定位系统的整体设计方案是不一样的,但它们还是有很多共同之处的。设计定位系统应该遵循一般性原则,在这些原则的指导下完成定位系统的设计,在室内定位系统设计过程中,要考虑以下原则。

1. 可扩展性

定位系统应该是可扩展的,即计算、能源、带宽和基础设施的成本不随网络的变化而增加。无线传感器网络能根据具体应用的需求而扩展,这是实现大规模无线传感器网络定位的基础。

2. 事件驱动

定位系统应该是基于事件驱动的。由于传感器节点多数情况下是静态的,但是随着定位系统所处环境的变化,传感器节点不可避免地发生动态变化,如节点移动、发生故障等,因此在少量节点移动或新节点移入的情况下定位系统也能正常地工作。为使系统能高效地运作,应该使用事件驱动,而不是一味低功耗设计。

3. 简单和近似的操作

定位系统应该具有简单、精度高的特点。低成本、简单和近似的硬件设备与简单适用的定位算法具有同样重要的作用。如果一个定位算法定位精度很高,但是其计算开销很大,并需要相应的硬件支持,此时应该慎重选择使用。无线传感器网络的定位系统不能选择使用高功耗硬件和高计算开销的节点定位算法。

4. 容错性和鲁棒性

容错性和鲁棒性指在节点加入、离开或者出错的时候,定位系统具有克服这些干扰继续工作的能力,尤其是在少量节点发生异常的时候,能够通过自动调整或重构纠正错误、适应环境变化、减小各种误差的影响,提供精确定位。

▶ 9.3.2　定位系统算法选择

前面章节已介绍了几种典型的基于距离的定位算法和基于距离无关的定位算法。表9-17总结了WSN典型定位算法的优缺点。

表9-17　WSN典型定位算法的优缺点比较

算　法	优　点	缺　点
TOA	精度高	要求时间精确同步，对硬件要求高，成本和功耗高
TDOA	精度高，可达厘米级	对硬件要求高，成本和功耗高
AOA	精度高	易受环境影响，不易安装与维护
RSSI	不需要额外硬件，廉价，容易实现	精度不高，易受环境影响
质心算法	算法简单	精度不高，只能粗定位
DV-Hop	对硬件要求低	算法较复杂，精度不高
APIT	精度高，性能稳定	要求较高的网络连通性

就目前来说，没有一种定位算法能够满足所有无线传感器网络定位的应用需求，而且有的算法因为过于复杂不能应用到实际项目，因此，需要结合实际的应用场合来选取合适的定位算法。在实验室资源和定位环境允许的情况下，选取基于RSSI机制的算法作为基本定位算法，与其他算法比较，该算法具有以下特点。

（1）算法简单易实现，能耗低。

基于RSSI的定位算法根据接收到的信号强度值和无线信号传输路径衰减模型就能估计出接收节点与发射节点间的距离，无须知道多跳范围的信标节点信息及网络的拓扑结构，因此通信量少，很容易实现节能。

（2）成本低。

基于RSSI定位算法无须任何额外硬件设备，任何接收到无线数据包的节点都可以获取到RSSI值，较之其他几种基于测距的定位算法，具有无法比拟的优势。

（3）结合了三边测量法与质心算法，提高精度。

虽然基于RSSI的定位算法精度不高，而且易受环境变化的影响，但是可以通过三边测量法与质心算法的协助来提高精度。理论上，未知节点一跳范围内的信标节点数量增多，会在一定程度上增加RSSI定位精度，就此将使用4个信标节点实现对未知节点的定位，除了增加定位精度外，还增加了定位可靠性，如果只使用三个信标节点，有可能因为环境干扰等因素导致无法定位，而使用4个信标节点后，只要其中三个信标节点就能对其定位，容错能力强。如图9-88所示，通过理论计算的未知节点坐标近似为四边形质心坐标G：

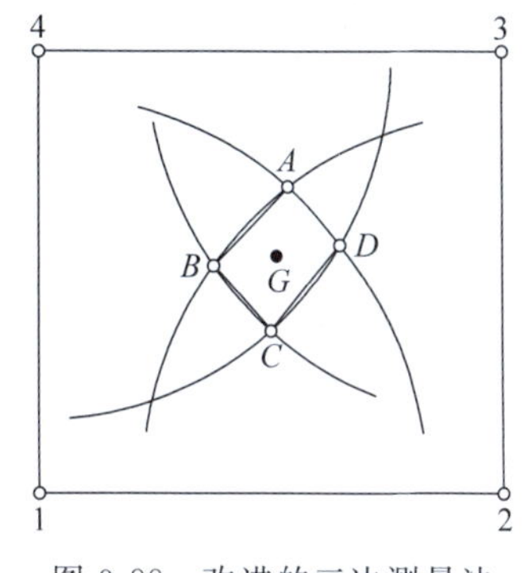

图9-88　改进的三边测量法

$$G(x,y)=\frac{x_A+x_B+x_C+x_D}{4},\frac{y_A+y_B+y_C+y_D}{4} \tag{9-21}$$

为了实现基于RSSI的定位，准备搭建如图9-89所示的硬件平台，包括6个无线传感器网络节点、一台计算机和一根9芯串口通信线。

为了对定位结果进行分析与比较，在无线传感器网络中，通常使用平均定位精度作为定位算法的性能指标，一般用绝对误差与节点通信射程比表示，平均定位精度在10%就能满足绝大部分的定位跟踪应用，但由于有限的环境下定位区域较小，而节点通信半径达30m，因此这

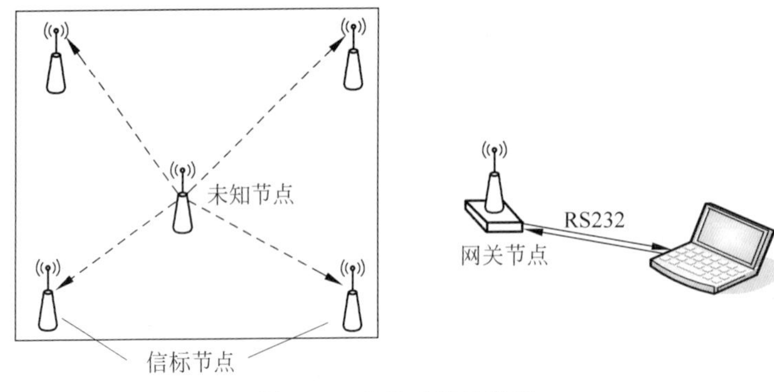

图 9-89 定位系统示意图

种平均定位精度计算方法不适合描述本定位系统的定位误差。由于定位精度与定位区域的大小有关,定义了平均相对误差来表示平均定位精度,如式(9-22)所示。

$$\text{error}=\frac{\dfrac{\sum_{i}\sqrt{(x_i-x_0)^2+(y_i-y_0)^2}}{\sum i}}{d} \tag{9-22}$$

式中,(x_0,y_0)是未知节点的实际坐标;(x_i,y_i)是第 i 次对未知节点的定位结果,因此分子表示未知节点的平均定位误差;d 是定位区域中相邻信标节点的距离,在正方形定位区域中,d 就是正方形的边长。RSSI 定位机制虽然易受环境干扰导致定位误差较大,精度不高,但如果未知节点与信标节点间不存在非视距问题,信标节点分布较均匀,无线传输路径衰减模型与实际的定位环境相符,本定位系统所使用的基于 RSSI 的质心定位算法在理论上平均定位精度可以达到 10%。

9.3.3 WSN 节点硬件设计

在确定了 WSN 定位算法后,还需要设计相应的硬件节点和软件平台来实现。WSN 的节点系统是构成无线传感器网络的基础,是承载 WSN 信息感知、数据处理和网络传输的基本单元,所有与传感器网络相关的协议、机制、算法等研究都需要在节点上得以实现才具有实际意义。目前为止,WSN 节点种类繁多,基于片上系统集成技术的低功耗、低成本节点是未来的发展趋势,传感器节点设计参照前面章节所学内容。

9.3.4 TinyOS 程序编译与移植

一个完整的 TinyOS 应用程序不仅有组件与配件等 nesC 文件,还需要一个 Makefile 文件才能完成编译。Makefile 文件是在程序编译的时候,指定 ncc 编译器去编译哪个程序,在 TinyOS 程序结构中配件是最顶层的程序,因此需要指定 ncc 编译器去编译配件。例如,未知节点程序 Makefile 文件的内容如图 9-90 所示,其中,第 1 行和第 24 行是必不可少的,第 1 行指定 ncc 编译顶层配件 BlindAppC. nc 文件,第 24 行用于指示 TinyOS 平台相关的编译规则,中间是根据应用添加的一些模块或者设置的一些参数,常见的有 LED、UART、CC2430 射频,设置无线信道或者调试级别等。

TinyOS2. x for 8051 目前支持三种编译器:Keil、IAR 与 SDCC。将采用的是优秀的单片机开发工具 Keil 编译器。由于 TinyOS2. x 必须在 Linux 环境下才能工作,而 Keil 是一个

```
1   COMPONENT = BlindAppC
2
3   #使用LED作状态指示
4   PFLAGS += -DUSE_MODULE_LED
5
6   #射频，不限制地址
7   PFLAGS += -DNO_RADIO_ADDRESS_REQ
8
9   #使用硬件ACK
10  PFLAGS += -DCC2420_HW_ACKNOWLEDGEMENTS
11
12  #链路层使用重发机制
13  PFLAGS += -DPACKET_LINK
14
15  #使用CC2430射频协议栈
16  USE_CC2430_STACK = 1
17
18  #使用休眠控制
19  MCU_SLEEP = 1
20
21  #设置无线信道
22  CH=21
23
24  include $(MAKERULES)
```

图 9-90　未知节点 Makefile

Windows 下的编译软件，因此必须要在 Windows 平台下安装模拟 Linux 环境的软件——Cygwin。研究设计的 TinyOS 定位程序在 Cygwin 平台下进行编译与移植，编译过程如图 9-91 所示。

图 9-91　TinyOS 编译流程图

进入 Cygwin 命令环境，切换到 TinyOS 定位程序目录下，输入编译移植命令：make cc2430em install NID=05GRP=00。其中，NID 是节点号，是传感器节点的身份标识，同一网络中的节点号必须唯一；GRP 是网络号，同一网络中所有节点的网络号必须一致。

▶ 9.3.5　RSSI 定位的 TinyOS 实现

采用基于 RSSI 的测距原理来实现对未知节点的定位，根据定位原理，需要分别设计未知节点、信标节点以及网关节点 TinyOS 程序。在设计程序之前，首先分析定位过程，由于 CC2430 芯片内置 RSSI 寄存器，任何无线通信的接收节点都可以获取本身的 RSSI 寄存器值，基于此采用以下定位思想。

(1) 未知节点每隔一段固定时间对其通信半径内的所有节点发出广播信息，同时通信半径内的所有其他节点都侦听到未知节点发出的广播信息。

(2) 节点在侦听到未知节点的广播信息时，会进行节点类型判定，网关节点会丢弃信息包，而信标节点会接收广播信息包。

(3) 各信标节点接收到广播信息包后，会及时获取自身的 RSSI 寄存器值，并以多跳方式将 RSSI 寄存器值发送给网关节点，信标节点可能承担路由中转功能。

(4) 网关节点接收各信标节点发送的消息包，并通过 RS232 串行通信将消息包发送到上位机，消息包包括串口起始标志、有效负载长度、中继信标节点 ID、源信标节点 ID、总跳数、RSSI 寄存器值、CRC 等信息。

（5）上位机接收到各信标节点的 RSSI 值后，通过无线电波传输衰减模型将 RSSI 值转换为距离，利用三边测量法估算出未知节点的坐标，定位算法在上位机软件中实现。

根据以上定位思路分别设计了未知节点、信标节点与网关节点的 TinyOS 应用程序。

9.3.6 未知节点程序设计

未知节点主要负责定时广播，在节点上电并且初始化硬件后，开启 CC2430 内部的射频模块，在定时超时事件处理中将消息包无线广播，在广播时先进行获取信道访问权限检查，若成功获取信道访问权，则广播；若信道已被占用，获取失败，则等待信道空闲，再次获取；若发送成功，则等待定时器下次超时，若发送失败，则重新发送，并记录发送失败次数，当失败次数达到设定阈值时，表明节点出现了异常，这时启动看门狗定时器，重启节点。未知节点程序流程如图 9-92 所示。

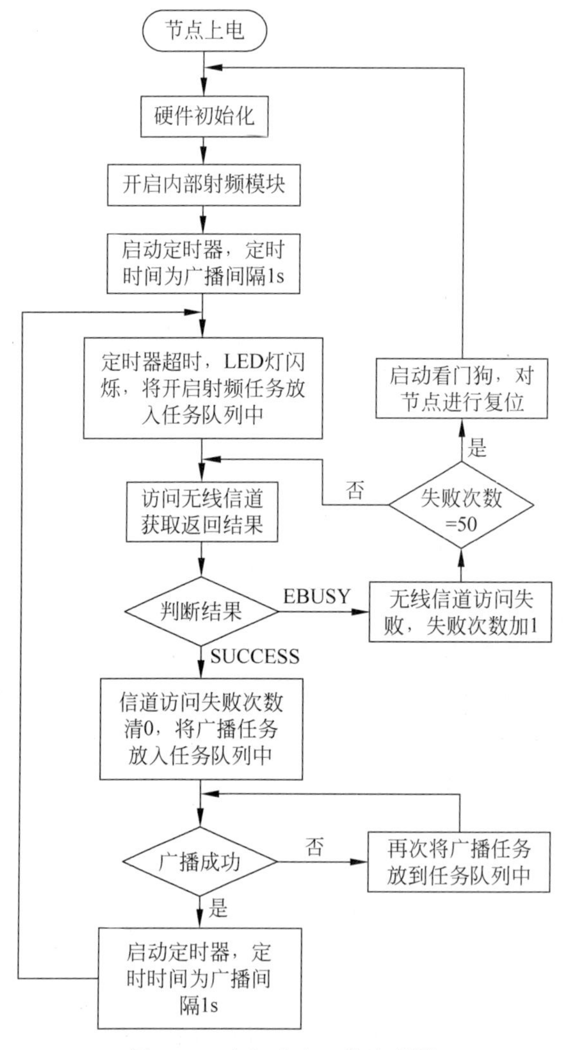

图 9-92　未知节点工作流程图

在 TinyOS 系统中，所有的无线消息包都封装在 message_t 结构体中，该结构体包含 4 个部分：header、data、footer 与 metadata。其中，header 包含数据包长度、fcf、dsn、源节点地址、目标节点地址等信息；metadata 包含 RSSI 等信息，metadata 部分不需要通过射频发送出去，只是在发送前和接收后提取或写入相应的域。

未知节点 TinyOS 定位程序所使用的组件有 MainC. nc，ActiveMessageC. nc，HplCC2430TimerSleep. nc。其中，MainC 组件提供了 Boot 接口，完成节点上电后的初始化功能；ActiveMessageC 组件提供了 AMControl 接口、Packet 接口以及 AMSend 接口，分别完成射频通信开启、数据包封装及数据包发送功能；HplCC2430TimerSleepP 组件主要完成定时器定时间隔设置以及休眠控制。

程序所用的接口以及组件间的连接关系如下。

```
implementation
{
components MainC;                                          //上电初始化模块,提供 Boot 接口
components ActiveMessageC;                                 //活动消息模块,控制射频收发
components HplCC2430TimerSleepP;                           //定时器模块,控制广播间隔和进入休眠模式
components BlindAppM;                                      //核心模块,实现逻辑功能
BlindAppM.Boot -> MainC;                                   //节点上电及硬件初始化
BlindAppM.AMControl -> ActiveMessageC;                     //控制射频通信开启
BlindAppM.BroadCast -> ActiveMessageC.AMSend[BRAODCAST_ID];     //射频发送
BlindAppM.Packet -> ActiveMessageC;                        //将广播信息封装到发送包中
BlindAppM.StdControl -> HplCC2430TimerSleep;               //设置定时器参数,每隔 1s 广播一次
BlindAppM.PowerControl -> HplCC2430TimerSleep;             //通过定时器进入休眠模式
}
```

▶ 9.3.7　信标节点程序设计

信标节点在收到未知节点的广播信息后，读取自身的 RSSI 寄存器值，将 RSSI 寄存器值、信标节点自身 ID 进行封装后按照最新路由表选择最佳路径发送到网关节点。由于无线传感器网络所处的环境一般比较恶劣，可能使网络的拓扑结构发生变化，因此信标节点要及时更新路由表。

采用动态路由的思想，通过相互连接的路由器之间交换彼此的信息，在一定时间间隙里不断更新，以适应不断变化的网络拓扑，以获得最佳通信效果。其基本思想是当有数据发送的时候首先会查找路由表，如果路由表中不存在任何路由信息，则该节点会广播一个路由请求，其他节点在收到该路由请求后，如果自身有合适的路由信息就会回复给该请求节点，请求节点在收到回复后更新路由表。当节点接收到一个新的路由信息时，首先遍历已有的路由表，查找在已有的路由表中是否存在新路由信息中包含的节点号相同的表项，如果存在这样的表项，用接收到的新路由信息覆盖已有的旧表项，如果遍历完已有的路由表后发现不存在与新路由信息中节点号相同的表项，则说明这是一条新的路由，将这条路由信息加入路由表中。

信标节点 TinyOS 程序主要实现发送自身节点的 RSSI 寄存器值，以及自身的节点信息，如节点 ID、DSN 等。此外，信标节点有可能承担路由功能，转发其他信标节点的数据包到网关节点。

各信标节点的工作流程如图 9-93 所示。完成信标节点通信所使用的 TinyOS 组件及其接口如下。

1. ActiveMessageC 组件

提供 AMPacket 接口，通过这个接口可以对无线传输消息包的源地址、目的地址进行设

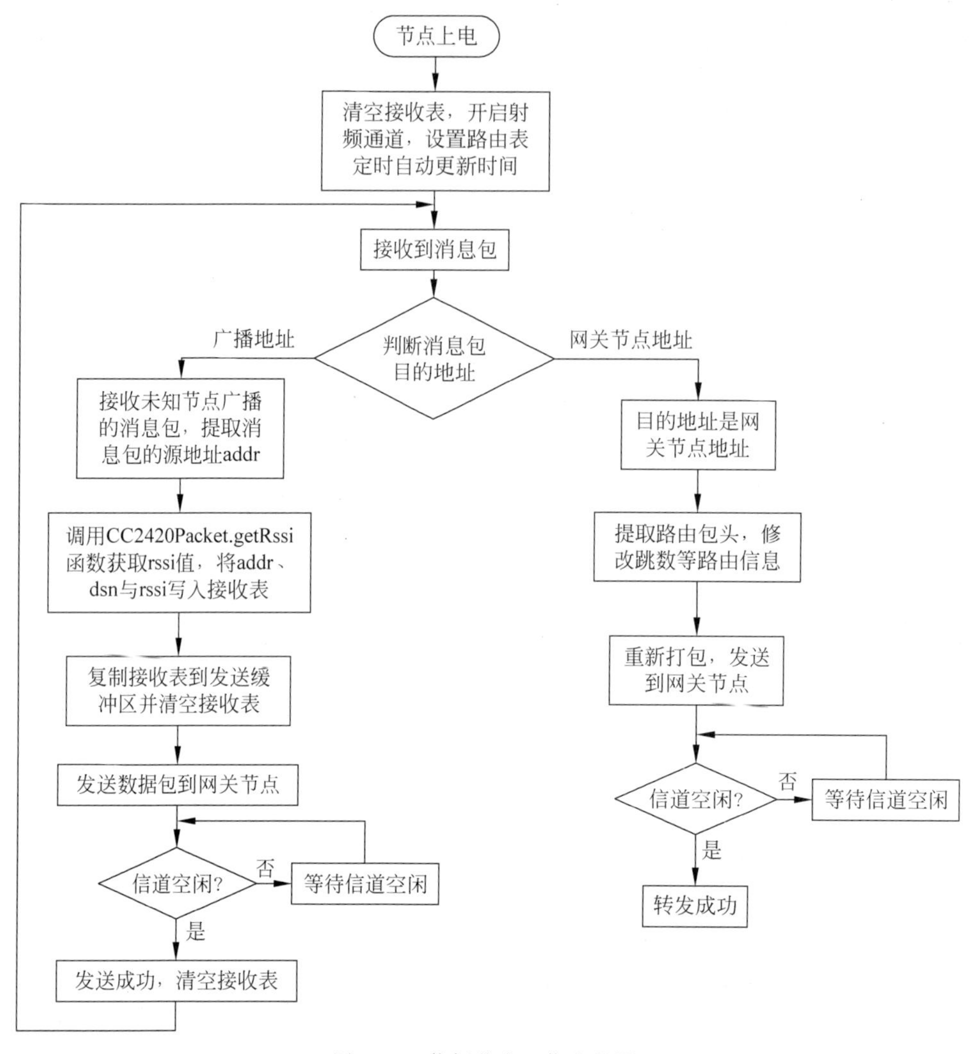

图 9-93　信标节点工作流程图

置与查看，并判断自身节点是否为目的节点。提供 SplitControl 接口，负责完成射频通信的开启。

2. CC2430PacketC 组件

提供 CC2430Packet 接口，主要任务是从本节点的 RSSI 寄存器中获取 RSSI 值，函数如下。

```
rssi = ((int)call CC2430Packet.getRssi(msg));
```

3. QuickRouteC 组件

提供 Packet 接口，实现对消息包 message_t 抽象数据类型的基本访问。提供 Send 接口，实现发送消息包、初始化路由表、设置活动消息包的标识号、设置有效载荷区长度功能。

4. QuickRouteEngineC 组件

提供 QuickRouteEngine 接口，负责定时更新路由表，并且承担网络数据包在本节点的路由转发功能。

信标节点的组件连接关系如下。

```
Implementation {
```

```
…                                                 //省略了组件声明
components new TimerMilliC() as SensorTimerC; //通用组件实例化
App.Boot -> MainC;
App.SensorTimer -> SensorTimerC;
App. SplitControl -> ActiveMessageC;
App.AMPacket -> ActiveMessageC;
App.Packet -> QuickRouteC;                        //使用路由组件提供 Packet 接口
App.Send -> QuickRouteC;                          //使用了路由组件提供 Send 接口,实现转发
App.QuickRouteEngine -> QuickRouteEngineC;        //使用动态路由机制,周期性更新路由表
App.RssiReceive -> AMReceiverC;                   //使用射频接收组件提供的接口获取 RSSI 值
App.CC2430Packet -> CC2430PacketC;
}
```

9.3.8 网关节点程序设计

网关节点负责接收各信标节点发送的消息包,并通过串口发送到 PC,网关节点程序工作流程如图 9-94 所示。

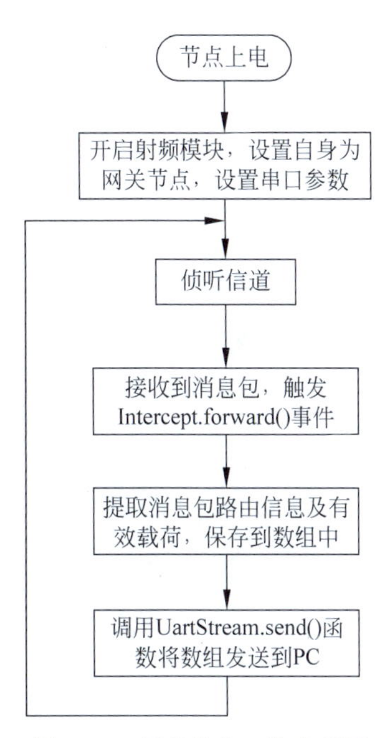

图 9-94 网关节点工作流程图

网关节点程序所使用的组件如下。

1. ActiveMessageC 组件

提供 SplitControl 和 AMPacket 两个接口,SplitControl 接口控制无线射频模块的开启,AMPacket 接口设置或获取活动消息的源地址、目的地址。

2. QuickRouteC 组件

提供 Send、Packet 和 Intercept 接口。其中,Send 与 Packet 接口完成的功能同信标节点,Intercept 接口 forward()事件函数在网关节点接收到消息包时触发,完成路由信息与有效载荷的提取,并重新封装成数组。

3. PlatformSerialC 组件

提供 UartStream 接口,通过 UartStream.send()函数将数据包发送到 PC。提供 UartStdControl 接口,通过此接口可以设置串口波特率等参数,CC2430 内置波特率发生器,波特率由寄存器 UxBAUD.BAUD_M 和寄存器 UxGCR.BAUD_E 来决定,具体如式(9-23):

$$\text{Baudrate}=\frac{(256+\text{BAUD\_M})\times 2^{\text{BAUD\_E}}}{2^{28}}\times F \tag{9-23}$$

式中,F 是系统时钟频率,为 32MHz。系统工作频率下产生常用的波特率所对应的寄存器值如表 9-18 所示,论文使用的波特率为 115 200b/s。

表 9-18 32MHz 系统时钟下常用波特率参数设置

波特率/(b·s^{-1})	UxBAUD BAUD_M	UxGCR BAUD_E	误 差
2400	59	6	0.14
4800	59	7	0.14
9600	59	8	0.14
14 400	216	8	0.03
19 200	59	9	0.14
28 800	216	9	0.03
38 400	59	10	0.14

续表

波特率/(b·s⁻¹)	UxBAUD BAUD_M	UxGCR BAUD_E	误　差
57 600	216	10	0.03
76 800	59	11	0.14
115 200	216	11	0.03
230 400	216	12	0.03

网关节点各组件的连接关系如下。

```
implementation
{
…                                                   //省略了一些组件声明
components BaseC as App;
App.Boot -> MainC;
App.AMControl -> ActiveMessageC;
App.AMPacket -> ActiveMessageC;
App.Send -> QuickRouteC;                            //路由组件提供 Send 接口
App.Intercept -> QuickRouteC;
App.RootControl -> QuickRouteC;
App.Packet -> QuickRouteC;
App.PacketEx -> QuickRouteC;
App. UartStdControl -> HalCC2430SimpleUartC;       //提供串口控制接口
App.SystemHeartControl -> SystemHeartC;
}
```

▶ 9.3.9　实验测试结果

根据所设计的定位需求，需要一个网关节点、一个未知节点和至少三个信标节点组成无线传感器定位网络。理论上，增加信标节点个数会提高 RSSI 定位精度，但由于受限于现有的节点资源，采用了 4 个信标节点。在实验中将测试节点编号定义如下：节点 1 为网关节点，节点 2～5 为信标节点，节点 6 为未知节点。

对 TinyOS 定位程序进行编译与移植，在成功移植到 CC2430 芯片后，按下电池开关，对所有节点上电，应用串口调试助手显示网关节点发送到 PC 的消息包，消息包的数据帧如图 9-95 所示。网关节点每次上传的串口数据包共有 23B，内容解析如下。

第 1 字节 0x37，是串口包的起始标志。

第 2、3 字节 0x2430，表示所使用的芯片为 CC2430。

第 4、5 字节 0x0011，表示串口数据包中有效负载的长度为 17。

第 6、7 字节 0x0000，是无线传感器网络组号。

第 8、9 字节为中继信标节点的节点号，即与网关节点直接通信的路由节点地址。

第 10、11 字节为源信标节点的节点号。

第 12、13 字节为序列号，值为 0。

第 14 字节为源信标节点到网关节点的跳数。

第 15、16 字节为未知节点的节点号。

第 17～20 字节为 DSN(Data Sequence Number，日期序列号)。

第 21、22 字节为 RSSI 值。

第 23 字节为 CRC 值，不属于有效负载。

实验测试结果表明，PC 能够通过串口通信接收到各信标节点的 RSSI 值，验证了基于

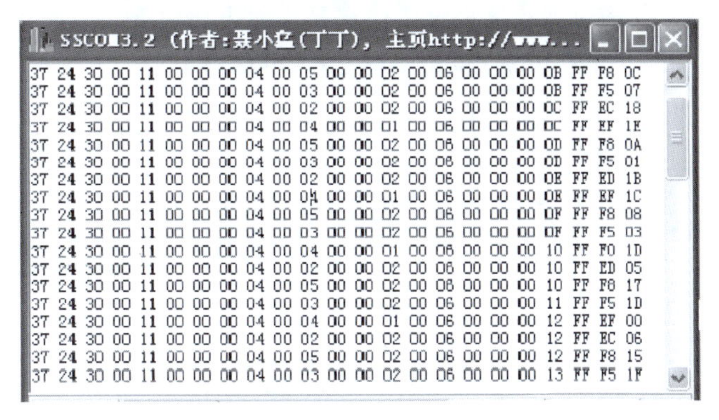

图 9-95　信标节点 RSSI 值

TinyOS 的无线组网的正确性，并在实验室环境下对 RSSI 值的稳定性进行了简单测试，如图 9-96 所示，未知节点(0x06)周期性地广播，信标节点(0x05)收到广播后，发送 RSSI 值，结果表明在无线传输时，接收信号强度比较稳定，波动较小，为实现对未知节点的定位奠定了基础。

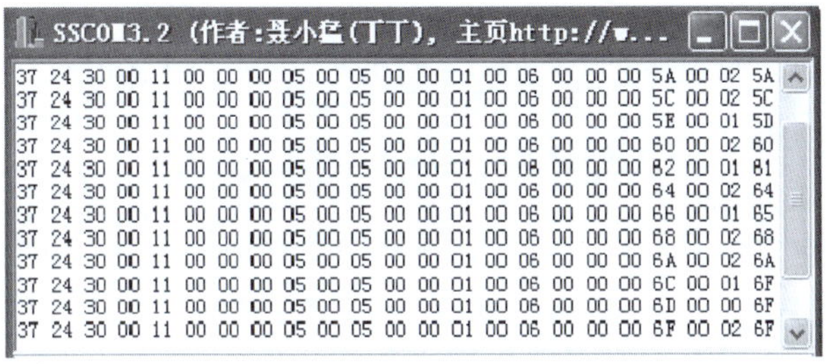

```
SSCOM3.2 (作者:聂小猛(丁丁), 主页http://w...
37 24 30 00 11 00 00 00 05 00 05 00 00 01 00 06 00 00 00 5A 00 02 5A
37 24 30 00 11 00 00 00 05 00 05 00 00 01 00 06 00 00 00 5C 00 02 5C
37 24 30 00 11 00 00 00 05 00 05 00 00 01 00 06 00 00 00 5E 00 01 5D
37 24 30 00 11 00 00 00 05 00 05 00 00 01 00 06 00 00 00 60 00 02 60
37 24 30 00 11 00 00 00 05 00 05 00 00 01 00 08 00 00 00 82 00 01 81
37 24 30 00 11 00 00 00 05 00 05 00 00 01 00 06 00 00 00 64 00 02 64
37 24 30 00 11 00 00 00 05 00 05 00 00 01 00 06 00 00 00 66 00 01 65
37 24 30 00 11 00 00 00 05 00 05 00 00 01 00 06 00 00 00 68 00 02 68
37 24 30 00 11 00 00 00 05 00 05 00 00 01 00 06 00 00 00 6A 00 02 6A
37 24 30 00 11 00 00 00 05 00 05 00 00 01 00 06 00 00 00 6C 00 01 6F
37 24 30 00 11 00 00 00 05 00 05 00 00 01 00 06 00 00 00 6D 00 00 6F
37 24 30 00 11 00 00 00 05 00 05 00 00 01 00 06 00 00 00 6F 00 02 6F
```

图 9-96　RSSI 值稳定性测试

▶ 9.3.10　无线传输损耗模型分析与验证

在确定 PC 能够正确接收各信标节点的 RSSI 值后，还需要选取合适的无线信号传输的路径损耗模型，将接收到的 RSSI 值转换为距离。常见的无线电路径损耗模型有自由空间路径损耗模型、对数-常态路径损耗模型。

自由空间路径损耗模型如式(9-24)所示。

$$\text{Loss}=32.44+10n\lg d+10n\lg f \tag{9-24}$$

式中，n 为路径衰减因子，一般取 2～5；d 为收发节点的距离(km)；f 为无线信号的传播频率(MHz)。

自由空间路径损耗模型是在空间无限大且无其他干扰的情况下得出的。而在实际的定位环境中，由于多径、散射、绕射、非视距等因素，实际的路径损耗与自由空间路径损耗相比有较大出入，在复杂的定位环境中常常采用对数-常态路径损耗模型，如式(9-25)所示。

$$\text{Loss}(d)=\text{Loss}(d_0)+10n\lg\left(\frac{d}{d_0}\right)+X_\sigma \tag{9-25}$$

式中，Loss(d)为收发天线间的总损耗；d_0 为参考距离，一般取 1m；Loss(d_0)为参考路径损耗，即收发间距为 0 时的传输功率损耗；n 为路径衰减因子；d 为接收天线与发射天线的实际距离；X 为对数正态分布随机变量，其标准差为 Δ，均值为 0。CC2430 内置的信号强度指示 RSSI 寄存器的值与接收天线信号强度存在一个偏移量，如式(9-26)所示。

$$A_0-\text{Loss}(d)=\text{RSSI}+\text{RSSI\_OFFSET} \tag{9-26}$$

式中，A_0 为发射功率，本文通过寄存器设置工作在最大输出功率下，A_0 近似为 0，偏移量 RSSI_OFFSET 近似值为−45。结合式(9-25)和式(9-26)，不难得出

$$\mathrm{RSSI} = A_0 - (10n\lg(d) + A) + 45 \tag{9-27}$$

式中，A 为未知节点与信标节点相距 1m 时 RSSI 的绝对值，在实验室环境下进行多方位测量，如图 9-97 所示，计算出平均值$A \approx 39$；n 为无线信号传播指数，一般取 2～4，经过多次实验取 3.3 较为合适。此外，本实验也验证了全向性天线各方位的衰减基本均匀，如图 9-98 所示，距离 1m 时接收到的 RSSI 值最大值为 7，最小值为 4。

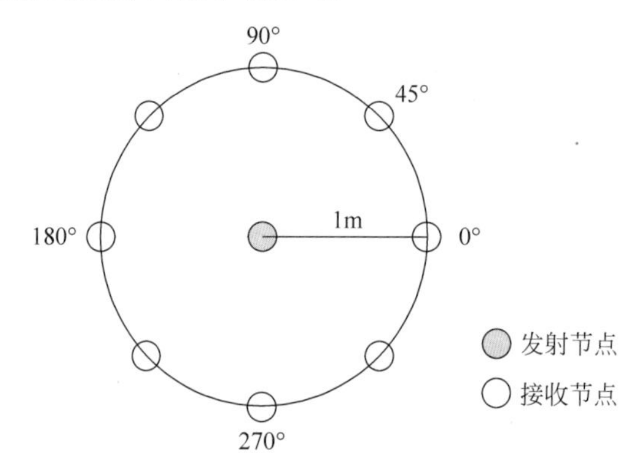

图 9-97 多角度方位测量

将本模型应用在所得的 RSSI 中，并对比实际距离得到如表 9-19 和图 9-98 所示的结果。

表 9-19 RSSI 值与距离的转换

RSSI 值/dBm	理论距离 d/m	实际距离 D/m	绝对误差 err/m
11	0.7055	0.6	0.1055
2	1.3219	1.2	0.1219
−6	2.3101	1.8	0.5101
−10	3.0539	2.4	0.6539
−14	4.0370	3.0	1.0370
−16	4.6416	3.6	1.0416
−18	5.3367	4.2	1.1367
−19	5.7224	4.8	0.9224

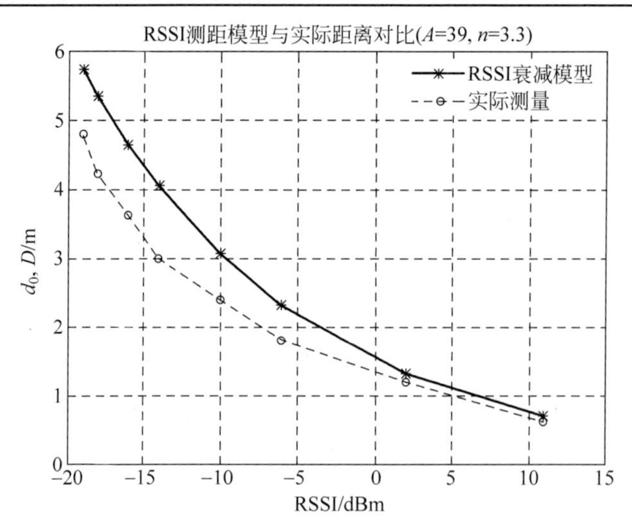

图 9-98 RSSI 测距模型验证

在实验室环境下布置4个信标节点、1个网关节点和1个未知节点。4个信标节点分布在4.8m×3.6m矩形的4个点，未知节点位于矩形区域内，网关节点在矩形区域外。

读取如图9-99所示的各信标节点的RSSI值，利用Matlab通过对数-常态路径损耗模型将RSSI值转变为距离，对未知节点进行定位计算出未知节点的坐标，并计算对比未知节点理论坐标与实际坐标的误差，得到定位结果。

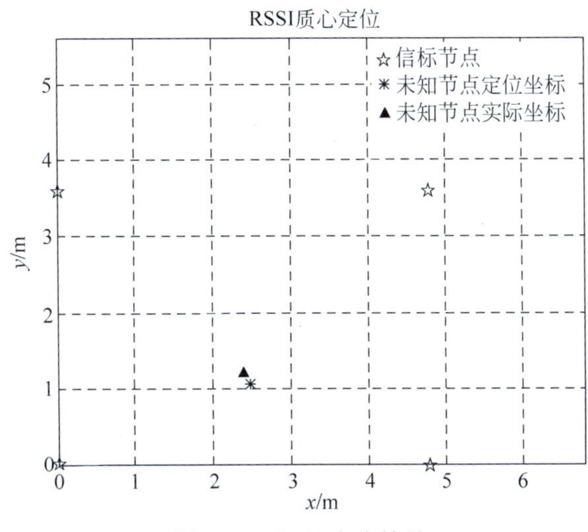

图9-99 RSSI定位结果

通过定位算法计算出的未知节点坐标为(2.4831,1.0185)，实际的未知节点坐标为(2.4,1.2)，误差为0.1996m，基本实现了对未知节点的定位。由此可见，对于定位精度不太高的应用，基于RSSI技术的定位能够满足要求。

上述定位算法的实现是在Matlab环境下完成的，所使用的数据并不是实时采集的，如果实时定位监测数据，可采用软件编程的方法来实现。

目前，基于上位机的图形界面开发软件平台主要有MFC和Qt。

MFC(Microsoft Foundation Classes)是微软公司提供的类库，以C++类的形式封装了Windows的应用程序接口(API)，包含大量Windows句柄封装类以及很多Windows的内建控件和组件的封装类，并且包含一个应用程序框架，以减少应用程序开发人员的工作量。

Qt是一个基于C++的跨平台图形用户界面应用程序框架，它是完全面向对象的，很容易扩展，并且允许真正的组件编程。

在Windows平台上，Qt与MFC的功能相当，都能完成用户界面的开发。MFC在软件运行速度方面占据优势，而Qt具有优良的跨平台特性、丰富的图形库、Java语法风格、强大的设计器、移植性非常好等优点。同时Qt是Linux桌面环境KDE的基础，在Linux桌面应用中占据着半壁江山，在嵌入式系统中也有绝对的优势。

9.4 WSN的移动机器人的定位

9.4.1 移动机器人的定位的基本概念

1. 移动机器人的定位的定义

移动机器人定位，是指移动机器人通过内外部传感器获得自身和外部环境的数据，通过算法计算出自身坐标和朝向的过程,即在二维平面上需要计算出(x,y),在三维空间上需要加上高度信息(x,y,z)。

机器人的定位方式取决于所采用的传感器。目前移动机器人通常采用的定位传感器包括里程计、摄像机、激光雷达、超声波、红外线、微波雷达、陀螺仪、指南针、速度或加速度计、触觉或接近觉传感器等。

定位技术主要包括绝对定位技术和相对定位技术两类。

绝对定位采用导航信标、主动或被动标识、地图匹配或全球定位系统进行定位,定位精度较高。

相对定位是通过测量机器人相对于初始位置的距离和方向来确定机器人的当前位置,通常也称为航位推算法,所用的传感器主要为里程计、速度陀螺、加速度计等。

2. 无线传感器网络的基本术语

(1) 信标节点:即锚节点,该节点可以自动获得自身的位置或者在已知确定的位置固定不变,主要用来辅助未知节点定位。

(2) 未知节点:也称为盲节点或定位节点,若节点不知道自己的位置或者自己的位置不是固定不变的,需要信标节点通过定位算法计算出自己的位置。

(3) 邻居节点:节点通信范围内的其他节点。

(4) 跳数:两个节点之间间隔的跳数。

(5) 跳段距离:两个节点之间相隔的跳段长度的和。

(6) 视距关系:两个节点之间不存在阻碍通信的障碍物。

(7) 非视距关系:两个节点之间有阻碍通信的障碍物。

(8) 接收信号强度指示:RSSI 是节点收到信号的强度的值,是节点与节点之间计算距离的重要参数,现在有很多的模型将这个强度值转换为距离,然后再进一步使用一些定位算法(如三角定位法)来确定目标位置。

(9) CC2530 传感节点:采用 CC2530 作为主要的节点使用,CC2530 是具有无线传感功能的芯片。用它组建的无线传感器网络能够满足 ZigBee 协议,同时也因为其成本低,功耗满足需求要求,并具备了完整与单片机控制器的集成。

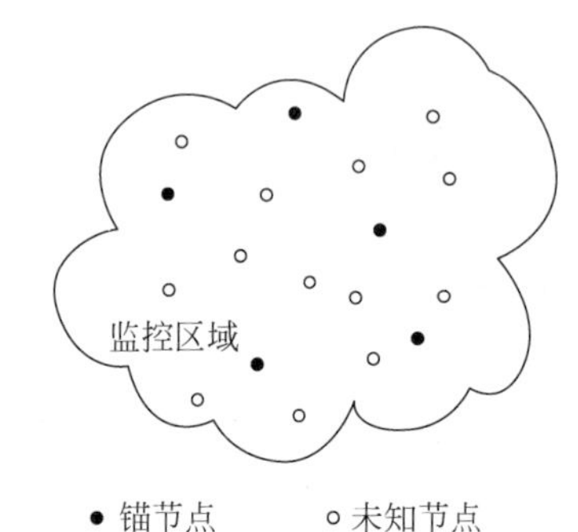

图 9-100 无线传感器网络中节点的定位

(10) 未知节点的坐标的计算:对于无线传感网络的定位,通常是先在无线传感网络中放置少量的锚节点,之后锚节点向外发出信号,在未知节点获取到信号后,开始计算出自身的坐标,即未知节点通过锚节点的位置信息及一些相关信息来确定自身的位置。如图 9-100 所示为一个无线传感网络的示意图,●为锚节点,○为未知节点。锚节点经过单跳或者多跳最终与未知节点进行通信,并使用相关的模型计算出两个节点之间的距离,最后计算出未知节点的坐标。

▶ 9.4.2 基于 RSSI 的 WSN 的定位

基于 RSSI 测距定位是通过测量获取到的无线信号强度来计算坐标位置,比较常用。一开始获取接收信号的节点的功率,以及发送信号的节点发送功率,再利用最常用的信号衰减模型将 RSSI 转换成距离,最后通过其他定位算法计算出节点的坐标。比起其他的定位算法,

RSSI 定位比较容易，也不需要额外的硬件成本，该算法在实验室里表现良好，不过在实际环境中由于干扰比较多导致不稳定因素多，常会和一些滤波算法一起使用，该定位算法在应用方面还是比较广泛的。

1. RSSI 测距

接收信号强度指示 RSSI 能够展现电磁波能量的大小数值。在距离不断增加的过程中，RSSI 值不断减小，通过 RSSI 值计算锚节点的未知节点与距离。在发射端距离为 d 时，接收端通过测量表示 RSSI 存在随机误差，要求利用时间间隔抽样得出 $RSSI_1(d)$、$RSSI_2(d)$、…、$RSSI_N(d)$。

平均值滤波是指采集定位节点的若干 RSSI 值，然后取这些数据的算术平均值。通常在实际测量时，一组数据需要测量足够多的 RSSI 值，由于环境的复杂性和无线信号的不稳定性，这些 RSSI 值变化较大，缺乏一致性，任选其中一个数据都不能准确地表示 RSSI 值，因此可以选择平均值滤波的方法获得较为合理的 RSSI 值。

$$RSSI=\frac{1}{N}\cdot\sum_{i=1}^{N}RSSI_i \tag{9-28}$$

2. 盲节点的计算

信号强度指示 RSSI 是两节点之间的距离的函数，可以采用经典能量衰减公式，下列公式可以表示 RSSI 的理论值。

$$p(d)=p(d_0)-10n\log\frac{d}{d_0}+\varepsilon \tag{9-29}$$

式中，d_0 为已知距离；d 为接收端和发射源距离；$RSSI(d)$为距离发射源 d 所接收的 RSSI 值；$RSSI(d_0)$为在发射端 d_0 处所接收 RSSI；ε 为高斯分布随机变量。为了简化该模型，设正态分布的期望为 0、方差为 1，公式可简化成

$$p(d)=-(10n\log d)+\rho \tag{9-30}$$

式中，ρ 是距发射节点 1m 处的接收信号强度。根据式(9-30)，得到关于 d 的公式：

$$d=10^{\frac{A-p(d)}{10n}} \tag{9-31}$$

在盲节点计算出距离数据后，即可应用最小二乘法计算出节点的具体坐标位置。

3. 节点的具体坐标位置的计算

移动节点在某一位置获得三个或三个以上与其通信的信标节点，利用最小二乘法可估计出未知节点坐标。假设未知节点坐标为(x,y)，通过连通度选择后得到的定位信标为 m 个，未知节点到第 i 个信标(x_i,y_i)的校正距离为 d_{0i}，可得方程组估计如下。

$$\begin{cases}(x_1-x)^2+(y_1-y)^2=d_{01}^2\\ \vdots\\ (x_m-x)^2+(y_m-y)^2=d_{0m}^2\end{cases} \tag{9-32}$$

其估计结果为

$$\begin{bmatrix}x\\ y\end{bmatrix}=(\mathbf{A}^{\mathrm{T}}\mathbf{A})^{-1}\mathbf{A}^{\mathrm{T}}\boldsymbol{B} \tag{9-33}$$

式中，

$$\mathbf{A}=2\begin{bmatrix}x_1-x_m & y_1-y_m\\ x_2-x_m & y_2-y_m\\ \vdots & \vdots\\ x_{m-1}-x_m & y_{m-1}-y_m\end{bmatrix}$$

$$
\boldsymbol{B}=\begin{bmatrix} x_1^2-x_m^2+y_1^2-y_m^2+d_m^2-d_1^2 \\ \vdots \\ x_{m-1}^2-x_m^2+y_{m-1}^2-y_m^2+d_m^2-d_{m-1}^2 \end{bmatrix}
$$

4. 简单机器人定位的过程

定位算法用于机器人导航中，场景如图 9-101 所示，在道路的两旁每隔一定的距离放有信标节点，图中共有 12 个信标节点用于发送信号，左侧放奇数编号的节点，右侧放偶数编号的节点，目标是希望移动机器人行走在道路的中间。

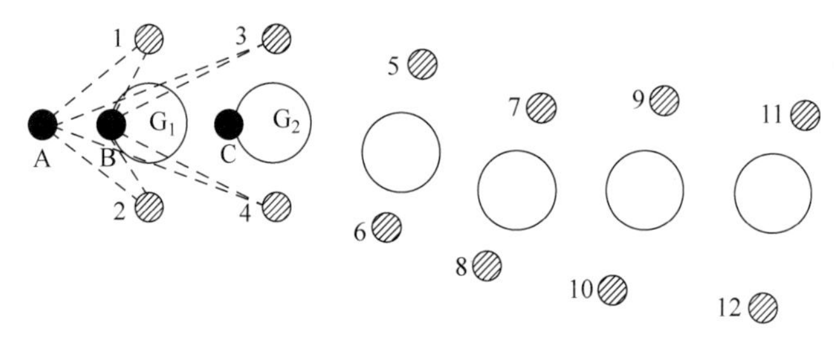

图 9-101　基于 WSN 的定位算法

移动机器人上放有数个用于接收道路两边的信标节点信号的未知节点，在初始位置 A 处，机器人的坐标为(0,0)，接收到 1 和 2 节点的信号，如果也接收到 3、4、5、6 等节点的信号，此时机器人需要判断出信号强度最强的偶数编号的节点和奇数编号的节点，如图 9-102 中 RSSI 最强的奇数编号节点是 1，偶数编号节点是 2，通过这两个节点判断出机器人所需要行驶的第一个临时目标区域 G_1，G_1 的圆心处于节点 1 和节点 2 连线的中间，设节点 1 的坐标为 (x_1,y_1)，节点 2 的坐标为 (x_2,y_2)，则目标点 G_1 的坐标为 $((x_1+x_2)/2,(y_1+y_2)/2)$，目标区域的半径可设置为节点的 1～2m(视定位精度而定)，机器人在行走的过程中不断地通过节点 1、2、3、4 等能接收到信号的节点用加权最小二乘估计方法计算自身的坐标。当移动机器人移动到 G_1 区域后(即满足自身坐标与目标点坐标的欧氏距离小于 1～2m)，机器人不再以节点 1 和节点 2 的中心为目标点，而是重新选择除了节点 1 和节点 2 以外 RSSI 值最强的奇数节点和偶数节点，即图中的节点 3 和节点 4，之后同样，目标区域变成 G_2，机器人不断地通过接收到信号的强度计算自身的坐标。此时机器人朝着 G_2 区域行走，通过该方法可以引导机器人走在路的中间，并且当目标点的 x 坐标 $x_g=(x_1+x_2)/4$ 时，在以信标节点为两侧的路上，可以让机器人走在左侧 $(x_1+x_2)/4$ 位置，而且通过该方法可以让机器人进行转弯。

▶ 9.4.3　CC2530 中机器人的定位的实现

WSN 定位系统采用 RSSI 定位方法实现定位。系统由包括未知节点、锚节点和协调器节点的 ZigBee 网络组成，通过 CC2530 硬件设备实现网络节点功能，未知节点的 RSSI 信号被发送给锚节点，再被转发到协调器节点，经由协调器节点传送到上位机，经过上位机终端软件处理后，可以实现对 RSSI 值到距离数据的转换和位置结果显示，从而实现对位置节点的实时定位功能。

1. 定位系统的硬件实现

ZigBee 网络中的协调器节点通过串口将采集到的 RSSI 数据传递给上位机，同时可将上位机的控制指令下发到 ZigBee 网络终端节点。上位机处理采集到的数据，根据定位算法计算未知节点的位置坐标并将结果进行显示。

上位机是整个定位系统的信息处理中心，能够实现人机交互，显示未知节点的定位信息。其通过串口实现上位机和 ZigBee 网络协调器之间的通信，能够接收 ZigBee 无线通信系统中未知节点发送的 RSSI 数据信息，根据锚节点的固定位置信息，并结合上文提到的定位算法进行位置计算。定位系统的硬件组成如图 9-102 所示。

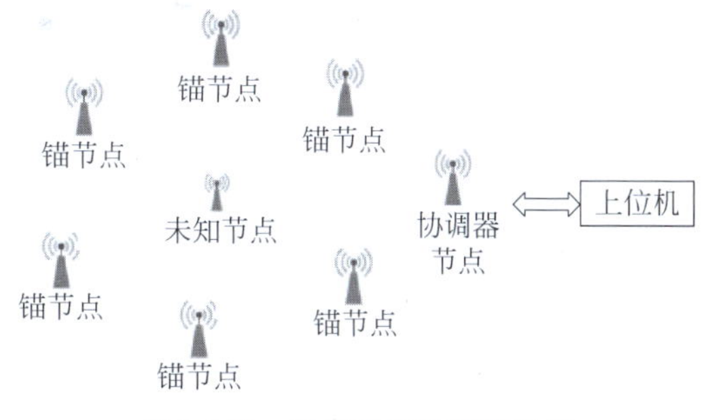

图 9-102 定位系统的硬件组成

2. 定位系统的测试

在本定位系统中，ZigBee 网络中的锚节点和未知节点都是终端节点，其中包括一个需要计算坐标信息的未知节点，4 个锚节点作为参考节点，此外还有一个协调器节点用来管理 ZigBee 网络和给上位机上传数据。

在实际测试时，设定一个 8×8 的固定区域，在此范围内进行未知节点的定位测试，4 个锚节点放置于指定位置，未知节点的放置位置不能超出锚节点的有效通信范围。在系统运行后，移动未知节点的位置，在上位机软件中能够实时显示对应坐标值。在测试时，每个锚节点读取 100 次未知节点的 RSSI 数据值作为一组测试值，通过协调器节点发送给上位机软件，再进行定位计算，从而得到未知节点的位置信息。

9.4.4 定位性能的评价标准

目前对于定位算法和定位系统性能的评价还没有确定的标准和模型，一般用以下参数对定位系统的性能进行初步评价。

(1) 定位误差：定位误差是定位性能的首要评价标准，定位误差越小，定位精度越高。定位误差可以分为绝对平均误差和相对平均误差两种。绝对平均误差指的是通过定位算法计算得出的估计位置与节点真实位置间的平均距离差，相对平均误差由绝对平均误差除以节点通信半径得到。

(2) 功耗：功耗是在设计传感器节点时考虑的关键问题之一，节点能够携带的电池电量十分有限，高效使用能量的系统才是最符合要求的。在定位误差满足应用要求的情况下，应当尽量减小节点在通信和存储计算时的能量消耗。

(3) 信标节点的通信半径：信标节点的发射功率不同对未知节点能够接收的信息包有一定影响，所以需要对该因素进行仿真分析。

(4) 信标密度：平均每个信标节点通信范围内其他信标的个数表示该网络的信标密度。信标密度越大，未知节点能够获得的节点间距离和信标坐标越多，得到的定位结果误差越小。增加信标节点密度会使网络建设成本急剧增大，而且节点越多越容易产生节点之间的通信冲突。

(5) 代价：这里的代价是指在定位过程中产生的空间代价、时间代价和成本代价。时间代价是指组建、配置系统所需的时间，以及定位过程消耗的时间等；空间代价是指系统所需的基础设施、传感器节点所占用的空间等；成本代价是指完成定位所需的所有设备的费用。

这 5 个性能指标是 WSN 定位方法和定位系统的性能评价标准，也是在系统和算法设计实现过程中追求的最高目标，这需要一批又一批人进行大量的相关研究工作才有可能实现。同时，在进行系统设计时，应该结合实际应用的具体要求综合考虑这些性能指标才能做出比较合适的系统。

习题 9

1. 路面参数监测传感器选择的标准是什么？
2. 道路车流量监测的传感器测量的参数有哪些？
3. 交通参数监测技术的主要思想是什么？
4. 交通参数监测的实施方案是什么？
5. 智能家居定义的基本内容是什么？
6. 智能家居的主要功能是什么？
7. 智能家居系统整体架构设计的内容有哪些？
8. 节点硬件设计的主要内容有哪些？
9. 节点功能的实现的重要内容有哪些？
10. 智能家居网关总体设计的思想是什么？
11. 定位系统设计的原则是什么？
12. 定位系统算法选择各自的内容是什么？
13. 网关节点程序设计的基本思想是什么？
14. 移动机器人定位的定义是什么？
15. 设计题：常用的传感器有温度、湿度、光照、人体感应、震动、可燃气体、酒精、压力、气象、气体、超声波测距、三轴加速度、水流量、雨滴、霍尔、磁场等。根据所学无线传感器网络中的拓扑结构知识，设计一个智能家居系统。

(1) 画出智能家居系统的拓扑结构。

(2) 说明其结构图中各部分的基本思想。

第10章 WSN与人工智能物联网

学习导航

- WSN与人工智能物联网
  - 人工智能
    - 人工智能的定义
    - 人工智能的产业链
    - 人工智能的几个关键技术
    - 人工智能的应用
  - 物联网
    - 物联网的兴起
    - 物联网的定义
    - 物联网的特点
    - 物联网的技术架构
    - 物联网的关键技术
    - 物联网下的WSN
    - 基于RFID的车载信息服务系统
    - 物联网的应用
  - 人工智能物联网
    - AIoT的基本概念
    - AIoT的关键技术
    - AIoT的应用
    - AIoT的发展
  - 水下无线传感器网络
    - 水下无线传感器网络的基本概念
    - 水下无线传感器网络的架构
    - 水下无线传感器网络的通信技术
    - 水下无线传感器网络的应用

学习目标

- ◆ 了解人工智能，包括人工智能的定义、产业链、几个关键的技术和应用。
- ◆ 了解物联网，包括物联网的兴起、定义、特点、技术架构、关键技术、物联网下的WSN、基于RFID车载信息服务系统和应用。
- ◆ 了解人工智能物联网，包括AIoT的基本概念、AIoT的关键技术、AIoT的应用、AIoT的发展。
- ◆ 了解水下无线传感器网络，包括水下无线传感器网络的基本概念、水下无线传感器网络的架构、水下无线传感器网络通信技术和UWSN的应用。

10.1 人工智能

10.1.1 人工智能的定义

人工智能(Artificial Intelligence,AI)是一个以计算机科学为基础，由计算机、心理学、哲学等多学科交叉融合的交叉学科、新兴学科，也是研究、开发用于模拟、延伸和扩展人的智能的理论、方法、技术及应用系统的一门新的技术科学，企图了解智能的实质，并生产出一种新的能以与人类智能相似的方式做出反应的智能机器，该领域的研究包括机器人、语言识别、图像识别、自然语言处理和专家系统等。

人工智能从诞生以来，理论和技术日益成熟，应用领域也不断扩大，可以设想，未来人工智能带来的科技产品将会是人类智慧的“容器”。人工智能可以对人的意识、思维的信息过程进行模拟。人工智能不是人的智能，但能像人那样思考，也可能超过人的智能。

▶ 10.1.2 人工智能的产业链

人工智能的产业链分为基础层、技术层、应用层三个层次，如图 10-1 所示。

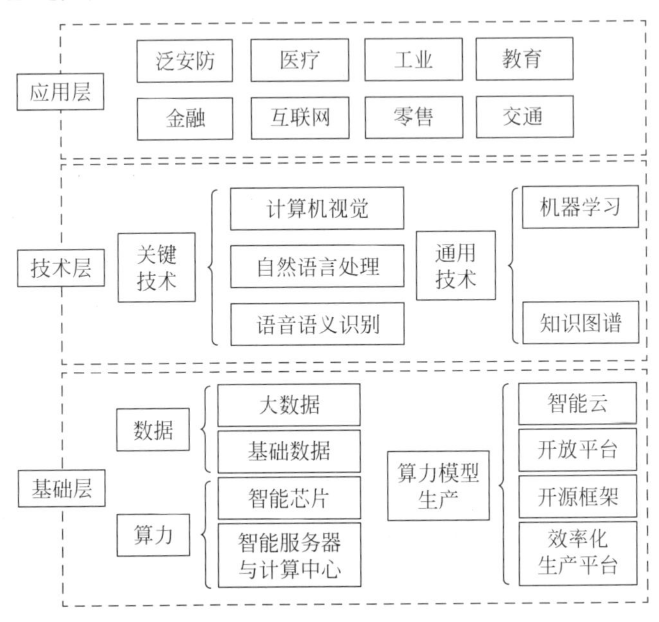

图 10-1 人工智能产业链

基础层包括芯片、大数据、算法系统、网络等多项基础设施，为人工智能产业奠定网络、算法、硬件铺设、数据获取基础等。基础层是人工智能产业的基础，为人工智能提供数据及算力支持，包括 AI 芯片、智能传感器云计算、数据类服务、5G 通信等。其中，AI 芯片尤为重要，包括 CPU（中央处理器）、GPU（图像处理器）等，可以说它决定了人工智能的“智商”。

技术层包括计算机视觉、语音语义识别、机器学习、知识图谱等。技术层侧重核心技术的研发，主要包括机器学习、计算机视觉、算法理论、智能语音、自然语言处理等。其中，计算机视觉目前发展较快，它是一个通过技术帮助计算机“看到”并理解数字图像内容的研究领域，例如，理解照片和视频的内容。

应用层包括金融、泛安防、教育、医疗、机器人、交通、零售等。人工智能的应用遍及各行各业，场景丰富且多元，包括机器人、无人机、智慧医疗、无人驾驶汽车、智能家居、智慧教育等。

人工智能产业链有深度、有广度，蕴含着巨大的市场机会和发展潜力。人工智能作为数字经济的核心生产力，已经成为拉动我国数字经济发展的新动能，其中蕴含着投资“富矿”，值得投资者持续关注。

▶ 10.1.3 人工智能的几个关键技术

人工智能技术包含机器学习、自然语言处理、人机交互、计算机视觉、生物特征识别、VR/AR、知识图谱 7 个关键技术。

1. 机器学习

1）机器学习的定义

机器学习(Machine Learning)是一门涉及统计学、系统辨识、逼近理论、神经网络、优化理论、计算机科学、脑科学等诸多领域的交叉学科，研究计算机怎样模拟或实现人类的学习行为，以获取新的知识或技能，重新组织已有的知识结构，使之不断改善自身的性能，是人工智能技术的核心。基于数据的机器学习是现代智能技术中的重要方法之一，研究从观测数据（样本）出发寻找规律，利用这些规律对未来数据或无法观测的数据进行预测。

2）机器学习的分类

根据学习模式、学习方法以及算法的不同，机器学习存在不同的分类方法。

根据学习模式将机器学习分为监督学习、无监督学习和强化学习等。

根据学习方法将机器学习分为传统机器学习和深度学习。

监督学习是利用已标记的有限训练数据集，通过某种学习策略/方法建立一个模型，实现对新数据/实例的标记（分类）/映射。最典型的监督学习算法包括回归和分类。监督学习要求训练样本的分类标签已知，分类标签精确度越高，样本越具有代表性，学习模型的准确度越高。监督学习在自然语言处理、信息检索、文本挖掘、手写体辨识、垃圾邮件侦测等领域获得了广泛应用。

无监督学习是利用无标记的有限数据描述隐藏在未标记数据中的结构/规律。最典型的非监督学习算法包括单类密度估计、单类数据降维、聚类等。无监督学习不需要训练样本和人工标注数据，便于压缩数据存储、减少计算量、提升算法速度，还可以避免正、负样本偏移引起的分类错误问题。无监督学习主要用于经济预测、异常检测、数据挖掘、图像处理、模式识别等领域，例如，组织大型计算机集群、社交网络分析、市场分割、天文数据分析等。

强化学习是智能系统从环境到行为映射的学习，以使强化信号函数值最大。由于外部环境提供的信息很少，强化学习系统必须靠自身的经历进行学习。强化学习的目标是学习从环境状态到行为的映射，使得智能体选择的行为能够获得环境最大的奖赏，使得外部环境对学习系统在某种意义下的评价为最佳。其在机器人控制、无人驾驶、下棋、工业控制等领域获得成功应用。

传统机器学习从一些观测（训练）样本出发，试图发现不能通过原理分析获得的规律，实现对未来数据行为或趋势的准确预测。其相关算法包括逻辑回归、隐马尔可夫方法、支持向量机方法、K 近邻算法、三层人工神经网络方法、AdaBoost 算法、贝叶斯方法以及决策树方法等。传统机器学习平衡了学习结果的有效性与学习模型的可解释性，为解决有限样本的学习问题提供了一种框架，主要用于有限样本情况下的模式分类、回归分析、概率密度估计等。传统机器学习方法共同的重要理论基础之一是统计学，它在自然语言处理、语音识别、图像识别、信息检索和生物信息等许多计算机领域获得了广泛应用。

深度学习是建立深层结构模型的学习方法，典型的深度学习算法包括深度置信网络、卷积神经网络、受限玻尔兹曼机和循环神经网络等。深度学习又称为深度神经网络（指层数超过三层的神经网络）。深度学习作为机器学习研究中的一个新兴领域，由 Hinton 等于 2006 年提出。深度学习源于多层神经网络，其实质是给出了一种将特征表示和学习合二为一的方式。深度学习的特点是放弃了可解释性，单纯追求学习的有效性。经过多年的摸索尝试和研究，已经产生了诸多深度神经网络的模型，其中，卷积神经网络、循环神经网络是两类典型的模型。卷积神经网络常被应用于空间性分布数据；循环神经网络在神经网络中引入了记忆和反馈，常被应用于时间性分布数据。深度学习框架是进行深度学习的基础底层框架,一般包含主流的神经网络算法模型,提供稳定的深度学习 API,支持训练模型在服务器和 GPU、TPU 间的分布式学习,部分框架还具备在包括移动设备、云平台在内的多种平台上运行的移植能力,从而为深度学习算法带来前所未有的运行速度和实用性。目前主流的开源算法框架有 TensorFlow、Caffe/Caffe 2、CNTK、MXNet、PaddlePaddle、Torch/PyTorch、Theano 等。

2. 自然语言处理

自然语言处理(Natural Language Processing,NLP)是语言学、计算机科学和人工智能的一个分支,主要研究如何使用计算机自动(或半自动)地处理、理解、分析以及运用人类语言。它关注人与计算机之间使用自然语言进行有效通信的各种理论和方法,目标是让计算机能够"理解"自然语言,代替人类执行语言翻译和问题回答等任务。简单来说,计算机以用户的自然语言作为输入,在其内部通过定义的算法进行加工、计算等一系列操作(用于模拟人类对自然语言的理解),再返回用户所期望的结果。

自然语言处理旨在研究语言能力和语言应用的模型,建立计算机(算法)框架来实现这样的语言模型,并完善、评测,最终用于设计各种实用系统。从自然语言的角度出发,自然语言处理可以分为自然语言理解(Natural Language Understanding,NLU)和自然语言生成(Natural Language Generating,NLG)两部分。NLU 涉及语言、语境和各种语言形式,使机器能够理解"自然语言"的整体上下文和含义,而不仅是字面上的定义。它的目标是能够像人类一样理解书面或口头语言。NLG 则相反,是将结构化数据转换为自然语言的过程。例如,它可以生成长文本,实现自动生成报告,或者在交互式对话(聊天机器人)中生成简短的文本简介,然后借助语音合成系统读出文本。

自然语言处理是计算机科学领域与人工智能领域中的一个重要方向,研究能实现人与计算机之间用自然语言进行有效通信的各种理论和方法,涉及的领域较多,主要包括机器翻译、机器阅读理解和问答系统等。

自然语言处理面临以下四大挑战。

(1) 在词法、句法、语义、语用和语音等不同层面存在不确定性。

(2) 新的词汇、术语、语义和语法导致未知语言现象的不可预测性。

(3) 数据资源的不充分使其难以覆盖复杂的语言现象。

(4) 语义知识的模糊性和错综复杂的关联性难以用简单的数学模型描述,语义计算需要参数庞大的非线性计算。

3. 人机交互

人机交互(Human-Computer Interaction,HCI)是指人与计算机之间使用某种对话语言以一定的交互方式为完成确定任务所进行的人与计算机之间的信息交换过程,它是人工智能领域重要的外围技术。人机交互是与认知心理学、人机工程学、多媒体技术、虚拟现实技术等密切相关的综合学科。

传统的人与计算机之间的信息交换主要依靠交互设备进行,主要包括键盘、鼠标、操纵杆、眼动跟踪器、位置跟踪器、数据手套、压力笔等输入设备,以及打印机、绘图仪、显示器、头盔式显示器、音箱等输出设备。

人机交互技术除了传统的基本交互和图形交互外,还包括语音交互、情感交互、体感交互及脑机交互等技术。

(1) 语音交互:语音交互是一种高效的交互方式,是人以自然语音或机器合成语音与计算机进行交互的综合性技术，结合了语言学、心理学、工程和计算机技术等领域的知识。语音交互不仅要对语音识别和语音合成进行研究，还要对人在语音通道下的交互机理、行为方式等进行研究。语音交互过程包括4部分，即语音采集、语音识别、语义理解和语音合成。语音采集完成音频的录入、采样及编码；语音识别完成语音信息到机器可识别的文本信息的转换；语义理解根据语音识别转换后的文本字符或命令完成相应的操作；语音合成完成文本信息到声音信息的转换。

(2) 情感交互：情感交互就是要赋予计算机类似于人一样的观察、理解和生成各种情感的能力，最终使计算机能像人一样进行自然、亲切和生动的交互。情感交互已经成为人工智能领域的热点方向，旨在让人机交互变得更加自然。目前，在情感交互信息的处理方式、情感描述方式、情感数据获取和处理过程、情感表达方式等方面还面临诸多技术挑战。

(3) 体感交互：体感交互是个体不需要借助任何复杂的控制系统，以体感技术为基础，直接通过肢体动作与周边数字设备装置和环境进行自然的交互。依照体感方式与原理的不同，体感技术主要分为三类，即惯性感测、光学感测以及光学联合感测。体感交互通常由运动追踪、手势识别、运动捕捉、面部表情识别等一系列技术支撑。目前，体感交互在游戏娱乐、医疗辅助与康复、全自动三维建模、辅助购物、眼动仪等领域有了较为广泛的应用。

(4) 脑机交互：脑机交互又称为脑机接口，指不依赖于外围神经和肌肉等神经通道，直接实现大脑与外界信息传递的通路。脑机接口系统检测中枢神经系统活动，并将其转换为人工输出指令，能够替代、修复、增强、补充或者改善中枢神经系统的正常输出，从而改变中枢神经系统与内外环境之间的交互作用。脑机交互通过对神经信号解码，实现脑信号到机器指令的转换，一般包括信号采集、特征提取和命令输出三个模块。从脑电信号采集的角度，一般将脑机接口分为侵入式和非侵入式两大类。除此之外，脑机接口还有其他常见的分类方式，例如，按照信号传输方向可以分为脑到机、机到脑和脑机双向接口；按照信号生成的类型可以分为自发式脑机接口和诱发式脑机接口；按照信号源的不同还可以分为基于脑电的脑机接口、基于功能性核磁共振的脑机接口，以及基于近红外光谱分析的脑机接口。

4. 计算机视觉

计算机视觉(Computer Vision)是指使用计算机模仿人类视觉系统的科学，让计算机拥有类似人类提取、处理、理解和分析图像以及图像序列的能力。计算机视觉技术可以识别图像中的物体、人脸、场景等信息，实现图像检索、人脸识别、目标跟踪、自动驾驶等任务。计算机视觉技术也是现代人工智能技术中的重要组成部分之一。

根据解决的问题，计算机视觉可以分为计算成像学、图像理解、三维视觉、动态视觉和视频编解码5大类。

(1) 计算成像学：计算成像学是探索人眼结构、相机成像原理以及延伸应用的科学。

(2) 图像理解：图像理解是通过用计算机系统解释图像，实现类似人类视觉系统理解外部世界的一门科学。图像理解通常根据理解信息的抽象程度分为三个层次，其中，浅层理解包括图像边缘、图像特征点、纹理元素等；中层理解包括物体边界、区域与平面等；高层理解根据需要抽取的高层语义信息可大致分为识别、检测、分割、姿态估计、图像文字说明等。目前高层图像理解算法已逐渐广泛应用于人工智能系统，如刷脸支付、智慧安防、图像搜索等。

(3) 三维视觉：三维视觉即研究如何通过视觉获取三维信息(三维重建)以及如何理解所获取的三维信息的科学。三维视觉技术可以广泛应用于机器人、无人驾驶、智慧工厂、虚拟/增强现实等方向。

(4) 动态视觉：动态视觉即分析视频或图像序列，模拟人处理时序图像的科学。通常动态视觉问题可以定义为寻找图像元素，如像素、区域、物体在时序上的对应，以及提取其语义信息的问题。动态视觉研究被广泛应用在视频分析以及人机交互等方面。

(5) 视频编解码：视频编解码是指通过特定的压缩技术将视频流进行压缩。在视频流传输中最为重要的编解码标准有国际电联的 H. 261、H. 263、H. 264、H. 265、M-JPEG 和 MPEG 系列标准。视频压缩编码主要分为无损压缩和有损压缩两大类。无损压缩指使用压缩后的数据进行重构时，重构后的数据与原来的数据完全相同，例如磁盘文件的压缩。有损压缩也称为不可逆编码，指使用压缩后的数据进行重构时，重构后的数据与原来的数据有差异，但不会使人们对原始资料所表达的信息产生误解。有损压缩的应用范围为视频会议、可视电话、视频广播、视频监控等。

5. 生物特征识别

生物特征识别技术是指通过个体生理特征或行为特征对个体身份进行识别认证的技术。

从应用流程看，生物特征识别通常分为注册和识别两个阶段。

(1) 注册阶段通过传感器对人体的生物表征信息进行采集，如利用图像传感器对指纹和人脸等光学信息、利用麦克风对说话声等声学信息进行采集，利用数据预处理以及特征提取技术对采集的数据进行处理，得到相应的特征进行存储。

(2) 识别过程采用与注册过程一致的信息采集方式对待识别人进行信息采集、数据预处理和特征提取，然后将提取的特征与存储的特征进行比对分析，完成识别。

从应用任务看，生物特征识别一般分为辨认与确认两种任务。

(1) 辨认是指从存储库中确定待识别人身份的过程，是一对多的问题。

(2) 确认是指将待识别人信息与存储库中的特定单人信息进行比对确定身份的过程，是一对一的问题。

生物特征识别技术涉及的内容十分广泛，包括指纹、人脸、虹膜、指静脉、声纹、步态等多种生物特征，其识别过程涉及图像处理、计算机视觉、语音识别、机器学习等多项技术。

目前，生物特征识别作为重要的智能化身份认证技术，在金融、公共安全、教育、交通等领域得到广泛的应用。

6. VR/AR

虚拟现实(VR)/增强现实(AR)是以计算机为核心的新型视听技术，结合相关科学技术，在一定范围内生成与真实环境在视觉、听觉、触感等方面高度近似的数字化环境。用户借助必要的装备与数字化环境中的对象进行交互，相互影响，获得近似真实环境的感受和体验，通过显示设备、跟踪定位设备、触力觉交互设备、数据获取设备、专用芯片等实现。

虚拟现实/增强现实从技术特征角度，按照不同处理阶段，可以分为获取与建模技术、分析与利用技术、交换与分发技术、展示与交互技术以及技术标准与评价体系 5 个方面。

(1) 获取与建模技术研究如何把物理世界或者人类的创意进行数字化和模型化，难点是三维物理世界的数字化和模型化技术。

(2) 分析与利用技术重点研究对数字内容进行分析、理解、搜索和知识化的方法，其难点在于内容的语义表示和分析。

(3) 交换与分发技术主要强调各种网络环境下大规模的数字化内容流通、转换、集成和面向不同终端用户的个性化服务等，其核心是开放的内容交换和版权管理技术。

(4) 展示与交互技术重点研究符合人类习惯数字内容的各种显示技术及交互方法，以期提高人对复杂信息的认知能力，其难点在于建立自然和谐的人机交互环境。

(5) 技术标准与评价体系重点研究虚拟现实/增强现实基础资源、内容编目、信源编码等的规范标准以及相应的评估技术。

目前，虚拟现实/增强现实面临的挑战主要体现在智能获取、普适设备、自由交互和感知融合4个方面。在硬件平台与装置、核心芯片与器件、软件平台与工具、相关标准与规范等方面存在一系列科学技术问题。

总体来说，虚拟现实/增强现实呈现虚拟现实系统智能化、虚实环境对象无缝融合、自然交互全方位与舒适化的发展趋势。

7. 知识图谱

人工智能(Artificial Intelligence，AI)是一种通过计算机模拟人类智能的技术，其应用范围越来越广泛。知识图谱(Knowledge Graph，KG)则是人工智能技术中的重要组成部分，它是一种结构化的、语义化的知识表示方式，能够帮助计算机理解和处理人类语言。

1) 知识图谱的定义

知识图谱是一种将实体、关系和属性等知识以图形化的形式表示出来的知识库。它通过将知识以结构化的方式表示出来，使得计算机可以更好地理解和处理人类语言。知识图谱通常是一个大型的、半结构化的、面向主题的、多模态的知识库，其中包含各种实体、关系和属性等信息，这些信息通过一系列的算法和模型进行处理和推理，使得计算机能够自动地从中获取、推理和生成新的知识。

2) 知识图谱的组成

知识图谱通常有三个组成部分，分别是实体、关系和属性。

(1) 实体(Entity)：实体是知识图谱中最基本的组成部分，它可以是具体的物体、抽象的概念、事件或者人、地点、组织等。每个实体都有一个唯一的标识符(ID)，用于在知识图谱中进行唯一标识和索引。

(2) 关系(Relation)：关系是实体之间的相互作用或者联系，它可以是两个实体之间的关联性、依存性、从属性或者其他类型的关系。每个关系都有一个唯一的标识符(ID)，用于在知识图谱中进行唯一标识和索引。

(3) 属性(Attribute)：属性是实体和关系的特征或者描述，它可以包括实体的名称、定义、类型、分类、标签等，也可以包括关系的方向、权重、强度、类型等。每个属性也都有一个唯一的标识符(ID)，用于在知识图谱中进行唯一标识和索引。

3) 知识图谱的构建

知识图谱的构建是一个相对复杂的过程，它需要从各种来源获取、整合和加工大量的数据，包括结构化数据、半结构化数据和非结构化数据等。通常，知识图谱的构建可以分为以下几个步骤。

(1) 数据收集：从各种数据源(如数据库、网页、文本等)中收集大量的数据，包括实体、关系和属性等信息。

(2) 数据清洗：对收集到的数据进行清洗和预处理，去除重复数据、格式化数据、统一数据等。

(3) 实体抽取：从文本中抽取实体，并对实体进行分类和标注。

(4) 关系抽取：从文本中抽取实体之间的关系，并对关系进行分类和标注。

(5) 属性抽取：从文本中抽取实体和关系的属性，并对属性进行分类和标注。

(6) 数据建模：将抽取到的实体、关系和属性等信息转换为图形化的知识图谱模型。

(7) 知识推理：通过算法和模型对知识图谱进行推理和生成新的知识。

4) 知识图谱的应用

知识图谱可以应用于多个领域，如搜索引擎、智能客服、自然语言处理、数据分析等。

10.1.4 人工智能的应用

人工智能技术广泛应用在医疗健康、金融服务、制造业、零售业和教育培训等领域。

1. 医疗健康

人工智能技术在医疗健康领域中有很多应用。例如，利用机器学习技术对医学图像进行分析和诊断，能够帮助医生提高诊断的准确性和效率；利用自然语言处理技术可以实现医疗记录的自动化整理和分析，辅助医生进行诊疗决策。此外，人工智能还可以应用于疾病预测、药物研发等方面，为医疗健康行业带来更多的机遇和挑战。

2. 金融服务

人工智能技术在金融服务领域中也有很多应用。例如，利用机器学习技术进行风险评估和信用评估，可以帮助金融机构提高贷款审批的效率和准确性；利用自然语言处理技术可以实现对财经新闻和市场数据的分析和预测，辅助投资决策。此外，人工智能还可以应用于反欺诈、保险理赔等方面，为金融服务行业带来更多的机遇和挑战。

3. 制造业

人工智能技术在制造业中也有很多应用。例如，利用计算机视觉技术进行自动化检测和质量控制，可以提高产品的生产效率和质量水平；利用机器学习技术可以实现智能制造和智能物流，减少人工干预和资源浪费。此外，人工智能还可以应用于故障诊断和维护，实现智能化的设备管理和优化。

4. 零售业

人工智能技术在零售业中也有很多应用。例如，利用机器学习技术进行用户画像和个性化推荐，可以提高用户的购物体验和消费满意度；利用计算机视觉技术进行商品识别和智能盘点，可以实现智能化的库存管理和供应链优化。此外，人工智能还可以应用于反欺诈和客户服务等方面，为零售业带来更多的机遇和挑战。

5. 教育培训

人工智能技术在教育培训领域中也有很多应用。例如，利用机器学习技术进行学生评估和学习跟踪，可以帮助教师更好地了解学生的学习情况和学习进度；利用自然语言处理技术进行智能化的教学辅助和学习内容推荐，可以提高学生的学习效率和学习质量。此外，人工智能还可以应用于在线教育和教育管理等方面，为教育培训行业带来更多的机遇和挑战。

10.2 物联网

10.2.1 物联网的兴起

近年来，“物联网”已成为备受人们推崇的热点词汇，从一般性的网站、技术报刊、行业期刊，到广告宣传，以及技术论坛、行业评估、股票等，无不在热议“物联网”。全国很多高校更是建立了专门的“物联网”学院或专业，用于从事“物联网”的教学和研究。但事实上，“物联网”并不是最近才出现的概念。在比尔·盖茨于 1995 年出版的《未来之路》一书中已经提及“物联网”的概念，只是当时受限于无线网络、硬件及传感设备而未引起世人的重视。

1998年，美国麻省理工学院创造性地提出了当时被称为电子产品编码(EPC)系统的物联网构想。

1999年，在美国召开的移动计算和网络国际会议上提出“传感器技术是下一个世纪人类面临的又一个发展机遇”。同年，中国科学院启动了对“传感网”的研究，并建立了一些实用的传感网。美国麻省理工学院成立Auto-ID研究中心，进行射频识别(RFID)技术研发，将RFID与互联网结合，提出EPC解决方案，即物联网主要建立在物品编码、射频识别技术和互联网的基础上，最初定义为“把所有物品通过射频识别的信息传感设备与互联网连接起来，实现智能化识别与管理”。

2003年，美国的《技术评论》提出传感网络技术将是未来改变人们生活的十大技术之首。

2005年，国际电信联盟(ITU)发布了《ITU互联网报告2005：物联网》，正式提出物联网的概念，包括所有物品的联网和应用。

2008年年底，IBM向美国政府提出“智慧地球”战略；2009年6月，欧盟实行“物联网行动计划”；2009年8月，日本提出“i-Japan”计划等，它们都是利用各种信息技术来突破互联网的物理限制，以实现无处不在的物联网络。

2009年8月7日，温家宝总理在视察中国科学院嘉兴无线传感网工程中心的无锡研发分中心时明确指出，要集中力量突破核心技术，着力提升自主创新能力，推动传感网更好地为产业的可持续发展服务。物联网还被列为《国家中长期科学与技术发展规划(2006—2020年)》和“新一代宽带移动无线通信网”重大专项中的重点研究领域，所有这些都表明了我国对物联网的重视。

物联网是继计算机、互联网之后，世界信息产业的第三次浪潮。国际电联曾预测，未来世界是无处不在的物联网世界，到2017年将有7万亿传感器为地球上的70亿人口提供服务。

▶ 10.2.2 物联网的定义

物联网(Internet of Things，IoT)是新一代信息技术的重要组成部分。它是通过射频识别(RFID)、红外感应器、全球定位系统、激光扫描器等信息传感设备按约定的协议把任何物体与互联网相连接，进行信息交换和通信，以实现对物体的智能化识别、定位、跟踪、监控和管理的一种网络。

广义地讲，物联网是一个未来发展的愿景，等同于“未来的互联网”或“泛在网络”，能够实现人在任何时间、地点使用任何网络和任何人与物的信息交换以及物与物之间的信息交换。

狭义地讲，物联网是物品之间通过传感器连接起来的局域网，不论是否接入互联网，都属于物联网的范畴。

物联网涵盖早期物联网(RFID物品标志)、无线传感网络WSN、互联网、无线通信网。互联网的方向是IPv6下一代交换网络、无线通信网的方向为3G，如TD-SCDMA；短距通信的方向是ZigBee。

▶ 10.2.3 物联网的特点

物联网具有以下特点。

(1) 不同应用领域的专用性：如汽车电子领域、医疗卫生领域、环境监测领域、仓储物流领域、楼宇监控领域的物联网。

(2) 高度的稳定性和可靠性：如仓储物流领域要求稳定性，医疗卫生领域要求可靠性等。

(3) 严密的安全性和可控性：物联网应具有保护个人或机构的内部秘密，防止网络攻击的能力。

(4) 它是各种感知技术的广泛应用。物联网上部署了海量的多种类型的传感器，每个传感器都是一个信息源，不同类别的传感器所捕获的信息内容和信息格式不同。传感器获得的数据具有实时性，按一定的频率周期性地采集环境信息，不断更新数据。

(5) 它是一种建立在互联网上的泛在网络。物联网技术的重要基础和核心仍然是互联网，通过各种有线和无线网络与互联网融合，将物体的信息实时、准确地传递出去。在物联网上的传感器定时采集的信息需要通过网络传输，由于其数量极其庞大，形成了海量信息，在传输过程中，为了保障数据的正确性和及时性，必须适应各种异构网络和协议。

(6) 物联网不仅提供了传感器的连接，其本身也具有智能处理的能力，能够对物体实施智能控制。物联网将传感器和智能处理相结合，利用云计算、模式识别等各种智能技术，扩充其应用领域。从传感器获得的海量信息中分析、加工和处理出有意义的数据，以适应不同用户的不同需求，发现新的应用领域和应用模式。

10.2.4 物联网的技术架构

从技术架构上来看，物联网可分为感知层、网络层和应用层，如图 10-2 所示。

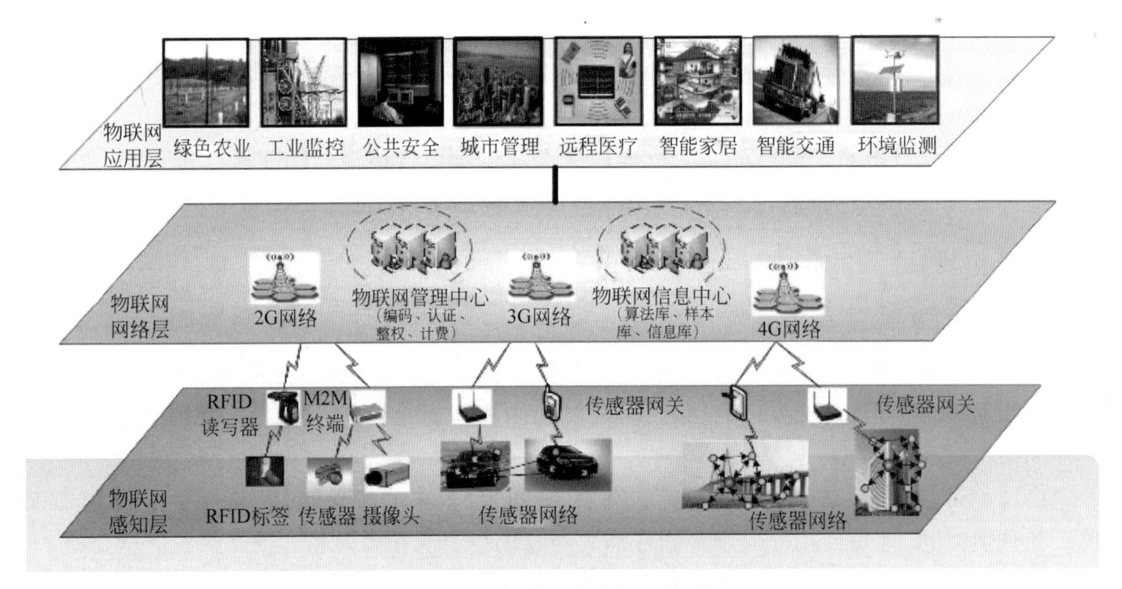

图 10-2 物联网的技术架构图示

感知层由各种传感器以及传感器网关构成，包括二氧化碳浓度传感器、温度传感器、湿度传感器、二维码标签、RFID 标签和读写器、摄像头、GPS 等感知终端。感知层的作用相当于人的眼、耳、鼻、喉和皮肤等神经末梢，它是物联网识别物体，采集信息的来源，其主要功能是识别物体，采集信息。

网络层由各种私有网络、互联网、有线和无线通信网、网络管理系统和云计算平台等组成，相当于人的神经中枢和大脑，负责传递和处理感知层获取的信息。

应用层是物联网和用户(包括人、组织和其他系统)的接口，它与行业需求结合，实现物联网的智能应用。

物联网的行业特性主要体现在其应用领域内，目前，绿色农业、工业监控、公共安全、城市管理、远程医疗、智能家居、智能交通和环境监测等各个行业均有物联网应用的尝试，某些行业已经积累一些成功的案例。

10.2.5　物联网的关键技术

在物联网应用中有以下三项关键技术。

(1) 传感器技术：这也是计算机应用中的关键技术。到目前为止，绝大部分计算机处理的都是数字信号。自从有计算机以来就需要传感器把模拟信号转换成数字信号计算机才能处理。

(2) RFID 标签：一种传感器技术，RFID 技术是融合了无线射频技术和嵌入式技术为一体的综合技术，RFID 在自动识别、物品的物流管理方面有着广阔的应用前景。

(3) 嵌入式系统技术：综合了计算机软/硬件、传感器技术、集成电路技术、电子应用技术为一体的复杂技术。经过几十年的演变，以嵌入式系统为特征的智能终端产品随处可见，小到人们身边的 MP3，大到航天航空的卫星系统。嵌入式系统正在改变着人们的生活，推动着工业生产以及国防工业的发展。如果把物联网用人体做一个简单比喻，传感器相当于人的眼睛、鼻子、皮肤等感官，网络就是神经系统，用来传递信息，嵌入式系统则是人的大脑，在接收到信息后要进行分类处理。这个例子很形象地描述了传感器、嵌入式系统在物联网中的位置与作用。

此外还有电子产品编码、全球定位系统、云计算。

(1) 电子产品编码(Electronic Product Code，EPC)。EPC 是物体识别的唯一标识，它是一个先进的、综合性的、复杂的编码系统，其目的是为每一个单品建立全球开放的标识标准。EPC 由 EPC 编码标准、EPC 标签、读写器、Savant(神经网络软件)、对象名解析服务(Object Naming Service，ONS)和物理标记语言(Physical Markup Language，PML)6 部分组成。

(2) 全球定位系统(Global Positioning System，GPS)。GPS 是获取物体空间位置信息的主要应用技术，它是美国军方在 20 世纪 70 年代研制的新一代空间卫星导航定位系统，由覆盖全球的 24 颗通信卫星组成。GPS 保证卫星可以采集到观测点的经/纬度和高度，以便实现定位、导航、授时等功能。GPS 具有高精度、高效率和低成本的优点。GPS 由三部分组成，即空间部分——GPS 星座、地面控制部分——地面监控系统、用户设备部分——PS 信号接收机。

(3) 云计算(Cloud Computing)。物联网可以从云计算中获取信息的计算、存储和处理能力。云计算是在 2007 年提出的一种基于互联网的超级计算模式，代表了信息时代的未来，是分布式计算(Distributed Computing)、网格计算(Grid Computing)和并行计算(Parallel Computing)的商用发展，是虚拟化(Virtualization)、效用计算(Utility Computing)、面向服务的体系结构(SOA)等概念混合演进并跃升的结果。通过云计算，网络服务提供者可以在瞬息之间处理数以千万计甚至亿计的信息，实现和超级计算机同样强大的效能。同时，用户可以按需计量地使用这些服务，从而实现将计算作为一种公用设施来提供的梦想。云计算的服务层次分为基础设施即服务(IaaS)、平台即服务(PaaS)和软件即服务(SaaS)。IaaS 是云计算服务的基础层，它把基础资源封装成服务；PaaS 负责资源的动态扩展和容错管理；SaaS 是云计算服务的高层，它将特定应用软件功能封装成服务。云计算技术体系可分为物理资源层、虚拟化资源层、管理中间件层和服务接口层 4 个层次。物理资源层提供物理设施服务，如服务器集群、存储器、网络设备、数据库、软件等；虚拟化层把相同类型的资源整合成同构的资源池，如计算资源池、存储资源池等；管理中间件层负责资源管理、任务管理、用户管理和安全管理等工作；服务接口层将云计算能力封装成标准的万维网服务(Web Service)。

10.2.6 物联网下的 WSN

在物联网概念如日中天的今天，无线传感器网络和 RFID 常被人们与物联网等同到一起，无线传感器网络似乎成为物联网的别名。实际上，WSN 仅是物联网推广和应用的关键技术之一，早在物联网提出之前 WSN 已经得以应用。WSN 与物联网在网络架构、通信协议、应用领域上都存在着不同。在物联网这样特殊的大环境下，WSN 必须与物联网中的其他关键技术相结合，多技术的融合研究发展才能推动物联网的快速应用。

目前，面向物联网的传感器网络技术的研究包括以下内容。

1. 先进的测试技术及网络化测控

综合传感器技术、嵌入式计算机技术、分布式信息处理技术等，协作地实时监测、感知和采集各种环境或监测对象的信息，并对其进行处理、传送。研究分布式测量技术与测量算法，以应对日益提高的测试和测量需求。

2. 智能化传感器网络节点的研究

传感器网络节点为一个微型化的嵌入式系统，构成了无线传感器网络的基础层支持平台。第一，在感知物质世界及其变化的过程中，需要检测的对象很多，如温度、压力、湿度、应变等，微型化、低功耗对于传感器网络的应用意义重大，研究采用 MEMS 加工技术，并结合新材料的研究，设计符合未来要求的微型传感器；第二，需要研究智能传感器网络节点的设计理论，使之可识别和配接多种敏感元件，并适用于主/被动各种检测方法；第三，各节点必须具备足够的抗干扰能力、适应恶劣环境的能力，并能够符合应用场合、尺寸的要求；第四，研究利用传感器网络节点具有的局域信号处理功能，在传感器网络节点附近局部完成很多信号信息处理工作，将原来由中央处理器实现的串行处理、集中决策的系统，改变为一种并行的分布式信息处理系统。

3. 传感器网络组织结构及底层协议的研究

网络体系结构是网络的协议分层以及网络协议的集合，是对网络及其部件所应完成功能的定义和描述。对无线传感器网络来说，其网络体系结构不同于传统的计算机网络和通信网络。有学者提出无线传感器网络体系结构可由分层的网络通信协议、传感器网络管理以及应用支撑技术三部分组成。分层的网络通信协议结构类似于 TCP/IP 协议体系结构；传感器网络管理技术主要是对传感器网络节点自身的管理以及用户对传感器网络的管理；在分层协议和网络管理技术的基础上，支持了传感器网络的应用支撑技术。

在实际应用中，传感器网络中存在大量的传感器网络节点，密度较高，网络拓扑结构在节点发生故障时有可能发生变化，应考虑网络的自组织能力、自动配置能力及可扩展能力。在某些条件下，为保证有效的检测时间，传感器网络节点要保持良好的低功耗性。传感器网络的目标是检测相关对象的状态，而不仅是实现节点间的通信。因此，在研究传感器的网络底层协议时要针对以上特点开展相关工作。

4. 对传感器网络自身的检测与控制

由于传感器网络是整个物联网的底层和信息来源，网络自身的完整性、完好性和效率等参数性能至关重要。对传感器网络的运行状态及信号传输的通畅性进行监测，研究开发硬件节点和设备的诊断技术，实现对网络的控制。

5. 传感器网络的安全

传感器网络除了具有一般无线网络所面临的信息泄露、信息篡改、重放攻击、拒绝服务等多种威胁外，还面临传感器网络节点容易被攻击者物理操纵，并获取存储在传感器网络节点中的所有信息，从而控制部分网络的威胁，必须通过其他的技术方案来提高传感器网络的安全性能。例如，在通信前进行节点与节点的身份认证，设计新的密钥协商方案，使得即使有部分节点被操纵后，攻击者也不能或很难从获取的节点信息推导出其他节点的密钥信息；对传输信息加密解决窃听问题，保证网络中的传感信息只有可信实体才可以访问，保证网络的私有性问题，采用一些跳频和扩频技术减轻网络的堵塞问题。

6. RFID 与 WSN 融合技术

RFID 与 WSN 的融合综合了 RFID 和传感器网络的技术特点，它继承了 RFID 利用射频信号自动识别目标的特性，同时实现了无线传感器网络主动感知与通信的功能。基于传感器网络的超级 RFID 不是被动的监测技术，它能够主动对环境进行监测并记录相关数据，在必要的时候能够主动发出警报。

传感器网络一般不关心节点的位置，因此对节点一般都不采用全局标识，而 RFID 技术对节点的标识有着得天独厚的优势，将两者结合共同组成网络可以相互弥补对方的缺陷，既可以将网络的主要精力集中到数据上，当需要考虑到某个具体节点的信息时，也可以利用 RFID 的标识功能轻松地找到节点的位置。RFID 与传感器网络结构、通信技术和数据信息格式均存在差异，异构系统的互联和互操作是 RFID 与 WSN 融合技术的研究重点。

▶ 10.2.7　基于 RFID 的车载信息服务系统

1. 系统整体设计

根据国内外发展现状，面向车联网的车载信息服务系统应具有网络功能、娱乐功能、人机界面功能、语音控制功能、定位导航功能等。系统设计选用 S5PV210＋Android 操作系统，S5PV210 凭借其强大的处理能力和图像能力可以获得流畅的体验。同时借助 Android 的开源和可裁剪性可以迅速开发，缩短开发时间，系统的整体设计如图 10-3 所示。

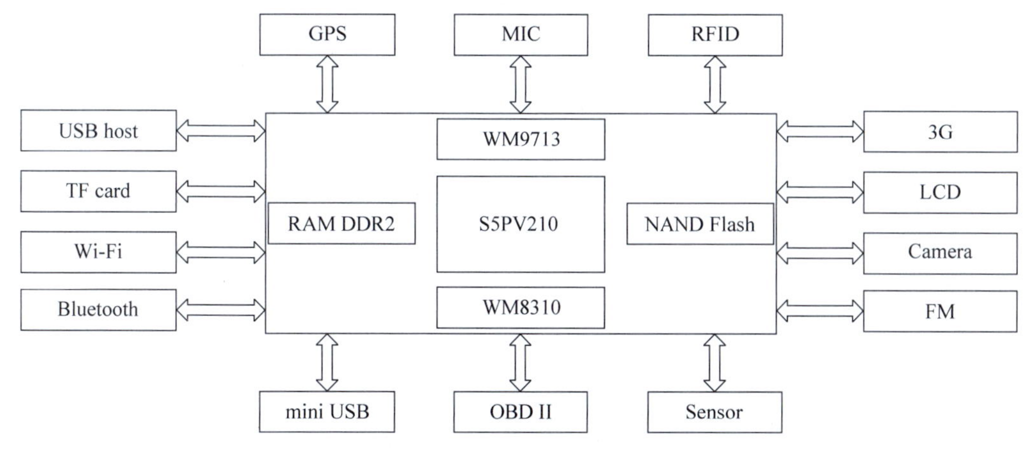

图 10-3　系统的整体设计

(1) 处理器模块：这是整个系统最核心的部分，要求具备较强的处理能力和计算能力，主要包括 CPU、SDRAM、NAND Flash。

(2) 音频处理模块：这部分主要负责语音的输入、输出。在语音控制或者录音的过程中，可以对语音信号进行采集，同时可以通过外接车载音响等实现音乐播放等功能。

（3）电源管理模块：作为移动设备，对于电源的管理是至关重要的，尤其是在停车过程中和汽车共用电瓶电源时，否则有可能造成汽车启动故障。

（4）网络模块和GPS模块：通过3G模块可以实现随时、随地获取信息资讯和一些网络服务。通过GPS模块可以实现车辆的定位与导航，并根据汽车位置提供本地服务/基于定位的服务。

（5）摄像头模块：通过摄像头模块可以实现辅助倒车等功能。

（6）蓝牙模块：通过蓝牙模块可以使车载信息娱乐终端与手机相连，完成一些短信阅读及回复等功能。

（7）交互接口模块：这部分硬件主要负责人机的交互，主要包括LCD模块、触摸屏模块、按键。

（8）FM功能模块：广播依然是现在最为流行的车载娱乐方式。

（9）传感器模块：结合车内应用，外接了温度传感器来获取车内温度信息，酒精传感器来进行酒驾提醒。

（10）扩展接口模块：为了方便以后扩展，本系统扩展出两路主USB接口，可以连接USB设备。同时扩展了一路从USB接口，可以方便数据传输，还扩展了一路TF卡，外接存储接口和一路WiFi模块接口。

（11）OBD II模块：为了实时获取车辆信息又不影响汽车的行车安全，采用OBD模块与汽车ECU进行通信以获取车辆信息。

2. 系统硬件设计

在图10-3的基础上，根据S5PV210所包含的资源，以系统所需的功能对系统的硬件结构进行了整体设计，对各个模块所使用的接口及资源进行了划分，同时对关键模块进行了选型，系统硬件框图如图10-4所示。

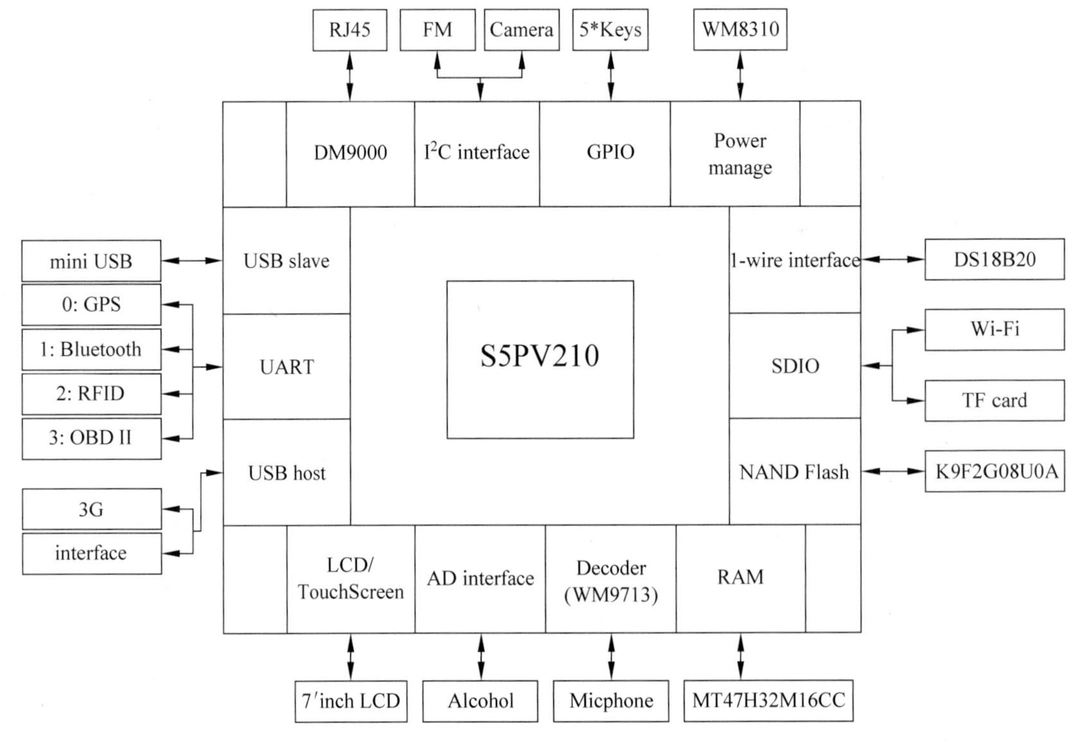

图10-4 系统硬件框图

系统硬件主要有以下几部分：

(1) CPU采用Samsung S5PV210，基于Cortex-A8，运行主频1GHz。内置PowerVRSGX540高性能图形引擎，支持流畅的2D/3D图形加速。

(2) RAM内存采用32b数据总线，单通道200MHz DDR2内存，容量为512MB。NAND Flash采用SLC NAND Flash，256MB。

(3) 音频输入/输出采用WM9713，该芯片是专为移动计算和通信设计的。该芯片采用了双编解码器运行的架构，并符合AC-97标准。

(4) LCD采用的是7英寸32位色800×480px的TFT显示屏。采用电容式触摸屏，触摸更精准。

(5) 3G模块采用中兴公司的MF210，通过USB与CTO相连。使用过程需要外置天线。

(6) GPS采用GTS-4E-00模块，该模块通过串口控制，定位精准，速度快。

(7) 蓝牙、WiFi采用WM-G-MR-09模块。其中，蓝牙模块通过串口控制，WiFi通过SDIO接口控制。

(8) 本地网络接口采用100Mb/s以太网芯片DM9000，并通过HS9016连接RJ45接口，HS9016具有自动翻转功能，即可以自动适应直连网线和交叉网线。

(9) FM收音机模块采用RDA5807，该芯片通过I^2C接口控制，可以自动搜索电台，也可以手动指定频率。

(10) 摄像头采用OV3640摄像头，该摄像头的有效视距(看清人的面部)为5m。

(11) 电源管理采用WM8310电源管理芯片。引入电源管理可以方便地切换系统运行、休眠等模式，降低设备的整体功耗。

(12) USB扩展，由于S5PV210只有一个USB host接口，所以采用USB2514扩展，扩展后一个用于3G模块，一个预留外部扩展。

(13) S5PV210具有一个USB slave接口，通过mini USB将其扩展出来，方便Android ADB调试。

(14) Android需要唤醒按键及一些其他功能按键，本设计通过GPIO扩展出5个按键。

(15) 温度测量采用DS18B20模块，使用单总线协议通信，一个GPIO控制温度的读取。

(16) 外部存储的扩展除USB外还扩展了TF卡，通过SDIO控制。

(17) 车辆诊断系统采用OBD II接口与汽车相连，OBD协处理器可以自动适应多种协议，与主CPU采用串口通信。

(18) RFID模块，通过串口连接RFID模块，实现周围环境的获取和自身状态的输出。

3. 系统网络模块

系统网络模块主要由三部分组成，即有线网络、WiFi网络和3G网络。有线网络主要是为了方便开发调试，WiFi网络是为了给车内用户提供WiFi热点，3G网络是真正实现车载信息系统的网络接入。系统采用DM9000作为有线网络控制器，DM9000为100Mb/s以太网控制器，广泛地应用于移动平台。无线网络控制器采用WM-G-MR-09。3G模块采用MF210。其中，将DM9000映射到系统内存空间，通过地址直接读写该模块实现收发数据，WiFi模块通过SDIO与CPU连接，3G模块采用USB控制器与CPU相连。

4. 系统软件设计

系统软件部分主要包括BootLoader、内核及驱动、Android文件系统。

BootLoader的主要功能为内核引导及内核和文件系统的烧写。Linux内核主要完成底层硬件的驱动、任务管理、资源分配和时间管理等功能。Android 文件系统主要包括 Android HAL 层、Dalvik 虚拟机、系统库、Framework 层及系统应用层。

系统硬件设计基于三星的 SMDKV210，因此选择在 SMDKV210 的基础上修改 U-Boot。

Android 是基于 Linux 操作系统的。Linux 是类 UNIX 操作系统，同时也是开源的、免费的。Android 实现对 Linux 内核的定制。

Linux 设备驱动概述及模型：音频驱动的移植，Sensor 驱动的移植。在系统设计中使用的 Sensor 有酒精传感器和温度传感器。酒精传感器采用模拟输入接口，温度传感器采用 DS18B20 单总线协议。

Android 的传感系统用于获取外部信息，传感系统下层的硬件是各种传感器设备。Android 下有 7 种类型的传感器，包括加速度、磁场、方向、陀螺测速、光线-亮度、压力和温度等。

5. 应用软件设计

应用开发采用 Eclipse＋ADT，需要安装 JDK、Eclipse、ADT 插件、Android SDK Tools。在安装好上述软件后可以在 Eclipse 中使用 Android SDK Manager 下载 Android SDK，安装的详细过程请参考其他资料。

1）交互式车载短信

交互式车载短信功能是指利用手机蓝牙连接车载信息平台，当手机收到短信时利用蓝牙将发信人和信息内容发送至车载信息平台。车载信息平台会提示收到信息，并询问是否阅读。如果选择了阅读，在阅读完成后还可以做简单回复。其流程图如图 10-5 所示。

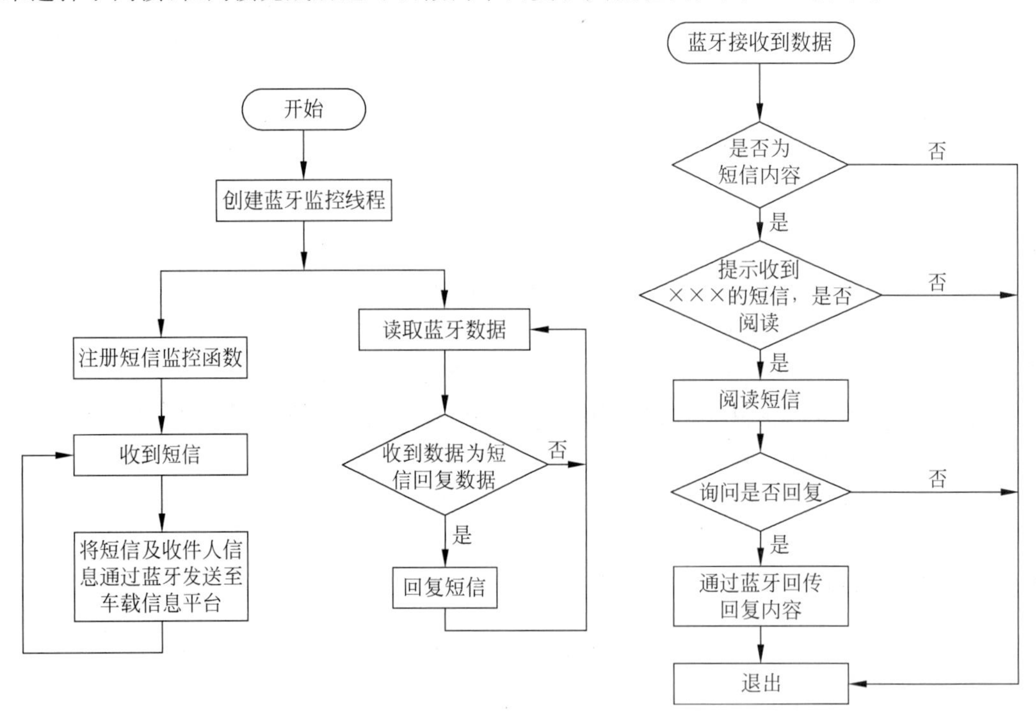

图 10-5　交互式车载短信流程图

在手机端的应用使用了短信阅读、短信发送、蓝牙、通讯录等功能，车载信息平台使用了蓝牙、网络功能。在设计 Android 应用程序时要使用 Android 的权限管理对应用程序开放上述权限，具体做法是修改 AndroidManifest. xml 增加 permission。

在 Android 中对于短信的监听同样采用 broadcast 方式，当系统收到短信时可以触发

receiver 的 onreceiver()方法。在接收到短信后可以提取出发件人的电话号码，在通讯录中查询该电话号码，如果不存在与该电话号码对应的联系人将返还 null。

2）车况实时监控系统

车况包括车内温度、酒精浓度、车速、转速、冷冻液温度、故障状况和车流量位置信息。车内温度和酒精浓度是通过传感器获得的，车速、转速、冷冻液温度、故障状况是通过 OBD 接口和 ECU 获得的。位置信息通过 GPS 获得。酒精传感器除实时监测车内酒精浓度外，还可以做酒驾预警。使用 android.intent.action.BOOT_COMPLETED 方式启动 service 服务。该服务监听酒精传感器数据，当酒精浓度超过阈值时以短信的方式进行预警。

为了行车安全，使用 TL718 模块进行 OBD2 通信的监听。CPU 只需要通过串口向 TL718 发送命令，TL718 负责监听 OBD2 总线上的各种信号。OBD2 支持 J1939CAN 总线通信协议、KW128 双绞线协议、GM ALDL160/8192 通信协议。OBD2 向上服务使用 ISO 15031-5(SAE J1979)标准。在该标准中定义了 9 种诊断模式，其中，Mode 1 请求动力系统当前数据，Mode 2 请求冻结数据，Mode 3 请求排放相关的动力系统诊断故障码，Mode 4 清除/复位排放相关的诊断信息，Mode 5 请求氧传感器监测测试结果，Mode 6 请求非连续监测系统 OBD 测试结果，Mode 7 请求连续监测系统 OBD 测试结果，Mode 8 请求控制车载系统、测试或者部件，Mode 9 读车辆和标定识别号。

OBD 通信格式如下：请求命令第 1 字节为 MODE，第 2 字节为 PID，第 3～7 字节根据不同 MODE 和 PID 定义，请求命令由 OAOD 结束。命令回复第 1 字节为请求响应，第 2～7 字节根据不同的 MODE 和 PID 有不同的意义。

采用双线程读写的方式操作，使用一个线程专门负责发送，另一个线程用于接收数据。在发送命令时会对计数加 1，在接收到命令时会对计数减 1。当两者相差大于 10 及丢包严重时对 TL718 进行软件复位。

3）RFID 信息的读取

采用基于 ISO 14443 标准的非接触读卡机专用芯片 FM1702S。该芯片可以支持 Mifare one S50/S70、Ultra Light & Mifare Pro、FM11RF08 等兼容卡片，可以自动寻卡，使用内置天线即可读取 6cm 以内的卡。

设计了 M1 卡的读卡程序，读取 M1 卡中存储的信息。M1 卡分为 16 个扇区，每个扇区 4 块，其中第三块为控制块，控制着 0、1、2 数据块的访问。读卡流程如图 10-6 所示。每次选择扇区后要选对扇区校验才能读写。

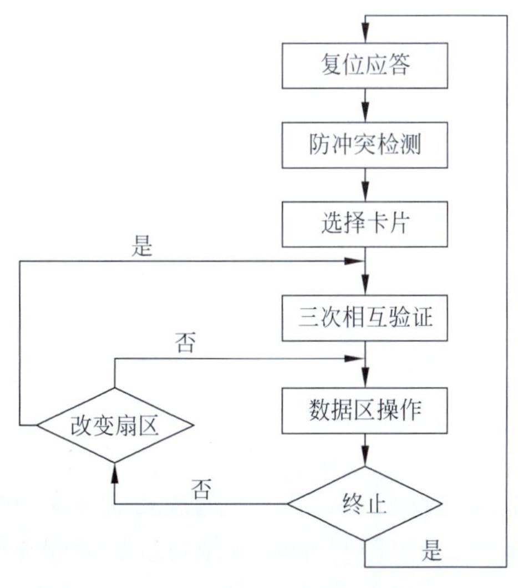

图 10-6　RFID 读卡流程

6. 系统软件测试

系统软件测试首先测试平台的稳定性，即设备开机可以正常运行，长时间运行不会出现重启、崩溃等现象。系统开机后界面如图 10-7 所示。系统开机工作 24h 无重启、崩溃现象，网络、各个软件模块工作正常，无应用程序无故退出现象。

前期软件测试主要采用各个模块的独立测试，在测试过程中着重于各个模块的功能及健壮性测试。在对各个模块测试时进行无规律操作，以验证应用程序的健壮性。

图 10-7　系统开机界面

在模块单独测试完成后，对整体各个模块之间的协同工作做集成测试。集成测试首先采用黑盒测试方法进行功能测试。对于找到问题的 Bug 采用白盒测试，定位具体问题进行修改。同时对于网络进行压力测试，即频繁发送数据，直到出现异常，然后测试网络是否依然正常。在软件设计中对于网络连接失败重新连接、数据重传做了考虑和优化，保证了网络连接。

如表 10-1 所示为软件测试项目及结果，测试结果表明各个模块无论是独立测试还是集成测试都能稳定运行。

表 10-1　测试项及结果

编号	测 试 项 目	检 测 功 能	测试结果
1	语音控制功能	在主界面根据语音命令可控制音乐、倒车等多个应用程序	符合
2	车内温度与酒精浓度的监测报警功能	可以通过传感器检测车内温度与酒精浓度，当酒精浓度超标时，可以通过短信提醒指定手机	符合
3	交互式车载短信功能	可以通过蓝牙连接手机，并读取手机新来的信息，以及简单回复	符合
4	RFID 信息读取功能	可以读取 RFID 卡片信息	符合

▶ 10.2.8　物联网的应用

物联网的应用涉及国民经济和人类社会生活的方方面面，因此物联网也被称为继计算机和互联网之后的第三次信息技术革命。在信息时代，物联网无处不在。由于物联网具有实时性和交互性的特点，其应用领域主要如下。

(1) 城市管理。

① 智能交通(公路、桥梁、公交、停车场等)：物联网技术可以自动检测并报告公路、桥梁的“健康状况”，还可以避免过载的车辆经过桥梁，也能够根据光线强度对路灯进行自动开关控制。在交通控制方面，系统通过检测设备可以在道路拥堵或特殊情况下自动调配红绿灯，同时向车主预告拥堵路段和推荐行驶最佳路线。在公交方面，物联网技术构建的智能公交系统通

过综合运用网络通信、地理信息系统(GIS)、GPS定位及电子控制等手段,集智能运营调度、电子站牌发布、IC卡收费、快速公交系统管理等于一体,通过该系统可以详细地掌握每辆公交车每天的运行状况。另外,在公交候车站台上通过定位系统可以准确地显示下一趟公交车需要等候的时间,还可以通过公交查询系统查询最佳的公交换乘方案。

② 智能建筑(绿色照明、安全检测等):通过感应技术,建筑物内的照明灯能够自动调节光亮度,实现节能环保,建筑物的运作状况也能通过物联网及时发送给管理者;同时,建筑物与GPS实时连接,可以在电子地图上准确、及时地反映出建筑物空间的地理位置、安全状况、人流量等信息。

③ 文物保护和数字博物馆:数字博物馆采用物联网技术,通过对文物保存环境的温度、湿度、光照、降尘和有害气体等进行长期监测和控制,建立长期的藏品环境参数数据库,研究文物藏品与环境影响因素之间的关系,创造最佳的文物保存环境,实现对文物蜕变损坏的有效控制。

④ 古迹、古树实时监测:通过物联网采集古迹、古树的年龄、气候、损毁等状态信息,及时做出数据分析和保护措施。在古迹保护方面,实时监测能有选择地将有代表性的景点图像传递到互联网上,让景区对全世界做现场直播,达到扩大知名度和广泛吸引游客的目的。另外,还可以实时建立景区内部的电子导游系统。

(2) 现代物流管理:通过在物流商品中植入传感芯片(节点),供应链上的购买、生产制造、包装/装卸、运输、配送/分销、出售、服务等每一个环节都能被无误地感知和掌握。这些感知信息与后台的GIS/GPS数据库无缝结合,成为强大的物流信息网络。

(3) 食品安全控制:食品安全是国计民生的重中之重,通过标签识别和物联网技术可以随时、随地对食品的生产过程进行实时监控,对食品质量进行联动跟踪,对食品安全事故进行有效预防,极大地提高食品安全的管理水平。

(4) 零售:RFID取代零售业的传统条码系统(BarCode),使物品识别在穿透性(主要指穿透金属和液体)、远距离以及商品的防盗和跟踪方面都有了极大改进。

(5) 数字医疗:以RFID为代表的自动识别技术可以帮助医院实现对病人不间断地监控、会诊和共享医疗记录,以及对医疗器械的追踪等。物联网已将这种服务扩展至全世界,RFID技术与医院信息系统及药品物流系统的融合是医疗信息化的必然趋势。

(6) 防入侵系统:通过成千上万个覆盖地面、栅栏和低空探测的传感器节点,防止入侵者的翻越、偷渡、恐怖袭击等攻击性入侵。

10.3　人工智能物联网

▶ 10.3.1　AIoT的基本概念

以人工智能(AI)与物联网(IoT)深度融合为特征的人工智能物联网(Artificial Intelligence & Internet of Things, AIoT)受到产业界的高度重视。

人工智能物联网(AIoT)是指物联网和人工智能技术相结合的一种新型技术。物联网是指通过互联网连接各种物理设备,使得这些设备能够相互交流和协作。人工智能技术是指通过计算机模拟人类的智能,使得计算机能够自主地学习和推理。人工智能物联网将这两种技术结合起来,使得物理设备可以更加智能地进行数据交互和应用。

1. 人工智能物联网的定义

人工智能物联网=AI(人工智能)+IoT(物联网)。

AIoT融合AI技术和IoT技术,通过物联网产生、收集来自不同维度的、海量的数据存储于云端、边缘端,再通过大数据分析以及更高形式的人工智能,实现万物数据化、万物智联化。物联网技术与人工智能相融合,最终追求的是形成一个智能化生态体系,在该体系内实现了不同智能终端设备之间、不同系统平台之间、不同应用场景之间的互融互通,万物互融。除了在技术上需要不断革新外,与AIoT相关的技术标准和测试标准的研发、相关技术的落地与典型案例的推广和规模应用也是现阶段物联网与人工智能领域亟待突破的重要问题。

从广泛的定义来看,AIoT就是人工智能技术与物联网在实际应用中的落地融合。它并不是新技术,而是一种新的IoT应用形态,从而与传统IoT应用区分开来。如果物联网是将所有可以行使独立功能的普通物体实现互联互通,用网络连接万物,那么AIoT则是在此基础上赋予其更智能化的特性,做到真正意义上的万物互联。

随着AI、IoT、云计算、大数据等技术的快速发展,以及在众多产业中的垂直产业落地应用,AI与IoT在实际项目中的融合落地变得越来越多。AIoT作为一种新的IoT应用形态存在,与传统IoT的区别在于传统物联网是通过有线和无线网络实现物与物、人与物之间的相互连接,而AIoT不仅是实现设备和场景间的互联互通,还要实现物与物、人与物、物与人、人与物和服务之间的连接和数据的互通,以及人工智能技术对物联网的赋能,进而实现万物之间的相互融合,使用户获得更加个性化的使用体验、更好的操作感受。

2. 人工智能物联网的技术架构

人工智能物联网的技术架构由感知层、接入层、边缘层、核心交换层、应用服务层和应用层组成,如图10-8所示。

1) 感知层

感知层是物联网的基础,实现感知、控制用户与系统交互的功能,包括传感器与执行器、RFID标签与读写设备、智能手机、GPS与智能测控设备、可穿戴计算设备、智能机器人、智能网联汽车、智能无人机等移动终端设备,涉及嵌入式计算、可穿戴计算、智能硬件、物联网芯片、物联网操作系统、智能人机交互、深度学习和可视化技术。

2) 接入层

接入层担负着将海量、多种类型、分布广泛的物联网设备接入物联网应用系统的功能,采用的接入技术包括有线与无线通信技术两类,有线接入技术包括Ethernet、ADSL、HFC、现场总线、光纤接入、电力线接入等;无线通信技术包括近场通信NFC、BLE蓝牙、ZigBee、6LoWAN、NB-IoT、WiFi、5G云无线接入网C-RAN、异构云无线接入网H-CRAN技术,以及无线传感器网络与光纤传感器网络技术。

3) 边缘层

边缘层将计算与存储资源(如微云Cloudlet、微型数据中心、雾计算节点或微云)部署在更贴近于移动终端设备或传感器网络的边缘,将很多对实时性、带宽与可靠性有很高需求的计算任务迁移到边缘云中处理,以减少响应时延,满足实时性AIoT应用需求,优化与改善终端用户体验边缘云与远端核心云协助,形成"端-边-云"的三级结构模式。

4) 核心交换层

提供行业性、专业性服务的物联网核心交换层承担着将接入网与分布在不同地理位置的业务网络互联的功能。对网络安全要求高的核心交换网分为内网与外网两大部分。内网与外

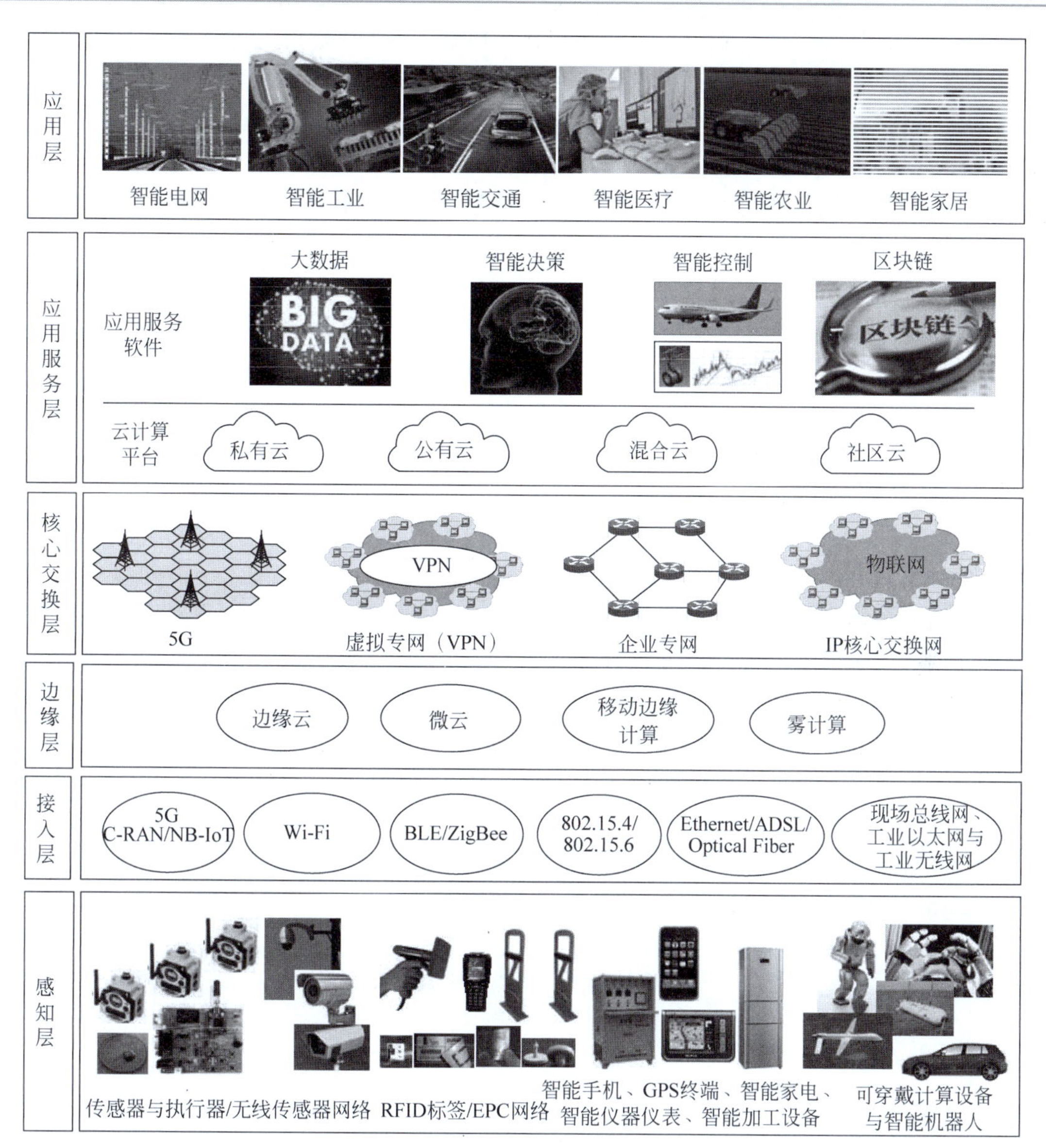

图 10-8　AIoT 技术架构

网通过安全网关连接构建核心交换网，内网可采用 IP 专网、VPN 或 5G 核心网技术。

5）应用服务层

应用服务层软件运行在云计算平台之上，云平台既可以是私有云，也可以是公有云、混合云或社区云。应用服务层为物联网应用层需要实现的功能提供服务，提供的共性服务主要包括从物联网感知数据中挖掘出知识的大数据技术，根据大数据分析结论向高层用户提供可视化的辅助决策技术，通过反馈控制指令实现闭环的智能控制技术。数字孪生将大大提升物联网应用系统控制的智能化水平，区块链为构建物联网应用系统的信任体系提供重要的技术手段。

6）应用层

应用层包括智能工业、智能农业、智能物流等行业应用，无论是哪一类应用，都是要将代表系统预期目标的核心功能分解为一个个简单和易于实现的功能，每一个功能的实现都需要为信息交互过程制定一系列的通信协议，应用层是实现某一类行业应用的功能、运行模式与协议的集合，软件研发人员将依据通信协议，根据任务需要来调用应用服务层的不同服务功能模块，以实现对物联网应用系统的总体服务功能。

3. AIoT 的三个发展阶段

AIoT 的三个发展阶段及特征是智能硬件和物联网设备的普及、人工智能技术的引入、全面智能化和自主化。

1）智能硬件和物联网设备的普及

这个阶段主要是物联网设备和智能硬件的普及。人们开始意识到物联网的价值，并开始在各个领域应用物联网技术。同时，随着智能手机和智能家居设备的普及，人们对于智能硬件的需求越来越高。在这个阶段，AI 技术主要被用于优化物联网设备和智能硬件的性能，提高其智能化水平。

2）人工智能技术的引入

在这个阶段，人工智能技术开始被引入物联网领域。通过人工智能技术，可以实现对于海量数据的分析和处理，从而更好地挖掘出数据中的价值。同时，人工智能技术还可以实现对于物联网设备和智能硬件的智能控制，提高其自动化水平。在这个阶段，AI 技术主要被用于优化数据处理和设备控制，提高其智能化水平。

3）全面智能化和自主化

在这个阶段，AIoT 技术已经得到了广泛应用，全面智能化和自主化成为主要特征。人工智能技术不仅可以实现对于海量数据的分析和处理，还可以实现对于设备的智能控制，同时也能够实现对于整个物联网系统的智能管理和优化。在这个阶段，AI 技术主要被用于优化系统管理和设备控制，提高其自动化和自主化水平。

4. AIoT 的特点

AIoT 的特点在于强调智能化和自主性。传统物联网主要是连接设备和数据，而 AIoT 更强调通过智能算法和学习模型来分析数据，实现自主决策和优化。

▶ 10.3.2 AIoT 的关键技术

1. 感知技术

1）传感器接入 AIoT

传感器是构成 AIoT 感知层的基本组成单元之一，是 IoT 及时、准确、全面地获取外部物理世界信息的很重要的手段。从 AIoT 对感知需求的角度分类，传感器的基本功能可以分为对象感知、环境感知、位置感知、过程感知。

对象感知：用于对象身份的识别与认证。

环境感知：用于获取监测区域的环境参数与变化量。

位置感知：用于确定对象所在的地理位置。

过程感知：用于监控对象的行为、事件发生与发展的过程。

2）RFID 与 EPC 技术

RFID 是利用无线射频信号空间耦合的方式实现无接触的标签信息自动传输与识别的技术。它利用无线电技术对距离较远的物体进行非接触式识别，从而实现数据的自动采集和处理。RFID 技术通常由标签、读写器和后台数据处理系统三部分组成。标签是 RFID 系统中最基本的部分，它包含一些固定的 ID 信息存储在芯片内，并且可以将这些 ID 信息通过无线电波在空气中跨越一定的距离传输给读写器。读写器接收到标签发送的无线信号后，可以对其进行识别和解码，并将读取到的数据传输给后台数据处理系统进行处理。RFID 技术在物流、零售、制造业、医疗、交通、安全等领域有着广泛的应用。

EPC(Electronic Product Code)射频技术是 RFID 中的一种，它是一种全球通用的标准语言，用于标识和管理物品在供应链和物流操作中的流动。EPC 技术基于无线射频识别技术(RFID)，通过标签和读写器之间的无线互联实现物品的快速识别和跟踪。与传统的条形码技术不同，EPC 射频技术具有多层次、多信息、动态更新和实时交互等特点，可以实现更高速、更准确、更智能的管理和控制。EPC 射频技术被广泛应用于物流、零售、生产、医疗、安全和军事等领域中的存储、运输、销售等方面。

RFID 和 EPC 是现代物流运作和供应链管理中经常使用的两种技术。它们都使用电子标签和读写器进行数据传输，区别如下。

(1) RFID 是一种技术，可以通过将电子标签放在物品上，使用无线电波来追踪和识别物品。EPC 是 RFID 的一个应用，是一种全球通用的标识系统，旨在为每个商品分配唯一的标识号码，以方便后续跟踪和管理。

(2) RFID 技术使用的标签包括主动标签(内置电池，主动向读写器发送信号)、半主动标签(内置电池，只在读写器发送信号时才会发送信号)和被动标签(仅利用读写器发送的无线电波激活，从而产生电能来传输信息)。EPC 技术主要使用被动标签，每个商品都有一个唯一的标识码，可以在制造商品时就打上，随着商品的运输和交易，可以随时扫描更新。

EPC 主要使用被动标签。而 EPC 技术还具有全球唯一标识系统和反假货等功能，可以帮助企业更好地管理和保护品牌。

3) 位置感知技术

位置信息是各种 AIoT 应用系统能够实现基于位置服务功能的基础。位置信息涵盖了空间、时间与对象三要素，通过定位技术获取位置信息是 AIoT 应用系统研究的一个重要问题。

全球定位系统是将卫星定位导航技术与现代通信技术相结合，具有全时空、全天候、高精度、连续实时地提供导航、定位和授时的功能。

全球导航卫星系统(Global Navigation Satellite System，GNSS)泛指所有的卫星导航系统。

世界主要的卫星导航系统有美国的全球定位系统(Global Positioning System，GPS)、俄罗斯的格洛纳斯(GLONASS)卫星定位系统、欧洲的伽利略(Galileo)卫星定位系统、我国的北斗卫星导航系统(BeiDou Satellite Navigation System，BDS)。

北斗卫星导航系统的四大功能是定位、导航、授时与通信。

"北斗"与"5G"这两项"大国重器"将使我国具备构建基于自主知识产权"天罗地网"的能力，"北斗+5G"的融合与应用的技术研究引起了学术界与产业界的高度重视，"北斗+5G"的融合加速了北斗卫星导航系统应用的"落地"与产业的快速发展，也为我国 AIoT 产业的发展奠定了坚实的基础。

2. 接入技术

接入技术按通信信道类型可分为有线和无线接入两种。有线接入有现场总路线、以太网、有线电视网、光纤网等。无线接入有无线传感器网、近距离无线网(ZigBee、UWB)、蜂窝移动通信(5G、NB-IoT)、无线局域网等。

1）有线接入

光纤接入技术：FTTx接入方式是将最后接入用户端所用的电话线与同轴电缆全部用光纤取代。人们将多种光纤接入方式称为FTTx，这里的x表示不同的光纤接入地点。

根据光纤深入用户的程度，光纤接入可以进一步分为光纤到家（Fiber to the Home，FTTH）、光纤到楼（Fiber to the Building，FTTB）、光纤到路边（Fiber to the Curb，FTTC）、光纤到节点（Fiber to the Node，FTTN）、光纤到办公室（Fiber to the Office，FTTO）。

由于光纤具有高带宽、高抗干扰性、高安全性的优点，所以光纤接入已经成为AIoT的基本接入方式之一。

电话交换网与ADSL接入技术：数字用户线（Digital Subscriber Line，DSL）是指从用户家庭、办公室到本地电话交换中心的一对电话线。

能够用数字用户线实现通话与上网有多种技术方案，例如，非对称数字用户线（Asymmetric DSL，ADSL）、高速数据用户线（High Speed DSL，HDSL）、甚高速数据用户线（Very High Speed DSL，VDSL）。人们通常使用前缀x来表示不同的数据用户线技术方案，统称为“xDSL”。

随着AIoT应用的推进，人们发现利用ADSL可以方便地将智能家居网关、智能家电、视频探头、智能医疗终端设备接入AIoT。

以太网接入：大量的企业网用户、校园网用户、办公室用户的计算机都是用以太网接入互联网，同样也会有大量AIoT智能终端设备（如RFID汇聚节点、无线传感网的汇聚点、工业控制设备、视频监控摄像头）通过以太网接入AIoT之中。“高速以太网＋光纤”已经成为组建云数据中心网络的首选技术。以太网网络可以覆盖AIoT从接入、汇聚、核心交换到云数据中心工业，以太网成为组建智能工业网络的主流技术之一。

2）无线接入

近场通信（Near Field Communication，NFC）是一种近距离、非接触式的无线通信方式。NFC是一种在十几厘米的范围内实现无线数据传输的技术。NFC融合了非接触式RFID射频识别和无线互连技术，在单一芯片上集成了非接触式读卡器、非接触式智能卡和“点-点”通信功能。使用手持NFC手机或PDA等个人便携式终端，在十几厘米的短距离内不用登录到网络系统，可以方便地实现两个设备之间“点-点”信息交换、内容访问和服务交互。NFC已经广泛应用于在线购物、旅游、娱乐中的电子消费、电子票证、电子钱包之中，成为AIoT常用的一种接入方式。

超宽带（Ultra Wide Band，UWB）是一种利用纳米至微米级的非正弦波窄脉冲传输数据的无线通信技术。由于UWB采用“超宽带”技术，发射端可以将微弱的脉冲信号分散到宽阔的频带上，输出功率甚至低于普通设备的噪声，UWB具有较强的抗干扰性、安全性与较高的QoS保证。UWB的最高数据传输速率可以达到55Mb/s，而且发射功率、耗电、成本远低于同类的近场通信技术，适用于近距离数字图像、多媒体、可穿戴计算设备与无线自组网应用场景。目前UWB的应用主要集中在智能医疗、智能交通、传感器联网与军事等领域。

近距离无线接入技术主要包括ZigBee技术和蓝牙技术。

ZigBee已作为近距离、低复杂度、自组织、低功耗、低数据速率的无线接入技术应用于智能农业、智能交通、智能家居、智慧城市与工业自动化领域，早期的蓝牙技术主要用于计算机、手机与无线键盘、无线鼠标、无线耳机、MP3播放器、无线投影仪（笔）、无线音箱接入。

蓝牙标准主要考虑 AIoT 低功耗、低成本、大规模接入的应用需求，尤其适用于智能家居、智能医疗、智慧城市等应用场景。2010 年，4.0 版本之后蓝牙技术向 AIoT 接入需要的低功耗方向发展。蓝牙 4.0 包括两个标准，一个是传统蓝牙标准，另一个是低功耗蓝牙(Bluetooth Low Energy，BLE)标准。传统蓝牙标准主要用于数据量较大的语音、视频数据传输。BLE 标准主要应用于对实时性要求比较高，数据速率相对较低的传感器与遥控器产品，手机和移动设备之间的通信，以及 AIoT 终端设备的接入。2016 年推出的蓝牙 5.0 将传输速率提高到 2Mb/s，传输距离提高到 300m，并且功耗更低。2017 年推出的蓝牙 MESH 支持无线自组网，更适用于 AIoT 接入。

WiFi 接入技术：无线局域网(Wireless LAN，WLAN)又称为无线以太网，它是支撑 AIoT 接入的关键技术之一。WLAN 以微波、激光与红外等无线信道作为传输介质，代替传统局域网 Ethernet 中的同轴电缆、双绞线与光纤，实现 WLAN 的物理层与介质访问控制 MAC 子层的功能。人们习惯将 IEEE 802.11 无线局域网称为"WiFi"，将 WiFi 接入点(Access Point，AP)设备称为无线基站或无线热点。WiFi 无线信道选用了免于申请的 ISM 频段，可以免费使用，WiFi 已经成为与"水、电、气、路"相提并论的"第五类社会公共设施"。IEEE 802.11 协议标准已有多个并处于高速发展状态，其中有代表性的是 IEEE 802.11n 标准。IEEE 802.11n 工作在 2.4GHz 与 5GHz 两个频段，数据传输速率最高可达到 600Mb/s。

NB-IoT 接入技术：基于蜂窝移动通信网的窄带物联网(Narrow Band IoT，NB-IoT)接入技术仅需使用 200kHz 的授权频段。NB-IoT 已经开始应用于 AIoT 的智慧城市、智能医疗、智能物流、智能工业等领域，将成为支撑 5G、面向 AIoT 多场景应用中最合适的技术。

5G 接入网技术：5G 作为 AIoT 的核心网络技术，在无线接入网架构上实现"通信与计算"融合，研究新型的无线接入网体系。AIoT 对 5G 接入的需求主要表现在：①数以千亿计的感知与控制节点、智能机器人、可穿戴计算设备、智能网联汽车、无人机需要接入 AIoT；②AIoT 的感知数据和控制指令传输对网络提出极高带宽与极高可靠性、极低时延的需求，4G 网络已经难以达到要求，只能寄希望于 5G 网络。

无线传感网接入技术：AIoT 在智能医疗、智能环保、智能安防、智能工业、智能农业、智能交通等领域的应用为 WSN 在不同领域的应用研究提出了新的课题，目前出现了很多新型的 WSN，如水下无线传感网、地下无线传感网、无线多媒体传感网、无线人体传感网、无线传感器与执行器网、无线纳米传感网等。

3. 边缘计算技术

边缘计算是指在靠近物或数据源头的一侧采用网络、计算、存储、应用核心能力于一体的开放平台就近提供最近端服务。其应用程序在边缘侧发起，产生更快的网络服务响应，满足行业在实时业务、应用智能、安全与隐私保护等方面的基本需求。边缘计算处于物理实体和工业连接之间，或处于物理实体的顶端。云端计算仍然可以访问边缘计算的历史数据。

4. 5G 技术

随着 AIoT 人与物、物与物互联范围的扩大，智能家居、智能工业、智能环保、智能医疗、智能交通应用的发展，数以亿计的感知与控制设备、智能机器人、可穿戴计算设备、智能网联汽车、无人机接入 AIoT。AIoT 涵盖智能工业、智能农业、智能交通、智能医疗与智能电网等各个行业，有的节点之间的感知数据与控制指令传输必须保证是正确的，时延必须控制在毫秒量级。在 AIoT 应用系统中普遍会用到虚拟现实/增强现实(VR/AR)技术。VR/AR 要求移动通信网络的峰值速率达到 20Gb/s、用户体验速率达到 100Mb/s，时延要小于 7ms，时延抖动要小于 50ms。这些指标 4G 网络都很难达到，因此 AIoT 对 5G 的需求格外强烈。

5. 云计算技术

“云”实质上就是一个网络，从狭义上讲，云计算就是一种提供资源的网络，使用者可以随时获取“云”上的资源，按需求量使用，并且可以看成是无限扩展的。

从广义上讲，云计算是与信息技术、软件、互联网相关的一种服务，这种计算资源共享池称为“云”，云计算把许多计算资源集合起来，通过软件实现自动化管理，只需要很少的人参与就能让资源被快速提供。

总之，云计算不是一种全新的网络技术，而是一种全新的网络应用概念，云计算的核心概念就是以互联网为中心，在网站上提供快速且安全的云计算服务与数据存储，让每一个使用互联网的人都可以使用网络上庞大的计算资源与数据中心。

云计算是继互联网、计算机后的又一种新的革新，云计算是信息时代的一个大飞跃，未来的时代可能是云计算的时代。虽然目前有关云计算的定义很多，但总体上来说云计算的基本含义是一致的，即云计算具有很强的扩展性和需要性，可以为用户提供一种全新的体验，云计算的核心是可以将很多的计算资源协调在一起，使用户通过网络就可以获取到无限的资源，同时获取的资源不受时间和空间的限制。

云计算指通过计算机网络(多指 Internet)形成的计算能力极强的系统，可以存储、集合相关资源并可按需配置，向用户提供个性化服务。

6. 大数据技术

大数据是一种在数据的获取、存储、管理、分析等方面大大超出了传统数据库软件工具能力范围的数据集合。它具有大量、快速、多样、价值密度低和真实性 5 个特征。对于“大数据”，研究机构 Gartner 给出了这样的定义：“大数据”是需要新处理模式才能具有更强的决策力、洞察发现力和流程优化能力来适应海量、高增长率和多样化的信息资产。

大数据具有以下 5 个特征。

(1) 大量(Volume)：大量体现在数据量上，大数据的采集、存储、计算的量都很大。一般拍字节(PB)以上的数据才能称为大数据，在实际应用中，大数据的数据量通常高达数十太字节(TB)，甚至数百拍字节。

(2) 快速(Velocity)：高速是指高速接收、高速处理数据，因为数据具有一定的时效性。

(3) 多样(Variety)：多样是指可用的数据类型众多，包括结构化、半结构化和非结构化数据，具体表现为网络日志、音频、视频、图片、模拟信号等。

(4) 价值(Value)密度低：大数据的数据价值密度相对较低，需要以低成本创造高价值。

(5) 真实性(Veracity)：数据的质量，即保证数据的准确性和可信赖度。

数据量的大小不是判断数据是否为“大数据”的唯一标准，判断数据是否为“大数据”要看它是不是具备以上 5 个特征。

7. 数字孪生

数字孪生的一个新兴领域是创建整个企业的数字孪生，称为组织的数字孪生(Digital Twin of an Organization，DTO)。

数字孪生是充分利用物理模型、传感器更新、运行历史等数据集成多学科、多物理量、多尺度、多概率的仿真过程，在虚拟空间中完成映射，从而反映相对应的实体装备的全生命周期过程。数字孪生是一种超越现实的概念，可以被视为一个或多个重要的、彼此依赖的装备系统的数字映射系统。

从数字孪生的定义可以看出，数字孪生具有以下5个典型特点。

(1) 互操作性：数字孪生中的物理对象和数字空间能够双向映射、动态交互和实时连接，因此数字孪生具备以多样的数字模型映射物理实体的能力，具有能够在不同数字模型之间转换、合并和建立“表达”的等同性。

(2) 可扩展性：数字孪生技术具备集成、添加和替换数字模型的能力，能够针对多尺度、多物理、多层级的模型内容进行扩展。

(3) 实时性：数字孪生技术要求数字化，即以一种计算机可识别和处理的方式管理数据，对随时间轴变化的物理实体进行表征，表征的对象包括外观、状态、属性、内在机理，形成物理实体实时状态的数字虚体映射。

(4) 保真性：数字孪生的保真性指描述数字虚体模型和物理实体的接近性，要求虚体和实体不仅要保持几何结构的高度仿真，在状态、相态和时态上也要仿真。值得一提的是，在不同的数字孪生场景下，同一数字虚体的仿真程度可能不同。例如，在工况场景中可能只要求描述虚体的物理性质，并不需要关注化学结构细节。

(5) 闭环性：数字孪生中的数字虚体用于描述物理实体的可视化模型和内在机理，以便于对物理实体的状态数据进行监视、分析推理，优化工艺参数和运行参数，实现决策功能，即赋予数字虚体和物理实体一个“大脑”，因此数字孪生具有闭环性。

数字孪生是一个普遍适用的理论技术体系，可以在众多领域应用，尤其在产品设计、产品制造、医学分析、工程建设等领域应用较多。数字孪生在国内应用最深入的是工程建设领域，关注度最高、研究最热的是智能制造领域。

8. 区块链技术

区块链(Block Chain)是一种块链式存储、不可篡改、安全可信的去中心化分布式账本，它结合了分布式存储、点对点传输、共识机制、密码学等技术，通过不断增长的数据块链(Blocks)记录交易和信息，确保数据的安全和透明性。

区块链的特点包括去中心化、不可篡改、透明、安全和可编程性。每个数据块都链接到前一个块，形成连续的链，保障了交易历史的完整性。智能合约技术使区块链可编程，支持更广泛的应用。

区块链在金融、供应链、医疗、不动产等领域得到了广泛应用，尽管仍面临可扩展性和法规挑战，但它已经成为改变传统商业和社会模式的强大工具，对未来具有巨大的潜力。

10.3.3 AIoT的应用

1. 智能家居

通过AIoT技术，家庭中的各种设备可以智能联动，实现自动化控制，如智能家居安防、智能照明、智能温控等。

2. 智慧城市

AIoT可以应用于城市基础设施，如交通管理、垃圾处理、能源管理等，提高城市运行效率和资源利用率。

3. 工业制造

AIoT可以应用于工业自动化领域，实现智能制造和预测性维护，提高生产效率和质量。

4. 医疗健康

AIoT可以应用于医疗领域，实现远程医疗、智能监护和个性化治疗，提高医疗服务水平。

10.3.4 AIoT 的发展

1. AIoT 带来的巨大潜力

（1）智能决策：AIoT 通过深度学习和数据分析能够从大量数据中提取有价值的信息，做出智能决策，推动各行各业的智能化升级。

（2）资源优化：AIoT 能够实时监测和优化资源的使用，提高资源利用率，减少浪费，从而降低能源消耗和环境压力。

（3）个性化服务：AIoT 通过对用户行为和偏好的分析，可以提供个性化的服务和推荐，提高用户满意度和忠诚度。

（4）智慧生活：AIoT 为人们的生活带来更多便利和舒适，如智能家居、智能医疗、智能交通等，提升生活品质。

2. AIoT 面临的挑战

（1）安全与隐私：AIoT 涉及大量个人数据，安全与隐私保护是其重要挑战，需要采用加密、权限管理等技术手段，保障数据的安全和合规。

（2）互操作性：AIoT 涉及多种设备和平台，互操作性是实现智能联动的关键，需要建立统一标准和协议，促进设备间的互联互通。

（3）数据处理和存储：AIoT 产生的海量数据需要进行高效处理和存储，需要采用分布式计算和云存储等技术手段，确保数据的实时性和可靠性。

AIoT 作为人工智能和物联网的融合，未来具有极大的潜力和广泛的应用前景。AIoT 将为各行各业带来革命性的变革，需要产业界、政府和学术界共同努力，加强合作与创新，推动 AIoT 的健康发展。在 AIoT 的智能世界中，人类将迎来更加智慧、便利和美好的未来。

10.4 水下无线传感器网络

AIoT 在智能医疗、智能环保、智能安防、智能工业、智能农业、智能交通等领域的应用，为 WSN 在不同领域的应用研究提出了新的课题，水下无线传感网络得到应用。

10.4.1 水下无线传感器网络的基本概念

1. 水下无线传感器网络的定义

水下无线传感器网络（Underwater Wireless Sensor Network，UWSN）是使用飞行器、潜艇或水面舰将大量的（数量从几百到几千个）廉价微型传感器节点随机布放到感兴趣水域，节点通过水声无线通信方式形成一个多跳的、自组织的网络系统，协作地感知、采集和处理网络覆盖区域中感知对象的信息，并发送给接收者。

2. 水下无线传感器的组成

水下无线传感器主要由控制器（CPU）、存储器、传感器和水声调制解调器（水声 Modem）等组成，其内部结构如图 10-9 所示。与陆地上的无线传感器的主要区别是控制器通过调制解调器发送或接收数据，在发送数据时，数据信息经过调制编码，然后通过水声换能器的电致伸缩效应将电信号转换成声信号发送出去，在接收信号时，则利用水声换能器压电效应进行声电转换，将接收的信息解码还原成有效数据送往控制器。

3. 水下无线传感器网络的组成

如图 10-10 所示，UWSN 由大量水下无线传感器节点组成，这些节点分散在人们感兴趣

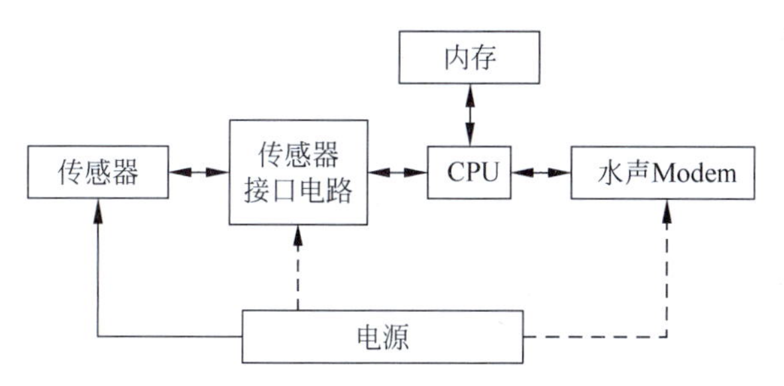

图 10-9　一个水下无线传感器的内部结构

的海洋的某个区域,每个节点都有自己的功能(如监测海洋环境污染、采集水下相关研究数据等)。节点之间使用频率较低的声波进行数据传输,彼此通信,经由单跳或者多跳的方式,将采集到的水下相关数据传到水面上的网关节点,再将采集到的水声信息数据进行融合、压缩等处理,最后通过陆地上的无线通信的方式将处理之后的数据传送到操作用户,经过处理后的数据最终实时地呈现给岸上的用户,再做出进一步的处理与指令。

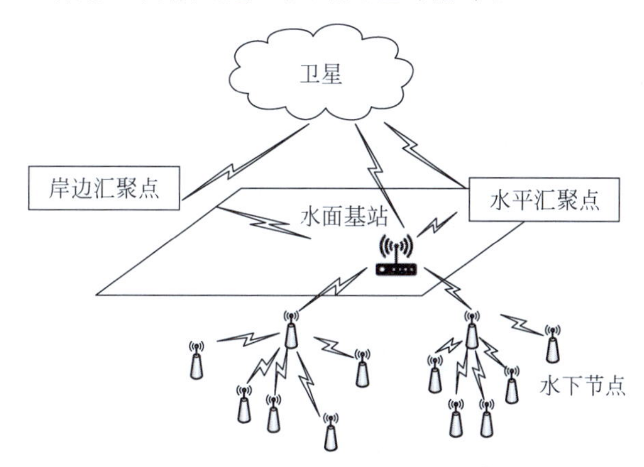

图 10-10　水下无线传感器网络

4. 网络结构的分类

UWSN 可以按照不同的标准进行分类。例如,按照节点的移动性分为静态、半静态和动态网络;根据是否考虑节点深度分为二维拓扑结构和三维拓扑结构;根据节点到达目的节点的跳数分为单跳、多跳和混合网络;根据网络对时延的敏感性分为时延敏感网络和时延不敏感网络。

10.4.2　水下无线传感器网络的架构

1. 网络拓扑结构

水下传感器网络的拓扑结构是一个开放的研究领域,目前研究的水下无线传感器网络的拓扑结构通常有二维结构和三维结构两种。

1) 二维网络拓扑结构

二维水下无线传感器网络由固定在水底的水下传感器节点和水面上的一个或者多个 Sink 节点(汇聚节点)组成。水面上的 Sink 节点主要负责中继水下传感器节点收到的数据,发送到地面上的数据服务中心。水下传感器节点之间以及水下传感器与 Sink 节点之间进行通信用的是声音信号,Sink 节点与陆地上的数据中心用电磁波信号进行通信。Sink 节点装有声音信号调制器和光信号调制器,而水下传感器节点只装有光信号调制器。组中的传感器节点通过水声信道或者以多跳的方式与一个或多个水下汇聚节点通信。

在二维网络拓扑中，每个节点互连到一个或多个宿节点（网关）。网关负责收集海底网络的数据，并中继到水面基站。为了增加健壮性和能量效率，W. K. G. Seah 提出两个虚拟维度，多层拓扑与网关一起形成网状网（Mesh）。在这样的网络中，传感器节点通过自己群（Cluster）的虚拟网关，发送数据到本地网关。网关装有水平和垂直收发器，水平收发器用于网关与传感器节点通信，垂直收发器用于网关中继数据到水面基站。

二维拓扑结构的水下无线传感器网络主要用于水下环境的监控、灾难预警等应用场景。

2）三维网络拓扑结构

在三维网络结构中，在二维网络结构中使用的节点依然可以使用，只是节点被固定在距离水平面不同深度的位置，可以通过固定在水平面的浮标控制传感器节点的深度。三维网络结构可以使所有的节点直接与位于水面的基站通信或者仅通过一个簇头与基站通信。在前一种情况下，所有的节点都是等价的，它比后一种情况可能会消耗更多的能量。当使用簇头的网络结构时，只有簇头需要进行远距离通信。三维网络结构可以更全面地研究指定区域，该结构遇到的一个挑战是所有节点的定位以及保证所有的区域可以一直被覆盖。

2. 水下无线传感器网络的分层架构

水下无线传感器网络包括物理层、链路层、网络层、传输层和应用层，这与陆地无线传感器网络的结构相同，不同的是两种网络在各层使用的协议。目前，水下无线传感器网络技术的研究主要集中在物理层、链路层、网络层、传输层。

在物理层，通过研究光信号、电磁波信号以及声音信号，已经确定声音信号是最适合在水下传播信息的。噪声和衰减对信号传播的成功率有着较大的影响。物理层的性能影响着网络的整体设计，频率分配的不同导致网络的物理特性不同，高的信号频率引起较大的衰减，但干扰会降低。

在链路层中如何找出一种有效的方法实现多用户的资源共享仍然是水下无线传感器网络的研究热点。时分多址和频分多址已经被尝试用在水下无线传感器网络中。由于水下传感器网络的时间同步仍然是研究热点，不要求时间同步的 CDMA 结合功率控制技术的 MAC 层协议已经提出，且可以抵抗多径效应。

传输层协议的设计对网络的性能影响较大。由于水下无线传感器网络的带宽非常有限，且误码率高，陆地无线传感器网络使用的 TCP 无法在水下无线传感器网络中使用。目前研究显示，网络编码和前向纠错技术应用在水下无线传感器网络中效果较好。

网络层是水下无线传感器网络尤为重要的一层，路由算法的设计对网络的寿命、时延等起着决定性作用。如何根据水下无线传感器网络的特点设计专门的路由算法是目前研究的热点。

10.4.3 水下无线传感器网络的通信技术

水下传感器网络部署在极其复杂、可变的水下环境中，主要利用水声进行通信，有着许多与陆地无线传感器网络不同的特点，具体表现在以下 4 个方面。

（1）水下信道具有高时延、时延动态变化、高衰减、高误码率、多径效应、多普勒频散严重、高度动态变化以及低带宽等特点，被认为是迄今为止难度最大的无线通信信道。

（2）水下节点和网络具有移动性特点。

（3）水下节点使用电池供电，更换电池更为困难。另外，节点发送信息的耗能比接收信息的耗能往往大很多倍。

(4) 水下节点价格昂贵，水下网络具有稀疏性的特点。

水下传感器网络的这些特点，使得陆地无线传感器网络协议不能直接应用于水下，必须研究适应水下网络特点的新协议。

水下无线传感器网络的通信技术有以下几种形式。

(1) 无线电波通信：无线电波在海水中衰减严重，频率越高衰减越大。水下实验表明MOTE节点发射的无线电波在水下仅能传播50～120am，因此无线电波只能实现短距离的高速通信，不能满足远距离水下组网的要求。

(2) 激光通信：蓝绿激光在海水中的衰减值小于0.01dB/m，对海水的穿透能力强。水下激光通信需要直线对准传输，通信距离较短，水的清澈度会影响通信的质量，这都制约着它在水下网络中的应用。不过它适合近距离、高速率的数据传输。

(3) 水声通信：目前水下传感器网络主要利用声波实现通信和组网。最早的水声通信技术可以追溯到20世纪50年代的水下模拟电话。20世纪80年代出现了取代模拟系统的数字频移键控技术以及后来的水声相干通信技术。20世纪90年代，DSP芯片及数字通信技术的出现，尤其是水下声学调制解调器的问世，为水下传感器网络的发展奠定了坚实的基础。

▶ 10.4.4　水下无线传感器网络的应用

随着无线传感器网络技术的发展，基于水下无线传感器技术的应用越来越多。这些应用的出现一方面是基于地球上水面的覆盖面积占整个地球表面的70%，另一方面是由于电子和微电子系统、水下通信、水下传感器技术以及隔水设备的发展。可以把许多水下无线传感器网络的应用分类为检测应用，这包括水质分析、污染监控、洋流监控、渔业及微生物追踪、水压及温度测试、电导率及盐度分析，此外还包括水下石油、汽油管道以及其他水下设备的监测。

地震勘测是另一项水下传感器网络的重要应用，因为大部分的油气资源储备在水下。为了进行油气勘测，必须频繁地进行地震勘测。在油气勘测中，从传感器节点获取的数据需要与对应的传感器节点的位置一一对应。

水下无线传感器网络可以被用来导航和控制。例如，固定在海洋底部的传感器节点已知自己的位置，可以通过AUV、ROV或者UUV为其他的传感器节点提供位置参考。水下传感器节点也可以为过往的船只提供船锚的位置或者是否已非法侵入浅走廊等有价值的信息，同时水下传感器节点还可以与潜水员进行通信。

UWSN还可以被用在军事和安全领域。固定在海底的传感器节点可以用作监控工具。水下战争、水下航行、水下袭击以及水下狩猎都可以通过水下传感器发起并控制。UWSN也被用于保证重要设施的安全，例如，出口设施、船只以及水下锚。在军事领域的进一步应用主要聚焦在监测和干扰敌方目标。

此外，UWSN可以被用作灾难预测，例如，UWSN可以提供海啸报警、检测油气管道腐蚀情况等。

习题 10

1. 人工智能的产业链分为________、________、应用层三个层次。

2. 人工智能技术包含机器学习、________、________、计算机视觉、生物特征识别、AR/VR、知识图谱7种关键技术。

3. 根据学习模式、________以及________的不同,机器学习存在不同的分类方法。

4. 根据学习模式将机器学习分为________、________和强化学习等。

5. 根据学习方法可以将机器学习分为________和________。

6. 从技术架构上来看,物联网可以分为________、________和应用层。

7. 人工智能物联网的技术架构由________、________、边缘层、核心交换层、应用服务层与应用层组成。

8. 简述人工智能的定义。

9. 简述人工智能产业链的基本思想。

10. 简述人工智能的几个关键技术的基本思想。

11. 简述物联网的定义。

12. 简述物联网的特点。

13. 简述物联网的技术架构的基本思想。

14. 简述物联网关键技术的基本思想。

15. 简述人工智能物联网的定义。

16. 简述 AIoT 的关键技术的基本思想。

参 考 文 献

[1] 许毅. 无线传感器网络原理与方法[M]. 北京：清华大学出版社，2012.

[2] 王汝传，孙力娟. 无线传感器网络技术及其应用[M]. 北京：人民邮电出版社，2011.

[3] 余成波，李洪兵，陶红艳. 无线传感器网络实用教程[M]. 北京：清华大学出版社，2013.

[4] 青岛东合信息技术有限公司. 无线传感器技术原理及应用[M]. 西安：西安科技大学出版社，2013.

[5] 孙利民，张远，刘庆超，等. 无线传感器网络理论和实践[M]. 北京：清华大学出版社，2014.

[6] 李外云. CC2530与无线传感器网络操作系统 TinyOS 应用实践[M]. 北京：北京航空航天大学出版社，2013.

[7] 无线龙. 现代无线传感网概论[M]. 北京：冶金工业出版社，2011.

[8] 吴成东. 智能无线传感器网络与应用[M]. 北京：科学出版社，2011.

[9] 沈玉龙，裴庆祺，马建峰，等. 无线传感器网络安全技术概论[M]. 北京：人民邮电出版社，2010.

[10] 陈敏，王擘，李军华. 无线传感器网络原理与实践[M]. 北京：化学工业出版社，2011.

[11] 彭力. 无线传感器网络技术[M]. 北京：冶金工业出版社，2011.

[12] 王汝传，孙力娟. 无线传感器网络技术导论[M]. 北京：清华大学出版社，2012.

[13] 崔逊学，赵湛，王成. 无线传感器网络的领域应用与设计技术[M]. 北京：国防工业出版社，2009.

[14] 孙建民，李建中，陈渝，等. 无线传感器网络[M]. 北京：清华大学出版社，2005.

[15] 崔逊学，左从菊. 无线传感器网络简明教程[M]. 北京：清华大学出版社，2009.

[16] 宋文，王兵，周应斌. 无线传感器网络技术与应用[M]. 北京：电子工业出版社，2007.

[17] 陈林星. 无线传感器网络技术与应用[M]. 北京：电子工业出版社，2009.

[18] 许力. 无线传感器网络的安全与优化[M]. 北京：电子工业出版社，2010.

[19] 王雪. 无线传感器网络测量系统[M]. 北京：机械工业出版社，2007.

[20] 唐宏，谢静，鲁玉芳，等. 无线传感器网络原理及应用[M]. 北京：人民邮电出版社，2010.

[21] 杨玺. 面向实时监控的无线传感器网络[M]. 北京：人民邮电出版社，2010.

[22] 李晓维，徐勇军，任丰原. 无线传感器网络技术[M]. 北京：北京理工大学出版社，2007.

[23] 张西红，周顺，陈立云. 无线传感器网络技术及其军事应用[M]. 北京：国防工业出版社，2010.

[24] 李文锋. 无线传感器网络与移动机器人控制[M]. 北京：科学出版社，2009.

[25] 何友，王国宏，彭应宁. 多传感信息融合及应用[M]. 北京：电子工业出版社，2001.

[26] 于宏毅. 无线传感器网络理论、技术与实现[M]. 北京：国防工业出版社，2009.

[27] 王殊，胡富平，屈晓旭. 无线传感器网络的理论及应用[M]. 北京：北京航空航天大学出版社，2007.

[28] Holger Karl，Andreas Willing. 无线传感器网络协议与体系结构[M]. 唐洪，李婷，杨华，译. 北京：电子工业出版社，2007.

[29] 李善仓，张克旺. 无线传感器网络原理与应用[M]. 北京：机械工业出版社，2008.

[30] 徐勇军. 无线传感器网络实验教程[M]. 北京：北京理工大学出版社，2007.

扫一扫

全部参考文献

图书资源支持

感谢您一直以来对清华版图书的支持和爱护。为了配合本书的使用，本书提供配套的资源，有需求的读者请扫描下方的“书圈”微信公众号二维码，在图书专区下载，也可以拨打电话或发送电子邮件咨询。

如果您在使用本书的过程中遇到了什么问题，或者有相关图书出版计划，也请您发邮件告诉我们，以便我们更好地为您服务。

我们的联系方式：

清华大学出版社计算机与信息分社网站：https://www.shuimushuhui.com/

地　　址：北京市海淀区双清路学研大厦 A 座 714

邮　　编：100084

电　　话：010-83470236　010-83470237

客服邮箱：2301891038@qq.com

QQ：2301891038（请写明您的单位和姓名）

资源下载：关注公众号“书圈”下载配套资源。

资源下载、样书申请

书圈

图书案例

清华计算机学堂

观看课程直播